Bild 1: Honda CRF 1000 L Africa Twin mit Schaltgetriebe, ohne ABS, Modelljahr 2016

Bild 2: Honda CRF 1000 L Africa Twin mit Doppelkupplungsgetriebe und ABS, Modelljahre 2016 bis 2019

Bild 3: Honda CRF 1000 L Africa Twin mit Schaltgetriebe und ABS, Modelljahre 2016 bis 2019

Bild 4: Honda CRF 1000 L Africa Twin Adventure Sports mit Doppelkupplungsgetriebe und ABS, Modelljahre 2018 und 2019

Honda CRF 1000 L Africa Twin-Modelle und -Jahrgänge in diesem Buch

Modelljahr	Modellbezeichnung und Ausstattungsmerkmale	Typencode	Werkscode
2016	CRF 1000 L Africa Twin mit Schaltgetriebe, ohne ABS CRF 1000 L Africa Twin mit Schaltgetriebe und ABS CRF 1000 L Africa Twin mit Doppelkupplungsgetriebe und ABS	CRF 1000 CRF 1000 A CRF 1000 D	SD04 Euro 3
2017	CRF 1000 L Africa Twin mit Schaltgetriebe und ABS CRF 1000 L Africa Twin mit Doppelkupplungsgetriebe und ABS	CRF 1000 A CRF 1000 D	SD06 Euro 4
2018	CRF 1000 L Africa Twin mit Schaltgetriebe und ABS CRF 1000 L Africa Twin mit Doppelkupplungsgetriebe und ABS CRF 1000 L Africa Twin Adventure Sports mit Schaltgetriebe und ABS CRF 1000 L Africa Twin Adventure Sports mit Doppelkupplungsgetriebe u. ABS	CRF 1000 A CRF 1000 D CRF 1000 A2 CRF 1000 D2	
2019	CRF 1000 L Africa Twin mit Schaltgetriebe und ABS CRF 1000 L Africa Twin mit Doppelkupplungsgetriebe und ABS CRF 1000 L Africa Twin Adventure Sports mit Schaltgetriebe und ABS CRF 1000 L Africa Twin Adventure Sports mit Doppelkupplungsgetriebe u. ABS	CRF 1000 A CRF 1000 D CRF 1000 A2 CRF 1000 D2	

Zu dieser Tabelle

Modelljahr: Ein Modelljahr beginnt nach den Werksferien des Vorjahres, also September oder Oktober. Ein Motorrad aus dem Modelljahr 2018 kann auch schon im Oktober 2017 gebaut worden sein oder im Juni 2018.

Modellbezeichnung, Kürzel: «CR« steht für »Cross« und meint »Geländetauglich«. »F« steht für »Four Stroke« und meint »Viertakt« für die Motorenbauart. »1000« steht für »1000 cm^3 Hubraum«. »L« steht für »Liquid Cooled« und damit »Flüssigkeitskühlung«. »Africa Twin« erinnert an die von 1988 bis 2003 gebaute XRV 650 und XRV 750 Africa Twin.

Typencode: »A« und »A2« stehen für »Schaltgetriebe«. »D« und »D2« stehen für »Doppelkupplungsgetriebe«.

Werkscode: »S« steht für »Hubraum über 800 cm^3«, »D« für »Enduro«, »04« und »06« stehen für die Jahrgänge »2016« und »2017 bis 2019«.

bucheli verlag

Impressum

Impressum

ISBN 978-3-7168-2322-4

Motorrad-Reparaturanleitung Band 5321

Redaktion und Gestaltung: Schermer Verlag GmbH, D-70563 Stuttgart

Mitarbeiter dieser Ausgabe: Bernd Burbulla (Daten- und Technikrecherche), Horst Liebermann (Technik), Helmut Mader (Technik-Beratung), Axel Schermer, Franz Josef Schermer (Fotos und Texte), Dipl. Ing. (FH) Helmut Städele (Elektrik, Elektronik)

Zeichnungen: Daniel Horvat, Wolf Kurz, Tomoko Wakayama

Für diese Motorrad-Reparaturanleitung wurden unter anderem Bilder, Texte und Daten aus den Archiven von Honda, der Bucheli Verlags AG (Schweiz), dem Motorbuch Verlag und dem Schermer Verlag verwendet.

Ein ganz spezieller Dank geht an den Motorradbetrieb Peter Hartenstein in 64546 Mörfelden-Walldorf und den Service-Mechaniker Wolfgang Möckel, beide gestandene Honda-Spezialisten, deren Wissen über Jahrzehnte gereift ist. Sie haben uns über alle Maßen geholfen und viele Tipps gegeben zur Vermeidung kleiner und großer Probleme im täglichen Umgang mit den Maschinen – und die wir gerne weitergeben an unsere Leser.

Satz und Layout: Schermer Verlag GmbH
Lektorat: Myrta Baumberger
Druck und Bindung: DZS Grafik, Slowenien

Sie finden uns im Internet unter _www.motorbuch.de_ und _www.bucheli-verlag.de_

1. Auflage 2024

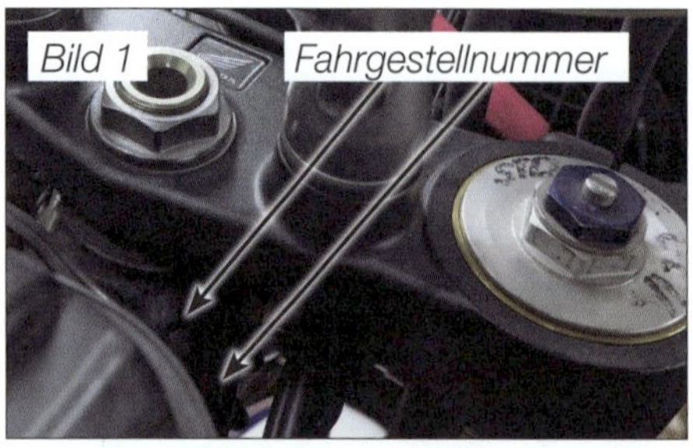

Wichtige Informationen zum Kauf von Werkzeug und Ersatzteilen

Die Informationen in diesem Buch zu Werkzeugen, Maßen und Fahrzeugteilen, wie z. B. Reifen, Zündkerzen, Öl, Ölfilter, etc. entsprechen dem Stand der Technik zum Redaktionsschluss dieses Buchs zum April 2024. Wenn Sie Werkzeug oder Ersatzteile für eine Honda CRF 1000 L Africa Twin kaufen, beachten Sie bitte Folgendes:

■ Legen Sie dem Ersatzteilverkäufer beim Honda- oder Zubehörhändler die Fahrgestellnummer Ihrer Maschine vor. Diese ist im Kfz-Schein, Kfz-Brief oder »Zulassungsbescheinigung 1« vermerkt.

■ Bild 1: Die Fahrgestellnummer der Maschine ist rechts vorne auf dem Lenkkopf eingestanzt, sie muss mit der in den Papieren übereinstimmen.

■ Bild 2: Die Fahrgestellnummer vom Lenkkopf muss identisch sein mit der auf dem Typenschild, das rechts auf dem Rahmen zu finden ist.

■ Bevor Sie Werkzeugteile kaufen, messen Sie die Köpfe der Schrauben und Muttern, welche bearbeitet werden sollen. Bitte beachten Sie dazu das Kapitel 2 »Werkstatt«.

Warum dieses Buch wichtig ist

Als Honda im Jahr 2014 auf der großen Motorradmesse EICMA in Mailand einen Prototypen der neuen Africa Twin präsentierte, war die Freude groß im Lager der Honda-Enduristen. Endlich ein adäquates Nachfolgemodell der unvergessenen XRV Africa Twin 650/750, die von 1988 bis 2003 sehr beliebt war.

Anstatt des V2-Motors der XRV zeigte die neue CRF 1000 L einen komplett neu entwickelten Reihen-Twin mit zwei Getriebevarianten: Einem »normalen« Schaltgetriebe oder dem von Honda entwickelten Doppelkupplungsgetriebe, mit dem das Fahren auf der Straße und im Gelände einfacher und unkomplizierter wurde. Doch ob mit normalem Getriebe oder mit Doppelkupplung, die neue CRF 1000 L ist spitze mit ihrem super Handling und dem wirklich guten Fahrwerk.

Der Traum eines jeden Enduristen: staubreiches Driften auf losem Untergrund abseits befestigter Wege.

In diesem Buch beschäftigen wir uns mit der ersten Generation von 2016 bis 2019. Die dreizehn Modelle haben sich über die Jahre als zuverlässige Maschinen einen guten Namen gemacht – Honda-like eben. Dennoch können Störungen auftreten, wenn sie in die Jahre gekommen sind und viele Kilometer auf dem Buckel haben. Lösungsansätze für Probleme aller Art bietet diese Motorrad-Reparaturanleitung in Bild und Text ebenso wie viele Tipps, die man kennen sollte, um eine Africa Twin zuverlässig am Laufen zu halten.

Doch diese Reparaturanleitung will mehr sein als nur ein Buch, das man nur dann zur Hand nimmt, wenn etwas kaputt ist. Wenn Sie sich dieses Buch gekauft haben, um Ihr Motorrad besser kennenzulernen und zu erfahren, was in ihm steckt, ist das gut so. Dieses Buch kann helfen, die komplexe Mechanik dieser Maschinen begreifen zu können und bietet auch sinnvollen Lesestoff, der Ihnen hilft, Ihr Motorrad besser zu verstehen. Denn ein Fahrer, der sein Motorrad versteht, geht sorgsamer damit um. Was hilft, Probleme schon im Ansatz zu erkennen oder gar nicht erst auftreten zu lassen. Auf Zerlegung und Zusammenbau des Motors wird in diesem Buch bewusst verzichtet, weil eine Operation am offenen Zweizylinder den Umfang dieses Buches bei Weitem sprengen würde.

Wir geben den guten Ratschlag, dass größere Arbeiten an Motor und Getriebe den Honda-Händlern und -Spezialisten vorbehalten bleiben sollten, weil diese in Technik-Lehrgängen bei den Importeuren speziell geschult wurden.

Der Spagat zwischen allgemein verständlicher Technik und stimmiger Anleitung zum Selbstschrauben bestimmt also den Inhalt dieses Buches. In diesem Sinne wünschen wir Ihnen, lieber Leser, viel Spaß bei der Lektüre – und hoffen gleichzeitig, dass Sie keinen Ärger mit Ihrer Maschine haben. Sollte dennoch ein Problem auftreten, kann Ihnen dieses Buch beim Finden des Fehlers und der Reparatur helfen.

Einige Grundsätze zu diesem Buch:

- Die Lektüre kann weder eine Lehre zum Motorradmechaniker noch mehrjährige Praxis im Kfz-Handwerk ersetzen.
- Interessierte Laien sollten sich vor allem die Pflegetipps zu Herzen nehmen, denn gute Pflege erhält den Wert des Motorrads und sorgt dafür, dass man es besser kennen lernt.
- Die Anwendung der im Buch beschriebenen Arbeitsschritte setzt einiges an gutem Werkzeug voraus. Deswegen behandeln wir dieses Thema ausführlich im Kapitel 2 »Werkstatt«.
- Inhalte wie beispielsweise Ventile einstellen, Kupplung reparieren, Radlager erneuern oder Arbeiten an den Bremsen erfordern umfangreiches Basisfachwissen, teure Werkzeuge und sehr genaues Arbeiten.
- An sicherheitsrelevanten Baugruppen wie Radaufhängung und den Bremsen darf nur arbeiten, wer sein Handwerk wirklich beherrscht, was nur für ausgebildete Mechaniker gilt. Für alle anderen heißt es: Geben Sie Ihr Motorrad zum Honda-Händler, dort arbeiten geschulte Fachleute.

In diesem Sinne wünsche ich Ihnen allzeit sichere Fahrt mit Ihrer CRF 1000 L Africa Twin.

Herzlichst, Ihr
Franz Josef Schermer
(verantwortlicher Redakteur)

Wenn in diesem Buch von »Fahrern« die Rede ist, meinen wir natürlich auch die weiblichen Leser. Der leichteren Lesbarkeit halber beschränken wir uns jedoch auf die allgemeine (männliche) Form.

Inhalt

Folgende Symbole verdienen während der Arbeiten besondere Beachtung:

Sichtprüfung: *Teil genau ansehen, besonders beachten*

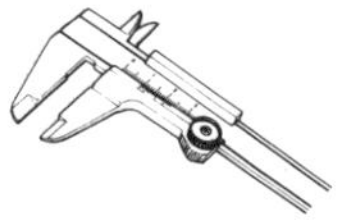

Messen: *Messschieber oder anderes Messwerkzeug nötig*

Achtung: *Besondere Vorsicht geboten, Sicherheitshinweise beachten*

Tipp: *Wertvoller Hinweis für einfacheres Schrauben*

Hörprüfung: *Bei Prüfung genau hinhören*

Folgende Symbole verdeutlichen den Schwierigkeitsgrad der Arbeiten:

Ein Schlüssel:
Einfache Arbeit, erweitertes Bordwerkzeug reicht aus

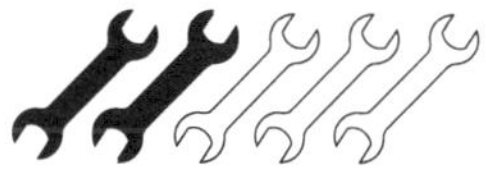

Zwei Schlüssel:
Anspruchsvolle Arbeit, extra Werkzeug notwendig

Drei Schlüssel:
Gutes Werkzeug und Spezialkenntnisse erforderlich

Vier Schlüssel:
Spezialwerkzeug und sehr gute handwerkliche Fertigkeit gefragt

Fünf Schlüssel:
Spezialwerkzeug und meisterliche Fertigkeiten notwendig: Fachwerkstatt!

Wartung · Pflege

In diesem Kapitel: Wartung und Inspektionen · Kapitelverweise und Arbeisbeispiele · Wartungs- und Inspektionsintervalle · Regelmäßige Kontrollen von Beleuchtung, Reifen, Bremsen, Ölstand und Kühlflüssigkeit · Sicherheitshinweise speziell für Bremsen und ABS · Seitenständerschalter prüfen und wechseln. Pflege: Waschen, Schmierstellen · Winterbetrieb · Einmotten.

Wartung und Inspektionen

In der Tabelle auf der rechten Seite sind die von Honda vorgeschriebenen Wartungs- und Inspektionsintervalle aufgelistet. Die Maschine muss zum ersten Mal bei 1000 km, dann bei 12 000 km und danach alle weitere 12 000 Kilometer zur Inspektion in die Werkstatt.

Wenn 12 000 km im Jahr nicht erreicht werden, dann ist eine »Jahresinspektion« vorgeschrieben. Zu dem bei der Jahresionspektion aktuellen km-Stand werden 12 000 Kilometer dazu addiert bis zur nächsten fälligen Inspektion.

In den senkrechten Spalten der Tabelle ist zu lesen, welche Arbeiten vorgeschrieben sind bei Motor und Fahrwerk. Diese werden durchgesehen, verschlissene Teile ersetzt. Zu »verschlissene Teile« gehören zum Beispiel Motoröl, Ölfilter und (je nach Abnutzungsgrad) auch Bremsbeläge, Reifen oder die Antriebskette – die übrigens immer zusammen mit dem vorderen Ritzel und dem hinteren Kettenrad erneuert werden soll.

Innerhalb der ersten 24 Monate ab Kauf bzw. Datum der Erstzulassung sollten alle Inspektionen von einer Honda-Vertragswerkstatt durchgeführt und im Wartungsheft abgestempelt werden, damit die Ansprüche auf Garantie und Kulanz gegenüber Importeur und Hersteller erhalten bleiben.

Reparaturauftrag geben

Wenn Ihre Maschine eine Störung hat und Sie zum Auffinden und Beheben des Fehlers weder technische Fertigkeiten noch Spezialwerkzeuge haben, dann ist es zu empfehlen, die Fehlersuche und auch die Behebung beim Honda-Händler gezielt in Auftrag zu geben.

Ein »gezielter Auftrag« an den Händler sollte klar sein und schriftlich erfolgen, das Problem in kurzen Worten schildern und eine finanzielle Obergrenze enthalten.

Beispiel: »Motor stottert beim Beschleunigen und geht bei Kolonnenfahrt aus. Wenn die Reparatur 150 Euro übersteigen sollte, rufen Sie mich bitte an«.

Regelmäßige Prüfpunkte der Fahrsicherheit und Maschinentechnik

Beleuchtungs- und Signalanlage	vor jeder Fahrt	siehe Kapitel 29
Reifenprofil, Luftdruck	vor jeder Fahrt, bei jedem Tanken	siehe Kapitel 4
Hand- und Fußbremse	vor jeder Fahrt und während der Fahrt	siehe Kapitel 6
Warn-/Kontrollleuchten, Instrumente	Prüfung vor und während der Fahrt	
Lenkung, Federung und Dämpfung	mindestens einmal wöchentlich und nach Gefühl beim Fahren	
Bremsflüssigkeit	vor jeder Fahrt und während der Fahrt	siehe Kapitel 1, 6
Schaltung	vor jeder Fahrt und während der Fahrt	siehe Kapitel 15
Motoröl	Ölstand prüfen beim Tanken	siehe Kapitel 1, 11
Batterie	Wartung/Laden wichtig nach Winterpause	siehe Kapitel 24
Seitenständerschalter	mindestens einmal wöchentlich	siehe Kapitel 1

Wer nach der zweijährigen Garantiezeit die Wartungs- und Inspektionsarbeiten an seiner Maschine selbst machen möchte, erhält in diesem Buch die notwendigen Basisinformationen. Es liegt im Ermessen jedes Fahrzeugbesitzers, wie er damit umgeht.

Für einige Prüf- und Einstellarbeiten werden Honda-Spezialwerkzeuge benötigt. Diese gibt es in der Regel nur in Honda-Fachwerkstätten. Deswegen ist es manchmal günstiger, preiswerter und schneller, entsprechende Arbeiten beim Honda-Händler in Auftrag zu geben, als bei halb auseinandergeschraubter Maschine hilflos dazustehen, weil das entsprechende Spezialwerkzeug oder die benötigten Ersatzteile nicht greifbar sind.

Die vorgeschriebenen Wartungsintervalle müssen bei normaler Fahrweise und Belastung nicht immer ganz genau eingehalten werden. Wenn die Maschine grundsätzlich gut gepflegt wird, dann kann z. B. eine während einer Urlaubsfahrt fällig werdende Inspektion durchaus um 1000 bis 2000 Kilometer hinausgeschoben werden. Natürlich ist es generell besser, eine anstehende Inspektion rechtzeitig vor (!) einer längeren Urlaubsfahrt durchzuführen.

Für alle Wartungsarbeiten gilt: Nur mit gutem Werkzeug in den entsprechenden Größen mit dem Schrauben anfangen. Lesen Sie vor Beginn aller Arbeiten das betreffende Kapitel komplett durch, um die benötigten Werkzeuge und den Zeitaufwand abschätzen zu können.

Kapitelverweise, Arbeitsbeispiele

In der letzten Spalte der Tabelle stehen Verweise zu den Kapiteln, in denen die Arbeiten beschrieben sind. Hier einige Beispiele:

- Bei »Erneuern«, wie z. B. beim »Ölwechsel«, kommen bei 1000 km, bei 12 000 km und dann alle weiteren 12 000 km neues Öl und neue Ölfilter in den Motor.
- Neue Ölfilter für den Motor und das Doppelkupplungsgetriebe sind von Honda nur bei jedem zweiten Ölwechsel vorgeschrieben, wir empfehlen jedoch diese Ölfilter bei jedem Ölwechsel zu erneuern. Das gibt mehr Sicherheit, dass das Motoröl im Betrieb sauberer bleibt.
- »Prüfen/Einstellen« bedeutet zum Beispiel beim Punkt »Ventilspiel« alle 24 000 km. Wenn die Prüfung des Ventilspiels Werte ergibt, die nicht den Vorschriften entsprechen, müssen sie neu eingestellt werden. Das geht nicht so einfach,

Wartungs- und Inspektionsintervalle CRF 1000 L Africa Twin der Modelljahre 2016 bis 2019

Bauteil / Intervall	vor jeder Fahrt	bei 1000 km	bei 12000 km	bei 24000 km	bei 36000 km	bei 48000 km	jedes Jahr	siehe Kapitel
Baugruppe 1: Elektrik, Beleuchtung								
Hand- und Fußbremslichtschalter	–	–	prüfen	prüfen	prüfen	prüfen	prüfen	1, 6
Scheinwerfereinstellung	–	–	prüfen	prüfen	prüfen	prüfen	prüfen	1
Beleuchtung und Hupe	prüfen	–	–	–	–	–	–	1
Motorstoppschalter	prüfen	–	–	–	–	–	–	1
Baugruppe 2: Motor, Kühlung								
Motoröl	prüfen	erneuern	erneuern	erneuern	erneuern	erneuern	erneuern	1, 11
Motorölfilter	–	erneuern	–	erneuern	–	erneuern	–	11
Kupplungsölfilter bei Doppelkupplungsgetriebe	–	erneuern	–	erneuern	–	erneuern	–	11
	Redaktionelle Empfehlung: Motor- und Kupplungsölfilter bei jedem Ölwechsel erneuern							
Ventilspiel	–	–	–	prüfen	–	prüfen	–	23
Zündkerzen	–	–	–	prüfen/reinigen	–	erneuern	–	16, 17
Luftfilter	–	–	–	erneuern	–	erneuern	–	20
Sekundärluftsystem	–	–	–	prüfen	–	prüfen	–	20
Kurbelgehäuse-Entlüftung	–	–	reinigen	reinigen	reinigen	reinigen	–	20
Gaszugspiel in den Mj. 2016, 2017	–	–	prüfen	prüfen	prüfen	prüfen	prüfen	19
Gasgriff	prüfen	–	prüfen/schmieren	prüfen/schmieren	prüfen/schmieren	prüfen/schmieren	prüfen/schmieren	19
Kühlflüssigkeit	prüfen	–	prüfen	prüfen	prüfen	prüfen	–	1, 12
Kühlerschläuche	–	–	prüfen	prüfen	prüfen	prüfen	prüfen	1, 12
	Kühlflüssigkeit alle 3 Jahre erneuern							
Leerlaufdrehzahl in den Mj. 2016, 2017	–	–	prüfen	prüfen	prüfen	prüfen	prüfen	18
Aktivkohle-Behälter ab Mj. 2017		–	–	prüfen	–	prüfen	–	3
Baugruppe 3: Kupplung, Getriebe, Kette								
Kupplung, Kupplungsspiel	prüfen	–	prüfen	prüfen	prüfen	prüfen	prüfen	1, 13
Hinterrad-Antriebskette	prüfen	Alle 1000 km Kette reinigen und schmieren, Kettendurchhang (Kettenspannung) prüfen, ggf. einstellen						7
Kettenschleifschutz	–	–	prüfen	prüfen	prüfen	prüfen	–	7
Baugruppe 4: Räder, Reifen								
Reifenzustand, Luftdruck	prüfen	–	prüfen	prüfen	prüfen	prüfen	prüfen	1, 4
Räder, Speichen, Radlager	prüfen	–	prüfen	prüfen	prüfen	prüfen	prüfen	5
	Inspektionspunkte der Baugruppe 4 alle 6000 km durchführen							
Baugruppe 5: Bremsen								
Bremsbeläge	prüfen	–	prüfen	prüfen	prüfen	prüfen	prüfen	1, 6
Stand der Bremsflüssigkeit	prüfen	–	prüfen	prüfen	prüfen	prüfen	prüfen	1, 6
	Bremsflüssigkeit spätestens alle 2 Jahre erneuern							
Bremsleitungen, Bremsschläuche	–	–	prüfen	prüfen	prüfen	prüfen	prüfen	6
Feststellbremse bei Doppelkupplungsgetriebe	–	–	prüfen	prüfen	prüfen	prüfen	–	6
Baugruppe 6: Federung								
Lenkung, Lenkkopflager	–	–	prüfen	prüfen	prüfen	prüfen	prüfen	8
Telegabel	–	–	prüfen	prüfen	prüfen	prüfen	prüfen	9
Federbein	–	–	prüfen	prüfen	prüfen	prüfen	prüfen	10
Federbeinumlenkung	–	–	prüfen	prüfen	prüfen	prüfen	prüfen	10
Baugruppe 7: Rahmen, Seitenständer								
Schwinge, Schwingenlager	–	–	prüfen	prüfen	prüfen	prüfen	prüfen	10
Fahrgestellschrauben, Muttern	–	–	prüfen	prüfen	prüfen	prüfen	prüfen	31
Seitenständer, Seitenständerschalter	prüfen	–	prüfen, schmieren	prüfen, schmieren	prüfen, schmieren	prüfen, schmieren	prüfen, schmieren	1
Baugruppe 8: Ausstattung, Schläuche, Kabel								
Benzinleitungen	–	–	prüfen	prüfen	prüfen	prüfen	prüfen	3, 18
Benzinstand im Tank	prüfen	–	–	–	–	–	–	–

Sichtprüfung   Messen

Bild 1: Zwar kein Präzisionsmessgerät, aber besser als zu schätzen. Dieser Reifen hat noch 2 mm Profil und sollte bald erneuert werden.

Bilder 2 und 3: Auf das Reifenventil gehört eine Schraubkappe mit einwandfreier Dichtung. Luftdruck bei kaltem Reifen prüfen.

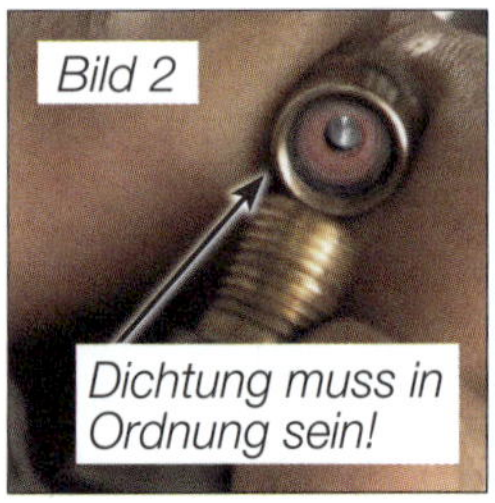

Bild 2

Bilder 4, 5a und 5b: Stand der Bremsflüssigkeit im vorderen und hinteren Vorratsbehälter regelmäßig prüfen.

Bild 6: Wenn der Motorölstand nahe an der unteren Markierung oder gar darunter ist, muss Öl nachgefüllt werden: Achten Sie darauf, dass die Ölsorte nachgefüllt wird, die bereits im Motor ist.

wie man denken könnte: Um den Zylinderkopf überhaupt erreichen zu können, dessen Haube (»Ventildeckel«) ja abgeschraubt werden muss, damit man die Ventilspiel-relevanten Bauteile erreichen kann, müssen viele Bauteile abgeschraubt werden, Kabelstecker getrennt und Kabel zur Seite geräumt werden.

Das ist extrem arbeitsintensiv und verlangt höchstes schrauberisches Können. Deswegen empfehlen wir schon an dieser Stelle allen Lesern, die weder nötige Werkzeuge, fachliches Verständnis und schrauberisches Können haben, Prüfung des Ventilspiels und ggf. eine Neueinstellung beim Honda-Händler durchführen zu lassen.

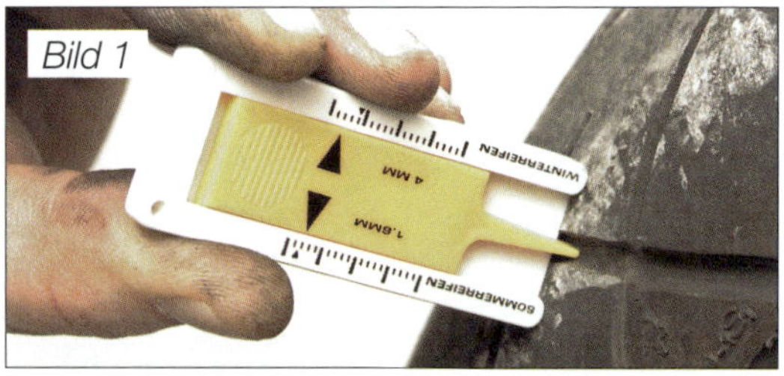
Bild 1

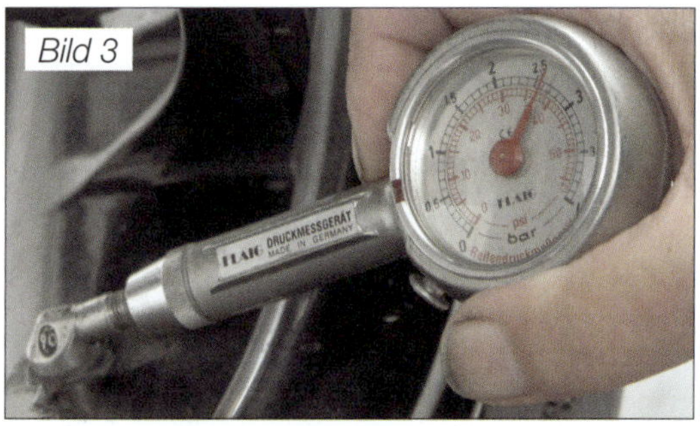
Bild 3

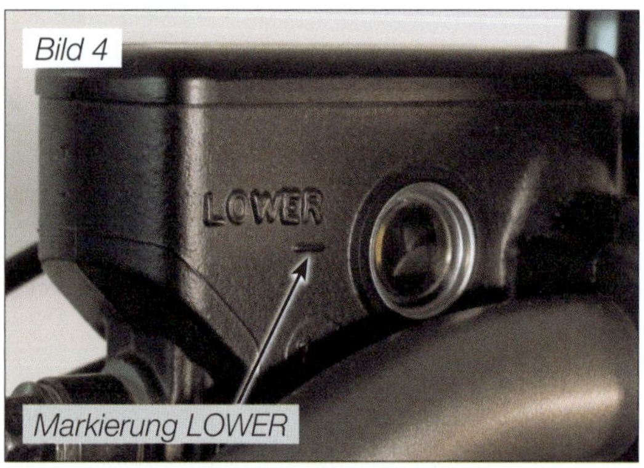

Bild 4

- »Wichtige Befestigungselemente« betrifft die Kontrolle wichtiger Schraubverbindungen alle 12 000 km bzw. einmal im Jahr: Vorder- und Hinterachse, Lenker, Telegabel, Schrauben der Bremssättel und Motorhalteschrauben.
- Honda empfiehlt, die offen laufende Hinterrad-Antriebskette alle 1000 km zu reinigen und zu schmieren, wobei dabei auch die Kettenspannung (»Kettendurchhang«) geprüft und ggf. korrigiert wird.

Die Angabe »alle 1000 km« muss man in der Praxis variabel sehen, denn bei schlechtem Wetter oder überwiegendem Fahrbetrieb in staubigen oder sehr schmutzigen Gegenden ist Reinigen und Schmieren der Kette öfter nötig, sagen wir mal alle 300 km. Bei reinem Schönwetterbetrieb, sanfter Fahrweise und einem guten Pflegestand der Kette muss man diese nur alle rund 2000 km pflegen.

Über die Einhaltung der Wartungspunkte sollten Gelenkstellen wie z. B. die der Hand- und Fußhebel regelmäßig mit einigen Tropfen Öl bedacht werden. Im Abschnitt »Pflege« weiter hinten in diesem Kapitel sind weitere Schmierstellen beschrieben.

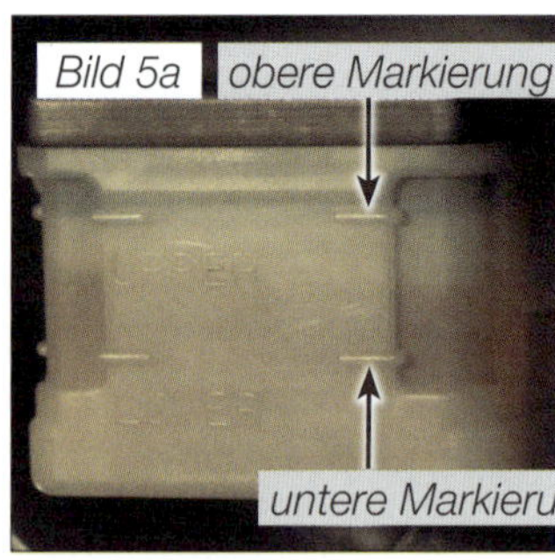

Bild 5a

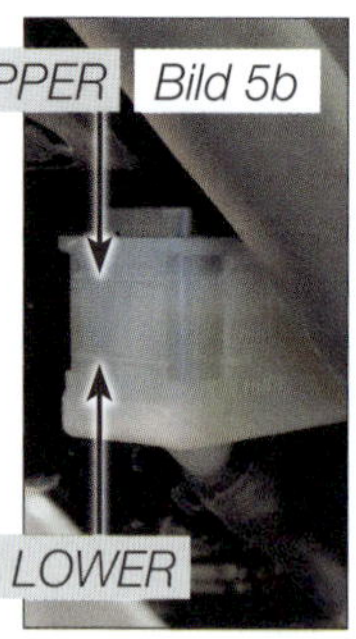
Bild 5b

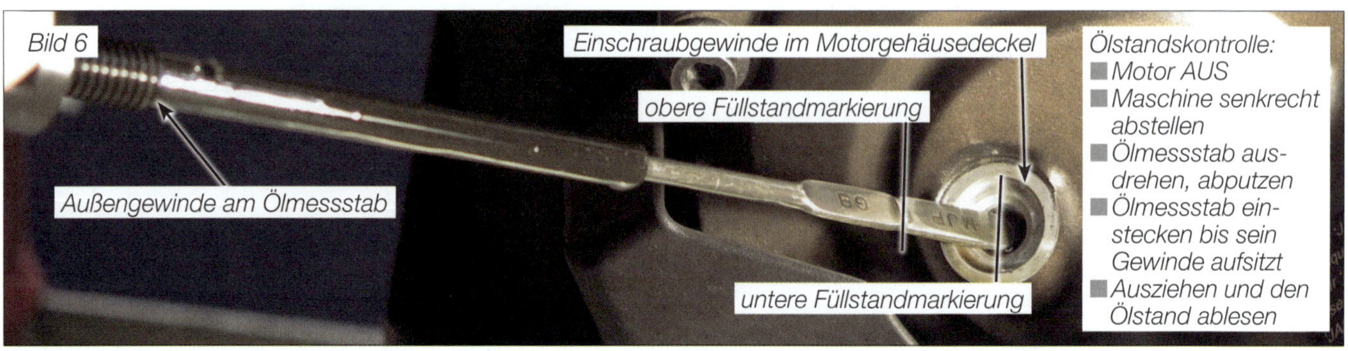

Bild 6

Ölstandskontrolle:
- Motor AUS
- Maschine senkrecht abstellen
- Ölmessstab ausdrehen, abputzen
- Ölmessstab einstecken bis sein Gewinde aufsitzt
- Ausziehen und den Ölstand ablesen

Regelmäßige Kontrollen

In der ersten Spalte der Tabelle »Wartungs- und Inspektionsintervalle« schreibt Honda vor, was vor einer jeden Fahrt zu tun ist. Eine zweite Tabelle »Regelmäßige Prüfpunkte der Fahrsicherheit und Maschinentechnik« finden Sie auf der ersten Seite dieses Kapitels. Wenn man seine Maschine schon längere Zeit hat, sie gut kennt und regelmäßig fährt, hat man diese Punkte verinnerlicht und erledigt sie quasi automatisch mit einem Kopfnicken – was ein gutes Gefühl, Beruhigung und ein »alles ok soweit« schafft.

Beleuchtung: Werfen Sie vor dem Start einer jeden Fahrt einen Blick auf die Beleuchtung und betätigen Sie dabei auch beide Bremsen: Leuchtet das Bremslicht auf, brennen alle Kontrolllampen, hupt die Hupe (»Signalhorn«), geht die Lenkung nach beiden Seiten bis zum Anschlag gleichmäßig leicht, federn Vorder- und Hinterrad leicht ein und gedämpft aus? Bei einer gut gepflegten Maschine ist meistens alles in Ordnung; bei schlechter Wartung quietscht möglicherweise etwas – gehen Sie der Sache auf den Grund, bevor sich aus einem harmlosen Quietscher ein größerer Schaden entwickeln kann!

Reifen: Einmal die Woche, mindestens aber alle 500 Kilometer, einen Blick auf die Reifen werfen: Profil ok (Bild 1)? Klemmt ein Stein im Profil? Ist die Ventilkappe vorhanden, sitzt sie fest (Bild 2)?

Reifenluftdruck: Diesen grundsätzlich bei kalten Reifen prüfen (Bild 3). Die Pneus dürfen von der Kurzstreckenfahrt zur Tankstelle maximal handwarm (30 °C) sein. Die vorgeschriebenen Luftdrücke siehe Kapitel 4 »Reifen«.

Bremsen: Den beiden Vorratsbehältern für die Bremsflüssigkeit (Bilder 4, 5a und 5b) öfter einen Blick schenken: Sinkt der Pegelstand im Behälter unter die Mitte zur unteren Markierung ab, wird es höchste Zeit, nach der Dicke und dem Verschleißzustand der Bremsbeläge zu sehen (Kapitel 6 »Bremsen«).

Achtung: Dunkle Bremsflüssigkeit in den Behältern ist alt und muss erneuert werden. Mehr zum Thema Bremsflüssigkeit und Bremsbelagverschleiß im Kapitel 6 »Bremsen«.

Motoröl, Kühlflüssigkeit

Den Ölstand nicht bei kaltem Motor kontrollieren, sondern erst dann, wenn der Motor mindestens 10 Minuten gelaufen und warm ist.

So wird der Ölstand korrekt geprüft

Der Ölmessstab ist links unten vorne am Motor.

1. Motor abschalten. Maschine auf einer ebenen Fläche abbstellen.

2. Eine bis zwei Minuten warten, bis das Öl von oben aus dem Motor nach unten in die Ölwanne abgelaufen ist.

3. Bild 6: Ölmessstab ausschrauben und mit einem sauberem Lappen abputzen.

4. Ölkontrolle durchführen:

4.1. Maschine in die Senkrechte bringen:

4.2. Ölmessstab einstecken, bis sein Außengewinde auf dem Innengewinde der Öleinfüllbohrung aufsitzt – NICHT einschrauben!

4.3. Ölmessstab langsam ausziehen. Bild 6: Genau hinschauen an sein unteres Ende.

■ Der Motorölstand muss zwischen unterer und oberer Markierung erkennbar sein. Mehr zum Thema Motorölstand und Motoröl finden Sie im Kapitel 11 »Ölwechsel, Schmiersystem«.

Kühlflüssigkeit: Der Ausgleichsbehälter des Kühlsystems ist rechts unten hinter dem Fußbremshebel (Bild 7a). Auf dem transparenten Behälter sind zwei Markierungen UPPER und LOWER zu sehen, der Pegelstand der Kühlflüssigkeit muss sich stets dazwischen befinden.

■ Obere Markierung mit Aufschrift UPPER = Oberer Stand der Kühlflüssigkeit.

■ Untere Markierung mit der Aufschrift LOWER = Unterer Stand der Kühlflüssigkeit.

Bilder 7a, 7b, 7c: Der Stand der Kühlflüssigkeit sollte zwischen UPPER und LOWER sein. Wenn nicht, nachfüllen.

Sicherheitshinweise für Bremsen und ABS

Arbeiten an Bremsen und dem ABS dürfen nur von ausgebildeten Mechanikern gemacht werden, die gute technische Kenntnisse und passendes Werkzeug haben. Von Arbeiten am ABS-System raten wir grundsätzlich ab, diese sollten der autorisierten Honda-Werkstatt vorbehalten bleiben.

Die Reparaturtipps zu den Bremsen in diesem Buch sind für Notfälle gedacht, etwa wenn kein Weiterkommen möglich ist und kein Honda-Händler in der Nähe ist.

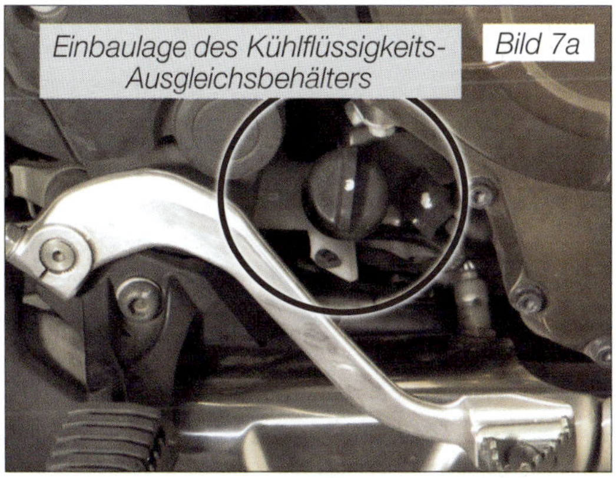

Einbaulage des Kühlflüssigkeits-Ausgleichsbehälters — *Bild 7a*

Bild 7b — *Deckel auf dem Einfüllstutzen muss »gut handfest« aufgeschraubt sein!*

Bild 7c — *Zum Einfüllen von Kühlflüssigkeit einen Trichter benutzen*

Bild 8: Stecker am Kabel, das vom Seitenständerschalter nach oben zum Kabelbaum führt.

Bild 9: Seitenständerschalter in korrekt angebauter Position am Gelenk des Seitenständers.

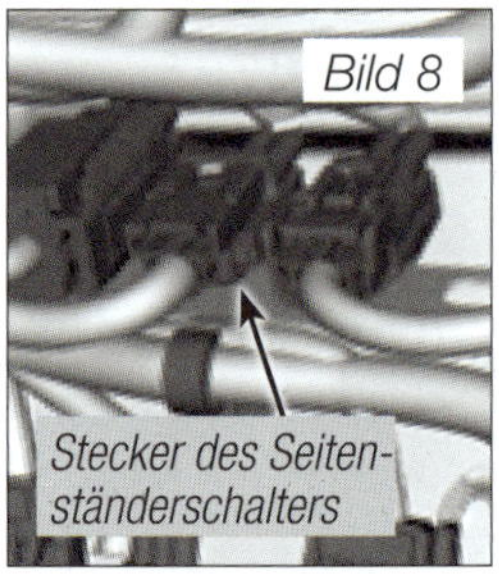

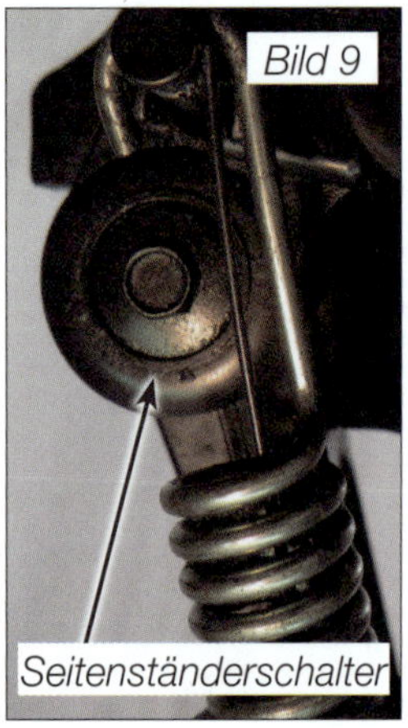

Beachten: Der Stand der Kühlflüssigkeit im Ausgleichsbehälter ist bei kaltem Motor etwas niedriger als bei heißem. Wenn aber der Pegelstand der Kühlflüssigkeit unter die untere Markierung abgesunken oder gar nichts zu sehen ist, stimmt etwas nicht: Entweder ist die Kühlflüssigkeit schon zu lange drin und ein Teil davon ist verdunstet oder das Kühlsystem hat ein Leck. Bevor aber der komplette Kühlkreislauf umgekrempelt wird, zuerst den Ausgleichsbehälter mit Kühlflüssigkeit bis zur oberen Markierungslinie auffüllen, weiterfahren und beobachten, wo das Zeug bleibt: Wenn sich nach dem nächsten Abstellen des Motors darunter eine kleine Pfütze Kühlmittel bildet, ist dies ein Indiz für ein Leck im Kühlsystem. Gehen Sie der Sache auf den Grund (siehe Kapitel 12 »Kühlsystem«).

Kühlflüssigkeit einfüllen (Bilder 7a, 7b, 7c): Den schwarzen Deckel am Stutzen des Kühlmittel-Ausgleichsbehälters abschrauben und Kühlflüssigkeit mit Hilfe eines Trichters einfüllen.

Achtung: Den Deckel des Ausgleichsbehälters nicht bei heißem Motor öffnen, denn das heiße Kühlmittel kann plötzlich herausschießen. Verbrühungen sind die Folge.

Falls Sie unterwegs Kühlmittelverlust feststellen und deswegen Kühlmittel kaufen und auffüllen müssen, achten Sie darauf, dass dieses für Aluminiummotoren und -kühler geeignet ist. Kühlmittel für Graugußmotoren ist nicht geeignet.

Tipp: Falls nur eine kleine Menge Kühlmittel fehlt, können Sie auch mit reinem Wasser auffüllen. Füllen Sie kein Leitungswasser ein, denn das ist kalkhaltig, sondern nur destilliertes Wasser. Mehr zum Kühlkreislauf und Kühlmittel in Kapitel 12 »Kühlsystem«.

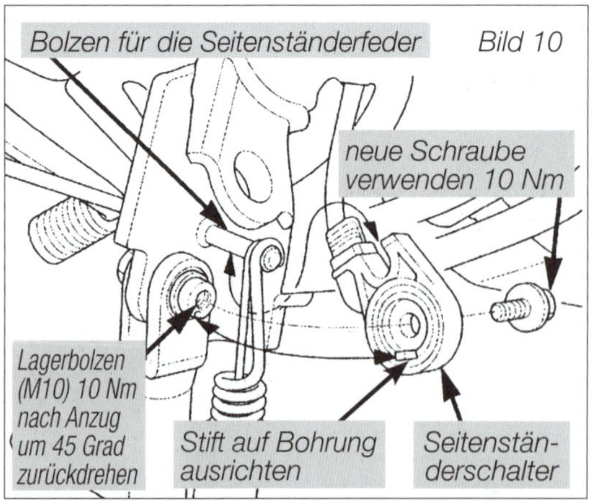

Seitenständerschalter

Der Seitenständerschalter sollte regelmäßig auf Funktion geprüft werden. Er sitzt links unten auf dem Seitenständergelenk (Bilder 9 und 10) und ist Dreck und Nässe ausgesetzt. Wenn er nicht mehr richtig funktioniert, verhindert er entweder das Starten des Motors, oder, im anderen Extremfall, wird ein Wegfahren der Maschine mit ausgeklapptem Seitenständer ermöglicht – und das ist ziemlich gefährlich.

Seitenständerschalter auf Funktion prüfen

Bei Maschinen mit Schaltung und Kupplung:

- Motor mit ***aus**geklapptem* Seitenständer und eingelegtem Leerlauf starten.
- Kupplung ziehen, Gang einlegen: Der Motor muss ausgehen.

Umkehrprobe:

- Motor mit ***ein**geklapptem* Seitenständer und eingelegtem Leerlauf starten.
- Kupplung ziehen, Gang einlegen.
- Kupplung gezogen halten, Seitenständer ausklappen: Der Motor muss ausgehen.

Bei Maschinen mit Doppelkupplung:

- Motor mit ***aus**geklapptem* Seitenständer starten.
- Getriebe in den »D«-Modus schalten: Der Motor muss ausgehen.

Umkehrprobe:

- Motor mit ***ein**geklapptem* Seitenständer starten.
- Getriebe in den »D«-Modus schalten.
- Seitenständer ausklappen: Der Motor muss ausgehen.

Wenn der Seitenständerschalter diese Tests besteht, ist er technisch und elektrisch in Ordnung. Aber wehe, wenn sich mit ausgeklapptem Seitenständer der Gang einlegen und womöglich sogar losfahren lässt, dann muss der Seitenständerschalter unbedingt erneuert werden.

Bild 8: Um den zweipoligen Stecker des vom Seitenständerschalter zum Kabelbaum führenden Kabels zu finden, gehen Sie einfach dem Kabel nach, das vom Seitenständerschalter aus nach oben bis unter die linke Steckerabdeckung führt.

Bild 10: Explosionszeichnung als Montagehilfe des Seitenständerschalters.

Pflege

Maschine richtig waschen
Bilder 11a und 11b: Motorrad nur mit milden Waschmitteln, weichen Schwämmen und flauschigen Lappen waschen. **Wichtig:** Motorrad in kaltem Zustand an einem schattigen Platz waschen. Bei warmem Motor oder in direkter Sonneneinstrahlung verdunstet das Waschwasser schnell, und die Rückstände der Waschmittelzusätze brennen sich in die heißen Oberflächen von Motor und Auspuff ein, lassen sich nur mühsam entfernen.

Zwei große Eimer mit lauwarmem Wasser, Reinigungsmittel und ein weicher Schwamm genügen. Zwei Eimer? Im einen wird der schmutzige Schwamm ausgedrückt und aus dem anderen dann mit dem »sauberen« Schwamm wieder sauberes Waschwasser aufgenommen. Die in Motorrad- und Zubehörgeschäften angebotenen Motorradreiniger (Bild 11b) sind zu empfehlen, denn sie lösen Dreck und Fettrückstände gut ab, ohne dass sie den Lack angreifen. **Wichtig: Nicht zu viel Reiniger verwenden und ihn nicht antrocknen lassen!**

Nach der Reinigungswäsche mit reichlich klarem, kaltem Wasser nachspülen. Dann umgehend Verkleidungsteile und Tank mit dem weichem Tuch abtrocknen.
■ Angetrocknete Insektenreste auf Lampen- und Blinkergläser, Rückspiegel, Telegabel, vorderem Schutzblech und anderen Verkleidungsteilen mit reichlich Wasser einweichen: Nasses Tuch auflegen, einweichen lassen, abwaschen.

Bilder 11a und 11b: Zu einer odentlichen Wäsche werden rund geformte Bürsten, zwei Wassereimer, Schwämme, weiche Lappen sowie Wasch- und Pflegemittel benötigt.

Bild 11a

Bild 11b

Sicherheitshinweise Achtung und Tipps für diesen Kapitelabsatz

Achtung: Das Waschen von Kraftfahrzeugen im »öffentlichen Verkehrsraum« (Straßen, Wege, Plätze) ist grundsätzlich dann nicht erlaubt, wenn zusätzliche Waschmittel benutzt werden – es darf nur mit klarem Wasser gewaschen werden. Waschen mit Mitteln ist nur auf speziellen Waschplätzen erlaubt.

Achtung: Maschine nicht mit einem Dampfstrahler reinigen! Denn das unter Druck stehende heiße Waschwasser enthält sehr aggressive Reinigungsmittel, welche Gummidichtungen (z. B. in der Bremsanlage) beschädigen können. Weiterhin dringt der heiße Wasserdampf überall ein, wo er nicht soll: Hebelgelenke, Gaszüge, Steckkontakte und Schalter der Elektrik, Radlager, Gabelbeine und Federbein – und an diesen Stellen richtet er Langzeitschäden an!

Tipp: Maschine immer von oben nach unten waschen, die weniger verschmutzten Teile zuerst. Waschwasser fern halten von elektrischen Anschlüssen, Schaltern, Steckern und den Gaszügen unten an den Drosselklappen.

Achtung: Nach dem Waschen besonders Reifen und Bremsscheiben mit reichlich klarem Wasser abspülen, damit alle glitschigen Rückstände abgespült werden – denn rutschige Reifen können in der ersten Kurve für Überraschungen sorgen und die Bremsen mit einem Schmierfilm überzogen sein, was der Bremsleistung nicht förderlich ist.

Achtung: Schmieren Sie niemals die Gaszüge mit Kettenspray oder Motoröl. Ein mit ungeeignetem Öl geschmierter Gaszug ist nicht mehr leichtgängig, was bis zum völligen Festsitz des Gaszuges führen kann! Wenn ein Schmieren der Gaszüge nötig sein sollte, verwenden Sie entweder dünnflüssiges, harzfreies Nähmaschinenöl oder Ölspray WD-40 sehr sparsam.

Achtung: Schmieren Sie keinesfalls die Gelenkstellen der Drosselklappen mit Fett, Öl oder Kettenspray, denn das Schmiermittel kann durch die Hitze festbacken und die Beweglichkeit der Drosselklappen beeinträchtigen, was bis zum Festgehen führt!

Tipp: Wenn Sie eine Abdeckhaube kaufen, um die Maschine darunter überwintern zu lassen, dann nehmen Sie eine, die unten Ösen hat, in welche die Haken von Gepäckgummis eingehängt werden können, damit die Plane gesichert ist und nicht beim ersten Windstoß abhebt.

Tipp: »Richtig überwintern« heißt vor allem, dass die Maschine über die Wintermonate so abgestellt werden soll, dass beide Räder frei in der Luft sind, also keinen Bodenkontakt haben. Wenn eine Maschine monatelang auf dem Seitenständer steht und die Reifen womöglich schleichend Luft verlieren, bekommen die Reifen einen »schrägen Standplatten«, also eine abgeflachte Stelle.

Sichtprüfung

Messen

Wenn Flecken auf der Verkleidungsscheibe sind, die selbst mit Glasreiniger nicht weggehen, hilft eine Behandlung mit Polierpaste für »Acryl- und Plexiglas«; empfehlenswert ist die vom Hersteller »ROT-WEISS« (Bild 12). Zweitbeste Lösung ist ein »Tiefenreinigungsmittel«, wie es im Autozubehörhandel für Kunststoff-Heckscheiben von Cabrioverdecken angeboten wird.

Winterbetrieb

Nach jeder längeren Winterfahrt die Maschine mit kaltem Wasser abspülen und mit weichem Lappen trocknen. Kein heißes Wasser verwenden, weil dieses die korrodierende Wirkung des Streusalzes verstärkt.

Bild 12

Bild 12: Wenn das Windschild mit der Zeit Flecken bekommen hat, kann man es mit speziellen Mitteln aufpolieren.

Wichtige Pflegetipps: Honda-Händler bieten Politurmittel an, die auf die Grundfarben der Maschine abgestimmt sind. Dies gilt auch für sonstige Pflegemittel wie Teer- und Insektenentferner, Lackreiniger und »Cockpitspray«.

- Der Kühler muss sauber gehalten werden! Er wird mit einer Wurzelbürste unter Zugabe von viel Wasser gereinigt. Die Lamellen dabei nicht beschädigen!
- Lack- und Kunststoffteile sowie Metalloberflächen nicht mit Benzin oder anderen Lösungsmitteln bearbeiten: Erstens ist das Zeug giftig und zweitens brennen sich solche Mittel in die Oberflächen ein und hinterlassen Flecken, die nicht mehr entfernt werden können.
- Wenn sich Teer oder ein Stück Schuhsohle in den Auspuff eingebrannt hat, kann man diese mit Bremsenreiniger und der rauen Seite eines Haushaltsschwammes bearbeiten.
- Aggressive »Lackkiller« wie übergelaufenes Benzin, Öl, Bremsflüssigkeit und Vogelsekrete sollte man umgehend entfernen.

Öl- und Fettspray

Siehe dazu Bild 13: Abschmieren beweglicher Teile dient in erster Linie dazu, Schmutz und Wasser von ihren Gelenkstellen fern zu halten

Bild 13: Schmier- und Pflegestellen.

Bild 13

und Rost vorzubeugen, damit Leichtgängigkeit und lange Lebensdauer gewährleistet werden. Auch zueinander bewegliche Aluminiumteile korrodieren, wie z. B. die Gelenke von Kupplungs- und Bremshebel. Wenn diese nicht regelmäßig gepflegt werden, gibt es Schwergängigkeit – speziell wenn die Maschine im Freien abgestellt ist, lagert sich Umgebungsdreck aus der Luft darauf ab und kriecht in die Gelenkstellen hinein.

Wichtig 1: Zünd-Lenkschloss, Schloss im Tankdeckel und Sitzbankschloss NICHT mit Ölspray oder gar Kettenspray schmieren, sondern spezielles Schlossspray auf Graphitbasis zum Schmieren dieser Schlösser verwenden. Dieses muss sehr sparsam angewendet werden.

Wichtig 2: Halten Sie Schmiermittel und Ölspray fern von Sensoren und elektrischen Steckern.

Gasdrehgriff: Wenn er schwer geht, muss er mit leichtem Molybdänfett geschmiert werden, wozu man ihn öffnen muss. Das Öffnen des Gasgriffs und »Gaszüge wechseln« ist in Kapitel 19 »Gasgriff · Gaszüge · E-Gas« beschrieben.

»Einmotten« über Winter

Eine abgemeldete Maschine oder eine mit Saisonkennzeichen darf während der Stilllegemonate nicht auf der Straße oder einem anderen »öffentlichen Verkehrsraum« abgestellt werden. Deswegen braucht man einen trockenen (!) und abschließbaren (!!) Abstellplatz.

Noch einen Ölwechsel machen? Penible Menschen wechseln vor der Überwinterung das Motoröl. Folgende Vorgehensweise hat sich bewährt: Wenn der Ölwechsel vor der Überwinterung länger als drei Monate oder mehr als 3000 km zurückliegt, machen Sie einen Öl- samt Filterwechsel. Falls Sie sich entscheiden, Ihr Motorrad vor der Winterpause zum Ölwechsel in die Honda-Werkstatt zu geben, lassen Sie gleich eine komplette Inspektion machen. Dann können Sie im Frühjahr sofort durchstarten (zum Saisonstart sind sämtliche Werkstätten grundsätzlich überlastet!).

So wird eingemottet

1. Maschine ordentlich heiß fahren.
2. Tank randvoll machen und eine gute Portion »Fuel Protect« (Bild 14) dazugeben.
3. An der Tankstelle auch die Reifen aufpumpen auf vorne etwa 3 bar und hinten 3,5 bar.
4. Zügig zum Winterabstellplatz fahren. Motor abstellen, ihn nicht lange »nachlaufen« lassen.
5. Batterie ausbauen (Kapitel 23 »Batterie«).
6. Gelenkstellen von Brems- und Kupplungshebel, Fußrasten und Seitenständer leicht mit Öl- oder Fettspray einsprühen.
7. Blanke und verchromte Teile mit säurefreiem Fett (z. B. Vaseline) dünn einreiben; man kann auch Silikonspray nehmen.
Wichtig: Auspuff vorher kalt werden lassen.
8. Weil die Maschinen unseres Buchs nur einen Seitenständer haben, soll man sie NICHT über den Winter darauf abstellen, weil die Reifen sonst einen »schrägen »Standplatten« bekommen können. Am besten die Maschine auf Front- und Heckmontageständer aufbocken, so haben beide Räder keinen Bodenkontakt.

Was Sie noch tun können: Alle paar Tage Vorder- und Hinterrad einige Male durchdrehen und in eine andere Ruheposition bringen. Das verhindert ein »Festkleben« der Bremsbeläge an den Bremsscheiben und somit hässliche Flecken auf den Bremsscheiben.

Inbetriebnahme nach der Winterpause

1. Maschine abdecken, Fettschicht von den blanken und verchromten Teilen mit weichem Lappen abwischen – kein Benzin oder ähnliche Lösungsmittel verwenden!
2. Betriebsbereite, frisch geladene Batterie einbauen, Polanschlüsse mit säurefreiem Fett (»Polfett«) dick einschmieren (Kapitel 24 »Batterie«).
3. Reifenluftdruck prüfen und ggf. korrigieren (Luftdrücke siehe Kapitel 4 »Reifen«).
4. Sicherheitskontrollen: Fern- und Abblendlicht, Rücklicht, Bremslicht, Blinker, Warnblinker und Hupe prüfen.
5. Motor starten: Zündung einschalten und VOR dem Betätigen des Starterknopfes zwei- bis dreimal langsam Gas geben, damit das Motorsteuergerät Signale vom Drosselklappen-Sensor empfangen und sich einstellen kann.
6. Wenn die Batterie abgeklemmt war, muss sich das Motorsteuergerät neu einjustieren, weswegen der Motor direkt nach dem Anspringen nicht gleich rund läuft und einige Sekunden braucht, bis er seinen Rhythmus gefunden hat.
7. Motor nicht zu lange im Standgas laufen lassen, sondern nach spätestens drei Minuten losfahren.
8. Motor sanft warm fahren. Darauf achten, dass alle Funktionen in Ordnung sind: Öldruck, Bremsleistung, Federung und Dämpfung.
■ Gute Fahrt in die neue Saison!

Silikon-Pflegemittel
⚠ Silikonspray oder silikonhaltige Pflegemittel immer fein dosiert verwenden. Bloß nicht zu viel auftragen, sonst können Lack- und Verkleidungsoberflächen mit der Zeit »blind« werden!

Bild 14: »Fuel Protect« verhindert Rost im Tank und Ablagerungen in der Einspritzung bei längerer Standzeit.

Bild 14

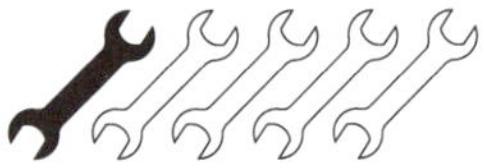

Bild 1 ganz rechts: Beispielhaftes Werkzeugsortiment für eine Hobbywerkstatt. Teilebezeichnungen siehe nächste Seite unten.

Bild 2 unten: Digitaler Messschieber (A), Mikrometer oder Bügelmessschraube (B), Fühlerlehren (C),

Bild 3: Besteckkasten als Kleinteileablage.

Werkstatt

In diesem Kapitel: Werkzeug · Bordwerkzeug · Werkzeug für die Hobby-Werkstatt · Werkzeugwagen und Hebebühne · Aufbockhilfen · Ölen, Fetten, Kleben · Anziehdrehmomente · Gewindereparatur mit HeliCoil.

Werkzeug

Der erste Grundsatz für Werkzeug in der Hobbywerkstatt sowie im ergänzten Bordwerkzeug heißt: Nur mit gutem Werkzeug kann man gute Arbeit machen! Vermurkste Schrauben, Muttern und hässliche Kratzer, die durch Gebrauch von schlechtem Werkzeug entstanden sind, sehen schlimm aus. Ganz zu schweigen von Verletzungen, die man sich zuziehen kann, wenn man mit schlechtem Werkzeug arbeitet.

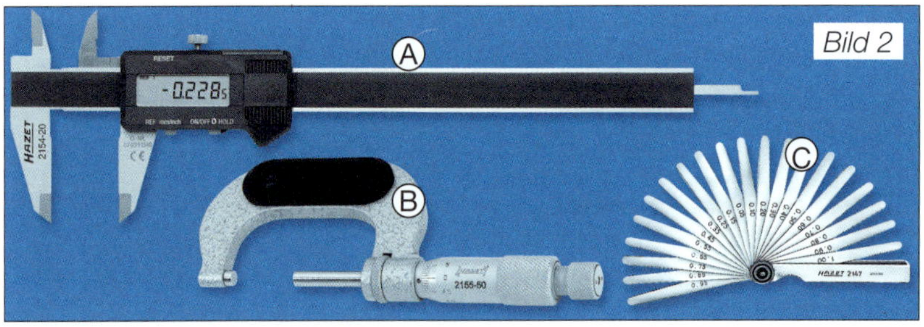

Sicherheitshinweise ⚠ Achtung und ☞ Tipps

⚠ Werkzeug sollte man nicht im Baumarkt kaufen, auch wenn dessen Sonderangebot noch so verlockend ist! Baumarkt-Werkzeug ist meistens billig und kann schon deswegen nicht sehr gut sein – und wenn es aus minderwertigem Material besteht, ist es bruchgefährdet.

☞ Ein Blick ins Internet rentiert sich bei einer Werkzeugrecherche. Werkzeug bester Qualität ist im Internet zum Beispiel unter *www.hazet.de* zu finden. Hazet ist einer der bekanntesten deutschen Hersteller von Werkzeug aller Art für Kraftfahrzeuge.

☞ Im Haushaltswarengeschäft (z. B. bei IKEA) gibt es für kleines Geld Besteckablagen für Schubladenkästen in verschiedenen Unterteilungen. Diese eignen sich ganz hervorragend als Schrauben- und Kleinteileablage (Bild 3).

☞ Wenn teure Spezialwerkzeuge benötigt werden, bei der Werkstatt um die Ecke nachfragen, ob man gegen ein hinterlegtes Pfand und einen Obolus in die Trinkgeldkasse das Werkzeug geliehen bekommt.

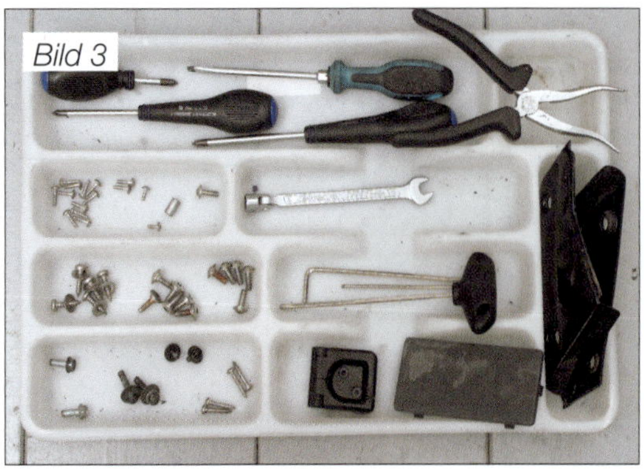

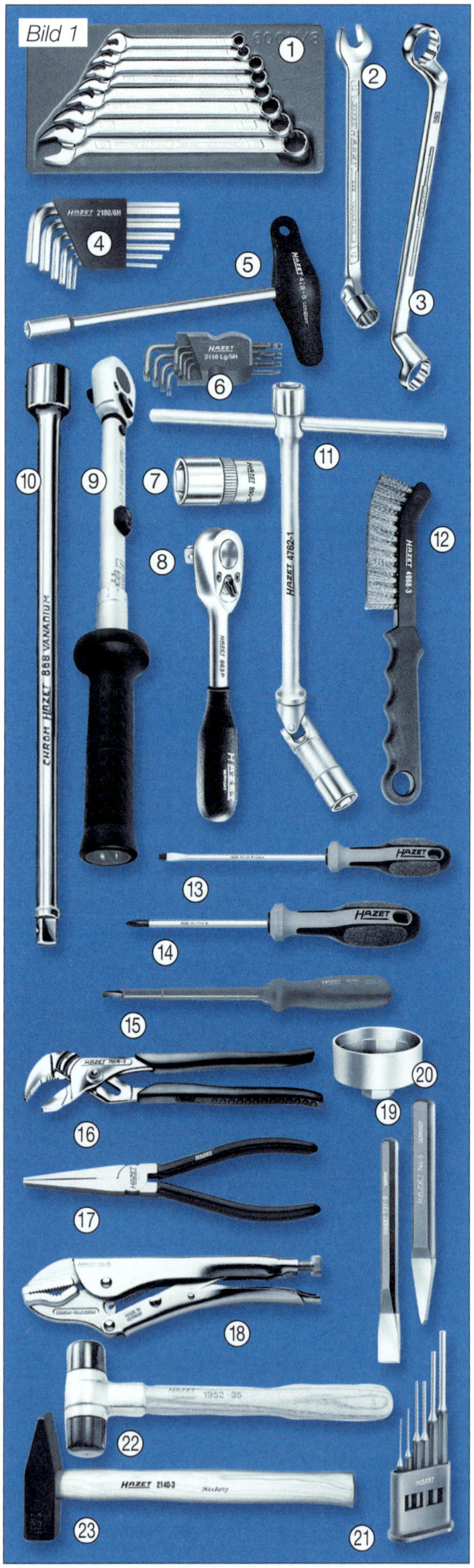

Inbusschlüssel: An den Maschinen unseres Buchs sind viele Inbusschrauben verbaut, man braucht also Inbusschlüssel in allen gängigen Größen (siehe dazu Bilder 8a und 8b). Bei den vielen besonders an der Verkleidung verbauten Inbusschrauben M5 und M6 braucht man einen Inbusschlüssel mit SW5.

6-kant-Werkzeug: Für Schrauben mit 6-kant-Köpfen und 6-kant-Muttern nimmt man am besten 6-kant-Nüsse (Bild 4). 12-kant-Nüsse sind nicht gut geeignet.

Gabel- und Ringschlüssel: Diese werden dann gebraucht, wenn Schrauben und Muttern nicht mit Nüssen erreichbar sind.

Schlüsselweite: Das Kürzel für »Schlüsselweite« ist »SW«. SW 12 bedeutet also, dass dieser Schlüssel für einen Schraubenkopf oder eine Mutter mit 12 mm bestimmt ist. M8-Schrauben und Muttern brauchen einen 12er- oder 13er-Schlüssel; M6 einen 8er- oder 10er-Schlüssel.

Schraubenzieher: Zu dem normgerecht als »Schraubendreher« bezeichneten Werkzeug sagen wir hier in diesem Buch »Schraubenzieher«. Das ist nach DIN- oder ISO-Norm fachlich nicht korrekt, aber unter Motorradfahrern üblich.

Bordwerkzeug

Bild 7: Das serienmäßige Bordwerkzeug umfasst wenige Teile. »Besser als nichts« könnte man meinen, aber versuchen Sie mal mit einem kurzen Gabelschlüssel, dessen Maul nicht wirklich maßhaltig ist, die Befestigungsschrauben der vorderen Bremssättel zu lösen, was nötig ist um das Vorderrad auszubauen – so viele Flüche hat kein gesitteter Mensch auf Lager. Mit der Honda CRF 1000 L Africa Twin kann man ja auch aufgrund ihres Charakters als »gute Enduro« ins Gelände fahren – und dort ist man bei einem Reifenschaden ohne passendes Werkzeug schnell sehr einsam. Auf der nächsten Seite steht eine kleine Liste mit Werkzeugen und Anziehdrehmomenten, die man zur Radmontage braucht.

Zurück zum Bordwerkzeug, dieses ist im Fach rechts zwischen Tank und Motor. Bild 5: In der Grundplatte der Sitzbank steckt ein Inbusschlüssel, mit dem man die Schrauben der Maske über dem Werkzeugfach ausschraubt. Bild 7: Jetzt kann man Box mit dem Bordwerkzeug entnehmen.

Reifendruckprüfer: Bitte KEIN Plastikteil aus dem Baumarkt kaufen, sondern ein Präzisionsmessgerät (Bild 9). Ein sehr gutes Gerät ist das vom Hersteller Flaig, es hat ein stabiles Alu-Gehäuse und zeigt genau an.

Bild 4

Bild 5

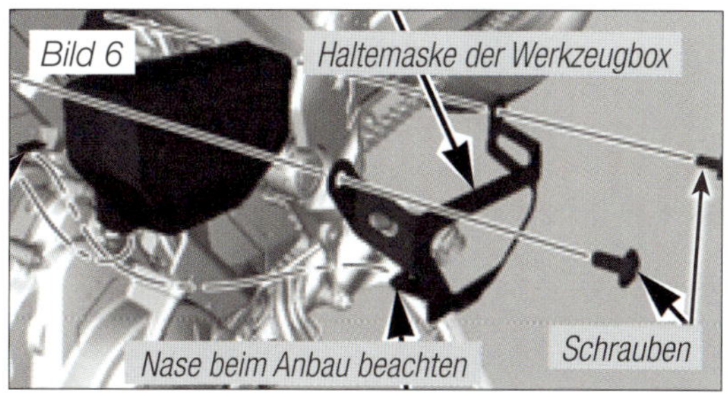

Bild 6

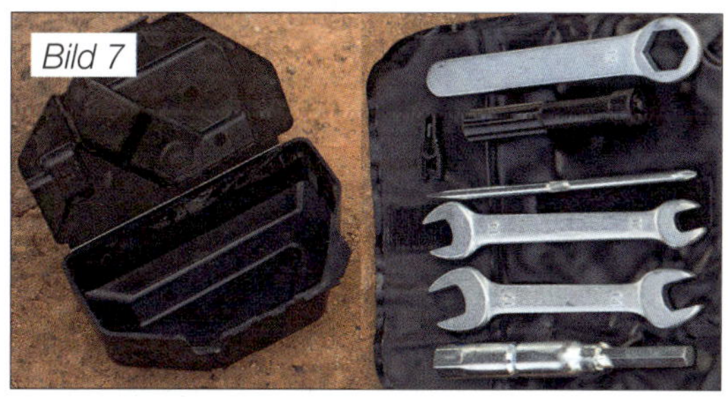
Bild 7

Die Bilder 4, 5, 6 und 7 sind im Text besprochen.

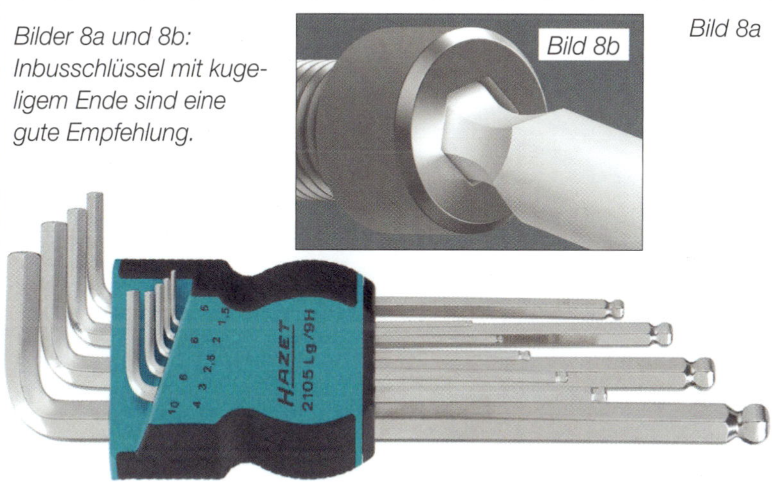

Bild 8b
Bild 8a

Bilder 8a und 8b: Inbusschlüssel mit kugeligem Ende sind eine gute Empfehlung.

Teilebezeichnungen in Bild 1 links: Satz Ring-Maulschlüssel (1), Maul-Steckschlüssel (2), Doppelringschlüssel (3), Satz Inbusschlüssel (4), Sechskant-Steckschlüssel mit Querknauf (5), Satz Torx-Schlüssel (6), Steckschlüsselnuss mit Innensechskant (7), Umschaltknarre (8), Drehmomentschlüssel (9), Verlängerung (10), Zündkerzenschlüssel (11), Bremssattelbürste mit Messingborsten (12), Schlitz-Schraubenzieher (13), Kreuzschlitz-Schraubenzieher (14), Elektriker-Schraubenzieher (15), Universalzange (16), Flachzange (17), Gripzange (18), Flachmeißel (19), Kreuzmeißel (20), Satz Splinttreiber (21), Kunststoffhammer (22), Schlosserhammer (23).

Sichtprüfung Messen

Flickzeug: Immer dabei haben sollte man ein Reifen-Flickzeug für Schlauchreifen (Bild 10). Damit kann ein unterwegs eingefangener Plattfuß repariert werden. Im Bordwerkzeug dabei haben muss man natürlich auch Werkzeuge zur Radmontage und Reifenmonierhebel. Wie es geht zeigen wir im Kapitel 4 »Reifen«.

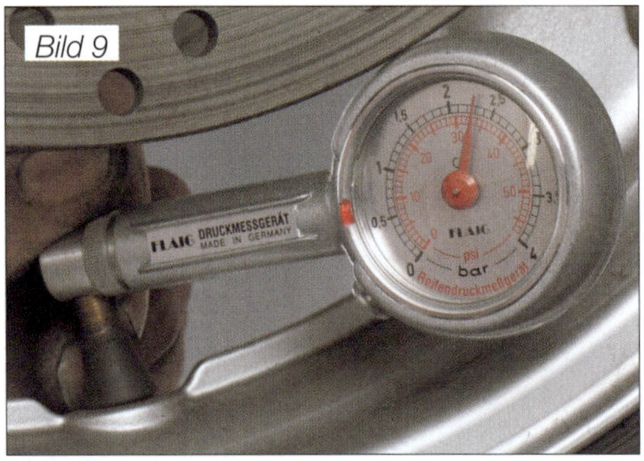

Bild 9: Der im Text erwähnte Reifendrückprüfer im Einsatz.

Ein Zettel, auf dem die Anziehdrehmomente aller Schrauben und Muttern bei der Rädermontage notiert sind, ist wichtig. Weder der ADAC-Notdienst noch der Reifendienst, von denen man im Fall eines Reifenschadens Hilfe erwartet, wird das Rad nach der Behebung des Plattfußes montieren, wenn er die Anziehdrehmomente nicht kennt! Das hat etwas mit »Betriebshaftung« zu tun und diese wird streng beachtet.

Die nötigen Räderwerkzeuge finden Sie hier links; sie sind reduziert auf die Mitnahme in der Maschine. Im Kapitel 5 »Räder« sind diese Werkzeuge im Einsatz. Zusätzliches Bordwerkzeug wird zwecksmäßigerweise im untersten Fach des Tankrucksacks verstaut – sofern man einen solchen montiert hat, denn er ist wirklich sehr praktisch! Auf Drehmomentschlüssel kann man notgedrungen verzichten, weil sie zu sperrig sind für eine Mitnahme.

Bild 10: Schlauchflickzeug sollte ins Bordwerkzeug. Im Kapitel 4 »Reifen« zeigen wir, wie man Reifen richtig ab- und aufzieht.

Erweitertes Bordwerkzeug und Anziehdrehmomente für eine Vorder- und Hinterradmontage unterwegs

Bauteile und Werkzeug

Schraube ABS-Sensor	6-kt-Nuss SW 8
Schrauben der Bremssättel an die Gabelbeine:	6-kt-Nuss SW 14
Achsklemmschrauben	6-kt-Nuss SW 12
Achskopf vorne	Inbusnuss SW 17
Achsmutter vorne	6-kt-Nuss SW 22
Hinterachsmutter	6-kt-Nuss SW 27
Hinterachskopf	Ringschlüssel SW 22
Rätsche oder Knebel für die Nüsse	
Schrauben und Kontermuttern zur Kettenspannung	Gabelschlüssel SW 10, 12
Reifenmontierhebel, Reifenmontierpaste	
Luftpumpe, Kunststoff- oder Gummihammer	
Schmutzlappen, kleine Dose Ölspray	

Anziehdrehmomente

Schrauben ABS-Sensoren	10 Nm
Vorderachsmutter	60 Nm
Vorderachs-Klemmschrauben M8	22 Nm
Schrauben Bremssättel an die Gabelbeine	45 Nm
Hinterachsmutter	100 Nm
Kontermuttern Kettenspanner	27 Nm

Bild 11: Der fahr- und faltbare Werkstattwagen »Assistent« ist seit vielen Jahren ein Klassiker in den Werkstätten von Hobby- und Profischraubern.

Werkzeug für die Hobbywerkstatt

Nun kommen wir zur Ausstattung einer Hobbywerkstatt. Wenn Sie gar nichts haben an Werkzeug, also auch keine Erbstücke des leider verstorbenen Großvaters, der als Landmaschinenmechaniker gearbeitet hat, dann müssen Sie mit einigen hundert Euro rechnen, bis alle Wunsch-Werkzeuge aufgeräumt in der Werkstatt darauf warten gebraucht zu werden.

- Batterieladegerät 12 Volt
- Digitales Multimeter und Prüflampe
- Isolierter Seitenschneider (»Elektro-Knipser«)

- Ölauffangwanne mit Öltank für den Ölwechsel
- Zwei Drehmomentschlüssel mit Einstellbereich 40 bis 250 Nm und mit 5 bis 40 Nm.
- Flachspitzzange klein und Seitenschneider
- Messing- und Stahldrahtbürste
- Fächer-Fühlerlehre von 0,05 bis 1,0 mm
- Messschieber, Messbereich bis 250 mm
- Schlosserhammer mit 250 Gramm und einen Kunststoff- oder Gummihammer
- Satz Durchschläge (»Splint-Austreiber«)
- Kupferpaste für Auspuffverbindungen
- Silikondichtpaste für Gehäusedichtflächen
- HeliCoil-Gewindereparatur M5, M6, M8, M10.
- Für ganz harte Fälle gibt es HeliCoil auch für die Reparatur von Zündkerzengewinden.
- Elektrische Heizplatte mit 25 cm Durchmesser oder einen starken Werkstatt-Heißluftföhn.
- Druckluft-Kompressor, Druck bis 8 bar, mit Druckluftpistole und Reifenfüllmanometer.
- Schleifbock: Er ist nützlich, wenn man Bohrer schleifen muss (und sich am Funkenflug freut).

Werkzeugwagen, Hebebühne

Werkzeugwagen: Werkzeug muss nicht nur vorhanden, sondern auch auffindbar sein. Weil es mit Ordnung immer so eine Sache ist, empfehlen wir, das meist benötigte Werkzeug im falt- und fahrbaren Hazet-Werkzeugwagen »Assistent« aufzubewahren. Dieser ist innen größer, als er von außen aussieht. Aufgezogen ist er etwas mehr als einen Meter hoch, zusammengeschoben kaum noch die Hälfte (Bild 11).

Hebebühne: Perfekt ist eine Hebebühne. Sie erleichtert alle Schrauberei, weil man sich dazu nicht bücken muss und ist schon deswegen kein Luxus. Preiswerte Hebebühnen gibt es in den Shops der Motorrad-Zubehörketten.

Besteckkasten: Als Ablage beim Schrauben direkt am Motorrad benutzen wir einen Besteckkasten (Bild 3). Darin lassen sich die momentan benötigten Werkzeuge und Kleinteile wunderbar ablegen. Besteckkästen gibt es für kleines Geld im Haushaltswarenladen (bei Ikea sind sie billig!). Man kann auch ausgespülte Joghurt-Becher nehmen und darin Muttern, Schrauben und Kleinteile nach Baugruppen geordnet ablegen.

Aufbockhilfen: Zum Aus- und Einbau der Räder oder auch »nur« zum ordentlichen Schmieren und Spannen der Kette muss man die Maschine ordentlich aufbocken. Im Kapitel »Räder« zeigen wir Montageständer für Front und Heck.

Fetten, Ölen, Kleben

Ölen: Wenn Schrauben und Muttern moniert werden, immer einen Tropfen Öl auf/in ihre Gewinde und Anlageflächen geben. Wenn blanke Bauteile miteinander verschraubt werden, sollte man vorher die Kontaktflächen beider Teile mit etwas Fett einschmieren. So rosten sie nicht fest, und das Fett zwischen den Passflächen verhindert das Eindringen von Feuchtigkeit.

Fetten: Schmierfett ist neben Öl ein weiteres wichtiges Grundhilfsmittel in der Motorradwerkstatt. Motorrad-Schmierfett muss salzwasserresistent sein. Wir brauchen in unserer kleinen Motorradwerkstatt zwei Fettarten:

- »Schweres Fett« ist für langsam drehende Bauteile wie Lenkkopf- und Schwingenlager, Gelenkbolzen von Fußrasten, Schalt- und Bremshebel. Man spürt beim Reiben zwischen den Fingern, dass das schwere Fett steifer ist als leichtes Wälzlagerfett, weswegen es nicht für Schnelldrehbauteile wie Radlager geeignet ist.
- »Leichtes Wälzlagerfett« ist für schnell drehende Bauteile, wie Radlager oder Radlager-Simmerringe beim Radeinbau. Wie die Bezeichnung »leicht« schon sagt, ist das Fett »leicht« und damit besonders geschmeidig. Wenn man es zwischen den Fingern verreibt, wird es extrem glitschig. Man spürt während des Reibens quasi den Schmierfilm auf der Haut, und danach lässt sich das Fett kaum abwaschen.

Kleben: Bild 15 zeigt wichtige Werkstatthilfsmittel, die in der Bildunterschrift erklärt sind. Zu den nötigen Werkstatthilfsmitteln gehört vor allem die flüssige Schraubensicherung »Loctite«. Im Internet unter *www.loctite.de* findet man Produktbeschreibungen und Anwendungsgrundlagen.

Wichtig: An einigen Stellen wird »Loctite 243 mittelfest« gebraucht, entsprechende Hinweise

Bilder 12 und 13: Aus einer noch so leeren Motorölflasche kommt immer noch genügend Tropföl für ein klassisches Ölkännchen, das in jeder Werkstatt zum Inventar gehören sollte.

Bild 12

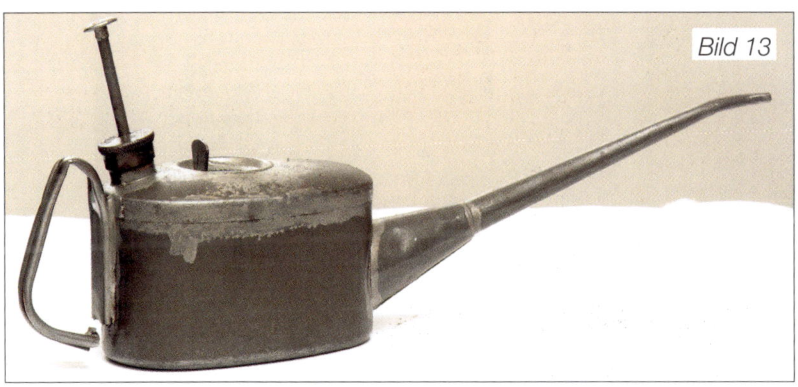
Bild 13

Bild 14a

Bilder 14a und 14b: Flüssige Gewindesicherung sparsam in die Mutter bzw. auf das Gewinde der Schraube geben.

Bild 14b

dazu geben wir in den einzelnen Kapiteln sowie im Kapitel 31 »Anziehdrehomente«. Den höherwertigen Superklebstoff »Loctite 2701 hochfest« findet man zwar oft in Werkstätten, er wird aber bei den Maschinen unseres Buchs nirgendwo gebraucht.

Bitte beachten Sie, dass »Loctite 2701 hochfest« keinesfalls als Ersatz für »Loctite 243 mittelfest« verwendet werden darf, weil »hochfest« so unglaublich fest aushärtet, dass kleine Gewinde beim Versuch, nach einer gewissen Zeit diese wieder zu öffnen, zerstört werden. Eine mit »Loctite 2701 hochfest« in ein Motorgehäuse aus Aluminium eingeklebte M6-Schraube wird beim Versuch sie zu öffnen regelrecht herausgerissen. Das Innengewinde ist dann nachhaltig zerstört – dann hilft nur noch eine Reparatur mit HeliCoil, die wir gleich ausführlich erklären.

Anziehdrehmomente

Um eine notwendige Verbindungs-Haltekraft ausüben zu können, muss eine Schraube (oder eine Mutter) in dem ihr zugeordneten Innengewinde (oder einem Außengewinde) mit einem bestimmten Anziehdrehmoment festgezogen werden. Nur damit ist garantiert, dass die durch die Schraube (oder die Mutter) zueinander verspannten Bauteile ausreichend fest sind und sich die Schraubverbindung nicht von alleine löst, wie das z. B. durch die Einwirkung von Vibrationen passieren kann.

- Werden Schrauben/Muttern zu leicht angezogen, besteht die Gefahr, dass sich die Schraubverbindung lockert.
- Werden Schrauben/Muttern zu fest angezogen, werden ihre Gegengewinde »weich«: Gefühlt ist die Schraubverbindung zwar »fest«, sie lockert sich aber im Betrieb und fällt ab.
- Werden Schrauben/Muttern bei der Montage zu fest angezogen, reißen oder brechen dabei aber (noch) nicht, sondern spätestens im Betrieb.

Im Kapitel 31 »Anziehdrehmomente« gibt es weitere Informationen zu diesem Thema.

Gewindereparatur mit HeliCoil

An älteren Motorrädern sind oft Gewinde beschädigt oder zerstört, weil häufiges Lösen und Anziehen zu Verschleiß oder Zerstörung des Gewindes geführt haben. Es kann auch sein, dass Schrauben oder Muttern mit zu großen Anziehdrehmomenten angezogen wurden und deswegen das Gewinde »ausgerissen« ist. Es kann auch durch Korrosion (»Rost«) zwischen Schraube und Bauteilwerkstoff zum »Festbacken« gekommen sein, und beim Versuch die Schraube zu lösen wird das Mutterngewinde zerstört.

Zerstörte Gewinde können mit geringem Aufwand und Kosten einfach und zuverlässig repariert werden, indem das defekte Innengewinde ausgebohrt und ein aus gewickeltem Draht bestehender Gewindeeinsatz eingedreht wird: »HeliCoil« nennt sich dieses Reparaturverfahren, das von der Firma Böllhoff Verbindungstechnik GmbH in Bielefeld hergestellt und weltweit vertrieben wird (*www.helicoil.de*).

HeliCoil bietet so genannte »Repairkits« in den Abmessungen von M2 bis M36 an. Ein HeliCoil-Repairkit (Bild 16) kostet ca. 40 Euro, ist im Motorrad-Zubehörhandel erhältlich und enthält:

- Kernlochbohrer mit dem Kernlochdurchmesser für das neue Gewinde.
- HeliCoil-Gewindebohrer.
- HeliCoil-Einbauwerkzeug, das ist eine Gewindespindel mit einem kleinen Ansatz vorne.
- 20 HeliCoil-Drahtgewindeeinsätze aus hoch korrosionsbeständigem Stahl der Legierung 1.4301 (Festigkeit mehr als 1.400 N/mm²).

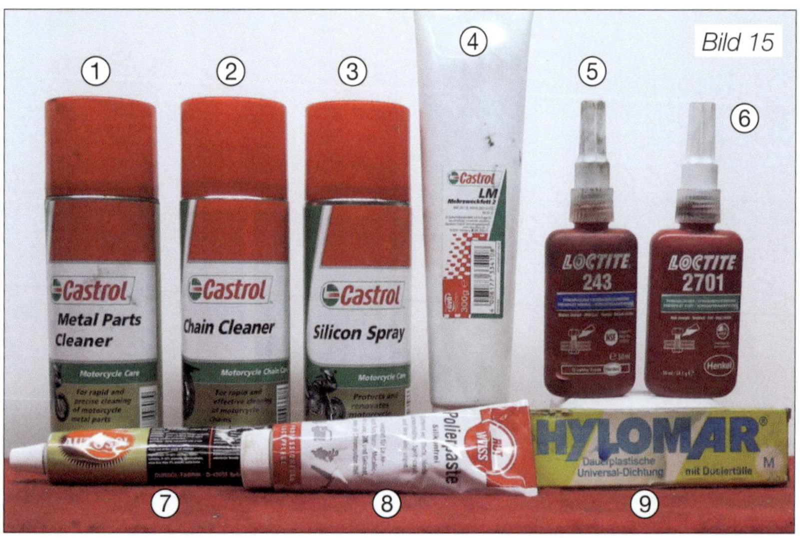

Bild 15

Bild 15 zeigt eine Auswahl wichtiger Hilfsmittel für die Werkstatt: Bremsen- und Metallreiniger (1), Kettenreiniger für O- und X-Ring-Ketten (2), Silikon-Kontaktspray (3), Fett für Lager und Simmerringe (4), Schraubensicherung Loctite 243 »mittelfest« (5) und 2701 »hochfest« (6), Chrom- (7) und Lackpolitur (8), Dichtmasse (9).

Gewindereparatur Schritt für Schritt
Am Beispiel eines ausgerissenen M6-Gewindes in einem Motorblock (Bilder 17 bis 24) erklären wir die Gewindereparatur mit HeliCoil.
1. Schritt: Wenn der Rest einer abgebrochenen Schraube (Bild 17) im alten Gewinde steckt: Den sichtbaren Schraubenrest exakt mittig ankörnen und mit scharf geschliffenem Bohrer, der 0,5 mm kleiner ist als der alte Gewinde-Nenndurchmesser (Beispiel M6: Bohrer 5,5 mm), das abgebrochene Gewindestück vorsichtig ausbohren.
2. Schritt: Nun mit dem Bohrer aus dem HeliCoil-Repairkit das beschädigte Gewinde komplett ausbohren (Bild 18). Der Durchmesser dieses Bohrers entspricht dem Kerndurchmesser des neuen Aufnahmegewindes für den HeliCoil-Drahtgewindeeinsatz.
3. Schritt: Aufnahmegewinde für den HeliCoil-Gewindeeinsatz mit dem beiliegenden Gewindebohrer schneiden (Bild 19).
Wichtig: Damit keine Späne in Gewindebohrungen hineinfallen, den Gewindebohrer vor dem Gewindeschneiden in Fett eintauchen, dann bleiben die Späne am Gewindebohrer haften.
4. Schritt: Gewinde reinigen, am besten mit Druckluft ausblasen. ALLE Späne entfernen!
5. Schritt: HeliCoil-Gewindeeinsatz mit der Einbauspindel montieren. Dieses ist sehr einfach, der Drahtgewindeeinsatz wird mit der Spindel wie eine Schraube in das vorbereitete Aufnahmegewinde eingedreht (Bilder 20 und 21).
6. Schritt: Nach Montage des Gewindeeinsatzes den Mitnehmerzapfen abbrechen (Bild 22).
■ Das Zapfenwerkzeug zuvor in etwas Fett tauchen, ganz in den Drahtgewindeeinsatz einführen, mit einem kleinen Hammer einen leichten Schlag auf das Zapfenwerkzeug geben und den abgebrochenen Mitnehmerzapfen aus dem Gewindeeinsatz entfernen.
Wichtig: Bei der Reparatur von Durchgangsbohrungen muss Obacht gegeben werden, dass der abgebrochene Mitnehmerzapfen nicht in den Motor zwischen empfindliche Mechaniken gerät!

Fazit: Eine solche Gewindereparatur ist innerhalb von wenigen Minuten ohne Schweißaufwand erledigt. Nach der Reparatur mit HeliCoil ist das Gewinde um ein Vielfaches belastbarer als das Originalgewinde. Das Gewinde wurde nicht etwa »geflickt«, sondern seine Qualität wurde deutlich verbessert: Der HeliCoil-Drahtgewindeeinsatz aus Edelstahl macht das Gewinde verschleißfester und korrosionsbeständiger. Zukünftige Wartungsarbeiten können diesem Gewinde nichts mehr anhaben (Bilder 23 und 24).

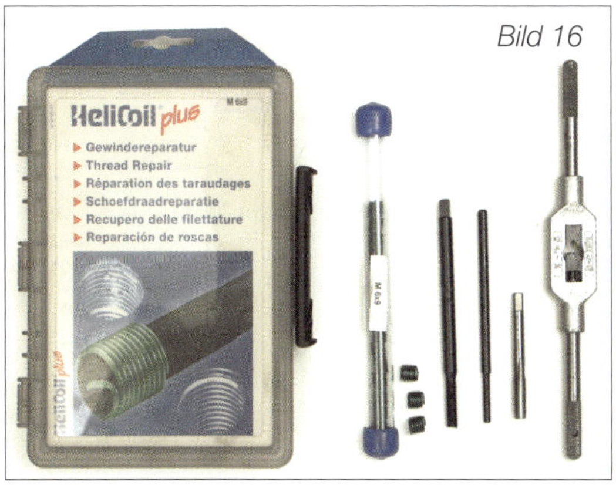

Bild 16

Bilder 16 bis 24:
■ 16: Kompletter HeliCoil-Reparaturkit. Das Windeisen (ganz rechts im Bild) ist nicht im Kit dabei, wird aber zwingend benötigt für die Gewindebohrer.

Bild 17

■ 17: Ein defektes Gewinde und die zugehörige überdrehte Schraube.

Bild 18

■ 18: Den Schraubenrest ausbohren und ein neues Kernloch erzeugen.

Bild 19

■ 19: Ein neues Aufnahmegewinde für den HeliCoil-Gewindeeinsatz schneiden.

Bild 20

Bild 21

■ 20 und 21: Der HeliCoil-Gewindeeinsatz wird mit der Einbauspindel montiert.

Bild 22

■ 22: Den zum Einbau nötigen Zapfen unten am HeliCoil-Gewindeeinsatz brechen und entfernen. Das Zapfenwerkzeug in Fett tauchen, damit das Bruchstück daran hängen bleibt.

Bild 23

■ 23: Perfekt ist das neue Gewinde mit dem HeliCoil-Gewindeeinsatz geworden!

Bild 24

■ 24: Schraube eindrehen und anziehen, fertig!

Sichtprüfung Messen

Spiegel · Verkleidung · Tank

In diesem Kapitel: Rückblickpiegel befestigen und einstellen · Tipps für Arbeiten an der Verkleidung · Nippel, Buchsen, Zapfen · Verkleidungsteile · Tank ab- und aufbauen · Benzinpumpe aus- und einbauen · Aktivkohlefilter.

Zu diesem Kapitel

Bewusst praxisgerecht ist dieses Kapitel mit drei verschiedenen Themen gestaltet:

- Zuerst kümmern wir uns um die Rückblickspiegel. Beim Ein- und Ausparken bekommen diese öfter mal Schleifkontakt mit der Hauswand, verstellen sich oder ihre Verschraubung löst sich.
- Die bunten Verkleidungsteile der Maschinen unseres Buchs sehen in angebautem Zustand gut aus. Aber wie sie fachgerecht (!) und zerstörungsfrei (!!) ab- und angebaut werden können, erschließt sich nicht auf den ersten Blick. Und genau das versuchen wir zu erklären.
- Dann bauen wir den Tank ab und wieder auf, weil dieser zu den meisten Servicearbeiten am Motor abgebaut werden muss. In diesem dritten Kapitelabschnitt »Tank« beschreiben wir auch den Aus- und Einbau der Benzinpumpe.

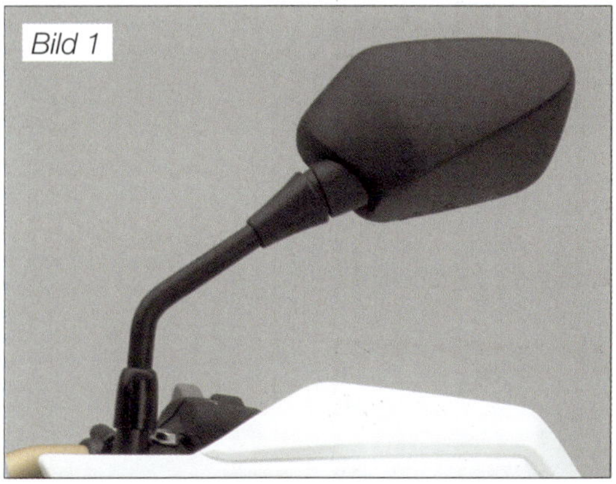

Bild 1

Bild 1: Korrekt montierter Rückblickspiegel, hier der auf der linken Seite des Lenkers.

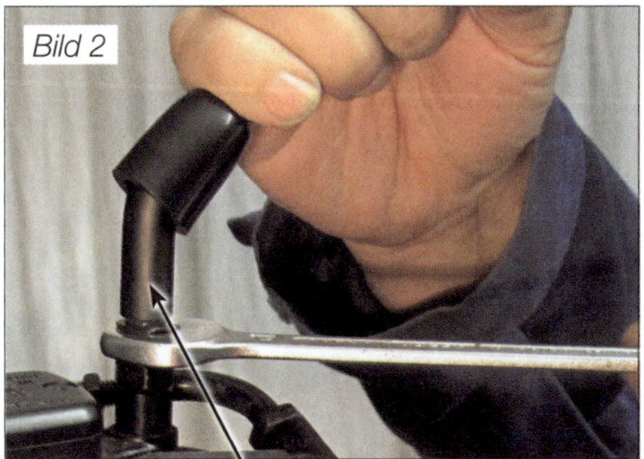

Bild 2

Rückblickspiegel

Bilder 1 bis 4: Die runden Arme der Rückblickspiegel haben unten ein Links(!)gewinde, das in Gewindebuchsen eingedreht und mit Kontermuttern gegen Verdrehen gesichert ist.

Wichtig: Gewindebuchse und Kontermutter müssen gut festgezogen sein, damit sich der Spiegel nicht unter dem Druck des Fahrtwindes nach hinten verdreht. Bitte denken Sie beim Festziehen der Kontermutter daran, dass diese ein LINKSgewinde hat!

Wenn der Spiegel nicht richtig fest ist und sich deswegen immer wieder löst:

1. Bild 2: Gummitülle nach oben abschieben.

- Wenn sie verklebt ist, etwas WD-40 einsprühen, das löst die Verklebung.

2. Bild 4: Kontermutter lösen und den Spiegelarm ausdrehen – *LINKS*gewinde!

3. Gewinde reinigen, etwas schweres Fett daran geben, Kontermutter auf das Gewinde des Spiegelarms drehen.

3.1. Spiegelarm in die Gewindebuchse eindrehen ganz tief. Dann die Kontermutter mit 22 Nm (»gut handfest«) gegen die Gewindebuchse festziehen wie in Bild 2 zu sehen.

4. Bild 3: Wenn die Gewindebuchse im *RECHTS*gewinde der Lenkerschelle lose ist: Ausschrauben, Außen- und Innengewinde reinigen, einen Tropfen Loctite »mittelfest« daran geben, einschrauben und festziehen mit 22 Nm.

Spiegel einstellen: Die Spiegel so einstellen, dass man ohne störende Einflüsse von Armen und Schulterpartie nach hinten sehen kann.

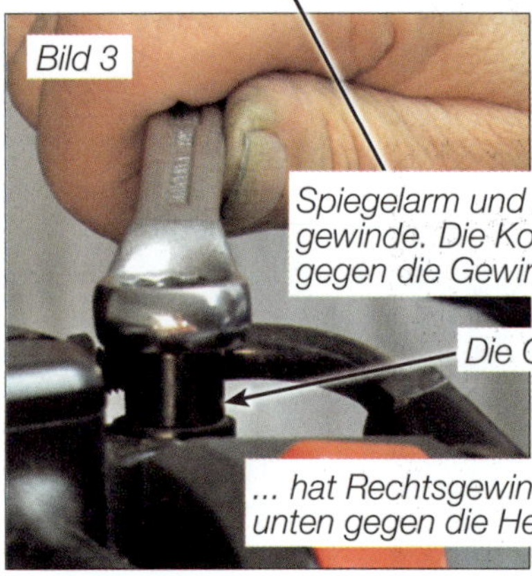

Bild 3

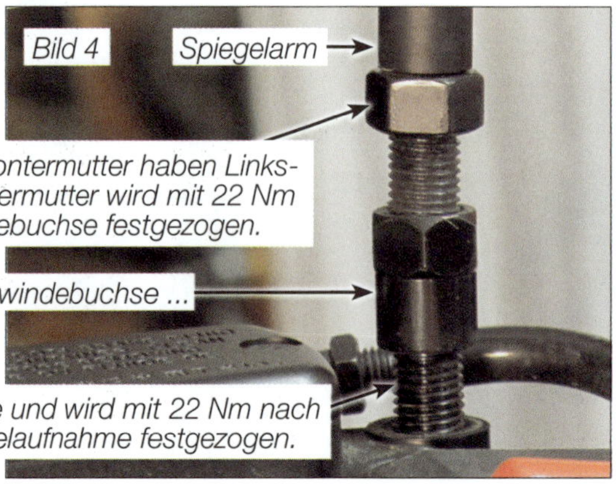

Bild 4

Bilder 2, 3, 4: Wenn sich die Kontermutter immer wieder losdreht und den Spiegelarm nicht mehr richtig sichert, alles auseinanderbauen, die Gewinde reinigen und gut eingefettet wieder zusammenbauen.

- *zu Bild 2: Kontermutter gegen die Gewindebuchse festziehen.*
- *zu Bild 4: Das Linksgewinde am Spiegelarm so tief es geht in die Gewindebuchse eindrehen.*

Verkleidung

Einige Verkleidungsteile und der Tank müssen zu Wartungsarbeiten am Motor abgebaut werden. Bei Ab- und Anbau folgende Punkte beachten:

■ Bild 5: Wenn die Frontscheibe beschraubt wird, zum Beispiel bei einer intensiven Putzaktion, bearbeiten Sie die Schrauben mit viel Gefühl und ziehen diese sorgfältig an! Denn wenn sie zu fest angezogen werden, besteht die Gefahr, dass die Verkleidungsscheibe reißt: Das vorgeschriebene Anziehdrehmoment beträgt nur 0,5 Nm.

■ Kein Verkleidungsteil mit Gewalt abziehen oder einstecken – vor allem mit dem Alter spröde gewordener Kunststoff bricht leicht!

■ Merken Sie sich gut, wie Sie die Verkleidungsteile abgebaut haben. Sie werden in umgekehrter Reihenfolge wieder angebaut.

■ Legen Sie abgebaute Verkleidungsteile auf sauberen Lappen ab.

■ Platzieren Sie abgeschraubte Verkleidungsteile außerhalb jeglicher Fußreichweite, denn man tritt während des Schraubens an der Maschine rasch auf ein am Boden liegendes Bauteil. Im Extremfall bricht es, garantiert zerkratzt es.

■ Schrauben Sie mit exakt passendem Werkzeug – wenn man nicht passende Werkzeuge nimmt, werden die Schraubenköpfe beschädigt und sehen dann vermurkst und somit wüst aus.

■ Bei der Montage im Honda-Werk werden die Verkleidungsschrauben »trocken« eingeschraubt, also ohne Öl. Empfehlung: Gönnen Sie den Verkleidungsschrauben beim Einschrauben ein paar kleine Tropfen frisches Öl.

■ Achten Sie beim Anbau der Verkleidung darauf, dass keine Kabel, Stecker oder Bowdenzüge eingeklemmt werden. Wenn es doch passiert, nehmen Sie das Teil wieder ab und verlegen Kabel, Stecker, Bowdenzüge klemmfrei.

Bild 5: Schrauben der Verkleidungsscheibe gefühlvoll anziehen.

Bild 6: Lage und Bezeichnungen der Verkleidungsteile.

Bilder 7a und 7b: Klemmenmuttern aus Blech mit Gewinde sind auf einigen Kunststoffteilen aufgesteckt und von der Gegenseite verschraubt, das sorgt für eine stabile Verbindung.

Bild 7a

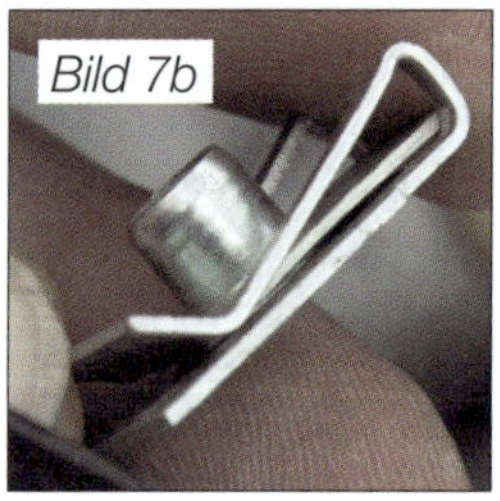
Bild 7b

Bilder 8 bis 8c: Im Lauftext sind die zu den Bildern gehörenden Arbeitsschritte zur Bedienung der Verbindungsnippel beschrieben.

Bilder 9a und 9b: Gummibuchsen mit Silikon pflegen hält sie elastisch.

Verbindungselemente

Bilder 7a und 7b: Zur Verbindung von zwei Verkleidungsteilen sind Klemmenmuttern auf ein Teil aufgesteckt und vom anderen Verkleidungsteil kommt eine Schraube dazu.

Verbindungsnippel
Bilder 8 bis 8c: An verschiedenen Stellen der Verkleidung sind Verbindungsnippel aus Kunststoff eingesetzt, sie halten leichtere Verkleidungsbauteile sicher zusammen. In der Mitte haben sie einen gezackten Stift, der zum Aus-und Einbau der Verkleidungsteile bearbeitet wird.

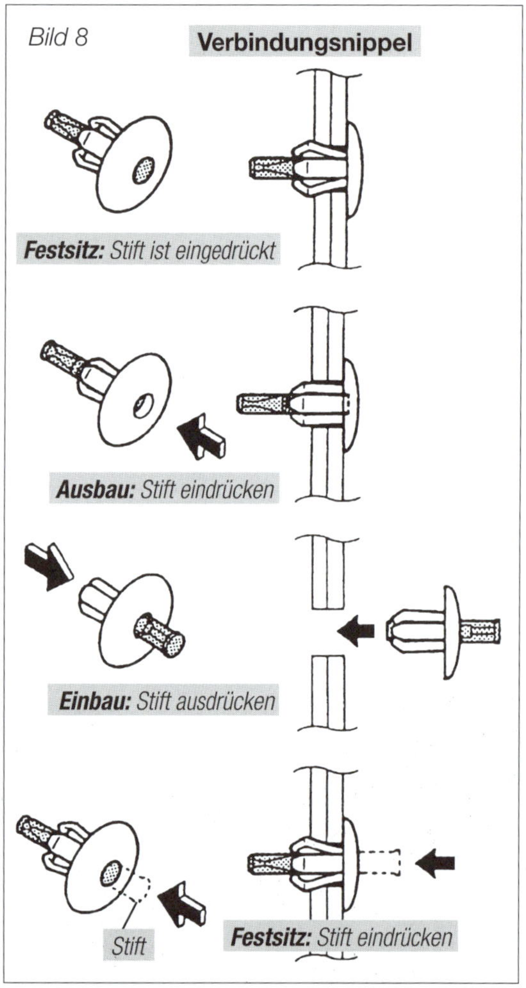

Bild 8

Wenn man bei einem Verkleidungsabbau nicht weiß, wie die Dinger funktionieren und aufs Geratewohl an ihnen herumdrückt, bricht man leicht überstehende Teile ab – der Verbindungsnippel ist kaputt, aber immer noch nicht draußen. Dabei ist ihre Bedienung sehr einfach.

■ **Lösen:** Mit einem spitzen Dorn in der Mitte leicht eindrücken, der Stift schnappt ein, der Verbindungsnippel ist entspannt und kann jetzt herausgezogen werden (Bilder 8 und 8b).

■ **Befestigen:**
1. Ausgebauten Verbindungsnippel mit eingedrücktem Stift zwischen zwei Finger nehmen, mit dem Daumen der anderen Hand den Stift zur Oberseite durchschieben, es klickt zweimal. Der Nippel steht jetzt über die Oberseite heraus (Bilder 8 und 8c).
2. Bild 8 ganz unten: Verbindungsnippel in die Bohrung einsetzen, Stift bündig einschieben: Wenn es fühl- und hörbar klickt, ist er fest.

Buchsen und Zapfen
Bilder 9a und 9b: In kleine Gummibuchsen greifen Zapfen ein, die an den gegenüberliegenden Verkleidungsteilen angebracht sind. Mit den Jahren werden die Gummibuchsen spröde, brechen auf und gehen verloren. Dem kann man vorbeugen, wenn man sie bei jeder Montage mit etwas Silikonpaste einstreicht, dann bleiben sie flexibel und weich.

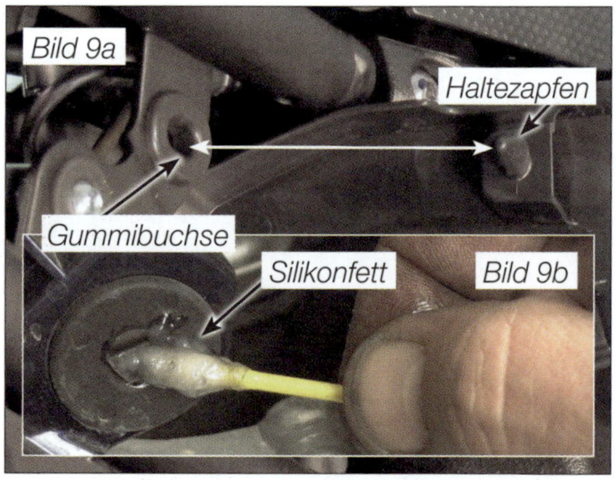

Bild 9a
Bild 9b

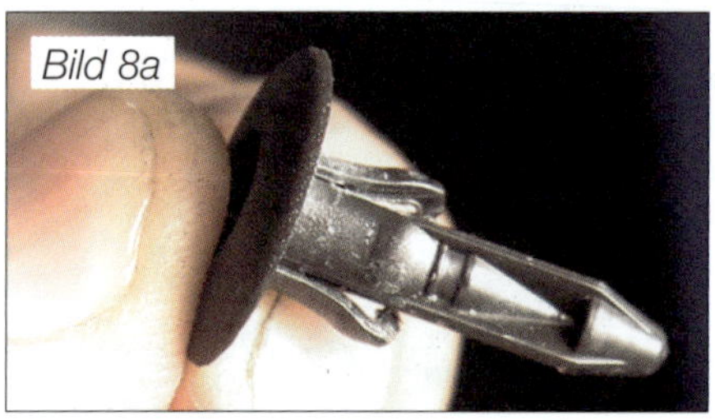
Bild 8a

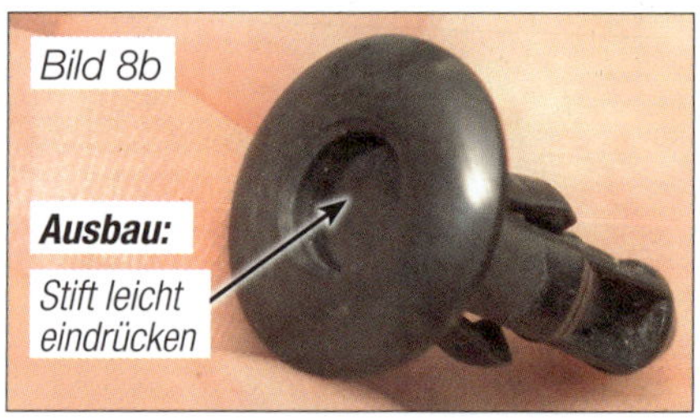

Bild 8b

Bild 8c

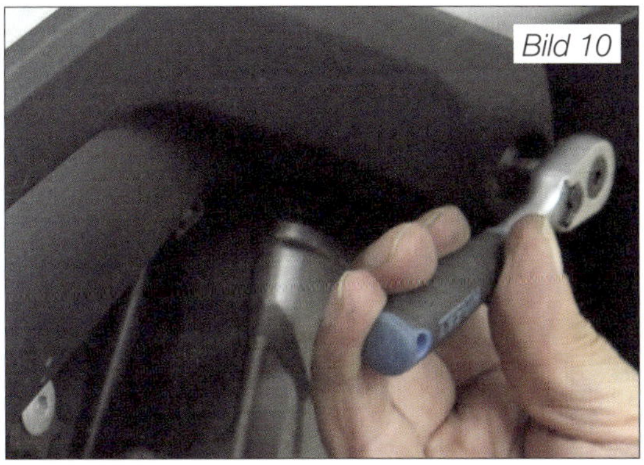
Bild 10

Bild 11

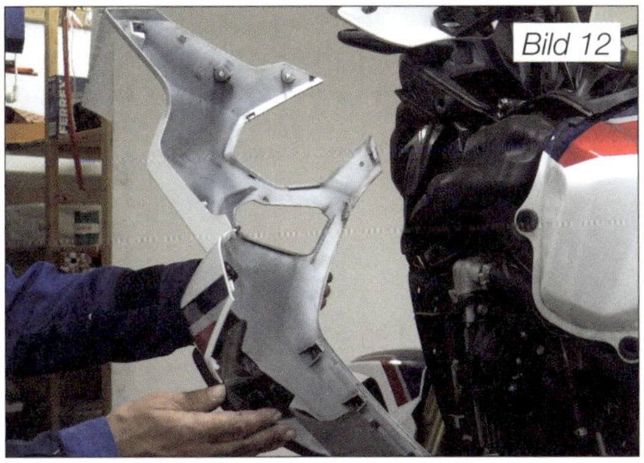
Bild 12

Bild 13

Bild 14

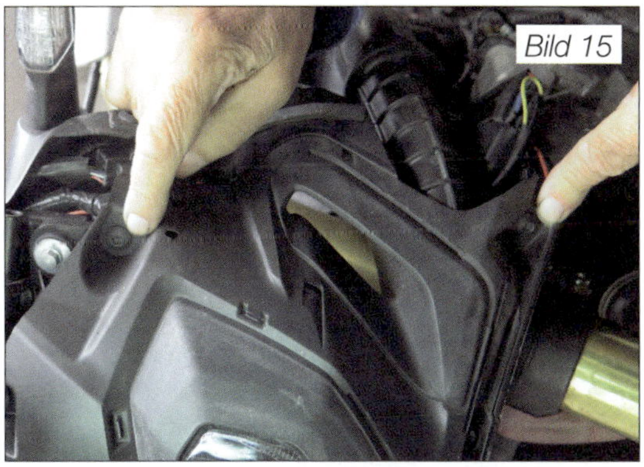
Bild 15

Bild 16

Bild 17

Bild 10: Die beiden Tankseitenverkleidungen sind vorne und hinten mit Inbusschrauben befestigt.

Bild 11: Die Mittelverkleidung hat Haltezapfen in Gummibuchsen (siehe Bilder 9a, 9b), vorsichtig ausziehen!

Bilder 12, 13, 14: Mittelverkleidung beidseitig nach außen ziehen, nach vorne schieben und die vorderen Zapfen herausnehmen (Oval in Bild 13). Dabei die Mittelverkleidung nicht nach vorne biegen, sonst bricht das vordere Ende der Verkleidung mit dem Zapfen ab. Wenn es passiert, kann man es kleben (Kreis in Bild 14).

Bilder 15 und 16: Die Frontverkleidung muss zum Abbau des Tanks nicht abgebaut werden. Wenn sie doch ab muss: Sie ist auf jeder Seite oben und unten mit einer Inbusschraube befestigt (Bild 15). Diese ausschrauben, Verkleidung nach vorne abnehmen.

Bild 17: Die hintere Tankverkleidung muss ab, wenn der Tank abgebaut werden soll. Sie ist mit zwei Verbindungsnippeln befestigt; die Bohrungen sind eingekreist. Auch die vordere Tankverkleidung muss zur Tankmontage ab, siehe dazu Bild 6.

Tank ab- und aufbauen

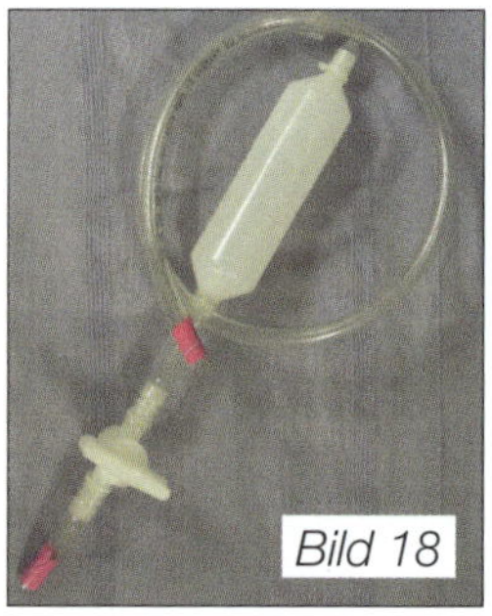

Bild 18

Achtung: Bei Montage des Tanks nicht rauchen, keine offenen Flammen und kein Funkenflug in weitem Umkreis der Montagestelle!

Wenn der Tank abgebaut wird, soll er möglichst leer sein, weil er dann weniger wiegt. Zum Sprit Abpumpen gibt es in Motorradzubehör-Läden Handpumpen aus Plastik (Bild 18).

Abzubauende Teile: Vor dem Abbau des Tanks müssen abgebaut werden: Fahrersitz, Tankseitenverkleidungen und Mittelverkleidungen rechts und links, vordere und hintere Tankverkleidung. Auf den vorhergehenden Seiten dieses Kapitels sind die Montageschritte erklärt.

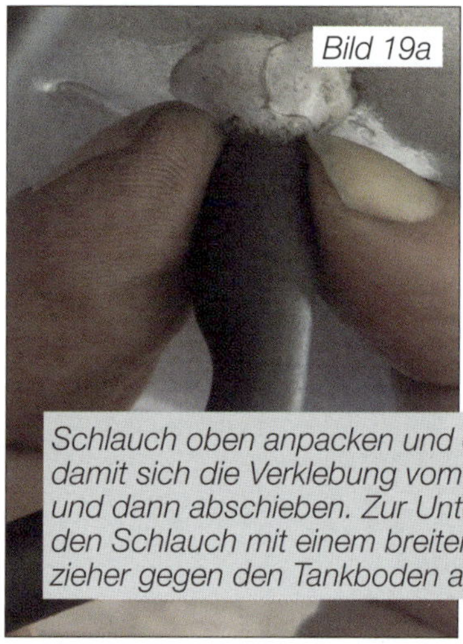

Bild 19a

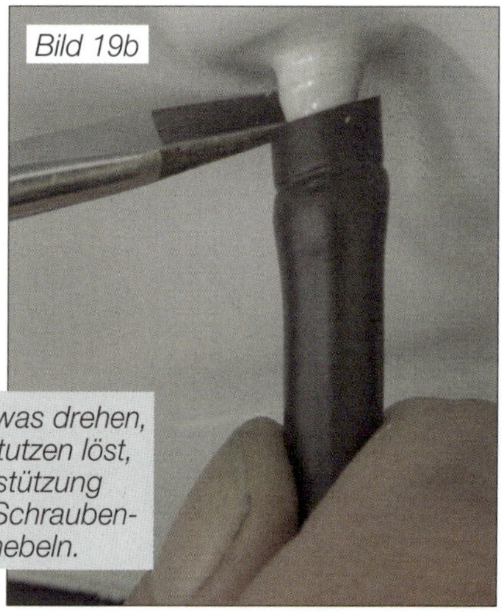

Bild 19b

Schlauch oben anpacken und etwas drehen, damit sich die Verklebung vom Stutzen löst, und dann abschieben. Zur Unterstützung den Schlauch mit einem breiten Schraubenzieher gegen den Tankboden abheben.

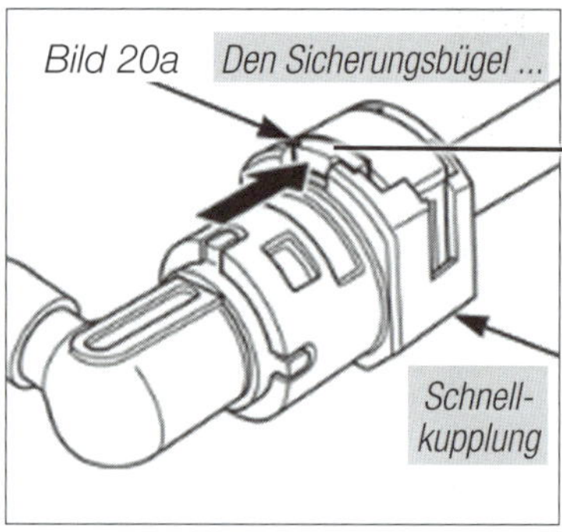

Bild 20a *Den Sicherungsbügel ...*

Bild 20b *... gegen den Kupplungseinsatz drücken, beide gemeinsam eindrücken und so die Schnellkupplung vom Stutzen abziehen.*

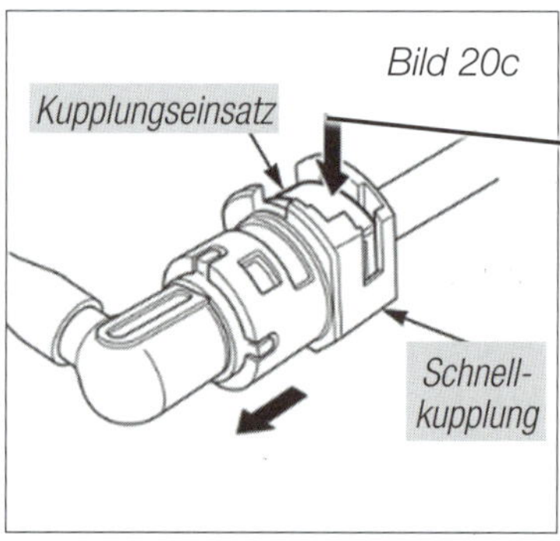

Bild 20c

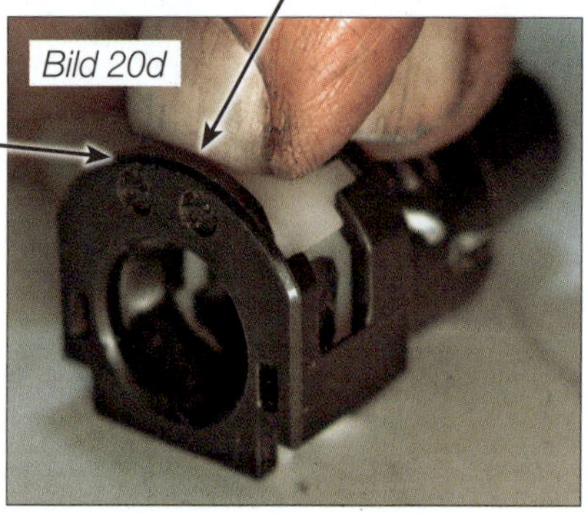

Bild 20d

Weiterhin müssen weg: Das unter der hinteren Tankverkleidung angebrachte Stahlbauteil »Sitzfallenträger« (Bilder 23a und 23b), Deckel des ETC (= Elektronische Drosselklappensteuerung) und der ETC-Träger bei Maschinen der Modelljahre 2018 und 2019 mit E-Gas.

Schläuche, Schlauchkupplung, Elektrostecker: Bevor wir den Tank abschrauben erklären wir, wie die unter dem Tank angebrachtem Bauteile bearbeitet werden:

- Zwei Schläuche für Tanküberlauf und Tankbelüftung;
- eine Benzinschlauchkupplung, welche den Benzin-Förderschlauch mit der im Tank eingebauten Benzinpumpe und der Einspritzanlage verbindet;
- zwei Elektrostecker für Benzinpumpe und Benzinstandsanzeige.

Schlauch auf Stutzen

Am Tankboden finden sich zwei Stutzen für zwei Schläuche, die zur Tankdemontage abgezogen werden müssen. Dabei auf Folgendes achten:

- Wenn Sie die Schläuche von ihren Stutzen abziehen, merken Sie sich, welcher Schlauch auf welchem Stutzen war, damit beim Zusammenbau jeder Schlauch auf seinen Stutzen kommt.
- Beide Schläuche sind in verschiedenen Bögen vorgeformt und führen innerhalb der Maschine nach unten (siehe Bild 27).
- Beide Schläuche müssen in ihrer serienmäßigen Einbaustellung verbleiben: Ziehen Sie keinen der beiden Schläuche aus der Maschine heraus!

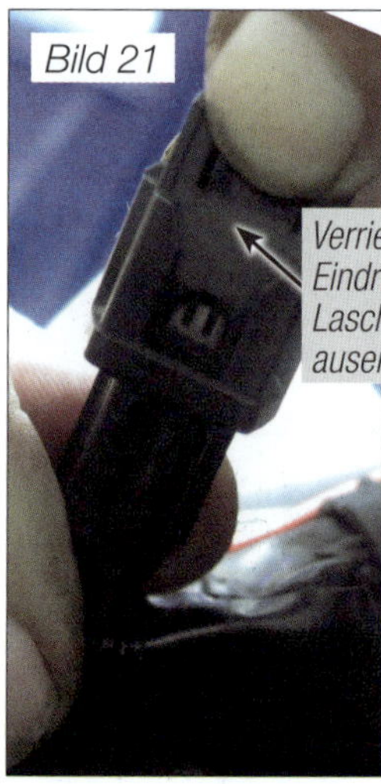

Bild 21

Bild 22

Verriegelung durch Eindrücken der Lasche lösen, dann auseinanderziehen.

Bilder 19a und 19b: Wenn man am Schlauch, der vom Stutzen ab muss, einfach nur zieht, will er nicht ab. Deswegen muss ein Schlauch vom Stutzen eher »abgeschoben« als »abgezogen« werden und das geht so: Den Schlauch oben anpacken (Bild 19a), etwas drehen damit er sich vom Stutzen löst und dann vom Stutzen abschieben. Natürlich kann man noch zur Unterstützung unten ziehen (wie in Bild 19b).

Bild 19b: Wenn der Schlauch auf dem Stutzen fest verklebt ist und sich weder abschieben noch abziehen lässt, das Schlauchende oben mit einem breiten Schraubenzieher gegen den Tankboden hebeln. Zur Unterstützung noch unten am Schlauch ziehen.

Schlauchkupplung

Nehmen Sie die Bilder 20a bis 20d zu Hilfe. Bei allen Arbeitspunkten ist ein festes Zupacken (»Fingerdruck«) nötig!

- Sicherungsbügel bis an den Kupplungseinsatz schieben.
- Sicherungsbügel und Kupplungseinsatz gemeinsam in die Schnellkupplung eindrücken.
- Fingerdruck halten und die Schnellkupplung unter leichtem Drehen vom Stutzen abziehen.

Elektrostecker

- Bild 21: Die Verriegelungslasche oben am Steckerteil fest eindrücken.
- Bild 22: Die Verriegelungslasche gedrückt halten und den Stecker ausziehen. Dabei ein wenig hin und her wackeln, damit sich der Stecker in sich löst.

Tank abbauen

1. Wenn man mit der Verkleidungsmontage beginnt, sollte der Motor kalt und AUSgeschaltet sein: Zündung AUS, Zündschlüssel am besten abziehen.

2. Fahrersitz und hintere Tankverkleidung abbauen wie im Text weiter vorne beschrieben.

3. Bilder 23a und 23b: Den Sitzfallenträger ausbauen. Dazu die Schrauben links und rechts mit Rätsche und einer Verlängerung ausschrauben, Sitzfallenträger abnehmen, nach hinten ablegen.

4. Den ETC-Träger ausbauen. Er ist mit Verbindungsnippeln befestigt. Deren Aus- und Einbau ist weiter vorne im Kapitelabschnitt »Verkleidung« beschrieben.

5. Die weiteren Verkleidungsteile, also die hintere Tankverkleidung, die Tankseitenverkleidungen und die Mittelverkleidung, um den Tank herum abbauen wie weiter vorne im Kapitelabschnitt »Verkleidung« beschrieben.

6. Bild 24: Die hintere Tankhalteschraube lösen, ausdrehen und mit der Scheibe abnehmen.

6.1. Bild 25: Den Tank hinten hochheben und mit einem Holzstück oder einem dicken und festen Ballen Lappen so unterbauen, dass er in der oberen Position bleibt.

Wichtig 1: Achten Sie darauf, dass die unter dem Tank angebrachten Schläuche und Kabel nicht unter Spannung stehen!

Wichtig 2: Achten Sie weiterhin darauf, dass die beiden schwarzen Schläuche für »Tankbelüftung« und »Überlauf«, die vom Tankboden nach unten führen, nicht aus der Maschine herausgezogen werden, denn man bringt sie kaum mehr hinein!

7. Bilder 19a und 19b: Nun werden die beiden Schläuche für »Tankbelüftung« (Modelljahre 2016 und 2017) und »Überlauf« von den Stutzen

Bilder 18 bis 22: siehe Lauftext.

Bilder 23a bis 26: Montageschritte bis der Tank hinten so weit angehoben werden kann, bis man gut an den Tankboden sieht und die Bauteile bearbeiten kann: Schläuche abziehen, Elektrostecker trennen, Benzinschlauchkupplung vom Stutzen abbauen.

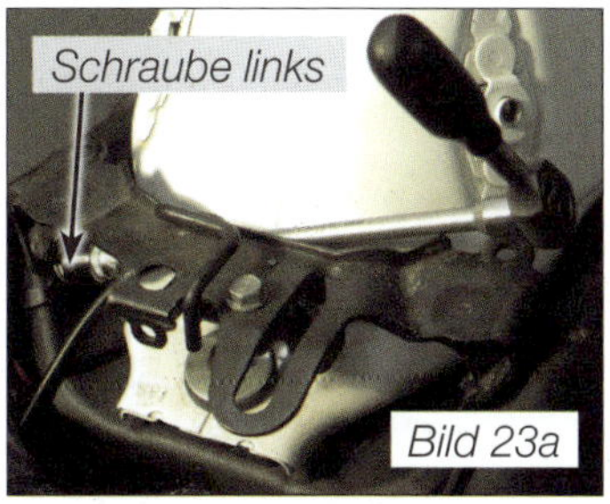

Bild 23a

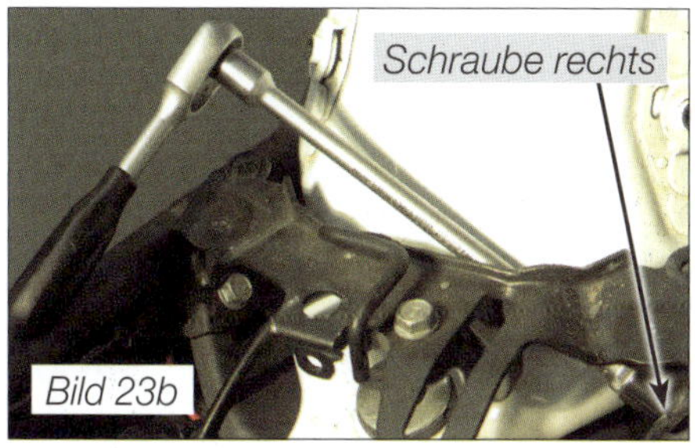

Bild 23b

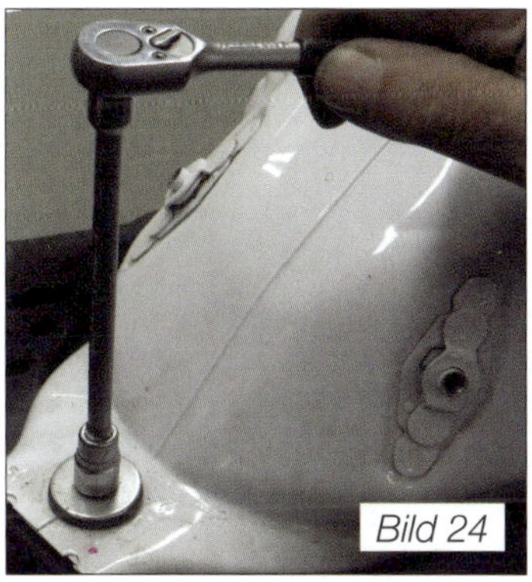
Bild 24

Bild 25

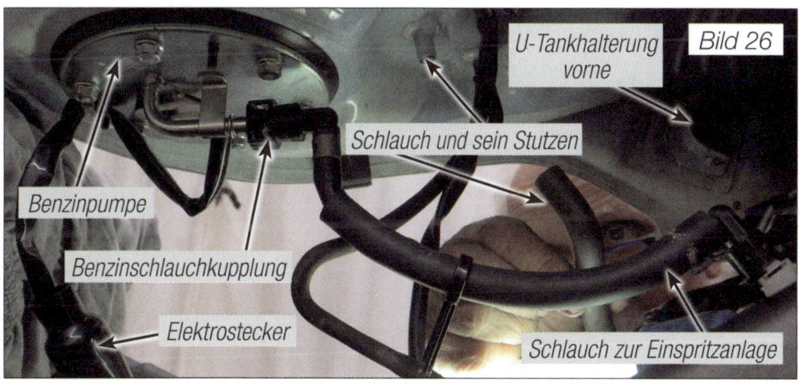

Bild 26

Bild 27: Das Schlauchpaket links unten zwischen Fahrerfußraste und Schalthebel kommt vom Tankboden und dem Luftfilterkasten. Achten Sie auf Sauberkeit.

abgezogen.
■ Der Schlauch »Tankbelüftung« ist auf dem Stutzen in Fahrtrichtung rechts.
■ Der Schlauch »Überlauf« ist auf dem Stutzen in Fahrtrichtung links.
7.1. Bild 29: Ab Modelljahr 2018 ist statt des Schlauchs »Tankbelüftung« ein Schlauch zum Aktivkohlebehälter eingebaut. Diesen abziehen.
8. Jetzt den Tank mit beiden Händen vorne und hinten fest anpacken, etwas nach hinten schieben und somit die beiden U-Halterungen vorne im Tanktunnel (siehe Bild 26) von ihren Haltegummis abziehen.

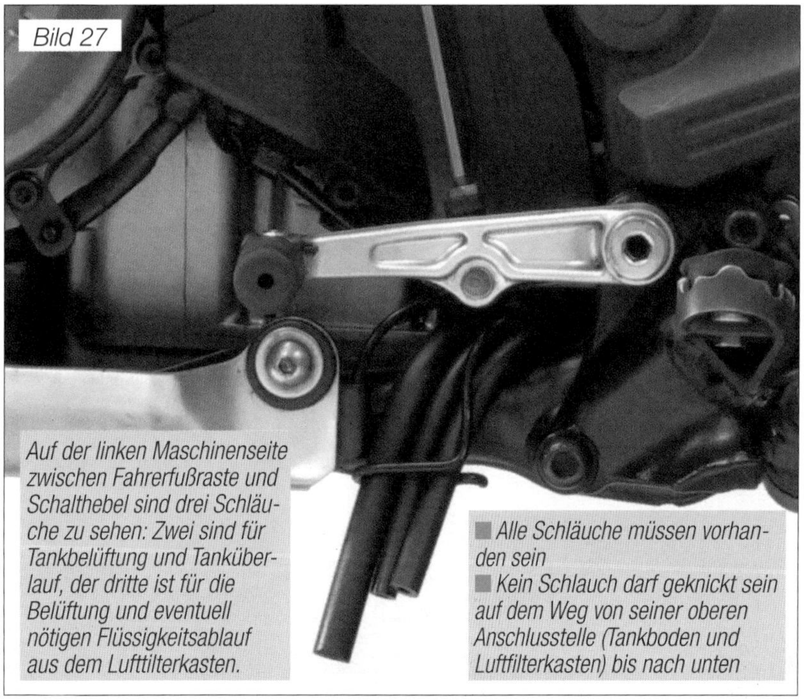

Bild 28: Die Benzinpumpe ist von unten in den Tank eingebaut.

■ Bitte beachten: Statt der M6-Hutmutter kann auch eine normale Mutter montiert sein.

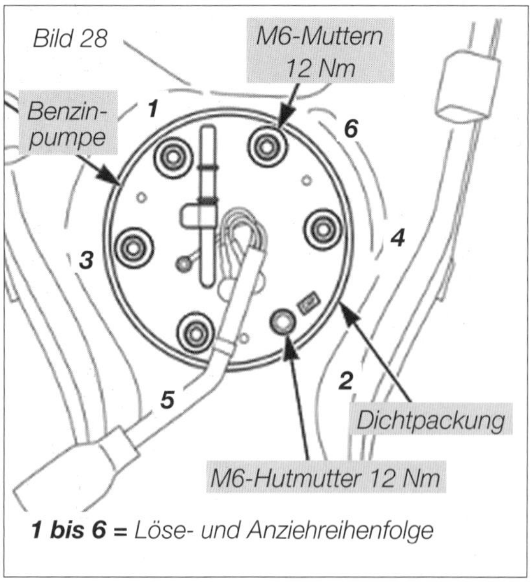

9. Der Tank ist jetzt frei und kann nach oben abgenommen werden.
9.1. Den Tank auf einem dicken Ballen Lappen ablegen. Ihn so lagern, dass der Stutzen der Benzinpumpe nicht belastet wird und kein auch noch so kleiner Tropfen Benzin ausläuft!
■ Wenn doch: Ausgelaufenes Benzin sofort aufputzen!

Aufbau des Tanks: Der Tank wird quasi in umgekehrter Reihenfolge des Abbaus wieder aufgebaut. Besonders darauf achten, dass ...:
■ ... die Benzinschlauchkupplung auf dem Stutzen fest sitzt: Es muss leise »klicken« als kleines akustisches Signal, dass der Kupplungseinsatz herausgesprungen ist wie in den Bildern 20a und 20c zu sehen ist;
■ ... die Stecker für Benzinpumpe und Benzinstandgeber richtig zusammengesteckt sind (Bilder 21 und 22);
■ ... Belüftungs- und Ablaufschlauch ordentlich auf ihren Stutzen sitzen (Bilder 19a und 19b),
■ ... ab Mj. 2018: der Schlauch zum Aktivkohlebehälter überall 9 mm Abstand zum Tank hat.

Sehr wichtig ist, dass Belüftungs- und Ablaufschlauch knickfrei nach unten führen (siehe dazu Bilder 26 und 27).

Benzinpumpe aus- und einbauen, zerlegen
Der Tank muss dazu leer und abgebaut sein. Legen Sie ihn kopfüber auf einen großen Ballen saubere Lappen. Den Bereich um die Benzinpumpe herum gut reinigen.
1. Bild 28: Befestigungsmuttern der Benzinpumpe lösen, Pumpeneinheit mit Dichtung herausnehmen.
2. An der Pumpe: Schrauben des schwarzen Kabels ausschrauben, Kabel und Halter abnehmen.
3. An der Pumpe: Stecker des weißen und blauen Kabels abziehen.
4. Pumpenfiltergruppe mit O-Ring vom Pumpenträger abnehmen.
5. Pumpenkammer von Pumpenfiltergruppe abnehmen. Auf Beschädigungen und Verschleiß überprüfen.
6. Pumpe mit O-Ring aus der Pumpenkammer nehmen.
7. Bei Ablagerungen im Benzinfilter diesen mit Lösungsmittel reinigen.
8. Prüfen: Ausgebaute Pumpe mit externer Batterie prüfen, ob sie anläuft.
Einbau umgekehrt zu Ausbau und Zerlegung.

- Pumpe mit neuem O-Ring in Pumpenkammer setzen.
- Pumpenkammer auf Pumpenfiltergruppe aufsetzen.
- Pumpenfiltergruppe mit neuem O-Ring auf Pumpenträger aufbauen, dabei muss die Nut an der Pumpenfiltergruppe in die Lasche am Pumpenträger eingreifen.
- Halter des schwarzen Kabels einbauen, schwarzes Kabel anschrauben, Schrauben mit 1 Nm festziehen. Stecker des weißen Kabels und Stecker des blauen Kabels aufstecken.
- Benzinpumpe in den Tank einsetzen.
- Neue Dichtpackung verwenden.
- Bild 28: Muttern in vorgeschriebener Reihenfolge in mehreren Schritten bis auf 12 Nm festziehen.
- Tank montieren.

Aktivkohlefilter

Bild 29: Ab Modelljahr 2018 ist ein Aktivkohlefilter-System eingebaut, das die Benzindämpfe, die vorher ins Freie gingen, herausfiltert. Und zwar strömen die Benzindämpfe vom Tank in den Aktivkohlebehälter. In gewissen Abständen öffnet das Steuermagnetventil den Durchgang im Schlauch zum Drosselklappengehäuse. Dort werden die Benzindämpfe in die Zylinder angesaugt und verbrannt.

Das System ist wartungsfrei, Störungen sind nicht zu befürchten. Mit einer kleinen Einschränkung: Die Schläuche und ihre Anschlüsse bei den Inspektionen alle 24 000 km auf ordentliche Verlegung, Risse, Knicke, Beschädigungen und Festsitz untersuchen.

Bild 29: Die Bauteile des Aktivkohlefilter-Systems sind unter Tank und Sitzbank. Auch hier gilt, dass alle Schläuche knickfrei verlegt sein und fest auf ihren Anschlüssen sitzen müssen.

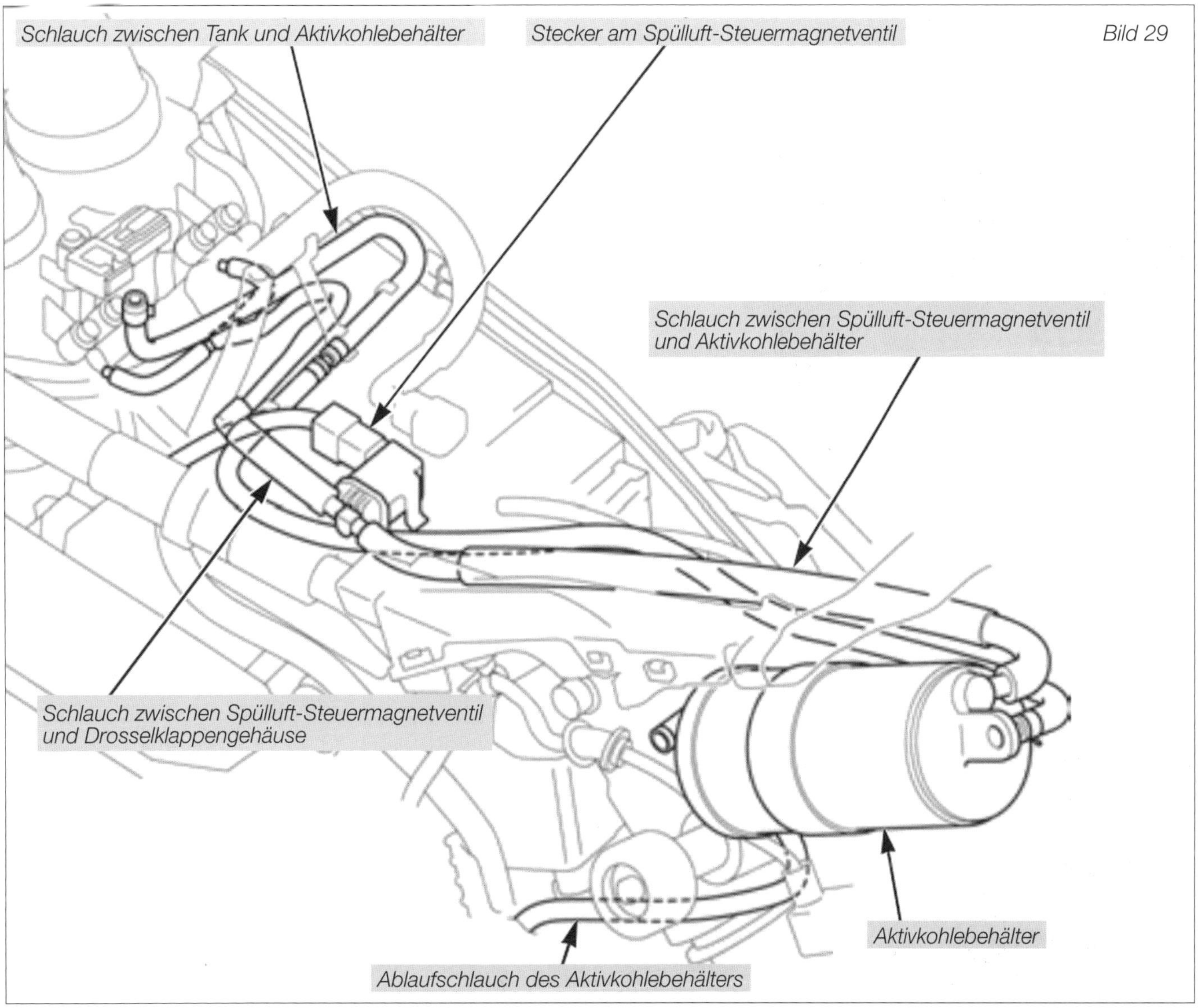

Sichtprüfung Messen

Reifen

In diesem Kapitel: Räder und Reifen · Reifenluftdruck · TT- und TL-Reifen · Refenverschleiß · Profiltiefe · Nachrüstreifen · Reifenalter · Montage und Auswuchtung · Reifenschaden beheben.

Bild 1: Auf dem Fahrbild ist gut zu sehen, wie klein die Aufstandsflächen der Reifen sind, nämlich gerade mal so groß wie die Hand eines Erwachsenen.

Räder und Reifen

Räder: Speichenräder mit Alufelgen, Alunaben.

- Felge vorne 21 x 2.15
- Felge hinten 18 x 4.00

Zulässiger Seiten- und Höhenschlag........1,0 mm

Speichen pro Rad: Vorderrad 36 Speichen mit Ø 3,5 mm, Hinterrad 32 Speichen mit Ø 3,5 mm

Hinweis: Edelstahlspeichen ab Modelljahr 2018

Bild 1

Schlauchreifen in den Größen

- vorne 90/90-21 M/C 54H TT
- hinten 150/70 R18 M/C 70H TT

Mindestprofiltiefe

Honda empfiehlt eine Mindestprofiltiefe von 1,6 mm vorne und hinten. Dies entspricht dem in Europa vorgeschriebenen Wert.

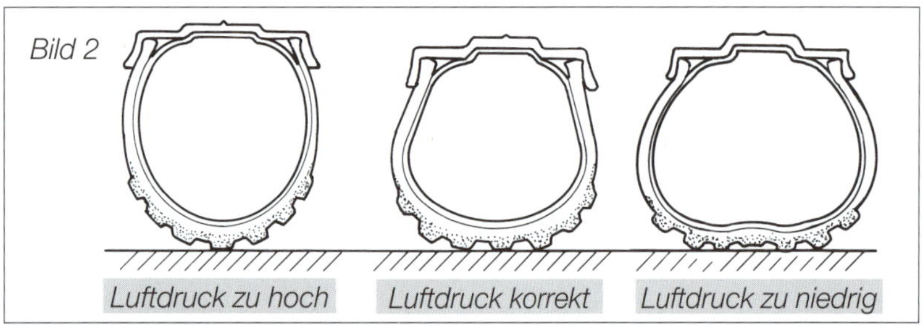

Bild 2

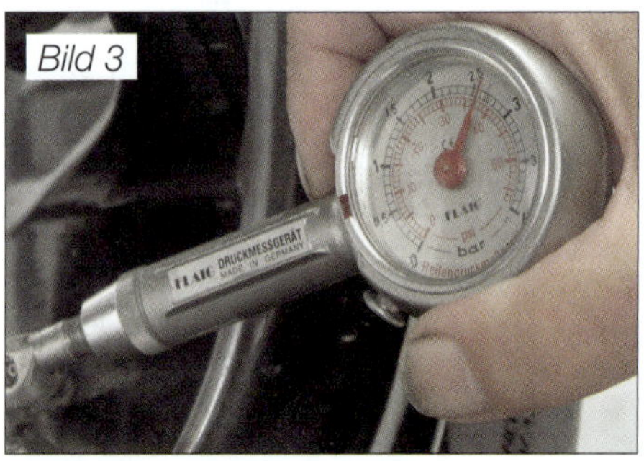
Bild 3

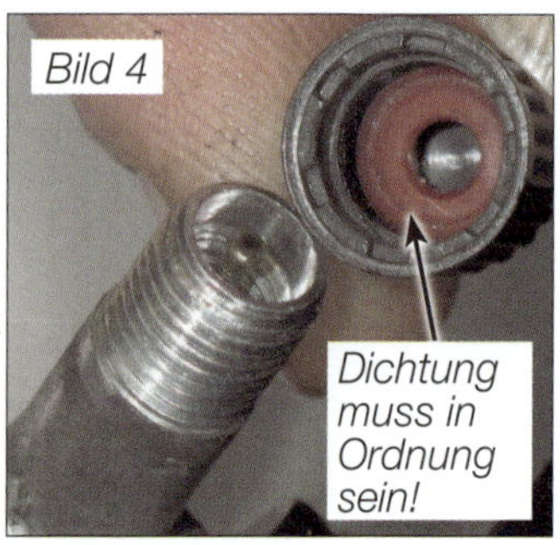

Bild 4

Reifenluftdruck

Achten Sie auf korrekten Reifenluftdruck, er wird bei kalten Reifen gemessen. Diese dürfen maximal handwarm sein, das entspricht 30 °C.

Africa Twin in den Modelljahren 2016, 2017:
solo vorne / hinten..............2,00 bar / 2,50 bar
mit Sozius, mit Zuladung
vorne / hinten......................2,00 bar / 2,80 bar

Africa Twin in den Modelljahren 2018, 2019:
solo vorne / hinten............2,00 bar / 2,50 bar
mit Sozius, mit Zuladung
vorne / hinten......................2,25 bar / 2,80 bar

Africa Twin Adventure Sports in den Modelljahren 2018, 2019: solo, mit Sozius, mit Zuladung
vorne / hinten...........2,25 bar / 2,80 bar

Luftdruckkontrolle

Bild 3: Der Reifenluftdruck sollte mindestens alle zwei Wochen geprüft und, wenn nötig, korrigiert werden. Bild 4: Immer gut schließende Ventilkappen mit einwandfreier Gummidichtung verwenden. Wenn keine Kappe aufgeschraubt ist, kann Schmutz in das Ventil hinein kommen. Auch kann sich der Ventileinsatz bei hohen Geschwindigkeiten öffnen, dann entweicht Luft – und das ist lebensgefährlich!

Reifendruckprüfer: Verlassen Sie sich bei der Kontrolle des Reifenluftdrucks nicht unbedingt auf die Angabe des Tankstellengeräts, sondern besorgen Sie sich einen ordentlichen Reifendruckprüfer und führen diesen im Motorrad mit.

⚠ **Achtung:** Kaufen Sie ein Präzisionsmessgerät. Bild 3: Sehr gut ist das Gerät des deutschen Herstellers Flaig. Erhältlich ist es in gut sortierten Motorrad- und Zubehörläden.

TT- und TL-Reifen

Hinter den Größenbezeichnungen der Reifen für die Maschinen unseres Buchs stehen die beiden Buchstaben **TT**. Diese stehen für **T**ube **T**ype, übersetzt »Reifen mit Schlauch«.

Bild 2: So wirken sich verschiedene Luftdrücke auf die Form des Reifens aus.
Bild 3: Luftdruck bei kaltem Reifen prüfen, vorgeschriebene Werte beachten!
Bild 4: Auf das Reifenventil gehört eine Schraubkappe mit einwandfreier Dichtung.

Doch keine Regel ohne Ausnahme, auch solche Reifen sind erlaubt:

- **TL** = tubeless = schlauchlose Reifen

Beachten: Ob ein mit »TL« gekennzeichneter Reifen zur Verwendung mit einem Schlauch freigegeben ist, steht auf der Seitenwand des Reifens (Bild 5): »On Tube-Type Rim fit a Tube«, frei übersetzt »auf einer Schlauchfelge mit einem Schlauch zu montieren«.

Reifenverschleiß

Reifen sind Verschleißteile: Mit fortschreitender km-Leistung wird die Oberfläche (»Lauffläche«) des Reifens immer dünner und deswegen die Rillen im Reifen (»Profilrillen«) niedriger. In der Regel nimmt ein Reifen in der Mitte der Lauffläche mehr ab als außen im Schulterbereich.

Profiltiefe: Der Gesetzgeber schreibt 1,6 mm Mindestprofiltiefe vor. In einige der Profilrillen sind Verschleißanzeiger eingearbeitet. Oval in Bild 6: Ihre Lage ist außen am Profilrand mit TWI bezeichnet. »TWI« ist die Abkürzung von »Tread Wear Indicator«. Einige Hersteller haben kleine Dreiecke angebracht. Bei der deutschen Traditionsmarke Metzeler sind es zusätzlich noch kleine Elefanten (Bild 6).

Wichtig: Die TWI-Erhebungen sind entweder 0,8 mm oder 1,6 mm hoch:

- 0,8 mm entspricht der in Amerika vorgeschriebenen Mindestprofiltiefe.
- 1,6 mm ist die europaweit gesetzlich vorgeschriebene Mindestprofiltiefe.

Gemessen wird die tatsächliche Profiltiefe <u>neben</u> einer TWI-Erhebung (Bilder 7 und 8).

Wichtig 1: Wenn bei einer Polizeikontrolle die Profiltiefe gemessen wird und sie beträgt auch nur an einer TWI-Messtelle des Reifens weniger als 1,6 mm (wobei die anderen TWI-Messstellen noch mehr Profiltiefe haben können!), wird es ungemütlich, denn zu den 60 Euro Bußgeld gibt es für den Fahrer einen Punkt in Flensburg auf's Konto. Im Zweifelsfall kann das Motorrad sogar am Ort der Kontrolle stillgelegt werden!

Wichtig 2: Weiterhin informiert die Polizei das zuständige Landratsamt und dieses verlangt eine Beseitigung der Mängel innerhalb von zwei Wochen. Wird der Nachweis der »Mängelbeseitigung« nicht erbracht, wird das Motorrad von der Behörde zwangsweise stillgelegt.

Produktionsdatum: Auf einer der beiden Seitenwände des Reifens ist die DOT-Buchstabenkombination einvulkanisiert, danach eine vier-

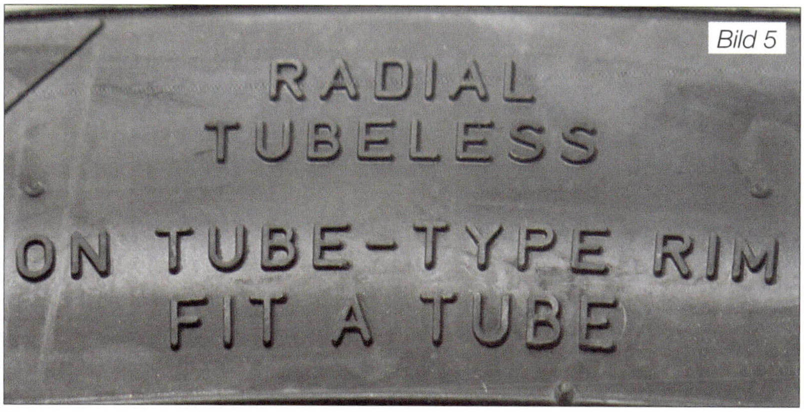

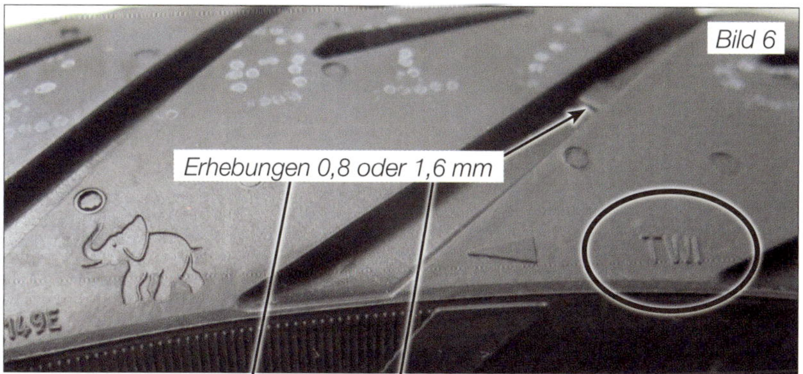

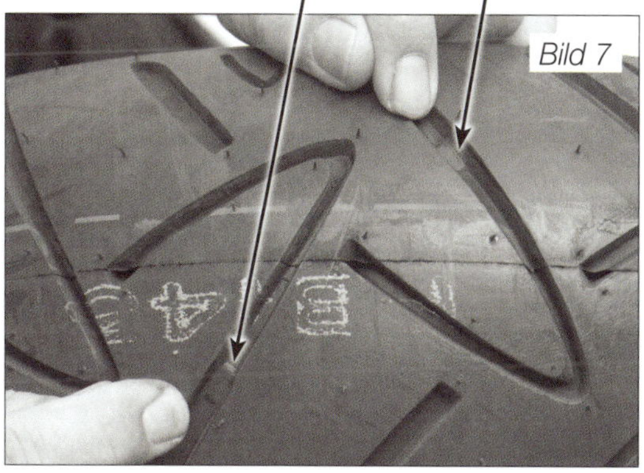

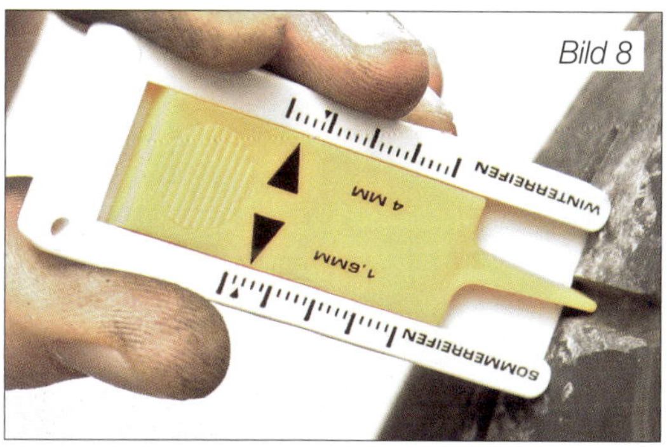

Bild 5: Ein schlauchloser Reifen, der auch mit einem Schlauch montiert und gefahren werden kann.

Bilder 6 und 7: Verschleißanzeiger in den Profilrillen, TWI-Kennzeichnung am Rand des Profils.

Bild 8: Dieser Reifen hat noch 2 mm Profil und sollte bald erneuert werden.

stellige Zahl ohne Punkt und Komma (Oval in Bild 10), diese steht für die Produktionswoche und das Produktionsjahr. In unserem Beispiel bedeutet »0223« die 2. Kalenderwoche des Jahres 2023.

Gebrauchte Reifen: Wenn ein Reifen auf einer Maschine, die regelmäßig gefahren wird, zwar noch genügend Profil hat, aber langsam »blank« wird und älter als fünf Jahre ist, sollte er bald erneuert werden.

Reifen länger als fünf Jahre fahren?
Wenn ein neuer Reifen montiert wird, der vor vier Jahren und elf Monaten produziert wurde, ist er in einem Monat fünf Jahre alt (logisch!). Wenn dieser Reifen regelmäßig gefahren wird, bleibt er »frisch«, denn durch die Walkarbeit des Reifens während des Fahrens laufen in seinem Inneren chemische Prozesse ab, die dem Reifen seine zugesicherten Eigenschaften erhalten.

Fazit: Weil Reifen sehr wichtige Fahrwerksbauteile sind, empfehlen wir, auf sie sehr zu achten und im Zweifelsfall lieber neue Reifen aufzuziehen, als mit alten zu fahren!

Nachrüstreifen

Zum Redaktionsschluss dieses Buchs* sind nur Reifen in den serienmäßigen Größen zugelassen:

- vorne 90/90-21 M/C 54H TT
- hinten 150/70 R18 M/C 70H TT

Wenn Sie für Ihre Maschine neue Reifen auswählen, schauen Sie auf den Internetseiten der Reifenhersteller nach, welche Reifen im aktuellen Angebot sind. Immer gut über Bereifungsmöglichkeiten informiert sind die Honda-Motorradhändler. Verfolgen Sie zum Thema »neue Reifen« auch die Motorrad-Fachpresse.

Herstellergarantie
Für neue Reifen garantiert jeder Reifenhersteller die von ihm zugesagten Qualitätseigenschaften für den Zeitraum von mindestens fünf Jahren. Ein neuer Reifen, der laut Produktionscode vor drei Jahren produziert wurde, gilt als »frisch«. Dazu gibt es die folgende offizielle, gemeinsame Erklärung aller namhaften Hersteller von Motorradreifen: *»Ein bis zu maximal 5 Jahren sachgemäß gelagerter Reifen entspricht der Spezifikation eines Neureifens und ist in seiner Verwendungstauglichkeit und Qualität nicht beeinträchtigt und damit neuwertig. Daraus ergibt sich jedoch nicht zwangsläufig, dass Reifen, welche älter als 5 Jahre sind und immer sachgemäß gelagert wurden, nicht mehr verkehrssicher sind oder irgendwelchen qualitativen Einschränkungen unterliegen«.*

Reifenmontage, Auswuchten

Reifenmontage: Die Montage neuer Reifen sollte beim Motorrad- oder Reifenhändler erfolgen. Eine solche Fachwerkstatt hat auch elektronische Auswuchtmaschinen. Montage und Auswuchtung machen Händler und Werkstätten zu moderaten Preisen. Als eine Art »Erste Hilfe für unterwegs« zeigen wir auf den übernächsten Seiten eine Reifenmontage.

Laufrichtungspfeil: Bild 9: Auf einer Seitenwand des Reifens ist entweder einer oder sind mehrere Pfeile aufgeprägt, die auf die Drehrichtung des Reifens hinweisen. Der Reifen muss in der auf dem Reifen angegebenen Drehrichtung montiert werden, sonst verschlechtern sich Abrieb und Fahrverhalten. Auch kann ein falsch montierter Reifen unter extremen Einsatzbedingungen beschädigt werden.

Unwucht, Auswuchtgewichte: Ein Rad mit einem neu montierten Reifen muss ausgewuchtet werden, damit das Rad auch wirklich »rund« läuft. Wenn es nicht (oder nicht gut) ausgewuchtet ist, beginnt es ab 60 bis 80 km/h zu »hüpfen«. Ein unwuchtiges und deswegen hüpfendes Rad stört das Fahrverhalten, Telegabel und Stoßdämpfer verschleißen rasch. Keine oder auch schlechte Auswuchtung führt im Extremfall dazu, dass das Rad während der Fahrt den Bodenkontakt verliert!

Bild 9

Bild 9: Der Laufrichtungspfeil auf der Seitenwand des Reifens weist auf die Drehrichtung des Reifens hin, und so muss er auch auf die Felge aufgezogen sein. ■ *Der Zusatz »Rear Wheel« weist auf das Hinterrad hin.* ■ *Am Reifen für das Vorderrad steht »Front Wheel«.*

Bild 10

Bild 10: Dieser Reifen wurde in der 2. Kalenderwoche 2023 gefertigt.

* = Stand der Recherche zum Redaktionsschluss dieses Buchs im März 2024

Bild 11: Die leichteste Stelle des Reifens wurde im Werk mit einem Farbpunkt markiert. Der Reifen muss so montiert werden, dass der rote Punkt nahe beim Ventil steht – bitte bei der Reifenmontage darauf achten. Bild 12: Beim Auswuchten werden gegenüber der schwersten Stelle des Reifens entsprechende Gewichte auf der Felge aufgeklebt. Gewichte kann man beim Honda-, Motorrad- oder Reifenhändler kaufen.

Rad selbst auswuchten? Bild 12: Zum statischen Auswuchten hängt man das Rad in einen Zentrierständer ein, bringt es in leichte Drehung und lässt es so lange laufen, bis es »auspendelt« und die schwerste Stelle unten stehen bleibt. Auf der gegenüberliegenden Seite der Felge werden dann entsprechend gewichtige Auswuchtgewichte aufgeklebt: So lange probieren, bis das Rad in jeder Stellung stehen bleibt, dann gilt es als »gut ausgewuchtet«. Ab 20 Gramm nötigem Auswuchtgewicht soll man die Gewichtsstücke auf beiden Seiten der Felge gleichmäßig anbringen, in diesem Fall wären das 2 x 10 Gramm rechts und links.

Rad nachwuchten? Wegen der bei typischen Enduroreifen oft groben Profilierung kann es durchaus sein, dass sich durch ungleichmäßigen Verschleiß des Reifens der Wuchtungsgrad des Rades verändert. Man spürt das beim Fahren durch mit der Zeit stärker werdende Vibrationen vom Rad her und zwar vorne deutlicher als hinten. Dann sollte man das Rad nachwuchten.

Reifenschaden beheben

Es kann selbst auf gut ausgebauten Straßen zu einem Reifenschaden kommen, meistens ist dies ein klassischer »Plattfuß«. In diesem Kapitelabschnitt zeigen wir, was man vor allem auf längeren Fahrten dabei haben sollte, damit man eine Reifenpanne unterwegs beheben kann. Das ist genau dann wichtig, wenn es mit einer der Reise-Enduros unseres Buchs in einsame und unwegsame Geläde geht, wo man jederzeit mit Reifenpannen rechnen muss!

Aber man sollte immer nicht nur Reifenmontierwerkzeug und Flickzeug dabei haben (siehe Bild R1 auf der nächsten Seite), sondern auch gutes Werkzeug zur Radmontage. Zur Unterbringung von Flickzeug und Werkzeug am Motorrad empfehlen wir einen guten Tankrucksack!

Und noch etwas Wichtiges: Auf eine große Reise (Enduro-Reisen sind immer großartige Abenteuer und im Nachhinein werden sie noch größer!), die ja oft durch entlegene Gebiete führt, sollte man zwei neue Schläuche mitnehmen – denn wenn es im Härtefall, wie z. B. bei einer heftigen Steinkollision in einem Bachbett, den Schlauch zerfetzt, dann hilft der beste Flicken nichts!

Bild 12: Zentrierständer zum manuellen Auswuchten. Für das Foto haben wir Klebe-Auswuchtgewichte auf die Achse gelegt (Pfeile).

Bild 11

Bild 11: Den Reifen so montieren, dass der rote Punkt beim Ventil ist.

Bild 12

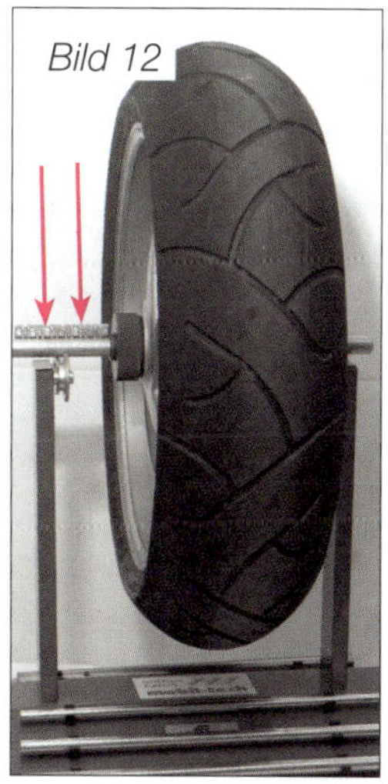

Empfehlenswerte Metzeler-Reifen für die Africa Twin-Modelle der Modelljahre 2016 bis 2019

Bild 13

*Der **Tourance Next 2** mit viel Positivprofil ist für überwiegenden Straßenbetrieb hervorragend geeignet.*

Bild 14

*Der **Karoo Street** mit seinem geschwungenen Profil eignet sich gut für Straßenbetrieb und Gelände. Auch als M+S erhältlich.*

Bild 15

*Der **Karoo 4** mit Blockprofil ist für Gelände- und Straßenbetrieb geeignet. Auch als M+S erhältlich und sehr beliebt.*

Siehe www.metzeler.com und auch die Schwestermarke www.pirelli.com

Bild 16: Wenn M+S-Reifen montiert sind, muss ein solcher Aufkleber im Sichtbereich des Fahrers aufgeklebt sein.

Bild 16

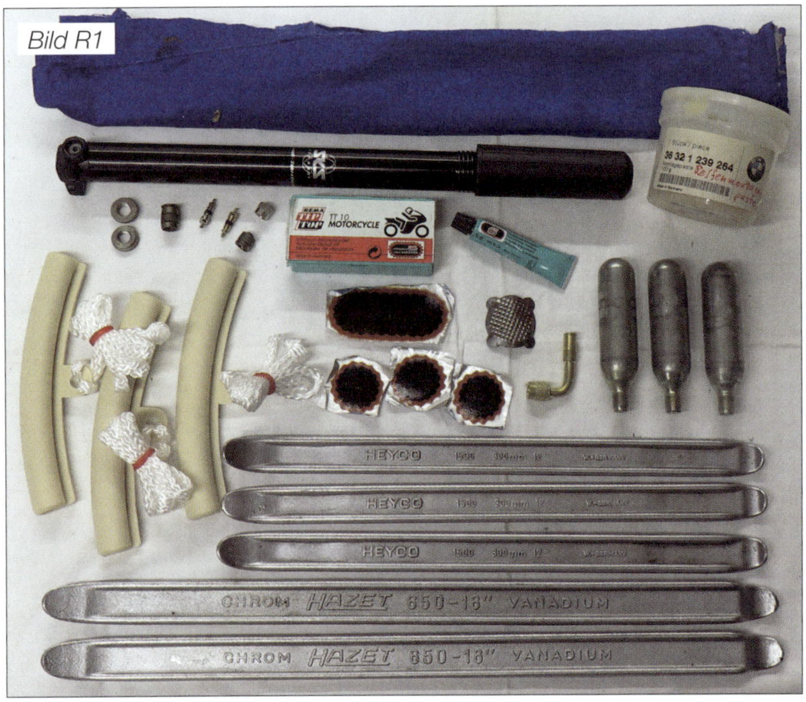

Bild R1

Bild R2

Bild R3

Bild R4

Bild R1: Eine beispielhafte Reifenflick-Ration. Das benötigte Werkzeug zur Vorder- und Hinterradmontage können Sie im Kapitel 5 »Räder« zusammenstellen. Denn mit dem Bordwerkzeug geht nix! Montierhebel: Wenn Sie Platz haben fürs Werkzeug, nehmen Sie lange Hebel. Flickzeug: Der Klebstoff muss frisch sein. Kleinteile: Auch Ersatzventile und Ventilkappen einpacken! Plus Montagepaste, Lappen, Luftpumpe.

■ **Merke:** Bei der Reifenmontage nur ordentliche Montierhebel verwenden, also keine Schraubenzieher, Gabelschlüssel oder Flacheisen!

Bild R2: Zum Radausbau die Maschine sicher abstellen. Im Gelände ist das etwas schwieriger. Dort Steine, Holzklötze und Balken suchen.

Bild R3: Zur Schonung der Felge Plastik-Felgenschoner und lange Montierhebel verwenden.

Bild R4: Anstatt eines Felgenbandes, das bei der Reifenmontage immer gerne verrutscht, kann man auch eine Lage ca. 25 mm breites Klebeband ins Felgenbett einkleben.

Bild R5: Eine gute Luftpumpe ist Pflicht. Es gibt auch kleine 12-Volt-Elektropumpen. **Tipp:** Beim BMW-Händler gibt es sehr gute, kleine Luftpumpen für kleines Geld.

Bilder R6 und R7: Auch wenn der Reifen »richtig platt« ist – Ventil raus und Luft ablassen vor der Reifendemontage. Nach der erfolgreichen Schlauchflickerei die Felgenmutter nicht gegen die Felge, sondern gegen das Ventilkäppchen kontern.

Bild R5

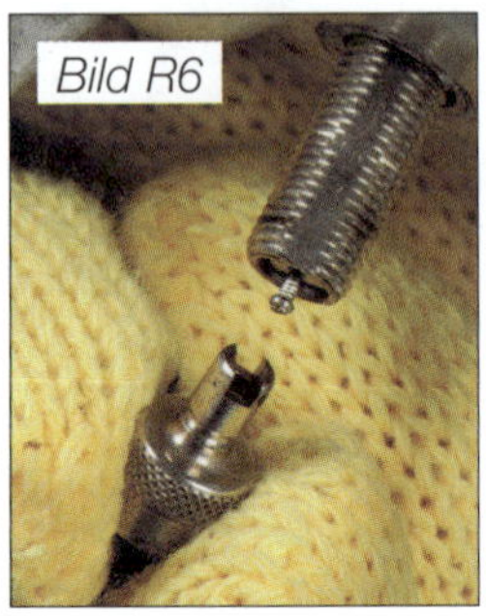
Bild R6

Bild R7

Bild R8

Bild R8: Luft ist abgelassen, Rad liegt platt auf dem Boden, Lappen liegt unter der Radnabe. NICHT auf der Bremsscheibe ablegen! ■ Reifen beidseitig mit dem Fuß ringsum ganz fest ins Felgenbett drücken. Felgenschützer aufsetzen.

Bild R9: Montierhebel rechts und links neben dem Ventil zwischen Felge und Wulst eindrücken und den Reifenwulst über das Felgenhorn hebeln.

Bild R9

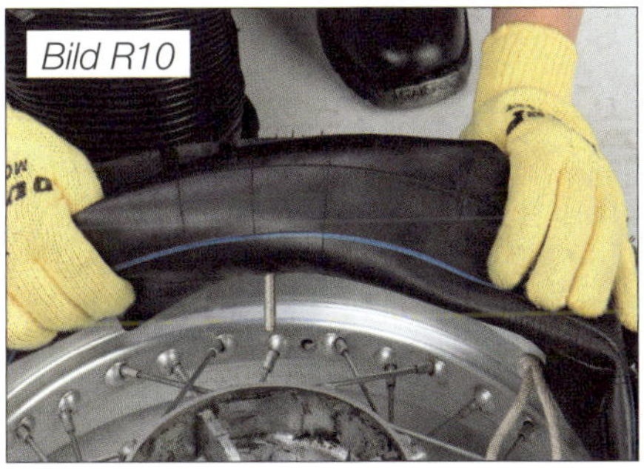

Bild R10

Bild R10: Schlauch herausziehen. Darauf achten, dass das Ventil aus seiner Bohrung gezogen wird: Bloß nicht heftig daran zerren!

Bild R11: Felgenschützer auf der anderen Seite aufsetzen. Den Reifenwulst über das Felgenhorn heben und so den Reifen von der Felge trennen.

Bild R11

Bild R12

Bild R12: Felgenbett mit einer Stahlbürste mit weichen Borsten putzen. Felgenband auf unbeschädigten Zustand und genügend Spannung kontrollieren. Eventuell durch Klebeband ersetzen (siehe Bild R4).

Bild R13: Reifenwulst satt mit Montagepaste einschmieren. Unterwegs genügt Seifenlauge (oder Spucke...).

Bild R13

Bild R14

Bild R14: Reifenmontagepaste in den Reifen hinein geben, damit sich später der (neue oder geflickte) Schlauch schön an die Innenwand legt.

Bilder R15, R16: Felgenschützer aufsetzen. Wulst der einen Reifenseite in kleinen Schritten über das Felgenhorn heben, ins Tiefbett drücken.

Bild R15

Bild R16

Bilder R16, R17: Rad umdrehen. Felgenschützer aufsetzen. Schlauch locker aufpumpen, in den Reifen einlegen. Ventil in Bohrung einführen. ■ Montierhebel gegenüber vom Ventil am Wulst ansetzen, Wulst Stück für Stück über das Felgenhorn heben. ■ Schlauch aufpumpen, immer wieder Pause machen: Der Wulst muss mit »plopp – plopp« in den Felgensitz springen. Rundlauf prüfen, ggf. korrigieren.

Bild R17

Finish: Achten Sie unbedingt darauf, dass der Abstand der Linie auf der Seitenwand rechts und links ringsum gleichmäßig zum Felgenhorn verläuft

Bilder 1, 2, und 3: Wenn die Maschine keinen Mittelständer hat, muss man sie zur Radmontage vorne und hinten auf Montageständer aufbocken.

Bild 4: Holz unterm Rad erleichtert den Aus- und Einbau.

Räder

In diesem Kapitel: Zum Radaus- und -einbau benötigtes Werkzeug · Anziehdrehmomente · Trick mit dem Holzklotz · Vorderrad aus-/einbauen · Bauteile reinigen, prüfen · Hinterrad aus-/einbauen · Radlager, Räder und Radachsen prüfen, vermessen · Radlager wechseln · Bremsscheiben und ABS-Sensorring ab- und anbauen.

Werkzeuge zur Radmontage

Montageständer, Bilder 1 bis 4: Weil die Maschinen unseres Buchs serienmäßig nur einen Seitenständer haben, werden zur Raddmontage Front- und Heckmontageständer benötigt, damit die Maschine sicher aufgebockt ist und man gut schrauben kann.

Bild 1

Bilder 1 und 2: Achten Sie darauf, dass der Vorderradständer passende Aufnahmen für die Unterseite der Gabelfäuste hat (siehe Bild 2), damit die Maschine darauf sicher steht.

Werkzeug: Drehmomentschlüssel .... groß und klein
Schrauben Kotflügel an Gabelbeine .... Inbusnuss SW 5
Schraube ABS-Sensor .... Nuss SW 8
Schrauben Bremssättel
an Gabelbeine .... Nuss SW 14
Achsmutter vorne .... Nuss SW 22
Achskopf vorne .... Inbusnuss SW 17
Achsklemmschrauben .... Nuss SW 12
Gummiflitschen zum Weghängen der Bremssättel
Achsmutter hinten .... Nuss SW 27
Achskopf hinten.............................. Nuss SW 22
Einstellschrauben zur Kettenspannung .... Gabelschlüssel SW 10
Kontermuttern auf Einstellschrauben
zur Kettenspannung ..... Gabelschlüssel SW 12

Anziehdrehmomente
Schrauben M6 Kotflügel an Gabelbeine.... 10 Nm
Schraube* M6 ABS-Sensor .... 10 Nm
Mutter M16 auf Vorderachse .... 60 Nm
Vorderachs-Klemmschrauben M8............ 22 Nm
Schrauben* M10 Bremssättel
an Gabelbeine .... 45 Nm
Hinterachsmutter M18........................... 100 Nm
Kontermuttern M8 auf Einstellschrauben
zur Kettenspannung .... 27 Nm
■ * = *zur Honda-Vorschrift bei ALOC-Schrauben siehe Kapitel 31 »Anziehdrehmomente«.*

Der Trick mit dem Holzklotz (Bild 4)
Wird der Aus- und Einbau eines Rades alleine bewerkstelligt, gelingt es oftmals nur schwer, alle Teile zum Einschub der Achse in Position zu

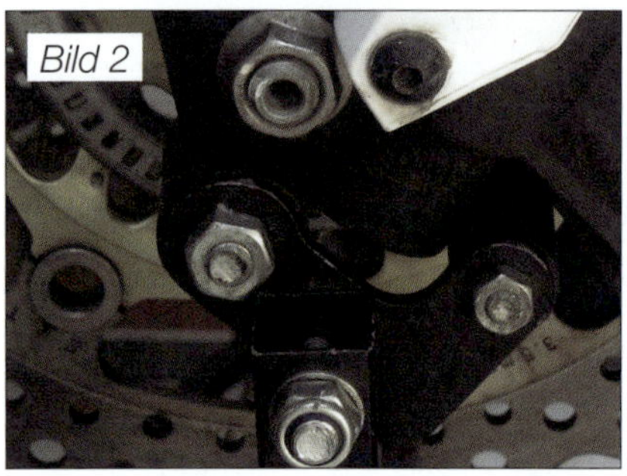
Bild 2

Bild 3

Bild 4

Sicherheitshinweise ⚠ Achtung und ☞ Tipps für dieses Kapitel

⚠ Handbremshebel bzw. Fußbremshebel nicht betätigen, wenn die Bremssättel abgeschraubt sind! Sonst rutschen die Bremsklötze in die Zange und man kann sie nicht mehr montieren.

☞ Lappen so dick um den Gasgriff wickeln, dass er den Handbremshebel blockiert.

⚠ Nach jeder Radmontage alle Schrauben und Muttern nochmals auf Festsitz kontrollieren! Ganz penible Menschen machen sich Farbmarkierungen an die Schraubenköpfe und Muttern, die mit dem richtigen Drehmomentwert angezogen sind.

⚠ Bei der Radmontage nur originale Schrauben und Muttern verwenden! Nie Schrauben/Muttern undefinierbarer Herkunft aus einer typischen Schraubenkiste verwenden!

⚠ Niemals versuchen, krumme Räder oder krumme Achsen gerade zu richten, sondern Neuteile verwenden.

⚠ Nach der Radmontage alles überschüssige Fett von den Montagestellen abwischen, damit es nicht auf die Bremsscheiben gelangt.

bringen, man bräuchte drei oder vier Hände. Organisieren Sie sich vor dem Radausbau einen Holzklotz (oder ein Päckchen aus kleinen Brettern), der bei aufgebockter Maschine »saugend« zwischen Rad und Boden passt. Dann knallt das Rad nicht herunter, wenn die Achse ausgezogen wird, und lässt sich auch viel einfacher einbauen. Besonders beim Hinterradwechsel, wo Bremssattelhalter, Rad, Distanzbuchse und Achse gleichzeitig in Position gebracht werden müssen, erleichtert Holz die Arbeit.

Vorderrad aus- und einbauen

Vorderrad ausbauen

1. Maschine auf Front- und Heckmontageständer aufbocken, wie in den Bildern 1 bis 3 gezeigt.

2. Bild 5: Die vier Kotflügelschrauben rechts und links unten an der Gabel ausschrauben. Der Kotflügel ist jetzt lose an der Maschine. Bremsschläuche nicht abschrauben!

3. Bilder 6 und 7: Bremssättel abschrauben und von den Bremsscheiben ziehen.

3.1. Bild 8: Beide Bremssättel zusammen mit dem Kotflügel rechts und links so weit es geht nach oben mit Gepäckgummis weghängen.

■ Bremsschläuche dabei so wenig wie nötig verdrehen und nicht knicken!

4. Bild 9: Bei ABS-Maschinen den ABS-Sensor ausbauen. Schraube lösen, ausdrehen, Sensor unter leichtem Drehen ausziehen. Den Sensor mit einem Kabelbinder seitlich nach oben so weghängen, dass er bei der Radmontage nicht stört. Beachten: Das Sensorkabel nicht knicken!

Wichtig: Achsklemmschrauben in den Gabelfäusten (Bild 11) jetzt noch nicht öffnen!

5. Bild 10: Achsmutter links mit Sechskantnuss SW22 lösen und abschrauben.

6. Bild 11: Achsklemmschrauben in der linken und rechten Gabelfaust lösen und mindestens zwei Umdrehungen aufdrehen.

7. Bild 4: Spätestens jetzt Holz unter den Vorderradreifen schichten, bis der Reifen aufsitzt.

8. Bild 12: Achse von der linken Seite mit einem Gummihammer ein Stück weit ausklopfen.

8.1. Bild 13: Achse am Achskopf rechts mit 17er-Inbusnuss unter Drehen und Ziehen ausziehen. Dabei das Rad mit einer Hand hochhalten und etwas hin und her wackeln.

Bild 5: Schutzblechschrauben rechts und links unten an der Gabel ausschrauben.

Bilder 6, 7, 8: Bremssattelschrauben ausschrauben, Bremssattel von den Scheiben abziehen und mit dem Kotflügel nach seitlich-oben weghängen.

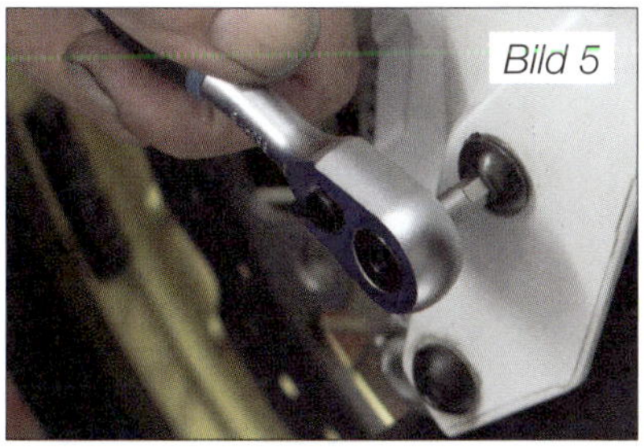

Bild 5

Bild 6

Bild 7

Bild 8

Bild 9

Bild 10

Bild 9: M6-Schraube des ABS-Sensors ausschrauben, Sensor ausziehen und zur Seite hängen. Bild 10: Vorderachsmutter lösen und abschrauben.

Sichtprüfung Messen

Bild 11: Die Achsklemmschrauben auf beiden Seiten erst dann lösen, wenn die Achsmutter abgeschraubt ist.

Bild 12: Zum Austreiben der Achse mit einem Gummihammer auf die Achse klopfen und dabei am Rad etwas hin und her wackeln.

Bilder 13 und 14: Zum Auszug der Achse eine Inbusnuss SW 17 in den Achskopf einstecken, leicht verkanten und so die Achse ausziehen. Dabei das Rad innen an der Felge mit einer Hand anpacken und etwas hochhalten. Das jetzt freie Rad nach vorne aus der Gabel herausrollen.

Bilder 15, 16, 17: Simmerringe rechts und links in der Radnabe mit Ölspray und Lappen reinigen, mit etwas frischem Fett einschmieren.

9. Achse ganz herausziehen. Bild 14: Rad ablassen und nach vorne herausrollen.
10. Distanzbuchsen rechts und links entnehmen. Rad nach vorne herausnehmen.

Bild 11

Bild 12

Bild 13

Bauteile reinigen, prüfen

1. Distanzbuchsen und Achse mit Ölspray und Lappen säubern. Sind alle Oberflächen und das Achsgewinde einwandfrei in Ordnung?
1.1. Gabelfäuste mit Ölspray reinigen. Prüfen, ob die Gewinde der Achsklemmschrauben in Ordnung sind.
2. Radlager prüfen: Zeigefinger in den Innenring des Lagers stecken und drehen. Man spürt mit dieser »Fingerprobe« wie das Lager läuft.
■ Wenn die Lager gleichmäßig, spielfrei, ohne Knacken und Rubbeln laufen, sind sie in Ordnung.
■ Defekte Lager haben Spiel, laufen schwergängig oder ungleichmäßig und müssen ersetzt werden. Wie das gemacht wird, erklären wir weiter hinten in diesem Kapitel.
3. Bilder 15, 16, 17: Radlager-Simmerringe rechts und links mit Ölspray reinigen. Einen Finger voll Wälzlagerfett in und hinter die Simmerringe schmieren.
4. Bremssättel mit Bremsenreiniger säubern. Dicke der Bremsbeläge kontrollieren (siehe dazu auch Kapitel 6 »Bremsen«).
5. Befestigungsschrauben der Bremssättel mit Messingbürste und Lappen reinigen. In Reichweite auf den Kopf stellen, sie werden gleich gebraucht!

Bild 14

Bild 15

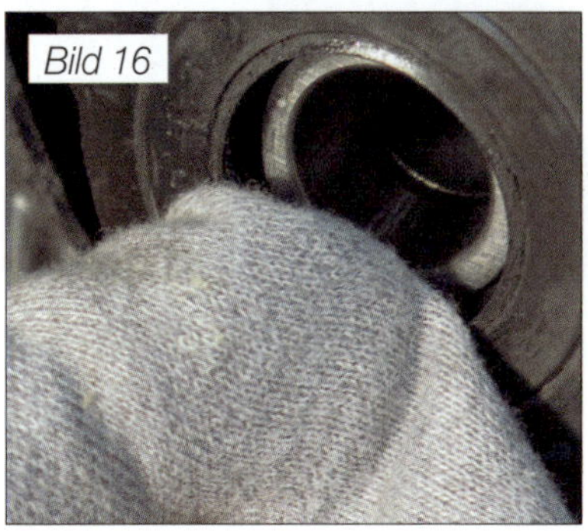
Bild 16

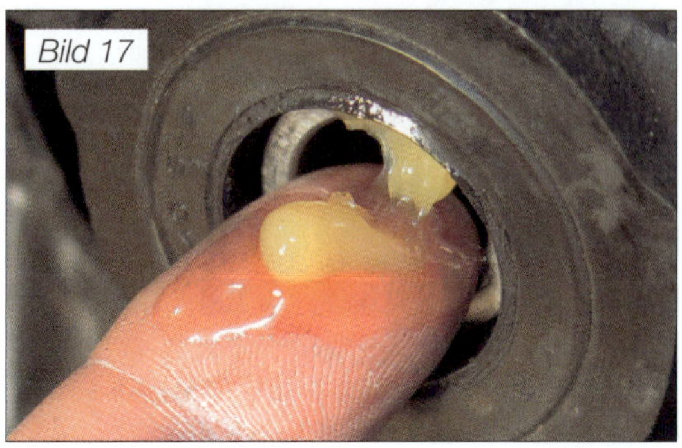
Bild 17

Vorderrad einbauen

1. Rad richtig herum von vorne in die Telegabel einführen.

■ Die Drehrichtung des Rads ist durch den ABS-Sensorring auf der linken Seite vorgegeben.

2. Rad in die Gabel einrollen, Rad anheben und Holz unter den Reifen schichten (Bild 4).

2.1. Bild 18: Gefettete Distanzbuchsen rechts und links in die Simmerringe einsetzen.

3. Bild 19: Radlager mit den Achsbohrungen in den Gabelfäusten in Flucht bringen. Gefettete Achse von rechts einführen und ganz durchschieben.

4. Gereinigte und gefettete Achsmutter auf das Gewinde der Achse von Hand aufdrehen.

5. 17er-Inbusnuss in den Achskopf rechts einstecken zum Gegenhalten, 22er-Sechskantnuss auf die Achsmutter links aufstecken und mit 60 Nm festziehen (Bild 23).

■ Achsklemmschrauben noch nicht festziehen.

6. Bremsscheiben reinigen mit Bremsenreiniger und sauberen Lappen. Bremssättel auf Bremsscheiben schieben, Schrauben eindrehen, mit 45 Nm festziehen (Bild 22).

■ Zur Frage, ob neue ALOC-Schrauben verwendet werden müssen, verweisen wir auf Kapitel 31 »Anziehdrehmomente«.

7. Jetzt das Motorrad vom Frontmontageständer abbocken, senkrecht stellen und mit nicht betätigter Vorderradbremse einige Male kräftig ein- und ausfedern.

■ Dadurch »setzt« sich die Achse in den Gabelfäusten. Mögliche Verspannungen der Gabelbeine zueinander werden ausgeglichen bzw. vermieden.

8. Bild 20: Erst jetzt die Achsklemmschrauben in den Gabelfäusten mit 22 Nm festziehen.

9. Maschine wieder auf den Frontmontageständer aufbocken. Bremse einige Male betätigen, damit sich die Bremsbeläge an die Scheiben anlegen. Bremse lösen, Rad durchdrehen und prüfen, ob es leicht und frei läuft.

10. Bilder 9 und 21: ABS-Sensor einbauen, dabei auf die richtige Verlegung des Kabels achten. Schraube eindrehen und mit 10 Nm festziehen.

11. Kotflügel anschrauben.

Wichtig: Überschüssiges Fett von Simmerringen, Achse und Schraubstellen gut abwischen, damit es nicht auf die Bremsscheiben gerät.

Bilder 18, 19: Distanzbuchsen und Achse reinigen und einfetten.

Bilder 20, 22, 23: Drehmomentschlüssel benutzen!

Bild 18

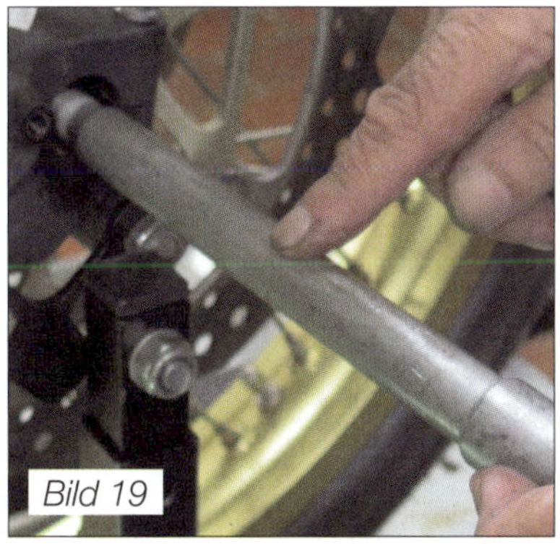
Bild 19

Bild 20
Achsklemmschrauben 22 Nm

Bild 21
Auf richige Verlegung des ABS-Sensorkabels achten.

Bremssattelschrauben 45 Nm
Bild 22

Vorderachsmutter 60 Nm
Bild 23

Sichtprüfung Messen

Bilder 24 und 25: Bauteile der Hinterradaufnahme mit den Anziehdrehmomentwerten.

Bilder 26 und 27: Wenn zum leichteren Öffnen der Hinterradmutter ein langes Rohr auf den Knebel gesteckt ist wird es fast ein Kinderspiel.

Hinterrad aus- und einbauen

Anmerkung 1: Der hintere Bremssattel braucht zum Aus- und Einbau des Rads nicht abgeschraubt zu werden.
Anmerkung 2: Der ABS-Sensor kann bei eingebautem Hinterrad nicht abgebaut werden, weil die Befestigungsschraube so eng zwischen Schwinge und Bremssattelhalter sitzt, dass sie nicht ausgeschraubt werden kann.
Anmerkung 3: Wenn die Maschine ordentlich auf einem Heckmontageständer aufgebockt ist, legen Sie zur Montagehilfe Hölzer unter den Reifen; siehe dazu am Anfang des Kapitels Bild 4.

Hinterrad ausbauen
1. Bilder 25 und 26: Achsmutter mit 27er-Sechskantnuss lösen und abschrauben.
1.1. Bild 24: Wenn sich die Hinterachse mitdrehen sollte, diese am Achskopf links mit einem 22er-Sechskantschlüssel gegenhalten.
2. Bild 27: Mutter, Scheibe und rechte Achsaufnahme abnehmen. Gleich einen Blick auf die Gewinde von Achse und Mutter wagen: Alles in Ordnung?
3. Mit einem Handballen auf das jetzt freigelegte Achsgewinde drücken und so versuchen die Achse nach links auszudrücken. Dabei das Rad mit der anderen Hand oben anpacken und etwas hin und her kippeln.
Anmerkung: Bild 28: Wenn die Achse fest sitzt und sich nicht ausdrücken lässt, ein paar Spritzer Allzwecköl an die Kontaktstellen geben. Mit Gummi- oder Kunststoffhammer nachhelfen.
■ KEINEN STAHLhammer benutzen!
4. Bild 29: Achse links am Kopf packen, weiterhin am Rad wackeln und dabei die Achse ganz ausziehen.
4.1. Bild 30: Holz unter dem Rad wegnehmen, Rad ablassen und nach vorne schieben.

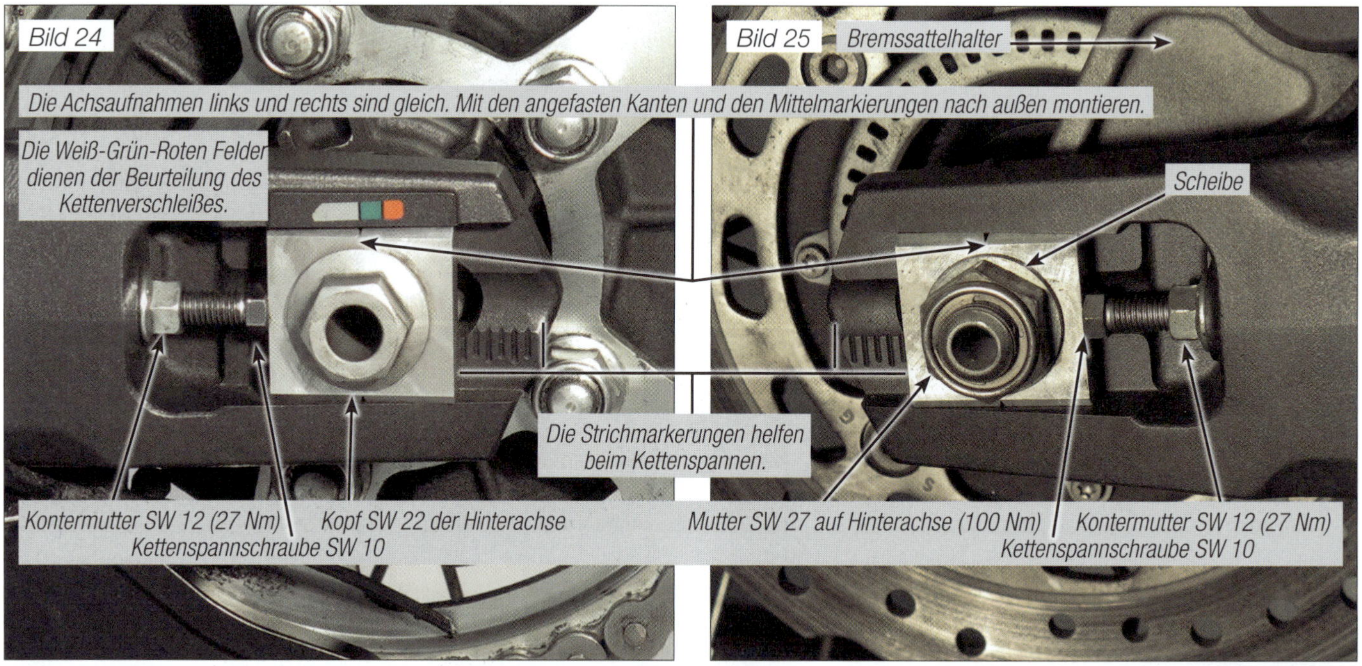

Bilder 26 und 27: Eine richtig lange Rohrverlängerung hilft beim Öffnen der Hinterachsmutter ungemein

5. Bild 31: Lappen auf das Ende der Schwinge legen, Kette vom Kettenrad nach links herunternehmen und auf dem Lappen ablegen.
6. Rad nach hinten ziehen. Beachten, dass die Bremsscheibe aus dem Bremssattel herausgleitet und dieser nicht innen an der Felge anschlägt.
6.1. Bremssattelhalter von dem innen in der Schwinge angebrachten Widerlager (Bild 34) abziehen, nach oben abnehmen, mit dem Bremssattel nach rechts ablegen. Lappen unterlegen!
7. Rad nach hinten rollen. Bild 33: Buchsen aus den Simmerringen ziehen.
7.1. Rad nach hinten herausnehmen.
Wichtig: Wenn das Hinterrad zum Reifenwechsel gebracht wird, unbedingt Folgendes tun:
■ Bild 32: Kettenblattträger abziehen. Auf die Distanzbuchse im Lager des Kettenblattträgers achten. Diese sitzt normalerweise fest im Lager, was noch lange nicht heißt, dass sie immer fest sitzt! Sollte die Distanzbuchse herausfallen, achtlos zur Seite gelegt und vergessen werden beim Radeinbau, werden nach dem Einbau des Rads und dem Festziehen der Achsmutter die Radlager innerhalb weniger Kilometer total zerstört!

Bauteile reinigen, prüfen: Wie im Kapitelteil »Vorderrad« beschrieben mit Ölspray und sauberen Lappen säubern und mit supergutem Kfz-Fett leicht einfetten.

Zusätzlich für das Hinterrad:
1. Bild 32: Ruckdämpfergummis herausnehmen und auf Verschleiß prüfen. Gut reinigen und mit etwas Silikonfett einreiben, das hält sie geschmeidig.
2. Kettenblattträger und Kettenrad außen und innen gründlich mit Ölspray reinigen, mit einem sauberem Lappen trocken putzen.
3. Lager im Kettenblattträger kontrollieren, ob es in Ordnung ist. »Fingerprobe« wie bei den Radlagern beschrieben, siehe weiter vorne und hinten.
3.1. Bild 32: Wenn sie herausgenommen wurde: Distanzbuchse in das Lager einsetzen.
4. Achse, Mutter und Achsaufnahmen reinigen und leicht einfetten.

Hinterrad einbauen
1. Bild 32: Ruckdämpfergummis in die Hinterradnabe einsetzen. Kettenblattträger montieren.

Bilder 28 bis 34: Die gezeigten Arbeitsschritte sind im Lauftext erklärt.

Bild 28

Bild 29

Bild 30

Bild 31

Bild 32

Bild 33

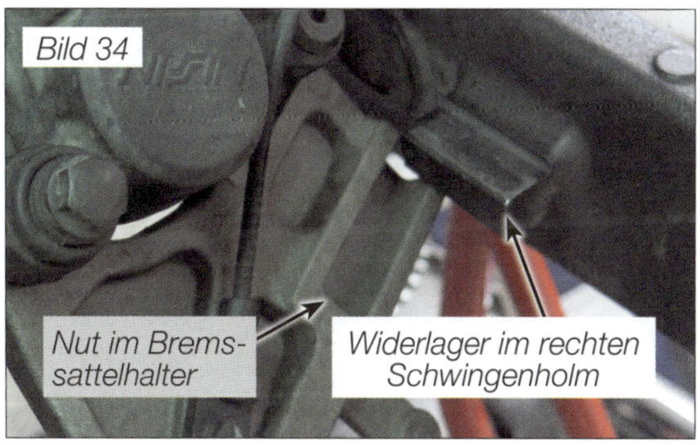

Bild 34

Sichtprüfung Messen

Bilder 36 bis 39: Der Hinterradeinbau ist im Lauftext erklärt. ■ *Besonders darauf achten, dass die Bremsscheibe zwischen den Bremsklötzen ist.*

■ Noch einmal der Hinweis, dass die Distanzbuchse im Lager des Kettenblattträgers eingebaut sein muss (siehe Bild 32).

2. Bild 34: Jetzt die hintere Bremse in ungefähre Montageposition bringen, den Vorsprung unten am Widerlager in die Nut einsetzen und das ganze Bauteil eng an die Schwinge anlegen.

3. Bild 35: Rad von hinten in die Schwinge einfädeln und zwar senkrecht und gleichzeitig schräg nach links, sodass der Reifen vorne an der Bremse vorbei geht und sich das Rad in die Schwinge ohne großen Widerstand einführen lässt.

Bild 35

4. Bild 36: Buchsen in Simmerringe rechts und links einsetzen.

5. Bild 37: Jetzt das Rad möglichst senkrecht und gerade stellen und die Bremsscheibe in den Bremssattel zwischen die Bremsklötze einführen.

6. Rad weiter nach vorne schieben bis ganz nach vorne.

7. Rad so weit es geht nach vorne schieben.

8. Bild 30: Kette auf Kettenrad legen, Rad zurückziehen und hochheben, Hölzer unterlegen. Jetzt sollten die Hinterachslager auf Höhe der Schwingenaugen sein, das Rad sollte also in ungefährer Montageposition stehen.

9. Rechte Seite: Bremssattelhalter zwischen Rad und Schwinge ausrichten.

■ Kontrollieren, ob die Bremsscheibe zwischen die Bremsklötze eingleitet ohne zu blockieren!

■ Bremssattelhalter und Widerlager auf den Schwingenarm ausrichten.

10. Linke Achsaufnahme auf die gereinigte und leicht eingefettete Achse schieben.

10.1. Radlager, Bremssattelhalter und die Achs-Langlöcher in der Schwinge zueinander ausrichten.

10.2. Achse mit aufgeschobener Achsaufnahme von links ansetzen, einschieben, dabei das Rad etwas hin- und herkippeln, Achse ganz durchschieben, bis das Gewinde rechts herausragt.

11. Bild 27: Achsaufnahme rechts aufschieben, Scheibe aufschieben, Mutter aufdrehen.

11.1. Das Rad so weit es geht nach vorne gegen die Köpfe der Kettenspannschrauben drücken.

Tipp: Einen mittelgroßen Schraubenzieher zwischen Kette und Kettenblatt einstecken (wie in Bild 38), das Rad etwas rückwärts drehen: Die Kette spannt und zieht dadurch das Rad mit der Achse nach vorne.

11.2. Hinterachsmutter handfest anziehen.

12. Kettenspannung kontrollieren, ggf. einstellen. Dabei auch die Kette prüfen: Bei Bedarf Kette reinigen und schmieren (siehe dazu auch Kapitel 7 »Kette«).

13. Bild 39: Achsmutter mit 100 Nm festziehen. Den zuvor eingesteckten Schraubenzieher (Bild 38) aus dem Kettentrieb herausnehmen.

14. Bremse einige Male betätigen, damit sich die Bremsbeläge an der Bremsscheibe anlegen.

15. Bremse lösen, Rad drehen und prüfen, ob es leicht und frei läuft. Überschüssiges Fett von der Außenseite der Simmerringe und den anderen Schraubstellen abwischen.

Bild 36

Bild 37

Bild 38

Bild 39

Radlager wechseln

Speziell bei älteren Maschinen sollte man bei einer Radmontage die Radlager prüfen: Wie das mit einem Finger geht siehe unten.

Neue Radlager kaufen

■ Originale Kugellager sind erste Wahl, diese sind beidseitig abgedeckt und brauchen vor dem Einbau nicht mit Fett eingeschmiert zu werden.

■ Sind keine Originallager verfügbar, kann man auch Nachrüstlager verwenden; diese sollten ebenfalls beidseitig abgedeckt sein.

■ Gibt es auch diese nicht und es muss auf Nachrüstlager mit nur einer Abdeckscheibe zurückgegriffen werden, muss die offene Lagerseite gut mit Wälzlagerfett gefüllt werden.

Spezialwerkzeuge

Zum Ausbau der alten Radlager empfiehlt sich ein handelsübliches Lagerausbauwerkzeug (Bild 40). Wenn man ein solches Werkzeug nicht hat und die Lager »kalt« ausschlägt (Bild 46), ist die Gefahr groß, dass die zwischen den Radlagern eingebaute Distanzhülse an ihren Anlageflächen und Kanten beschädigt wird, weil die Hülse zum Ausschlagen der Radlager (wie in Bild 46 gezeigt) in der engen Radnabe nicht weit genug zur Seite gerückt werden kann.

Deswegen sollte man Lager »warm« wechseln, wie wir es nachstehend beschreiben. Zum Einbau neuer Lager und Simmerringe benötigt man nicht zwingend Spezialwerkzeuge, Nüsse in passender Größe können auch verwendet werden.

Lager warm wechseln

Beim warmen Wechseln wird die Radnabe auf 80 bis 120 °C erhitzt. Dazu benötigt man eine Heizplatte sowie Dorne und Nüsse (Bilder 43 bis 48). Man kann die Nabe auch mit einem Heißluftföhn anwärmen. **Hitzefeste Handschuhe tragen!**

Bild 40: Spezialwerkzeug zum Ausbau von Radlagern.

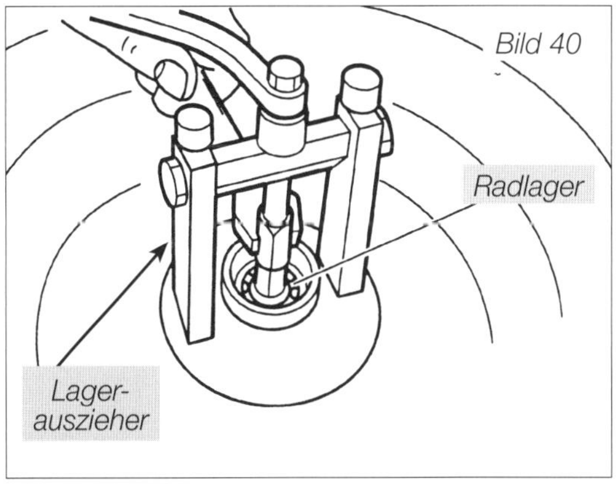

Radlager, Räder und Radachsen prüfen

Radlager prüfen

Zeigefinger in den Innenring des Lagers führen und diesen drehen. Lagerspiel, ungleichmäßiger Lauf und Schwergängigkeit lassen sich so erfühlen.

Läuft das Lager spielfrei und gleichmäßig, ohne Knacken und Rubbeln, ist alles o.k.

Wenn die Lager beschädigt sind, also »Luft«haben oder laut und knackend laufen, müssen sie erneuert werden.

Rad auf Rundlauf prüfen

1. Rad in Zentrierständer einhängen. Wenn keiner zur Verfügung steht:

■ Radachse in einen Schraubstock spannen und Messuhrhalter auf der Werkbank befestigen. Oder eingebaut prüfen:

■ Messuhr an Gabelholm (Vorderrad) oder Hinterradschwinge (Hinterrad) befestigen.

2. Felgenrand putzen, mit Allzweckspray einsprühen, Messspitze der Messuhr anführen:

■ Zum Messen des Höhenschlags innen am Felgenhorn (Bild 41).

■ Zum Messen des Seitenschlags außen am Felgenhorn (muss unbeschädigt sein, Bild 41).

3. Verschleißgrenzen: Axialschlag 1,0 mm, Radialschlag 1,0 mm.

Radachse auf Schlag prüfen: Radachse in Prismenblöcke legen (Bild 42), Achsschlag mit Messuhr feststellen, Verschleißgrenze 0,2 mm.

Beachten: Der tatsächliche Schlag ist nur halb so groß wie der von Messuhr angezeigte Wert.

Bild 41: Vermessen des Rads auf Seiten- und Höhenschlag.

Bild 42: Vermessen der Radachse.

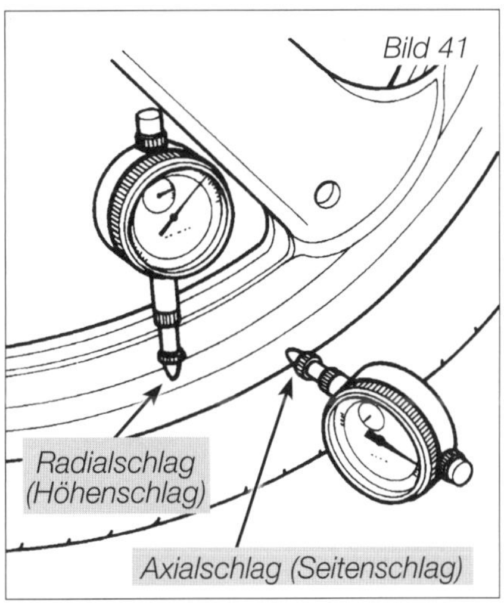

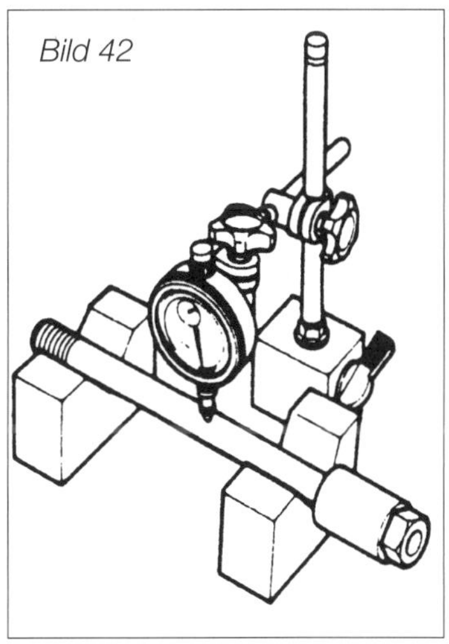

Sichtprüfung Messen

Bremsscheiben und ABS-Sensorring abbauen

Zum Wechsel der Radlager die Bremsscheiben und den ABS-Sensorring abbauen.

1. Drehrichtung der Bremsscheiben mit einem dicken Filzstift zeichnen.

2. Schrauben der Bremsscheiben und des ABS-Sensorrings sind mit einem Schraubensicherungsmittel eingeklebt (ALOC-Schrauben), weswegen sie schwer herausgehen. Deswegen die Schrauben am Kopf mit einem Heißluftföhn anwärmen, das löst die Verklebung.

Bild 43: Zum warmen Wechsel der Radlager benötigte Werkzeuge und Hilfsmittel.

Bilder 44 bis 48: Anwärmen der Radnabe und Arbeitsschritte zum Wechsel der Radlager und Simmeringe.

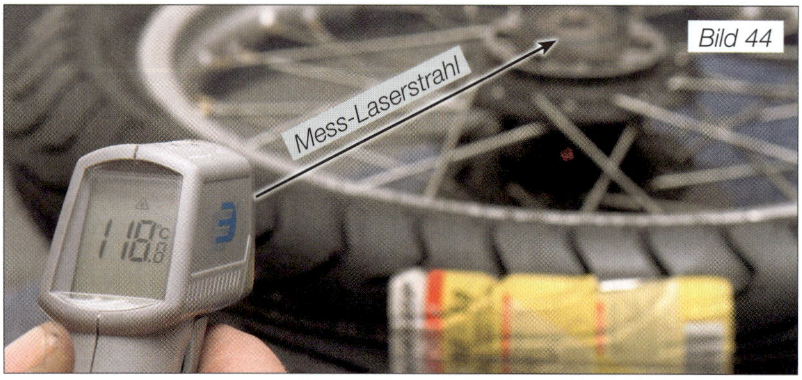

3. Mit einem exakt passenden Inbusschlüssel die Schrauben über Kreuz lösen und ausdrehen. Bremsscheibe abnehmen.

4. Den ABS-Sensorring mit einem passenden Torxschlüssel abschrauben.

5. Bild 44: Simmerringe mit Reifenmontiereisen oder breitem Schraubenzieher aushebeln.

6. Rad mit der Nabe auf die kalte Heizplatte legen, Schalter auf mittlere Stufe stellen.

7. Bild 45: Heizplatte und Radnabe zusammen langsam aufheizen bis mindestens 80 °C. Nicht wärmer als 120 °C, sonst verbrennt der Lack am Rad und die Lagerbohrung verzieht sich.

8. Rad von der Heizplatte nehmen, die Lager fallen jetzt fast schon von alleine heraus. Wenn nicht, Bild 46: Mit dünnem Dorn und leichten Hammerschlägen nachhelfen.

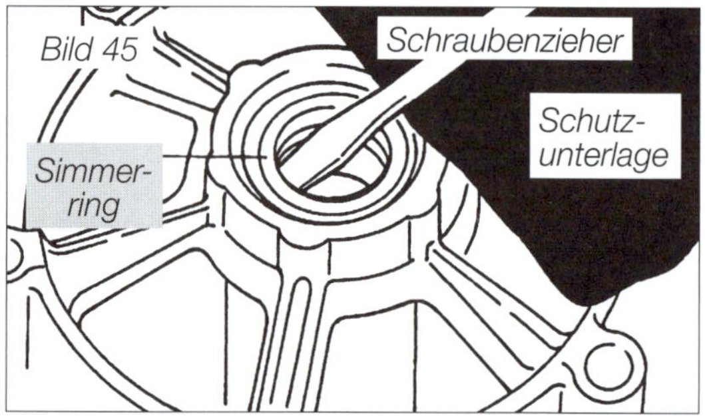

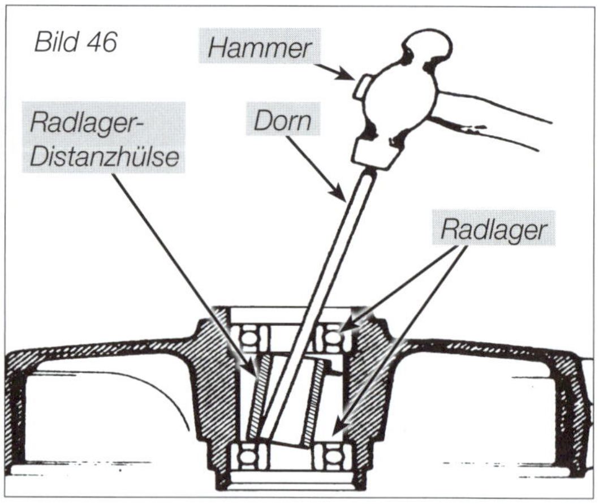

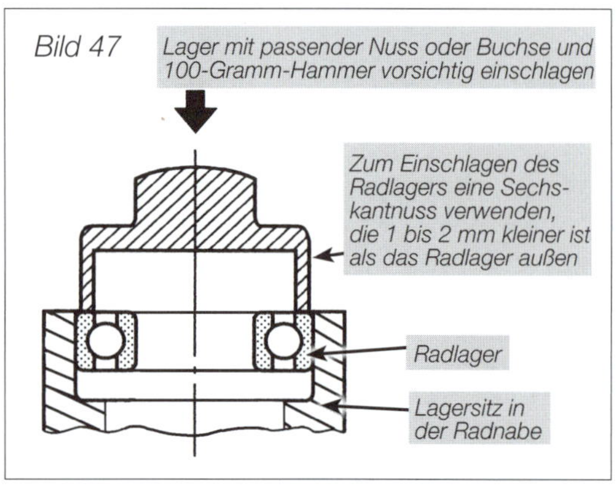

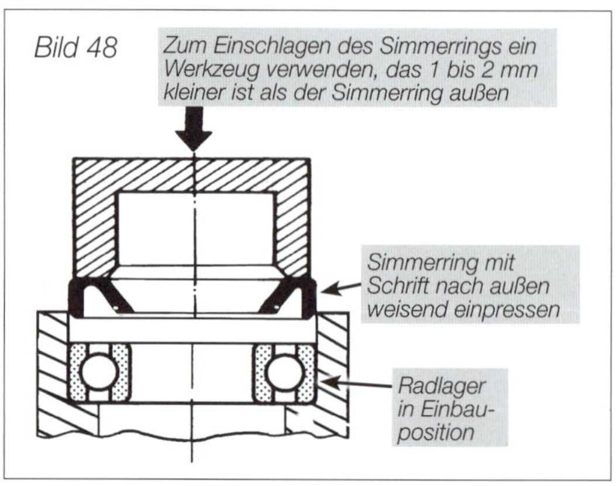

9. Radnabe und Lagersitze gut reinigen und auf Beschädigungen untersuchen.

Radlager einbauen

1. Radnabe aufheizen wie bei **7.** beschrieben.

2. Das kalte Lager mit der Aufschrift nach außen weisend einbauen: In den erwärmten Lagersitz einschieben, es fällt fast von alleine hinein.
2.1. Bild 47: Mit einer Nuss, die 1 bis 2 mm kleiner ist als das Lager und einem 100-Gramm-Hammer Schritt für Schritt sanft nachklopfen, bis das Lager im Grund der Passbohrung aufsitzt.
■ Wenn keine passende Nuss vorhanden ist: Einen mittelgroßen Dorn nehmen und diesen unbedingt am Lageraußenring ansetzen – NIEMALS am Lagerinnenring!
2.2. Rad umdrehen.
3. Radlager-Distanzhülse einsetzen.
3.1. Lager auf der anderen Seite einschieben und mit Nuss (Bild 47) und Hammer oder Dorn am Lageraußenring sanft nachklopfen.
4. Jetzt einen Zeigefinger durch eines der beiden Radlager stecken und die Fingerkuppe innen an der Distanzhülse anlegen: Leicht drücken und dabei prüfen, ob die Distanzhülse zwischen den Lagerinnenringen fluchtet, nicht zu viel Spiel hat und auch nicht zu fest sitzt.
Wichtig: Die Distanzhülse muss satt zwischen den Lagerinnenringen sitzen, sie darf sich nur ganz leicht seitlich bewegen!
5. Bild 48: Neuen Simmerring leicht mit Silikon oder Vaseline bestreichen, zentrisch an der Radnabe ansetzen und mit einer Nuss einschlagen, der 1 bis 2 mm kleiner ist als der Durchmesser des Simmerrings.
5.1. Simmerring nur so weit eintreiben, bis sich seine Oberfläche mit der Radnabe deckt, NICHT bis auf das Lager drücken!
Wichtig bei ABS: Wenn neue Radlager eingebaut worden sind, sollte man nach dem Einbau des Rads den Abstand zwischen dem an der Radnabe befestigten Sensorring und dem ABS-Sensor messen.
Bild 51: Der Abstand muss betragen:
■ am Vorderrad .... 0,40 bis 1,15 mm
■ am Hinterrad .... 0,40 bis 1,06 mm
Wenn ein Maß außerhalb der genannten Werte liegt, kommen als Ursache falsch montierte Radlager und/oder ein fehlerhaft montierter Sensorring in Frage. Nachsehen und richtig machen!

Bremsscheiben und ABS-Sensorring anbauen

Wichtig: Bremsscheiben und ABS-Sensorringe sind mit ALOC-Schrauben befestigt (siehe dazu Kapitel 31 »Anziehdrehmomente«).
1. Radnabe, Bremsscheiben, ABS-Sensorring und Schrauben reinigen.
2. Schrauben eindrehen und über Kreuz in mehreren kleinen Schritten gleichmäßig festziehen:
■ Schrauben am Vorderrad .... 20 Nm
■ Schrauben am Hinterrad .... 42 Nm
■ Schrauben ABS-Sensorring an Vorder- und Hinterrad .... 7 Nm

Wichtig: Vor dem Einbau die Bremsscheiben mit Bremsenreiniger und sauberen Lappen reinigen.

Bilder 49 und 50: Explosionszeichnungen Vorder- und Hinterrad.

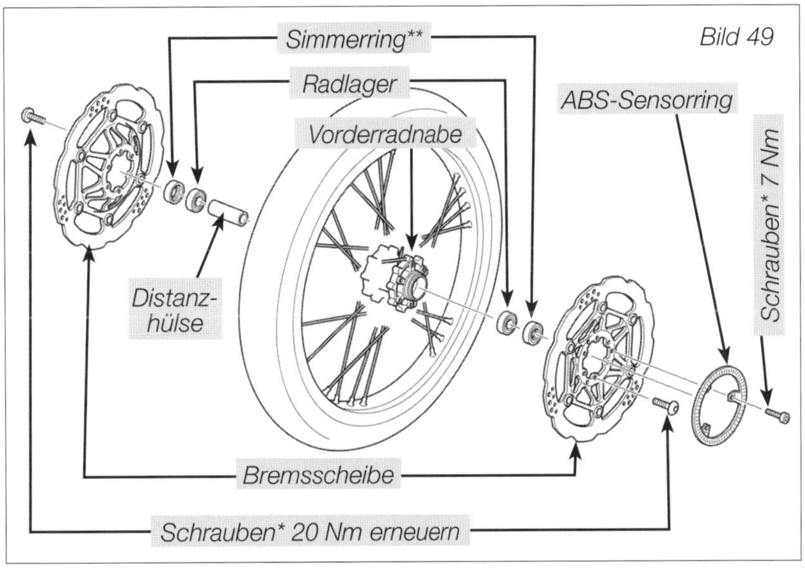

Bild 49

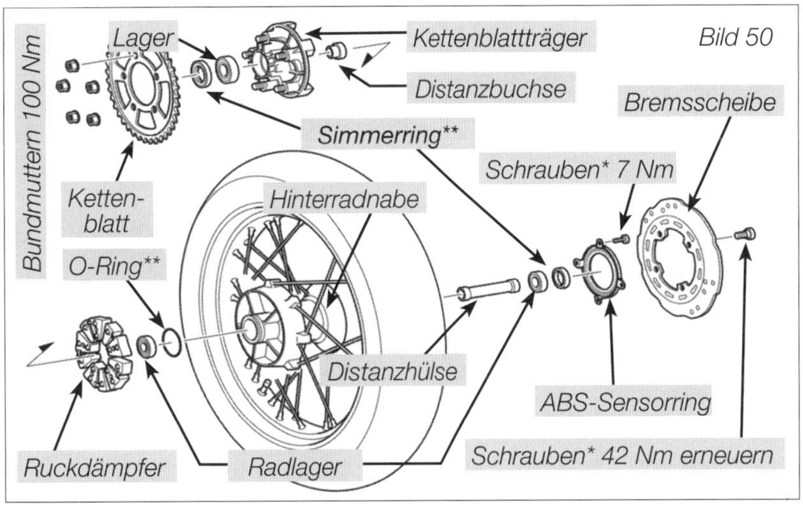

Bild 50

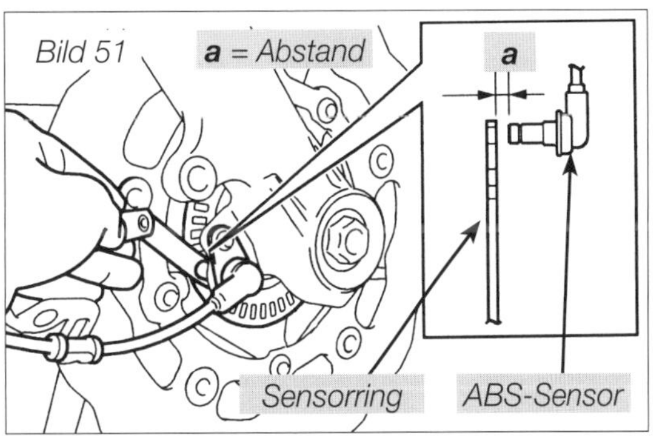

Bild 51

Zu den Bildern 49, 50:
*■ * = Entweder neue ALOC-Schrauben oder Loctite 243 »mittelfest« an Gewinde.*
*■ ** = Reinigen und einfetten*

Bild 51: Abstand ABS-Sensorring zum Sensor prüfen.

Bilder 52 bis 58: Im Lauftext sind die zu den Bildern gehörenden Arbeitsschritte nummeriert beschrieben.

Speichen spannen, ersetzen

Speichen »abklingeln«

Bild 52: Durch Anschlagen der Speiche kann man hören, ob diese richtig gespannt oder zu lose ist: Dazu die Speiche ungefähr in der Mitte mit einem Schlüssel leicht anschlagen.

- Eine richtig gespannte Speiche klingt hell.
- Eine zu lasch gespannte, »lose« Speiche klingt dumpf, matt und träge.

Zu lose gespannte Speichen müssen nachgespannt werden. Zum Spannen der Speichen wird ein spezieller Nippelschlüssel (»Speichenspanner«, Bild 53) benötigt, das ist ein extra breiter Gabelschlüssel, den es beim Honda-Händler zu kaufen gibt.

Wichtig: Bloß nicht mit einem normalen, schmalen Gabelschlüssel an die Nippel gehen, denn das Vierkant der Nippel wird von einem normalen Gabelschlüssel rasch »rund« gedreht.

Speichen nachspannen

1. Bild 54: In den Speichennippel einen Tropfen Öl geben und diesen einige Zeit einwirken lassen.

2. Bild 55: Dann den Speichennippel vorsichtig nachziehen.

- Meist genügt eine halbe bis eine Umdrehung, um die Speiche wieder straff zu spannen.

Wichtig: Nach jedem Spann-Arbeitsgang der Speiche(n) den Rundlauf des Rads prüfen!

Speichenrad zentrieren

Wenn ein Speichenrad nicht mehr sauber rund läuft, also einen »Schlag« hat, kann es bis zu einem gewissen Grad wieder einzentriert werden. Der Reifen sollte dazu abgezogen werden, damit Felge und Speichennippel entlastet sind. Zur Not kann man auch die Luft aus dem Schlauch ablassen und den Reifen ins Felgentiefbett drücken, dann ist die Felge spannungsfrei.

1. Bilder 54 und 56: Alle Speichennippel ringsum putzen. Jedem Nippel einen Tropfen Öl in sein Gewinde und den Sitz des Nippels in der Felge geben. Einige Minuten warten, bis das Öl eingezogen ist.

2. Rad langsam drehen und den Seiten- und auch den Höhenschlag feststellen.

2.1. Schlagstelle(n) außen auf dem Felgenhorn mit bunter Kreide markieren.

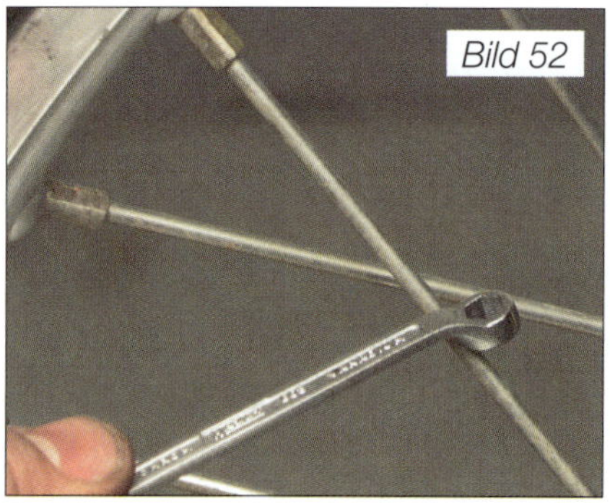
Bild 52

Bild 53

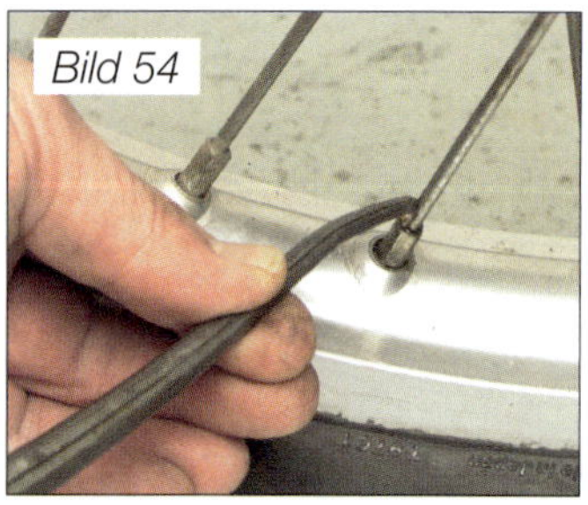
Bild 54

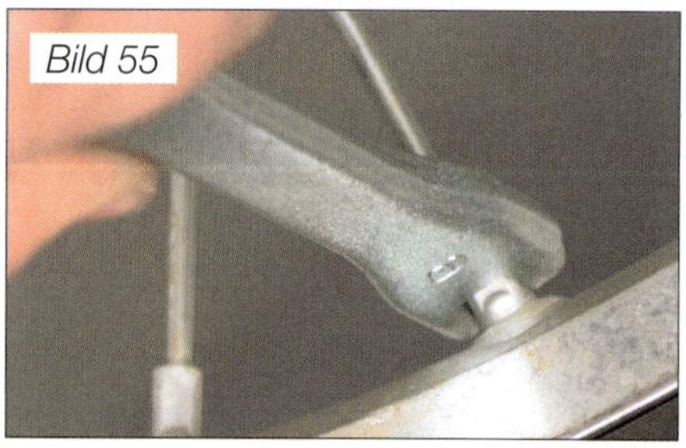
Bild 55

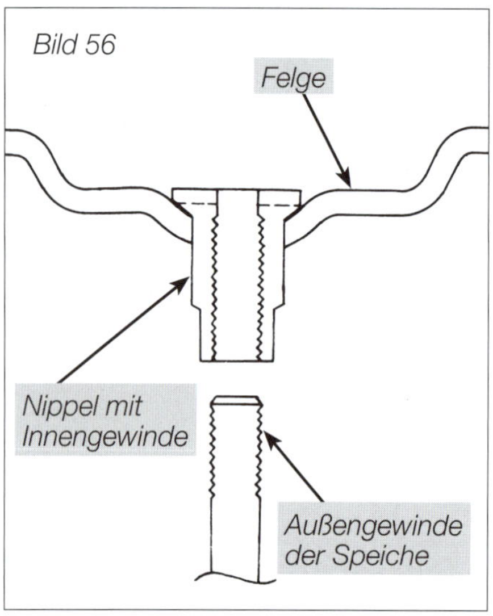

Bild 56

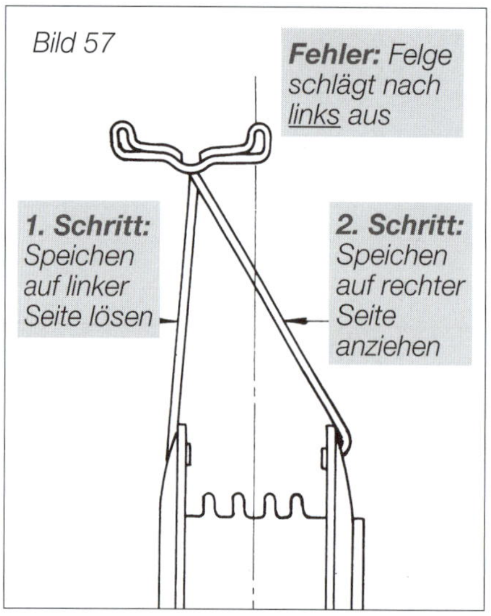

Bild 57

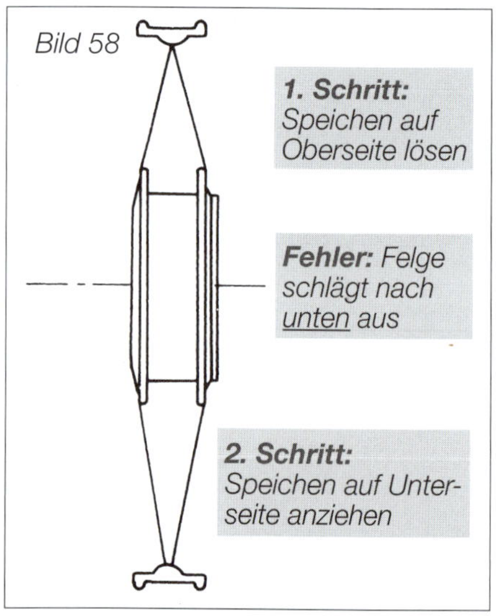

Bild 58

3. Seitenschlag zentrieren (Bild 57):
3.1. Auf der Seite des Ausschlags zwei bis drei Nippel etwas lösen.
3.2. Auf der anderen Seite zwei bis drei Nippel um den Lösebetrag fester ziehen.
4. Höhenschlag zentrieren (Bild 58):
4.1. Im Bereich des Höhenschlags drei bis vier Nippel etwas fester festziehen.
4.2. Nippel auf der gegenüberliegenden Seite etwas lösen.
5. Nach jeder bearbeiteten Seite den Rundlauf und den Höhenschlag erneut messen.

Felge auf Mitte?
Wenn die Felge aus der Mitte geraten ist oder neu eingespeicht wird, müssen bestimmte Maße beachtet werden. In den Bildern 59 und 60 sind die Maße, Bezugskanten und Bezugsflächen zwischen Felgenhorn und Radnabe dargestellt.

Gerissene Speiche ersetzen

Bild 61: Wenn eine Speiche abreißt, muss eine neue eingebaut werden. Wenn mit einer gerissenen Speiche über längere Zeit und größerer Belastung weiterhin gefahren wird, reißen bald weitere Speichen, das Rad wird dann weich und bricht irgendwann zusammen.

Vorderrad: Gerissene Speichen können bei eingebautem Rad ausgebaut und neue Speichen eingebaut werden.
Hinterrad linke Seite: Gerissene Speichen können bei eingebautem Rad ausgebaut und neue Speichen eingebaut werden.
Hinterrad rechte Seite: Das Rad muss ausgebaut werden, weil sich die Speichen nicht an der Bremsscheibe und dem ABS-Sensoring vorbei aus- und einbauen lassen.

Maße der Speichen
- **Am Vorderrad** 36 gleich lange Speichen, Ø 3,6 mm, Länge 250 mm.

Am Hinterrad haben wir 32 Speichen Ø 3,6 mm, in drei Längen:
- rechte Radseite, 8 innere Speichen, Länge 180 mm;
- rechte Radseite, 8 äußere Speichen, Länge 183 mm;
- linke Radseite, 16 Speichen, Länge 190 mm.

Gerissene Speiche aus- und einbauen
1. Luft aus dem Schlauch ablassen, damit der Nippel entlastet ist und zur Montage etwas in seine Bohrung eingeschoben werden kann
2. Bild 54: Nippel der gerissenen Speiche putzen, einen Tropfen Öl in das Gewinde und den Sitz des Nippels in der Felge geben. Öl geduldig einziehen lassen.
3. Gerissene Speiche ausdrehen. Wenn sie im Nippelgewinde festsitzt, die Speiche mit einer Wasserpumpenzange festhalten und den Nippel mit dem Nippelschlüssel (Bilder 53 und 55) drehen.
4. Neue Speiche an der Nabe einfädeln, in den Nippel einführen, Nippel exakt am Speichengewinde ansetzen, aufschrauben und festziehen.
5. Rad auf Höhen- und Seitenschlag kontrollieren, gegebenfalls zentrieren.

Der Trick mit Kabelbindern (Bild 62):
Damit eine gerissene Speiche sich nicht auf- oder querstellt, alle Speichenkreuzungen mit Kabelbindern sichern.

Dieser Trick enthebt den Fahrer jedoch nicht von seiner Sorgfaltspflicht, ab und zu die Speichen per Auge zu kontrollieren, ob noch alle in Ordnung sind!

Bilder 59 und 60: Die in den Bildern angegebenen Maße müssen beachtet werden, damit Vorder- und Hinterrad spurgetreu eingespeicht sind.

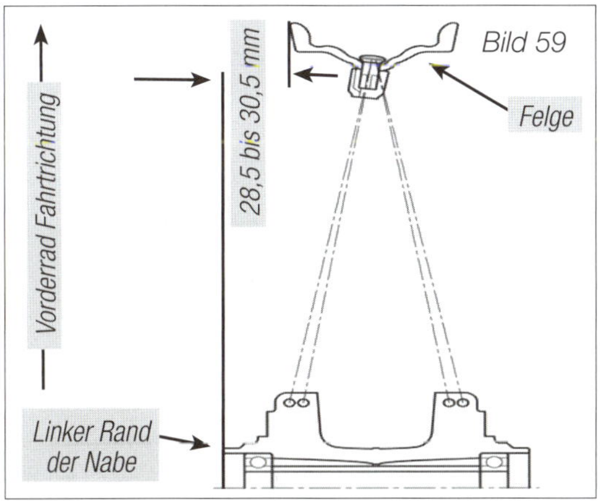

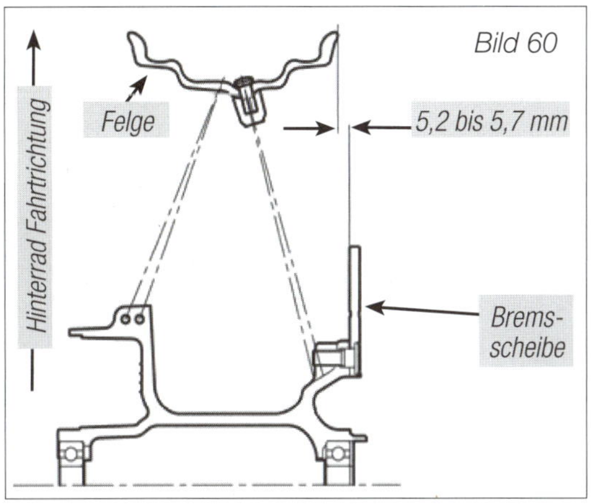

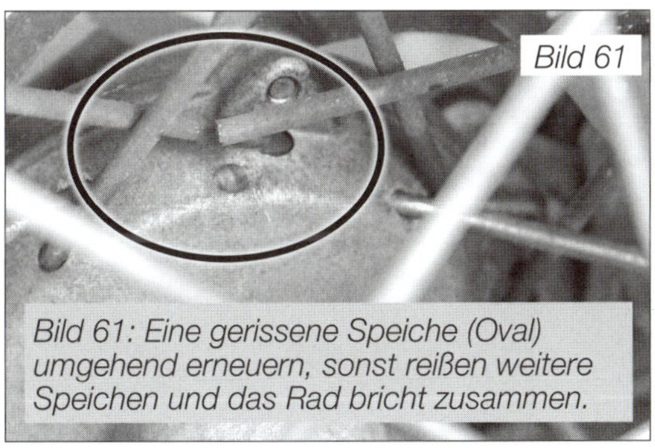

Bild 61: Eine gerissene Speiche (Oval) umgehend erneuern, sonst reißen weitere Speichen und das Rad bricht zusammen.

Bild 62: Kabelbinder an allen Speichenkreuzungen anbringen verhindert Querstellen einer gerissenen Speiche und weitere Schäden.

Sichtprüfung

Messen

ALOC-Schrauben
Die Bremssättel sind an den Gabelbeinen mit so genannten ALOC-Schrauben M10x57 mit Sechskantkopf SW14 befestigt. ALOC ist der Hinweis darauf, dass die Gewinde dieser Schrauben mit Gewindeklebstoff beschichtet sind. Laut Honda-Vorschrift soll eine ALOC-Schraube nur einmal verwendet werden, was bedeutet, dass bei Montage der Bremssättel neue Schrauben verwendet werden sollen. Der Stückpreis einer solchen Schraube liegt bei ca. 12 Euro. Wenn keine neuen ALOC-Schrauben verfügbar sind, können die alten Schrauben ein weiteres Mal verwendet werden, wenn sie technisch in Ordnung sind, gereinigt werden und ihre Gewinde mit Loctite 243 »mittelfest« bestrichen werden. Siehe dazu Kapitel 31 »Anziehdrehmomente«.

Weitere ALOC-Schrauben: Befestigung der Bremsscheiben, ABS-Sensor und ABS-Sensorscheibe.

Bremsen

In diesem Kapitel: Technische Daten · Werkzeug, Anziehdrehmomente · Bremsanlage prüfen · Vordere und hintere Bremsklötze wechseln · Bremspedalhöhe einstellen · Bremsflüssigkeit wechseln, Bremse entlüften · Bremslichtschalter · Probleme mit dem ABS? · Lage der ABS-Bauteile · Parkbremse.

Technische Daten

Bremse vorne: Bremsscheiben mit Ø 310 mm, gelocht, halbschwimmend gelagert. Zwei Festsättel, radial verschraubt (Bilder 1 und 2). Jeder Sattel hat vier Bremskolben (Bild 2): Zwei Kolben mit Ø 30 mm (»A« in Bildern 1 und 2) und zwei Kolben mit Ø 27 mm (»B« in Bildern 1 und 2). Handbremspumpe mit Kolben Ø 14 mm.

Bremse hinten: Bremsscheibe mit Ø 256 mm, gelocht. Schwimmsattel, ein Kolben mit Ø 38 mm. Fußbremspumpe mit Kolben Ø 12,7 mm.

Bremsflüssigkeit: Honda-Vorschrift DOT 4. Auch verwendet werden können DOT 3/4 oder die höherwertige DOT 5.1.
■ Nicht verwedet werden darf DOT 5.0.

Werkzeug, Anziehdrehmomente

Werkzeug für die Vorderradbremse
Schrauben im Deckel des Bremsflüssigkeitsbehälters .... Kreuzschlitzschraubenzieher
Schraube ABS-Sensor .... Nuss SW 8
Bremssattelschrauben .... Nuss SW 14
Entlüfternippel .... Ringschlüssel SW 8
Schrauben Bremsscheiben........ Inbusnuss SW 5

Anziehdrehmomente Vorderradbremse
Schraube* M6 ABS-Sensor .... 10 Nm
Schrauben* M10 Bremssattel an Gabeltauchrohr .... 45 Nm
Entlüfternippel M8 im Bremssattel............... 6 Nm
Schrauben* M6 Bremsscheiben an Radnabe .... 20 Nm
Hohlschrauben M10 Bremsleitungen an Bremssättel, Bremspumpe, ABS-Einheit............. 34 Nm
■ *Neue Dichtscheiben verwenden.*

Werkzeug für die Hinterradbremse
Schrauben im Deckel des Bremsflüssigkeitsbehälters .... Kreuzschlitzschraubenzieher
Schraube ABS-Sensor .... Nuss SW 8
Entlüfternippel .... Ringschlüssel SW 8
Bremsklotz-Haltestift .... Sechskantnuss SW 8

■ * = *Honda-Vorschrift ALOC-Schrauben*

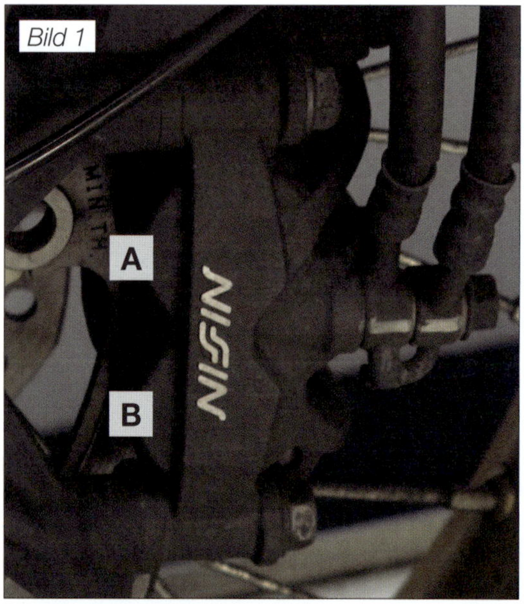

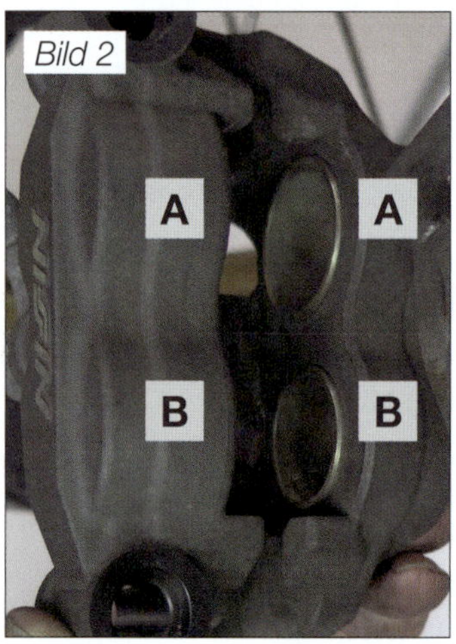

Bilder 1 und 2: Vorne sind zwei Festsättel mit je vier Bremskolben in unterschiedlichen Größen verbaut: Kolben A mit Ø 30 mm und Kolben B mit Ø 27 mm.

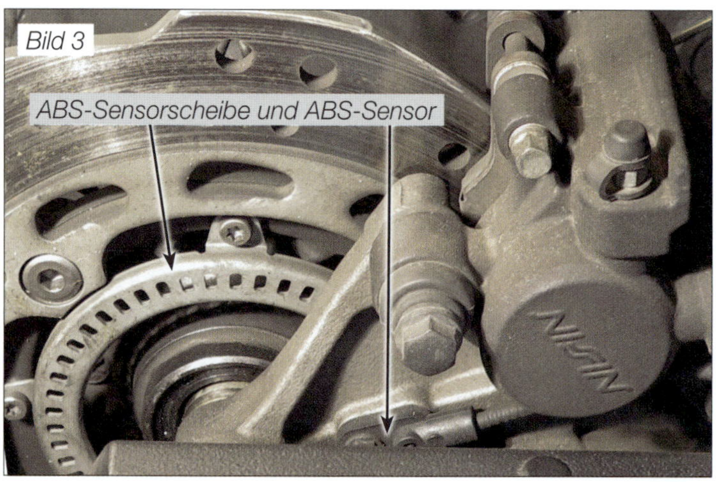

Bild 3: Hinten ist es ein Einkolben-Schwimmsattel.

■ *ABS ist serienmäßig in allen Modelljahren 2017 bis 2019. Im Mj. 2016 gab es die Africa Twin auch ohne ABS.*

Hintere Bremssattelschraube .... Nuss SW12
Vordere Bremssattelschraube (das ist der Gleitstift) .... Inbusnuss SW5
Schrauben Bremsscheibe an Radnabe .... Inbusnuss SW5

Anziehdrehmomente Hinterradbremse

Schraube* M6 ABS-Sensor .... 10 Nm
Hintere Bremssattelschraube* M8 Bremssattel an Halteplatte .... 22 Nm
Vordere Bremssattelschraube M12 (Gleitstift) .... 27 Nm
■ *Silikonfett auf die Gleitfläche auftragen.*
Bremsklotz-Haltestift M10......................... 17 Nm
Entlüfternippel M8 im Bremssattel............... 6 Nm
Inbusschrauben* M8 Bremsscheibe an Radnabe .... 42 Nm
Hohlschrauben M10 an Bremsleitungen, Bremssattel, Bremspumpe, ABS-Einheit .... 34 Nm
■ *Neue Dichtscheiben verwenden.*

Bremsanlage

Einem Motorrad kann man einen defekten Auspuff oder ein durchgebranntes Blinkerlämpchen für kurze Zeit zugestehen, doch bei den Bremsen gibt es keine Kompromisse: 100 Prozent Leistungsfähigkeit und Betriebssicherheit der Bremsanlage müssen auf jedem Meter Fahrstrecke zur Verfügung stehen.

Schrauberqualifikation

1. Am Anfang dieses Kapitels beschreiben wir wichtige Kontroll- und Wartungsarbeiten wie den Stand der Bremsflüssigkeit prüfen und korrigieren sowie die Prüfung der Bremsanlage, das kann man selbst machen.

2. Zum Wechsel der Bremsklötze sollen die Bremssättel abgebaut, gereinigt und wieder angebaut werden. Dazu ist eine gewisse Schrauberqualifikation nötig. Auf dieser Stufe ist auch

Bild 4: Professionelles Bremsflüssigkeitswechsel- und Entlüftungsgerät von Lucas.

Bild 5: Farbmarkierung an einer mit dem richtigen Drehmomentwert angezogenen Schraube.

Sicherheitshinweise Achtung und Tipps für dieses Kapitel

Tipp: Im Motorrad-Zubehörhandel sowie im Kfz-Werkzeughandel gibt es empfehlenswerte Bremsentlüftungs-Vakuumpumpen (Bild 4), mit denen man ohne Kontakt zur Bremsflüssigkeit und ohne Gefahr des Verschüttens die Bremsen entlüften und Bremsflüssigkeit wechseln kann.

Achtung: Nach jeder Bremssattelmontage Schrauben und Muttern nochmals auf Festsitz kontrollieren! Ganz penible Menschen setzen Farbmarkierungen an die Schraubenköpfe und Muttern (Bild 5), die sie mit dem richtigen Drehmomentwert angezogen haben.

Tipp: Gebirgstouren mit Passabfahrten oder Reisen in besonders staubige Gebiete bedeuten extreme Belastungen für die Bremsen. Der Verschleiß der Bremsbeläge ist dabei sehr hoch. Bevor Sie mit der Maschine in den Jahresurlaub fahren oder auf Passtour gehen, rechtzeitig vorher einen umfangreichen Check der Bremsanlage machen (lassen).

Achtung: Bremsflüssigkeit ist giftig. Hautkontakt vermeiden. Nicht in die Augen, nicht in die Atemwege, nicht auf die Schleimhäute kommen lassen. Nicht trinken! Immer nur geeignete Gefäße verwenden. Bremsflüssigkeit umweltgerecht beseitigen (am besten bei einer Entsorgungsstelle abgeben).

Achtung: Wenn ein Bremsflüssigkeitsbehälter offen ist, unbedingt darauf achten, dass kein Schmutz in den Behälter und in die Bremsflüssigkeit gelangt.

Achtung: Bremshebel bei abgebautem Bremssattel oder ausgebauten Belägen nicht betätigen! Sonst fahren die Kolben ungehindert aus und müssen mühsam wieder in den Sattel gedrückt werden. Wenn sie aus ihren Bohrungen im Bremssattel herausrutschen, verursacht das eine üble Bremsflüssigkeitssauerei!

Achtung: Bremsenreiniger ist meist in Spraydosen erhältlich und ziemlich aggressiv. Nur im Freien oder in gut gelüfteten Werkstatträumen verwenden. Nicht rauchen! Nicht auf die Haut, in die Augen oder Atemwege sprühen! Einatmen vermeiden!
■ Zur Reinigung von Bremsenbauteilen ausschließlich Bremsenreiniger oder Aceton verwenden, KEIN Benzin, Dieselöl, Motorenöl oder Ölspray!
■ Bremsenreiniger sparsam und ganz gezielt einsetzen, Sprühkopf direkt auf die zu reinigende Stelle richten und nicht länger als zwei Sekunden betätigen.
■ Teile nach Besprühen mit Bremsenreiniger sofort mit weichem, nicht fusselndem Lappen durchputzen.
■ Druckluft bei Reinigung und anderen Arbeiten am Bremssattel nur sehr sparsam und gezielt einsetzen.

Achtung: Nicht mit scharfkantigen Gegenständen wie Schraubenzieher oder Schraubenschlüssel im Bremssattel herumwerken, damit können die Gleitflächen der Bremskolben zerkratzt werden!

Achtung: Niemals unterschiedlich dicke Bremsbeläge oder solche von verschiedenen Herstellern in einem Bremssattel verwenden! Niemals einen neuen und einen alten Belag in einen Sattel einsetzen!

Tipp: Riefige Bremsscheiben, die noch nicht ihre Minimaldicke erreicht haben, können nachgeschliffen werden. Solche Arbeiten erledigen Spezialbetriebe (»Schleiferei«) zu einem Preis von 80 bis 120 Euro pro Bremsscheibe. Eine neue Bremsscheibe kostet ca. 230 Euro hinten und ca. 250 Euro vorne.

Sichtprüfung   Messen

Bilder 6, 7 und 8: Linker Bremssattel vorne und der hintere mit Teilebezeichnungen und Anziehdrehmomentwerten.

ein Wechsel der Bremsflüssigkeit sowie der Bremsscheiben zu sehen.
3. Meisterliche Kenntnisse sind nötig bei Reparaturen von Bremssätteln und Bremspumpen.

Fazit: Wer seine eigenen Schrauberkenntnisse als »nicht besonders gut« einstuft, sollte Wartungs- und Reparaturarbeiten an der Bremsanlage einer Honda-Motorradwerkstatt überlassen, was ganz besonders für Maschinen mit ABS gilt. Jeder Honda-Vertragshändler verfügt über spezielle Prüf- und Einstellgeräte und die in der Honda-Vertragswerkstatt angestellten Mechaniker wurden beim Honda-Importeur auf Wartung und Reparatur von Bremsanlage und ABS geschult.

Wartungsintervalle

1. Honda schreibt vor, dass die Bremsflüssigkeit alle zwei Jahre erneuert werden muss. Das ist gängige Praxis bei allen Maschinen mit hydraulischen Scheibenbremsen, egal wie viel Hubraum und Leistung sie haben.
2. In die Bremssättel sollen nur originale Honda-Bremsklötze eingebaut werden; was ganz besonders für Maschinen mit ABS gilt.
3. Wenn Sie neue Bremsklötze benötigen, legen Sie dem Honda-Händler den Kfz-Schein (Zulassungsbescheinigung Teil 1) vor, damit er anhand von Fahrgestellnummer und Modelljahr die passenden Ersatzteile liefern kann.

Bremsanlage prüfen

1. Alle Bremsschläuche und Bremsleitungen auf Risse, Knicke und Scheuerstellen überprüfen.
2. Alle Hydraulikanschlüsse der Bremsleitungen sowie die Bremspumpen und Radbremssättel müssen in einwandfreiem Zustand sein, also staubtrocken.
3. Verglaste, riefige und abgenutzte Bremsbeläge reduzieren die Bremswirkung enorm. Deshalb müssen sie durch neue Bauteile ersetzt werden.
4. Verschmierte Bremsscheiben dürfen nur mit speziellem Bremsenreiniger und sauberen Lappen gereinigt werden.
5. Bild 9: Ältere Bremsscheiben haben Riefen, die man beim Drüberfahren mit dem Fingernagel spürt. Bis zu einer gewissen Tiefe ist das ganz normal. Wenn aber der Fingernagel von Riefe zu Riefe hängen bleibt und sehr deutlich stolpert, gilt die Bremsscheibe als verschlissen.
6. Bild 9: Weisen die Bremsscheiben im Über-

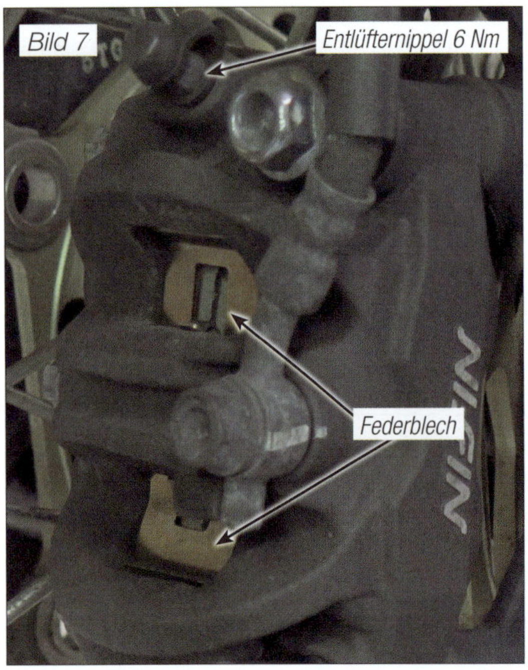

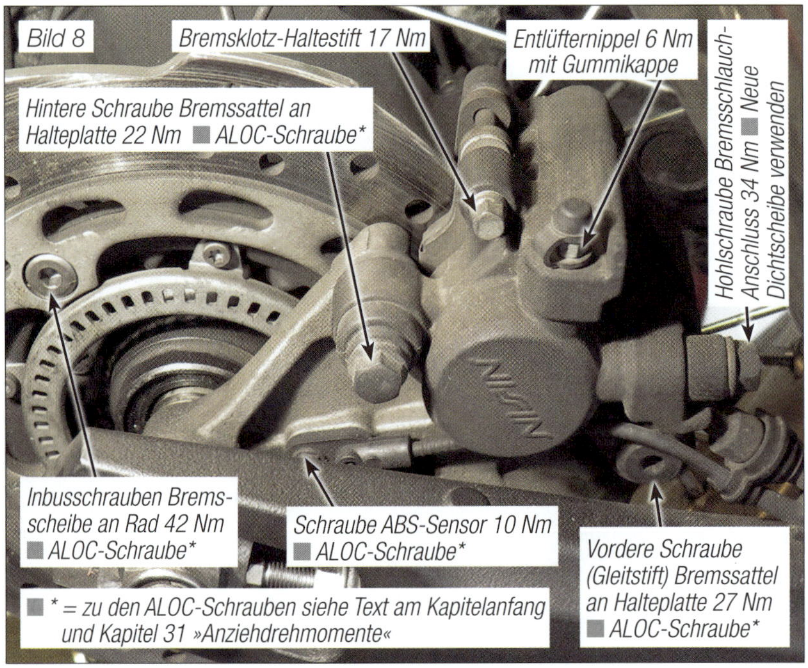

gang zur Fläche, die nicht vom Bremsbelag berührt wird, also außen am Rand und innen zu den Befestigungsbohrungen hin, tiefe Riefen oder Absätze auf, dann sind sie verschlissen und müssen erneuert werden.

7. Bild 10: Dicke der Bremsscheiben mit Mikrometer an mehreren Punkten messen. Die Verschleißgrenzen betragen vorne 3,5 mm und hinten 5,0 mm.

8. Seitlicher Verzug (Schlag) der Bremsscheiben mit einer Messuhr ermitteln. Er sollte möglichst nicht messbar sein, darf jedoch vorne bis zu 0,2 mm und hinten bis zu 0,3 mm betragen.

9. Bei ABS-Maschinen: Die vom vorderen und hinteren ABS-Sensor wegführenden Kabel müssen sicher in ihren Halteklemmen und Halterungen sitzen.

Verschleiß der Bremsbeläge prüfen

Zur Kontrolle der Bremsbelagdicke entlang der Bremsscheibe in den Bremssattel reinschauen, eine Taschenlampe zu Hilfe nehmen.

Bild 11: In die vorderen Bremsbeläge sind Nuten (Honda nennt sie »Verschleißrillen«) eingefräst, an ihnen sieht man ungefähr, wie viel Restbelag noch vorhanden ist. Wenn diese Nuten fast nicht mehr vorhanden sind, ist der Bremsbelag noch ca. 1 mm dick – und damit höchste Zeit für den Einbau neuer Bremsklötze.

Bild 12: In die hinteren Bremsbeläge sind Verschleißmarkierungen eingearbeitet: Wenn Bremsbeläge bis zu den Verschleißmarkierungen abgefahren sind, dann sind sie nur noch ca. 1 mm dick und müssen erneuert werden.

Wichtig 1: Wenn einer der beiden Bremsbeläge pro Bremssattel stärker verschlissen ist als der andere, müssen beide Bremsklötze erneuert werden: Niemals einen neuen und einen gebrauchten Bremsklotz einsetzen.

Wichtig 2: Wenn ein Bremsbelag viel stärker verschlissen ist als der andere (oder gar schräg abgenutzt), liegt ein Fehler in der Bremsanlage vor, wie z. B. Schmutz in der Bremsflüssigkeit oder nicht mehr freigängige Bremskolben durch defekte Kolbenmanschetten. Ein solcher Fehler muss umgehend behoben werden.

Bremsflüssigkeit

Bei Betätigung des Bremshebels wird vom Kolben im Hauptbremszylinder Druck auf die Bremsflüssigkeit aufgebaut, der auf die Kolben in den Bremssätteln übertragen wird: Die Kolben fahren aus ihren Bohrungen und pressen die Beläge gegen die rotierende Bremsscheibe, eine Reibkraft wird aufgebaut und das Rad bremst ab.

Der Bremsflüssigkeits-Füllstand im Vorratsbehälter dient auch als Verschleißindikator für die Bremsbeläge. Dahinter steckt diese Logik: Wenn die Bremsbeläge verschleißen, wandern die Kolben weiter aus ihren Bohrungen im Bremssattel, dabei läuft Bremsflüssigkeit aus dem Flüssigkeitsbehälter nach und der Pegelstand nimmt ab. Ein niedriges Flüssigkeitsniveau lässt also auf verschlissene Bremsbeläge schließen – natürlich aber nur, wenn der Pegelstand nicht zwischendurch verändert wurde.

Bild 9: Eine alte Bremsscheibe mit deutlichen Gebrauchsspuren und eine nachgeschliffene mit schön glatter Oberfläche.

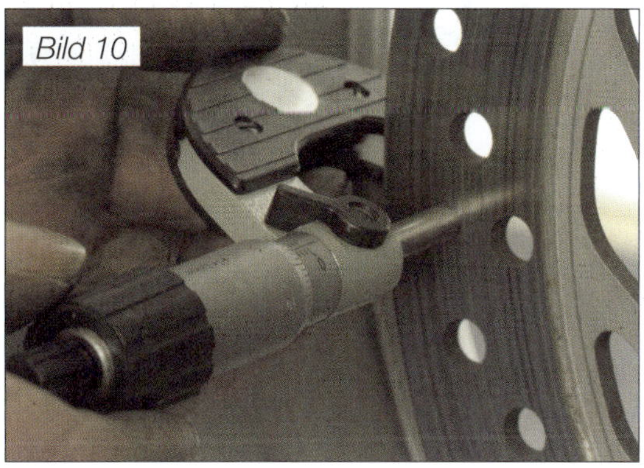

Bild 10: Dicke der Bremsscheiben mit einer Bügelmessschraube an mehreren Stellen messen.
■ Verschleißgrenze vorne 3,5 mm, hinten 5,0 mm.
■ Neue Bremsscheibe vorne 4,5 mm, hinten 6,0 mm.

Bilder 11 und 12: Verschleißmarkierungen an den Bremsbelägen.

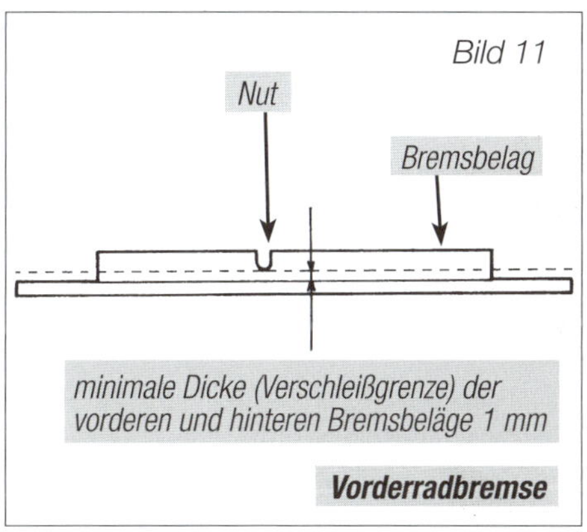

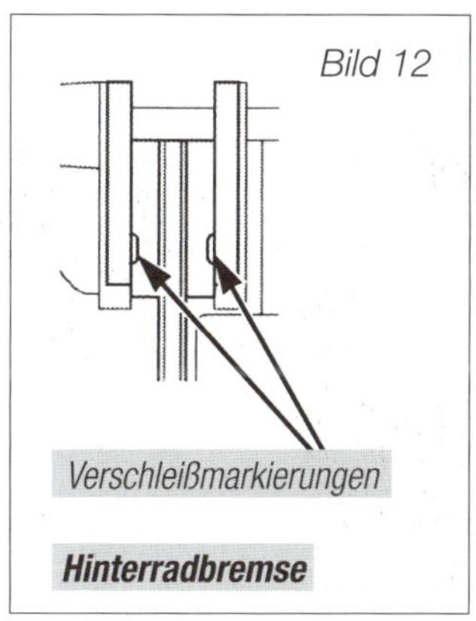

Sichtprüfung Messen

Bilder 13a bis17 siehe Lauftext.

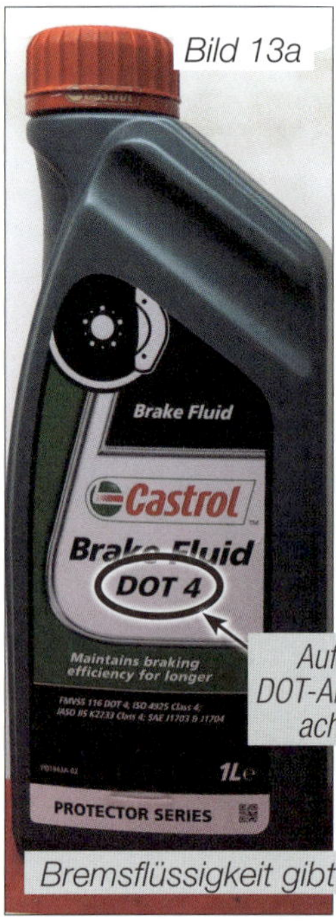

Bilder 14 und 15: Der Bremsflüssigkeitsstand sollte regelmäßig überprüft werden. Bild 13a: Vorgeschrieben ist Bremsflüssigkeit in der Qualität DOT 4.

Für die Bremsflüssigkeit gilt:

■ Keine Flüssigkeiten anderer Art verwenden oder dazumischen.

Bremsflüssigkeit gibt es in unterschiedlich großen Gebinden.

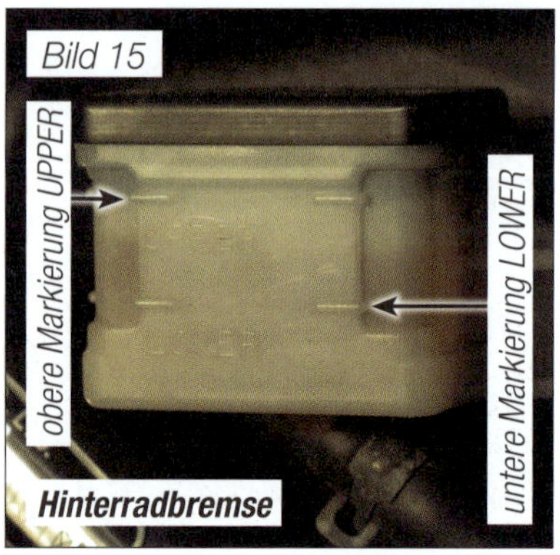

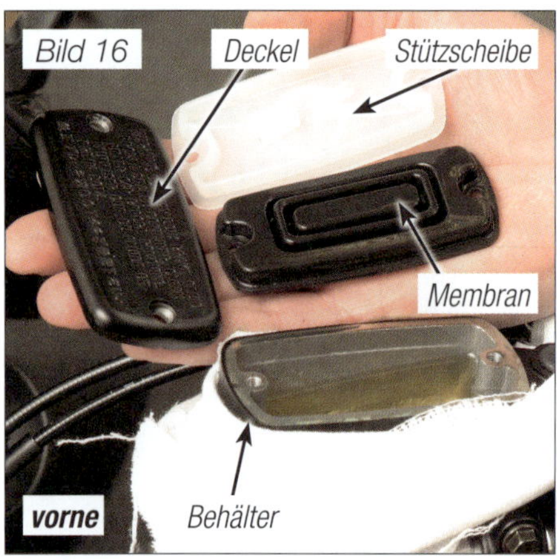

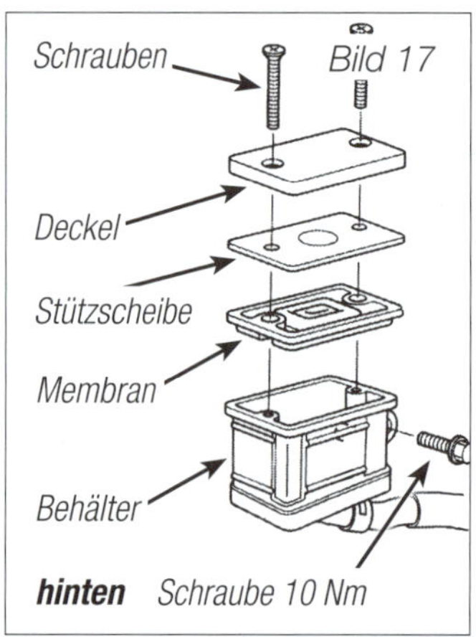

■ Nie ältere Bremsflüssigkeitsreste verwenden.
■ Neue Bremsflüssigkeit aus einer neuen, ungeöffneten Dose benutzen.
■ Keinesfalls dürfen Verunreinigungen, Schmutz oder Wasser in die Bremsflüssigkeit gelangen.
■ Bremsflüssigkeit verhält sich hygroskopisch, was bedeutet, dass sie Wasser aus der Luft anzieht. Dadurch sinkt der Siedepunkt – und deswegen muss Bremsflüssigkeit spätestens alle zwei Jahre gewechselt werden.
■ Bilder 13a und 13b: Bremsflüssigkeit gibt es in kleinen, preiswerten Gebinden. Wenn ein Wechsel der Bremsflüssigkeit ansteht, wird ungefähr ein halber Liter benötigt.

Bremsflüssigkeit kontrollieren, auffüllen

1. Motorrad senk- und waagerecht auf ebenem Untergrund abstellen. Den Lenker so drehen, dass der vordere Bremsflüssigkeitsbehälter waagerecht steht.

2. Bilder 14 und 15: Der Bremsflüssigkeitsstand lässt sich durch das »Auge« in der vorderen Wandung des vorderen Bremsflüssigkeitsbehälters und an der Transparenz des hinteren Bremsflüssigkeitsbehälters ablesen.
■ Er muss über LOWER stehen, darf jedoch UPPER nicht überschreiten.

3. Der hintere Bremsflüssigkeitsbehälter ist unterhalb des Fahrersitzes, über dem Sozius-Fußrastenausleger angeschraubt.

4. Wenn Bremsflüssigkeit aufgefüllt werden muss:

4.1. Behälter vor dem Öffnen mit saugfähigem Lappen umwickeln, um Schäden an Lackteilen durch eventuell ausschwappende Bremsflüssigkeit zu vermeiden.

4.2. Bild 14: Bei der Vorderradbremse die Schrauben im Deckel in mehreren Schritten abwechselnd lösen und ausschrauben, Deckel abnehmen.

4.3. Bild 17: Bei der Hinterradbremse muss der Behälter abgeschraubt werden, damit man den Deckel abnehmen kann. Behälter fest und sicher in einer Hand halten, die Schrauben im Deckel in mehreren Schritten abwechselnd lösen und ausschrauben, Deckel abnehmen.

4.4. Bilder 16 und 17: Stützscheibe und Membran langsam herausnehmen. Bremsflüssigkeit bis über LOWER auffüllen.
■ Vorne bis zum oberen Rand des Schauauges.
■ Hinten bis maximal UPPER (Bild 15).

5. Bilder 16 und 17: Membran, Stützscheibe, Deckel und Rand des Bremsflüssigkeitsbehälters reinigen, Membran in korrekte Form bringen.

6. Membran langsam einsetzen, dann die Stützscheibe aufsetzen.

6.1. Deckel aufsetzen, Schrauben eindrehen und in drei Schritten rechts-links-rechts-links bis auf 2 Nm festziehen (der niedrige Wert von 2 Nm entspricht »leicht handfest«).
■ Eventuell ausgespritzte oder übergelaufene Bremsflüssigkeit mit Bremsenreiniger abspülen, anschließend gut trocken wischen.
7. Hinteren Behälter anschrauben. M6-Schraube mit 10 Nm festziehen

Vordere Bremsklötze wechseln

Neue Bremsklötze kaufen

Am Vorderrad sind zwei Bremssättel mit je zwei Bremsklötzen montiert. »Ein Satz Bremsklötze« enthält zwei Bremsklötze für einen Bremssattel. Für eine Neubestückung der vorderen Doppelscheiben-Bremse benötigt man also zwei Satz neuer Bremsklötze.

Wichtig: Neue Bremsbeläge müssen eingefahren werden. Die ersten 100 bis 150 Kilometer nach Möglichkeit sanft verzögern und der Bremse nicht die maximale Leistung abfordern.

⚠ **Achtung 1:** Ab Modelljahr 2018 sind bei den Bremsklötzen Hitzeschutzbleche aufgebaut. Wenn sie bei den neuen Bremsklötzen für diese Modelljahre nicht dabei sind, muss man die Hitzeschutzbleche von den alten Bremsklötzen abbauen, reinigen und auf die neuen Bremsklötze aufbauen.

⚠ **Achtung 2:** Bremssattel außen und den inneren Bremsbelagschacht nur mit Bremsenreiniger und fusselfreien Lappen reinigen, keinesfalls mit Ölspray. Siehe dazu auch Tipps und Warnhinweise am Anfang dieses Kapitels.

⚠ **Achtung 3:** Beim Wechsel der Bremsklötze gilt: Wenn die Bremskolben zurückgedrückt werden, um Platz für die neuen (und damit dickeren) Bremsklötze zu schaffen, steigt der Flüssigkeitsstand im Bremsflüssigkeits-Vorratsbehälter. Deswegen muss man den Stand der Bremsflüssigkeit im Behälter im Auge behalten. Steigt dieser bis zur Oberkante, mit einer kleinen Spritze etwas Bremsflüssigkeit absaugen.

Hinweis: Die abgefahrenen Bremsbeläge haben viel Schmutz in Form von »Bremsenstaub« im Bremssattel hinterlassen. Eine sorgfältige Reinigung vor dem Einbau der neuen Bremsklötze ist sehr wichtig. Siehe dazu den Textabsatz »Bremssattel reinigen« auf der nächsten Seite.

Bremssättel abbauen

Zum Wechseln der vorderen Bremsklötze sollte die Maschine vorne und hinten auf Montageständer aufgebockt sein; siehe dazu auch Kapitel 5 »Räder« und Kapitel 7 »Kette«.
1. Kotflügel abschrauben und ABS-Sensor ausbauen wie in Kapitel 5 »Räder« im Kapitelabsatz »Vorderrad ausbauen« beschrieben.
2. Bild 18: Befestigungsschrauben des Bremssattels lösen und ausschrauben. Bremssattel von der Bremsscheibe ziehen.
3. Kotflügelstrebe nach außen ziehen und den Bremssattel herausnehmen, links zusammen mit dem Kabel des ABS-Sensors.
■ Bremsschlauch dabei nur so wenig wie möglich verdrehen und nicht knicken!

Alte Bremsklötze ausbauen

Zuerst muss man die Bremskolben zurückdrücken, damit man Platz hat zum Ausbau der alten Bremsklötze und Einbau der neuen. Die alten Bremsklötze bleiben dazu eingebaut.
1. Bild 19: Mit einem großen Schraubenzieher zwischen die alten Bremsklötze einfahren, etwas hebeln und so alle vier Bremskolben langsam (!) und gleichzeitig in die Bohrungen zurückdrücken.
■ Dabei wird die Bremsflüssigkeit nach oben in den Bremsflüssigkeitsbehälter gedrückt; deshalb darauf achten, dass der Behälter nicht überläuft.
2. Bilder 20a und 20b: Zuerst den einen, dann den anderen Bremsklotz mit dem Schraubenzie-

Bild 18

Bild 19

Bild 20a

Bild 20b

Bilder 18 bis 20b: Zum Wechsel der vorderen Bremsklötze ...
■ den Bremssattel abbauen,
■ mit einem dicken Schraubenzieher zwischen die alten Bremsklötze einfahren und so die Bremskolben zurückdrücken,
■ einen Bremsklotz in die Schachtmitte schieben,
■ herausnehmen ...
■ und dann den anderen ebenso.

Sichtprüfung Messen

Bilder 21a und 21b: Federblech herausnehmen und putzen.

Bilder 22 bis 27: Zum Wechsel der vorderen Bremsklötze den Bremssattel abbauen. Gut reinigen mit Bremsenreiniger, Bürste und mit sauberen Lappen trocken putzen.

her in die Mitte des Bremssattels schieben und herausnehmen.

3. Bilder 21a und 21b: Mit einem Finger in den Bremssattel greifen und das Federblech herausnehmen.

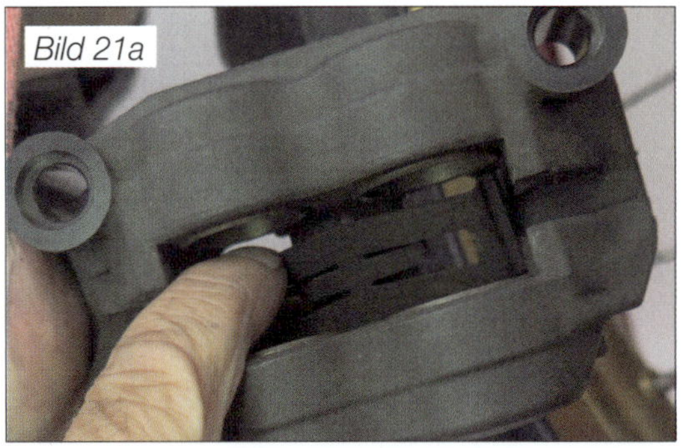

Bild 21a

Bild 21b

Bremssattel reinigen

Bilder 21b und 22: Den Bremssattel außen und innen mit Bremsenreiniger reinigen und mit einem sauberem Lappen trocken putzen. Das Federblech mit einer weichen Stahl- oder Messingbürste sauber putzen.

Neue Bremsklötze einbauen

1. Bilder 23 und 24: Federblech in den Bremssattel einsetzen. Der eingravierte Pfeil muss in Drehrichtung der Bremsscheibe zeigen.

2. Bilder 25 und 26: Zuerst den einen, dann den anderen Bremsklotz in den Bremssattel einschieben und zu den Bremskolben drücken.

Bremssattel anbauen

1. Bremsscheiben mit Bremsenreiniger und sauberem Lappen reinigen.

2. Bremssattel-Befestigungsschrauben: Es sollen neue ALOC-Schrauben verwendet werden (siehe Kapitel 31 »Anziehdrehmomente«). Oder die Schrauben mit einer Messingbürste reinigen und einen kleinen Tropfen Loctite 243 »mittelfest« auf ihre Gewinde geben.

3. Bild 27: Bremssattel auf Bremsscheiben schieben, beide Befestigungsschrauben eindrehen und mit 45 Nm festziehen.

4. Jetzt durch mehrmaliges Pumpen am Handbremshebel die neuen Bremsklötze an die

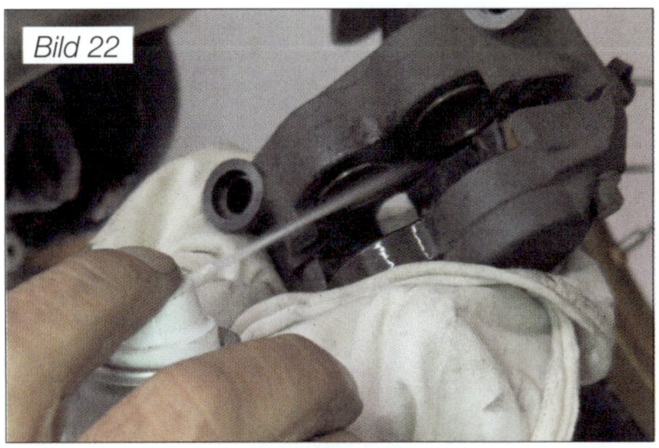

Bild 22

Bild 23

Bild 24

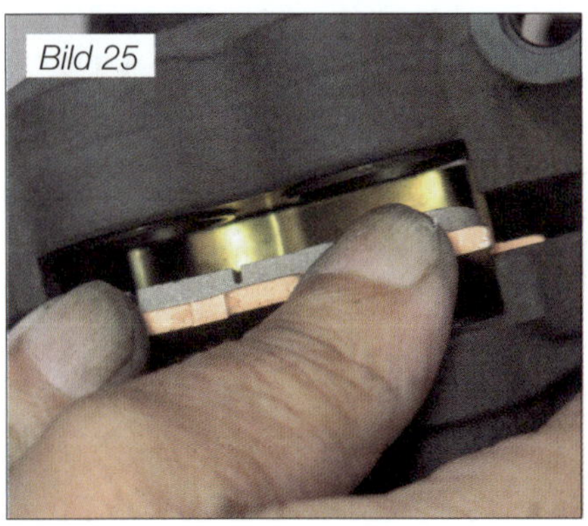

Bild 25

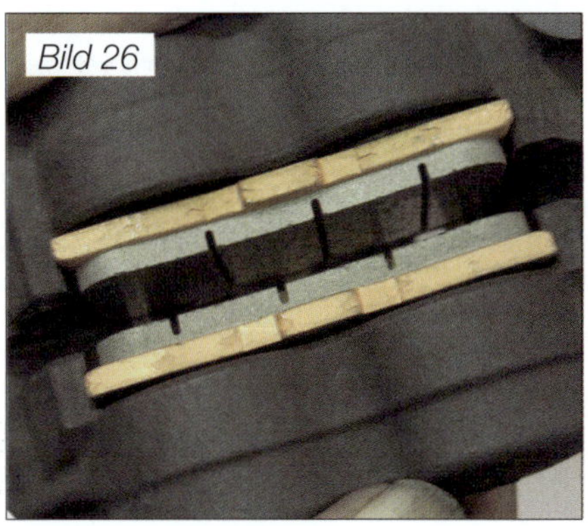

Bild 26

Bild 27

Bremsscheiben anlegen. Langsam pumpen!

5. Stand der Bremsflüssigkeit prüfen und ggf. bis zum Sollstand auffüllen.

6. Rad von Hand durchdrehen und prüfen, ob es frei läuft oder etwas schleift. Bremshebel einige Male betätigen, loslassen, Rad drehen: Alles o.k.?

7. ABS-Sensor einbauen, Schraube eindrehen und mit 10 Nm festziehen (siehe auch Kapitel 5 »Räder«).

8. Kotflügel anschrauben.

Hintere Bremsklötze wechseln

Zum Wechsel der hinteren Bremsbeläge muss das Hinterrad nicht ausgebaut werden. Denn wenn es eingebaut ist, kann man den hinteren Bremssattel besser bearbeiten.

1. Bild 28: Bremsklotz-Haltestift lösen, aber noch nicht ausschrauben.

2. Bild 29: Hintere Bremssattel-Befestigungsschraube ausschrauben.

3. Bremssattel hochschwenken.

4. Bild 30: Bremsklotz-Haltestift ausschrauben, dabei die Bremsklötze an ihren Enden etwas nach oben drücken.

5. Bild 31: Einen Bremsklotz nach dem anderen nach hinten aus dem Bremssattel herausziehen.

6. Bremssattel außen und innen mit Bremsenreiniger und Pinsel oder sauberem Lappen reinigen. Bremsklotz-Haltestift und Bremssattelhalter mit einer kleinen Messingbürste reinigen.

7. Nun den äußeren alten Bremsklotz lose einsetzen. Mit einem Handballen den Bremssattel fest gegen die Bremsscheibe drücken, so wird der Bremskolben zurückgedrückt und Platz geschaffen für die neuen Bremsklötze.

Neue Bremsklötze einbauen

Bild 32: Bei den neuen Bremsklötzen sollten Hitzeschutzbleche und Zwischenlagen dabei sein. Wenn nicht: Die Teile von den alten Bremsklötzen abbauen und auf die neuen aufbauen.

Bild 28: Zum Wechsel der hinteren Bremsklötze den Bremsklotz-Haltestift lösen, aber noch nicht ausschrauben.

Bild 29: Hintere Schraube ausbauen und den Bremssattel etwas nach oben schwenken.

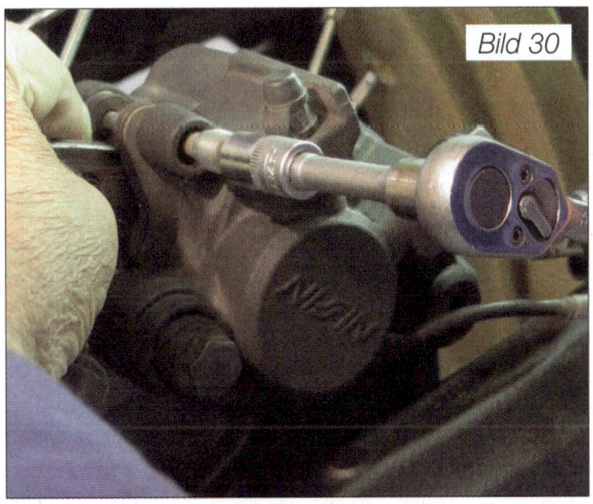

Bilder 30 und 31: Bremsklotz-Haltestift ausbauen und die Bremsklötze ausziehen.

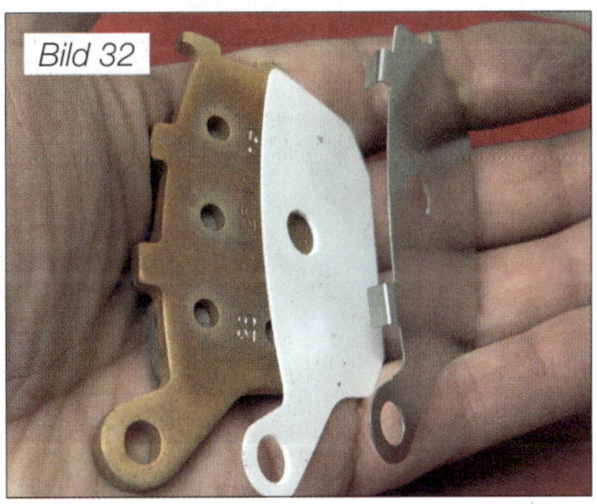

Bild 32: Wenn bei den neuen Bremsklötzen keine Hitzeschutzbleche und Zwischenlagen dabei sind, die alten Teile von den alten Bremsklötzen abbauen, reinigen und auf die neuen aufbauen.

Sichtprüfung Messen

1. Oval in Bild 33: Sicherstellen, dass die Feder innen-oben im Bremssattel richtig sitzt.
2. Zuerst den äußeren Bremsklotz einsetzen.

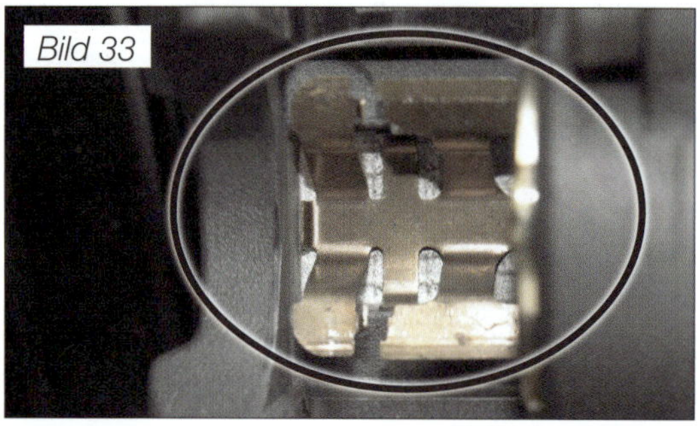

Bilder 33 bis 37 siehe Lauftext.

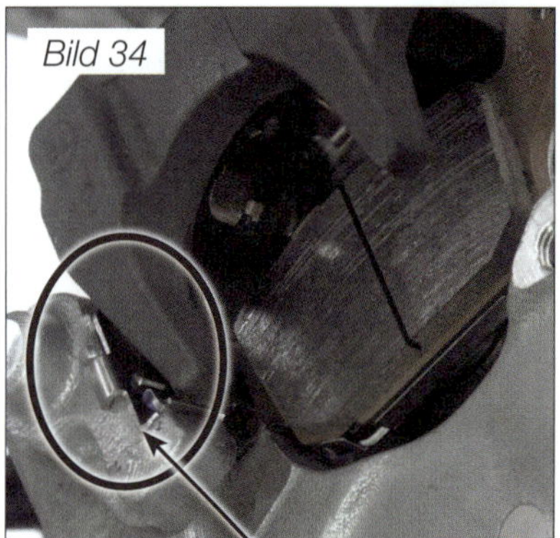

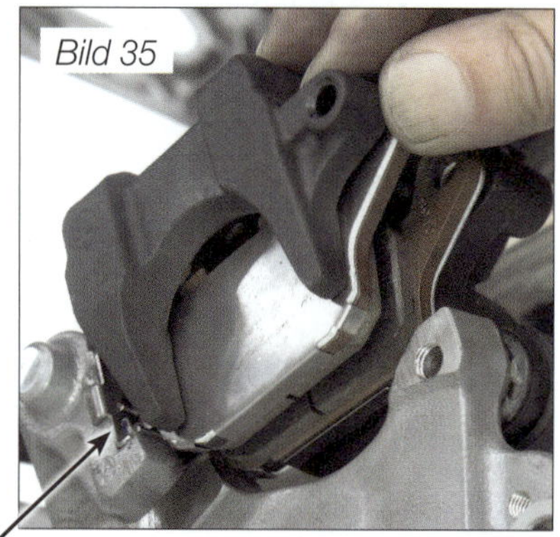

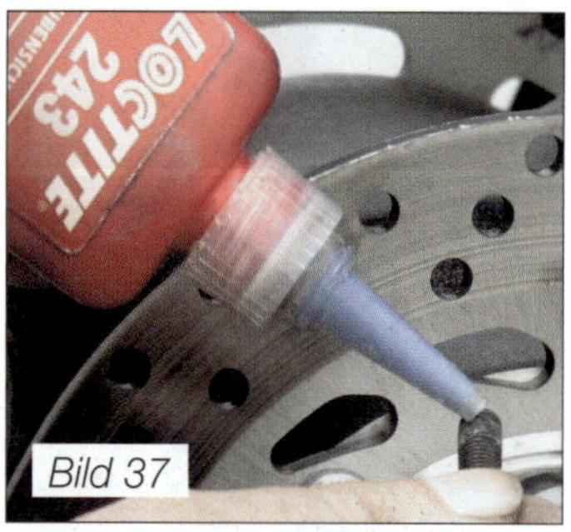

Bild 38: Wenn der Bremssattel nicht mehr leicht gleitet, den Halter vom Bremssattel abziehen, Führungsstifte und Buchsen reinigen, mit Silikonfett einfetten und wieder zusammenbauen.

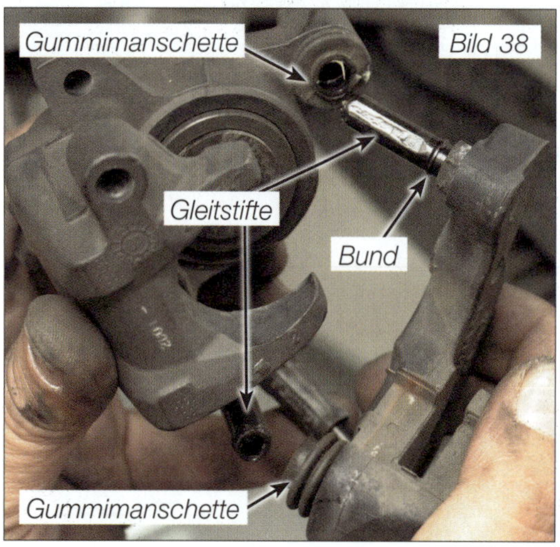

Dabei darauf achten, dass seine Vorderseite im vorderen Anlageblech sitzt (Kreis in Bild 34 und Pfeile in den Bildern 34, 35, 36).
3. Bild 35: Dann den zweiten Bremsklotz einsetzen, auch seine Vorderseite muss in das Anlageblech eingesetzt werden.
4. Bremssattel nach unten schwenken und den Bremsklotz-Haltestift eindrehen, aber noch nicht festziehen.
4.1. Hintere Bremssattel-Befestigungsschraube: Es soll eine neue ALOC-Schraube verwendet werden (siehe Text am Kapitelanfang und im Kapitel 31 »Anziehdrehmomente«). Oder Bild 37: Schraube mit einer Messingbürste reinigen. Einen kleinen Tropfen Loctite 243 »mittelfest« auf das gereinigte Gewinde auftragen, Schraube eindrehen und mit 22 Nm festziehen.
5. Bremsklotz-Haltestift mit 17 Nm festziehen.
6. Bremsbeläge durch Pumpen am Fußbremshebel an die Bremsscheibe anlegen.
7. Stand der Bremsflüssigkeit im Vorratsbehälter prüfen, ggf. absaugen/auffüllen.
8. Rad von Hand durchdrehen und prüfen, ob es frei läuft oder etwas schleift. Ganz leichte Schleifgeräusche können zu hören sein, das ist normal.
8.1. Fußbremshebel zwei-, dreimal betätigen, loslassen und Rad drehen: Alles in Ordnung?

Hinweis zum hinteren Bremssattel: Es ist ein so genannter »Einkolben-Gleitsattel«, der auf den Stiftschrauben, mit denen er am Halter befestigt ist, gleitet. Bitte kontrollieren Sie, ob die Gummimanschetten korrekt sitzen und der Bremssattel darauf leicht gleitet. Falls nicht, siehe Bild 38: Bremssattel von den Stiften abziehen, alles reinigen, sparsam mit Silikonfett einschmieren und wieder zusammenbauen.

Bremspedalhöhe

Von vorne betrachtet soll sich der Fußbremshebel auf Höhe des Schalthebels befinden. An einer gepflegten Maschine ist die Einstellung nicht verändert, aber je nach Alter der Maschine und/oder

Bilder 39a und 39b: Die Einstellung der Bremspedalhöhe wird an der Druckstange vorgenommen.

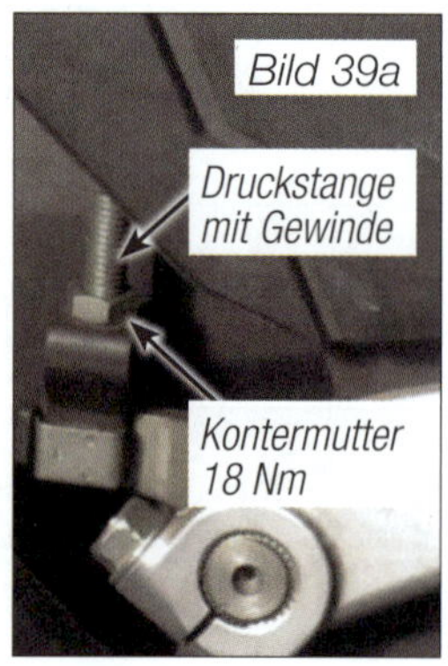

Schrauberintensität kann eine Einstellung bzw. Nachjustierung nötig sein.

1. Bild 39a: Die Kontermutter auf der Druckstange lösen und zwei bis drei Umdrehungen hochdrehen.

2. Druckstange langsam drehen, bis die richtige Bremspedalhöhe eingestellt ist.

3. Kontermutter »gut handfest« festziehen (das entspricht den vorgeschriebenen 18 Nm).

■ Dabei die Druckstange am Sechskant mit einem passenden Schlüssel gegenhalten!

Wichtig: Druckstange darf weder zu weit ein- noch zu weit ausgedreht werden (Bild 39b).

Bremsflüssigkeit wechseln

Alle zwei Jahren muss man die Bremsflüssigkeit erneuern, weil: Je älter Bremsflüssigkeit wird, desto mehr Wasser hat sie aus der Luft aufgenommen, dadurch ist ihre Temperaturstabilität abgesunken.

Bei zu alter Bremsflüssigkeit besteht die Gefahr, dass die Bremsen bei extremem Einsatz, etwa bei Passabfahrten, plötzlich versagen, weil die Dampfblasen im Hydrauliksystem komprimierbar sind und nicht druckstabil. Der vom Bremshebel aufgebaute Druck kann somit nicht an die Bremskolben weitergegeben werden, der Bremshebel fällt regelrecht durch und die Bremse versagt.

Pässebegeisterte Fahrer wechseln die Bremsflüssigkeit alle 12 Monate, weil bei solchen Fahrten die Bremsflüssigkeit besonders stark belastet wird durch den ständigen Wechsel von Erhitzen und Abkühlen.

Bild 39b

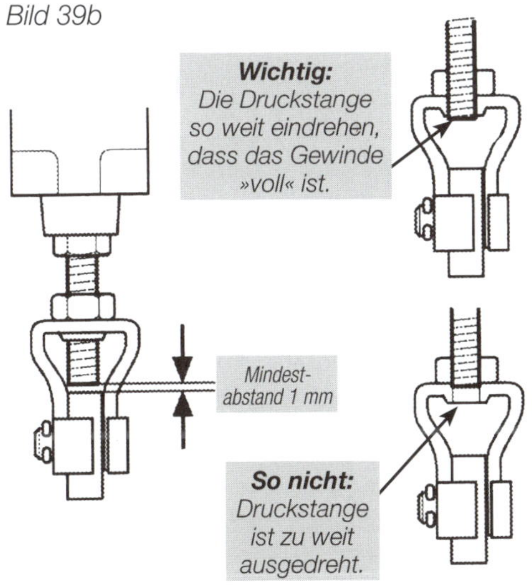

Bremsflüssigkeit wechseln, Bremsen entlüften

Bilder 40a und 40b: Der folgende Text gilt für das Entlüften der vorderen und hinteren Bremse mit einfachen Mitteln; die Arbeitsschritte sind gleich. Vorne zuerst den rechten Bremssattel, dann den linken entlüften.

Wichtig: Bei Maschinen mit ABS sollen Wechsel der Bremsflüssigkeit und Entlüftung mit einem Profigerät (Bild 4) durchgeführt werden. Aber auch zum professionellen Entlüften einer Bremsanlage ohne ABS empfehlen wir ein solches Profi-Unterdruckgerät.

1. Deckel vom Bremsfüssigkeits-Vorratsbehälter abschrauben, Stützscheibe und Membran herausziehen.

2. Alte Bremsflüssigkeit aus dem Behälter absaugen, z. B. mit einer Einwegspritze.

2.1. Bremsflüssigkeits-Vorratsbehälter innen und Dichtflächen mit sauberem Lappen reinigen.

3. Frische Bremsflüssigkeit einfüllen und zwar ganz langsam.

4. Am Bremssattel die Gummikappe vom Entlüfternippel abziehen.

4.1. Bilder 40a und 40b: Einen exakt passenden Sechskant-Ringschlüssel auf das Sechskant des Entlüfternippels aufstecken.

4.2. Einen passenden und durchsichtigen Schlauch über den Entlüfternippel stülpen. Sein anderes Ende in einem Auffanggefäß enden lassen.

5. Etwas Bremsflüssigkeit in das Gefäß geben, Schlauchende in die Bremsflüssigkeit eintauchen.

5.1. Bild 40b: Das Auffanggefäß so aufhängen, dass das Niveau der Bremsflüssigkeit höher steht als der Entlüfternippel am Bremssattel.

6. Bremshebel/Brems-

Bremsscheiben ab- und anschrauben
Im Kapitel 5 »Räder« ist das Ab- und Anschrauben der Bremsscheiben in Bild und Text erklärt.

Bilder 40a und 40b: Systemanordnung für die Bremsentlüftung »per Hand« mit Glas, durchsichtigem Schlauch und Ringschlüssel.

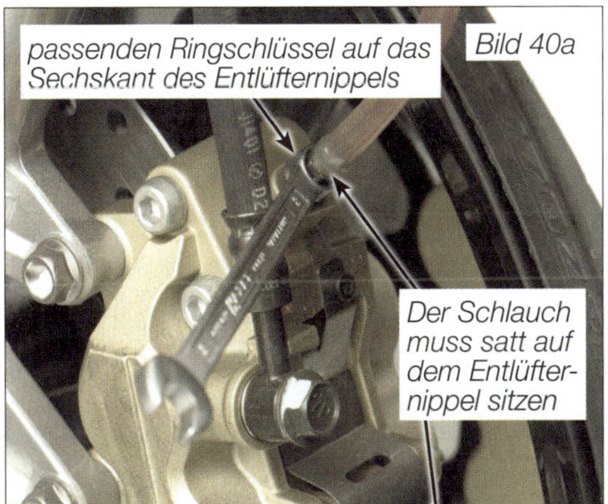

Bild 40a

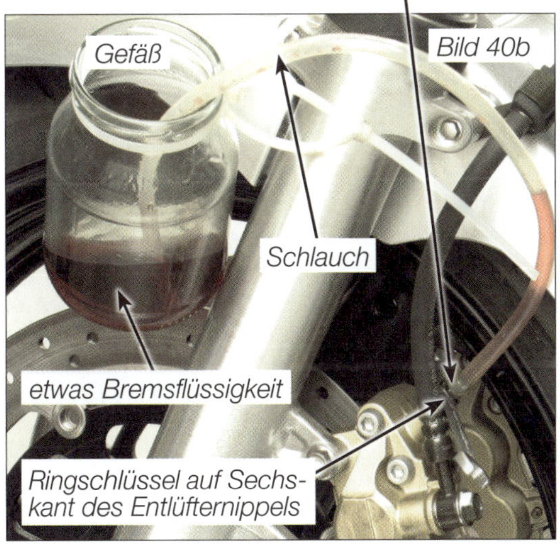

Bild 40b

Sichtprüfung Messen

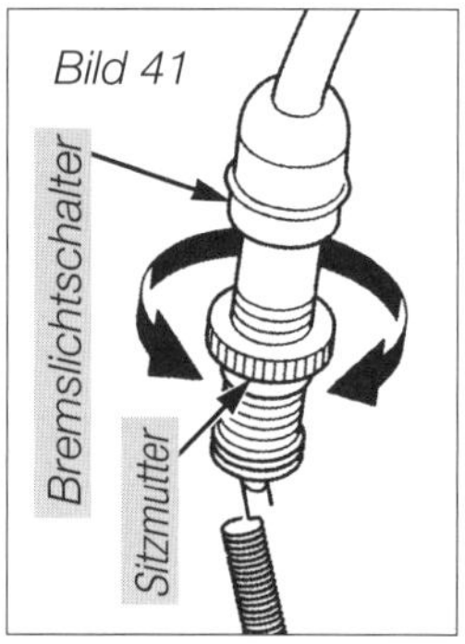

Bild 41

Bremslichtschalter prüfen und einstellen
Bild 41: Der Bremslichtschalter sitzt hinter der rechten Fußrastenplatte und ist durch die Öffnung in der Fußrastenplatte erreichbar. Er wird von einer Feder auf Zug betätigt, die auf der einen Seite am Fußhebel und auf der anderen Seite am Zugstück des Bremslichtschalters eingehängt ist: Bei halb bis zwei Drittel gedrücktem Bremspedal muss das Bremslicht aufleuchten.

Einstellung des Bremslichtschalters korrigieren:
1. Sitzmutter mit der Hand entsprechend aus- oder eindrehen. **Wichtig:** Das Gehäuse des Bremslichtschalters dabei unbedingt mit der anderen Hand gegenhalten, damit er sich nicht mitdreht.
2. Bremslichtschalter wird durch Verdrehen der Sitzmutter nach unten oder oben verschoben und schaltet dadurch früher oder später das Bremslicht ein und wieder aus.

⚠ **Achtung:** Nie den Bremslichtschalter als Ganzes verdrehen! Sonst bricht die Feder ab und das Anschlusskabel verdrillt sich.

pedal ein paar Mal anziehen/runterdrücken, bis Widerstand spürbar ist. Schön langsam pumpen und den Hebel/das Pedal zwischendurch immer einige Sekunden in Ruhestellung lassen, damit Bremsflüssigkeit luftfrei nachlaufen kann.
7. Hebel/Pedal betätigen und am Widerstandspunkt gezogen/gedrückt halten.
8. Entlüfternippel 1/4 bis 1/3 Umdrehung öffnen, Hebel bzw. Bremspedal ganz durchziehen/durchdrücken: Bremsflüssigkeit kommt jetzt durch den Schlauch, sie ist durchsetzt mit Luftbläschen: Entlüfternippel schließen.
9. Hebel langsam (!) wieder loslassen. Dann wieder einige Male pumpen, Hebel in Druckposition halten, Entlüfternippel aufdrehen und schließen.
10. Schritte 6. bis 9. so lange wiederholen, bis nur noch saubere Bremsflüssigkeit ohne Luftbläschen aus dem Schlauch kommt.
10.1. Dazwischen immer wieder nachsehen, ob im Vorratsbehälter noch genügend Bremsflüssigkeit ist. Der Pegelstand darf

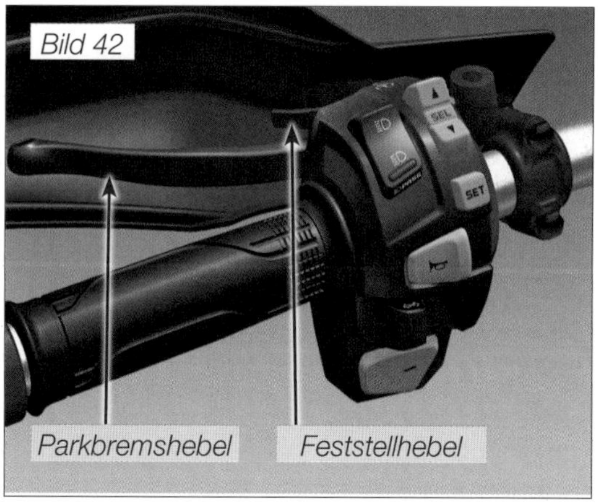

Bild 42

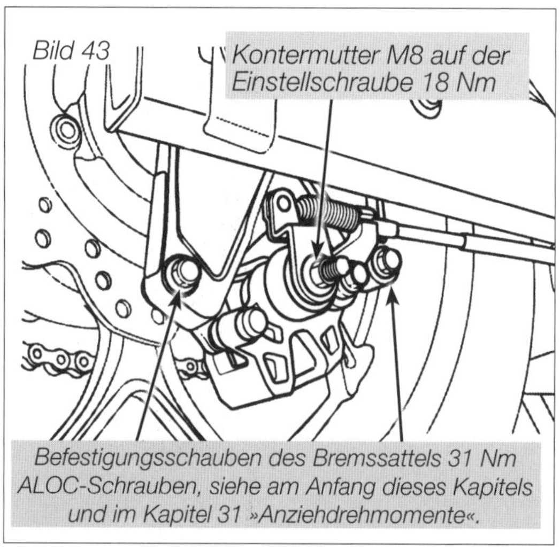

Bild 43

Befestigungsschauben des Bremssattels 31 Nm ALOC-Schrauben, siehe am Anfang dieses Kapitels und im Kapitel 31 »Anziehdrehmomente«.

nicht unter die Minimum-Marke fallen. Rechtzeitig nachfüllen, damit keine Luft ins System gelangt.
11. Tritt am Entlüftungsschlauch nur frische Bremsflüssigkeit ohne Luftbläschen aus, Bremshebel nochmals durchziehen/durchdrücken. Entlüfternippel festdrehen mit 5 Nm.
11.1. Bremsflüssigkeit aus Entlüfternippel trocken tupfen, etwas Silikonfett daran geben, Gummikappe auf Entlüfternippel aufdrücken.
12. Abschließend den Bremsflüssigkeitsstand prüfen und ggf. bis zur Markierung auffüllen.

Parkbremse

Die Modelle mit Doppelkupplungsgetriebe haben eine Parkbremse am Hinterrad angebaut.

Einstellung prüfen
1. Motorrad auf Heckmontageständer abstellen, das Hinterrad muss frei sein.
2. Bild 42: Den Parkbremshebel ziehen.
2.1. Den Feststellhebel nach vorne drehen, er muss im Schlitz der Parkbremshebelhalterung einrasten.
2.2. Jetzt darf sich das Hinterrad nicht mehr drehen lassen. Wenn es sich doch drehen lässt, muss die Parkbremse eingestellt werden.

Parkbremse einstellen
Man kann sie am Einsteller oben im Bremszug und unten am Bremshebel am Bremssattel einstellen. Zuerst am oberen Einsteller einstellen.

Einstellung oben im Parkbremszug
1. Die Kontermutter vom Einsteller lösen und den Einsteller verdrehen, bis die Einstellung stimmt.
2. Die Kontermutter festziehen, dabei den Einsteller mit der anderen Hand gegenhalten.
■ Wenn der Einsteller zum Einstellen ganz herausgedreht werden muss, eine Grundeinstellung unten am Parkbremssattel vornehmen.

Grundeinstellung unten am Parkbremssattel
1. Oberen Einsteller ganz eindrehen und dann wieder eine Umdrehung ausdrehen.
2. Bilder 43 und 44: Die Kontermutter am unteren Bremshebel lösen.
3. Einstellschraube im Uhrzeigersinn drehen bis ein leichter Widerstand fühlbar wird: Die Bremsbeläge berühren jetzt die Bremsscheibe.
4. Einstellschraube eine 1/4 Umdrehung zurückdrehen, in dieser Stellung festhalten und die Kontermutter mit 18 Nm festziehen.
5. Prüfen, ob die Einstellung stimmt und die Bremsbeläge nicht an der Scheibe schleifen.

Bremsklötze ausbauen
Zum Ausbau der Bremsklötze muss der Bremssattel abgebaut werden.
1. Bild 44: Beide Bremsklotz-Haltestifte lösen und etwas ausdrehen, noch nicht ausziehen.
2. Bild 43: Bremssattel-Befestigungsschrauben lösen und ausdrehen, Bremssattel von der Scheibe abziehen, in der Hand halten.
3. Enden der Bremsklötze gegen die Bremsbelagfeder drücken, Haltestifte ausschrauben und ausziehen. Bremsklötze herausnehmen.

Bremssattel reinigen, Gleitstifte prüfen
Parkbremssattel reinigen. Gängigkeit der Gleitstifte prüfen: Bitte lesen Sie dazu im Text weiter vorne beim hinteren Bremssattel nach. Wenn sich der Bremssattel auf den Stiften nur schwer oder gar nicht verschieben lässt: Bremssattel von Bremssattelhalter abschrauben. Führungsbolzen lösen und ausschrauben. Manschetten, Stifte und Gleitbuchsen reinigen, gut mit Silikonfett einschmieren und wieder zusammenbauen.

Neue Bremsklötze einbauen
1. Kontrolle: Bremsbelagfeder im Bremssattel muss richtig sitzen, siehe dazu Bild 44.
2. Bremsklötze auf Rückseite und vorderen Enden dünn mit Kupferpaste einschmieren, das verhindert Korrosion.
■ **NICHTS auf den Bremsbelag schmieren!**
2.1. Gereinigte Bremsklotz-Haltestifte ebenfalls leicht mit Kupferpaste einschmieren.
3. Neue Bremsklötze mit den Belagseiten zueinander in den Bremssattel einschieben.
4. Enden der Bremsklötze gegen Bremsbelagfeder drücken, Bremsklotz-Haltestifte durch Bohrungen von Bremssattel und Bremsklötzen einführen, eindrehen und handfest anziehen.

Bremssattel anbauen
1. Bremsscheiben mit Bremsenreiniger und Lappen reinigen.
2. Bremssattel-Befestigungsschrauben: Es sollen neue ALOC-Schrauben verwendet werden (siehe Kapitel 31 »Anziehdrehmomente«). Oder: Schrauben mit Messingbürste reinigen, einen Tropfen Loctite »mittelfest« auf Gewinde geben.
3. Bremssattel auf Bremsscheibe schieben, Befestigungsschrauben eindrehen, mit 31 Nm festziehen.
4. Bremsklotz-Haltestifte mit 18 Nm festziehen.
5. Bremsbeläge durch Betätigen des Parkbremshebels an die Bremsscheibe anlegen.
6. Rad von Hand durchdrehen und prüfen, ob es frei läuft oder etwas schleift. Parkbremshebel zwei- bis dreimal betätigen, loslassen und Rad drehen: Alles in Ordnung?

Bild 42 auf der linken Seite: Der Parkbremshebel kann mit dem Feststellhebel arretiert werden.

Bild 43 auf der linken Seite: Am Parkbremssattel wird die Grundeinstellung der Parkbremse vorgenommen.

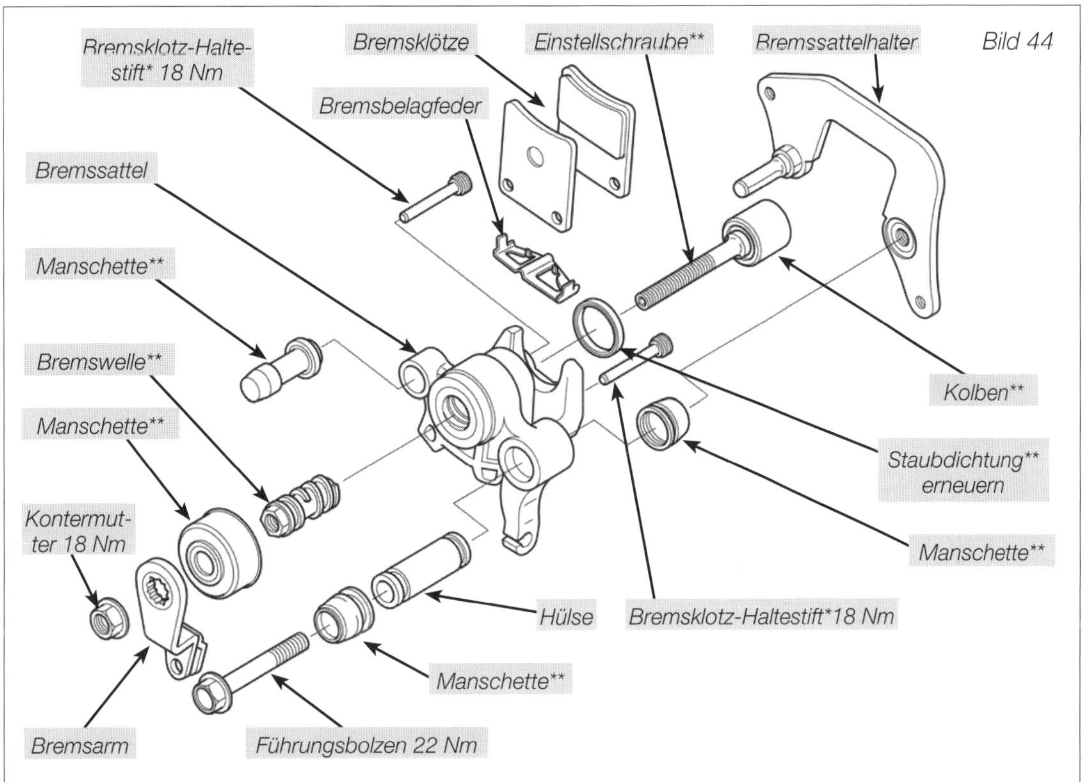

Bild 44: Explosionszeichnung des Parkbremssattels mit Teilbezeichnungen und Anziehdrehmomentwerten.

Zusätzliche Angaben zu Bild 44:
*** = ALOC-Schrauben, siehe Anfang dieses Kapitels und Kapitel 31 »Anziehdrehmomente«*
**** = Silikonfett auftragen*

Sichtprüfung Messen

Bild 45: Abstand ABS-Sensor zum ABS-Sensorring.
Bild 46: Einbaulage der Sicherungen.
■ Auf der rechten Seite die Tabelle mit Fehlercodes und Fehlerinformationen.

ABS Probleme und Lösungen

Bei einem Ausfall des ABS bleiben die Funktionen der beiden Bremsen und ihre Wirkung erhalten; sie funktionieren dann wie normale Bremsen ohne ABS. Wenn das ABS nicht funktioniert, wird dies durch konstantes Leuchten oder fortwährendes Blinken der ABS-Anzeigelampe (Leuchte 1 in den Bildern 47 und 50) in der Instrumenteneinheit angezeigt und zwar egal, ob die Maschine mit eingeschalteter Zündung und laufendem Motor steht oder gefahren wird.

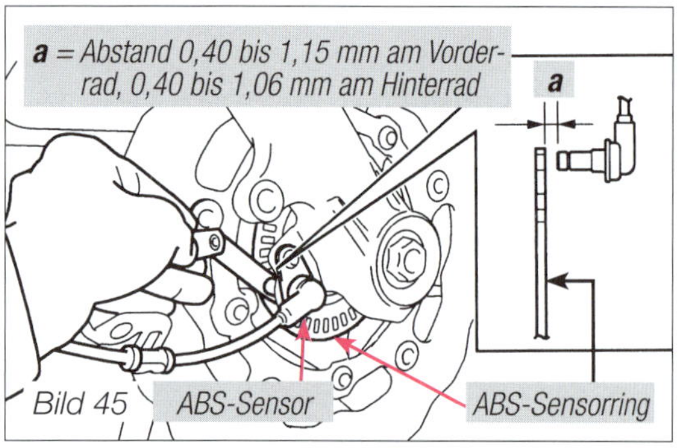

Bild 45

Ein dauerhaftes Leuchten oder Blinken der ABS-Anzeigelampe kann zwei Gründe haben: Die Lampe arbeitet fehlerhaft oder es liegt ein echtes ABS-Problem vor. Eine fehlerhafte Anzeige ist zwar selten, ihre korrekte Funktion muss aber dennoch überprüft werden, bevor die große Fehlersuche im ABS-System beginnt.

Gehen Sie dazu folgendermaßen vor:
1. Wenn die ABS-Anzeigelampe während der Fahrt aufleuchtet, halten Sie an, legen den Leerlauf ein und schalten den Motor über den Zündschlüssel AUS. Den Zündschlüssel abziehen.
2. Nach einer Pause von etwas mehr als einer Minute den Motor mit eingelegtem Leerlauf und hochgeklapptem Seitenständer wieder starten und losfahren.
Beachten: Keine der beiden Bremsen betätigen zwischen Einschalten der Zündung, Motorstart und Losfahren!
3. Wenn die ABS-Anzeigelampe nun ausgeht und dauerhaft aus bleibt, haben Sie Glück gehabt und die Fehlschaltung ist verschwunden.
4. Wenn die ABS-Anzeigelampe weiter leuchtet und nicht ausgeht, funktioniert das ABS nicht.

Wie am Kapitelanfang schon gesagt funktioniert die Bremsanlage nun wie eine Bremse ohne ABS. Sie können also weiterfahren, sollten aber sehr Aufmerksam sein und »hellwach«.

Bevor Sie den nächsten Honda-Vertragshändler ansteuern oder gar die Maschine vom ADAC (Deutschland), ÖAMTC (Österreich) oder ACS (Automobilclub Schweiz) abschleppen lassen, wenden Sie unsere nachstehenden Tipps und Kniffe an. Vielleicht hilft der eine oder andere Punkt und das ABS funktioniert dann wieder.

Bild 46
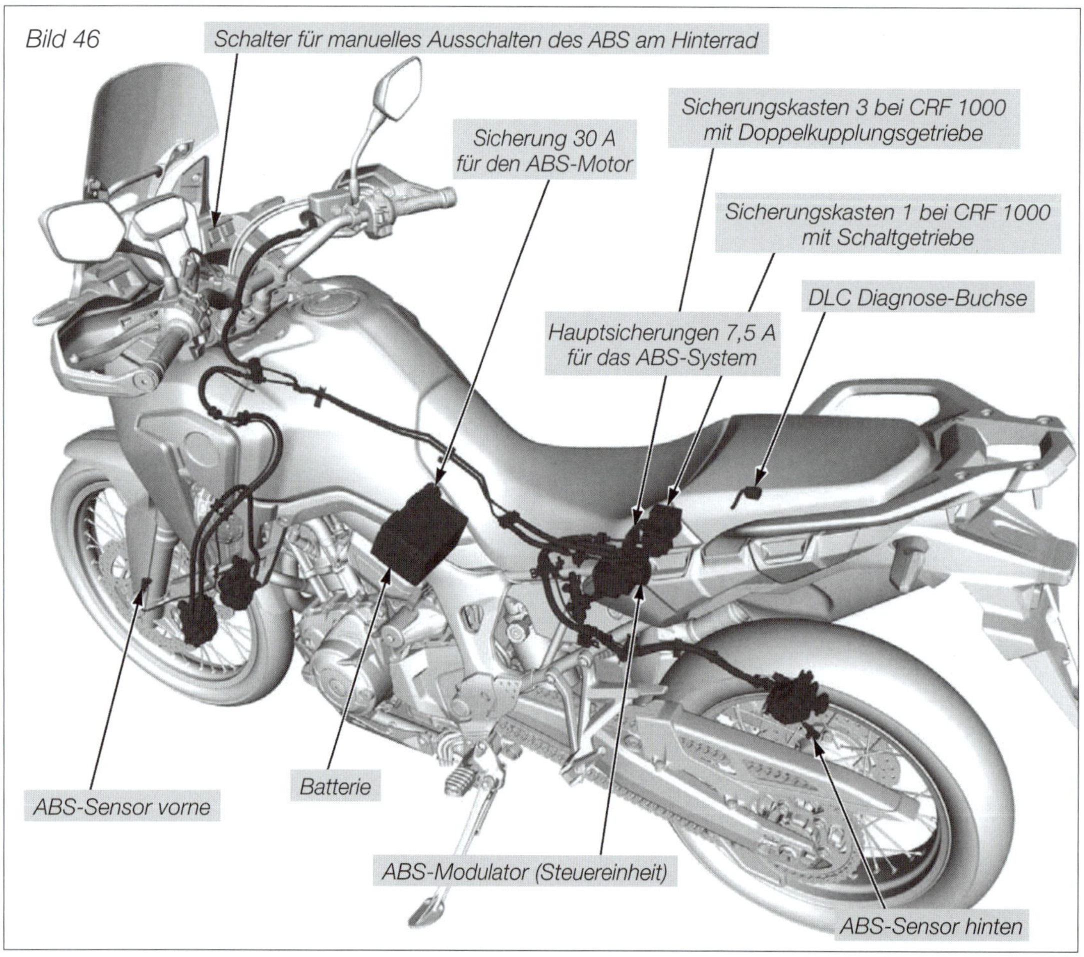

Sichtprüfungen

1. Schauen Sie ganz genau auf die ABS-Sensorringe an Vorder- und Hinterrad und drehen dabei das Rad langsam einige Male durch:
■ Sind die Sensorringe unbeschädigt, also

formstabil? Sind alle Befestigungsschrauben zur Radnabe vorhanden und fest?

■ Stecken keine Fremdkörper in den kleinen Fenstern der Sensorringe? Das kann nach Geländefahrten duchaus sein. Die Sensorringe müssen überall blitzsauber sein!

2. Schauen Sie auf die ABS-Sensoren an Vorder- und Hinterrad, sie müssen sauber sein und festgeschraubt.

3. Schauen Sie ganz genau auf die Kabel, die von den ABS-Sensoren an Vorder- und Hinterrad wegführen, es sind die »Sensorkabel«. Zupfen Sie ganz leicht (!) an diesen Sensorkabeln und prüfen so, ob die Kabel fest sind.

■ Verfolgen Sie die Sensorkabel bis zu ihren Steckern, ob die Kabel ordentlich verlegt und mit Klemmen befestigt sind.

■ Prüfen Sie, ob die Stecker an den Sensorkabeln korrekt am Kabelbaum eingesteckt sind. **Dazu folgende Anmerkung:** Die Sensorkabel sind sehr lang und führen in die Maschine hinein. Nehmen Sie eine Taschenlampe zu Hilfe.

3.1. Es kann ein Kabel innerhalb der Isolierung abgedrückt oder gerissen sein. Zur Durchgangsprüfung sehen Sie bitte in Kapitel 29 »Fehlersuche« nach.

4. Bild 45: Prüfen Sie mit einer Fühlerlehre den Luftspalt am Vorder- und Hinter-

ABS-Diagnosefehlercodes, Blinkzeichen, Fehler, Symptome

DTC – Blinkzeichen/Codes	Funktionsfehler	Symptome und Ausfallbeschreibungen
1-1[1), 2)]	Störung im Schaltkreis des ABS-Sensors vorne – Störung im ABS-Sensor oder im Kabel	– ABS-Funktion ausgefallen
1-2[2)]	Störung im ABS-Sensor vorne – Störung im ABS-Sensor, Sensorring oder im Kabel – Elektromagnetische Beeinflussung	– ABS-Funktion ausgefallen
1-3[1), 2)]	Störung im Schaltkreis des ABS-Sensors hinten – Störung im ABS-Sensor oder im Kabel	– ABS-Funktion ausgefallen
1-4[2)]	Störung im ABS-Sensor hinten – Störung im ABS-Sensor, Sensorring oder im Kabel – Elektromagnetische Beeinflussung	– ABS-Funktion ausgefallen
1-5[1), 2)]	Störung im Schaltkreis des ABS-Sensors vorne oder hinten (Kurzschluss) – Störung im ABS-Sensor oder im Kabel	– ABS-Funktion ausgefallen
2-1[2)]	Fehler am Sensorring vorne – Fehler am Sensorring oder Störung im Kabel des ABS-Sensors	– ABS-Funktion ausgefallen
2-3[2)]	Fehler am Sensorring hinten – Fehler am Sensorring oder Störung im Kabel des ABS-Sensors	– ABS-Funktion ausgefallen
3-1[1), 2)]	Störung im Magnetventil 1 im ABS-Modulator	– ABS-Funktion ausgefallen
3-2[1), 2)]	Störung im Magnetventil 2 im ABS-Modulator	– ABS-Funktion ausgefallen
3-3[1), 2)]	Störung im Magnetventil 3 im ABS-Modulator	– ABS-Funktion ausgefallen
3-4[1), 2)]	Störung im Magnetventil 4 im ABS-Modulator	– ABS-Funktion ausgefallen
4-1[2)]	Vorderrad blockiert – Fahrbedingung	– ABS-Funktion ausgefallen
4-2[2)]	Vorderrad steht z. B. wegen Wheelie – Fahrbedingung	– ABS-Funktion ausgefallen
4-3[2)]	Hinterrad blockiert – Fahrbedingung	– ABS-Funktion ausgefallen
5-1[1), 2)]	ABS-Motor im ABS-Modulator blockiert – Störung im ABS-Motor oder im Kabel – Störung / Defekt in der Sicherung 30 A des ABS-Motors	– ABS-Funktion ausgefallen
5-4[1), 2)]	Störung im Spannungsversorgungs-Relais – Störung im Spannungsversorgungs-Relais oder im Kabel – Störung / Defekt in der Sicherung 30 A des ABS-Motors	– ABS-Funktion ausgefallen
6-1[1), 2)]	Leistungsstromkreis hat Unterspannung – Eingangsspannung zu niedrig – Störung / Defekt in der ABS-Hauptsicherung 7,5 A	– ABS-Funktion ausgefallen
6-2[1), 2)]	Leistungsstromkreis hat Überspannung – Eingangsspannung zu hoch	– ABS-Funktion ausgefallen
7-1[2)]	Reifenfehler – falsche Reifengröße, viel zu geringer Reifenluftdruck	– ABS-Funktion ausgefallen
8-1[1), 2)]	Störung im ABS-Steuergerät im ABS-Modulator	– ABS-Funktion ausgefallen
8-2[1), 2)]	Störung in der Hinterrad-ABS-Aus-Anzeige Störung im Kabel der Hinterrad-ABS-Aus-Anzeige	– manuelle Hinterrad-ABS-Abschaltung funktioniert nicht

In diesem Kapitel verwendete Abkürzungen

__ABS__ = Antilock Braking System = Anti Blockier System der Bremsanlage
__DLC__ = Data Link Connector = Diagnose Buchse
__DTC__ = Diagnostic Trouble Code = Fehlercode
__HDS__ = Honda Diagnostic System = Honda Diagnose System
__MCS__ = Motorcycle Communication System = Motorrad Communikations System
__SCS__ = Service Check Signal = Diagnosesignal
__SCS Stecker__ = Spezialwerkzeug siehe Bild 48

Erklärung zu 1) und 2) in der 1. Spalte ganz links

__1)__ = Diese Störung ist schon bei Zündung EIN und Motor START vorhanden
__2)__ = Diese Störung tritt während der Fahrt auf

Sichtprüfung Messen

Bilder 47 und 50: Schaltpläne der ABS-Elektronik in den Modelljahren. Diagnosecodes siehe vorherige Seite.

rad zwischen ABS-Sensor und Sensorring. Er muss betragen:

- am Vorderrad 0,40 bis 1,15 mm,
- am Hinterrad 0,40 bis 1,06 mm.

5. Bilder 46, 54, 55: Bauen Sie die Sitzbank ab und schauen auf den ABS-Modulator: Der Zentralstecker muss sicher in die Steckdose des ABS-Modulators eingesteckt sein.

- Prüfen Sie den Sitz des Zentralsteckers durch ganz genaues Hinschauen und seinen festen Sitz durch leichtes Wackeln am Zentralstecker.
- Der Zentralstecker muss gesichert sein durch einen Bügel, der unter Spannung umgelegt sein muss (Bild 55).

6. Die Batterie muss ok sein, ihre Spannung muss 12,6 Volt oder mehr betragen.

6.1. Falls die Batterie so leer war, dass sich deswegen der Motor mit dem Elektrostarter nicht starten ließ, sondern die Maschine angeschoben werden musste, wird das ABS nicht in Funktion treten. Entweder Sie laden die Batterie umgehend (siehe dazu Kapitel 23 »Batterie«) oder vertrauen darauf, dass die Batterie auf den nächsten 200 km von der Lichtmaschine geladen wird und dann das ABS wieder funktioniert.

Bild 47

Schaltplan ABS-Elektronik der Modelljahre 2016, 2017

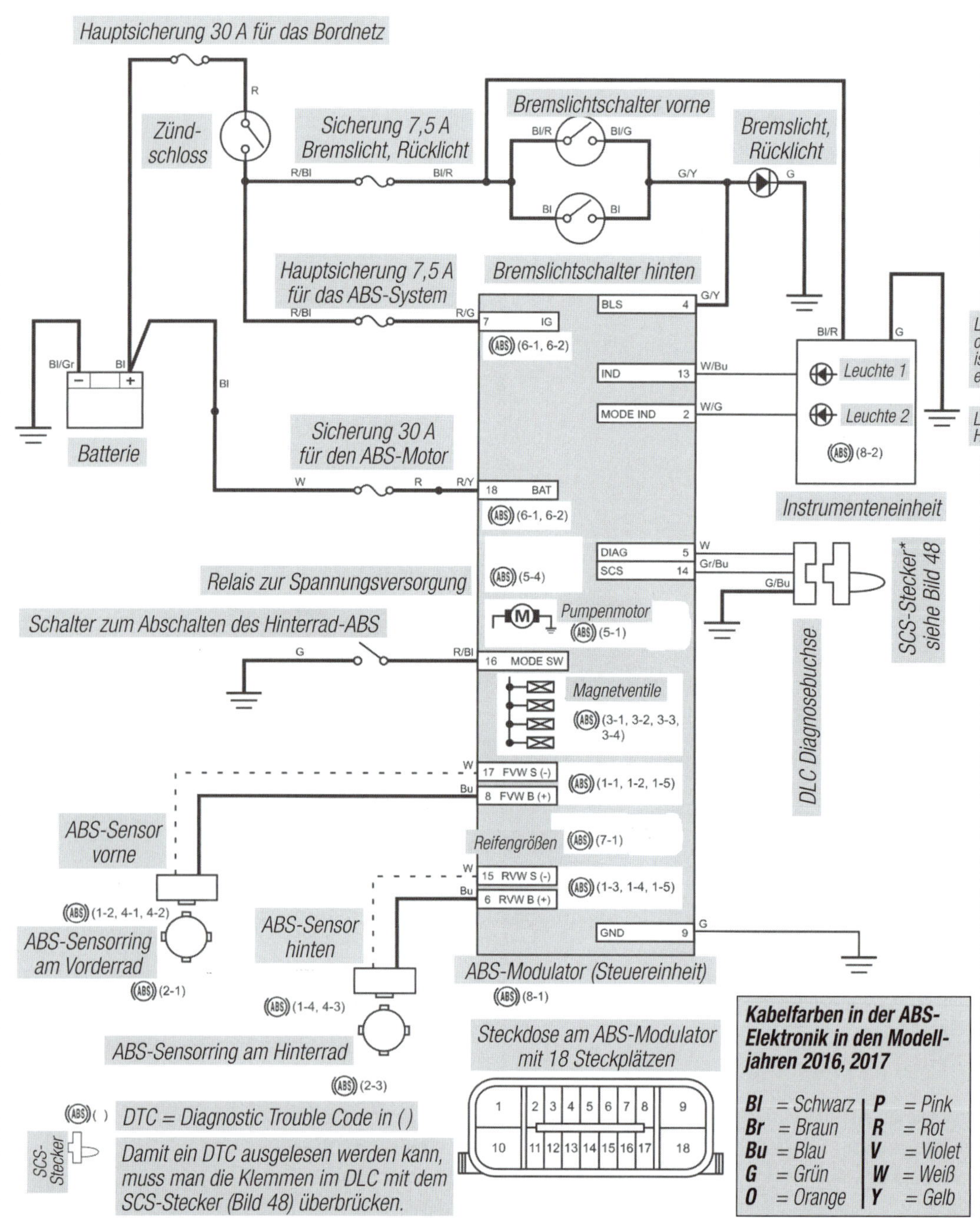

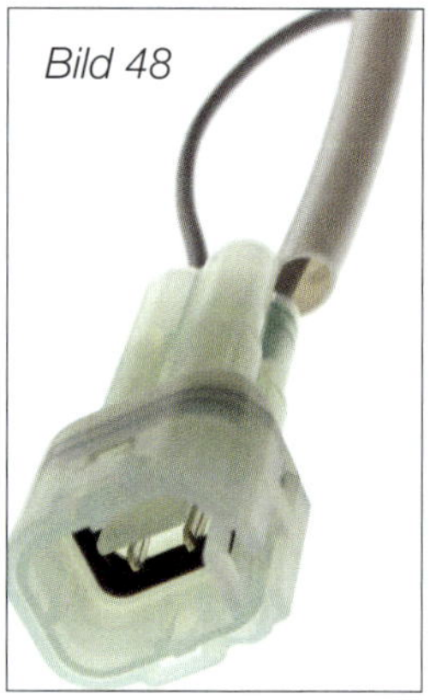

Bild 48

Bild 48: Spezialwerkzeug »Diagnose Signal Stecker SCS«, auch »Service Check Signalstecker«. Mit ihm werden die Klemmen in der DLC Diagnosebuchse überbrückt. Erst dann blinkt die ABS-Leuchte in der Instrumenteneinheit den Fehlercode.

ABS-Sicherungen und wo man sie findet

Wenn das ABS nach Bearbeitung aller vorstehend genannten Prüfpunkte immer noch nicht funktioniert, muss man sich um die ABS-relevanten Sicherungen kümmern:

- Sind sie in Ordnung oder durchgebrannt?
- Sind ihre Steckzungen und die Steckklemmen sauber und blank oder etwa schmutzig und korrodiert? Siehe dazu Kapitel 25 »Sicherungen, Relais«.

Nun folgen die für die ABS-Bremsanlage relevanten Sicherungen und ihre Stärken, in welchem Sicherungskasten sie eingesteckt sind und an welchem Einbauort dieser zu finden ist. Bitte nehmen Sie das Bild 46 zu Hilfe, die Schaltpläne in den Bildern 47 und 50 sowie das zu Ihrer Maschine gehörige Fahrerhandbuch.

ABS-Sicherungen bei der Africa Twin Mj. 2016, 2017 mit Schaltgetriebe

1. Hauptsicherung 30 A für das Bordnetz: Steckt im Anlasser-Relais unter der rechten Batteriefachabdeckung.

Kabelfarben rechts oben
Bl/Y *= Schwarz / Gelb bei Schaltgetriebe*
Bl/R *= Schwarz / Rot bei Doppelkupplungsgetriebe*

Kabelfarben rechts unten Mitte neben dem Bild 49
Bl *= Schwarz bei Schaltgetriebe*
G *= Grün bei Doppelkupplungsgetriebe*
R *= Rot bei Schaltgetriebe*
R/Bl *= Rot / Schwarz bei Doppelkupplungsgetriebe*

Bild 49: Im Kreis ist die rote Steckdose namens »DLC Diagnosebuchse« zu sehen. Sie ist eingebaut unter der Sitzbank rechts zwischen hinterem Kotflügel und Rahmenheck eine Handbreit hinter dem Bordwerkzeug. Siehe dazu auch Bild 46.

Schaltplan ABS-Elektronik der Modelljahre 2018, 2019 *Bild 50*

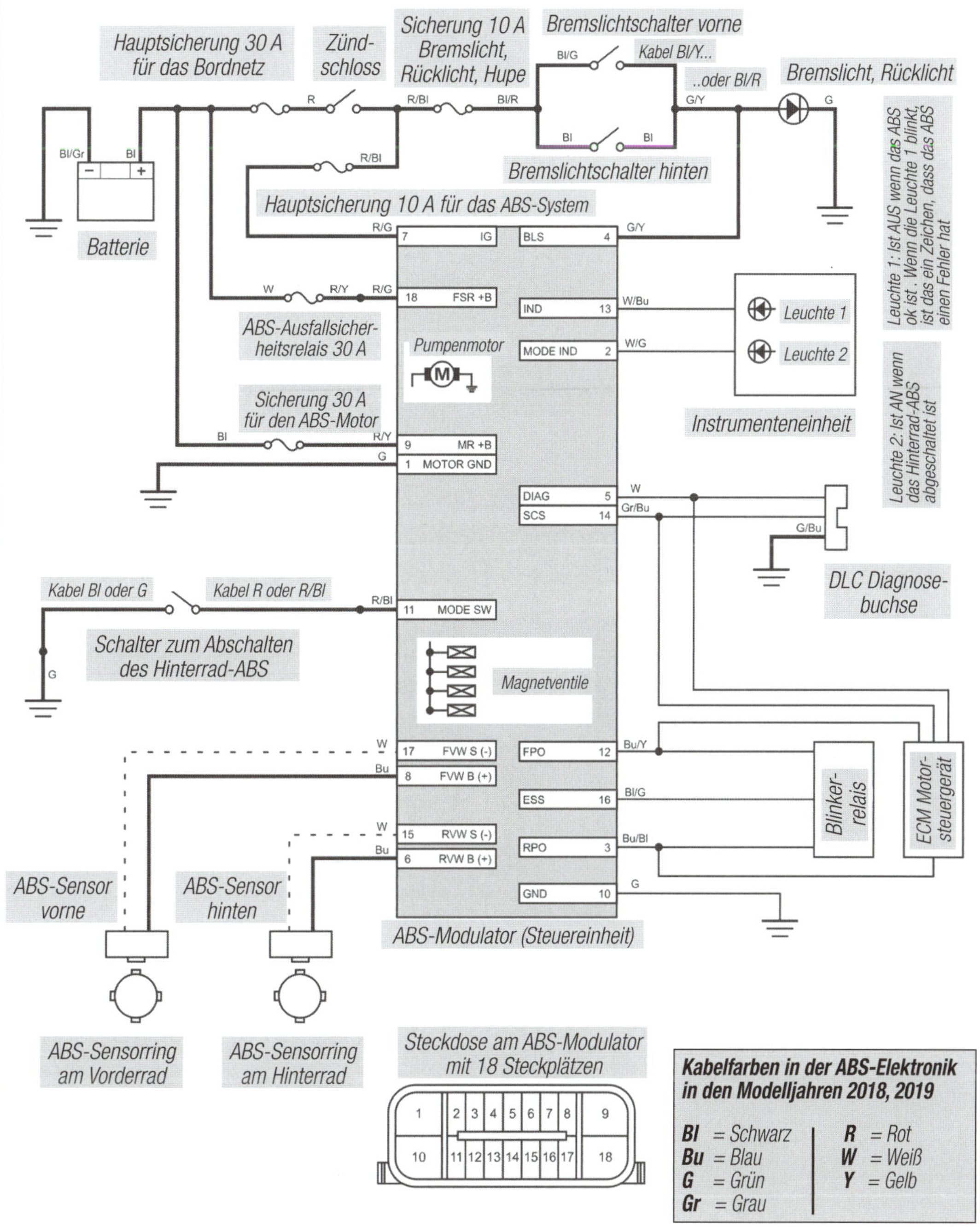

2. ABS-Hauptsicherung 7,5 A: Steckt im Sicherungskasten 1 unter dem Fahrersitz.
3. Sicherung 30 A für den ABS-Motor: Steckt im Sicherungskasten 3 unter der rechten Batteriefachabdeckung.
4. Sicherung 7,5 A für Bremslicht, Rücklicht: Steckt im Sicherungskasten 2, der ist links neben dem Sicherungskasten 1 unter dem Fahrersitz.

ABS-Sicherungen bei der Africa Twin Mj. 2016, 2017 mit Doppelkupplungsgetriebe
1. Hauptsicherung 30 A für das Bordnetz: Steckt im Anlasser-Relais unter der rechten Batteriefachabdeckung.
2. ABS-Hauptsicherung 7,5 A: Steckt im Sicherungskasten 3, der ist vor dem Sicherungskasten 1 und rechts neben dem Sicherungskasten 2 unter dem Fahrersitz.
3. Sicherung 30 A für den ABS-Motor: Steckt im Sicherungskasten 4 unter der rechten Batteriefachabdeckung.
4. Sicherung 7,5 A für Bremslicht, Rücklicht: Steckt im Sicherungskasten 2 vor dem Sicherungskasten 1 unterm Fahrersitz.

ABS-Sicherungen bei der Africa Twin Mj. 2018, 2019 mit Schaltgetriebe
1. Hauptsicherung 30 A für das Bordnetz: Steckt im Anlasser-Relais unter der rechten Batteriefachabdeckung.
2. ABS-Hauptsicherung 10 A: Steckt im Sicherungskasten 2, der ist links neben dem Sicherungskasten 1 unterm Fahrersitz.
3. Sicherung 30 A für den ABS-Motor: Steckt im Anlasser-Relais unter der rechten Batteriefachabdeckung.
4. Sicherung 30 A für das ABS-Ausfall-Sicherheits-Relais: Steckt im Sicherungskasten 3 unter der rechten Batteriefachabdeckung.
5. Sicherung 10 A für Bremslicht, Rücklicht, Hupe: Steckt im Sicherungskasten 1 unter dem Fahrersitz.

ABS-Sicherungen bei der Africa Twin Mj. 2018, 2019 mit Doppelkupplungsgetriebe
1. Hauptsicherung 30 A für das Bordnetz: Steckt im Anlasser-Relais unter der rechten Batteriefachabdeckung.
2. ABS-Hauptsicherung 10 A: Steckt im Sicherungskasten 2, der ist vor dem Sicherungskasten 1 unter dem Fahrersitz.
3. Sicherung 30 A für den ABS-Motor: Steckt im Anlasser-Relais unter der rechten Batteriefachabdeckung.
4. Sicherung 30 A für das ABS-Ausfall-Sicherheits-Relais: Im Sicherungskasten 5 unter rechter Batteriefachabdeckung.
5. Sicherung 10 A für Bremslicht, Rücklicht, Hupe: Steckt im Sicherungskasten 1 unter dem Fahrersitz.

Zwischenfazit zu unseren Bemühungen
Wenn das ABS nach der Beachtung und Abarbeitung unserer »Bauteil-Sichtprüfungen«, der Kontrollen und dem Check der Sicherungen immer noch nicht funktioniert, gibt es zwei Möglichkeiten:
Möglichkeit 1: Entweder kann man selbst weitersuchen, braucht dazu allerdings das Honda-Spezialwerkzeug »SCS-Stecker«. Dieses hat die Bestellnumer 070PZ-ZY30100 und kostet ca. 30 Euro (siehe dazu Bild 48).
Möglichkeit 2: Sie bringen die Maschine zum Honda-Händler Ihres Vertrauens. Der wird den bzw. die Fehler mit dem MCS auslesen. MCS ist das Honda-eigene »Motorcycle Communication System«, es besteht aus dem HDS-Pocket Tester und einem Laptop mit Honda-eigenen Programmen.

Wir erklären jetzt die Möglichkeit 1 und führen die Fehleranalyse sebst durch. Dazu haben wir das Honda-Spezialwerkzeug »SCS-Stecker gekauft (Bild 48).
1. Maschine sicher abstellen, am besten auf dem Mittelständer (wenn vorhanden) oder Heckmontageständer aufbocken. Motor AUSschalten, Zündung ausschalten, Leerlauf einlegen.
2. Fahrersitz abbauen. Gummikappe von der DLC-Diagnosebuchse (Bild 49) abnehmen und den SCS-Stecker in die DLC-Diagnosebuchse einstecken.
3. Zündung einschalten. Killschalter muss auf ON stehen.
4. Die ABS-Anzeigelampe beobachten, sie leuchtet 2 Sekunden auf, geht dann für 3,6 Sekunden aus und blinkt dann

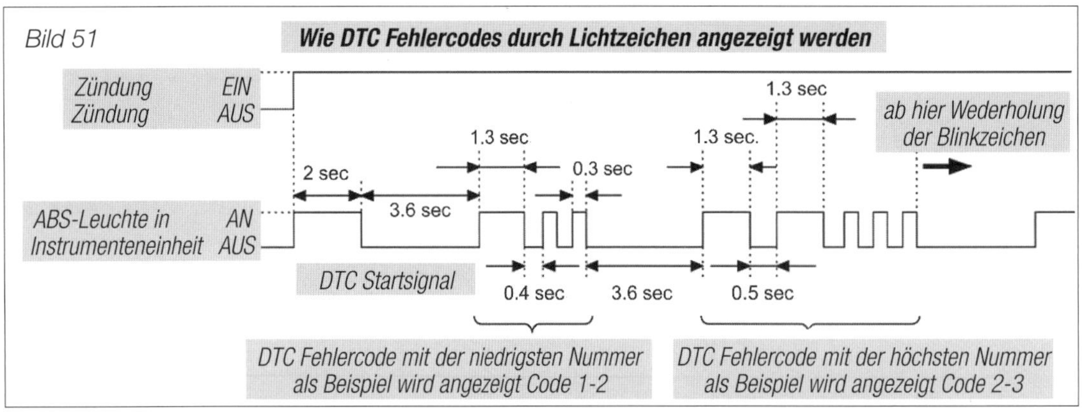

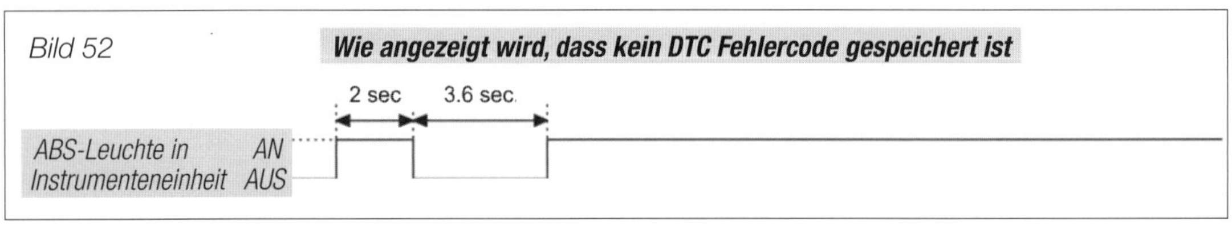

Bilder 51 und 52: Blinkmuster und Leuchtzeit.

den DTC-Diagnosefehlercode (Bild 51). Dieser DTC-Diagnose-Fehlercode besteht aus Ziffern für den Hauptcode sowie für den Untercode: Die Ziffern vor dem Trennstrich sind der Hauptcode, der die fehlerhafte Komponente bzw. die Fehlerart anzeigt. Die Ziffern nach dem Trennstrich sind der Untercode und bezeichnen das Symptom bzw. die Fehlerart.

Diese Codes sind in der Tabelle »Diagnosecodes, Blinkzeichen, Fehler, Symptome« vier Seiten weiter vorne aufgelistet. Ebenso sind sie in den Schaltplänen in den Bildern 47 und 50 zu finden.

Siehe jetzt Bild 51: Die Fehlercodes werden von der ABS-Anzeigelampe (Lampe 1) in der Instrumenteneinheit (Bilder 47 und 50) mit langen und kurzen Blinkzeichen angezeigt:

- Ein langen Blinkzeichen bezeichnet den Hauptcode, es leuchtet 1,3 Sekunden.
- Ein kurzes Blinkzeichen bezeichnet den Untercode, es leuchtet 0,3 Sekunden.
- Eine Pause zwischen zwei langen Blinkzeichen dauert 0,5 Sekunden.
- Eiine Pause zwischen einem langen und einem kurzen Blinkzeichen dauert 0,4 Sekunden.
- Eine Pause zwischen zwei kurzen Blinkzeichen dauert 0,3 Sekunden.

Wenn im ABS-Steuergerät mehrere Fehlercodes gespeichert sind, dann zeigt die ABS-Anzeigelampe (Leuchte 1) in der Instrumenteneinheit (siehe Bilder 47 und 50), die Fehlercodes in aufsteigender Reihenfolge an, sie beginnt also mit dem Fehlercode mit der niedrigsten Nummer.

Praktische Beispiele zur Fehlerfindung

- Schauen Sie auf das Blinkmuster im Bild 51, dieses zeigt als Beispiel den Code 1-2 an. Das ist ein Fehler an der ABS-Sensor-Baugruppe am Vorderrad, und zwar am ABS-Sensorring, so ist es in der Tabelle »Diagnosecodes, Blinkzeichen, Fehler, Symptome« vermerkt.
- Das zweite Blinkmuster im Bild 51 zeigt den Code 2-3 an. Das ist ein Fehler an der Baugruppe »ABS-Sensor hinten« und zwar am Sensorring.

Wie man diese Fehler beheben kann, steht im Textblock »Sichtprüfungen« fünf Seiten weiter vorne.

Noch einmal zur Übung

1. Leuchte 1 blinkt 1,3 Sekunden lang für den Hauptcode.
1.1. Dann zweimal je 0,3 Sekunden lang für den Untercode.
2. Das bedeutet: Ein langes Blinkzeichen und zwei kurze meinen »Fehlercode 1-2«, der ist zu finden in Zeile 2 der Tabelle »Diagnosecodes, Blinkzeichen, Fehler, Symptome« und ist eine »Störung im ABS-Sensor vorne, am Sensorring oder im Kabel«, das vom ABS-Sensor wegführt.
3. Noch ein anderer Fehler: Die Leuchte 1 blinkt drei lange Blinkzeichen und zwei kurze, das ist »Fehlercode 3-2«, laut unserer Tabelle »Störung im Magnetventil 2 im ABS-Motor«.

Ein solcher Fehler kann man nicht beheben, weil sich der im ABS-Modulator eingebaue ABS-Motor nicht öffnen lässt. Es muss also ein neuer ABS-Modulator eingebaut werden.

Tipp: Bevor jedoch ein neuer ABS-Modulator eingebaut wird, sollte man die Bremsanlage »spülen« und zwar mit frischer Bremsflüssigkeit. Wie das geht steht weiter vorne im Kapitelabschnitt »Bremsflüssigkeit wechsen, entlüften«. Vielleicht wird dadurch das Magnetventil im ABS-Motor wieder frei beweglich!

Fehlercodes löschen

1. SCS-Stecker in die DLC-Diagnosebuchse einstecken.
2. Handbremshebel ziehen.
2.1. Zündung einschalten, Killschalter muss auf ON stehen.
2.2. Die ABS-Anzeigelampe leuchtet 2 Sekunden lang auf und geht dann aus.
3. Wenn die ABS-Anzeigelampe aus ist, sofort den Handbremshebel loslassen. ABS-Anzeigelampe leuchtet wieder auf.
4. Sobald die ABS-Anzeigelampe aufleuchtet, den Handbremshebel ziehen, die ABS-Anzeigelampe geht dann aus.
5. Wenn die ABS-Anzeigelampe aus ist, sofort den Handbremshebel loslassen.
- Der DTC-Fehlercode wird jetzt gelöscht.

6. Als Zeichen dass der Fehlercode gelöscht ist, blinkt die ABS-Anzeigelampe zwei Mal und bleibt dann aus.
Hinweis: Wenn die ABS-Anzeigelampe nicht zwei Mal blinkt, wurde der Fehlercode nicht gelöscht. Dann die Punkte 2. bis 6. wiederholen.
7. Wenn der Fehlercode gelöscht ist: Zündung AUSschalten, den SCS-Stecker aus der DLC-Diagnosebuchse ziehen.

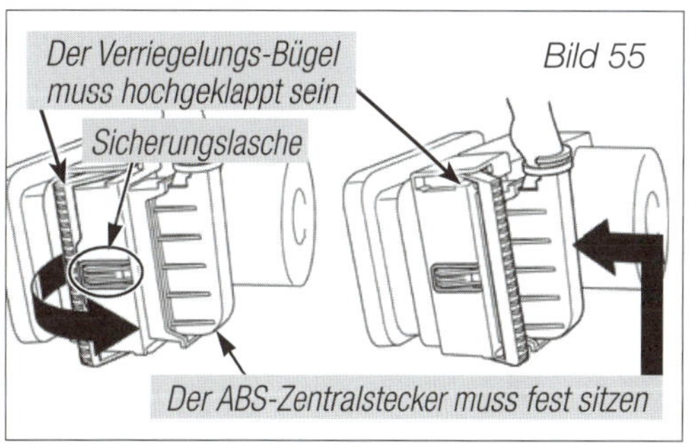

Bilder 53, 54, 55: Kabel am ABS-Sensor vorne, ABS-Modulator und Hinweis auf den Zentralstecker mit Sicherungsbügel.

Bild 1: Aufbau einer Hinterrad-Antriebskette (Enuma) mit O- oder X-Ringen zwischen den Laschen. Eine X-Ring-Kette ist teurer als eine O-Ring-Kette, hält aber länger.

Kette

In diesem Kapitel: Werkzeug und Anziehdrehmomente · Kette reinigen, kontrollieren, schmieren · Kettenspannung prüfen, messen, einstellen · Kettenverschleiß · Neue Kette kaufen · Neue Kette mit Nietglied montieren.

Werkzeug, Anziehdrehmomente

Werkzeug zum Kette spannen

Hinterachsmutter M18 .... Nuss SW 22
Kopf der Kettenspann-Einstellschrauben M8 .... Gabelschlüssel SW 10
Kontermuttern auf den Kettenspann-Einstellschrauben .... Gabelschlüssel SW 12
Mittelgroßer Drehmomentschlüssel für die Hinterachsmutter
Kettenfluchttester »Laser Cat« (Bilder 3, 7a, 7b)

Anziehdrehmomente beim Kette spannen

Hinterachsmutter M18 .... 100 Nm
Kontermuttern auf den Kettenspann-Einstellschrauben M8 .... 27 Nm

Werkzeug zum Kette wechseln

Hinterachsmutter M18 .... Nuss SW 22
Kopf der Kettenspann-Einstellschrauben .... Gabelschlüssel SW 10
Kontermuttern für die Kettenspann-Einstellschrauben .... Gabelschlüssel SW 12
Bundmuttern M12 Kettenrad an Kettenradträger .... Nuss SW 17
Klemmschraube M6 im kleinen Schalthebel auf der Schaltwelle .... Nuss SW 8
Schrauben M6 Ritzelabdeckung .... Inbus SW 5
Ritzelschraube M10 .... Nuss SW 14
Mittelgroßer Drehmomentschlüssel für die Hinterachsmutter
Kleiner Drehmomentschlüssel für die Klemmschraube M6 im kleinen Schalthebel auf der Schaltwelle
Kettenfluchttester »Laser Cat« (Bilder 3, 7a, 7b)

Anziehdrehmomente beim Kette wechseln

Schrauben M6 Ritzelabdeckung .... 12 Nm
Ritzelschraube M10 .... 54 Nm

Bild 1

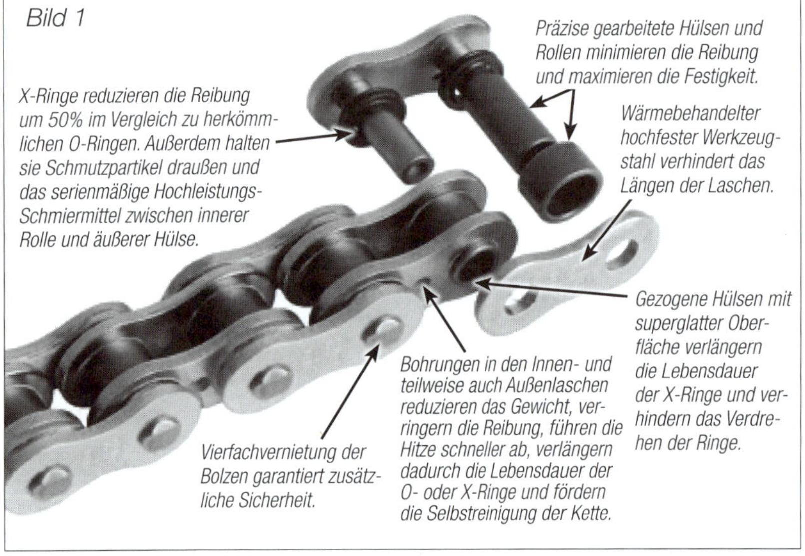

Sicherheitshinweise ⚠ Achtung und ☞ Tipps für dieses Kapitel

⚠ Bei allen Arbeiten an der Kette gilt:
- Motor ist ausgeschaltet, Zündschlüssel am besten abgezogen.
- Leerlauf einlegen.
- Maschine auf Heckmontageständer aufbocken, so lässt sich besser daran arbeiten, als wenn sie schräg nach links geneigt auf dem Seitenständer abgestellt ist.

☞ Im vorderen Bereich der Kette unter der Abdeckung sammelt sich abgeschleudertes Kettenfett vermischt mit Straßendreck, das mit der Zeit zu festen Klumpen zusammenbäckt. Es ist bei jeder größeren Reinigung der Maschine mit Kettenpflege zu empfehlen, die vordere Kettenritzelabdeckung und den Kettenschutz komplett abzubauen und den darin sitzenden Dreck herauszuputzen.

⚠ Beim Aufflexen der Kette unbedingt beachten:
- Schutzbrille aufsetzen.
- Genügend Sicherheitsabstand zu Behältern mit brennbaren Flüssigkeiten oder Materialien einhalten (eventuell abgebauten Tank weit weg legen!).
- Weiter Abstand von der Schleifstelle zu brennbaren Materialien – auch Sägespäne gehören dazu, nicht nur offenes Waschbenzin!
- Schild gegen den von der Schleifstelle ausgehenden Funkenflug aufstellen, speziell gegen Lack- und Verkleidungsteile, damit diese durch Funkenflug oder herumfliegende Teile der aufgeflexten Kette nicht beschädigt werden.

Bild 2: Spezialwerkzeug zur Kettenmontage.

☞ Von der Kettenmarke Enuma (Importeur alpha Technik, *www.alphatechnik.de*) gibt es Ersatzketten, Kettenräder und Ritzel in Erstausrüstungsqualität. Ebenfalls von Enuma gibt es ein qualitativ hochwertiges Spezialwerkzeug zum Trennen und Vernieten von Ketten, es nennt sich »Roller Chain Cutter/Reviter« (Bild 2). Wir verwenden es in diesem Kapitel bei der Kettenmontage. Enuma-Produkte sind ausschließlich im Motorrad-Fachhandel erhältlich.

Klemmschraube M6 im kleinen
Schalthebel auf der Schaltwelle .... 12 Nm
Bundmuttern M12 auf Stehbolzen hinteres
Kettenrad an Kettenradnabe............... 100 Nm
■ *Selbstsichernde Muttern*
■ *Öl auf Gewinde und Sitzfläche auftragen.*
Hinterachsmutter M18 .... 100 Nm
Kontermuttern auf den Kettenspann-
Einstellschrauben M8 .... 27 Nm

Tipp: Damit nach dem Spannen der Kette die Kettenflucht stimmt, empfehlen wir das kleine, pfiffige Spezialwerkzeug namens »Laser CAT« (*www.profi-products.de*). Bilder 3, 7a, 7b: Damit kann man die Kettenflucht schon während des Spannvorgangs exakt überprüfen und einstellen. Merke: Eine exakte Kettenflucht ist die wichtigste Voraussetzung dafür, dass das Hinterrad in Flucht zum Vorderrad montiert ist und beide Räder exakt in einer Spur laufen.

Maschine richtig aufbocken

Bild 4: Am besten die Maschine auf einen Heckmontageständer aufbocken. Wenn die Maschine auf dem Seitenständer abgestellt ist, lässt sich nicht ordentlich an der Kette arbeiten. Schon so »einfache« Arbeiten wie Reinigen und Schmieren der Kette sind ziemlich nervig; ganz zu schweigen vom Prüfen der Kettenspannung und dem Spannen der Kette.

Bild 5: Wenn die Africa Twin mit einem Mittelständer aus dem Zubehörprogramm ausgestattet ist und zu Kettenarbeiten darauf aufgebockt wird, empfehlen wir das Vorderrad zum Ständer mit einem Riemen zu verspannen, das sichert die Maschine gegen Umfallen, wenn mal (natürlich aus Versehen ...) grob herumwerkelt wird.

Hinterrad-Antriebskette

Die Africa Twin unseres Buchs haben serienmäßig folgende Kette montiert:
■ DID 525HV3-124LE
■ Länge 124 Rollen, endlos vernietet
■ Abmessung 5/8 x 5/16 Zoll
■ X-Ringe zwischen den Laschen

Kettenräder, Übersetzung

Bei allen Modellen unseres Buchs hat das vordere Ritzel 16 Zähne und das hintere Kettenrad 42 Zähne (Kurzform »Z 42/16«). Die Endübersetzung (»Sekundärübersetzung«) ist 2,625; die technische Angabe lautet »i_{sec} = 2,625«.

Lebensdauer, Prüfintervalle

Die Baugruppe »Hinterradantrieb« umfasst die Hinterrad-Antriebskette, das vordere Kettenritzel am Getriebeausgang und das Kettenblatt am Hinterrad. Diese Bauteile können bei normaler Belastung und guter Pflege eine Lebensdauer von 40 000 km oder sogar mehr erreichen. Entscheidend dabei ist, dass der Hinterradantrieb gut und richtig gepflegt wird, wozu ganz besonders die richtige Kettenspannung gehört.

Laut Honda-Wartungsplan soll die Kette alle 1000 km geprüft, gereinigt und geschmiert werden. Falls notwendig, soll die Kettenspannung eingestellt werden. Erfahrungswerte nennen eher »2000 Kilometer« als Prüf-, Reinigungs- und Schmierintervall. Bei Fahrten durch staubige Gebiete oder bei schlechtem Wetter sollte man die Kette schon alle 250 bis 300 km anschauen.

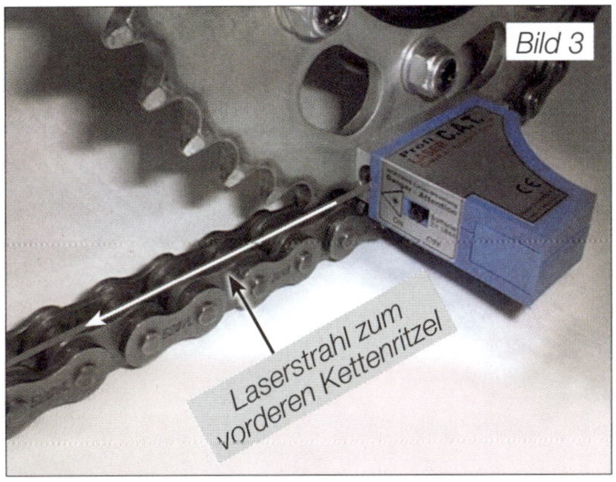

Bild 3

Bild 3: Mit dem Kettenfluchttester »Laser-CAT« kann man während des Spannens der Kette und nach dem Festziehen aller Schraubverbindungen prüfen, ob die Kettenflucht vom hinteren Kettenrad zum vorderen Kettenritzel in Ordnung ist. Wenn »ja«, ist gesichert, dass das Hinterrad in Flucht zum Vorderrad läuft – das ist eine wichtige Voraussetzung für gute und sichere Straßenlage!

Bild 4

Bild 4: Zu allen Arbeiten an der Kette die Maschine auf einen Heckmontageständer aufbocken.

Bild 5

Bild 5: Wenn die Africa Twin mit einem Zubehör-Mittelständer bestückt ist und zur Montage an der Kette darauf abgestellt wird, sollte man Vorderrad und Mittelständer mit einem Riemen verspannen.

Sichtprüfung Messen

*Bilder 6a, 6b, 8a und 8b: Der Kettendurchhang wird gemessen vom Punkt **A** am Ende des unteren Kettenschleifschutzes auf die Mitte eines Kettenbolzens **B**, dazu wird die Kette nach oben gedrückt und nach unten gezogen.*

Bilder 6a und 6b: Zur Prüfung der Kettenspannung von Hand und »auf die Schnelle« die Kette einige Male nach oben und unten drücken und so das Maß nach Gefühl schätzen.

Bilder 7a und 7b: Mit dem Kettenfluchttester »Laser-CAT« kann man prüfen, ob die Kettenflucht zum vorderen Kettenritzel in Ordnung ist. Siehe dazu auch Bild 3.

Bilder 8a und 8b: Messen der Kettenspannung mithilfe eines Maßstabs.
- *Bild 8a: Kette nach oben drücken, Maß nehmen: Mitte des Kettenbolzens steht bei 38 mm.*
- *Bild 8b: Kette nach unten ziehen, Maß nehmen: Mitte des Kettenbolzens steht nun bei 86 mm.*
- *Die Differenz von ca. 48 mm ist der Kettendurchhang, volkstümlich »Kettenspannung« genannt.*

Kettenspannung

Bilder 6a, 6b, 8a, 8b: Das von Honda vorgeschriebene Maß für das »freie Spiel der Kette« am unteren Kettentrum beträgt:
- bei Africa Twin .... 35 bis 45 mm
- bei Africa Twin Adventure Sports 45 bis 55 mm

Die Maschine muss zum Messen der Kettenspannung auf dem Seitenständer stehen oder auf dem Heckmontageständer (ist besser).

Wichtig 1: Wenn die Kette zu lose ist und gespannt werden muss, Sie aber keinen Maßstab zur Verfügung haben, um den tatsächlichen Kettendurchhang exakt messen zu können, dann prüfen Sie die Kettenspannung nach Gefühl. Packen Sie das untere Kettentrum an der Messstelle fest an (Bilder 6a und 6b) und drücken und ziehen Sie die Kette fest nach oben und unten; sie muss sich nach oben und unten entsprechend frei bewegen lassen.

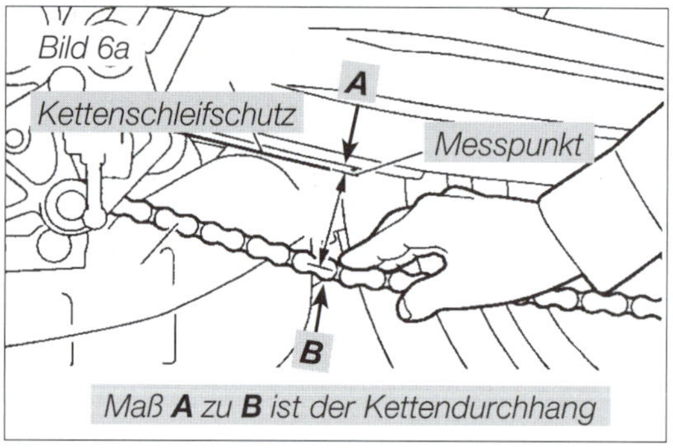

Maß **A** zu **B** ist der Kettendurchhang

Prüfen der Kettenspannung von Hand: Unteres Kettentrum in der Mitte nach oben und unten drücken und so das Maß »erfühlen«

Wichtig 2: Spannen Sie in keinem Fall die Kette zu fest, so dass sie »schön stramm« ist – denn bei einer zu fest gespannten Kette mit zu geringem Durchhang besteht die Gefahr, dass die Kugellager in der Kettenblattnabe am Hinterrad und im Getriebeausgang (»Getriebe-Abtriebslager«) zu stark belastet werden und nach kurzer Zeit defekt sind. Deswegen: Mit einem Maßstab messen (Bilder 8a und 8b) und den Kettendurchhang möglichst genau einstellen!

Kettenspannung messen

1. Motor AUS, Leerlauf eingelegt, Maschine steht auf Heckmontageständer.
2. Hinterrad mit einer Hand langsam drehen und gleichzeitig mit der anderen Hand die Kette am unteren Kettentrum wippend leicht nach oben drücken, so wird die straffste Stelle gesucht.
3. Ohne Heckmontageständer: Motor AUS, Leerlauf eingelegt, Maschine langsam einige Meter nach vorne schieben und dabei gleichzei-

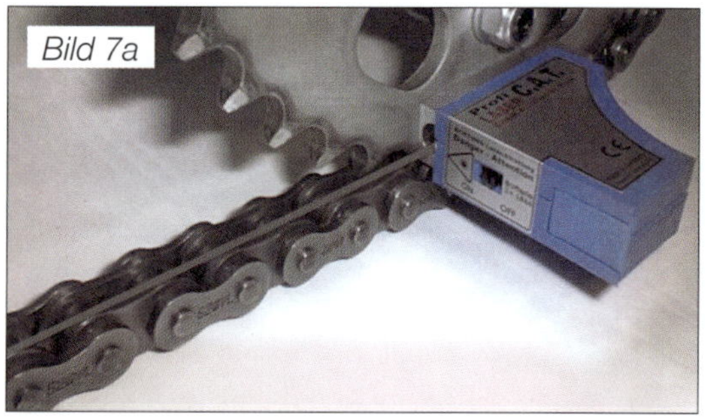

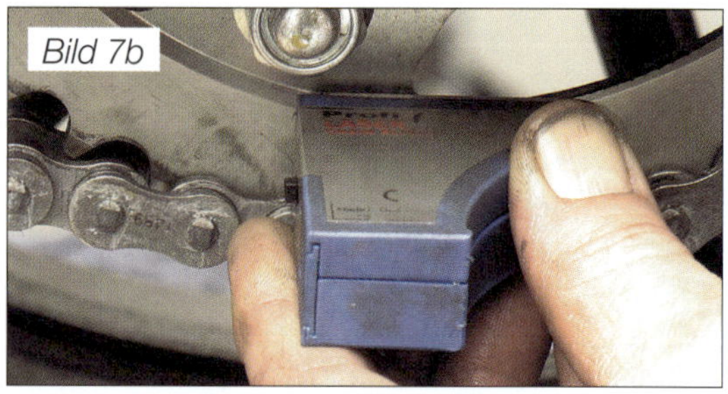

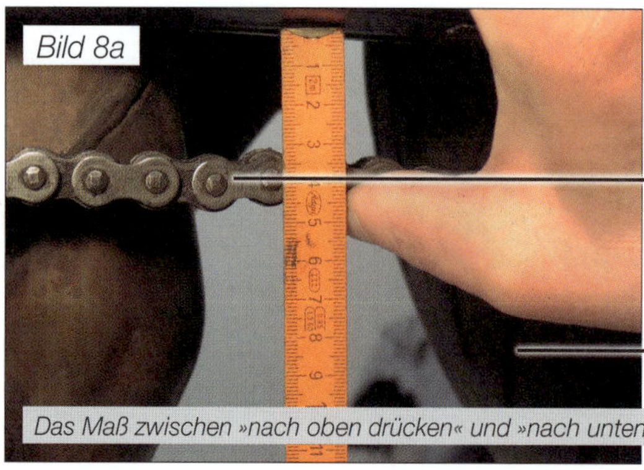

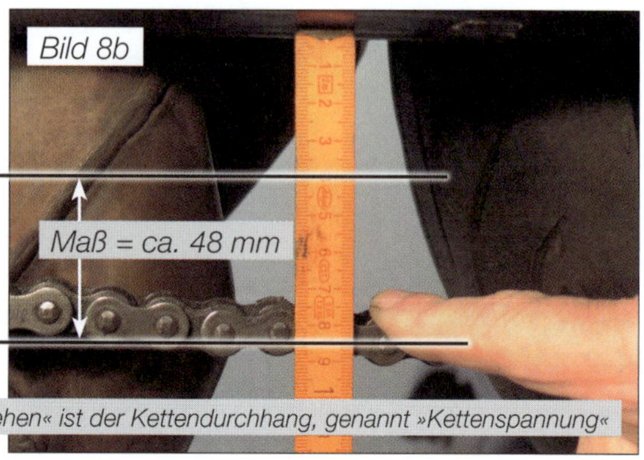

Das Maß zwischen »nach oben drücken« und »nach unten ziehen« ist der Kettendurchhang, genannt »Kettenspannung«

tig während des Schiebens mit einer Hand die straffste Stelle der Kette suchen.
■ Die straffste Stelle ist die Messstelle.
4. Bilder 8a, 8b: Mit Montageständer, Motor AUS.
4.1. Hinterrad steht. Maßstab an die Unterkante der Schwinge bei ***A*** wie im Bild 6a ansetzen.
4.2. Bild 8a: Kette mit kräftigem Daumendruck nach oben drücken. Maß nehmen auf der Mitte des jetzt obersten Kettenbolzens.
4.3. Bild 8b: Kette mit kräftigem Zug nach unten ziehen. Maß nehmen auf der Mitte des vorhin schon bestimmten Kettenbolzens.
4.4. Bild 8b: Die Maßdifferenz zwischen »nach oben drücken« und »nach unten ziehen« ist die Kettenspannung.

Kettenspannung einstellen

1. Bild 9: Hinterachsmutter lösen und mindestens zwei Umdrehungen aufdrehen, damit die Hinterachse wirklich lose ist und sich leicht verschieben lässt.
2. Bild 9: Kontermuttern der Kettenspann-Einstellschrauben lösen (»entkontern«).
3. Bild 9: Zum Spannen der Kette die Kettenspann-Einstellschrauben links herum aus den Innengewinden der Schwinge bzw. gegen die vorne drücken, festhalten und die Hinterachsmutter mit 100 Nm festziehen.
5. Bild 9: Kettenspann-Einstellschrauben »gut handfest« gegen die Achsaufnahmen festdrehen.
6. Bild 9: Kontermuttern mit 27 Nm gegen die Schwinge festziehen. Dabei die Kettenspann-Einstellschrauben unbedingt mit einem Gabelschlüssel in der korrekt eingestellten Position gegenhalten.
■ Kettendurchhang erneut prüfen.
7. Bild 10: Die Kettenverschleißanzeige (Oval im Bild 10) kontrollieren: Wenn die kleine Nut auf der Achsaufnahme unter dem roten Feld steht, ist die Kette verschlissen und muss erneuert werden. Im Bild 10 steht die Nut vorne bei »Weiß-Grün«, das bedeutet »Kette ist noch sehr gut«.

Kette reinigen und schmieren

Bild 12: Zur Schmierung der Kette üblich ist Kettenspray, das man überall kaufen kann. Es gibt aber auch Kettenfett in der Dose, das mit einem Pinsel oder einer Flasche mit Auslaufpipette Rolle für Rolle aufgebracht wird. Das dauert zwar länger als das heute übliche Einsprühen mit Kettenspray, aber ein solches Kettenschmiermittel ist

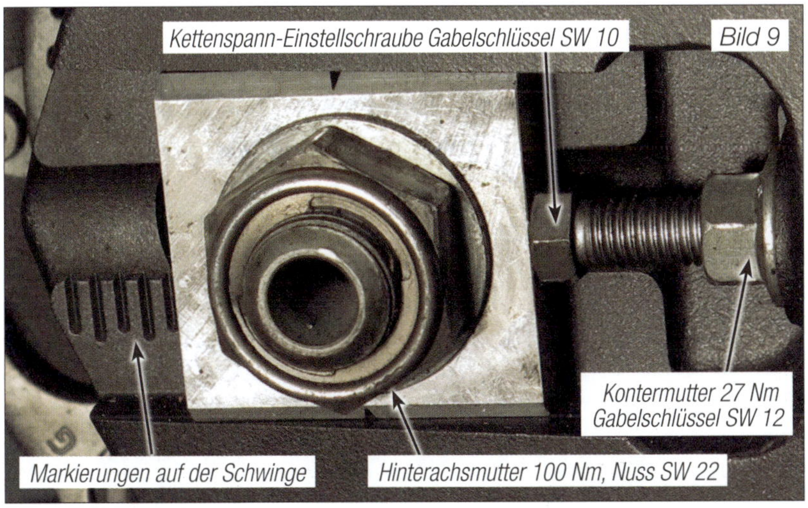

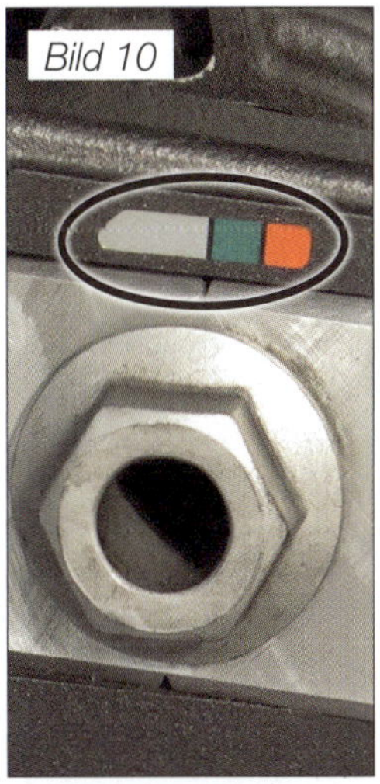

Achsaufnahmen. Langsam und in Vierteldrehungen rechte – linke – rechte – linke Kettenspann-Einstellschraube, bis die Kette ihren korrekten Durchhang erreicht hat.
3.1. Noch einmal: Zur korrekten Spurhaltung des Hinterrads empfehlen wir das Spezialwerkzeug »LaserCat« (siehe Bilder 3, 7a und 7b).
3.2. Bild 9: Man kann sich auch an den Markierungen hinten auf der Schwinge orientieren. Bezugskanten sind die Hinterkanten der Achsaufnahmen.
4. Wenn der Durchhang stimmt, das Rad nach

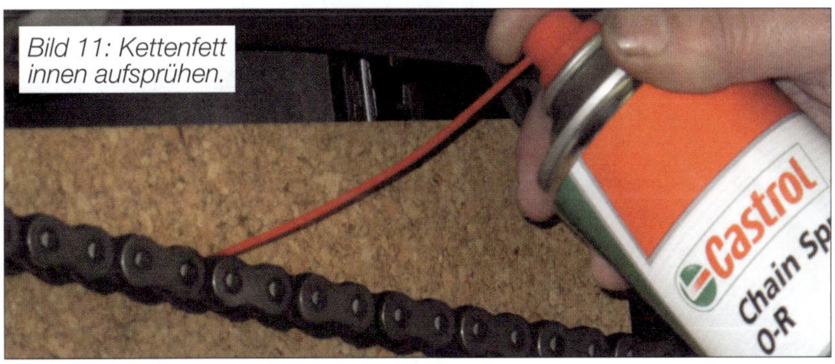

Bild 9: Wenn die Kette gespannt werden soll, die Hinterachsmutter mindestens zwei Umdrehungen lösen.
■ Zur Bearbeitung der Kettenspann-Einstellschrauben wird ein 10er-Gabelschlüssel benötigt und zur Bearbeitung der Kontermuttern ein 12er-Gabelschlüssel.

Bild 10: Die kleine Nut auf der Achsaufnahme dient der Kettenverschleißanzeige. Wenn sie unter dem roten Feld steht ist die Kette verschlissen.

Bild 11: Kettenfett immer von innen auf die Kette aufsprühen. Vor dem Losfahren eine kleine Weile warten, weil sich das im Kettenfett enthaltene Lösungsmittel verflüchtigen muss.

preiswert und überaus effektiv. Beispielhaft erwähnen wir die »HKS – Hochleistungs-Ketten-Schmiere« (Bilder 12a und 12b) von Ing. Czech (*www.hks-czech.de*). HKS ist ein synthetisches Schmiermittel, ein zähes Gemisch von Flüssig- und Festschmierstoffen. HKS bildet auf der Kette einen nahezu dauerhaft wasserfesten Schmierfilm ähnlich einer Kunststoffversiegelung. Man kann es »Tropfen für Tropfen« mit einer Plastikflasche aufbringen (Bild 12a) oder »auf die Schnelle« mit einer Sprühdose (Bilder 11 und 18). Vor dem Einfetten der Kette muss diese sehr sauber und trocken sein. HKS bietet dazu spezielle Reiniger an; siehe Dosen links in Bild 12b.

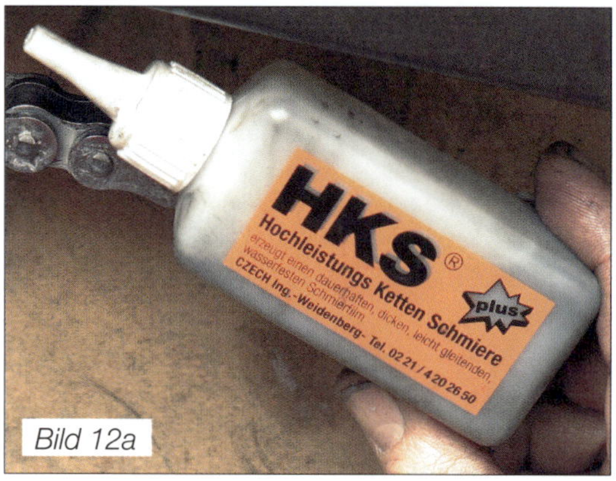

Bild 12a

Bild 12b

Bilder 12a und 12b: Empfehlenswerte HKS-Schmiermittel aus der Dose und als Spray. Dazu gibt es entsprechende Reiniger.

Reinigungsmittel

Benutzen Sie zum Reinigen der Kette kein allzu scharfes Reinigungsmittel, wie z. B. einen hochaggressiv fettlösenden Metall-Teilereiniger, weil direser die X-Ringe in der Kette zerstört, sie platzen auf und fallen ab. Benutzen Sie spezielles Ketten-Reinigungsmittel (wie z. B. das von HKS im Bild 12b) oder ein anderes einer bekannten Motorradpflege-Marke (Bild 16a, hier ist es von »Enuma«).

Wichtig: Zwischen Kette und Reifen ein Stück feste Pappe einstecken, damit keine Reinigungsmittel, abgeputzter Dreck und Kettenfett auf den Reifen gelangt.

1. Zu einer intensiven Reinigung des Kettenantriebs sollte man die Abdeckung über dem Kettenritzel abbauen, damit man den Dreck, der sich über die Zeit im Bereich des vorderen Kettenritzels angesammelt hat, ausputzen kann (Bild 13).

2. Dazu muss die Schaltstange abgebaut werden und zwar zusammen mit dem kleinen Schalthebel oben an der Schaltwelle (Bild 14); Kugelkopf und Schaltstange bleiben also montiert.

2.1. Bild 14: Klemmschraube des kleinen Schalthebels lösen und ausdrehen. Den kleinen Schalthebel von seiner Feinverzahnung der Schaltwelle abziehen und die Schaltstange nach hinten zur Seite räumen.

Bild 13

Bild 13: Fester Schmutz im Bereich des vorderen Kettenritzels sollte regelmäßig entfernt werden.

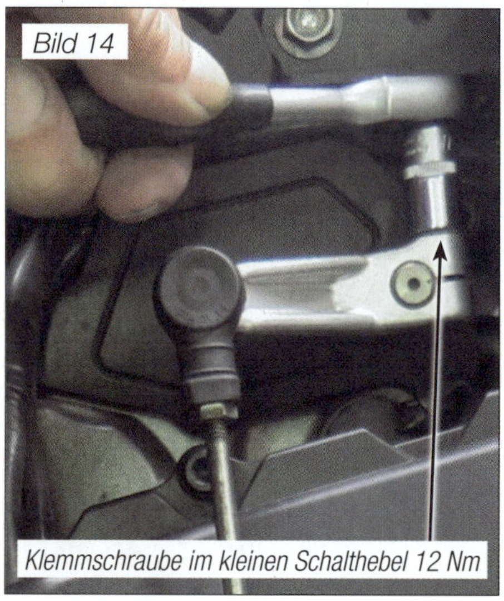
Bild 14
Klemmschraube im kleinen Schalthebel 12 Nm

Bild 14: Abschrauben des kleinen Schalthebels.

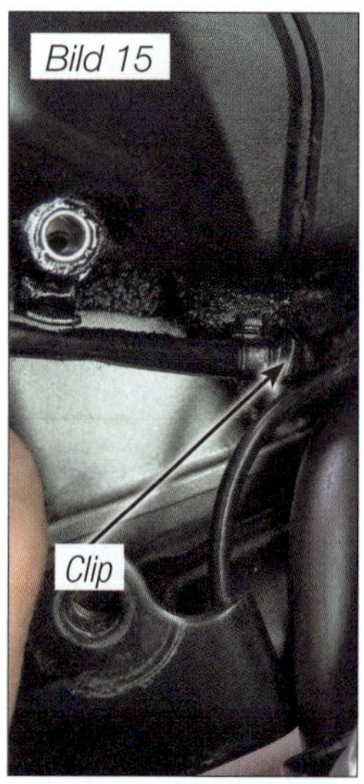
Bild 15
Clip

Bild 15: Vor dem Abnehmen der Ritzelabdeckung den Clip des Seitenständerschalterkabels aus der Abdeckung ziehen.

3. Schrauben der Ritzelabdeckung lösen und ausdrehen, Ritzelabdeckung abnehmen.
3.1. Bild 15: Clip des Seitenständerschalterkabels unten aus der Ritzelabdeckung ziehen.
4. Bilder 16a und 16b: Kette mit Kettenreiniger und einem hartem Pinsel reinigen. Mit einem nicht fusselndem Lappen sauber abputzen und einige Minuten lang trocknen lassen.

Kette kontrollieren

1. Kette sorgfältig Glied für Glied auf lockere Nieten, beschädigte Rollen, trockene, rostige, geknickte und verklemmte Glieder (Bild 19), übermäßige Abnutzung und fehlende X-Ringe überprüfen.
2. Kettenräder auf abgenutzte z. B. spitz zulaufende, abgebrochene, beschädigte Zähne kontrollieren (Bilder 19, 20, 21).
3. Muttern am hinteren Kettenrad und Schraube am vorderen Kettenritzel in der Getriebewelle auf festen Sitz prüfen. Im Normalfall lösen sich diese Schraubverbindungen nicht. »Normalfall« bedeutet: Kettenritzel und Kettenrad sind Erstausrüstung oder beim Wechsel von Kette und Kettenrädern wurde korrekt gearbeitet.
4. Bild 17: Prüfen, ob der Kettenschleifschutz auf dem linken Schwingenarm genügend dick, an keiner Stelle durchgeschliffen und richtig befestigt ist. Wenn er bis auf die Verschleißanzeige (Dreieck in Bild 17) abgeschliffen oder irgendwo beschädigt ist, muss er erneuert werden, sonst besteht die Gefahr, dass die Kette die Schwinge an- oder sogar durchschleift!

Kette schmieren: Kette muss trocken sein und frei von Rückständen des Reinigungsmittels.
■ Bild 18: Schmiermittel immer <u>von innen</u> auf die Kette zwischen Rollen und Kettenräder sowie sparsam und gezielt auf die X-Ringe zwischen den Laschen auftragen.
■ Alles Schmiermittel, das rechts und links auf die Außenseite der Kette gekommen ist, gut abwischen, an diesen Stellen schmiert es nichts, sondern fliegt beim Fahren von der Kette weg und versaut die Maschine.
■ Nach dem Schmieren nicht gleich losfahren, sondern einige Minuten warten, weil sich die im Kettenschmiermittel enthaltenen Lösungsmittel verflüchtigen müssen.

Bilder 16a und 16b: Kette intensiv reinigen.

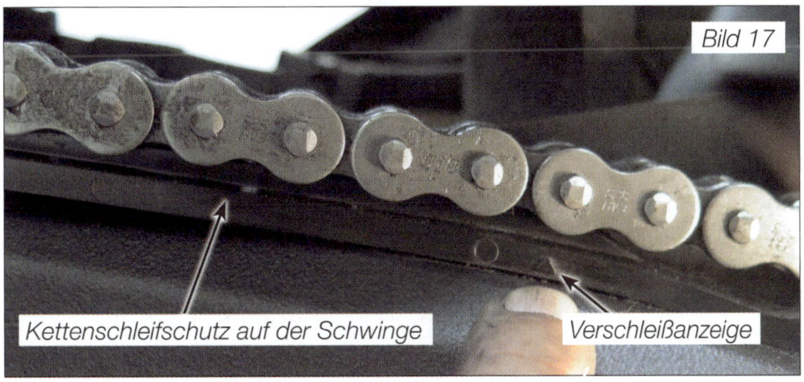

Bild 17: Der auf dem linken Schwingenholm montierte Kettenschleifschutz muss genügend dick sein. Er darf keinesfalls bis zur Dreieck-Verschleißanzeige abgeschliffen sein.

*Bild 18: Kettenschmiermittel immer von innen auf die Kette aufbringen.
Zum Reifen hin eine Abdeckung einstecken wie z. B. ein großes Stück Pappe oder ein dünnes Holzbrett.*

Kettenverschleiß

Bilder 19, 20, 21: Das Lebensende der Kette deutet sich an, wenn die Zähne der Kettenräder stark verschlissen sind und übermäßig »spitz« werden und sich die Kette hinten am hinteren Kettenrad mit den Fingern mehr als eine halbe Zahnhöhe vom Kettenrad abheben lässt. Ein weiteres Indiz ist auch, wenn die Hinterradachse schon sehr weit hinten steht und die Kettenspann-Möglichkeit damit nahezu erschöpft ist.

Bilder 19, 20, 21: Verschleißbilder von Kettenrad, Kettenritzel und Kette.

Bild 19
Bild 20

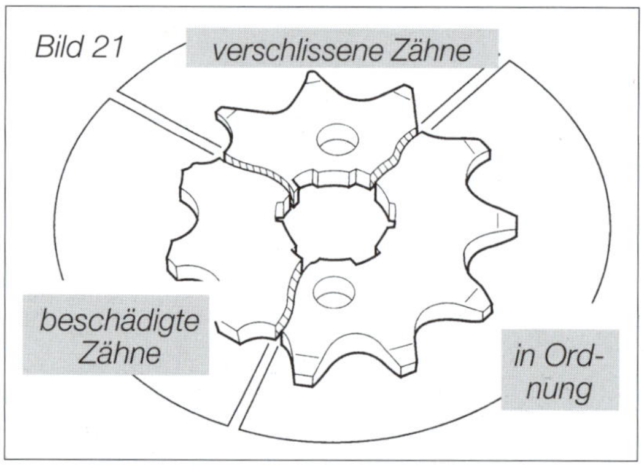

Bild 21

Verschleißmaß der Kette

Bild 22: Das »Verschleißmaß der Kette« wird gemessen von der Mitte eines beliebig ausgewählten Bolzens, welcher als der erste bezeichnet wird (»*1*« in Bild 22), dann von diesem bis zum 16. Bolzen abzählen, in dessen Mitte der zweite Maßpunkt liegt: Maximal zulässig sind 239,3 mm.

Kettenverschleiß messen

1. Hinterachsmutter lösen und mindestens zwei Umdrehungen aufdrehen.

2. Bild 9: Kontermuttern der Kettenspann-Einstellschrauben lösen (»entkontern«).

2.1. Kettenspann-Einstellschrauben rechts und links gleichmäßig so weit gegen die Achsaufnahmen drehen, bis die Kette straff gespannt ist: Abwechselnd rechte Schraube – linke Schraube – rechte Schraube um maximal 1/4 Umdrehung drehen.

■ Kettenspann-Einstellschrauben mit Gefühl drehen und die Kette nicht überdehnen!

3. Bild 22: Wenn die Kette straff gespannt ist, ab einer beliebigen Stelle der Kette 16 Bolzen abzählen und das Maß nehmen von Mitte des Bolzens 1 bis zur Mitte des Bolzens 16.

3.1. Messung an zwei weiteren Stellen der Kette wiederholen.

4. Ergebnis werten: Beträgt eines der Maße mehr als 239,3 mm (Bild 22), ist die Kette verschlissen und muss erneuert werden.

Kette wechseln

Wenn eine neue Kette montiert werden soll, müssen auch Ritzel und Kettenblatt erneuert werden, weil bei normalem Verschleiß Kettenräder und Kette zugleich verschlissen sind.

Wichtig 1: Nie Neu- und Altteile kombinieren, sie nutzen sich gegenseitig extrem schnell ab.

Bild 22: Das Verschleißmaß der Kette wird über 16 Bolzen gemessen.

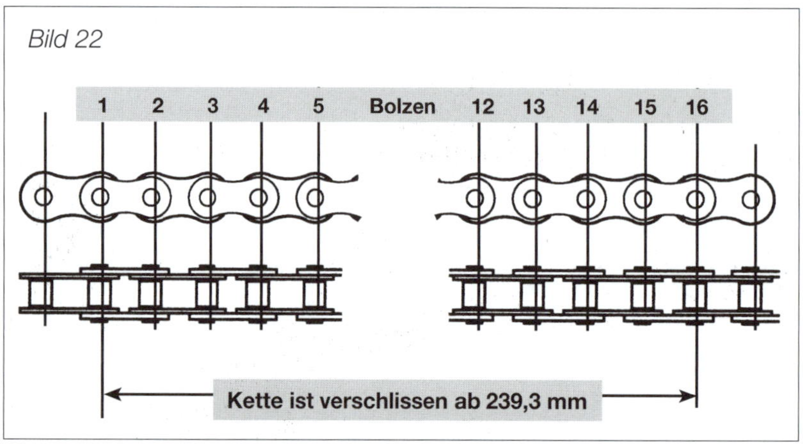

Bild 22

Wichtig 2: Wenn ein billiger Kettensatz montiert wird, verschleißen die Kettenräder schneller als die Kette. Deswegen (und auch wegen der Betriebssicherheit) raten wir dringend dazu, einen originalen Kettensatz oder einen qualitativ hochwertigen Nachrüst-Kettensatz zu montieren.

Neue Kette kaufen

Als Ersatzkette ist eine **offene Kette mit Nietglied** üblich. Zum Vernieten ist ein Spezialwerkzeug erforderlich (siehe Bilder 2 und 25). Bei einem neuen Kettensatz sind immer neue X-Ringe und ein neues Nietglied (»Kettenschloss«) dabei (Bilder 32, 33, 34). Niemals alte X-Ringe oder gar gebrauchte Laschen bei der Montage einer neuen Kette verwenden!

■ **Kaufen Sie in keinem Fall eine Billigkette mit Federclipschloss!**

Bei Montage einer neuen offenen Kette müssen die Bolzenüberstände des Nietglieds vernietet werden. Wenn man kein Spezialwerkzeug hat, muss man dieses »freihändig« machen: Dazu ist eine geübte Hand nötig, die den Hammer zielsicher führt, was nicht jedermanns Sache ist. Deswegen ist der Gebrauch eines Vernietwerkzeugs allemal die bessere Wahl!

Hinweis: Wenn man kein Kettentrenn-Vernietwerkzeug hat, kann man die alte Kette an den Gliederplatten oder Nietköpfen mit einer Flex durch- bzw. aufschleifen (»aufflexen«, siehe dazu Bilder 23a und 23b). Nach dem Abschleifen eines Kettenglied-Nietkopfs drückt man den abgeschliffenen Bolzen aus, dazu nimmt man am

Bilder 23a, 23b, 24: Abschleifen der Nietköpfe und Ausdrücken eines Bolzens.

Bild 25: Mit diesem Kombiwerkzeug wird eine alte Kette entnietet und eine neue vernietet.

Bild 23a

Bild 23b

Bild 24

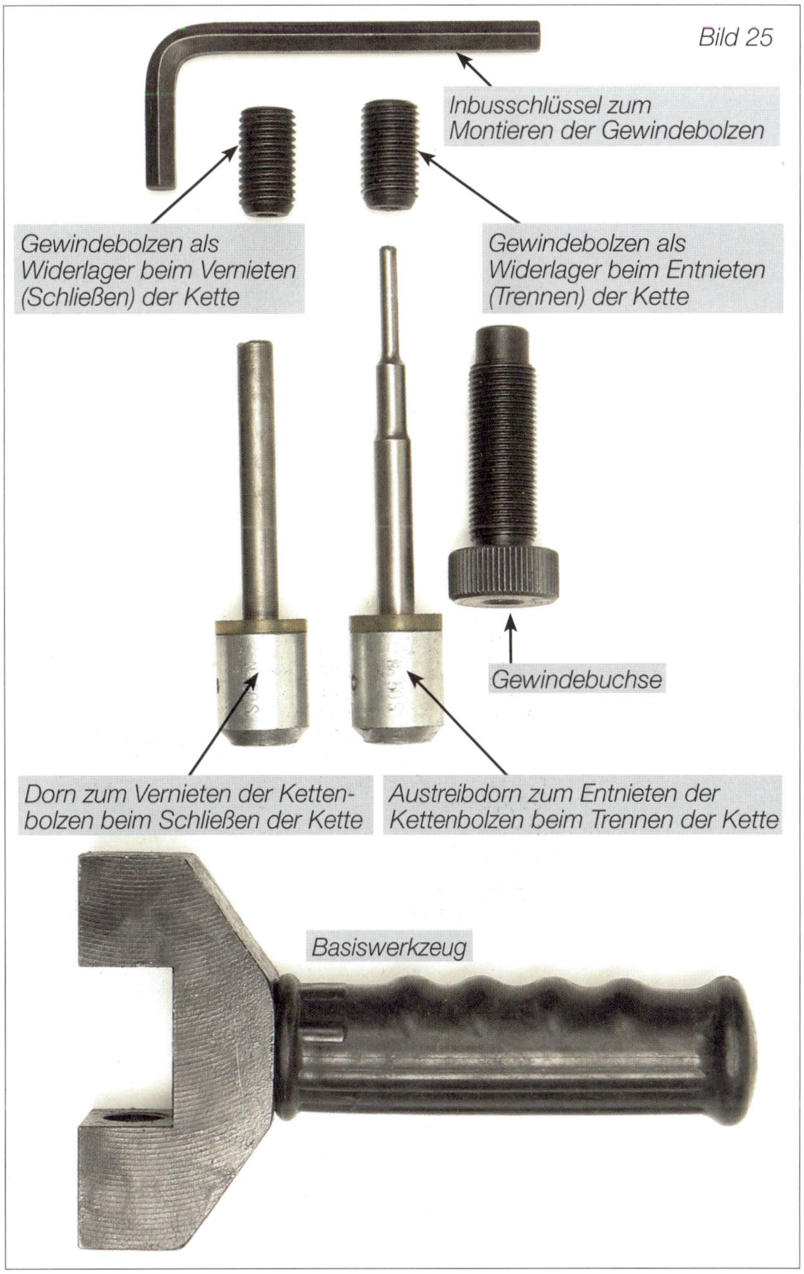

Bild 25

besten einen Kettenbolzen-Ausdrücker (siehe Bild 24). Wenn man so ein Spezialwerkzeug nicht hat, kann man den abgeschliffenen Bolzen mit einem kleinen Durchschlag ausklöppeln.

Alte Kette demontieren

Als Erstes müssen die Verschraubungen von Ritzel und Kettenrad gelöst werden. Dazu das Motorrad auf einem Heckmontageständer standsicher aufbocken (Bild 4). Motor ist AUS.

1. Schaltstange abbauen und zwar zusammen mit dem kleinen Schalthebel oben an der Schaltwelle; die Verschraubungen der Kugelköpfe und der Schaltstange bleiben also unberührt.

1.1. Bild 14: Klemmschraube des kleinen Schalthebels lösen und ausdrehen, den kleinen Schalthebel von seiner Feinverzahnung der Schaltwelle abziehen und die Schaltstange nach hinten zur Seite räumen.

Bild 26

Bild 27

Bilder 26 und 27: Ritzelmutter mit 14er-Nuss, kurzer Verlängerung, T-Griff und Rohrverlängerung öffnen. Dabei das Hinterrad mit der Bremse blockieren.

Bild 28

Bld 28: Mit einem Schlagschrauber lässt sich die Ritzelmutter leicht öffnen.

2. Schrauben der Ritzelabdeckung lösen und ausdrehen, Ritzelabdeckung abnehmen.

2.1. Bild 15: Clip des Seitenständerschalterkabels unten aus der Ritzelabdeckung ziehen.

3. Bild 26: Ritzel-Befestigungsschraube öffnen.

Wichtig: Exakt passende 14er-Sechskantnuss mit halblanger Verlängerung und eine Rohrverlängerung auf dem T-Griff verwenden, siehe Bilder 26 und 27.

■ NICHT versuchen, die Ritzelschraube mit einem Gabelschlüssel zu öffnen, das geht garantert schief, ist sehr gefährlich und kann zu bösen Verletzungen führen!

3.1. Hinterrad durch Druck auf den Fußbremshebel blockieren (dazu braucht man eine/n Helfer/in). KEINEN Gang einlegen und die Ritzelschraube bei blockiertem Getriebe öffnen!

3.2. Bild 28: Man kann die Schraube auch mit einem Schlagschrauber öffnen, das spart das Blockieren!

3.3. Nach dem Ausdrehen der Ritzelschraube diese mit der Scheibe abnehmen, das Ritzel aber auf der Getriebeausgangswelle stecken lassen.

4. Hinterradbremse betätigen. Die Kettenrad-Befestigungsmuttern am Hinterrad lösen und zwei Umdrehungen öffnen.

Kette trennen, Ritzel und Kettenrad abbauen

1. Jetzt wird die Kette mit dem Kettentrennwerkzeug durchtrennt.

1.1. Bild 29: Nietglied suchen.

1.2. Bild 30: Kettentrenner auf der Kette genau über dem auszutreibenden Bolzen ansetzen, Gewindebuchse mit einer Zange gegen die Kette festziehen, Austreibdorn einschieben, Kettentrenner mit einer Hand festhalten.

2. Bild 31: Hammer in die andere Hand nehmen und kräftig auf den Austreibdorn klopfen: So wird der Bolzen entnietet und durchgeschoben, die alte Kette ist jetzt offen.

3. Kette von den Kettenrädern abziehen.

4. Kettenritzel von der Getriebeabtriebswelle abziehen.

5. Hinterrad ausbauen. Kettenrad-Befestigungsmuttern abdrehen. Kettenrad abziehen.

Ritzel und Kettenrad montieren

1. Getriebeabtriebswelle mit Bremsenreiniger reinigen, trocknen lassen. Keilnuten mit Fett schmieren.

2. Das neue Kettenritzel mit der Aufschrift nach außen auf die Getriebewelle schieben.

3. Scheibe auf die leicht eingeölte Ritzelschraube schieben, die Schraube eindrehen und »leicht handfest« festziehen.
4. Neues Kettenrad montieren: Kontaktflächen und Gewinde der Stehbolzen am Kettenradträger gut reinigen und mit frischem Motoröl leicht einschmieren. Neues Kettenrad mit Beschriftung nach außen aufsetzen. Die sechs Befestigungsmuttern aufdrehen und handfest anziehen.
5. Siehe Kapitel 5 zum Hinterradeinbau: Achsmutter ganz auf das Gewinde der Hinterachse aufdrehen. Nicht festziehen.
5.1. Die Kontermuttern beider Kettenspann-Einstellschrauben entkontern und die Muttern weit zurückdrehen. Dann das Hinterrad so weit es geht nach vorne schieben.

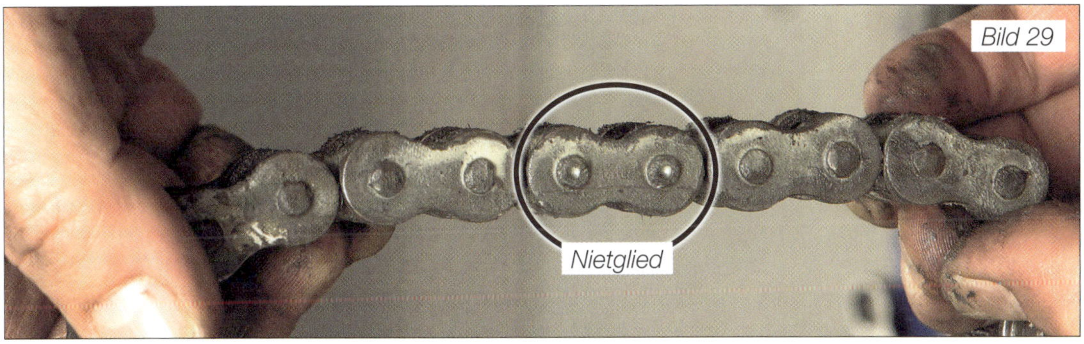

Bild 29: Nietglied suchen. Denn die Kette lässt sich am Nietglied am einfachsten öffnen.

Bilder 30 und 31: Trennen der Kette durch Ausnieten eines Bolzens.

■ **Wichtig:** *Bei diesem Arbeitsgang muss man den Hauptkörper des Kettentrenn-Vernietwerkzeugs sehr fest in einer Hand halten und mit dem Hammer gezielte und kräftige Schläge auf den Kopf des Austreibdorns geben.*

■ *Lohn der Mühe ist ein ausgetriebener Bolzen und eine sauber getrennte Kette, die jetzt von Ritzel und Kettenrad abgezogen werden kann.*

Sichtprüfung Messen

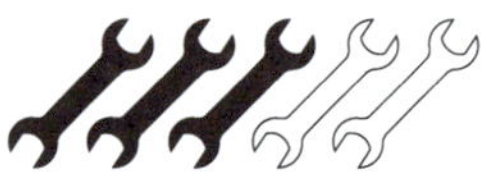

Bilder 32 bis 40 zeigen das Montieren einer neuen Kette. Im Lauftext sind die zu den Bildern gehörenden Arbeitsschritte nummeriert beschrieben.

Bild 32 Alte Kette durch Ausdrücken eines Nietbolzens getrennt.

Neue Kette mit neuen X-Ringen und neuem Kettenschloss.

Bild 33

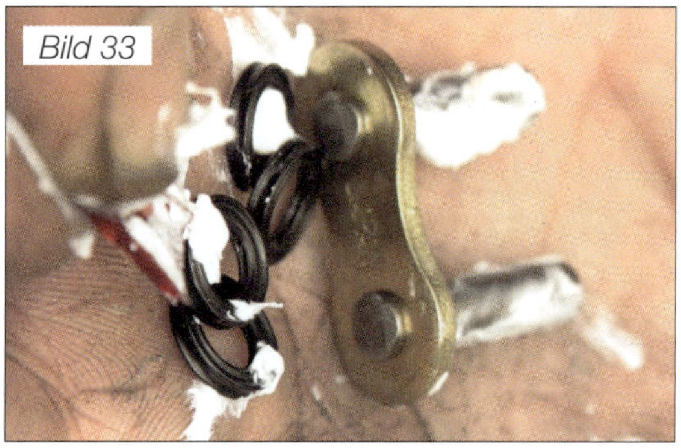

Bild 34

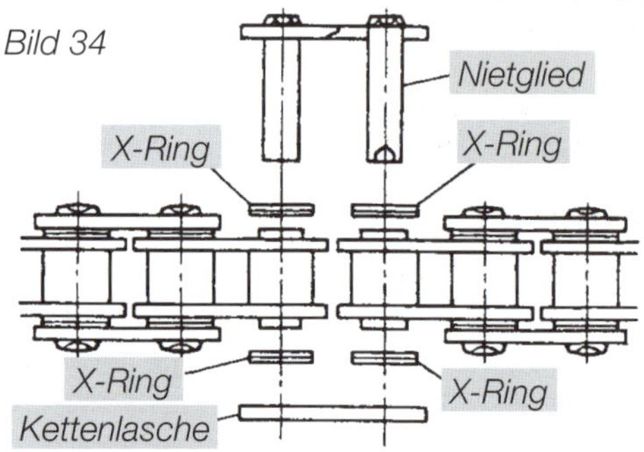

Bild 35

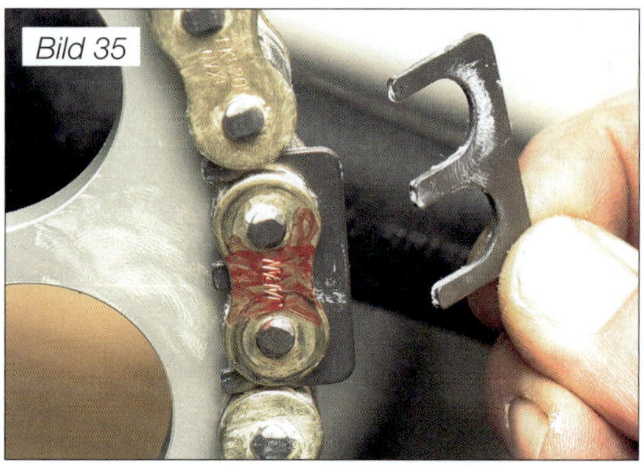

Kette montieren

1. Neue Kette auf Kettenrad und Ritzel so aufziehen, dass sich beide Enden auf dem hinteren Kettenrad treffen.

2. Bild 33: Nietglied gut mit Kettenfett einfetten, neue X-Ringe aufschieben.

3. Die Kettenenden auf dem hinteren Teil des Kettenrads ganz nach unten in die Zahngründe drücken. Das Nietglied von hinten in die Enden der Kette einschieben.

Unbedingt darauf achten, dass die Kette sicher auf den Kettenrädern aufsitzt.

4. Bild 34: Neue X-Ringe auf die überstehenden Bolzen des montierten Nietglieds aufsetzen.

5. Kettenlasche auf beiden Bolzen ansetzen und mit dem Kettenwerkzeug so weit aufpressen, bis die Kettenlasche bündig zu den Köpfen der Bolzenüberstände ist.

6. Bild 35: Nun werden auf beiden Seiten des Nietglieds die Abstandslehren zur Fixierung der X-Ringe eingesetzt. Danach wird die Kettenlasche mit dem Kettenwerkzeug so weit aufgepresst, dass sich die Abstandslehren gerade eben noch etwas hin und her bewegen lassen.

6.1. Kettenwerkzeug abbauen. Jetzt wird der Überstand beider Nietbolzen gemessen.

■ Bild 36: Er muss 1,3 bis 1,5 mm betragen.

Wichtig: Bei den Original-Honda-Ketten sind keine Abstandslehren beigelegt. Kettenlasche nicht zu fest aufpressen!

7. Wenn das Maß geprüft ist und stimmt, wird nun das Nietglied vernietet.

7.1. Kettenwerkzeug auf einem Bolzen nach dem anderen ansetzen und die Gewindebuchse mithilfe einer Zange gleichmäßig aufpressen.

8. Bilder 37 und 38: Einen Bolzenüberstand nach dem anderen mit dem Nietwerkzeug vernieten.

9. Kettenwerkzeug abbauen, Vernietung kontrollieren siehe Bild 38. Ein weiteres wichtiges Montagemaß ist der Durchmesser des Nietkopfs nach der Vernietung.

■ Bild 39: Er muss 5,5 bis 5,8 mm betragen.

9.1. Wenn auch dieses Montagemaß ok ist, kann man beide Abstandslehren mithilfe einer Flachzange herausziehen.

Endmontage

1. Ritzelschraube mit 54 Nm festziehen. Dazu das Hinterrad mit der Bremse blockieren.

2. Bild 40: Die Muttern des hinteren Kettenrads schrittweise über Kreuz festziehen.

Wichtige Anmerkung: Honda gibt ein Anziehdrehmoment von 100 Nm für die selbstsichernden Muttern des hinteren Kettenrads an. Dies ist

nach Erfahrung von Honda-Spezialisten zu hoch, denn es besteht die Gefahr, dass die Gewinde der in den Aluminium-Kettenblatt-Träger eingebauten Stehbolzen beschädigt werden.
Empfehlung: Muttern mit 80 Nm festziehen und Farbmarkierungen von den Muttern zum Kettenrad hin anbringen.

Nach 150 bis 200 gefahrenen Kilometern prüfen, ob die Farbmarkierungen auf den Muttern und dem Kettenrad noch zusammenhängen. Wenn nicht, alle Muttern etwas nachziehen.

3. Kette spannen siehe Kapitelabsatz weiter vorne. Hinterachsmutter festziehen mit 100 Nm.
4. Bild 15: Kabelclip anbringen, Ritzelabdeckung montieren (M6-Inbusschrauben 12 Nm).
5. Bild 15a: Schaltstange montieren. Klemmschraube M6 im kleinen Schalthebel 12 Nm.

6. Alles Fett rechts und links außen auf der Kette mit Lappen abwischen, denn es schmiert nicht, sondern wird abgeschleudert und versaut die Maschine (bzw. die Jacke des Beifahrers!).

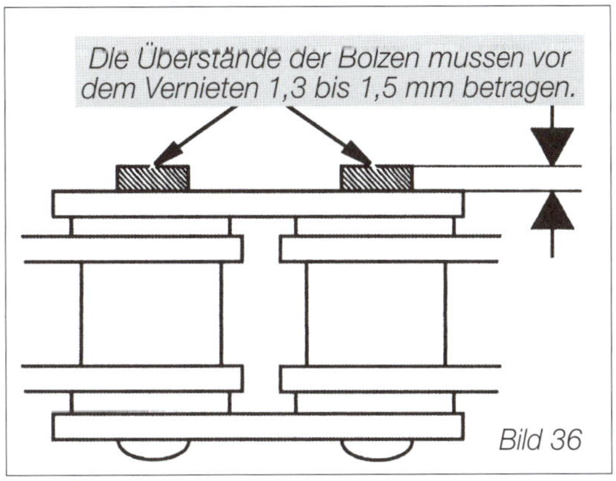

Bild 36: Maße für die Überstände der Bolzen nach dem Aufpressen der Lasche und damit vor der Vernietung.

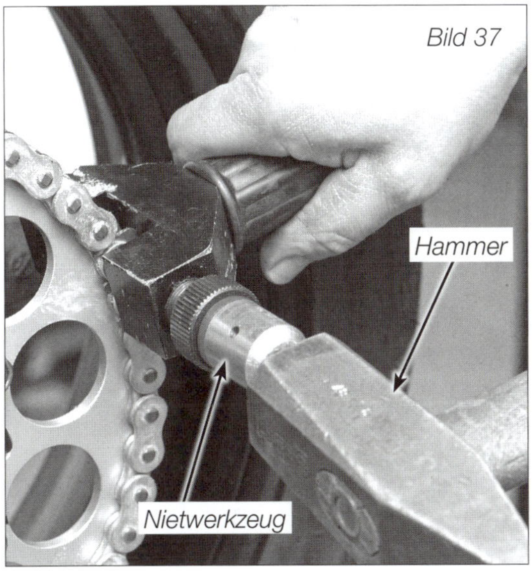

Bild 37: Die Vernietung der Bolzen verlangt eine zielsichere Hand, die den Hammer kräftig und treffsicher bedienen kann.

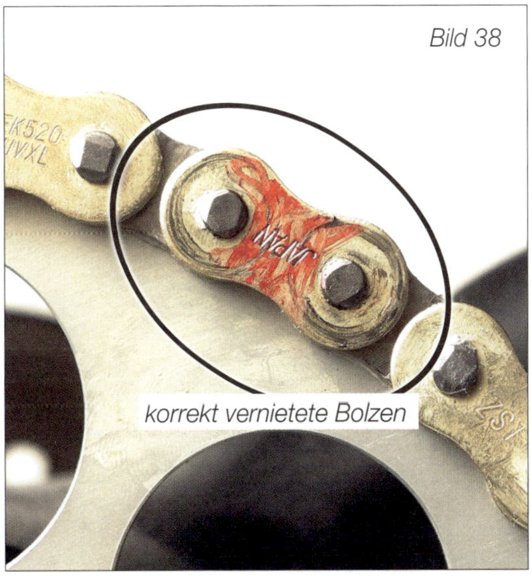

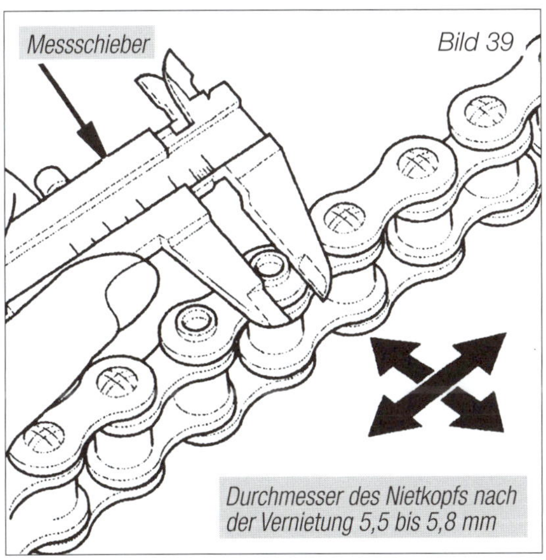

Bilder 38 und 39: Kontrolle der Vernietung per Auge und mit einem Messschieber.

Bild 40: Die Bundmuttern der hinteren Kettenradbefestigung in mehreren kleinen Schritten über Kreuz festziehen.

Bild 1: Vordere Schrauben (V) zuerst mit 32 Nm festziehen, dann die hinteren (H).

Bild 2: Klemmhalbschale der Handarmatur so anbringen, dass UP und Pfeil nach oben zeigen.

Bild 3: Den Gasgriff zusammen mit der rechten Lenkerarmatur vom Lenker abziehen.

Bild 4: Explosionszeichnung der Lenkerbefestigung.

Lenkung

In diesem Kapitel: Lenkerstellung · Lenker ab- und anschrauben · Lenklagerung · Lenklagerung prüfen · Lenklagerung einstellen · Lenklager schmieren · Lenklager erneuern.

Lenker

Bilder 1 und 4: Der Lenker sitzt in zwei Lenkerhaltern, die unter der oberen Gabelbrücke mit dieser verschraubt sind (siehe Bild 4 »Muttern 39 Nm gehören auf die Gewinde der Lenkerhalter«).

⚠ **Achtung:** Die vier Klemmschrauben müssen fest angezogen sein (32 Nm). Wenn auch nur eine Schraube locker ist, dann ist der Lenker nicht ordentlich befestigt. Er kann sich nach hinten wegdrehen, wenn das Motorrad stark beschleunigt wird oder nach vorne wegdrehen, wenn stark abgebremst wird. Das ist nicht nur unangenehm, sondern auch gefährlich.

Lenkerstellung: Am Lenker sind Farbmarkierungen (Bild 1) angebracht. Wenn sich diese mit den Oberkanten der unteren Lenkerhalter decken, ist der Lenker in der Standardposition.

Lenker verstellen

Je nach Länge der Arme des Fahrers und seiner Körpergröße kann man den Lenker um wenige Winkelgrade individuell einstellen, sodass die Lenkerenden mit den Handgriffen, Handhebeln und Schaltereinheiten etwas weiter nach hinten zum Fahrer hin sind oder weiter vorne vom Fahrer weg. Dabei sollen die Lenkerenden weder sehr schräg nach oben oder unten stehen, sondern möglichst waagerecht.

Wenn die Lenkerstellung korrigiert werden soll, die Maschine ordentlich aufbocken und dann kann es losgehen:

1. Mit einem kleinen Elektroschraubenzieher die Abdeckkappen von den Schraubenköpfen abnehmen.

2. Bild 1 **H**: Die hinteren Schrauben lösen und zwei Umdrehungen aufdrehen

3. Bild 1 **V**: Die vorderen ebenso.

4. Lenker festhalten, damit er nicht plötzlich nach vorne oder hinten umkippt.

Lenker einstellen

1. Auf die Maschine sitzen und den Lenker so hindrehen, dass die Lenkerstellung passt.

2. Lenker mit einer Hand festhalten und die vier Schrauben festziehen:

2.1. Bild 1 **V**: Zuerst die vorderen Schrauben festziehen mit 32 Nm.

2.2. Bild 1 **H**: Dann die hinteren ebenso.

3. Eine kleine Menge Fett in die Schraubenköpfe geben zwecks Rostschutz.

4. Die Abdeckkappen fest in die Schraubenköpfe eindrücken.

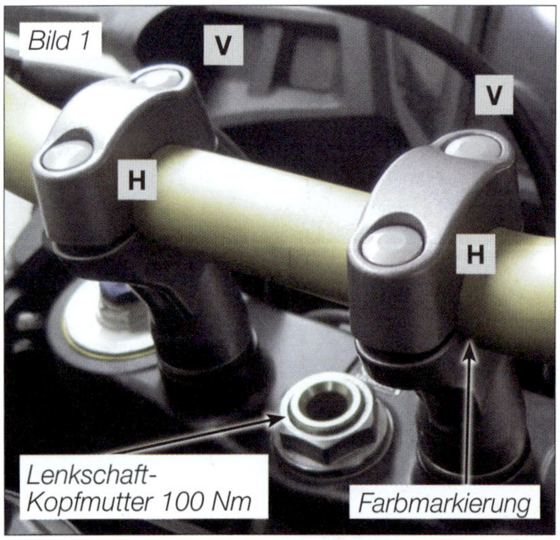

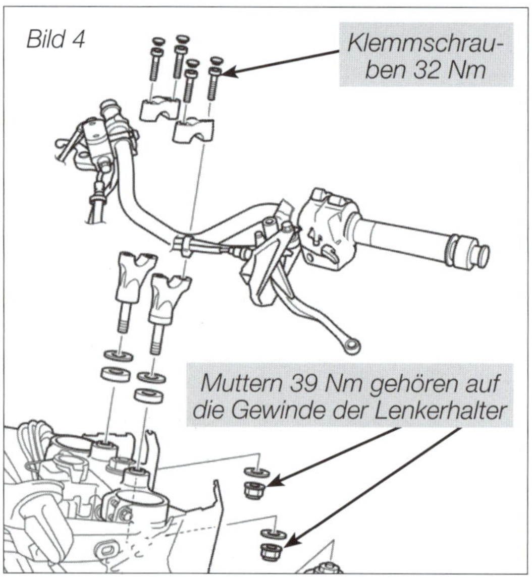

Lenker abschrauben

1. Die Rückspiegel können montiert bleiben.

2. Handschützer abbauen: Die vordere Inbusschraube, mit der der Handschutz an der Lenkerarmatur befestigt ist, ausschrauben.

2.1. Die große Schraube ganz außen am Lenker lösen und etwas aufdrehen.

Bitte beachten: Die Schraube hat ein M18-Gewinde, das mit Gewindeklebstoff gesichert ist. Weil die Schraube mit 55 festgezogen ist, lässt sie sich dementsprechend schwer lösen.

3. Nun den Handschutz nach vorne vom Außengewicht und ihrer Schraube abziehen.

Achtung: Vorne am Handschutz neben der kleinen Inbusschraube ist eine Nase, die in einer Öffnung der Lenkerarmatur sitzt: Nase vorsichtig aus ihrer Öffnung herausnehmen

4. Bilder 5, 6, 7: Jetzt die Lenkergewichte ganz abbauen. Dazu die große Schraube ausschrauben und das Außengewicht mit der Scheibe abnehmen (wenn eine Scheibe vorhanden ist, siehe dazu Bilder 6 und 7).

5. Jetzt werden die rechte Armatur (Bremse) und linke Armatur (Kupplung oder Feststellbremse) abmontiert.

■ Zuerst die Stecker vom Bremslichtschalter (rechts unten) und dem Kuplungsschalter (links unten) abziehen.

5.1. Nun die Klemmhalbschalen (siehe Bild 2) abschrauben und die abmontierten Armaturen nach vorne ablegen.

Achtung: Die rechte Armatur mit dem Handbremszylinder und seinem Bremsflüssigkeits-Behälter möglichst senkrecht ablegen, damit keine Luft in das Hydrauliksystem gelangt.

Anmerkung zu den Elektroschaltern rechts und links am Lenker: Die von den Schaltern wegführenden Elektrokabel sind sehr lang, sie reichen bis in die Maschine bzw. ihre Verkleidung hinein, wo ihre Kabelstecker mit dem Hauptkabelbaum zusammengesteckt sind. Wenn die Elektroschalter später wieder angebaut werden (also nicht erneuert), wie z. B. bei einem Tausch des Lenkers, dann lassen Sie die beiden von den Schaltern wegführenden Kabelstränge einfach in Ruhe und trennen die Kabelstrecker nicht vom Hauptkabelbaum ab.

6. Schaltergehäuse abmontieren. Die Kreuzschlitz-Köpfe der Schrauben, welche die Schalterhälften zusammenhalten, sind von vorne erreichbar: Diese ganz ausschrauben und die Schalterhälften vorsichtig voneinander trennen.

6.1. Den linken Schalter vom Lenker abnehmen und nach vorne ablegen. Den rechten Schalter mit dem Gasgriff noch stecken lassen.

Achtung: An den vorderen Hälften der Elektroschalter sind kleine Nasen, die aus den zugehörigen Bohrungen im Lenker herausgehoben werden müssen.

7. Bilder 1 und 4: Lenkerklemmschrauben lösen und ausdrehen, beide Lenkerhalter abnehmen. Dabei den Lenker mit einer Hand halten, damit er nicht umfällt.

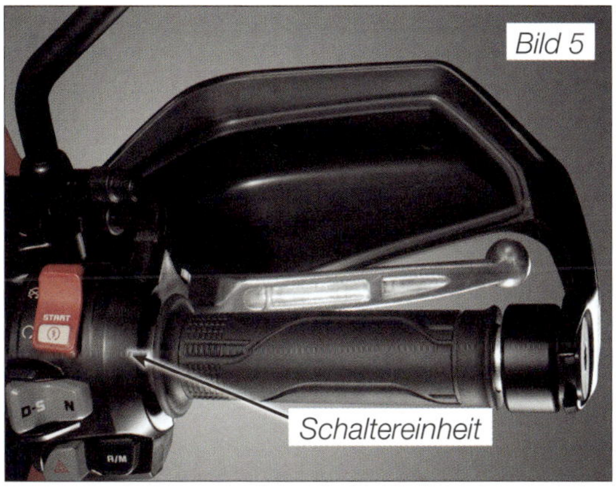

Bild 5: Blick auf die rechte Seite des Lenkers.

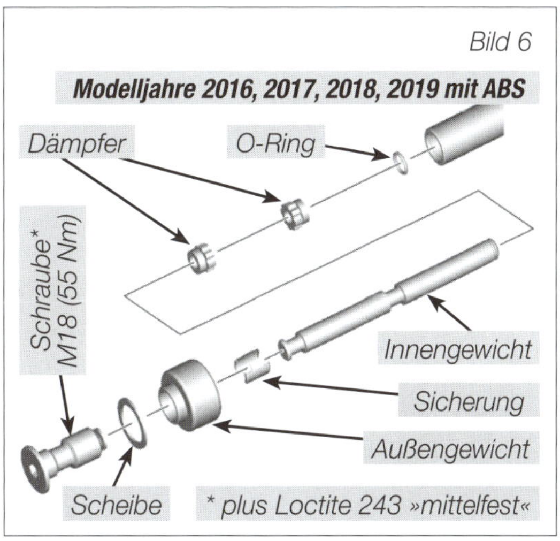

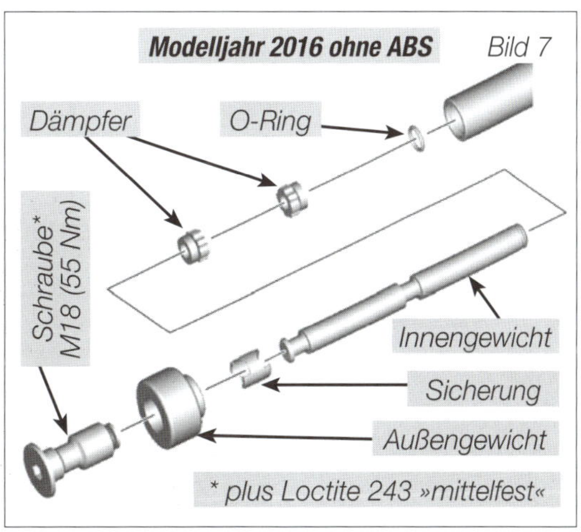

Bilder 6 und 7: Explosionszeichnung des Lenkergewichts mit den vibrationsdämpfenden Innereien des Lenkers.

Sichtprüfung Messen

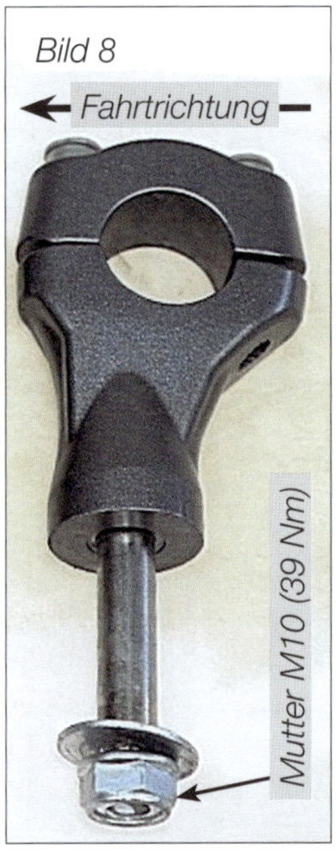

Bild 8: Einbaurichtung der Lenkerhalter.

8. Lenker aus den unteren Lenkerhaltern herausnehmen und links mit einer Hand festhalten. Andere Hand an den Gasgriff, diesen festhalten und jetzt den Lenker aus dem Gasgriff ziehen.

Lenker anschrauben

Achtung: Wenn die unteren Lenkerhalter abmontiert waren und wieder angebaut werden: Beachten, dass sie mit der langen Seite nach hinten montiert werden, siehe Pfeil und »Fahrtrichtung« in Bild 8.

1. Lenker außen und innen sowie das Innenrohr des Gasgriffs mit Ölspray reinigen und mit einem sauberen Lappen trocken putzen. Etwas leichtes Fett daran geben.

2. Gasgriff gemeinsam mit der rechter Schaltereinheit festhalten und den Lenker einstecken.

3. Lenker mittig in die Lenkerhalter einsetzen.

4. Bilder 1 und 4: Klemmhalbschalen aufsetzen, Schrauben lose eindrehen.

5. Bild 1: Farbmarkierungen hinten rechts und links auf dem Lenker auf die Oberkanten der Lenkerhalter ausrichten.

■ Lenker mit einer Hand festhalten, damit er sich nicht wieder verdreht.

6. Bilder 1 und 4: Erst vordere Klemmschrauben mit 32 Nm, dann hintere mit 32 Nm festziehen.

7. Linke Schaltereinheit ansetzen, mit der Hand spaltfrei zusammenfügen, Schrauben eindrehen und mit 2,5 Nm (= »leicht handfest«) festziehen: Zuerst die obere und dann die untere Schraube. Dabei beachten, dass die Nase innen in der vorderen Hälfte des Schalters in ihre Bohrung im Lenker eingreift.

7.1. Rechte Schaltereinheit ebenso befestigen. Jetzt den Gasgriff einige Male betätigen und loslassen und so prüfen, ob er automatisch in Nullstellung zurückschnappt, wenn man ihn loslässt.

8. Bild 2: Bremsarmatur montieren: Klemmhalbschale so anbringen, dass »UP« und Pfeil nach oben zeigen.

8.1. Schrauben eindrehen und leicht anziehen.

■ Obere Schraube zuerst festziehen, bis die Halbschale anliegt, dann die untere Schraube festziehen mit 10 Nm.

9. Genau so werden Kupplungsarmatur oder Parkbremsarmatur montiert. Statt »UP« und Pfeil ist oben eine Körnermarkierung.

10. Stecker an Bremslichtschalter und Kupplungsschalter anbringen.

11. Lenkergewichte und Handschutzschalen anbauen, siehe weiter vorne in diesem Kapitel.

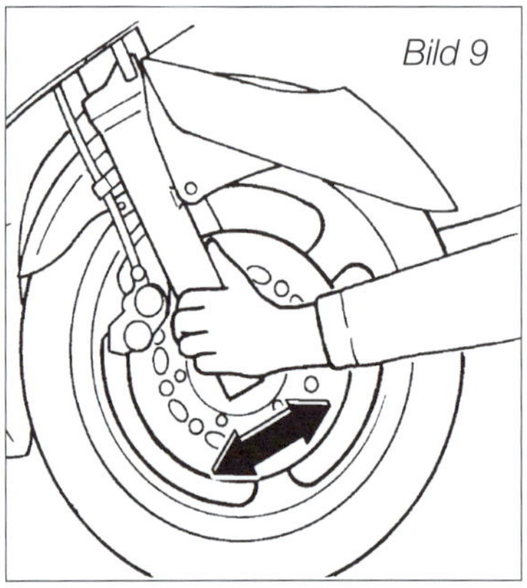

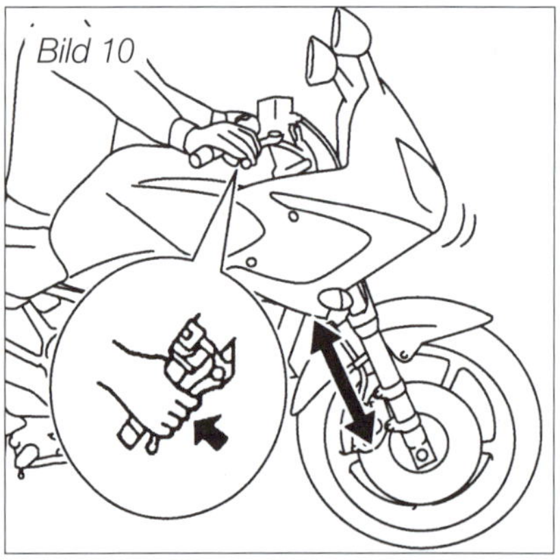

Bild 9: Lenklagerung prüfen durch Hin- und Herrütteln der Telegabel. ■ Motorrad muss so aufgebockt oder an einem Werkstattkran aufgehängt sein, dass die Lenkung frei ist und das Vorderrad keinen Bodenkontakt hat.

Bild 10: Lenklagerung prüfen, Motorrad steht auf den Rädern. ■ Vorderradbremse betätigen, Zeigefinger und Daumen der linken Hand an Lenkkopf und obere Gabelbrücke, einige Male kräftig einfedern, eventuelles Spiel ist zu spüren.

Bild 11: Honda Spezialwerkzeug »Steuerkopfschaft-Steckschlüssel«.

Bild 12: Hakenschlüssel zum Beschrauben der Nutmutter. Der im Bild ist so schmal, dass die obere Gabelbrücke zur Nachstellung montiert bleiben kann.

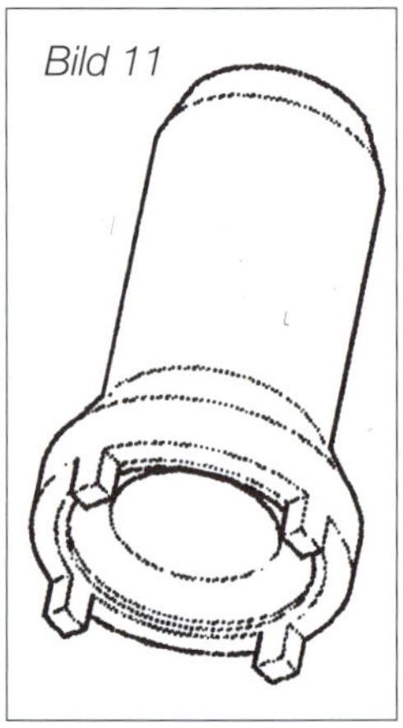

Lenklagerung

Bild 13: Die Baugruppe »Lenklagerung« setzt sich zusammen aus dem oberen und unteren Lenklager (Kugellager), dem mit der unteren Gabelbrücke fest verbundenen Lenkschaftrohr, der Nutmutter zur Einstellung der Lenklager sowie dem rahmenfesten Lenkkopf. Die Lenklagerung muss immer so eingestellt sein, dass leichtes Schwenken und sicheres

Fahren gewährleistet sind. Wenn die Maschine in lang gezogenen Kurven nicht mehr die gewohnt saubere Linie halten will (sofern die Reifen in Ordnung sind und der Luftdruck stimmt!) und es beim kurzen Anziehen der vorderen Bremse in der Lenkung knackt, sind dies deutliche Zeichen für zu viel Spiel in der Lenklagerung.
■ Eine zu lockere Einstellung der Lenklagerung führt zu instabilem Fahrverhalten bei niedrigen Geschwindigkeiten und zu Flattern des Vorderrads bei höheren Geschwindigkeiten.
■ Eine zu straffe Einstellung der Lenklagerung verursacht Pendelbewegungen bei niedrigen und hohen Geschwindigkeiten und erschwert Lenkbewegungen.

Lenklager-Einstellung püfen
In der Regel ist das Spiel in der Lenklagerung nicht zu gering, sondern zu groß, weil die Lagerbauteile einem gewissen Verschleiß unterworfen sind und deswegen mit der Zeit »Luft« zueinander bekommen.

Prüfmethode A (Bild 9): Wenn die Maschine einen Mittelständer hat, sie darauf aufbocken. Einen Helfer weit hinten so auf den Soziussitz setzen, dass das Hinterrad Bodenkontakt bekommt, das Vorderrad frei kommt und die Lenkung frei beweglich ist. Wenn sie jedoch nur den Seitenständer hat, muss man sie vorne an einem Werkstattkran so aufhängen, dass die Lenkung frei beweglich ist.

1. Lenkung von Anschlag zu Anschlag schwenken. Gleichzeitig fühlen, spüren und hören: Lenkung muss sich gleichmäßig und geräuschlos von Anschlag zu Anschlag bewegen lassen. Seilzüge und Kabel dürfen den Lenkeinschlag nicht behindern.
2. Rastet die Lenkung in einer Stellung (meist der Mittelstellung) ein, sind die Lenklager defekt: Lagerkugeln haben sich in die Lagerschalen eingedrückt.
3. Bild 9: Nun das Rad gerade stellen, Gabelholme unten anpacken und ruckartig nach vorne und hinten bewegen. Wenn die Lenklagerung Luft hat, spürt man das. Die Lenklager sind dann meistens (noch) nicht defekt und die Luft kann durch Nachstellung beseitigt werden.

Prüfmethode B (Bild 10): Motorrad steht abgebockt auf den Rädern, Seitenständer eingeklappt. Mechaniker steht links daneben und hält die Maschine senkrecht.
1. Rechte Hand betätigt die Vorderradbremse.
2. Daumen der linken Hand liegt auf der linken Seite an der oberen Gabelbrücke, der Zeigefinger am Rahmen in Höhe des oberen Lenkkopflagers.
3. Maschine mit gezogener Bremse mehrmals kräftig nach vorne stoßen und zurückziehen. ■ Wenn die Lenklagerung Luft hat, spürt man es in Daumen und Zeigefinger der linken Hand. Es muss dabei nicht unbedingt hörbar knacken!

Lenklager einstellen
Bild 11: Honda empfiehlt zum Einstellen das Spezialwerkzeug »Steuerkopfschaft-Steckschlüssel« (Nr. 07916-KA50100): Das ist ein Steckschlüssel mit vier Zapfen und Vierkantaufnahme für einen Drehmomentschlüssel, damit kann die Nutmutter (»Lenklager-Einstellmutter«) drehmomentgenau angezogen werden. Allerdings muss dazu die obere Gabelbrücke abgebaut werden, was ziemlich viel Arbeit ist und sich deswegen nur bei einer Neueinstellung nach dem Einbau wirklich lohnt. Bei Nachstellung wegen »Luft« im Lenkkopf ist ein Hakenschlüssel das richtige Werkzeug (Bilder 12, 13).

Lenklager einstellen nach Honda-Vorschrift
1. Motorrad aufbocken, Vorderbau muss frei beweglich sein.
2. Lenker abbauen wie weiter vorne beschrieben.
3. Lenkung nach links drehen bis zum Lenkanschlag. Lenkschaft-Kopfmutter lösen und abdrehen.

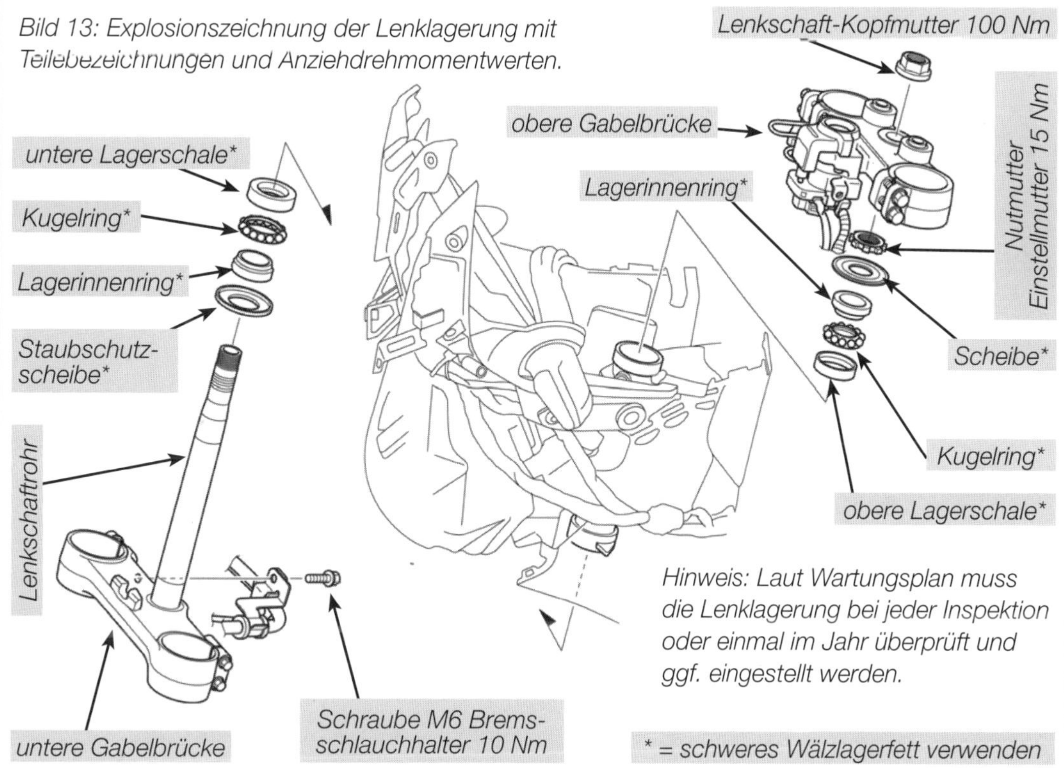

Bild 13: Explosionszeichnung der Lenklagerung mit Teilebezeichnungen und Anziehdrehmomentwerten.

Hinweis: Laut Wartungsplan muss die Lenklagerung bei jeder Inspektion oder einmal im Jahr überprüft und ggf. eingestellt werden.

Sichtprüfung Messen

Bilder 16 bis 21 auf der rechten Seite zeigen den Aus- und Einbau der Lenklager-Bauteile.

Bild 14

Bild 14: Die obere Gabelbrücke mit einem Plastikhammer von unten abtreiben.

Bild 15: Den unteren Innenring mit einem passenden Rohrstück auf seinen Sitz treiben.

Bild 15

4. Standrohr-Klemmschrauben rechts und links in der oberen Gabelbrücke lösen und mindestens zwei Umdrehungen aufdrehen.
5. Jetzt wird die obere Gabelbrücke abgebaut, Bild 14: Mit einem Plastikhammer leichte Schläge von unten auf die Gabelbrücke geben und sie nach oben abtreiben.
6. Obere Gabelbrücke nach vorne ablegen.

Jetzt beginnt die Nachstellung:
1. Steuerkopfschaft-Steckschlüssel auf einen Drehmomentschlüssel stecken und die Nutmutter auf 15 Nm festziehen. Lenkung fünf Mal bis zum Anschlag hin und her bewegen.
2. Nutmutter wieder etwas lose drehen und dann endgültig mit 15 Nm festziehen.
3. Gabelbrücke aufstecken, Lenkschaft-Kopfmutter aufdrehen und »gut handfest« anziehen.
4. Jetzt die Schraubverbindungen in folgender Reihenfolge festziehen:
■ Standrohr-Klemmschrauben in der oberen Gabelbrücke rechts und links mit 22 Nm.
■ Lenkschaft-Kopfmutter mit 100 Nm: Dazu die Lenkung rechts bis an den Lenkanschlag drehen.
5. Lenker anschrauben wie vorne beschrieben.
6. Jetzt die Lenkung einige Male hin und her schwenken und prüfen, ob sie sich leicht und ohne zu »sperren« bewegen lässt.

Lenklager reinigen und schmieren

Untere Gabelbrücke mit Lenkschaftrohr ausbauen
1. Maschine so aufbocken oder an einem Werkstattkran aufhängen, dass der Vorderbau frei ist.
2. Obere Gabelbrücke abbauen siehe vorhergehenden Kapitelabschnitt.
2.1. Weiterhin abbauen: Vorderrad, Kotflügel, Bremsschlauchhalter, Bremssättel (Bremsschläuche an die Bremssättel angeschraubt lassen!).
3. Nun die Standrohr-Klemmschrauben in der unteren Gabelbrücke rechts und links lösen und zwei bis drei Umdrehungen aufdrehen.
4. Nutmutter mit dem Steuerkopfschaft-Steckschlüssel lösen.
5. Mit der einen Hand unter die untere Gabelbrücke greifen und sie nach oben halten, mit der anderen Hand die Einstellmutter ganz abdrehen,
6. Untere Gabelbrücke mit dem Lenkschaftrohr nach unten herausziehen. Dabei mit einem Handballen oben auf das Lenkschaftrohr klopfen.
7. Lagerinnenring und Kugelring oben herausnehmen. Unteren Kugelring abziehen.
8. Abgebaute Teile, Lager und Lagerschalen gut mit Waschbenzin oder Petroleum reinigen.

Zerlegte Lenklager prüfen
1. Lager begutachten: Sie dürfen nicht beschädigt, eingelaufen, punktuell eingedrückt oder anderweitig beschädigt sein (Korrosion).
1.1. Wenn die Laufbahn der Lagerkugeln in den Lagerschalen matt ist, ist dies ein Zeichen für Verschleiß der Hartschicht: Die Lager müssen erneuert werden.
2. Lagerschalen und Lagerinnenringe müssen fest und spielfrei in ihren Passbohrungen oben und unten im Rahmen bzw. unten auf dem Lenkschaftrohr sitzen.
3. Alle Lagerkugeln müssen rund sein und dürfen weder flache Stellen, Vertiefungen (»Krater«), Materialausbrüche, eingelaufene oder eingeschlagene Stellen haben.
4. Die Kugelkäfige müssen zur Gänze vorhanden sein, dürfen nirgendwo ausgebrochen oder gerissen sein und müssen alle Kugeln so halten, dass diese sich leicht bewegen, aber nicht herausfallen können.

Lenklager fetten und einbauen
1. Alle Lagerbauteile satt mit schwerem Kfz-Wälzlagerfett einfetten.
2. Unteren Kugelring auf das Lenkschaftrohr auffädeln und auf die Lagerschale setzen.
3. Lenkschaftrohr von unten in Rahmenkopf einführen und mit der Hand nach oben halten.
4. Oberen Kugelring einsetzen, Lagerinnenring auf Lenkschaftrohr schieben, Scheibe aufsetzen, eingeölte Einstellmutter aufschrauben und handfest anziehen.
5. Lenklager einstellen und obere Gabelbrücke aufbauen siehe Text weiter vorne.
6. Abgebaute Teile ein- und anbauen.

Lenklager erneuern

Die Lenklagerung ist zerlegt wie beschrieben.
1. Der untere Innenring sitzt mit Presssitz sehr fest auf dem Lenkschaftrohr. Bauteil fettfrei reinigen.
2. Den Innenring ganz gezielt ringsum mit einem Heißluftföhn anwärmen.
3. Bild 16: Untere Gabelbrücke auf einer stabilen Holzunterlage ablegen und den Innenring mit Hammer und Meißel in kleinen Schritten ringsum von seinem Sitz treiben.
4. Bild 17: Obere und untere Lagerschale mit einem langen Dorn und einem Stahlhammer mit leichten Schlägen über Kreuz aus den Sitzbohrungen im Rahmen treiben.
■ **Vorher** mit einem Heißluftföhn, auf dessen Spitze eine flache Düse aufgesteckt ist, die Außenseiten des Lenkkopfrohrs am Rahmen im

Bereich der Lagersitze ringsum gleichmäßig erwärmen bis auf maximal 80 °C. Die Lagerschalen lassen sich so leichter austreiben (Bilder 17 und 18) als bei kaltem Rahmen.

5. Alle Lagerstellen penibel reinigen, kontrollieren: Sie dürfen keine mechanischen oder korrosionsbedingten Schäden oder Verformungen haben.

Lager einbauen

1. Mit einem Heißluftföhn (oder auf der Heizplatte in einem Ölbad) den unteren Lagerinnenring so weit erwärmen, dass man ihn gerade eben nicht mehr in die Hand nehmen kann. »Spuckprobe« machen, es zischt bei ca. 100 °C.

Nur mit Hitzeschutz-Handschuhen anfassen!

2. Staubschutzscheibe über Lenkschaftrohr bis ganz nach unten schieben, satt aufsetzen.

3. Erwärmten unteren Lagerinnenring auf das Lenkschaftrohr auffädeln und ganz nach unten auf seinen Sitz schieben.

3.1. Bild 15: Den Lagerinnenring mit einem passenden Rohrstück und kurzen Hammerschlägen satt aufdrücken.

4. Mit einem Heißluftföhn die Außenseiten des Rahmen-Lenkkopfs im Bereich der Lagersitze ringsum gleichmäßig erwärmen auf maximal 80 °C.

5. Bilder 19, 20, 21: Die erste Lagerschale oben am Lagersitz ansetzen und unter Zuhilfenahme eines handlichen Stücks Alu (Hartholz geht auch) und einem Hammer in seinen Sitz einklöpfeln.

6. Die untere Lagerschale von unten einbauen.

7. Bild 21: Mit einer Nuss, die ein klein wenig kleiner ist als der Außendurchmeser der Lagerschalen, die obere und untere Lagerschale ganz fest und tief in ihre Sitz klöpfeln.

TIPP: Damit die Lagerschalen in ihrem Sitz halten bis die Montagestellen kalt gewoden sind, bauen Sie ein »Lagerhalte-Spezialwerkzeug«: M16-Gewindestange durch den Lenkkopf führen, oben und unten eine Karosseriescheibe auf die Lagerschalen setzen und mit zwei Muttern »handfest« gegeneinander festziehen. Bleibt so lange montiert, bis Lagerschalen und Lenkkopf gleiche Temperatur haben, die Lagerschalen fest sitzen.

8. Untere Gabelbrücke einbauen, Lenkung zusammenbauen siehe »Lenkkopflager fetten«. Telegabel, Bremsen und Rad einbauen siehe in diesem Kapitel und im Kapitel 9 »Telegabel«.

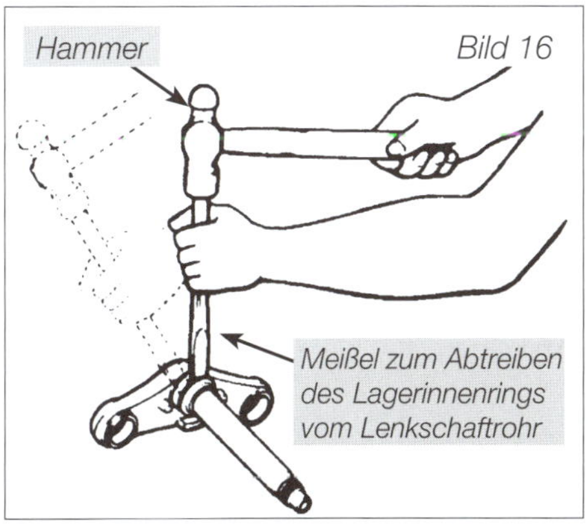

Bild 16

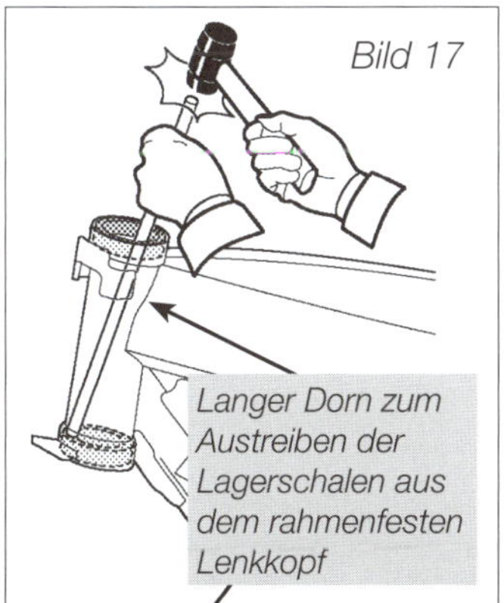

Bild 17

Bild 18

Bild 19

Neue Lagerschale einbauen: Hier ist sie schon halb im Lagersitz am Rahmen...

Bild 20

Bild 21

...dann eintreiben mit Aluklotz und Hammer
...und zum Finale mit einer passenden Nuss

Bild 1b: Klemmstellen der Telegabel und ihre Anziehdrehmomentwerte.

Bilder 1a, 1b, 1c und 2: Einsteller für Federvorspannung, Druckstufen- und Zugstufendämpfung in den Gabeldeckeln und unten in den Tauchrohren.

■ Sehr wichtig: *Wenn die Gabelbeine ausgebaut und zerlegt werden sollen, müssen die Einsteller für Federvorspannung und Dämpfung ganz entspannt (gelöst) werden. Notieren Sie sich die aktuellen Einstellungen, bevor Sie zu schrauben beginnen!*

Telegabel

In diesem Kapitel: Telegabel, Einstellungen · Gabelöl, Füllmengen, Ölstände · Spezialwerkzeuge · Gabelbeine aus- und einbauen · Gabelöl wechseln · Neue Simmerringe einbauen · Gabelbein zerlegen, prüfen und zusammenbauen · Explosionszeichnung Telegabel · Adressen.

Telegabel, Einstellungen

Konstruktion der Telegabel: Upside-down-Telegabel. Oberflächen der Tauchrohre hartverchromt. Maximal zulässiger Schlag ....0,2 mm
Gabeltauchrohr .... Ø 45 mm
Federwege:
Africa Twin ....230 mm
Africa Twin Adventure Sports ....252 mm
Gabelöl .... Honda Ultra Cushion Oil 10W
oder ein anderes Markengabelöl in SAE 10W

Einstellung der Telegabel: In der grau unterlegten Liste auf der rechten Seite sind die Modelle unseres Buchs aufgeführt und die Einstellmöglichkeiten ihrer Telegabeln. Welche Einstellung für Federvorspannung, Dämpferdruck- und Dämpferzugstufe Sie wählen, ist abhängig vom Fahrergewicht, überwiegend Solo- oder Zweipersonenbetrieb, mit oder ohne Gepäck und letztendlich auch von Ihrem Fahrstil. Damit Sie die passende Einstellung finden, hilft sowohl ein Blick in das Fahrzeug-Handbuch als auch der betreuende Honda-Händler. Weiterhin sind im Kapitel 30 »Technische Daten 1: Modelle, Maße, Einstellwerte« ergänzende Maßangaben für Federlängen, Dämpferöl-Füllmengen, Luftpolster und die Verschleißmaße der Gabelbauteile aufgelistet.

Gabelöl, Ölstand, Luftpolster

Wechselintervalle, Verschleiß: Von Honda gibt es keine Vorschrift, das Gabelöl zu wechseln. Die Ölfüllungen der Gabelbeine sind als Dauerfüllung ausgelegt. Allerdings verschleißt Gabelöl mit der Zeit, weil es feinste Abriebpartikel von den zueinander gleitenden Oberflächen der Gabelbauteile aufnehmen muss (»Abrieb« in Bild 5) und mit zunehmendem Alter immer dünnflüssiger wird. Zum Verlust der spezifischen Eigenschaften gehört auch, dass »verbrauchtes« Gabelöl einen großen Teil seiner Schmierfähigkeit verloren hat, was erhöhten Verschleiß aller an- und aufeinander gleitenden Gabelbauteile nach sich zieht.

Laut Aussagen von Honda-Spezialisten behält das Gabelöl ungefähr 35 000 bis 40 000 km seine Eigenschaften, was ungefähr vier bis fünf Jahren entspricht. Wenn mit steigendem Alter der Maschine die Dämpfkraft der Gabel spürbar

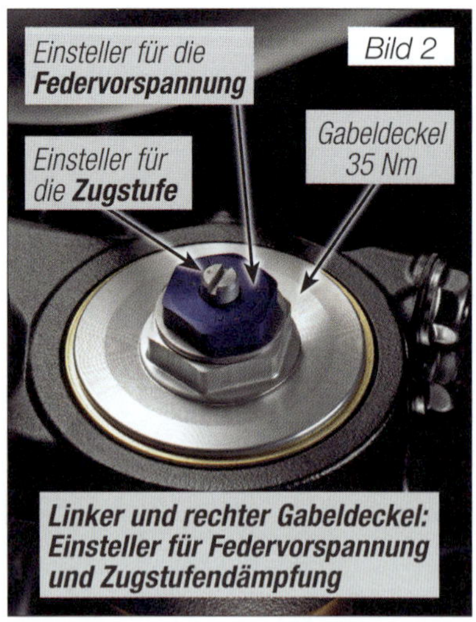

Bilder 1a, 1b, 1c und 2: Für die Einsteller auf den Gabelbeinen braucht es eine Sechskant-Nuss (Federvorspannung) und einen Schraubenzieher (Zugstufe). Auch für die Einsteller der Dämpfer-Druckstufe in den Gabeltauchrohren unten wird ein Schraubenzieher gebraucht.

nachlässt und sich deswegen das Fahrverhalten verschlechtert, sollte man das Gabelöl erneuern. Honda schreibt als Gabelöl *»Honda Ultra Cushion Oil 10W« vor.* Man kann auch ein anderes Marken-Gabelöl in der Viskosität SAE 10 benutzen (Bild 6). Für beide Gabelbeine werden 1,5 Liter Dämpferöl benötigt.

Bild 3: Der **Gabelöstand**, »Luftpolster« genannt, nennt das Maß in Millimeter von der Oberkante des Gabelstandrohrs bis zum Ölspiegel. Dabei ist das Gabeltauchrohr ganz in das Gabelstandrohr eingeschoben, die Gabelfeder nicht eingesetzt.

Spezialwerkzeuge

Die Telegabel muss zum Wechsel des Gabelöls teilzerlegt werden. Dies erfordert ein gewisses Maß an Schraubererfahrung, gutes Werkzeug und einige Spezialwerkzeuge.

- Federhülsenhalter (Nr. 070MF-MBZC110)
- Halteblech (Nr. 070MF-MBZC130)
- Dämpferstangenhalter (Nr. 070MF-MBZC120)

Auf die Spezialwerkzeuge, die zum Wechsel der Gabelsimmerringe und Gabelgleitbuchsen benötigt werden, gehen wir weiter hinten im entsprechenden Kapitelabsatz ein.

Bild 5: Im abgelassenen Gabelöl ist Abrieb in Form von kleinen Metallpartikeln zu sehen.

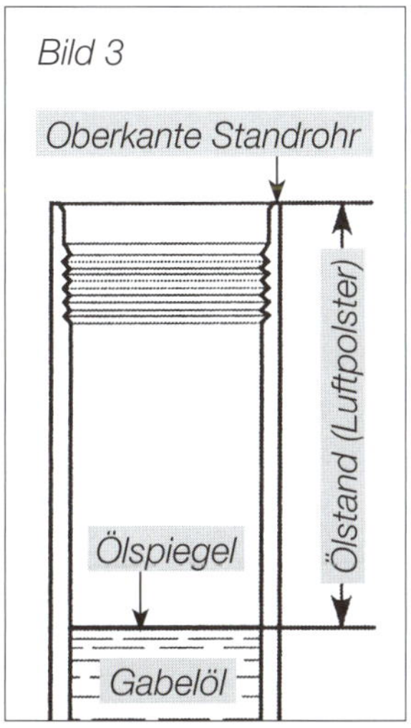

Bild 3: Prinzipskizze für die Begriffe Ölspiegel, Ölstand und Luftpolster.

Bild 4: Damit man die Gabelbeine ausbauen kann, wird ein spezieller Frontmontageständer benötigt, dessen oberer Haltebolzen von unten in das Lenkschaftrohr eingreift.

Castrol Gabelöl SAE 10W

Bild 6: Marken-Gabelöl gibt es in Gebinden zu 0,5 und 1 Liter.

Einstellmöglichkeiten Federvorspannung, Zug- und Druckstufendämpfung

Federvorspannung
bei Africa Twin mit Schaltgetriebe Mj. 2016, 2017, 2018, 2019 und **bei Africa Twin Adventure Sports mit Schaltgetriebe** Mj. 2018, 2019:
Bild 2: An beiden Gabelbeinen oben mit dem Sechskanteinsteller einstellbar. Standardeinstellung ist 5 Umdrehungen AUSgedreht

bei Africa Twin mit Doppelkupplungsgetriebe Mj. 2016, 2017, 2018, 2019 und **bei Africa Twin Adventure Sports mit Doppelkupplungsgetriebe** Mj. 2018, 2019:
Bild 2: An beiden Gabelbeinen oben mit dem Sechskanteinsteller einstellbar. Standardeinstellung ist 8 1/2 Umdrehungen AUSgedreht

Zugstufendämpfung bei allen Modellen
Bild 2: An beiden Gabelbeinen oben mit dem Schlitzeinsteller einstellbar. Standardeinstellung ist 2 1/4 Umdrehungen EINgedreht

Druckstufendämpfung
bei Africa Twin mit Schaltgetriebe Mj. 2016, 2017, 2018, 2019 und **bei Africa Twin mit Doppelkupplungsgetriebe** Mj. 2016, 2017, 2018, 2019:
Bild 1c: An beiden Gabelbeinen unten mit dem Schlitzeinsteller einstellbar. Standardeinstellung ist 8 Klicks EINgedreht

bei Africa Twin Adventure Sports mit Schaltgetriebe Mj. 2018, 2019 und **bei Africa Twin Adventure Sports mit Doppelkupplungsgetriebe** Mj. 2018, 2019:
Bild 2: An beiden Gabelbeinen unten mit dem Schlitzeinsteller einstellbar. Standardeinstellung ist 4 Klicks EINgedreht

Zur Liste links: Die angegebenen Einstellwerte sind Empfehlungen für Fahrer mit einem fahrfertigen Gewicht von ca. 85 kg. Sie gelten auch für Soziusbetrieb und mit Gepäck.

Bilder 7 und 9: Beim Festziehen der Klemmschrauben die Anziehdrehmomente und Reihenfolge beachten, sonst kann die Gabelbrücke reißen (Kreis in Bild 9).

Bild 8: Gabelstandrohre bündig mit der Gabelbrücke einbauen.

Gabelbeine aus- und einbauen

Gabelbeine ausbauen

1. Motorrad so aufbocken, dass das Vorderrad (und damit auch die Telegabel) frei sind: Entweder einen Frontständer benutzen, der von unten in das Lenkschaftrohr eingreift (Bild 4) oder die Maschine vorne an einen Kran hängen.

2. Aus- und abbauen: Bremssättel, Bremsschlauchhalter (siehe Kapitel 8 »Lenkung« Bild 10), Vorderrad, Kotflügel. Die Bremssättel so zur Seite hängen, dass sie beim Montieren nicht stören (siehe dazu auch Kapitel 5 »Räder«).

Wichtig: Bremsleitungen an den Bremssätteln und der Bremspumpe angeschlossen lassen, also nicht abschrauben!

3. Bild 7: Standrohr-Klemmschrauben in der oberen Gabelbrücke rechts und links lösen und mindestens drei Umdrehungen aufdrehen.

4. Bild 1b: Standrohr-Klemmschrauben in der unteren Gabelbrücke rechts und links lösen und mindestens drei Umdrehungen aufdrehen.

■ Dabei das Gabelbein mit einer Hand festhalten, damit es nicht plötzlich nach unten herausrutscht.

5. Gabelbein unter leichtem Drehen nach unten aus den Gabelbrücken herausziehen.

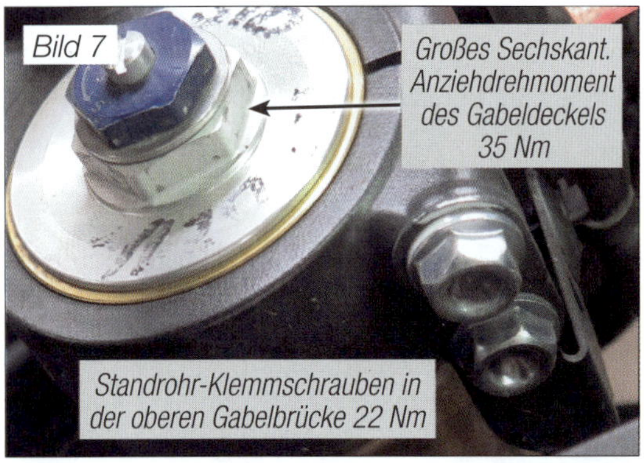

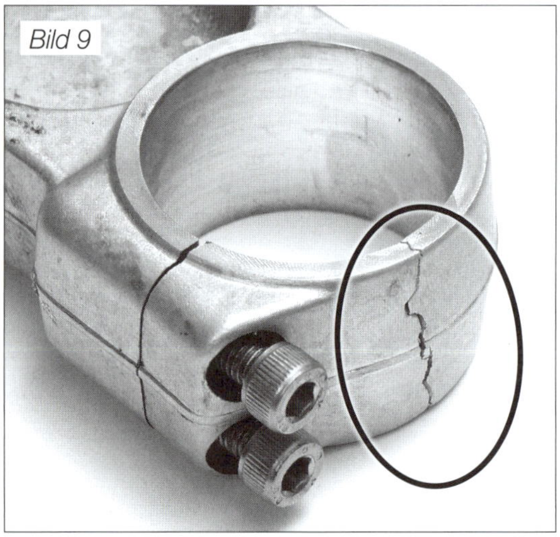

Wenn Gabelölwechsel gemacht werden soll und das Gabelbein deswegen teilzerlegt werden muss

■ Die Bilder 1a, 1b, 1c, 2 und 8 gelten für den folgenden Arbeitsabschnitt 3.1. bis 3.4.

3.1. Wenn Schritt 3 »Standrohr-Klemmschrauben in der oberen Gabelbrücke lösen« getan ist:

■ Bild 2: Jetzt feststellen, wie die Feder- und Dämpfereinsteller im oberen Gabeldeckel eingestellt sind. Einstellungen notieren.

3.2. Den Federeinsteller bis zum Anschlag links herum ausdrehen. Dieser Anschlag ist »weich«: Wenn man spürt, dass der Federeinsteller am Anschlag ist und er sich nicht mehr weiterdrehen lässt, NICHT mit Gewalt versuchen, ihn noch weiter zu drehen!

3.3. Den Einsteller der Zugstufendämpfung im Federeinsteller bis an den »weichen Anschlag« ausdrehen.

3.4. Nun den Gabeldeckel mit einem exakt passendem Schlüssel lösen, aber noch nicht ausschrauben.

Wichtig 1: Den Schlüssel am großen Sechskant des Gabeldeckels ansetzen (Bild 7), NICHT am kleineren Sechskant des Federeinstellers!

Wichtig 2: Eigentlich bräuchte man eine

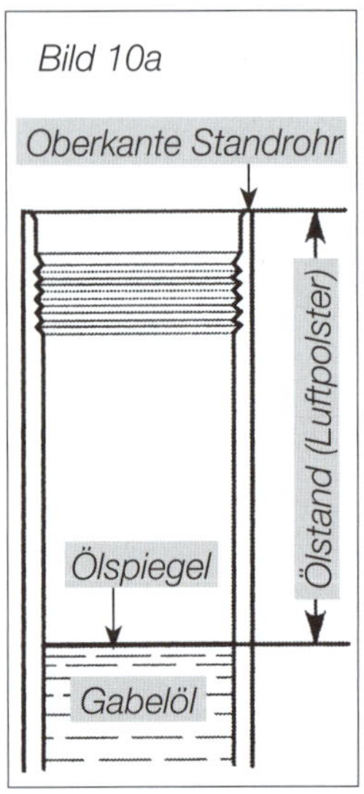

Bilder 10a und 10b: Eigenbau-Saugflasche mit Markierung am Saugrüssel zum Absaugen von überschüssigem Gabelöl bis zum korrekten Ölstand (Bilder 10a und Bild 20).

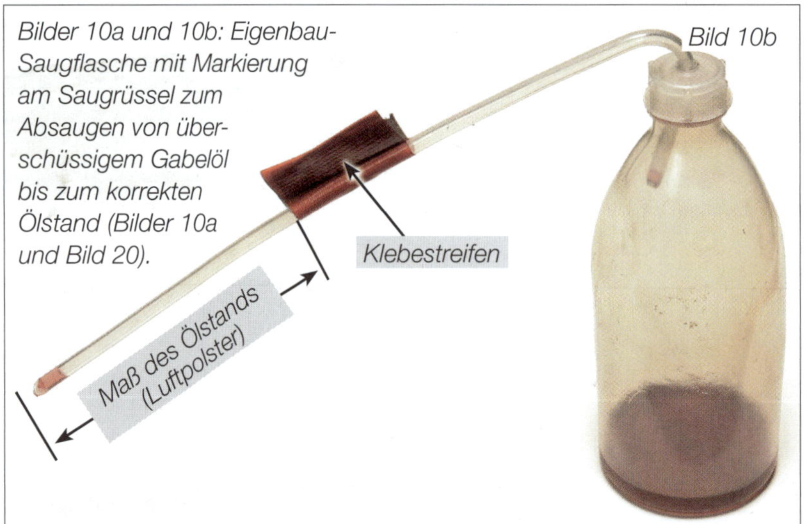

lange 24er-Nuss, die über die Einsteller für Federvorspannung und Dämpfung bis nach unten an das große Sechskant der Gabeldeckelschraube reicht. Eine solche Nuss ist selten, weswegen man einen 24er-Sechskant-Ringschlüssel (ebenfalls selten) oder einen Gabelschlüssel (den gibt es zuhauf) nehmen muss. Bevor Sie diesen am Alu-Sechskant der Gabeldeckelschraube ansetzen, schauen Sie sich den Schlüssel an, ob er ok und »so gut wie neu« ist; denn ein schlechter Schlüssel hinterlässt immer unschöne Montagespuren am Sechskant.

Gabelbeine einbauen

1. Gabelbeine und Klemmstellen reinigen mit Ölspray und Lappen. Die Klemmstellen der Gabelbeine in den Gabelbrücken mit etwas schwerem Fett einschmieren.

2. Gabestandrohr unter leichtem Drehen von unten in die untere Gabelbrücke einstecken, nach oben schieben und in die Bohrung in der oberen Gabelbrücke einschieben.

2.1. Bild 8: Das Gabelstandrohr so weit durch die obere Gabelbrücke durchstecken, dass sich seine Oberkante mit der Oberkante der oberen Gabelbrücke deckt (Pfeile in Bild 8). Gabelbein in dieser Position mit einer Hand festhalten.

3. Bild 1b: Standrohr-Klemmschrauben in der unteren Gabelbrücke in kleinen Schritten festziehen bis auf 25 Nm.

■ Anziehreihenfolge unten–oben–unten–oben.

4. Bild 7: Standrohr-Klemmschrauben in der oberen Gabelbrücke in kleinen Schritten festziehen bis auf 22 Nm.

■ Anziehreihenfolge unten–oben–unten–oben.

5. Kotflügel, Rad und Bremssättel ein- und anbauen. Achten Sie darauf, dass Bremsleitungen und ABS-Sensorkabel exakt verlegt sind.

Wenn ein Gabelbein nach einem Ölwechsel wieder eingebaut wird:

■ Wenn der Arbeitsschitt **3.** »untere Standrohr-Klemmschrauben festziehen« getan ist:

3.1. Bild 7: Gabeldeckel mit 35 Nm festziehen.

■ Erst jetzt die Standrohr-Klemmschrauben in der oberen Gabelbrücke festziehen mit 22 Nm (siehe Text weiter oben).

Abschluss: Wenn die Gabelbeine eingebaut sind, müssen die Einsteller für Federvorspannung und Dämpfung wieder auf die Stellungen gedreht werden, die vor dem Ausbau der Gabelbeine festgestellt und notiert wurden. Siehe dazu die Bilder 1a bis 2 am Anfang dieses Kapitels.

Gabelöl wechseln

Gabelbein zum Ölwechsel zerlegen

Das Gabelbein ist ausgebaut und gereinigt wie weiter vorne in diesem Kapitel beschrieben.

1. Bild 11: Gabelbein an der Achsfaust senkrecht in einen Schraubstock einspannen, Alubacken zum Schutz dazwischenlegen.

2. Spätestens jetzt feststellen, wie die Feder- und Dämpfereinsteller im oberen Gabeldeckel eingestellt sind und diese notieren.

■ Siehe Bild 2 und den Bildtext.

3. Den schon beim Ausbau des Gabelbeins gelösten Gabeldeckel ganz ausdrehen. Dabei das Standrohr mit der Hand gegenhalten.

Wichtig: Merken Sie sich genau, welchen Gabeldeckel Sie von welchem Gabelbein abgebaut haben, damit jeder beim Zusammenbau wieder auf sein zugehöriges Gabelbein montiert wird. Am besten mit einem Filzstift markieren.

4. Standrohr nach unten auf das Tauchrohr schieben.

■ Aufpassen, dass der Gabelsimmerring nicht beschädigt wird.

5. Bild 12: Jetzt werden »Federhülsenhalter« und »Halteblech« gebraucht.

5.1. Bilder 12 und 15: Federhülsenhalter an der

Bild 12

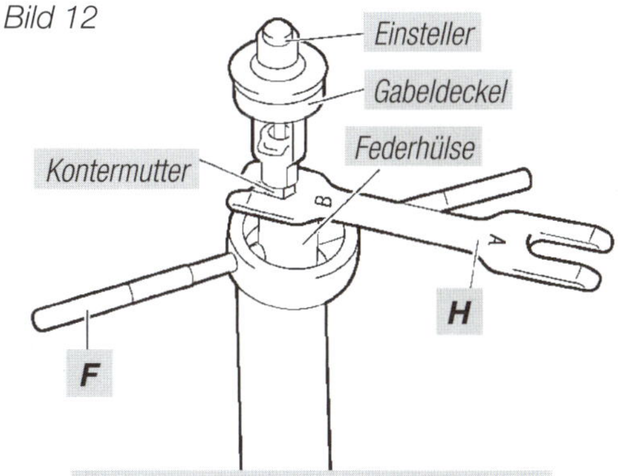

Abschrauben des Gabeldeckels

Bild 13

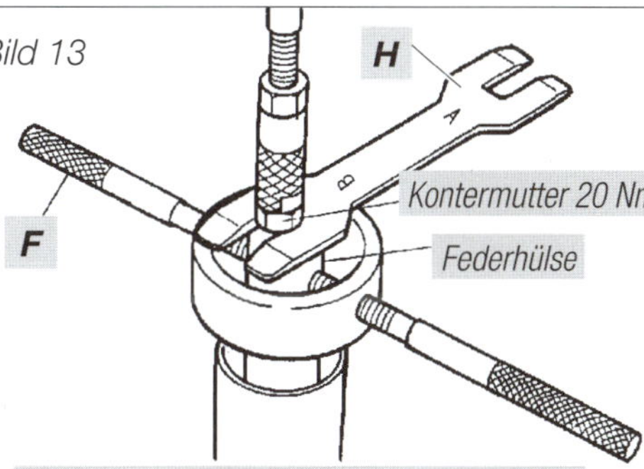

Festschrauben des Gabeldeckels

Bild 11

Bild 11: Beim Einspannen des Gabelbeins in einen Schraubstock unbedingt Alubacken benutzen.

Bilder 12 und 13: Honda-Spezialwerkzeuge zum Niederdrücken der Gabelfeder, damit beim Zerlegen und Zusammenbau des Gabelbeins die Kontermutter auf der Dämpferstange beschraubt werden kann.

***F** = Federhülsenhalter*
***H** = Halteblech*

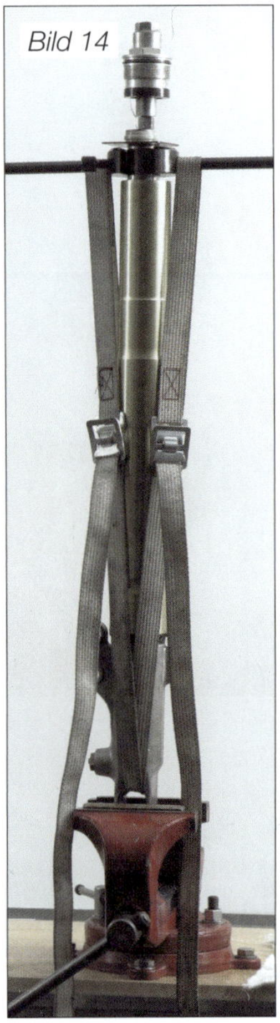

Federhülse anbringen: Die seitlichen Bolzen des Federhülsenhalters in die Öffnungen der Federhülse einschrauben. Nicht zu fest anziehen.
5.2. Nun die Bolzen mit beiden Händen fest umfassen und nach unten drücken, bis die Kontermutter auf der Dämpferstange zu sehen ist. In Position festhalten.
5.3. Bild 12: Halteblech zwischen Federhülsenhalter und Kontermutter schieben.
■ Das muss ein Helfer machen, denn wenn man alleine arbeitet, bräuchte man eine dritte Hand.
Tipp: Mit zwei Spanngurten den Federhülsenhalter nach unten spannen (Bild 14).
6. Einen 24er-Gabelschlüssel auf das Sechskant des Gabeldeckels schieben und in dieser Position festhalten.
6.1. Auf die Kontermutter einen passenden Gabelschlüssel schieben und die Mutter entkontern.
■ Dabei den Gabeldeckel mit dem 24er-Gabelschlüssel auf Zug gegenhalten.
6.2. Gabeldeckel abschrauben, Halteblech abnehmen, Federhülsenhalter abbauen.
6.3. Bild 34 : Kontermutter von der Dämpferstange abdrehen. Federsitzanschlag, Federhülse und Gabelfeder herausnehmen.
7. Bild 16: Gabelbein aus dem Schraubstock nehmen, kopfüber in eine Ölablasswanne kippen und das Gabelöl auslaufen lassen.
7.1. Das Standrohr mehrmals über das Tauchrohr schieben, damit wird schon ein Großteil des restlichen Öls herausgepumpt.
7.2. Jetzt wird das Spezialwerkzeug »Dämpferstangenhalter« benötigt. Sollte das nicht zur Verfügung stehen, dann machen Sie Folgendes:
Tipp: Den Gabeldeckel provisorisch aufschrauben und darunter einen längeren, dünnen Draht um die Dämpferstange wickeln (Bild 17).
8. Dämpferstange mit der Hand einschieben und am Draht wieder ausziehen, damit alles Gabelöl auch aus dem Dämpferelement herausgepumpt wird und ausläuft. Mindestens zehn Mal die Dämpferstange ausziehen und einschieben und zwar langsam. Das alte Öl lange genug austropfen lassen.
9. Jetzt in das Gabelbein einen guten Schuss

Bild 14

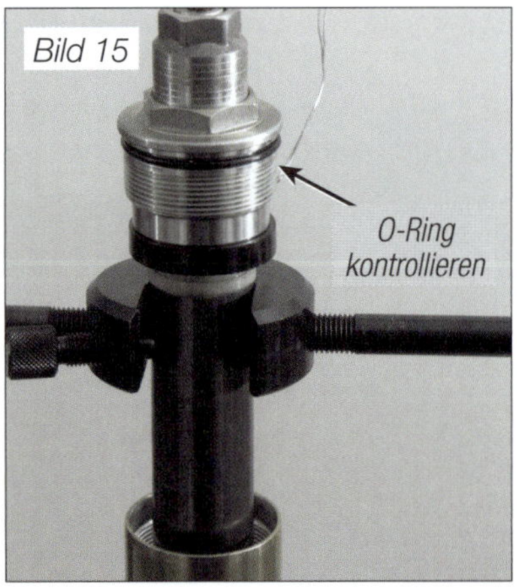

Bild 15

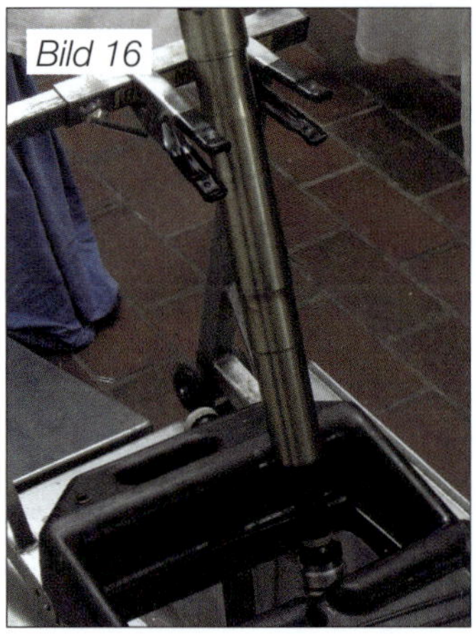
Bild 16

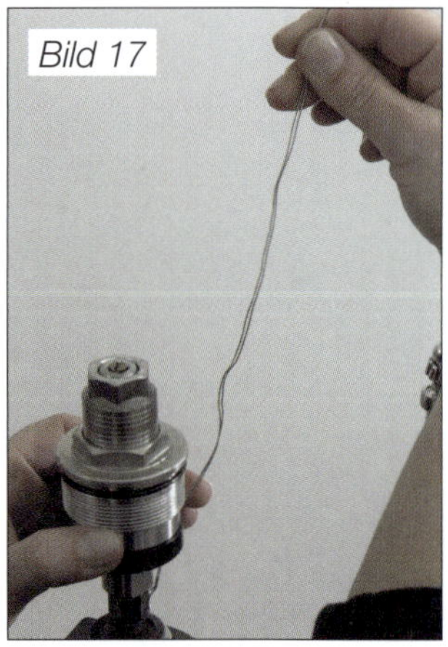
Bild 17

Bilder 14 bis 20: Im Lauftext sind die zu den Bildern gehörenden Arbeitsschritte beschrieben.

Bild 18

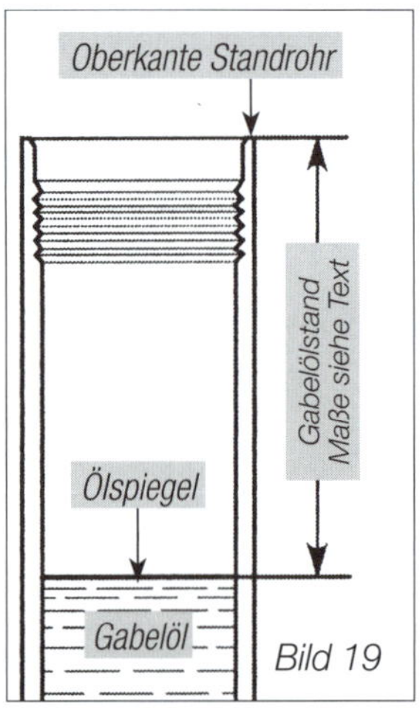

Bild 19

Bild 20

(ca. 100 cm³) Benzin oder Waschbenzin einfüllen und gründlich ausspülen, Dämpferstange wieder hin und her pumpen. Gabelbein und Dämpfereinheit werden so vom alten Gabelöl und Schmutz gereinigt.
10. Bild 15: O-Ring auf dem Gabeldeckel kontrollieren. Wenn er völlig in Ordnung ist, kann er noch einmal verwendet werden.
Hinweis: Das Gabelbein braucht zum Gabelölwechsel nicht weiter zerlegt werden. Wenn Sie neue Gabelsimmerringe einbauen wollen, lesen Sie bitte weiter im übernächsten Absatz »Neue Simmerringe einbauen«.
11. Nun auch das rechte Gabelbein ebenso bearbeiten bis zum Ölauskippen und Reinigen durch Spülen, wie es in den Arbeitspunkten **5.** bis **10.** beschrieben ist.

Frisches Gabelöl

Vorgeschrieben ist »Honda Ultra Cushion Oil 10W (SS-47)«. Es kann aber auch ein anderes Gabelöl eines Markenölherstellers in der Viskosität SAE 10 verwendet werden. Zum Gabelölwechsel wird ungefähr 1,5 Liter benötigt.

Für die einzufüllende Menge des Gabelöls pro Gabelbein gibt es zwei Bezugsgrößen, nämlich Gabelölmenge und Gabelölstand:
- bei Africa Twin:
  Gabelölmenge 721 cm³ (± 2,5 cm³)
  Gabelölstand 95 mm
- bei Africa Twin Adventure Sports:
  Gabelölmenge 695 cm³ (± 2,5 cm³)
  Gabelölstand 110 mm

Bild 19: Der Gabelölstand wird von der Oberkante des Gabeltauchrohres aus nach unten zum Ölstand gemessen; dabei ist das Gabeltauchrohr ganz in das Standrohr eingeschoben und die Gabelfeder ist nicht eingebaut.

Absaug-Spezialwerkzeug

Bilder 10b und 20: Zum Einstellen des Ölstands wird eine quetschfreundliche Plastikflasche benötigt mit einem Saugrüssel. An diesem wird das vorgeschriebene Maß mit einem Stück Klebeband markiert.

Frisches Gabelöl einfüllen

1. Bild 11: Gabelbein an der Achsfaust senkrecht in einen Schraubstock spannen. Standrohr ganz auf das Tauchrohr schieben.
2. Bild 18: Frisches Gabelöl einfüllen: Füllen Sie etwas mehr als die vorgeschriebene Ölmenge ein. Das zu viel eingefüllte Öl wird ja wieder abgesaugt, wenn nachher der Ölstand korrekt eingestellt wird.
2.1. Gabelöl langsam einfüllen.
■ Das eingefüllte Öl immer wieder einige Momente beruhigen lassen. Zuschauen wie Luftblasen aufsteigen.
3. Standrohr bis zum Anschlag aus dem Tauchrohr ausziehen.
3.1. Eine Hand oben auf das Standrohr legen und so das Standrohr abdichten.
3.2. Mit der anderen Hand das Standrohr langsam ganz einschieben, dann die Hand wegnehmen. ■ Die Punkte **3.** bis **3.2.** zwei bis drei Mal wiederholen.
4. Wenn vorhanden: Das Spezialwerkzeug »Dämpferstangenhalter« montieren und die Dämpferstange oben halten.
■ Wenn nicht vorhanden: Einen dünnen Draht um die Dämpferstange wickeln wie im Bild 17 zu sehen. Damit die Dämpferstange oben halten.
4.1. Bild 18: Dämpferstange nach oben ziehen und einige Male (Honda sagt 8 bis 10 Mal) langsam (!) hin und her bewegen, ausziehen am Draht, eindrücken mit der Hand: Das Gabelöl verteilt sich jetzt gleichmäßig im Gabelbein und eventuell eingeschlossene Luft wird herausgedrückt.
4.2. Die Dämpferstange so lange langsam (!) hin und her bewegen, bis sich die Dämpfung geschmeidig anfühlt – dann ist das Dämpferelement mit Gabelöl gefüllt. Warten Sie nun noch weitere zehn Minuten.
5. Ölstand einstellen.
5.1. Standrohr auf das Tauchrohr aufschieben.
6. Bild 20: Mit dem Saugrüssel exakt senkrecht bis zur Markierung in das Gabelbein einfahren, Flasche langsam zusammendrücken und loslassen: So wird das überschüssige Öl abgesaugt.
7. Schön langsam: Jetzt die Dämpferstange einige Male wieder herausziehen und einschieben. Auch das Gabelstandrohr auf dem Gabeltauchrohr nach oben ziehen und nach unten bewegen.
■ Mit dem Saugrüssel an der Spritzflasche noch einmal kontrollieren, ob der Ölstand korrekt ist.

Gabelbein zusammenbauen

Siehe dazu Explosionszeichnung in Bild 34.
1. Dämpferstange mit dem Dämpferstangenhalter oder am Draht nach oben ziehen und festhalten. Gabelstandrohr auf dem Gabeltauchrohr ganz nach oben ziehen. Dämpferstangenhalter oder Draht abbauen.
2. Feder in das Gabelbein einführen: Kleiner Durchmesser mit der engen Wicklung nach

Wichtige Adressen:

■ **Motorrad-Technik Czech**
(Spezialschmiermittel
für Motorräder)
Jungfernweg 2b,
D-41564 Kaarst
www.hks-czech.de

■ **Öhlins** (Federelemente)
Zupin Moto-Sport GmbH
Trostberger Straße 26
D-83301 Traunreut
www.zupin.de
www.ohlins.eu
www.oehlins.ch

■ **Wilbers Products**
(Federelemente,
Lenkungsdämpfer)
Wilbers Products GmbH
Frieslandstraße 6-10,
D-48527 Nordhorn
www.wilbers.de
www.pimping-station.at
www.moto-mader.ch

■ **Wirth** (Gabelfedern)
Wirth Federn
Osterdiecksfeld 23
D-21274 Undeloh
www.wirth-federn.de

■ **WP Suspension GmbH**
(Federelemente,
Lenkungsdämpfer)
Stallhofnerstrasse 3
A-5230 Mattighofen
www.wp-suspension.com
www.motoshop-zachmann.ch

Bild 21: Spezialwerkzeug »Eintreibwerkzeug für Gabeldichtring 45,2 mm« zum Einbau von Gabelbuchse und Simmerring.

unten, großer Durchmesser nach oben.

3. Federhülse mit den Bohrungen für den Federhülsenhalter nach oben einführen.

3.1. Federsitzanschlag auf die Dämpferstange schieben bis nach unten auf die Federhülse.

4. Kontermutter auf die Dämpferstange ganz aufschrauben und daran die Dämpferstange nach oben ziehen und festhalten.

5. Federhülsenhalter auf die Federhülse aufbauen. Mit zwei Händen nach unten drücken, bis genügend Luft zwischen Federhülsenhalter und der Kontermutter ist. Halteblech einführen (Bild 13).

6. Die Einstellschraube des Zugstufendämpfers nach links auf ganz weich stellen.

7. Den O-Ring auf dem Gabeldeckel genau ansehen ob er ok ist, wenn nicht erneuern. O-Ring gut mit frischem Gabelöl einreiben. Dämpferstangenhalter oder den Draht abnehmen.

7.1. Gabeldeckel auf Dämpferstange aufdrehen.

8. Kontermutter gegen den Gabeldeckel drehen und »gut handfest« (20 Nm) festziehen. Dabei den Gabeldeckel am Sechskant gegenhalten.

9. Federhülsenhalter und Halteblech abbauen.

10. Gabelstandrohr ganz nach oben ziehen, mit der Hand halten: Den Gabeldeckel am Innengewinde des Standrohres exakt ansetzen und handfest einschrauben.

11. Einbau der Gabelbeine und Einstellung der Federvorspannung und Dämpfung wie vorne beschrieben.

Hinweis: Das Festziehen des Gabeldeckels mit dem vorgeschriebenen Drehmoment von 35 Nm wird erst dann gemacht, wenn das Gabelbein in die Gabelbrücken eingeschoben ist und die unteren Klemmschrauben festgezogen sind (siehe weiter vorne bei »Gabelbeine einbauen«).

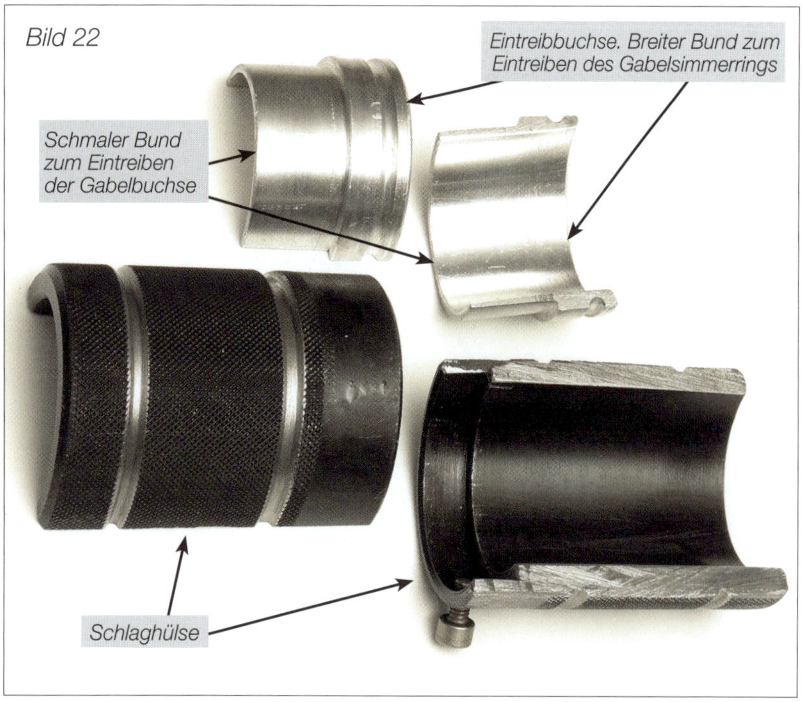

Neue Simmerringe einbauen

Ein Wort zuvor: Wenn neue Gabelsimmerringe oder neue Gabelbuchsen in die Gabelbeine eingebaut werden sollen, wird zum fachgerechten Einbau ein weiteres Spezialwerkzeuge benötigt, zu sehen in Bild 21:

- »Eintreibwerkzeug für Gabeldichtring 45,2 mm« Bild 21 (Nr. 07KMD-KZ30100)

Bild 22: Ein solches Spezialwerkzeug zum Eintreiben von Simmerringen und Gabelbuchsen kann man selbst machen:

- Die beiden kleineren Teile bilden die »Eintreibbuchse«; ihr Innen-Ø ist mit 45,5 mm um 0,5 mm größer als das Gabeltauchrohr.
- Der Rand auf der dünnen Seite ist auf 2,5 mm Wandstärke gedreht, damit wird die Gabelbuchse in das Standrohr eingepresst.
- Auf der anderen Seite der »Eintreibbuchse« ist der untere innere Rand um 45 Grad nach innen 2 mm tief angefast, damit beim Eintreiben des neuen Simmerrings dessen Dichtlippe nicht auf Druck beansprucht und beschädigt wird.
- Die »Schlaghülse« ist ein entsprechend massives Stahlrohrstück mit 45,5 mm Innendurchmesser. Damit wird die »Eintreibbuchse« beim Einbau des Gabelsimmerrings behämmert.

Der richtige Umgang damit wird weiter hinten in diesem Kapitel gezeigt beim Einpressen von Gabelbuchse (Bild 36) und Simmerring (Bild 37).

Wichtig: Wenn man ein solches Spezialwerkzeug nicht hat, ist es besser, die Gabelbeine auszubauen und zum Gabelölwechsel oder Einbau neuer Gabelsimmerringe in die Werkstatt zu geben, anstatt mit anderen schlecht geeigneten Werkzeugen herumzuprobieren. Mit »Fachwerkstatt« meinen wir Honda-Motorradhändler oder freie Werkstätten, die sich auf Federung und Dämpfung spezialisiert haben.

Bild 22: Eigenbau-Werkzeug zum Eintreiben von Simmering und Gabelbuchse in das Standrohr. Es besteht aus einer doppelseitig verwendbaren Alu-Buchse und einem Stahl-Schlaggewicht, beide Bauteile sind der Länge nach geteilt. In Aktion zu sehen ist unser Spezialwerkzeug in den Bildern 36 und 37.

Gabelbein ganz zerlegen

1. Gabelbein ist ausgebaut und so weit zerlegt, wie weiter vorne unter »Gabelbein zum Ölwechsel zerlegen« von **1.** bis **6.1.** beschrieben.
2. Bild 28: Gabeltauchrohr am Bremssattelhalter quer in Schraubstock spannen, Alubacken dazwischen legen.
3. Bilder 23 und 24: Staubmanschette mit kleinem Schraubenzieher ringsum aus Sitz lösen.
4. Bilder 25 und 26: Sicherungsring ausbauen: Kleinen Schraubenzieher neben dem offenen Ende einstecken (Bild 25) und damit den Sicherungsring heraushebeln (Bild 26).
5. Bild 27: Untere Dämpferhalteschraube lösen und ausschrauben:
5.1. Bilder 1c und 27: In der 6-kant-Dämpferhalteschraube sitzt der Einsteller für die Dämpfer-Druckstufe. ■ Ölauffanggefäß unterstellen; denn wenn die untere Dämpferhalteschraube gelöst wird, läuft Öl aus der Gabel.
5.2. Bild 27: Mit einer passenden Nuss unten in

Bild 23
Bild 24

Bilder 23 bis 28: Im Lauftext sind die zu den Bildern gehörenden Arbeitsschritte nummeriert beschrieben.

Bild 25

Bild 26

Bild 27

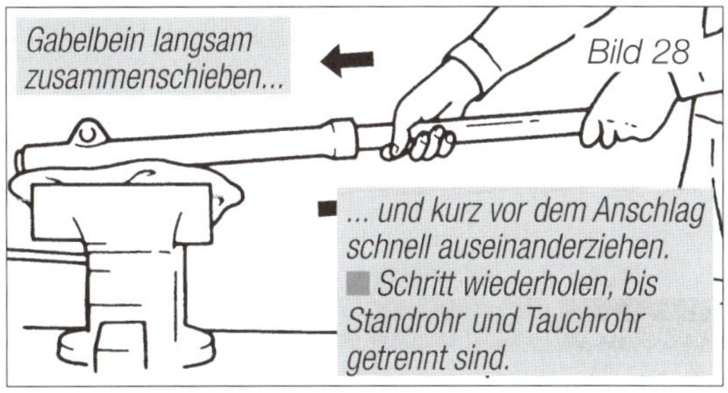

Bild 28

Bild 29

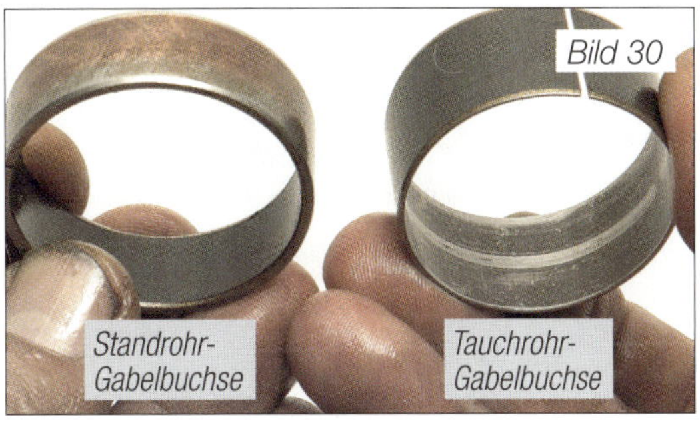

Bild 30

Bild 29: Zum Ab- und Aufbau der im Gabeltauchrohr eingesetzten Gabelbuchse diese mit den Fingernägeln etwas auseinanderziehen.

Bild 30: Sichtprüfung der Gabelbuchsen auf Verschleiß. Diese sind in Ordnung.

Bild 31

Bild 32

Bild 31: Neue Simmerringe gut mit Silikonpaste einschmieren.

Bild 32: Simmerringe mit der Aufschrift nach unten einbauen.

Bild 33: Aufbaureihenfolge der Bauteile auf dem Tauchrohr.

die Achsfaust einfahren und die Dämpferhalteschraube lösen und ausdrehen.
6. Gabelbein aus dem Schraubstock nehmen, kopfüber halten und schütteln: Dämpferelement und Zentrierring fallen dann heraus.
7. Bild 28: Gabeltauchrohr am Bremssattelhalter quer in Schraubstock spannen, Alubacken dazwischenlegen.
7.1. Bild 28: Standrohr auf Tauchrohr aufschieben und dann beide Teile mit einem kräftigen Ruck auseinanderziehen.

■ Es kommen heraus, Bild 35: Simmerring, Stützscheibe, Standrohr-Gabelbuchse.
7.2. Wenn ein einziger kräftiger Ruck nicht ausgereicht hat, um Simmerring und Gabelbuchse aus ihrem Sitz im Bund des Standrohres herauszuziehen, mehrmals versuchen.
8. Bild 29: Tauchrohr-Gabelbuchse aus ihrem Sitz in der Nut des Gabeltauchrohres ausbauen: An der Trennstelle mit den Fingernägeln packen, etwas aufbiegen und gleichzeitig abziehen.
9. Alle Teile gut reinigen.

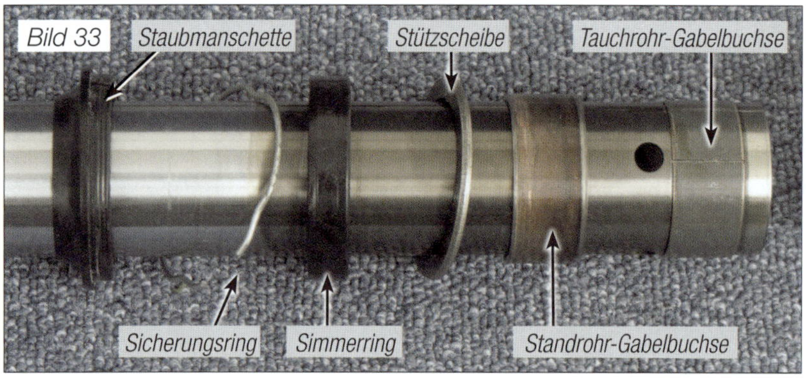

Bauteile im Bild 34

1 = Gabeldeckel 35 Nm
2 = O-Ring
3 = Federsitzanschlag
4 = Federhülse
5 = Gabelfeder
6 = Kontermutter 20 Nm
7 = Dämpferstange
8 = Staubmanschette
9 = Sicherungsring
10 = Standrohr
11 = Simmerring
12 = Stützscheibe
13 = Gabelbuchse im Standrohr unten
14 = Gabelbuchse auf dem Tauchrohr
15 = Dämpferhalteschraube 34 Nm
16 = Dichtscheibe
17 = Dämpferelement
18 = Zentrierring
19 = Tauchrohr
20 = Achsklemmschrauben 22 Nm

Bild 34: Explosionszeichnung des rechten Gabelbeines. Das linke ist deckungsgleich.

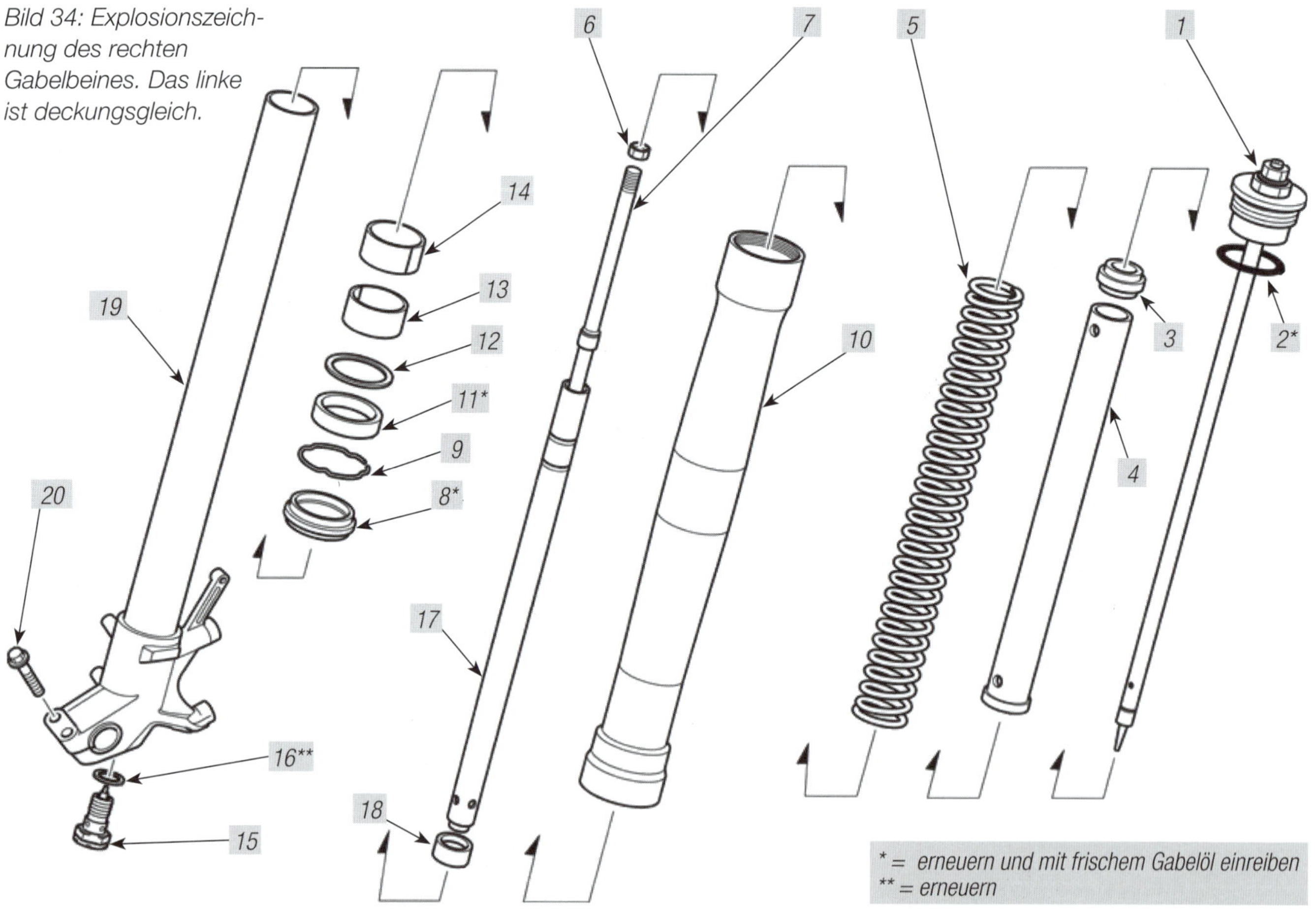

Gabelbauteile prüfen

1. Tragbild der Gabelbuchsen prüfen (Bild 30): Buchsen erneuern, wenn ihre Gleitflächen angekratzt, riefig oder mehr als ein Fingernagel groß verschlissen sind. Immer einen kompletten Satz neuer Buchsen einbauen: Tauchrohr- und Standrohr-Gabelbuchse erneuern.

2. Tauch- und Standrohr auf Riefen, Kratzer, Druckstellen, Korrosion, Verschleiß prüfen.

3. Gabeltauchrohr in Prismenböcke legen und mit Messuhr den Schlag messen. Beachten, dass der tatsächliche Schlag halb so groß ist wie der von Messuhr angezeigte bzw. abgelesene Wert: Verschleißgrenze 0,20 mm.

4. Gabeltragfedern beider Gabelbeine nebeneinander legen, beide Federn müssen gleich lang sein (Toleranz ± 2 mm).

Gabelbein zusammenbauen

Bitte nehmen Sie sich auch die Explosionszeichnung in Bild 34 zu Hilfe.

1. Bild 28: Gabeltauchrohr am Bremssattelhalter quer in Schraubstock spannen, Alubacken dazwischenlegen.

2. Bild 35: Kanten am Rand des Tauchrohres mit einem langen Stück Tesafilm umwickeln, damit die Dichtlippen von Staubmanschette und Simmerring beim Überstreifen nicht beschädigt werden.

3. Bild 31: Staubmanschette und Gabelsimmerring mit reinem Silikonfett einreiben. Das hält sie geschmeidig, lässt sie leicht gleiten und verbessert das Ansprechverhalten der Gabel.

4. Bild 33: Auf das Gabeltauchrohr Staubmanschette und Sicherungsring aufschieben.

4.1. Bild 32: Dann wird der Gabelsimmerring aufgeschoben mit der Aufschrift auf der geschlossenen Seite nach unten.

4.2. Dann die Stützscheibe mit der geschliffenen Seite zum Gabelsimmerring hin. Tesa abziehen.

5. Standrohr-Gabelbuchse aufschieben.

5.1. Bilder 29 und 33: Jetzt die Tauchrohr-Gabelbuchse von innen mit zwei Fingern vorsichtig so weit aufbiegen, dass sie über das Rohr geschoben und in die Nut eingesetzt werden kann.

6. Gabeltauchrohr ringsum mit frischem Gabelöl einölen, Gabelstandrohr aufschieben.

7. Jezt werden Standrohr und Tauchrohr zusammengefügt, indem die Standrohr-Gabelbuchse und der Simmerring in ihre Sitze im Standrohr eingetrieben werden. Das geht so:

7.1. Tauchrohr in eine Linie zum Standrohr bringen, Buchse ansetzen und etwa eine Handbreit in das Standrohr einschieben.

7.2. Nun unser Spezialwerkzeug mit dem schmalen Bund zur Standrohr-Gabelbuchse hinweisend ansetzen und das Schlagwerkzeug mit Kabelbindern zusammenspannen (Bild 36). Damit die Gabelbuchse eintreiben. Spezialwerkzeug abnehmen.

7.3. Stützscheibe zur Gabelbuchse und mit dem Gabelsimmerring an den Sitz schieben.

7.4. Bild 37: Spezialwerkzeug mit dem breiten Rand zum Simmerring hin ansetzen. Simmerring zusammen mit der Stützscheibe eintreiben.

8. Mit Taschenlampe in Sitzbund leuchten: Ist die Nut für den Sicherungsring zu sehen?

8.1. Sicherungsring in Nut einsetzen. Bild 38: Staubmanschette ansetzen und mit zwei kräftigen Daumendrücken eindrücken.

9. Zentrierring unten auf den Bund des Dämpferelements aufsetzen und in das Tauchrohr einschienen. Darauf achten, dass der Zentrierring unten richtig sitzt.

10. Dämpferhalteschraube mit neuer Dichtscheibe bestücken, einen Tropfen Loctite 243 »mittelfest« ans Gewinde geben, eindrehen und mit 34 Nm festziehen. Dabei das Dämpferelement oben zentrisch halten.

11. Gabelöl einfüllen, Gabelbein zusammenbauen und einbauen siehe weiter vorne in diesem Kapitel.

Bild 35: Rand des Tauchrohres mit einem Stück Tesafilm umwickeln.

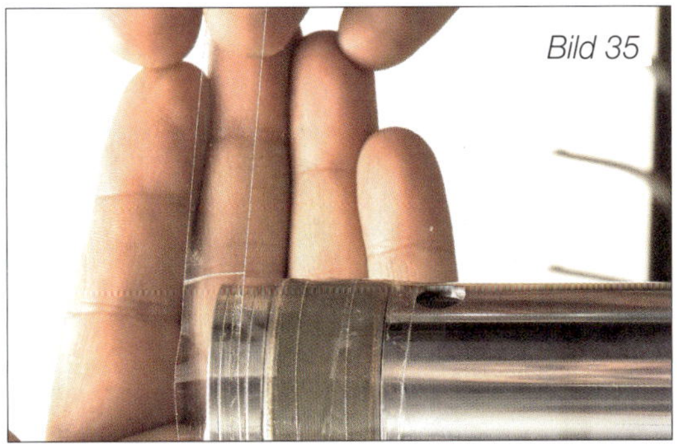
Bild 35

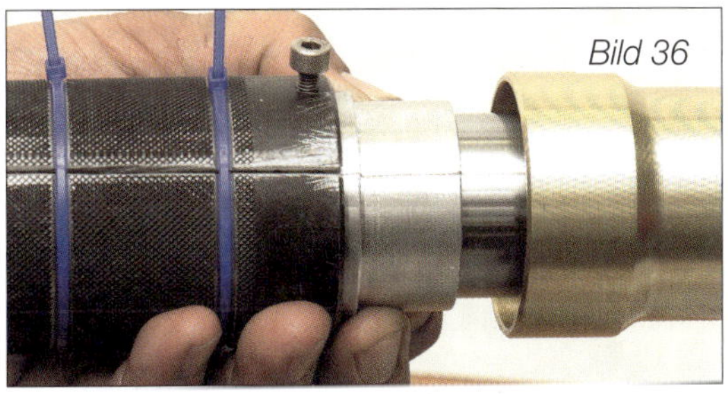
Bild 36

Bild 37

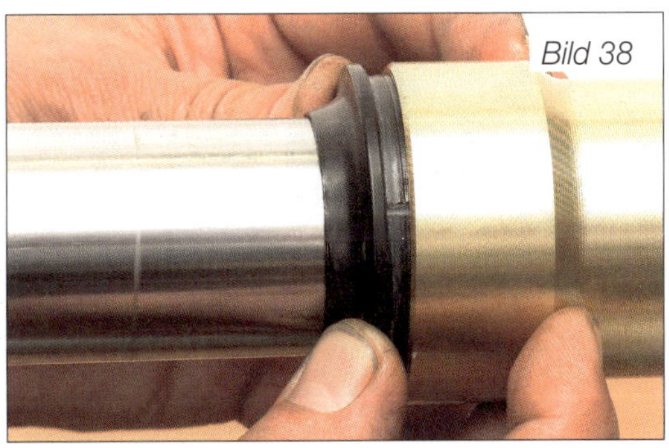
Bild 38

Bilder 36 und 37: Eintreiben von Gabelbuchse und Gabelsimmerring.

Bild 38: Eindrücken der Staubmanschette mit zwei festen Fingerdrücken.

Bilder 1, 2 und 3: Einsteller am Federbein für Federvorspannung, Druckstufendämpfung und Zugstufendämpfung. Bild 4: Gasdruckfederbein mit roter Feder.

Federbein · Schwinge

In diesem Kapitel: Federung hinten · Standardeinstellungen · Federbein einstellen · Federbein aus- und einbauen · Umlenkhebel und Schwinge aus- und einbauen, prüfen und schmieren.

Federung hinten

Bauteile: Ein Gasdruck-Federbein (Bild 4), oben rahmenfest montiert, unten über Umlenkhebel und Zugstrebe mit Rahmen und Schwinge verbunden. Zweiarmschwinge aus Aluminium-Druckguss. Radfederweg 220 mm.

In alle Modelle von 2017 bis 2019 ist das gleiche Federbein eingebaut. Verschieden sind die Farben der Feder: Die »normale« Africa Twin hat eine silberne oder rote Feder (wie in Bild 4), bei der Adventure Sports ist die Feder blau.

Bild 1

Einstell-Handrad für die Federvorspannung

Bild 2

Einsteller für die Druckstufendämpfung

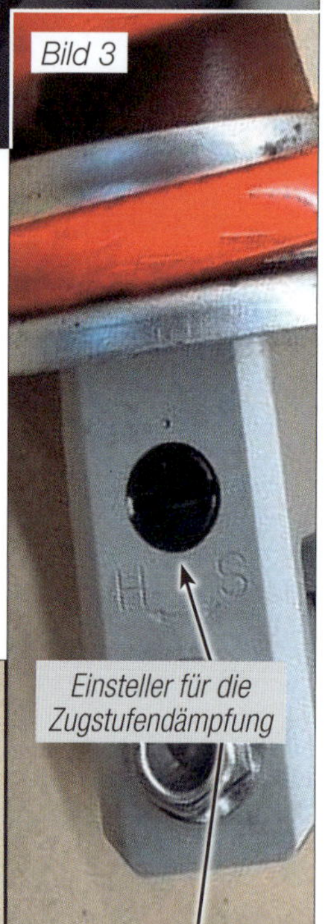

Bild 3

Einsteller für die Zugstufendämpfung

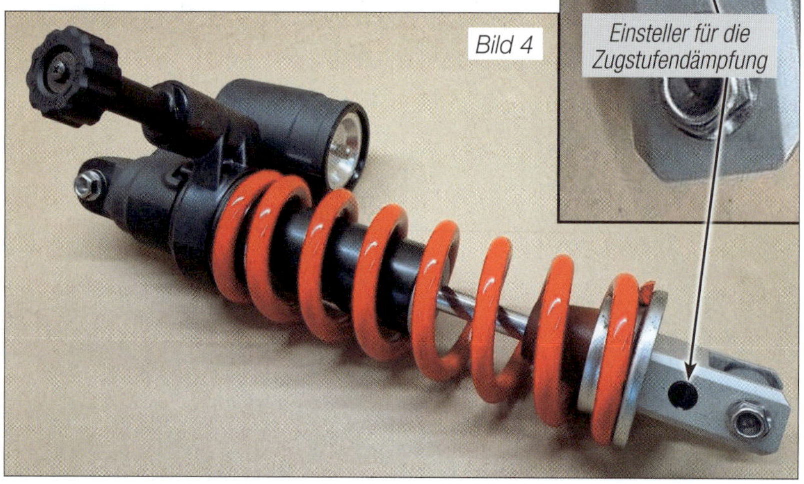

Bild 4

Standardeinstellungen

- EINgedreht« bedeutet »rechts herum gedreht«
- AUSgedreht« bedeutet «links herum gedreht«

Bei **CRF 1000 L Africa Twin**
in den Modelljahren 2016, 2017:

- Bild 1: Federvorspannung Einstell-Handrad
  7 Klicks AUSgedreht
- Bild 2: Druckstufendämpfung Einstellschraube
  14 Klicks EINgedreht
- Bild 3: Zugstufendämpfung Einstellschraube
  11 Klicks EINgedreht

Bei **CRF 1000 L Africa Twin**
in den Modelljahren 2018, 2019:

- Bild 1: Federvorspannung Einstell-Handrad
  7 Klicks AUSgedreht
- Bild 2: Druckstufendämpfung Einstellschraube
  14 Klicks EINgedreht
- Bild 3: Zugstufendämpfung Einstellschraube
  9 Klicks EINgedreht

Bei **CRF 1000 L Africa Twin Adventure Sports**
in den Modelljahren 2018, 2019:

- Bild 1: Federvorspannung Einstell-Handrad
  7 Klicks AUSgedreht
- Bild 2: Druckstufendämpfung Einstellschraube
  19 Klicks EINgedreht.
- Bild 3: Zugstufendämpfung Einstellschraube
  13 Klicks EINgedreht

Diese Standardeinstellungen passen für Alltagsbetrieb mit einer Person und mit Sozius sowie gelegentlicher Mitnahme von Gepäck.

Einstellungen ändern

Die Hinterradfederung kann an drei Stellen des Federbeins eingestellt werden: Bild 1 in der Federvorspannung, Bild 2 in der Druckstufendämpfung und Bild 3 in der Zugstufendämpfung.

Wenn man sich jedoch über den normalen Alltag hinaus für seine Maschine wirklich interessiert und neugierig ist, wie sich das Fahrverhalten verändert, wenn man die Einstellungen von Federvorspannung, Druck- und Zugstufendämpfung verändert, dann kann das wirklich helfen bei der Vorbereitung für Abenteuer- und Urlaubsfahrten, weil man dadurch aus dem Fahrwerk den optimalen Fahrspaß herausholen kann.

Für eine jede Verstellung, die ja zu einer persönlichen Top-Einstellung führen soll, gelten die gleichen Voraussetzungen wie bei der Telegabel im Kapitel 9: Die Einstellungen von Federvorspannung, Druck- und Zugstufendämpfung sind abhängig vom Fahrergewicht, Solo- oder Zweipersonenbetrieb, mit oder ohne Gepäck sowie den auf einer Tour zu erwartenden Fahrbahnbeschaffenheiten (Autobahn, Landstraße gut, winkelig und/oder wellig, Feldwege oder echtes Gelände) und dem Fahrstil. Um eine neue passende Einstellung zu finden helfen tiefe Blicke in das Fahrzeug-Handbuch und das Gespräch mit dem betreuenden Honda-Händler.

Wie wird die Einstellung verändert?
Bild 1: Die **Federvorspannung** ist mit »7 Klicks AUSgedreht« bei allen Maschinen gleich. Sie passt für Solofahrer mit einem »fahrfertigen« Gewicht von ca. 85 kg. Mit dieser Einstellung kann gelegentlich auch ein/e Beifahrer:In mitgenommen werden, ohne dass die Federvorspannung verstellt werden muss. Auch bleiben die Einstellungen für Druck- und Zugstufendämpfung.

Federvorspannung Bild 1: Zum Verdrehen des Handrads links oben am Federbein zwecks Einstellung der Federvorspannung genügt eine kräftig zupackende Hand.
■ **Verstellen:** Einstell-Handrad rechts herum drehen, Feder wird mehr vorgespannt, Heck der Maschine hebt sich an, Sitzhöhe wird höher, Bodenfreiheit wird größer. Eine solche Einstellung eignet sich für Solofahrer mit viel Gepäck und für Fahrten mit zwei Personen.
■ Einstell-Handrad links herum drehen, Feder wird weniger vorgespannt, Heck der Maschine senkt sich ab, Sitzhöhe wird niedriger, Bodenfreiheit wird geringer. Eine solche Einstellung eignet sich für leichte Solofahrer ohne Gepäck.

Druckstufendämpfung Bild 2: Für den Schlitzeinsteller rechts oben am Federbein wird ein mittelgroßer Schraubenzieher benötigt.
■ **Verstellen:** Die Druckstufendämpfung unterstützt die Federvorspannung. Je weiter der Schlitzeinsteller rechts herum EINgedreht wird, desto härter wird die Druckstufe und desto langsamer federt die Hinterradfederung ein.
■ Umgekehrt: Je mehr der Schltzeinsteller links herum AUSgedreht wird, desto weicher wird die Druckstufe und desto schneller federt die Hinterradfederung ein.

Zugstufendämpfung Bild 3: Für den Schlitzeinsteller links unten am Federbein wird ein mittelgroßer Schraubenzieher benötigt.
■ **Verstellen:** Aufgabe der Zugstufendämpfung ist, dass das Hinterrad kontrolliert gedämpft ausfedert und nicht springt. Als Faustformel gilt: Je mehr der Schltzeinsteller rechts herum EINgedreht wird, desto straffer wird die Zugstufe und desto langsamer federt die Hinterradfederung nach dem Überfahren einer Bodenunebenheit wieder aus.
■ Umgekehrt: Je mehr der Schltzeinsteller links herum AUSgedreht wird, desto weicher wird die Zugstufe und desto schneller federt die Hinterradfederung aus.

Beachten Sie bitte: Eine jede Veränderung der Einstellung wird immer vom jeweiligen Nullpunkt aus eingestellt.

Ein Beispiel: Die Zugstufendämpfung (Bilder 3 und 4) soll weicher eingestellt werden, damit das Hinterrad etwas schneller ausfedert und die Maschine auf einer (überwiegend glatten) Fahrbahn ruhiger liegt. Suchen Sie eine entsprechende Strecke mit möglichst wenig Verkehr aus, wo Sie die Maschine Probe fahren und auch am Straßenrand anhalten können, um die Einstellung der Dämpfung zu verändern.
1. Einstellschraube (Bild 3) langsam EINdrehen und dabei die Klicks zählen, die man beim Eindrehen spürt (z. B. 17 Klicks).
2. Wenn nun plötzlich ein Widerstand spürbar wird, hat man den »weichen« Anschlag erreicht, das ist der Endpunkt des eben erfolgten Eindrehens. Dieser Endpunkt ist aber auch gleichzeitig der neue Nullpunkt fürs nun folgende AUSdrehen und damit der »Klick null«.
■ Die beim EINdrehen gezählten Klicks notieren, das wären also »17 Klicks«.
3. Jetzt die Einstellschraube langsam links herum drehen und die spürbaren Klicks mitzählen, z. B. bis auf 21 Klicks. Die neue Einstellung notieren, das wären also »21 Klicks«.
4. Probefahrt machen und mit einem auf »scharf« gestellten Popometer versuchen die Auswirkungen der jetzt neu eingestellten Zugstufendämpfung in der Praxis zu »Er-Fahren«.

Sichtprüfung Messen

> **Tipp:** Wenn die Schwingenlager erneuert werden müssen, sind Spezialwerkzeug und eine Presse nötig. Geben Sie diese Arbeit einem Honda-Händler in Auftrag und verwenden Sie ausschließlich originale Honda-Ersatzteile.

Federbein aus- und einbauen

Vorbereitung zur Montage: Zum Aus- und Einbau des Federbeins müssen Hinterrad, Federbein und Schwinge entlastet sein, das Hinterrad darf keinen Bodenkontakt haben. Am besten ausbauen (siehe Kapitel 5 »Räder«). Die Maschine an einem Werkstattkran aufhängen, indem man die Sitzbank abbaut und hinter dem Tank Riemen um die oberen Rahmenrohre schlingt und sie etwa einen halben Meter hochzieht. Mit einem Heckmontageständer die Schwinge gegen den Boden abstützen, damit die Federbeinschrauben nicht unter Druck und Zug stehen. Auch muss man im Bereich der oberen Schraubverbindung des Federbeins Platz schaffen, damit man Mutter und Schraube gut erreichen kann: Hier sind einige Relais im Weg, die man leicht abbauen kann.

Federbein ausbauen

1. Die Schraube unter der Schwinge, mit welcher Zugstrebe und Umlenkhebel verbunden sind, ausbauen: Mutter lösen, abdrehen, Schraube am Kopf gegenhalten und ausziehen. Zughebel nach unten klappen. ■ Schwinge beim Ausziehen der Schraube etwas nach oben und unten bewegen, die Schraube lässt sich so leichter ausschrauben.

2. Mutter von der Schraube, mit der das Federbein unten am Umlenkhebel befestigt ist, lösen und abdrehen. Dazu die Schraube am Kopf gegenhalten und dann ausziehen.

3. Mutter von der Schraube, mit der das Federbein oben am Rahmen befestigt ist, lösen und abdrehen. Mit einem Heckmontageständer die Schwinge gegen den Boden abstützen, damit die Federbeinschrauben nicht unter Druck/Zug stehen. Wenn die Schraube ausgezogen wird, das Federbein mit der Hand halten.

4. Schwinge so weit anheben, dass das Federbein nach unten herausgenommen werden kann.

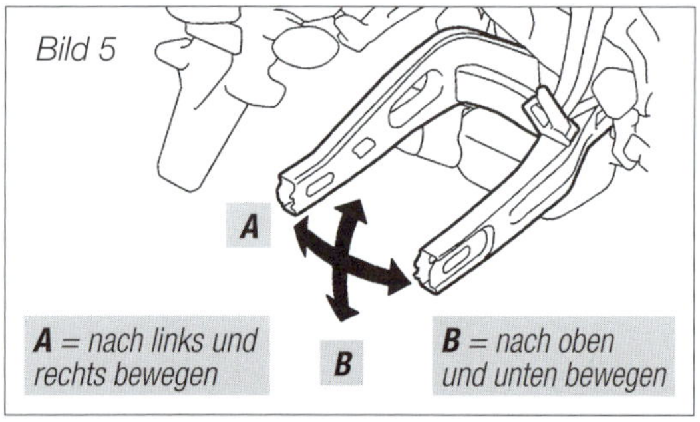

Bild 5: Schwingenlager auf Spiel prüfen.

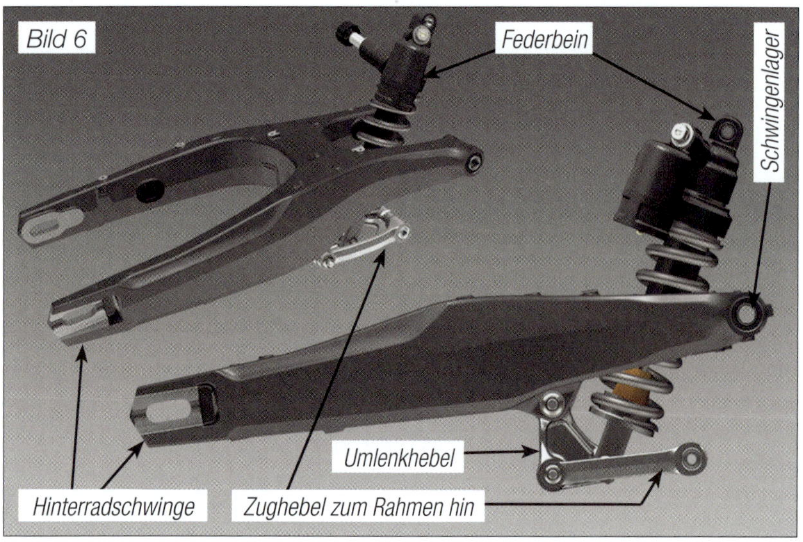

Bild 6: Darstellung der Hinterradfederung.

Schwingenlager und weitere Lager prüfen

Bild 5: Wenn das Federbein ausgebaut ist, die Schwingenlager prüfen.

1. Schwinge muss sich gleichmäßig weich auf und ab bewegen lassen.

2. Schwinge hinten packen, hin und her bewegen. Es darf kein Spiel fühl- oder messbar sein.

3. Wenn die Schwingenlager bei eingebautem Hinterrad geprüft werden: Nicht am Rad anfassen, sondern die Schwinge bei der Hinterachse anpacken und hin und her bewegen.

Hinweis: Wenn sich zeigt, dass die Schwingenlager in zusammengebautem Zustand kein Spiel haben, kann man sicher sein, dass sie nicht verschlissen sind und auch noch gut eingefettet – man braucht dann nichts zu zerlegen.

4. Bilder 6 und 7: Auch das Lager des noch an der Schwinge angebauten Umlenkhebels prüfen: Umlenkhebel so weit es geht langsam nach oben und unten bewegen.

Beim geringsten Zweifel an der Leichtgängigkeit den Umlenkhebel ausbauen und die Nadellager reinigen (mit Petroleum), trocken putzen und frisch einfetten.

5. Nadellager prüfen: Trockene Lagerbuchse in das trockene Nadellager einsetzen und das Spiel »erfühlen« – das setzt Erfahrung voraus (!). Wenn das Spiel zu groß ist oder die Nadellager beschädigt sind, die Lager ersetzen.

6. Gummi-Stahlbuchse im Federbeinkopf prüfen:

Das Gummi muss formstabil vorhanden und darf nicht brüchig oder aufgequollen sein.

7. Lager und Simmerringe satt einfetten, Lagerbuchse einschieben, Dichtringe einsetzen, Umlenkhebel anbauen an Rahmen und Schwinge. Schrauben einschieben, Muttern handfest aufdrehen. **Hinweis:** Beim Zusammenbau neue Dichtringe einbauen, diese also schon vor dem Beginn der Federbein-Schrauberei besorgen.

Federbein einbauen

Einbau des Federbeins in umgekehrter Reihenfolge des Ausbaus. Dabei Folgendes beachten:

1. Federbein in Einbauposition bringen, der große

Einsteller für die Federvorspannung weist nach links (Bild 6).

2. Obere Federbeinschraube von links einbauen, Mutter aufdrehen, aber noch nicht festziehen.

3. Unteren U-Federbeinkopf in Einbauposition bringen, Schraube von links einschieben, Mutter lose aufdrehen.

4. Zughebel in Anbauposition am Umlenkhebel bringen, Schraube von links einschieben, Mutter lose aufdrehen.

5. Bild 7: Alle nun noch losen Muttern mit Nuss und Verlängerung am Drehmomentschlüssel festziehen. Dabei die Schrauben an ihren Köpfen mit einem passenden Ringschlüssel gegenhalten:

- Mutter auf Schraube Federbein oben an Rahmen 54 Nm.
- Mutter auf Schraube am Federbein unten U-Federbeinkopf an Umlenkhebel 44 Nm.
- Mutter auf Schraube Zughebel an Umlenkhebel 55 Nm.

Hinterradschwinge aus- und einbauen

Zum Ausbau der Hinterradschwinge die Befestigungen des ABS-Kabels und der Bremsleitung abschrauben. **Tipp:** Bremsleitung am hinteren Bremssattel nicht abmontieren, dann braucht man nach dem Zusammenbau die Bremse nicht neu zu entlüften.

Wichtig: An der Hinterradfederung nur originale Schrauben und Muttern verwenden! Niemals auch nur eine Schraube oder Mutter undefinierbarer Festigkeit und Herkunft aus einer typischen Werkstatt-Schraubenkiste verwenden!

Bild 7: Explosionszeichnung der Hinterradschwinge mit Anziehdrehmomentwerten und Bezeichnungen der wichtigsten Bauteile.

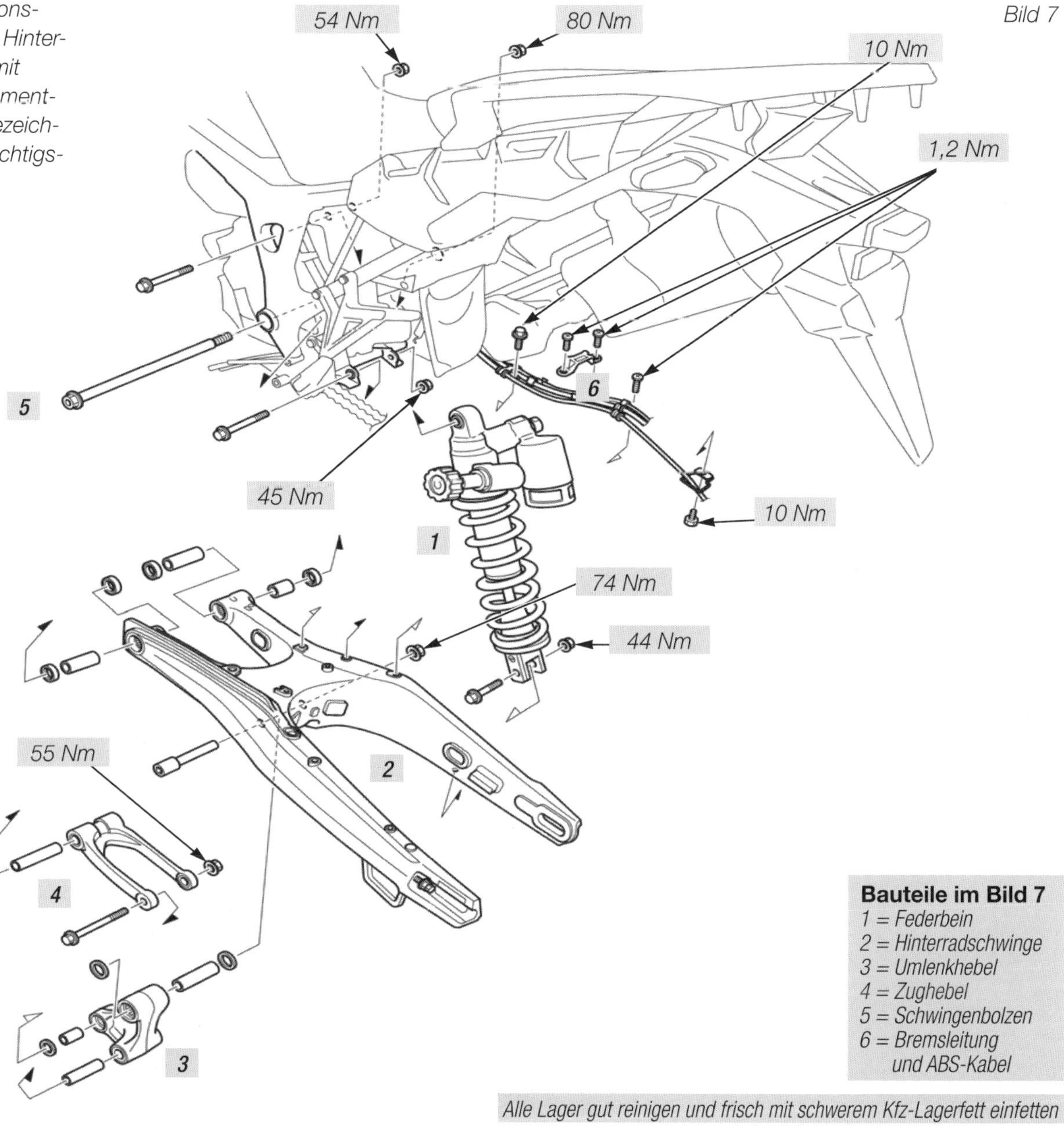

Bauteile im Bild 7
1 = Federbein
2 = Hinterradschwinge
3 = Umlenkhebel
4 = Zughebel
5 = Schwingenbolzen
6 = Bremsleitung und ABS-Kabel

Alle Lager gut reinigen und frisch mit schwerem Kfz-Lagerfett einfetten

Schmiersystem

In diesem Kapitel: Schmiersystem · Motoröl · Ölstand · Ölwechsel · Kupplungsölfilter · Öldruckschalter und Öldruck · Öldruck messen, Messung bewerten · Ölsieb, Öldruckregler.

Schmiersystem

Motor mit Schaltgetriebe: Semi-Trockensumpf-Druckumlaufschmierung. Doppelte Trochoidenölpumpe, Öldruckregler, Ölsieb, Feinstölfilter (das ist die auswechselbare Ölfilterpatrone vorne am Motor).

Motor mit Doppelkupplungsgetriebe: Die Grundkonstruktion des Schmiersystems entspricht der des Motors mit Schaltgetriebe. Für die zweite Kupplung und die Hydraulikbauteile der Schaltung ist eine weitere Ölpumpe mit Ölfilter eingebaut.

Füllmengen

Motor mit Schaltgetriebe:

- 3,9 Liter ohne Filterwechsel
- 4,1 Liter mit Filterwechsel
- 4,9 Liter, wenn der Motor nach einer Zerlegung zusammengebaut und befüllt wird

Motor mit Doppelkupplungsgetriebe:

- 4,0 Liter ohne Filterwechsel
- 4,2 Liter mit Filterwechsel
- 5,2 Liter, wenn der Motor nach einer Zerlegung zusammengebaut und befüllt wird

Ölwechselintervalle

Der erste Ölwechsel ist bei 1000 km vorgeschrieben, der zweite bei 12 000 km und dann alle 12 000 km.

Wenn man keine 12 000 km im Jahr schafft, wird im Rahmen einer »Jahresinspektion« ein Öl- mit Filterwechsel gemacht.

Sicherheitshinweise Achtung und Tipps für dieses Kapitel

Tipp: Zur Kontrolle des Ölstands das Motorrad nicht schräg nach links geneigt auf dem Seitenständer abstellen, sondern es soll waagerecht und senkrecht stehen.

Achtung: Am Ende des Gewindes am Ölmessstab und am Schraubstopfen sind O-Ringe (Bild 5). Diese kontrollieren, ob sie in Ordnung sind, keine geklemmte oder ausgerissene Stellen haben. Sollten sie beschädigt sein, unbedingt erneuern, sonst drückt es hier Öl heraus. Keine Zange benutzen, um damit die Stopfen besonders festdrehen zu wollen, sondern nur handfest anziehen!

Tipp: Vor einer längeren Fahrt zu Hause den Ölstand kontrollieren und ggf. mit dem richtigen Öl auffüllen. Wer auf mehrtägige Fahrt geht, sollte sich eine flache, 0,5 bis 0,75 Liter fassende, ölfeste Plastikflasche mit öldichtem Verschluss mit dem Motoröl auffüllen, das garantiert im Motor drinnen ist, und die Flasche ins Gepäcksystem packen. Entsprechende Flaschen gibt es z. B. im Chemiefachhandel.

Tipp: Motoröl nur in betriebswarmem Zustand wechseln, also vorher den Motor mindestens zehn Kilometer warm fahren. Damit wird sichergestellt, dass Metallabriebteile, die sich noch nicht abgesetzt haben, sondern noch in der Schwebe sind, vom heißen Öl aufgenommen und beim Ablassen mit herausgespült werden.

Achtung: Altöl niemals wegschütten, sondern an einer Sammelstelle oder Tankstelle abliefern. Jeder Ölverkäufer ist zur Rücknahme einer entsprechenden Menge Altöls verpflichtet! Beim Kauf von neuem Öl die Quittung aufbewahren und bei der Rückgabe des Altöls vorzeigen!

Achtung: Keine Getränkeflaschen als Altölbehälter verwenden! Besser sind etwa alte Benzinkanister, die mit einem dauerhaften Etikett »Altes Motoröl« versehen werden.

Achtung: Dem Altöl keine anderen Flüssigkeiten beimischen, wie z. B. Brems- oder Kühlflüssigkeit. Diese extrem giftigen und wenig umweltfreundlichen Betriebsstoffe müssen in extra Behältern aufgefangen und zu Problemstoff-Sammelstellen gebracht werden.

Achtung: Zum Ölablassen ein so großes Gefäß verwenden, das den Bereich von Ölablassöffnung und Ölfilter unterm Motor nicht nur abdeckt, sondern allseitig um mindestens zehn Zentimeter übersteht. Es gibt im Motorrad-Zubehörhandel kombinierte Ölfangwannen-Behälter (Bild 1), bei denen das Öl in eine Wanne und von dort direkt in den Sammelbehälter läuft. Dieser ist verschließbar und mit einem Tragegriff versehen, also leicht transportabel. Das Altöl zur Ölsammelstelle bringen, wo es umweltgerecht entsorgt wird.

Achtung: Wenn die Ölablassschraube ihren letzten Gewindegang erreicht hat, beginnt das Öl bereits zu laufen. Finger rasch wegziehen! Es ist besser, die Ölablassschraube mit dem ersten Schuss Öl ins Auffanggefäß fallen zu lassen, als sich am heißen Öl die Finger zu verbrühen! Öl läuft erst im Strahl, nach einiger Zeit nur noch tropfenweise. Also geduldig warten, bis auch der letzte Tropfen im Auffanggefäß gelandet ist.

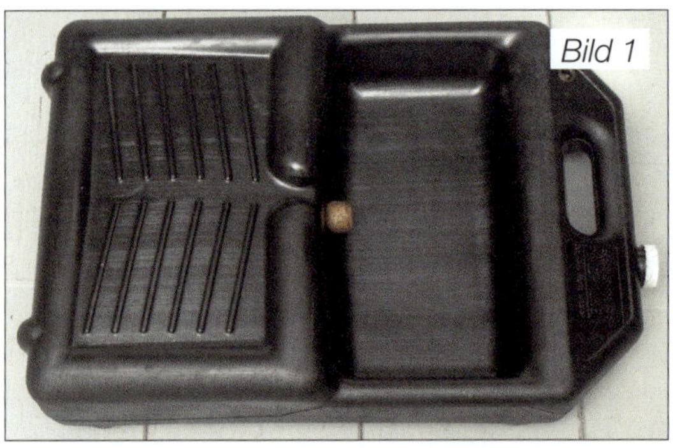
Bild 1

Bild 1: Eine solche Altöl-Auffang-Transportwanne eignet sich prima zum Auffangen des Altöls beim Ölwechsel und anschließendem Transport zur Ölsammelstelle.

Den Ölwechsel immer bei warmem Motor durchführen. Selbst wenn der Motor einige Monate nicht gelaufen ist, sollte man das Motoröl nicht kalt ablassen, sondern den Motor vorher zehn bis 15 Minuten warmlaufen lassen.

Ölfilter: Honda schreibt einen neuen Ölfilter bei jedem zweiten Ölwechsel vor. Wir empfehlen bei jedem Ölwechsel einen neuen Ölfilter anzubauen, er kostet nicht viel und bringt ein gutes Gefühl der Sicherheit. Diese Empfehlung gilt auch für den Ölfilter beim Doppelkupplungsgetriebe.

Zum Ölwechsel benötigtes Werkzeug

Schrauben Motorschutz .... Inbus SW 5
Ölablassschrauben .... Nuss SW 12
Ölfilter .... Ölfilterschlüssel, Rätsche
Drehmomentschlüssel

Bild 2: Zur Montage des Ölfilters ist ein spezieller Ölfilterschlüssel nötig, er hat die Honda-Ersatzteilnummer 07HAA-PJ70101. Passende Schlüssel sind auch im Zubehörhandel erhältlich.

Anziehdrehmomente

Ölablassschrauben .... 30 Nm
■ *Neue Dichtscheiben verwenden.*
Ölfilter .... 26 Nm
■ *Frisches Motoröl auf den O-Ring auftragen.*
Schrauben M8 Motorschutz .... 26 Nm

Motoröl

Honda schreibt folgendes Motoröl vor: *»Honda 4-Takt-Motorradöl oder gleichwertiges Motoröl der API-Serviceklasse SG oder höher der Spezifikation T903-MA in der Viskosität SAE 10W-30«.*

Es ist also ein Mehrbereichs-Motorrad-Motoröl der Viskositätsklasse SAE 10W-30 vorgeschrieben. Der Temperaturbereich dieses Öls reicht von –10 bis über 40 °C, was die durchschnittlichen Temperaturen in Mitteleuropa abdeckt.

Weiterhin zu beachtende Punkte:

■ Ausschließlich herkömmliche Motorrad-Motoröle verwenden.
■ Keine Öle mit Graphit- oder Molybdänzusatz verwenden, sonst besteht die Gefahr, dass die Kupplung rutscht.
■ Keine Ölzusätze dem Motoröl zugeben!
■ Nicht verwenden darf man die so genannten »Leichtlauföle« ab SAE 5 oder Ultra-Mehrbereichsöle wie z. B. SAE 0W50. Diese sind für Automotoren entwickelt worden und schon deswegen sind diese Öle für Motorradmotoren nicht geeignet.
■ Ebenfalls nicht verwendet werden dürfen Dieselöle der Spezifikation »CD« oder höher.
■ Dasselbe gilt auch für Öle der Spezifikationen »Energy Conserving« und »Energiesparend«.

Mineralöl oder Synthetiköl?

Es gibt zwei grundverschiedene Motorölsorten und zwar Mineralöl und synthetisches Öl. Mineralöl ist billiger, halb- oder vollsynthetisches Öl teurer. Der Motor der CRF 1000 L kann mit diesen Ölen betrieben werden.

Für unsere CRF 1000 L, die auf Kurzstrecken mit niedrigen als auch sportlich mit hohen Drehzahlen gefahren werden kann, empfehlen wir halbsynthetisches (Bild 3) wie auch vollsynthetisches Motoröl (Bild 4).

Honda arbeitet auf dem Schmiermittelsektor seit vielen Jahren mit der Marke Castrol zusammen. Aus dem Castrol-Programm sind zwei Motoröle besonders geeignet, Bilder 3 und 4: Halbsynthetisches Öl »Power 1 Grand Prix« und vollsynthetisches Öl »Power 1 Racing«.

Natürlich wissen auch die Honda-Motorradhändler sehr genau, welche Öle von Honda freigegeben sind und empfohlen werden.

Motoröle mischen

Bei einem Ölwechsel besteht die ungeschriebene Pflicht, nur eine Ölsorte in einer Viskositätsklasse von einer Ölmarke einzufüllen: Entweder macht man den Ölwechsel mit vollsynthetischem oder halbsynthetischem Öl. Zur Not ist auch Mineralöl in Ordnung.

Bild 2: Zur Montage des Ölfilters wird ein Ölfilterschlüssel gebraucht, diese gibt es preiswert im Zubehörhandel.

Bild 3 und 4: Sehr gute Motoröle von Castrol der Viskositätsklasse SAE 10W-30 sind das halbsynthetische Power 1 und das vollsynthetische Power 1 Racing.

Bild 2

Bild 3

Bild 4

Sichtprüfung Messen

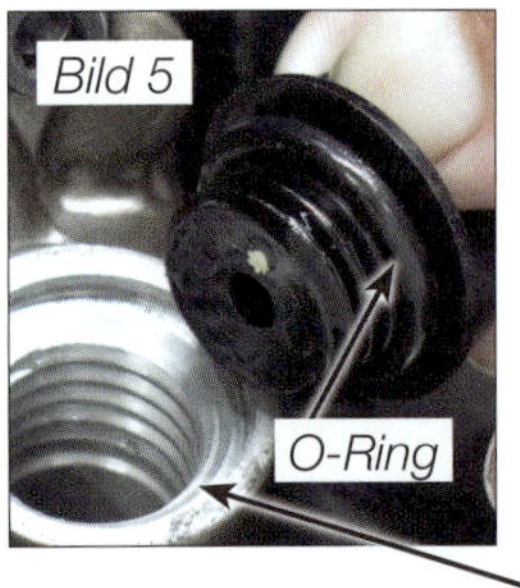

Wenn unterwegs ein Ölnachfüllen nötig ist, man kein Öl dabei hat und die Ölsorte partpout nicht bekommt, die man beim Ölwechsel eingefüllt hat, was dann? Nun, beim Ölnachfüllen unterwegs geht es ja nicht um fehlende zig Liter, sondern nur um maximal 0,4 Liter, weil dies die Differenzmenge zwischen »Minimal« und «Maximal« am Ölmessstab ist.

■ Wenn Mineralöl im Motor eingefüllt ist: Man kann auch mit halbsynthetischem Öl auffüllen.
■ Wenn halbsynthetisches Öl eingefüllt ist: Man kann auch mit vollsynthetischem Öl auffüllen. Zur Not kann man auch mit Mineralöl auffüllen.
■ Wenn vollsynthetisches Öl eingefüllt ist: Man kann auch mit halbsynthetischem Öl auffüllen.

Grundsätzlich muss es Motorrad-Motoröl sein in der Viskositätsklasse SAE 10W-30.

Ölstand

Bilder 5 bis 9: Im linken Motordeckel vorne ist der Ölmessstab eingeschraubt. In eben diesem Deckel hinten oben ist die Öleinfüllöffnung, die mit einem Gewindestopfen verschlossen ist.

Ganz wichtig: Ölmessstab und Verschlussstopfen mit der Hand »gut handfest« anziehen! Keine Zange benutzen um sie »extrafest« anzuziehen! Nicht zu viel Öl einfüllen! Bild 8: Die Menge zwischen den beiden Markierugen für »Minimal« und »Maximal« beträgt nur 0,4 Liter.

1. Motor einige Minuten warmlaufen lassen.
2. Motor AUSschalten. Maschine senkrecht abstellen. Eine bis zwei Minuten warten, damit möglichst viel Öl in die Ölwanne ablaufen kann.
3. Ölmessstab herausdrehen und mit einem sauberen Lappen abwischen.
4. Ölmessstab einstecken, NICHT eindrehen, sondern nur einstecken, bis sein Gewinde aufsitzt (Bild 6). Dann den Ölmessstab ausziehen und den Ölstand ablesen.
■ Bild 8: Der Ölstand sollte zwischen oberer und unterer Markierung sein.
■ Auf keinen Fall darf er unter der unteren Markierung sein, dann ist zu wenig Öl im Motor.
■ Er darf auch nicht über der oberen Markierung sein, dann ist zu viel Öl im Motor.

Motoröl nachfüllen

Bild 9: Wenn der Motorölstand zu niedrig ist, muss man frisches Öl durch die Gewindebohrung im Motordeckel einfüllen. Füllen Sie in kleinen Schritten auf, weil ja die Füllmenge zwischen Minimal- und Maximalmarkierung nur ca. 0,4 Liter beträgt. Wer frisches Öl zu schnell und

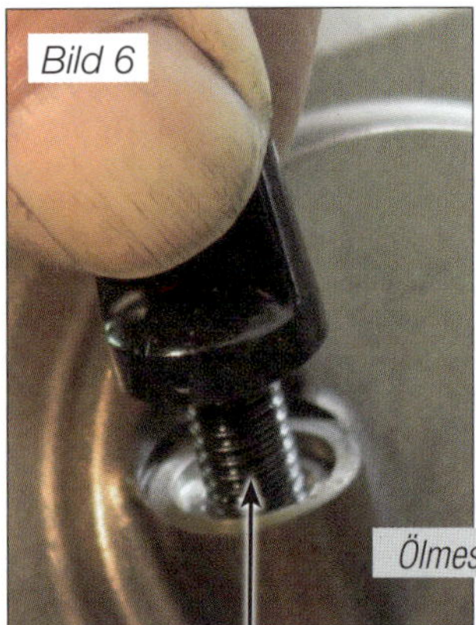

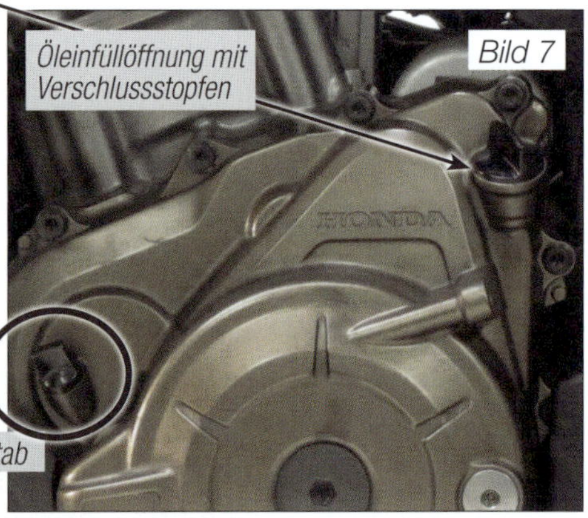

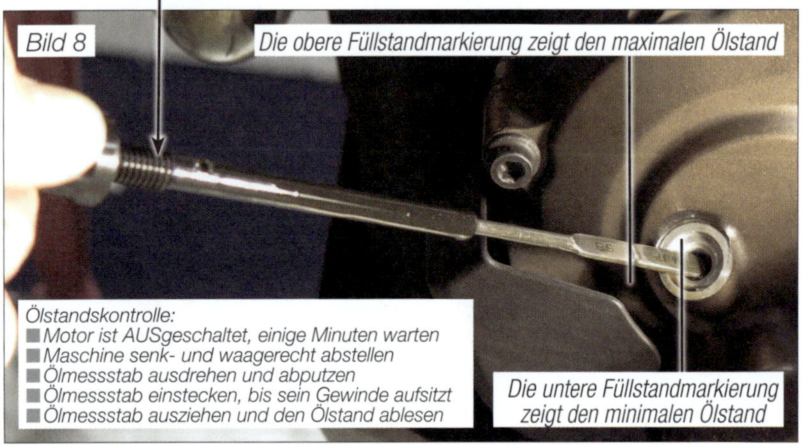

Bilder 5 bis 9: Zu beachtende Punkte rund um die Ölstandskontrolle.
■ Zur Ölstandskontrolle den Ölmessstab nur bis zum Gewindeanfang einstecken (Bild 6).
■ Der O-Ring im Gewindestopfen muss ringsum in Ordnung sein (Bild 5).
■ Frisches Öl langsam einfüllen, damit nicht plötzlich zu viel Öl reinschwappt (Bild 9).

schwungvoll einfüllt, läuft Gefahr zu viel Öl einzufüllen.

Falls Sie kein Öl zum Nachfüllen dabei haben, lassen Sie sich vom Tankwart nicht einen Liter vom teuersten Öl aufschwatzen, sondern verlangen exakt die Ölsorte, die Sie im Motor drin haben, also entweder halb- oder vollsynthetisches Öl (oder eben Mineralöl) in SAE 10W-30.

Ölwechsel

Motoröl ablassen

1. Maschine auf einem Heckmontageständer senkrecht abstellen, so dass man gut daran schrauben kann.

2. Den unteren Motorschutz abbauen.

■ Bild 10 Bauteile der Modelljahre 2016 und 17.

■ Bild 11 Bauteile der Modelljahre 2018 und 19.

3. Ein Ölauffanggefäß mit mindestens 5 Litern Fassungsvermögen (wie das in Bild 1) unter den Motor schieben.

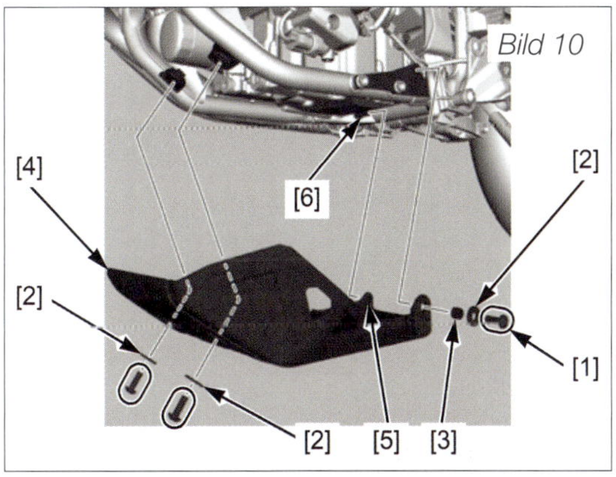

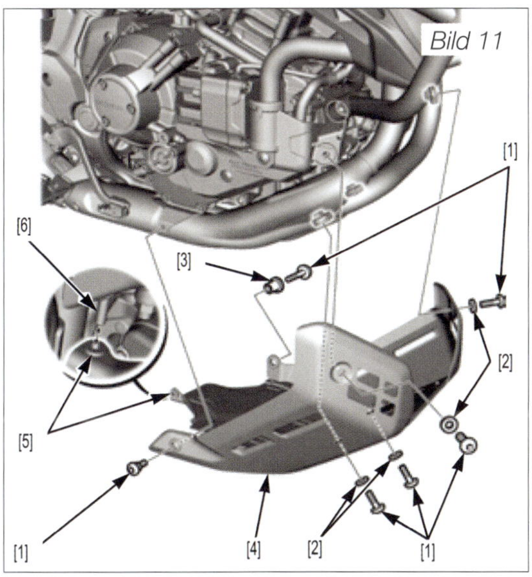

4. Bild 6: Den Ölmessstab ausdrehen.

5. Bild 12: Mit einer Sechskantnuss oder einem Ringschlüssel die vordere Ölablassschraube öffnen und zwei bis drei Umdrehungen aufdrehen. **Achtung:** Auspuffrohre sind heiß!

6. Jetzt die Ölablassschraube langsam mit den Fingern ausdrehen. Wenn der vorletzte Gewindegang erreicht ist, beginnt das Öl zu laufen. **Vorsicht heiß!** Ölablassschraube ganz ausdrehen und sie mit dem plötzlich herausschießenden Öl in den Ölauffangbehälter fallen lassen. Sonst verbrennt man sich die Finger am heißen Öl!

7. Bild 13: Den Ölfilter mit korrekt aufgesetztem Ölfilterschlüssel und Knebel (»Rätsche«) lösen und abschrauben. Altöl auch aus dieser Öffnung lange genug auslaufen und abtropfen lassen.

Bild 12: Unten am Motor sind zwei Ölablassschrauben, die beim Ölwechsel bearbeitet werden müssen.

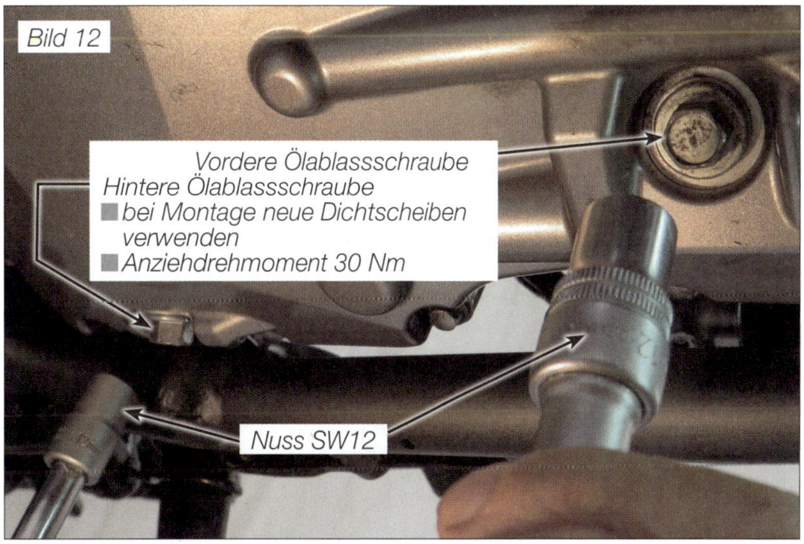

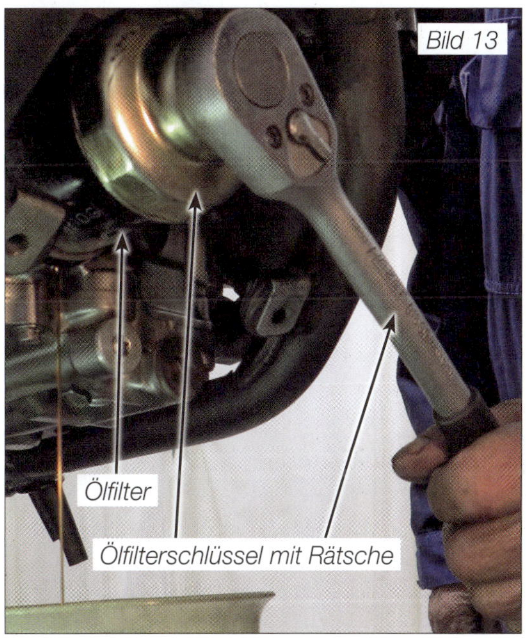

Bild 13: Abschrauben des Ölfilters mit Ölfilterschlüssel und Rätsche.

Bild 10: Explosionszeichnung Motorschutz in den Modelljahren 2016 und 2017...
Bild 11: ...und in den Mj. 2018 und 2019.

■ Hier die Bauteile:
1 = Schrauben
2 = Scheiben
3 = Hülsen
4 = Motorschutz
5 = Gummitüllen
6 = Nase

Sichtprüfung Messen

Bilder 14, 15, 16: Ölablassschrauben und Ölfilter festziehen.

Bilder 17, 18: Montageanweisung des Kupplungsölfilters.

Ölablassschrauben und Ölfilter montieren, Öl einfüllen

1. Anlageflächen des Ölfilters und der Ölablassschrauben am Motor mit einem sauberen, nicht fusselnden Lappen abwischen.

2. Ölablassschrauben mit neuen Dichtringen versehen, eindrehen und mit einem Drehmomentschlüssel bis auf 30 Nm festziehen.

3. Bild 15: Dichtring und Einschraubgewinde des neuen Ölfilters mit frischem Motoröl bestreichen.

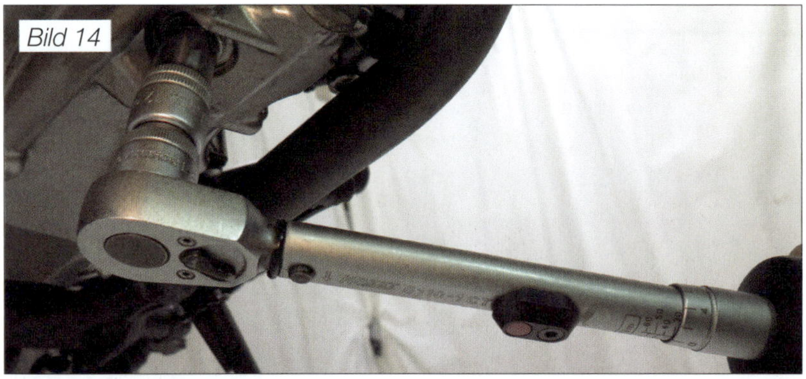

Bild 14

4. Ölfilter exakt am Gewinde am Motor ansetzen, von Hand andrehen, bis der Dichtring an der Dichtfläche des Motorgehäuses anliegt.

5. Bild 16: Jetzt den Ölfilter mit dem Ölfilterschlüssel und einem Drehmomentschlüssel bis auf 26 Nm festziehen.

6. Bild 9: Durch die Öleinfüllöffnung im Motordeckel ganz langsam und bedächtig etwas mehr als drei Liter frisches Öl einfüllen.

7. Ölmessstab in die Einfüllöffnung eindrehen und leicht handfest anziehen.

8. Motor starten und zwei bis drei Minuten im Leerlauf laufen lassen: Der neue Ölfilter muss sich mit frischem Öl füllen.

Den Rand des Ölfilters und die beiden Ölablassschrauben genau ansehen und prüfen, ob alle Schraubstellen dicht sind.

9. Motor abstellen. Nach einigen Minuten den Ölstand kontrollieren. Wahrscheinlich muss man jetzt etwas Öl auffüllen: Wir haben ja vorhin nur etwas mehr als drei Liter eingefüllt.

■ Nochmal zur Erinnerung: Die totale Ölmenge beim Ölwechsel ohne einen neuen Ölfilter beträgt 3,9 Liter, mit einem neuen Ölfilter 4,1 Liter.

9.1. Stellen Sie den aktuellen Ölstand mit dem Ölmessstab fest. Wie das geht, steht weiter vorne.

10. Motorschutz anbauen. Die M8-Schrauben werden mit 26 Nm festgezogen.

Bild 15

Bild 16

Kupplungsölfilter

Bilder 17 und 18: Bei Motoren mit Doppelkupplungsgetriebe ist ein weiterer Ölfilter verbaut, der »Kupplungsölfilter«. Auch hier raten wir, ihn bei jedem Ölwechsel zu erneuern: Dieser Ölfilter hält kleinste Schmutzpartikel von Kupplung und Getriebe fern, was für die einwandfreie Funktion des Doppelkupplungsgetriebes sehr wichtig ist.

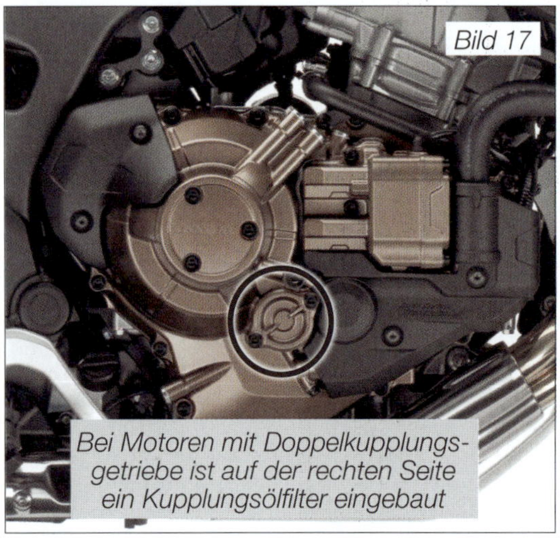

Bild 17

Bei Motoren mit Doppelkupplungsgetriebe ist auf der rechten Seite ein Kupplungsölfilter eingebaut

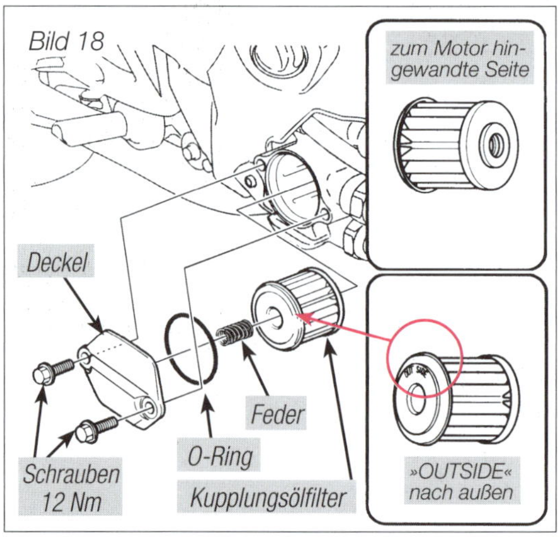

Bild 18

Abgeschraubt wird der Kupplungsölfilter, wenn das Motoröl über die Ölablassschrauben abgelassen und der alte Ölfilter abgeschraubt ist. **Angeschraubt** wird er im Rahmen der Montage der beiden Ölablassschrauben und des neuen Motorölfilters und damit vor dem Einfüllen des frischen Motoröls.

Kupplungsölfilter aus- und einbauen

1. Motoröl ist abgelassen wie im entsprechenden Absatz weiter vorne beschrieben.
2. Bild 18: Deckel des Kupplungsölfilters abbauen: Schrauben ausdrehen, Deckel abnehmen.
3. Feder und Ölfilter herausnehmen.
4. O-Ring vom Motorgehäuse abziehen.

Einbau in umgekehrter Reihenfolge:

- Bild 18: Ölfilter mit Aufschrift »Outside« nach außen einbauen, Feder einsetzen.
- Wenn möglich einen neuen O-Ring verwenden und diesen vor dem Einbau leicht einölen.

Öldruck

Öldruck-Kontrollleuchte

Bild 19: Die Leuchte mit dem Ölkännchen-Symbol links in der Instrumenteneinheit leuchtet beim Einschalten der Zündung auf. Wenn der Motor gestartet wird und läuft, geht sie aus. Das ist ein gutes Zeichen dafür, dass sich im Schmiersystem des Motors genügend Öldruck aufgebaut hat.

- Diese Öldruck-Kontrollleuchte gibt es bei allen Modellen mit normalem Schaltgetriebe und mit Doppelkupplungsgetriebe.

Wenn die Öldruck-Kontrollleuchte nach dem Starten des Motors nicht ausgeht oder während der Fahrt plötzlich aufleuchtet:

1. Motor sofort AUSmachen, Maschine senkrecht abstellen, einige Minuten warten und den Ölstand überprüfen (siehe weiter vorne in diesem Kapitel).
2. Wenn genügend Öl im Motor ist: Den Motor wieder starten, Gas geben auf ca. 3000 Touren und genau hinschauen und hinhören:
2.1. Leuchtet die Lampe trotz korrektem Motorölstand weiterhin, deutet dies auf einen Defekt am Öldruckschalter oder Sensor hin.
2.2. Wenn der Motor allerdings abnormale Geräusche von sich gibt, wie z. B. lautes Klappern oder Scharren, den Motor SOFORT abstellen, es besteht der Verdacht auf einen Lagerschaden.
3. Wenn die Öldruck-Kontrollleuchte aber schon beim Einschalten der Zündung nicht aufleuchtet, muss man die Kabelverbindung und den Stecker der Öldruck-Kontrollleuchte prüfen:

Bild 20: Auf den Öldruckschalter unten am Motor blicken, ist das Kabel festgeschraubt?
Bild 21: Ist der Stecker fest in der Steckdose des Öldruck-Sensors?
Bilder 19 und 22: Wenn die Öldruck-Kontrollleuchte in der Instrumenteneinheit nicht

Bild 19: Öldruck-Kontrollleuchte in der Instrumenteneinheit.

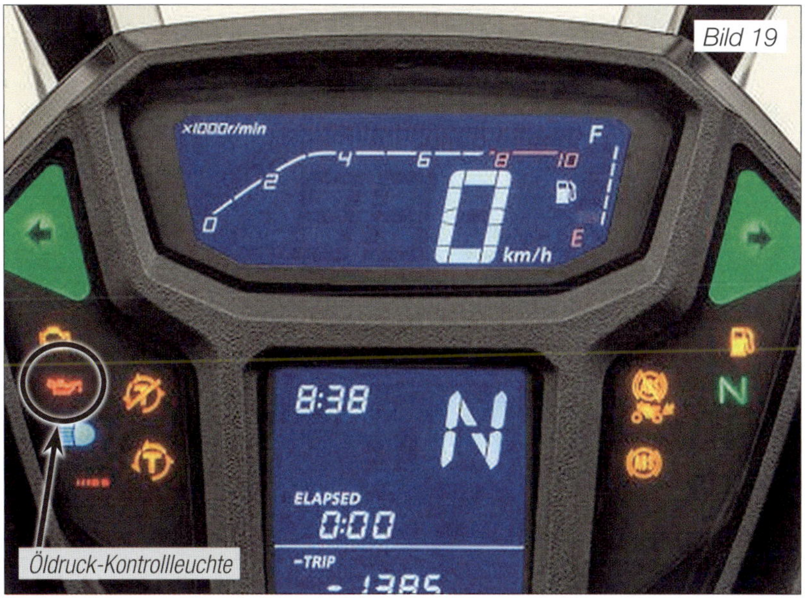

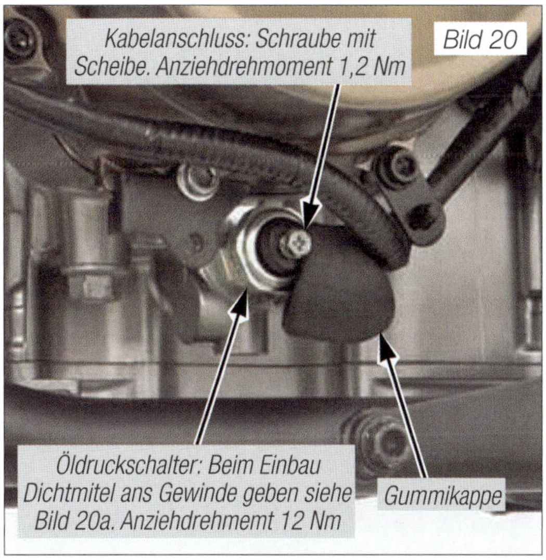

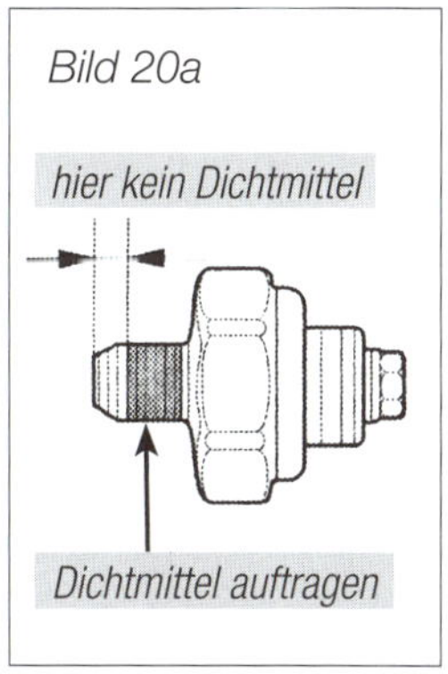

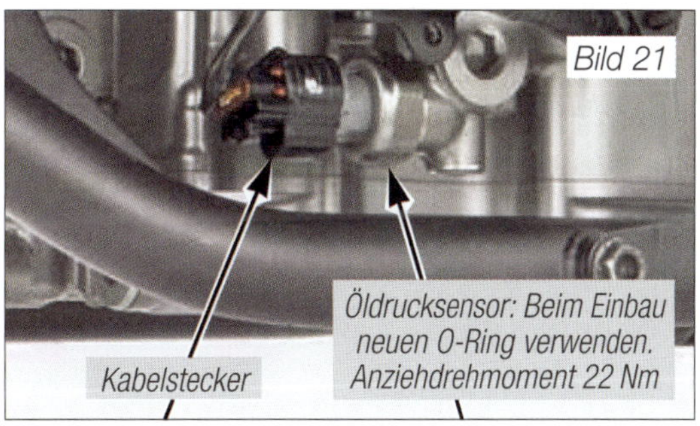

Bilder 20, 20a, 21: Beim Motor mit dem normalen Schaltgetriebe ist ein Öldruckschalter eingebaut, beim Motor mit Doppelkupplung ein Öldrucksensor.

Bild 22: Der große Zentralstecker hinten in der Instrumenteneinheit muss fest in seiner Steckdose sitzen.

Bild 23: Systemzeichnung des Schmiersystems mit Ölkanälen und Bauteilen beim Motor mit Schaltgetriebe.

aufleuchtet, kann der große Zentralstecker auf der Rückseite der Instumenteneinheit lose oder nicht richtig in der Steckdose eingesteckt sein. Damit man diesen Stecker erreichen kann, muss eine kleine Abdeckung der Verkleidung hinter der Instrumenteneinheit abgebaut werden (Bild 22).

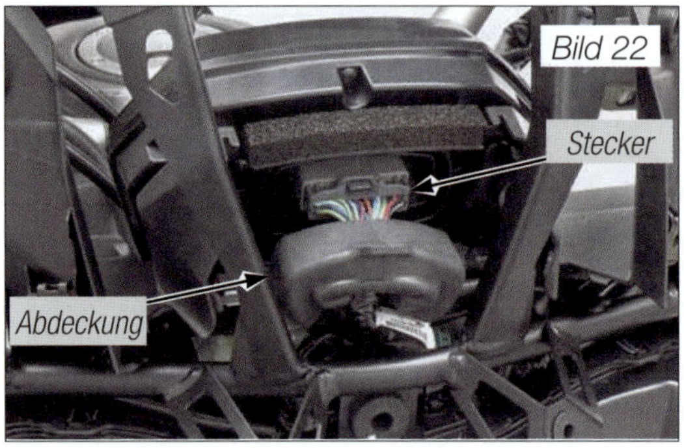

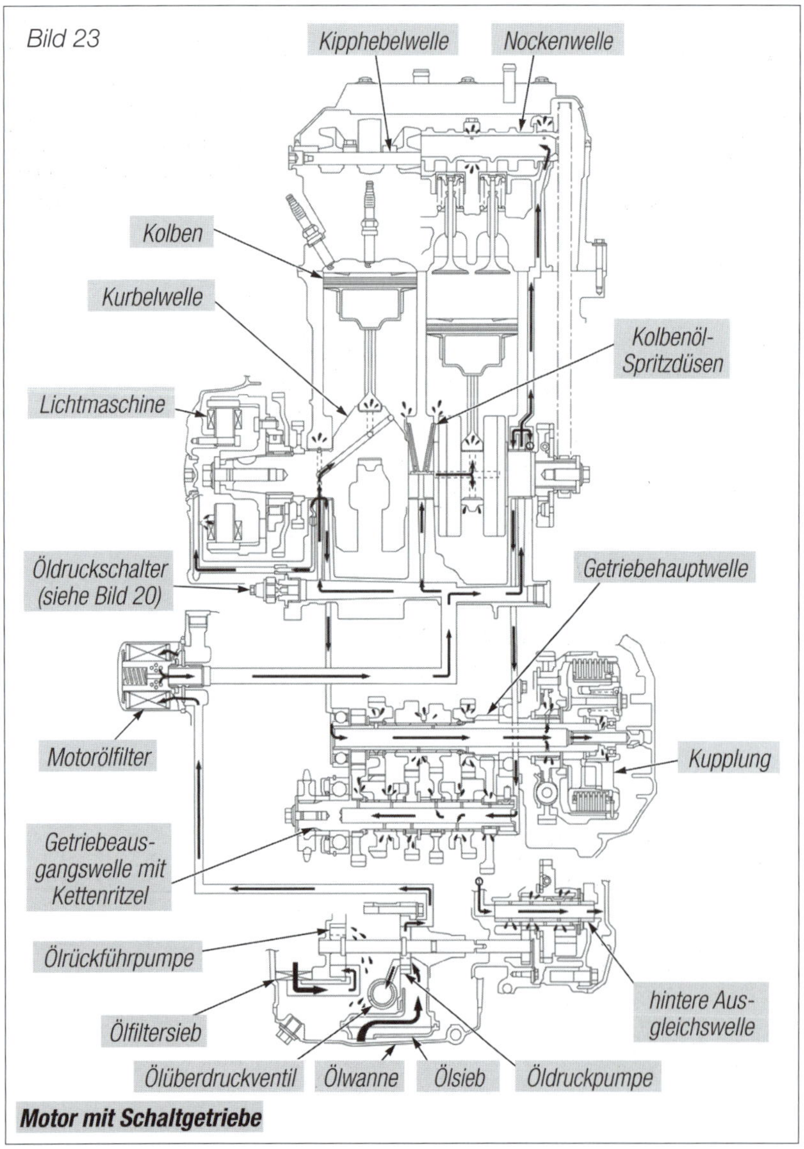

■ Wenn Sie den Festsitz des Steckers geprüft haben, zupfen Sie auch sanft an den einzelnen Kabeln und prüfen so, ob alle Kabel und ihre kleinen Stecker, die im großen Stecker-Mehrfachgehäuse sitzen, fest an ihren Plätzen sind.

Öldruckschalter überprüfen

Bevor ein neuer Öldruckschalter (Bild 20) eingebaut wird, noch folgende Prüfung vornehmen:
1. Bild 20: Kabelöse abschrauben.
2. Zündung einschalten und nachsehen: Die Öldruck-Kontrollleuchte leuchtet nicht.
3. Die eben abschraubte Kabelöse fest an Masse des Rahmens legen: Wenn die Öldruck-Kontrollleuchte jetzt aufleuchtet, ist der Öldruckschalter defekt und muss erneuert werden.

Neuen Öldruckschalter einbauen

1. Motorschutz abbauen siehe vorne in diesem Kapitel beim Ölwechsel.
2. Kabelöse abschrauben, Stecker ausziehen.
3. Öldruckschalter lösen und ausdrehen.
4. Bild 20a: An das Gewinde des neuen Öldruckschalters etwas Silikondichtmittel geben.
■ KEIN Dichtmittel an vordere Gewindegänge.
4.1. Öldruckschalter eindrehen, mit 12 Nm festziehen. Kabelöse am Öldruckschalter anschrauben bzw. Stecker einstecken.
5. Abgebaute Teile anbauen.

Öldruck messen

Wenn bei laufendem Motor die Öldruck-Kontrollleuchte trotz korrektem Ölstand und Ölviskosität nicht ausgeht, den Motor abschalten und den Öldruck messen. Benötigte Honda-Spezialwerkzeuge und Montage siehe Bild 24 und Bildtext.

Bild 24: Spezialwerkzeuge zum Messen des Öldrucks: »Vorsatz für Öldruckmesser« (Nr. 070MJ-0010101); »Öldruckmesskit« (Nr. 07506-3000001); »Vorsatz für Öldruckmesser« (Nr. 07406-0030000)

1. Maschine auf Heckmontageständer abstellen, Honda-Spezialwerkzeuge anbauen (Bild 24). Ölstand kontrollieren und ggf. korrigieren.
2. Motor auf Öltemperatur ca. 80 °C warmlaufen lassen, abschalten. Alle Anschlüsse kontrollieren.
3. Motor starten und mit Standgas laufen lassen.
Öldruck am Manometer: Der Zeiger muss sich bewegen.
4. Gas geben bis 5000/min: Öldruck muss auf 5,1 bar steigen, darf 6,5 bar nicht überschreiten.

Öldruckmessung bewerten
Öldruck liegt zwischen 5,1 und 6,5 bar
- Motorinnereien sind in Ordnung

Öldruck viel niedriger als 5,1 bar
- Ölfilter und/oder Ölsieb verstopft
- Öldruckregler hängt auf »offen«
- Ölpumpe oder Ölpumpenantrieb defekt
- Schadhafte Dichtung im Motorölsystem
- Kurbelwellenlager defekt

Eventuell auch Kombination mehrerer Fehler

Öldruck viel höher als 6,5 bar
- Ölviskosität zu hoch (zu dickes Öl im Motor)
- Öldruckregler hängt auf »geschlossen«
- Ölkanal verstopft
- Ölfilter beschädigt

Finish: Wenn der Öldruck in Ordnung ist, die Spezialwerkzeuge abschrauben und einen neuen Ölfilter anbauen.

Ölsieb, Öldruckregler

Wenn der Öldruck zu niedrig ist, der Verdacht auf ein verstopftes Ölsieb fällt und dieses gereinigt werden soll, muss man die Ölwanne abbauen (Bild 25). Dann kann man auch den Öldruckregler (»Ölüberdruckventil«), der neben der Ölpumpe sitzt, auf Freigängigkeit prüfen, indem man (bei eingebautem Öldruckregler) mit einem dünnen Bolzen auf seinen Kolben drückt (Bild 26).

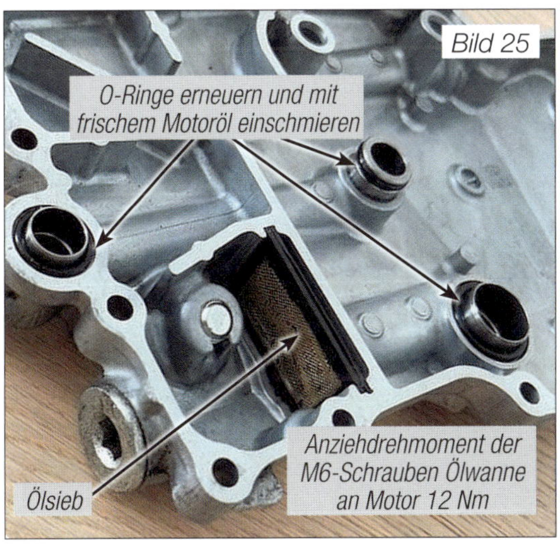

Hinweis: Der Öldruckregler hängt nur dann fest, wenn das Motoröl entweder viel zu dick oder mit grobem Schmutz versetzt ist, was bei einem normal gepflegten Motor nicht vorkommt.

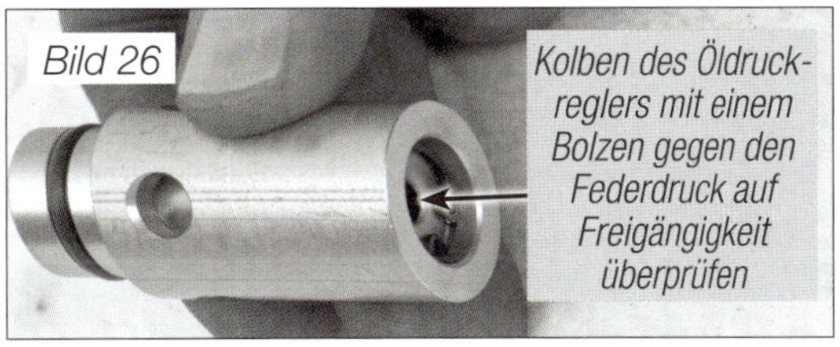

Bild 25: Zur Reinigung des Ölsiebs muss die Ölwanne abgeschraubt werden.

Bild 26: Öldruckregler überprüfen.

Bild 27: Systemzeichnung des Schmiersystems mit Ölkanälen und Bauteilen beim Motor mit Doppelkupplungsgetriebe.

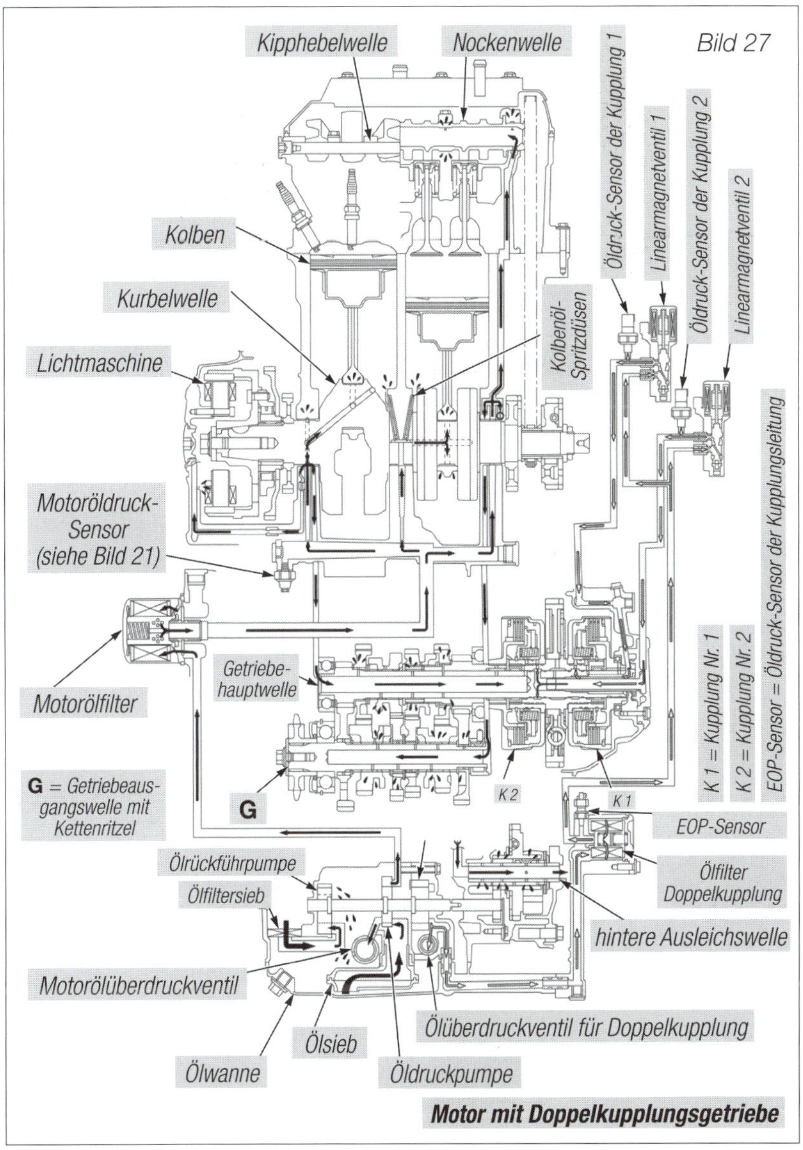

Kühlsystem

In diesem Kapitel: Motorkühlung · Kühlflüssigkeit prüfen, ergänzen, wechseln · Kühlerventilatoren und Kühlmitteltemperatur-Sensor prüfen · Thermostat aus- und einbauen, prüfen · Kühlsystem auf Druck prüfen · Wasserpumpe aus- und einbauen.

Motorkühlung

Im Kühlsystem zirkuliert eine spezielle Flüssigkeit, kurz »Kühlflüssigkeit« genannt. Sie besteht aus einer Mischung verschiedener chemischer Komponenten und bleibt bis ca. – 35 °C flüssig. Kühlflüssigkeit wird fertig gemischt angeboten. Wenn Sie neue Kühlflüssigkeit benötigen, entweder zum Nachfüllen oder Wechsel, achten Sie darauf, dass sie für Aluminiummotoren und Alukühler geeignet ist. Kühlflüssigkeit für (Auto-) Gussmotoren ist nicht geeignet! Honda sagt *»Hochwertiges Frostschutzmittel auf Ethylenglykolbasis mit silikatfreiem Korrosionshemmer, gemischt 1 : 1 mit destilliertem Wasser«*. Die Kühlflüssigkeit muss laut Wartungsplan alle drei Jahre erneuert werden. Kühlflüssigkeit wird fertig gemischt angeboten.

Bild 1a: Lage des Kühlmittel-Ausgleichsbehälters rechts hinter dem Motor.

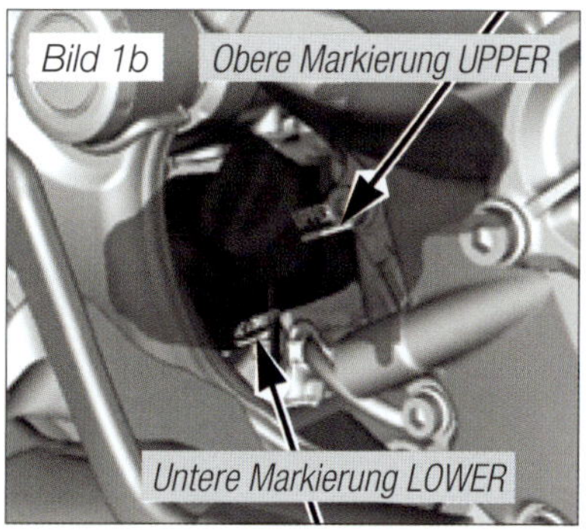

Bild 1b: Markierungen LOWER und UPPER am Kühlmittel-Ausgleichsbehälter.

Kühlflüssigkeit prüfen

Bilder 1a und 1b: Der Kühlflüssigkeits-Ausgleichsbehälter ist rechts hinter dem Motor angebaut.

Der Stand der Kühlflüssigkeit ist beim Blick auf den transparenten Behälter zu sehen, er muss zwischen unterer und oberer Markierungslinie sein (Bild 1b). **Beachten:** Der Stand der Kühlflüssigkeit im Ausgleichsbehälter ist bei kaltem Motor etwas niedriger als bei heißem.

Wenn die Kühlflüssigkeit im Ausgleichsbehälter unter die untere Markierungslinie absinkt, ist entweder ein Teil davon verdunstet oder das Kühlsystem hat ein Leck. Bevor jedoch der Kühlkreislauf umgekrempelt wird, zuerst den Ausgleichsbehälter bis zur oberen Markierung UPPER mit Kühlflüssigkeit auffüllen (Bild 1b), weiterfahren und beobachten, wo das Zeug bleibt: Vielleicht war nur der Deckel lose und es ist etwas Kühlflüssigkeit ausgetreten?

Bei den Inspektionen den Kühlflüssigkeitsstand, alle Schläuche, ihre Anschlüsse und die Schlauchschellen kontrollieren.

Sicherheitshinweise Achtung und Tipps für dieses Kapitel

Kühlflüssigkeit kann Lack beschädigen und auf Metall Flecken hinterlassen – deswegen keine Kühlflüssigkeit verschütten! Altes Kühlmittel umweltgerecht entsorgen.

Kaufen Sie neue Kühlflüssigkeit NICHT im Baumarkt oder gar in der Kfz-Abteilung eines Lebensmittel-Supermarktes, auch wenn das Preisangebot scheinbar noch so verlockend ist! Kaufen Sie Kühlflüssigkeit beim Honda-Händler oder im Motorrad- bzw. Kfz-Zubehör-Fachhandel.

Kühlflüssigkeit kann Haut und Augen sowie innere Organe schädigen. Jeglichen Körperkontakt vermeiden, keinesfalls trinken. Falls Haut oder Augen damit in Berührung kommen, mit reichlich klarem Wasser ab- bzw. ausspülen. Nach Verschlucken KEIN Erbrechen herbeiführen, sondern sofort Arzt bzw. Giftnotzentrale anrufen.

Weder den Deckel des Kühlers noch den Gummideckel mit Stopfen des Ausgleichsbehälters bei heißem Motor öffnen, denn das heiße Kühlmittel steht unter Druck und schießt beim Öffnen des Deckels heraus – schmerzhafte Verbrühungen wären die Folge.

Bei Arbeiten mit laufendem Motor in geschlossenen Räumen für ausreichende Belüftung sorgen! Abgase enthalten giftiges und geruchloses Kohlenmonoxid, das Bewusstlosigkeit verursachen und zum Tod führen kann. Alle Fenster und Türen öffnen! Am sichersten ist eine Abgasabsauganlage ins Freie. Dieser Warnhinweis gilt z. B. für die Prüfung des Kühlerventilators, wobei der Motor laufen muss. Wenn keine oder nur eine ungenügende Belüftungs- und Entlüftungsmöglichkeit der Werkstatträume gegeben ist, muss man unbedingt im Freien arbeiten!

Bei einer Druckprüfung des Kühlerdeckels oder des Kühlsystems darf man den maximal zulässigen Prüfdruck von 1,37 bar nicht überschreiten, weil ein zu hoher Prüfdruck einzelne Bauteile des Kühlsystems beschädigen kann, wie z. B. Schläuche und ihre Schellen etc.

Deckel des Ausgleichsbehälters
Bild 1a: Der Deckel auf dem Einfüllstutzen des Kühlflüssigkeits-Ausgleichsbehälters muss »gut handfest« aufgeschraubt sein.

Kühlflüssigkeit wechseln

Unabhängig vom km-Stand muss die Kühlflüssigkeit alle drei Jahre erneuert werden. Kühlkanäle im Motorblock, Wasserpumpe und Schläuche fassen bei Modellen mit Schaltgetriebe

1,63 Liter, bei Modellen mit Doppelkupplungsgetriebe 1,65 Liter; dazu kommen noch 0,33 Liter im Ausgleichsbehälter, macht zusammen 1,96 bzw. 1,98 Liter. Man muss zum Wechsel also 2 Liter neue Kühlflüssigkeit kaufen.

Vorbereitung

- Kühlmittel-Auffangbehälter organisieren, wie z. B. eine gute gebrauchte Waschschüssel.
- Motor muss kalt sein, höchstens handwarm.
- Motorrad auf Heckmontageständer abstellen.

Kühlflüssigkeit ablassen

1. Rechte Mittelverkleidung ausbauen (Kapitel 3 »Spiegel · Verkleidungl · Tank«). Darunter sitzt der rechte Kühler mit dem Kühlerdeckel.
2. Bild 2: Kühlerdeckel links herum bis zum Anschlag drehen, dann eindrücken, etwas weiterdrehen und herausnehmen.
3. Bild 1a: Deckel vom Ausgleichsbehälter abschrauben.
4. Bild 3: Bei Modellen mit Doppelkupplungsgetriebe die Abdeckung des Öldruck-Sensors abschrauben.
5. Auffangbehälter unter den Motor stellen.
5.1. Bild 4 (Schaltgetriebe) und Bild 9 (Doppelkupplungsgetriebe): Die Ablassschraube unterhalb der Wasserpumpe lösen und ausdrehen, Kühlmittel auslaufen und austropfen lassen. Kühlwasserschläuche von Hand durchwalken.
6. Das Kühlsystem vom Einfüllstutzen her mit reichlich heißem Wasser durchspülen.
7. Die Ablassschraube mit der alten Dichtung einschrauben und handfest festziehen.
8. So viel heißes Wasser durch den Einfüllstutzen einfüllen, dass das heiße Wasser durch den Schlauch am Einfüllstutzen bis zum Ausgleichsbehälter fließt und diesen ausspült.
9. Die Ablassschraube wieder ausschrauben und das heiße Wasser ablassen.
10. Ablassschraube mit neuer Dichtscheibe versehen, eindrehen und mit 13 Nm festziehen.

Kühlflüssigkeit einfüllen

1. Durch den Einfüllstutzen des Kühlers langsam frische Kühlflüssigkeit einfüllen. Zwei bis drei Minuten warten, dann bis zur inneren Oberkante des Einfüllstutzens auffüllen.
- Kühlerdeckel noch nicht montieren.

2. Kühlwasserschläuche von Hand durchwalken, damit vorhandene Luft entweicht.
3. In den Einfüllstutzen schauen und nachsehen, wo die Kühlflüssigkeit steht: Sie muss an der inneren Oberkante sein. Fehlende Kühlflüssigkeit auffüllen.
4. Bilder 1a und 1b: In den Ausgleichsbehälter Kühlflüssigkeit bis »UPPER« einfüllen.
5. Getriebe in Leerlauf schalten, Motor starten und mit Standgas so lange laufen lassen, bis der Kühlerventilator anläuft.
5.1. Drei bis vier kurze Gasstöße geben, damit noch vorhandene Luft aus dem Kühlsystem entweicht. Motor abstellen.
6. Kühlflüssigkeitsstand im Kühler prüfen und ggf. auffüllen.
7. Kühlerdeckel in den Einfüllstutzen einsetzen, fest eindrücken und rechts herum drehen: Er muss fühl- und hörbar einrasten.
8. Kühlflüssigkeitsstand im Ausgleichsbehälter prüfen, ggf. auffüllen.

Wichtig: Alle Stellen, die mit Kühlflüssigkeit in Berührung gekommen sind, mit reichlich klarem warmem Wasser abspülen. In das Spülwasser vorher einen Schuss Spülmittel (»Pril«) geben.

Kühlerventilatoren

Funktion: Bei sehr langsamer Fahrt bei heißer Witterung und dann noch Stau, die Motortemperatur steigt auf mehr als 100 °C. Um zu vermeiden, dass sie weiter ansteigt und es zu Motorschäden wegen Überhitzung kommt, schalten sich ab einer Kühlmittel-Temperatur von rund 105 °C automatisch die an den Kühlern angebrachten Ventilatoren ein und blasen Luft durch die beiden Kühler. Dadurch sinkt die Kühlmittel-Temperatur und wenn diese auf unter ca. 95 °C gesunken ist, werden die Kühlerventilatoren AUSgeschaltet.

Für das Ein- und Ausschalten der Kühlerventilatoren ist das Kühlerventilator-Relais zuständig. Es sitzt unter dem Soziussitz links neben dem Hinterradschutzblech unter einer Abdeckung (Bild 5). Wie das Relais geprüft wird steht in Kapitel 26 »Sicherungen · Relais«.

Kühlerventilator läuft nicht an

Wenn der Kühlerventilator sich nicht automatisch einschaltet und der Motor deswegen überhitzt:
1. Prüfen Sie die Sicherung »Küh-

Bilder 2, 3, 4: Die zugehörigen Arbeitsschritte sind im Lauftext beschrieben.

Bild 2

Bild 3
Abdeckung des Öldruck-Sensors

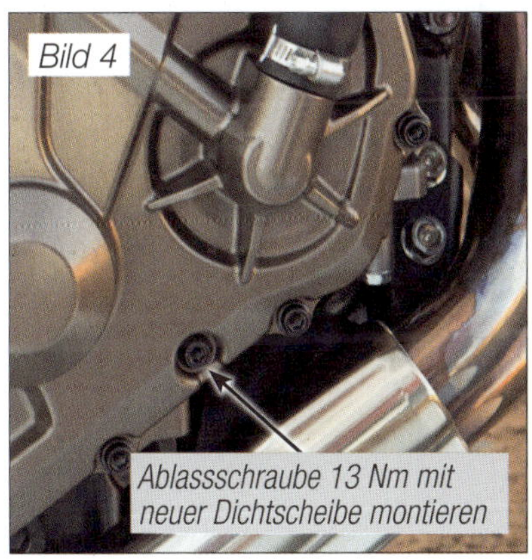

Bild 4
Ablassschraube 13 Nm mit neuer Dichtscheibe montieren

Sichtprüfung Messen

lerventilator« im Sicherungskasten 1 unter dem Fahrersitz, sie hat 20 Ampere. Mehr Informationen zu dieser Sicherung steht im Kapitel 26 »Sicherungen · Relais«.

2. Wenn ein Kühlerventilator trotz intakter Sicherung nicht anläuft: Steckverbindungen der Kabel vom Kühlerventilator zum Kabelbaum und am Kühlerventilator-Relais auf festen Sitz prüfen.

2.1. Wenn Korrosion festgestellt wird: Diese mit Hilfe von Kontaktspray und einer harten Zahnbürste entfernen. Stecker sicher zusammenstecken.

Bilder 5, 6, 7, 7a, 8: Die zugehörigen Arbeitsschritte sind im Lauftext beschrieben.

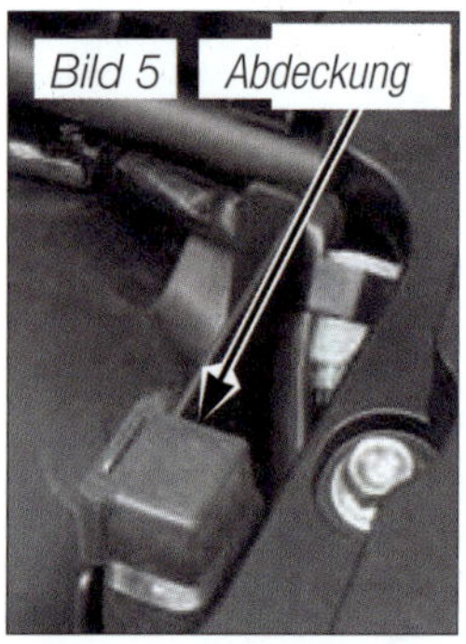

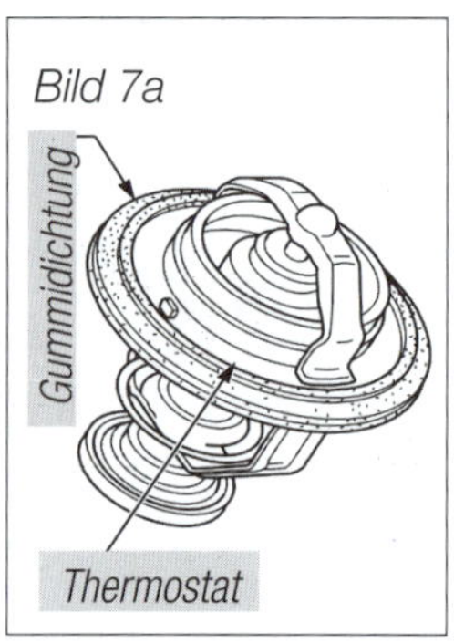

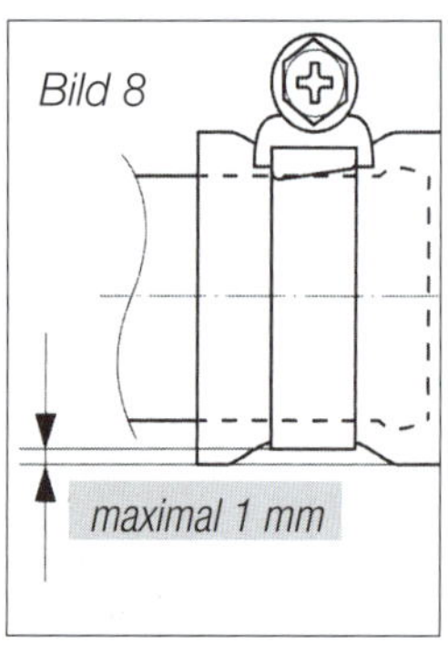

Kühlerventilatormotoren prüfen

Wenn Sicherung und Steckverbindungen in Ordnung sind und einer der Kühlerventilatoren (oder beide) dreht sich immer noch nicht, Motor des Kühlerventilators mit einer externen 12-Volt-Batterie prüfen:

1. Stecker am Kabel des Ventilatormotors trennen.

2. Batterie an den Kontakten im Stecker des Kabels zum Ventilatormotor provisorisch anschließen: Motor muss sich drehen.

3. Wenn er sich nicht dreht, ist er wahrscheinlich defekt und muss ersetzt werden.

4. Wenn er sich mit externem Strom dreht, aber dann nicht mehr, wenn der Stecker wieder am Kabel angeschlossen ist, das in den Kabelbaum führt, ist wahrscheinlich das Kabel irgendwo unterbrochen.

5. Wenn sich beide Kühlerventilatoren nicht drehen, ist wahrscheinlich das Relais oder der Kühlmitteltemperatur-Sensor defekt. Siehe dazu Kapitel 29 »Fehlersuche in der Elektrik«.

Kühlmitteltemperatur-Sensor

Bild 6: Der Kühlmitteltemperatur-Sensor sitzt rechts hinten am Zylinderkopf. Honda nennt den Kühlmitteltemperatur-Sensor »ECT-Sensor«, ECT steht für »Engine Coolant Temperature«. Durch eine temperaturabhängige Spannungsänderung gibt der Kühlmitteltemperatur-Sensor die aktuelle Motortemperatur an das Motorsteuergerät ECM/PCM zur Bestimmung der benötigten Einspritzmenge und für Mitteilungen an die Multifunktionsanzeige in der Instrumenteneinheit. Wenn die Temperatur des Kühlmittels zu hoch wird, leuchtet die Warnleuchte in der Instrumenteneinheit.

Wenn die Motorstörungs-Warnleuchte leuchtet und/oder den Fehlercode 7 anzeigt, ist der Gang zum Honda-Händler nötig. Denn zur Feststellung, ob der Kühlmitteltemperatur-Sensor defekt ist oder andere Teile Fehlermeldungen produzieren (Kabel, Stecker, Motorsteuergerät etc.), wird das Honda-spezifische Werkstatt-Diagnosegerät benötigt mit entsprechender Software.

Thermostat

Bild 7: Der Thermostat sitzt im Thermostatgehäuse links hinten am Zylinderkopf. **Problem:** Motor wird zu heiß und drückt Kühlflüssigkeit heraus. **Der Grund** liegt meist darin, dass der Thermostat durch Kalkablagerungen fest ist und den großen Kühlkreislauf nicht aufmacht. Er muss ausgebaut und gereinigt werden. Besser ist es jedoch allemal, einen neuen Thermostat einzubauen.

Thermostat aus- und einbauen

1. Kühlflüssigkeit ablassen.

2. Bild 8: Schlauch vom Thermostatgehäuse abbauen. Die Klemmschellenschraube weit genug öffnen und die Klemmschelle nach oben abschieben.

2.1. Schlauch am Thermostatgehäuse fest anpacken, drehen und nach oben abziehen.

3. Die beiden Schrauben des Gehäusedeckels ausschrauben, Gehäusedeckel abnehmen und den Thermostat herausnehmen.

4. Thermostat kontrollieren, ob er ringsum in Ordnung ist, besonders das Dichtgummi am Rand (Bild 7a).

5. Wenn er ok ist, ihn einige Zeit in Haushalts-Reinigungsmittel (z. B. Essigsäure) legen, das löst angewachsenen Kalk.

6. Einbau in umgekehrter Reihenfolge, dabei besonders beachten:

Thermostat einbauen

1. O-Ring kontrollieren, ob er ringsum in Ordnung ist. Im Zweifelsfall besser einen neuen O-Ring einbauen als einen defekten!
2. O-Ring mit etwas Fett in seine Nut einsetzen.
3. Bild 7a: Thermostat mit dem gefederten Teil nach innen in das Gehäuse einsetzen, die kleine Bohrung muss nach oben weisen.
4. Deckel aufsetzen, Schrauben eindrehen und festziehen mit 13 Nm.
5. Kühlerschlauch montieren: Klemmschraube in der Schelle »handfest« anziehen und genau hinschauen, denn die Schelle darf sich maximal 1 mm in den Schlauch eindrücken (Bild 8).
6. Kühlflüssigkeit einfüllen wie weiter vorne in diesem Text beschrieben ist.

Kühlsystem auf Druck prüfen

Kühlerdeckel prüfen

Falls Kühlflüssigkeit oben aus dem Einfüllstutzen des Kühlers gedrückt wird, ist der Kühlerdeckel entweder nicht richtig eingebaut oder defekt. Er wird in abgebautem Zustand mit einem Kühlerdruck-Prüfgerät geprüft.

1. Bild 11: Dichtflächen des Kühlerdeckels anfeuchten, am Adapter des Prüfgeräts befestigen.
2. Druck langsam aufbauen, Manometer beobachten: Der Kühlerdeckel muss zwischen 1,08 und 1,37 bar öffnen.
3. Wenn der Kühlerdeckel schon vor Erreichen des ersten Prüfwertes von 1,08 bar öffnet und der maximale Prüfdruck von 1,37 bar für »ganz offen« nicht mindestens 6 Sekunden lang gehalten wird, den Deckel erneuern.
Wichtig: Unbedingt einen originalen Honda-Deckel für die Africa Twin kaufen. Keinen Deckel einer anderen Maschine oder von einem Autokühler verwenden, sonst besteht die Gefahr, dass der Austausch von Kühlflüssigkeit zwischen Motorkühlkreislauf über den Kühlerstutzen und dem Ausgleichsbehälter nicht funktioniert.

Kühlsystem auf Druck prüfen

Wenn der Kühlerdeckel in Ordnung ist und immer noch Kühlflüssigkeit austritt, muss man die Leckstelle durch eine Druckprüfung suchen.
1. Bild 12: Kühlerdruck-Prüfgerät am Einfüllstutzen des Kühlers anschließen.
2. Druck aufbauen bis auf 1,37 bar. Dieser Druck muss mindestens 6 Sekunden lang gehalten werden.
3. Wird der Druck nicht gehalten, das Leck (oder die Lecks) lokalisieren und beheben.

Wasserpumpe aus-/einbauen

Die Wasserpumpe ist ein zuverlässiges Bauteil. Es können aber die mechanische Wasserpumpendichtung oder der Simmerring in der Wasserpumpe zum Motoröl hin undicht werden.
■ Zur Prüfung den Kühlerdeckel abbauen, in den Stutzen reinschauen oder einen Finger hineinstecken (Achtung heiß!): **Öl in der Kühlflüssigkeit** schwimmt als Schicht Fettaugen auf der Kühlflüssigkeit.
■ **Kühlflüssigkeit im Öl:** Kühlflüssigkeitsstand sinkt ab, Motorölstand steigt an; am Ölmessstab und in der Öleinfüllöffnung hängt heller Schaum.

Wasserpumpe ausbauen

1. Kühlflüssigkeit ablassen.
2. Kupplungsdeckel abbauen (siehe Kapitel 13 »Kupplung«).
3. Bild 9: Schrauben der Wasserpumpe am Kupplungsdeckel ausdrehen, Wasserpumpe abziehen.

Wasserpumpe einbauen

1. Bild 10: Etwas Fett in die Nuten der Wasserpumpe einschmieren, neue O-Ringe einsetzen, Wasserpumpe am Kupplungsdeckel ansetzen.
2. Schrauben eindrehen und über Kreuz mit 13 Nm festziehen.
3. Kupplungsdeckel montieren.
4. Kühlflüssigkeit einfüllen und das Kühlsystem entlüften, siehe weiter vorne in diesem Kapitel.

Bild 9: Ablassschraube beim Doppelkupplungsgetriebe und Einbaulage der Wasserpumpe im Kupplungsdeckel.

Bild 10: Wasserpumpe vom Kupplungsdeckel abgenommen.

Bilder 11 und 12: Kühlerdeckel und Kühlsystem prüfen.

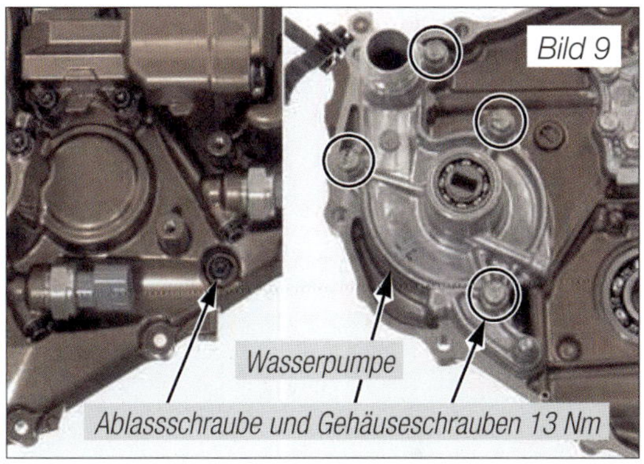

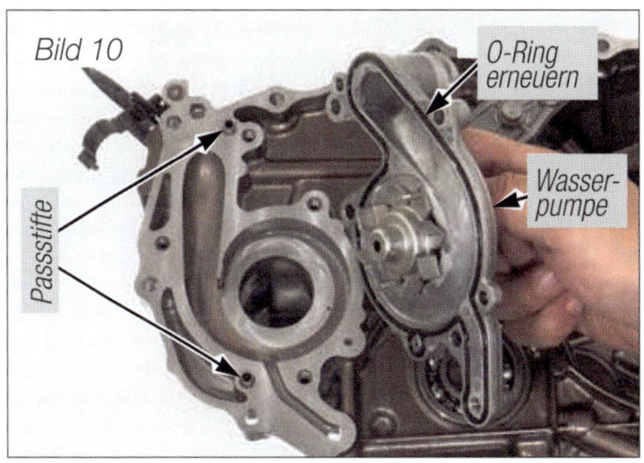

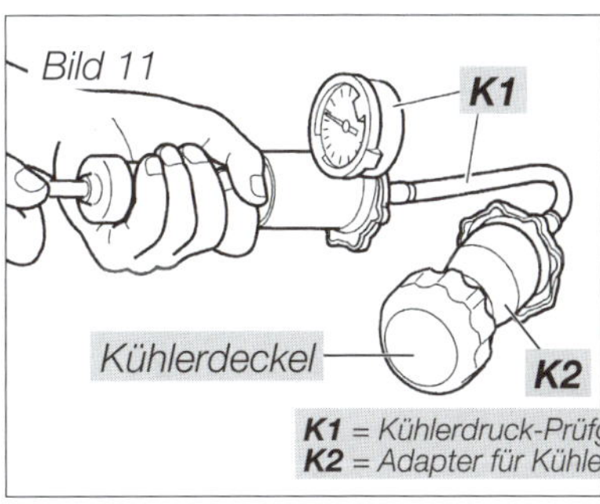

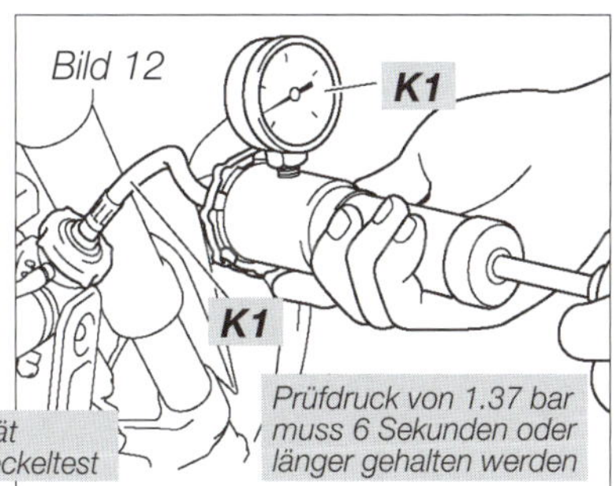

Korrespondenzkapitel:
- 11 »Schmiersystem«
- 15 »Schaltung«

Bilder 1 und 2: Das Kupplungsspiel außen am Hebel von ca. 10 bis 20 mm entspricht 2 bis 3 mm zwischen Hebel und Hebelaufnahme.

Bild 3: Einstellung des Kupplungsspiels am Einsteller des Handhebels.

Kupplung

In diesem Kapitel: Kupplungsspiel einstellen · Neuen Kupplungszug einbauen · Kupplungsscheiben aus- und einbauen, prüfen, messen · Kupplungsnabe und -korb aus- und einbauen.

Kupplungsspiel

Das Einstellen des Kupplungsspiels gehört zu den Arbeiten, die man leicht selbst machen kann. Am Kupplungshebel muss ein gewisses Sicherheitsspiel (»Leerweg«) eingestellt sein:
- Der Kupplungszug darf nicht in sich gespannt sein, sonst schleift die Kupplung.
- Das Spiel darf nicht zu groß sein, sonst trennt die Kupplung nicht richtig und es kracht beim Schalten. Bilder 1 und 2: Das **Kupplungsspiel** beträgt 2 bis 3 mm zwischen Kupplungshebel und Hebelaufnahme, dies ergibt 10 bis 20 mm außen am kugeligen Ende des Kupplungshebels.

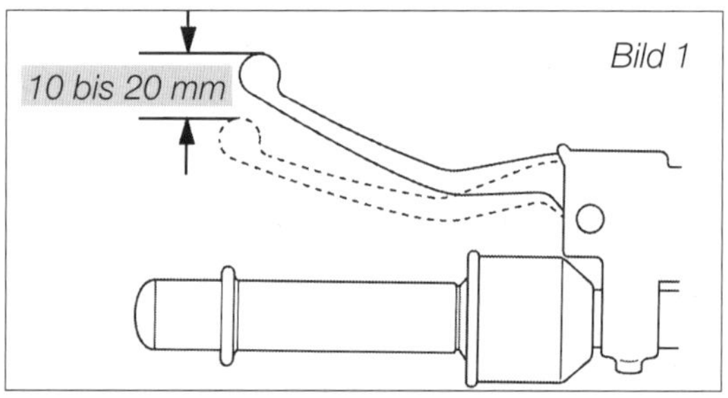

Bild 1

Spiel einstellen

1. Bild 3: Rändelkontermutter lösen und zwei bis drei Umdrehungen zurückdrehen.

2. Einsteller entsprechend aus- oder eindrehen, bis das Kupplungsspiel 10 bis 20 mm beträgt.

3. Einsteller festhalten und die Rändelkontermutter gegen die Hebelaufnahme kontern.

Tipp: Bevor die Rändelkontermutter festgezogen wird, den Schlitz im Einsteller nach unten-hinten drehen. Grund: Wenn der Schlitz nach oben oder vorne steht, gelangen Schmutz und Regenwasser durch den Schlitz in den Zug, was den Kupplungszug mit der Zeit immer schwerer gleiten lässt.

Beim Einstellen beachten:
- Einsteller nicht zu weit herausdrehen, sein Gewinde soll immer mindestens sechs Gewindegänge eingeschraubt sein.
- Wenn sich das Kuppungsspiel am oberen Einsteller nicht mehr einstellen lässt, dieser also entweder zu weit aus- oder eingedreht werden muss, dann muss eine neue Grundeinstellung am Einsteller des Kupplungszugs unten am Motor erfolgen (Bild 5).

Kupplungsspiel unten einstellen

1. Bild 5: Am unteren Widerlager des Kupplungszugs die Konter- und Einstellmutter der Zugführung lösen.

2. Oberen Einsteller am Handhebel nahezu ganz eindrehen.

3. Bild 5: Über die Einstell- und Kontermutter am unteren Widerlager eine Grundeinstellung vornehmen. Muttern »gut handfest« gegen das Widerlager festziehen.

4. Bild 3: Nun an der Einstellschraube des Handhebels die Feineinstellung vornehmen.

Bild 2

Bild 3
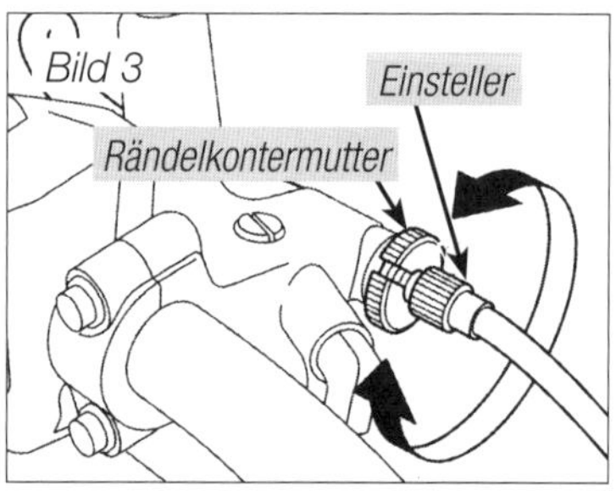

Sicherheitshinweise Achtung und Tipps

⚠ Kupplungsreibscheiben und Stahlscheiben immer im Satz auswechseln, wenn sie Riefen oder Verfärbung aufweisen. Keine gebrauchten Scheiben mit neuen mischen. Wenn die alten Kupplungs-Reib- und Stahlscheiben wieder eingebaut werden sollen, diese in der Reihenfolge der Entnahme ablegen. Zum Zusammenbau Zeichnung in Bild 8 zu Hilfe nehmen.

Wenn zur Reparatur der Kupplung das Motoröl abgelassen wird und dieses noch nicht zu lange im Motor war (also weniger als ca. 6 Monate oder ca. 5000 km), kann es wieder eingefüllt werden. Wenn allerdings die Kupplung ausgebaut werden muss, weil ein Kupplungsschaden vorliegt, befinden sich Kupplungsabrieb und Bruchteile im Motor. Dann muss ein neuer Ölfilter angebaut und frisches Öl eingefüllt werden!

Neuen Kupplungszug einbauen

Wenn der Kupplungszug reißt, liegt es meistens daran, dass seine Außenhülle irgenwo zwischen Handhebel und Motor einen Knick bekommen hat, schlecht gepflegt wurde oder falsch verlegt ist. Wir raten dazu einen neuen Originalzug einzubauen. Im Notfall kann man einen Innenzug reparieren, indem entweder ein neuer Nippel an den alten Bowdenzug angeschraubt oder angelötet oder ein neuer Innenzug angefertigt wird.

In einem solchen Fall kontrollieren Sie die alte Bowdenzug-Außenhülle ganz genau auf Knicke und Reibstellen, wo sich der alte Innenzug aufgescheuert hat und deswegen gerissen ist:
- Wenn die Außenhülle geknickt ist, kann sie vorsichtig wieder in Form gebracht werden.

■ Wenn die Außenhülle gerissen oder auseinandergezogen ist, kann sie nicht mehr repariert werden.

Alten Zug ausbauen

1. Bild 4: Einsteller am Handhebel ganz eindrehen. Schlitze aufeinander ausrichten
2. Bild 5: Kontermutter des unteren Zugeinstellers lösen. Einstellmutter auf dem Gewinde des Einstellers vom Widerlager wegdrehen.
3. Bild 6: Nippel und Kupplungszug aus der Lasche des kurzen Kupplungshebels unten am Motor aushängen. Hebel dazu mit dem Finger gegen die Federkraft zum Kupplungszughalter hin drücken.
4. Nippel oben aus dem Handhebel nehmen. Den Kupplungszug NOCH NICHT herausziehen!

Neuen Zug einbauen

1. Bild 7: Neuen Zug parallel zum alten Zug verlegen.
2. Kupplungshandhebel: Nippel einhängen, Zug durch Schlitz von Handhebel, Einsteller und Rändel-Kontermutter einführen. Das Ende der Außenhülle in den Einsteller einsetzen (Bild 4).
3. Den unteren Zugeinsteller in das Widerlager einsetzen.
3.1. Bild 6: Nippel in die Lasche des kurzen Kupplungshebels einsetzen. Hebel dazu mit dem Finger gegen die Federkraft zum Kupplungszughalter hin drücken.
4. Jetzt den alten Kupplungszug ausziehen. Am neuen Zug das Kupplungsspiel einstellen.
5. Lenkung voll nach rechts und links einschlagen. Der Kupplungszug darf bei vollem Lenkeinschlag nirgendwo anstehen, spannen oder Kabel einquetschen.

Kupplung aus- und einbauen

Bitte nehmen Sie die Explosionszeichnung in Bild 8 zu Hilfe.

Kupplungsdeckel abbauen

1. Motoröl und Kühlflüssigkeit ablassen. Am Kupplungsdeckel die hintere Abdeckung abschrauben.
1.1. Kupplungszug unten am kurzen Hebel aushängen (Bilder 5 und 6).
1.2. Schlauchschellen der Kühlerschläuche, die zum Kupplungsdeckel führen, öffnen und die Kühlerschläuche von ihren Stutzen abziehen.
2. Schrauben im Kupplungs-Motorgehäusedeckel über Kreuz Schritt für Schritt erst lösen, dann ausdrehen.

3. Gehäusedeckel abnehmen. Bei älteren Maschinen ist der Deckel meist auf dem Gehäuse verklebt. Gummihammer zu Hilfe nehmen, ringsum leicht auf den Deckel klopfen. Dabei den Deckel und die Kanten des Deckels und des Gehäuses nicht beschädigen!
3.1. Dabei den Ausrückhebel nach hinten drehen, bis sich der Zugbolzen aus der Ausrückwelle löst.
4. Bild 8: Deckel abnehmen. Auf die beiden

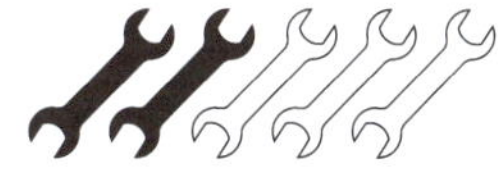

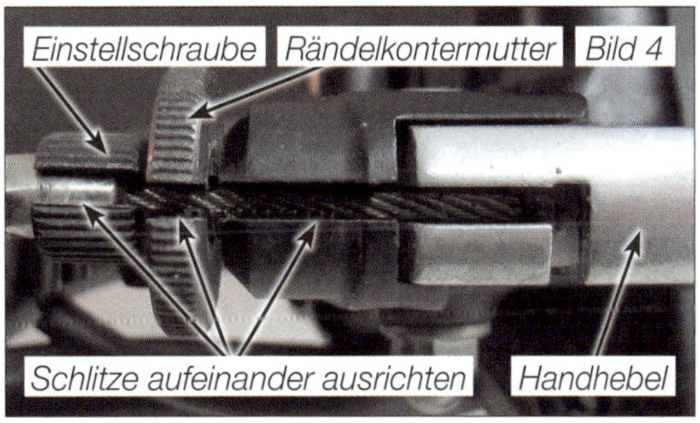

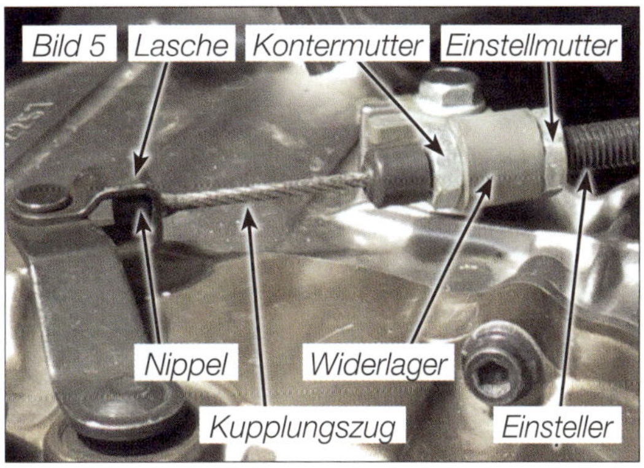

Bilder 4, 5 und 6: Aus- und Einbau des Kupplungszugs.
■ Schlitze oben am Handhebel zur Deckung bringen.
■ Kontermutter unten lösen, Einstellmutter ganz zurückdrehen.
■ Nippel und Kupplungszug aus der Lasche nehmen.

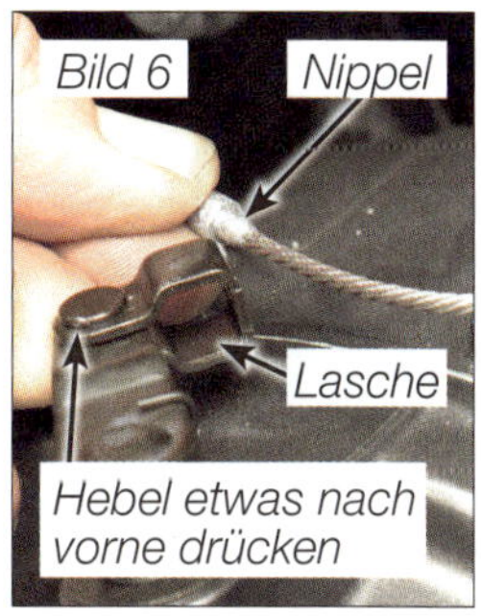

Bild 7: Verlegung der Züge und Kabel vom Lenker aus.

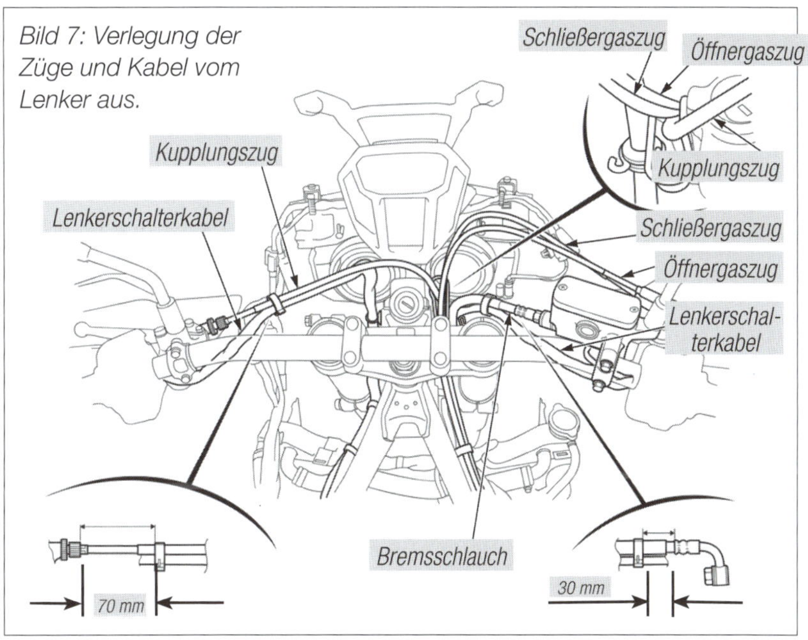

Bild 8: Explosionszeichnung der Kupplung. Zum Wechsel der Kupplungsscheiben bleiben Kupplungsnabe und Kupplungskorb montiert.

Bild 9: Beim Einbau der Reibscheiben beachten, dass Federsitzring und Federring so eingebaut werden, wie es die Zeichnung zeigt.

Bild 10: Kupplungsfedern messen.

■ Ungespannte Länge mindestens 51,48 mm ■ Eine neue Feder ist 52,48 mm lang

Bild 11: Stahlscheiben mit Fühlerlehre auf Richtplatte prüfen.

■ Sind sie mehr als 0,2 mm verzogen oder an ihren Oberflächen blau verfärbt, müssen sie erneuert werden.

Bild 8

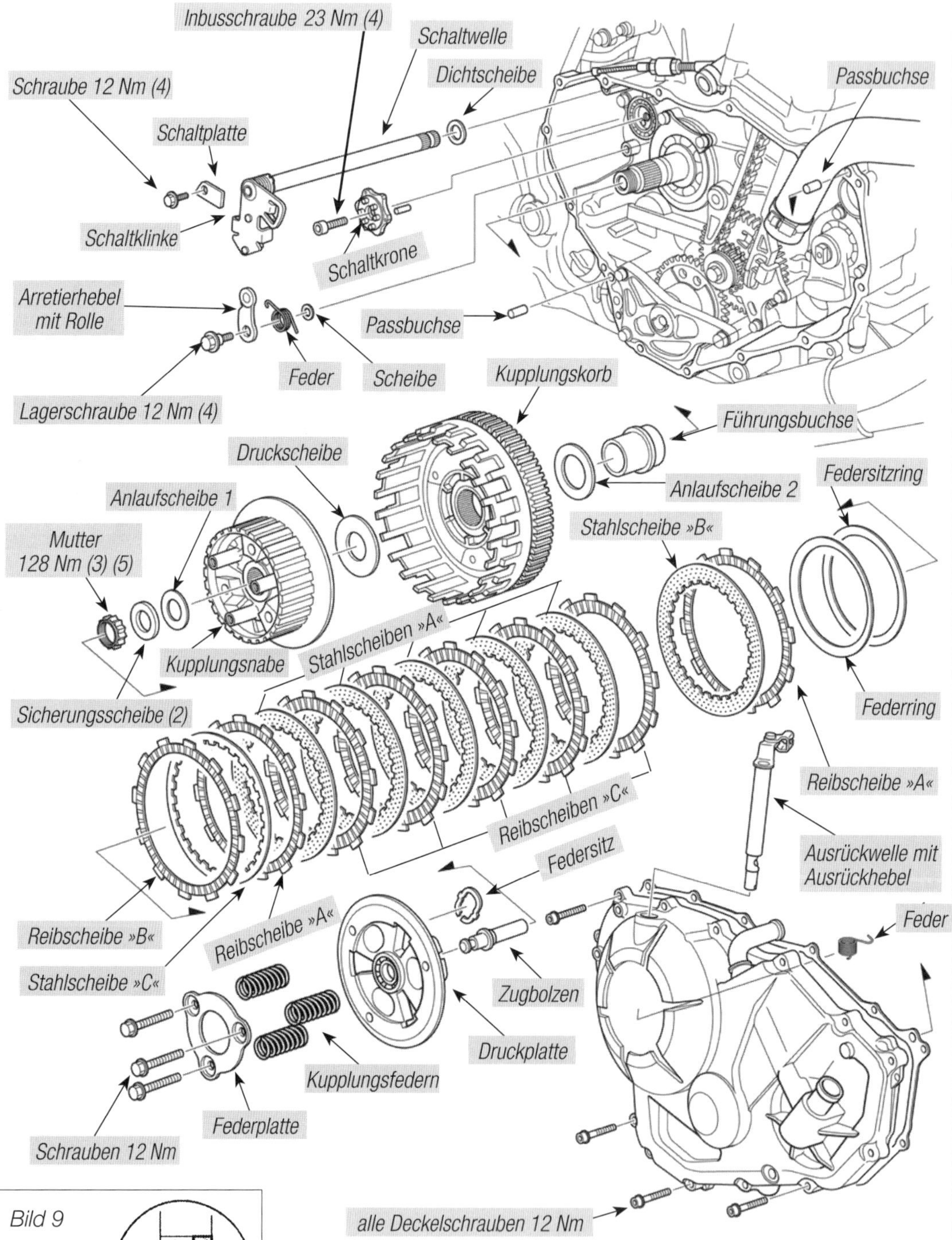

Bild 9

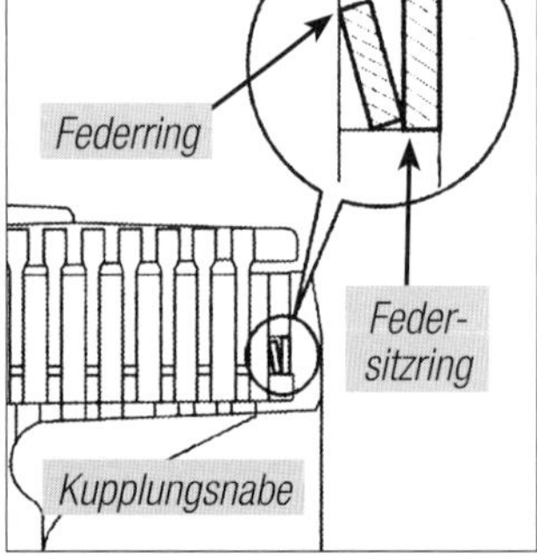

Bild 10

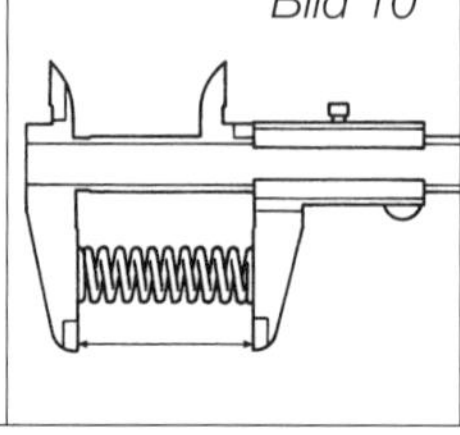

Bild 11

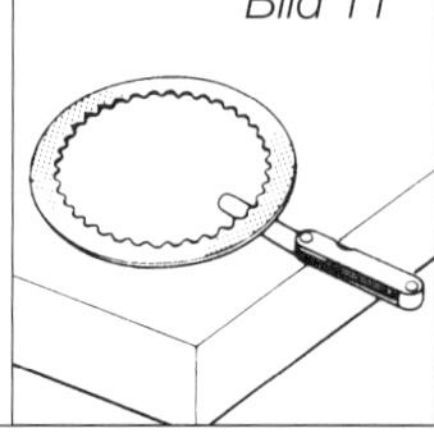

A, B = Reibscheiben mit größerem Innendurchmesser
C = Stahlscheibe mit größerem Innendurchmesser
2) = Sicherungsscheibe mit Aufschrift »OUTSIDE« nach außen zur Mutter hin
3) = Rand der Mutter nach Festziehen verstemmen
4) = plus Loctite »mittelfest«
5) = Motoröl auf Gewinde und Sitzflächen auftragen

Passbuchsen bei »2 Uhr« und bei »7 Uhr« achten, sie bleiben normalerweise fest im Motorgehäuse sitzen.

Kupplungsscheiben ausbauen

1. Kupplungsfeder-Schrauben in zwei bis drei Schritten nacheinander öffnen und ganz ausdrehen. Federplatte mit Federn herausnehmen. Druckplatte und Federsitze herausnehmen.

2. Reib- und Stahlscheiben, Federring und Federsitzring zwischen Kupplungsnabe und Kupplungskorb herausziehen und in der Reihenfolge des Ausbaus ablegen.

3. Alle Teile gut reinigen.

Kupplung prüfen und vermessen

1. Bild 11: Stahlscheiben auf einer Richtplatte mit Fühlerlehre auf Verzug prüfen. Sind sie mehr als 0,2 mm verzogen oder blau verfärbt, muss man Stahl- und Reibscheiben erneuern.

2. Bild 12: Mit einem Lappen alles Öl von den Reibscheiben abwischen. Dicke der Reibscheiben mit Messschieber an mindestens vier Messstellen messen.

■ Eine neue Reibscheibe ist zwischen 3,22 und 3,38 mm dick.

■ Das Verschleißmaß beträgt 3,00 mm, das ist die Mindestdicke.

3. Bilder 13, 14, 15: An den Stellen, wo die äußeren Klauen der Reibscheiben (Bild 13) im Kupplungskorb (Bild 14) und die inneren Zähne der Stahlscheiben in der Kupplungsnabe (Bild 15) anliegen, sind Druckstellen zu sehen. Bis zu einer gewissen Tiefe sind das Gebrauchsspuren. Sind jedoch die Riefen, Kerben, Scharten oder aufgeworfenen Kanten stark ausgeprägt, muss man Kupplungsnabe, Kupplungskorb, Reib- und Stahlscheiben erneuern.

3.1. Bild 13: Aufgeworfene Kanten an den Klauen der Reibscheiben können abgefeilt werden.

■ Die Kanten nicht stark brechen, sonst wird die Anlagefläche zu schmal und die Klauen schlagen sich wieder im Kupplungskorb ein.

4. Bild 10: Jetzt die ungespannte Länge der Kupplungsfedern messen: Sie haben ein Neumaß von 52,48 mm, das Verschleißmaß beträgt 51,48 mm.

5. Sicht- und Fingerprobe des Kugellagers in der Druckplatte: Das Lager muss einwandfrei in Ordnung sein, es muss sich leicht drehen lassen und darf keine starken Geräusche von sich geben.

6. Das Kugellager NIEMALS zwischen den Fingern unter Druckluft mit Höchstdrehzahl laufen lassen. Es geht garantiert kaputt.

Kupplung zusammenbauen

Wichtig: Wenn neue Reibscheiben eingebaut werden, diese eine halbe Stunde in frischem Motoröl »baden«, erst dann sind sie einbaufertig.

■ Wenn sie trocken montiert werden, besteht die Gefahr, dass die Beläge bei der ersten Benutzung der Kupplung regelrecht verbrennen!

Kupplungsscheiben einbauen

1. Bilder 8 und 9: Federsitzring und Federring auf die Kupplungsnabe aufsetzen.

2. Bild 8: In der Explosionszeichnung ist gut zu sehen, wie die Reib- und Stahlscheiben im Wechsel eingebaut werden:

■ 1 Reibscheibe »A«

■ 1 Stahlscheibe »B«

■ Nun kommen im Wechsel 5 Reibscheiben »C« und 5 Stahlscheiben »A«

■ 1 Reibscheibe »A«

■ 1 Stahlscheibe »C«

■ 1 Reibscheibe »B«

Beachten:

Reibscheibe »B« und Stahlscheibe »C« werden erst später in die Druckplatte eingebaut.

Beachten:

■ Die Reibscheiben »A« und »B« haben einen größeren Innendurchmesser als die Reibscheiben »C«.

■ Reibscheiben »A« haben schmälere Belagklötze als Reibscheibe »B«

■ Stahlscheibe »C« hat einen größeren Innendurchmesser als die Stahlscheiben »A« und »B«.

■ Stahlscheiben »A« haben eine andere Oberfläche als Stahlscheibe »B«.

3. Federsitzring und Federring wie in Bild 9 auf die Kupplungsnabe schieben.

4. Eine Reibscheibe »A« und Stahlscheibe »B« einsetzen, dann Reibscheiben »C« und Stahlscheiben »A« abwechselnd.

4.1. Als letzte die zweite Reibscheibe »A« einsetzen.

5. Zugbolzen in die Kupplungsnabe einsetzen.

Bild 12: Dicke der Reibscheiben an mehreren Stellen messen.

Bilder 13, 14 und 15: Starker Verschleiß an den Reibscheiben, im Kupplungskorb und in der Kupplungsnabe.

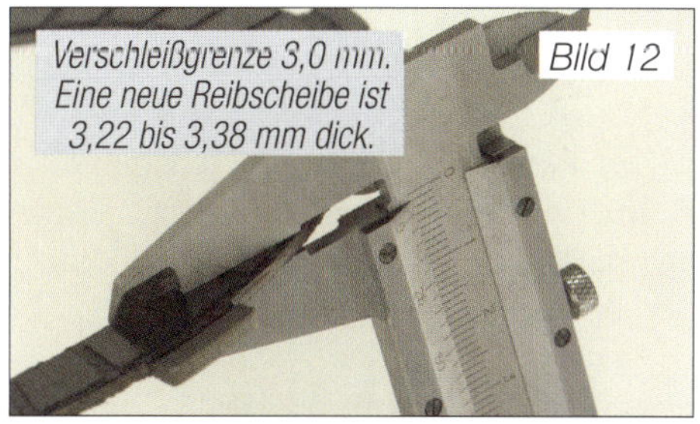

Bild 12

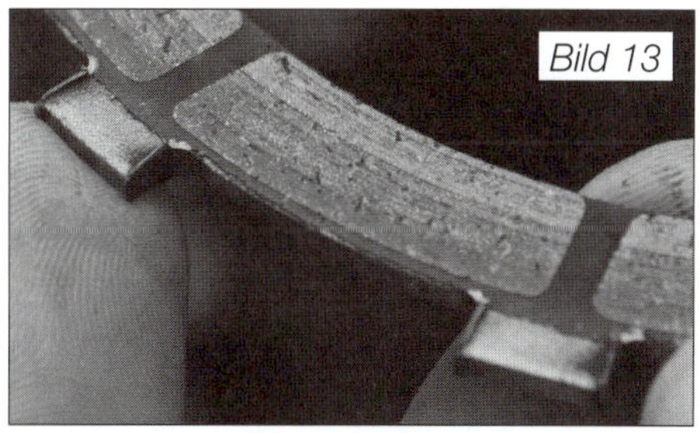
Bild 13

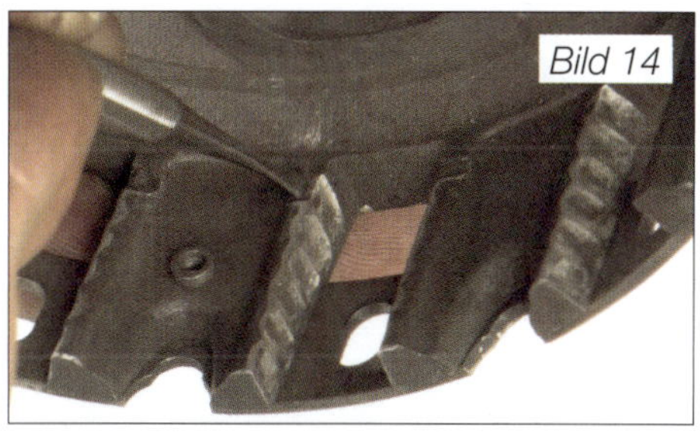
Bild 14

Bild 15

Sichtprüfung Messen

6. Federsitze in die Nuten der Druckplatte setzen. Sie müssen ganz in den Nuten sitzen.
7. Reibscheibe »B« auf die Druckplatte setzen.
7.1. Stahlscheibe »C« mit ihren Zähnen in die Nuten der Druckplatte setzen.
8. Die Druckplattenbaugruppe auf die Kupplungsnabe setzen. Dabei darauf achten, dass die Reibscheibe »B« um eine Nut versetzt zu den übrigen Reibscheiben zu sitzen kommt.
9. Kupplungsfedern einsetzen. Federplatte in Montageposition bringen, Schrauben einstecken, eindrehen, fingerfest anziehen und dann in kleinen Schritten bis auf 12 Nm festziehen.

Kupplungsdeckel aufbauen
1. Dichtflächen an Motorgehäuse und Deckel gut reinigen.
2. Dichtflächen des Motorgehäuses im Bereich der Gehäusetrennlinie nach oben und unten um ca. 15 mm mit »Threebond 1207B« bestreichen und 10 Minuten ablüften lassen.
3. Kontrollieren ob die Passbuchsen in ihren Bohrungen sitzen bei «2« und »7« Uhr.
4. Neue Gehäusedichtung auflegen, auf Passbuchsen und Schraubenbohrungen ausrichten.
5. Auf den Wasseranschlussstutzen an der Wasserpumpe im Kupplungsdeckel einen neuen O-Ring aufziehen. Den O-Ring vorher mit Motoröl bestreichen.
6. Darauf achten, dass der Schlitz in der Wasserpumpenwelle so steht, dass er auf die Erhebung in der Ausgleichswelle ausgerichtet ist. Wenn die Kurbelwelle und die Wasserpumpe nicht verdreht wurden, müsste das noch der Fall sein.
7. Kupplungsdeckel aufsetzen, Ausrückhebel im Ausschnitt des Zugbolzens einrasten lassen.
8. Bild 8: Schrauben eindrehen, schrittweise über Kreuz bis auf 12 Nm festziehen.
9. Wasserschäuche auf ihre Stutzen aufschieben, Schrauben der Klemmschellen festziehen, wie in Bild 8 in Kapitel 12 »Kühlsystem« gezeigt.
10. Kupplungszug am Ausrückhebel einhängen. Kupplungsspiel einstellen siehe am Anfang dieses Kapitels.
11. Hintere Motorabdeckung an den Kupplungsdeckel schrauben, Schrauben festziehen mit 10 Nm.
12. Öl und Kühlflüssigkeit einfüllen.

Kupplungsnabe und Kupplungskorb

Kupplungsnabe und Kupplungskorb ausbauen
Bild 16: Laut Honda sind zum Aus- und Einbau von Kupplungsnabe und Kupplungskorb die Honda-Spezialwerkzeuge »Kupplungsnabenhalter« (07724-0050002) und »Sicherungsmutternschlüssel« (07916-9690000) nötig. Es kann auch ein anderer, handelsüblicher Kupplungsnabenhalter verwendet werden. Für die Mutter kann man eine 12-kant-Nuss mit SW 25 verwenden. So beschreiben wir Aus- und Einbau auch.

1. Bild 17: Sicherungsmutter entstemmen.
2. Bild 16: Kupplungsnabenhalter auf Kupplungsnabe aufbauen. Mutter mit 12-kant-Nuss öffnen und abdrehen.
3. Sicherungsscheibe und Anlaufscheibe 1 abnehmen, Kupplungsnabe von Getriebewelle abziehen.
4. Druckscheibe abziehen.
5. Kupplungskorb abziehen.
6. Anlaufscheibe 2 und Führungsbuchse abziehen.

Kupplungskorb und Kupplungsnabe einbauen
Bitte Zeichnung in Bild 8 zu Hilfe nehmen.
1. Eine Mischung aus Molybdänfett und Motoröl im Verhältnis von 1:1 herstellen.
1.1. Führungsbuchse außen und innen mit dieser Mischung einschmieren.
2. Führungsbuchse und Anlaufscheibe 2 auf die Getriebewelle schieben,
3. Kupplungskorb und Druckscheibe aufschieben.
4 Jetzt die Kupplungsnabe und dann die Anlaufscheibe 1 aufschieben.
4.1. Sicherungsscheibe mit Markierung »OUT« nach außen weisend aufschieben.
5. Bild 17: Eine neue Mutter verwenden. Gewinde und Sitzfläche mit Motoröl einschmieren.
5.1. Mutter handfest aufschrauben, Kupplungsnabenhalter ansetzen (Bild 16).
5.2. Mutter mit 12-kant-Nuss SW 25 festziehen mit 128 Nm.
6. Mutter mit Körner in der Nut der Hauptwelle verstemmen.
7. Kontrolle, ob alles richtig montiert ist: Kupplungsnabe muss sich leicht drehen lassen, während der Kupplungskorb stehen bleibt.

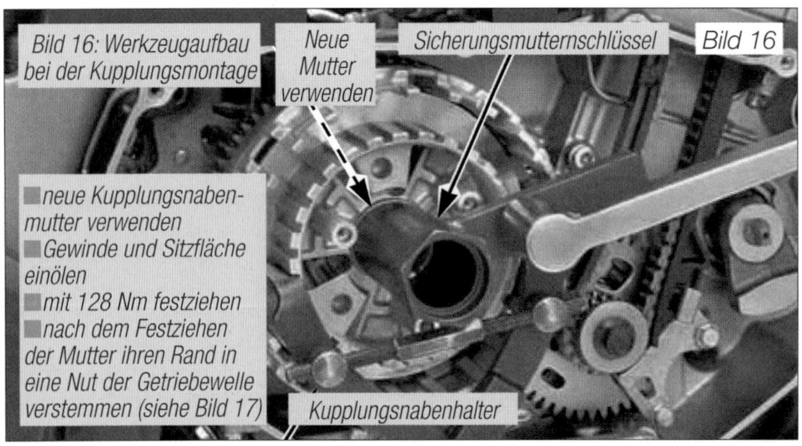

Bild 16: Werkzeugaufbau bei der Kupplungsmontage

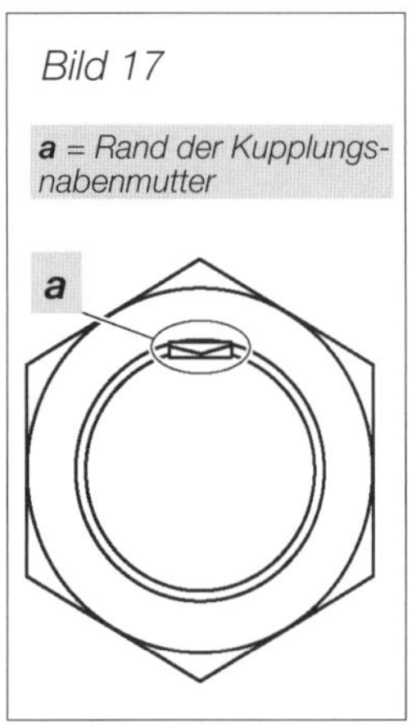

Bild 17: Rand der Mutter vor dem Öffnen entstemmen. Nach dem Festziehen verstemmen.

Doppelkupplung

In diesem Kapitel: Arbeitsweise des Doppelkupplungsgetriebes DCT · Wichtige Bauteile · Schaltpläne · Fehlercodes · Fehlerbehebung.

Arbeitsweise des DCT

Alle Modelle der Africa Twin können auch mit einem Doppelkupplungsgetriebe ausgerüstet sein. Sie haben dann die Zusatzbezeichnung »DCT«. Dies ist Abkürzung für die englische Bezeichnung »**D**ual **C**lutch **T**ransmission«, übersetzt »Doppel Kupplungs Getriebe«.

Beim DCT handelt es sich um ein elektronisch gesteuertes Schaltgetriebe, das ähnlich einer Vollautomatik funktioniert. Der Fahrer kann unter drei Arten der Getriebefunktion wählen:

- Automatisches Schalten entsprechend der Motordrehzahl, das Getriebe schaltet selbst »Gang rauf« oder »Gang runter« und fährt auch aus dem Stand an ohne Zutun des Fahrers;
- Durch die Hand des Fahrers, der den entsprechenden Gang bzw. »hochschalten« oder »runterschalten« durch Betätigung zweier Schalter links am Lenker auswählt;
- Oder durch Betätigen eines Fußschalthebels, der als Extra bei der Bestellung der Maschine

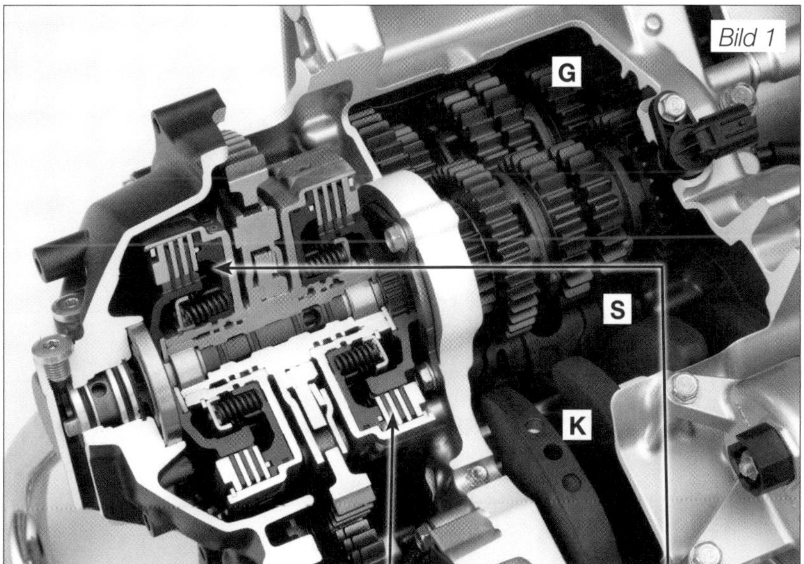

Bild 1: Schnittbild der Doppelkupplung und des Getriebes.
***G** = Getriebezahnräder*
***K** = Kurbelwelle*
***S** = Schaltwalze*

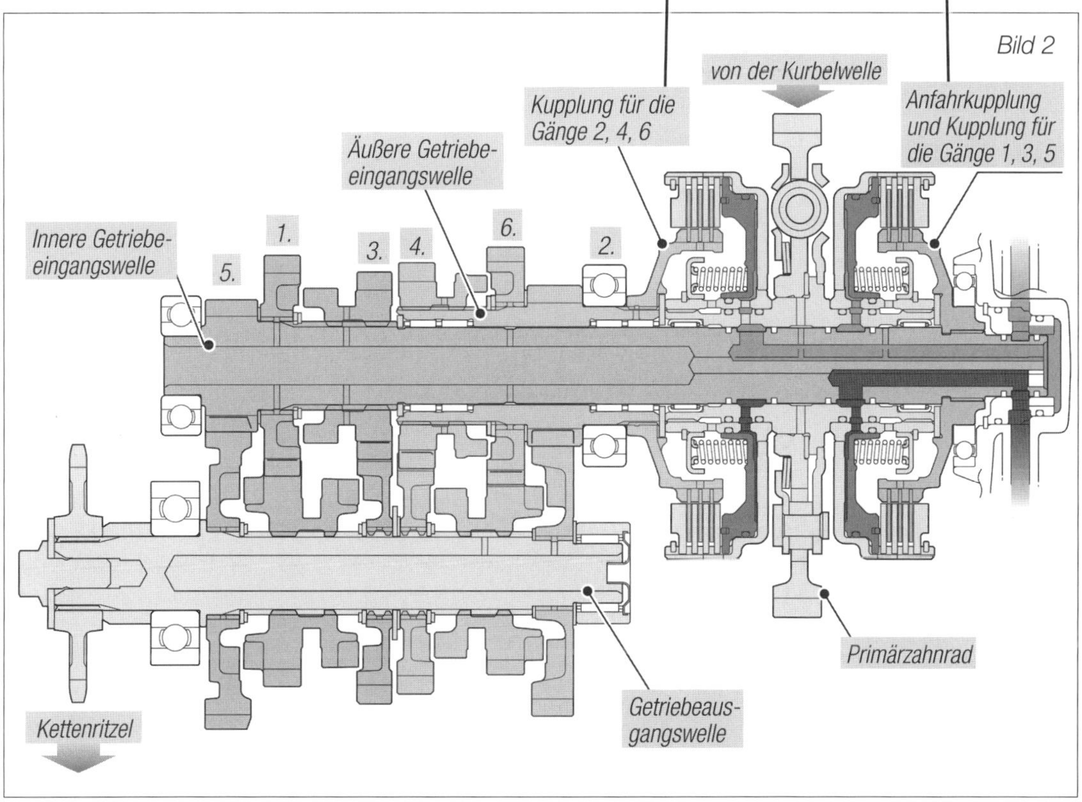

Bild 2: Schnittzeichnung des Doppelkupplungsgetriebes.

DTC-Probleme?
Wenn das Doppelkupplungsgetriebe Probleme macht, sehen Sie zuerst nach Folgendem:
- DCT-Hauptsicherung 7,5 A (Mj. 2016/2017) oder 10 A (Mj. 2018/2019) und Sicherung DCT-Schaltsteuermotor 30 A siehe Kapitel 26 »Sicherungen · Relais · Zündschlüssel«.
- Motorölstand siehe Kapitel 11 »Schmiersystem«.
- Korrodierte, lockere Steckverbindungen in der Elektrik? Siehe Kapitel 28 »Stecker · Kabel«.

geordert wird. Er kann auch nachgerüstet werden zum Preis von ca. 500 Euro.

Die Betätigung der Kupplung und die Drehung der Schaltwalze (und damit die Bewegung der Schaltgabeln, welche die Getriebezahnräder axial verschieben), geschieht beim DCT nicht über Handkupplung und Fußschalthebel, sondern über eine elektronisch gesteuerte Stelleinheit, bestehend aus Stellmotor (»Schaltsteuermotor«) unten am Motorgehäuse sowie Zahnrädern und Zahnsegmenten im Inneren des Getriebes.

Bilder 1 und 2: Zum DCT-Getriebe gehören zwei Mehrscheiben-Nasskupplungen, die beim Gangwechsel abwechselnd den Kraftschluss unterbrechen oder herstellen. Diese sitzen auf einer zweiteiligen Getriebeeingangswelle. Auf der inneren Welle sind die Zahnräder des 1., 3. und 5. Ganges zu finden, auf der äußeren Welle die des 2., 4. und 6. Ganges.

Die Kupplung wird elektronisch gesteuert und über zwei hydraulische Steuerventile betätigt. Diese haben einen eigenen Ölfilter, die Zuleitungen zu den Steuerventilen sind im rechten Motordeckel.

Zum Gangwechsel unterbrechen beide Kupplungen abwechselnd den Kraftschluss und stellen diesen wieder her. Zum Schaltvorgang gibt das Steuergerät das Signal für den nächsten Gang, löst die Kupplung des vorherigen und aktiviert die Kupplung für den nächsten Gangwechsel. Dieser Vorgang läuft blitzschnell ab und erfolgt bei jedem Lastzustand.

Gesteuert wird das Ganze über das Motorsteuergerät »PCM«, das um diese Funktion erweitert ist gegenüber dem Motorsteuergerät »ECM« bei Modellen mit Schaltgetriebe. Mehrere Sensoren erfassen verschiedene Parameter, wie zum Beispiel Motordrehzahl, Getriebewellendrehzahl, eingelegten Gang, Drosselklappenstellung und auch den Öldruck in den Kupplungssteuerventilen, und leiten die Messwerte an das Steuergerät weiter, worin sie ausgewertet werden. Entsprechend den Anforderungen sendet das Steuergerät Signale an den Schaltsteuermotor und die »Linearmagnetventile« in der Betätigung der beiden Kupplungen.

Bild 3: Explosionszeichnung der Schaltbetätigung und die Doppelkupplung.

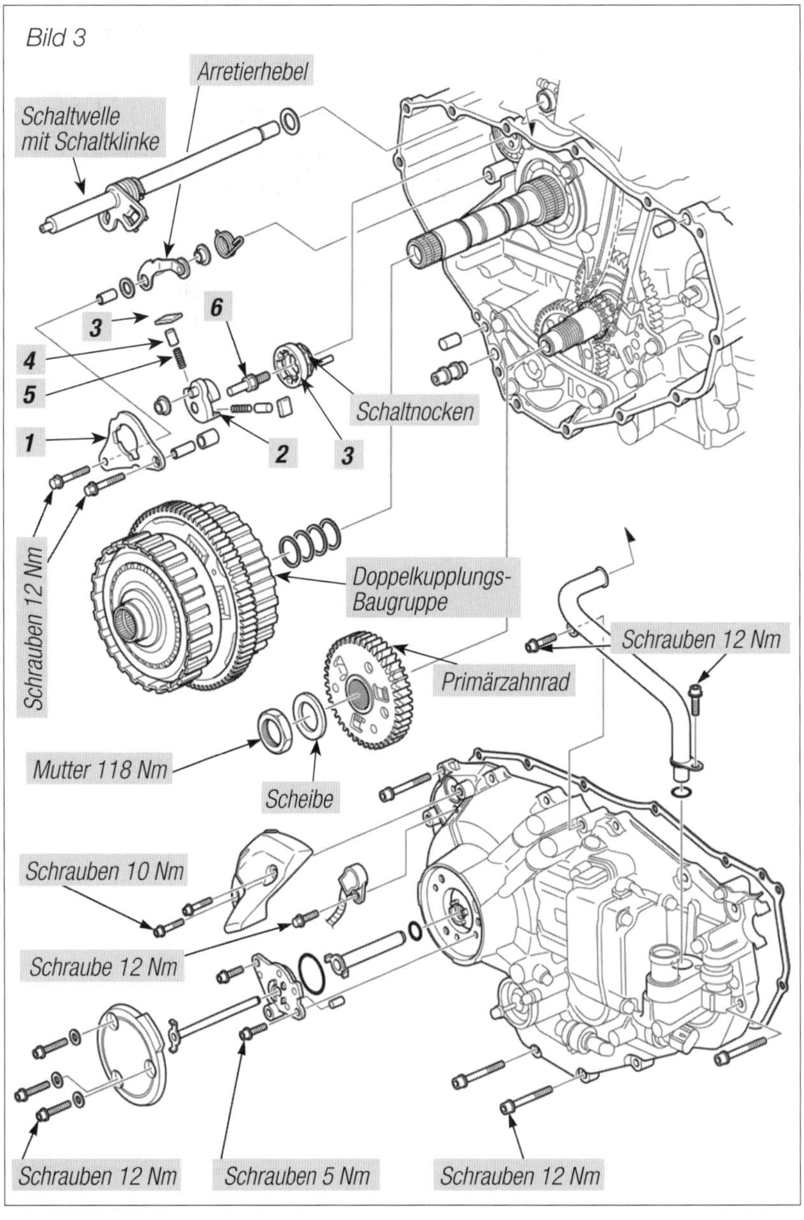

Weitere Bauteile im Bild 3
- 1 = Sperrklinken-Führungsplatte
- 2 = Sperrklinkenträger
- 3 = Sperrklinken
- 4 = Federhülse
- 5 = Hülsenfeder
- 6 = Schaltnockenschraube 31 Nm

Wenn der Motor abgeschaltet wird, legt das DCT automatisch den Leerlauf ein. Maschinen mit DCT haben zusätzlich eine auf die hintere Bremsscheibe wirkende Feststellbremse. Der Betätigungshebel ist links am Lenker angebracht (siehe Kapitel 6 »Bremsen«).

Weitere Bauteile

Weil das Doppelkupplungsgetriebe ein elektronisch gesteuertes System ist, sind mehrere elektrische und elektronische Bauteile angebaut, die bei den Modellen mit normalem Getriebe nicht zu finden sind (siehe Kapitel 26 »Sicherungen · Relais«). Dazu zählen die Sensoren für Außenhaupt- und Innenhauptwelle, Getriebestufen, Motoröltemperatur, Öldruck für Kupplungen und Kupplungsleitung, Schaltwellenwinkel und Schalthebelwinkel. Weiterhin zusätzlich eingebaut sind Starter-Relais, Zündhalte-Relais, Linearmagnetventile, Gangwahlschalter, Parkbremsschalter sowie ein entsprechend umfangreicher ausgestattetes Motorsteuergerät PCM; siehe dazu Bilder 4, 5 und 6.

Wie für die Einspritzung und das ABS-System gibt es auch für die Doppelkupplung ein Diagnosesystem mit codierten Fehlermeldungen, womit eventuelle Fehler erkannt, lokalisiert und anschließend behoben werden können. Der Hauptcode kann über die Ganganzeige in der Instrumenteneinheit ausgelesen werden, siehe dazu den Kapitelabschnitt »Fehlercodes«. Die Fehlerbehebung muss aber einer Honda-Werkstatt mit der entsprechenden Ausstattung vorbehalten bleiben.

Sehr wichtig: Eine Reparatur am Doppelkupplungsgetriebe ist nicht möglich ohne Honda-Spezialwerkzeug und entsprechende interne

Bild 4: Einbaulage der elektrischen und elektronischen Bauteile des Doppelkupplungsgetriebes.

Weitere Bauteile im Bild 4

TOP 1 = PCM Motorsteuergerät
TOP 2 = VSS Geschwindigkeits-Sensor
TOP 3 = Sicherung für DCT-Schaltsteuermotor 30A
TOP 4 = EOP-Sensor für Kupplungsleitung Öldruck

Bild 4

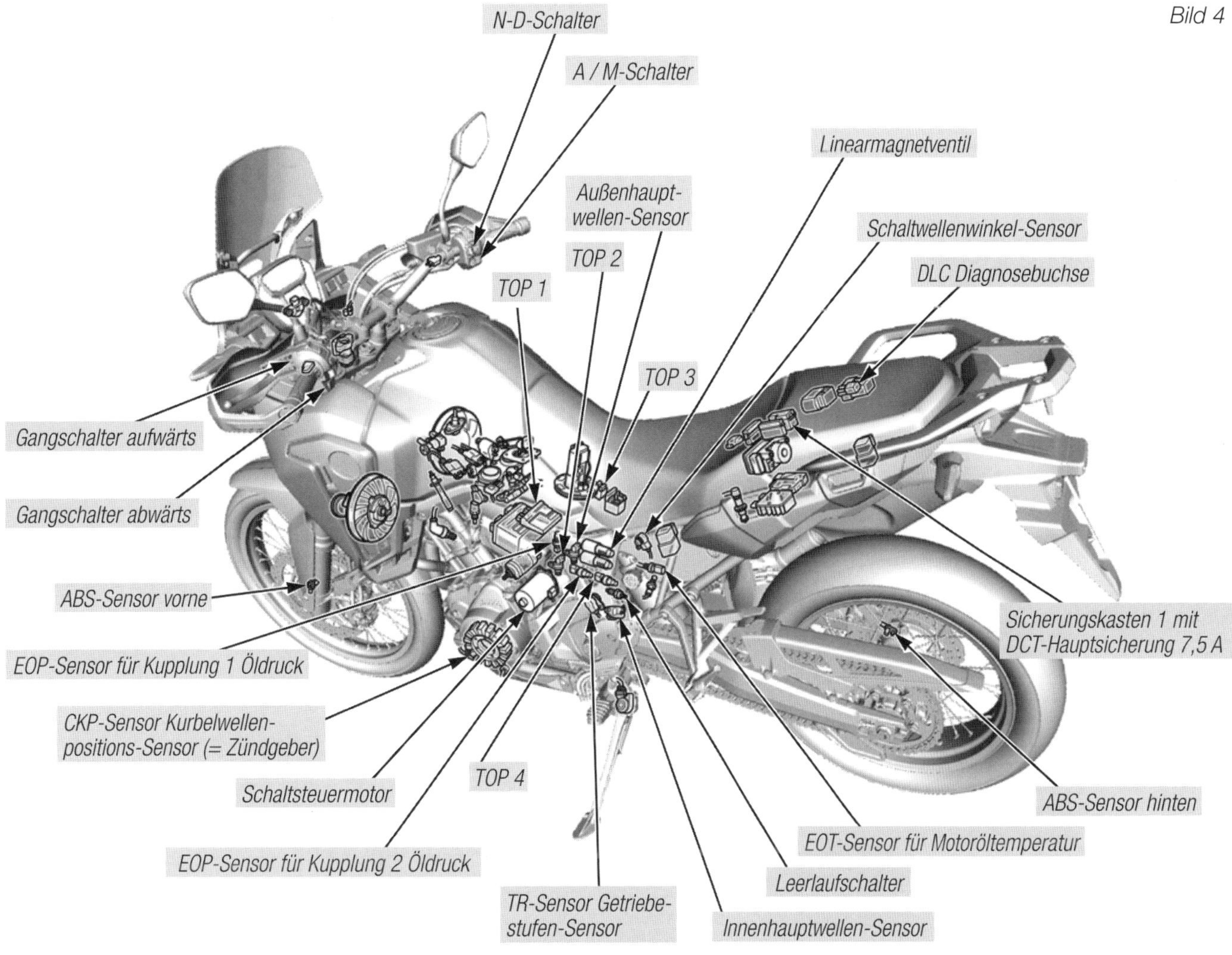

Sichtprüfung

Messen

Bild 5

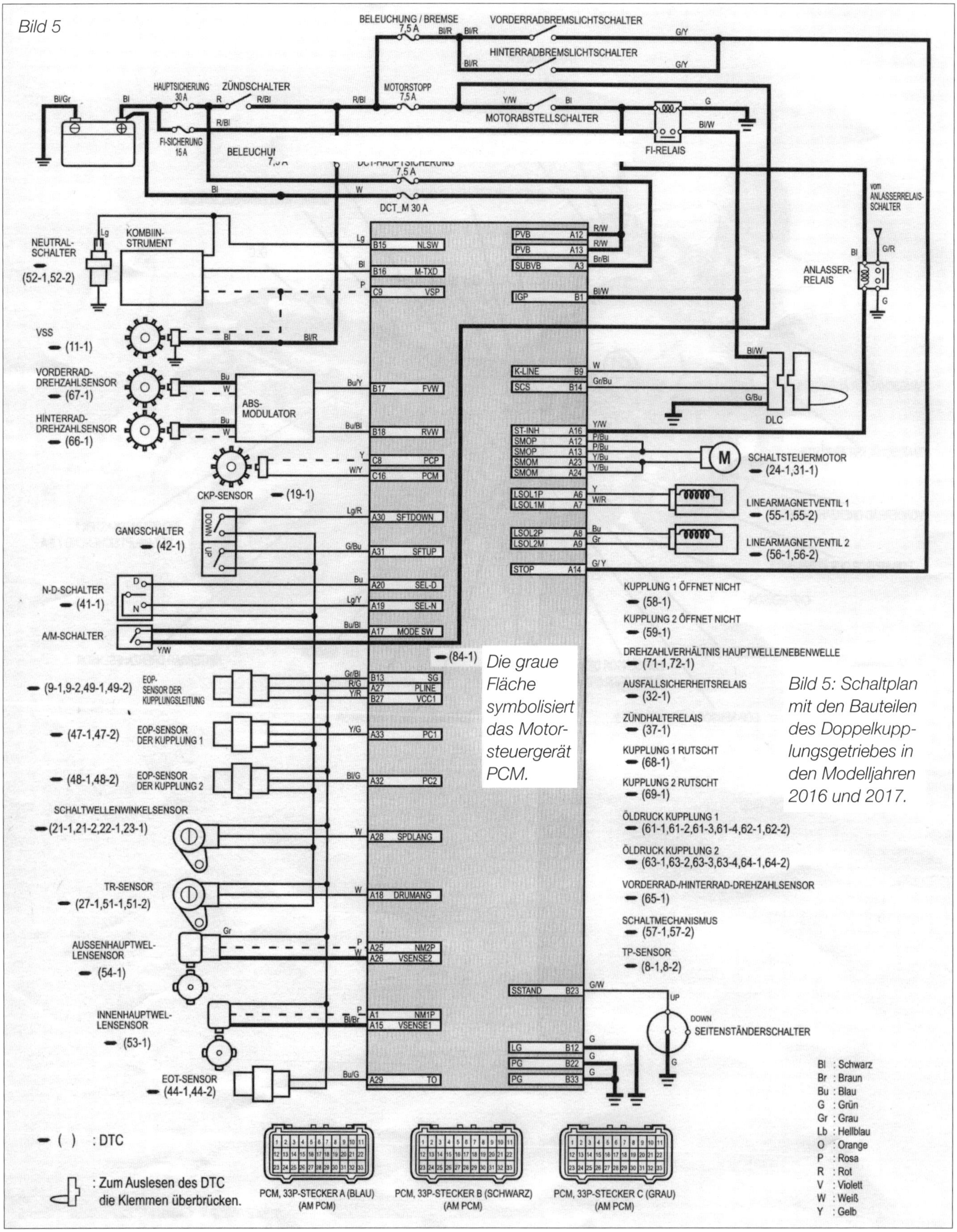

Bild 5: Schaltplan mit den Bauteilen des Doppelkupplungsgetriebes in den Modelljahren 2016 und 2017.

Bild 6

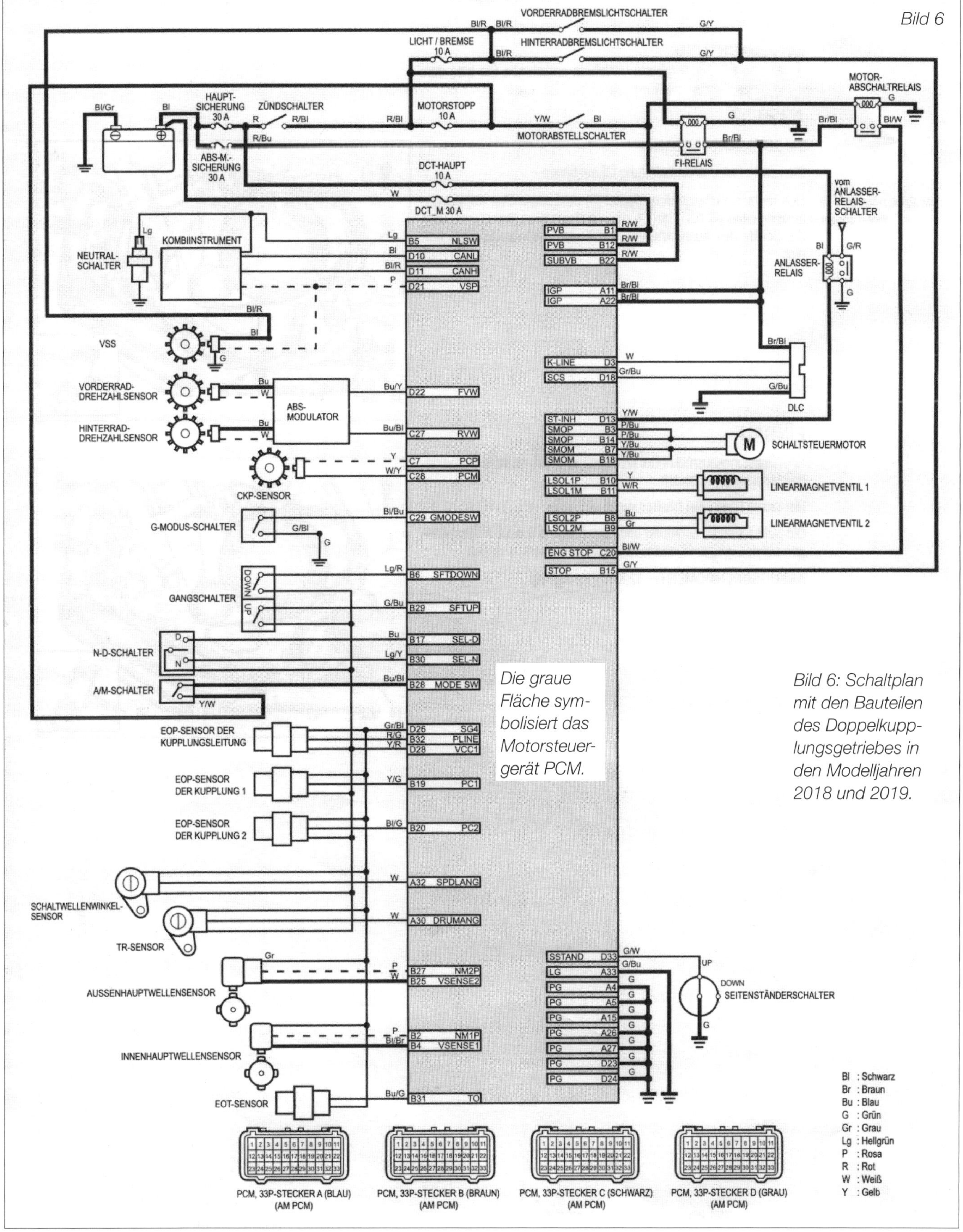

Die graue Fläche symbolisiert das Motorsteuergerät PCM.

Bild 6: Schaltplan mit den Bauteilen des Doppelkupplungsgetriebes in den Modelljahren 2018 und 2019.

Bild 7

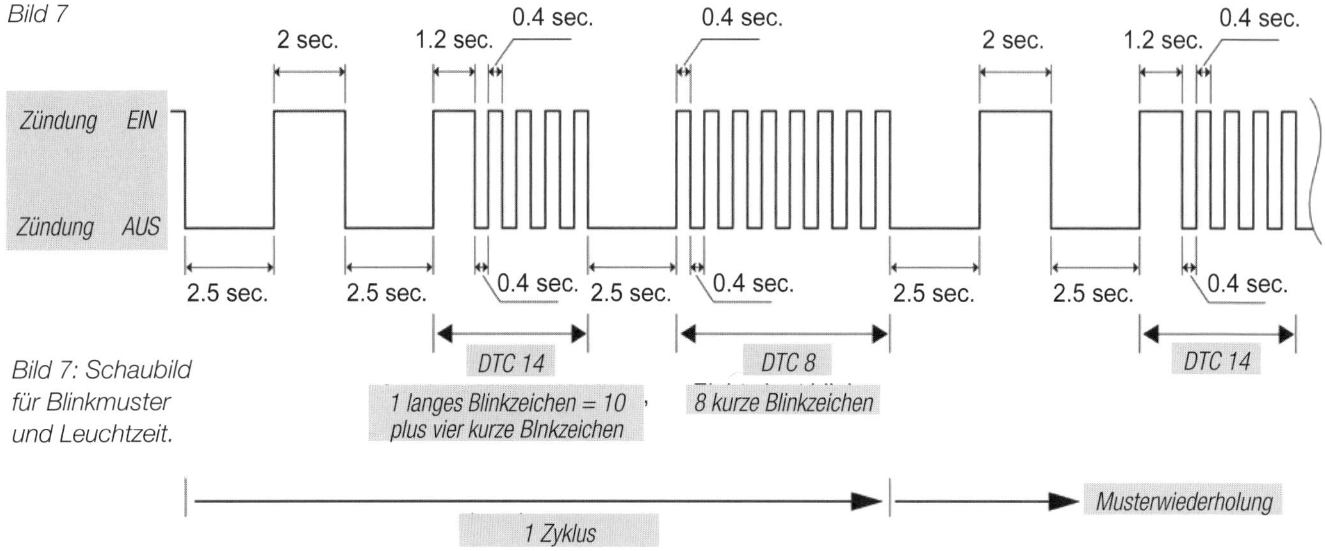

Bild 7: Schaubild für Blinkmuster und Leuchtzeit.

Tabelle 1: Doppelkupplung Diagnosefehlercodes, Blinkzeichen, Fehler, Symptome

DTC Blinkzeichen	Funktionsfehler	Symptom Ausfallsicherheitsfunktion
1-1 → **BLZ 1** Mj. 2018, 2019	Schalthebelwinkel-Sensor des Fußschalthebels (Option) – Störung im Schalthebelwinkel-Sensor oder im zugehörigen Schaltkreis – Störung in der Mechanik des Schalthebels – schlechter Kontakt oder Wackelkontakt am Schalthebelwinkel-Sensorstecker – Fehler im PCM Motorsteuergerät	– Schalthebel funktioniert nicht
7-1 → **BLZ 7** Mj. 2018, 2019	ECT-Sensor Kühlmitteltemperatur-Sensor, Spannung niedrig bei unter 0,049 V – Störung im ECT-Sensor oder im zugehörigen Schaltkreis	– Schlechtes Anspringen bei niedrigen Temperaturen
7-2 → **BLZ 7** Mj. 2018, 2019	ECT-Sensor Kühlmitteltemperatur-Sensor, Spannung hoch bei über 4,946 V – schlechter Kontakt oder Wackelkontakt am ECT-Sensorstecker – Störung im ECT-Sensor oder im zugehörigen Schaltkreis	– Schlechtes Anspringen bei niedrigen Temperaturen
8-1 → **BLZ 8** Mj. 2016-2019	TP-Sensor Drosselklappenpositions-Sensor, Spannung niedrig bei unter 0,112 V – schlechter Kontakt oder Wackelkontakt am TP-Sensorstecker – Störung im TP-Sensor oder im zugehörigen Schaltkreis Mj. 2018, 2019: TP-Sensor 1 oder 2	– Mj. 2016, 2017: Gangschaltung funktioniert nicht – Mj. 2018, 2019: Begrenzung auf ca. 120 km/h – Mj. 2018, 2019: Traktionskontrolle funktioniert nicht
8-2 → **BLZ 8** Mj. 2016-2019	TP-Sensor Drosselklappenpositions-Sensor, Spannung hoch bei über 4,971 V schlechter Kontakt oder Wackelkontakt am TP-Sensorstecker – Störung im TP-Sensor oder im zugehörigen Schaltkreis Mj. 2018, 2019: TP-Sensor 1 oder 2	– Mj. 2016, 2017: Gangschaltung funktioniert nicht – Mj. 2018, 2019: Begrenzung auf ca. 120 km/h – Mj. 2018, 2019: Traktionskontrolle funktioniert nicht
9-1 → **BLZ 9** Mj. 2016-2019	EOP-Sensor der Kupplungsleitung (Öldruck-Sensor), Spannung niedrig bei unter 0,298 V – Störung im EOP-Sensor der Kupplungsleitung oder im zugehörigen Schaltkreis – Fehler im PCM Motorsteuergerät	– Gangschaltung funktioniert normal
9-2 → **BLZ 9** Mj. 2016-2019	EOP-Sensor der Kupplungsleitung Öldruck-Sensor, Spannung hoch bei über 4,702 V – schlechter Kontakt oder Wackelkontakt am EOP-Sensorstecker der Kupplungsleitung – Störung im EOP-Sensor der Kupplungsleitung oder im zugehörigen Schaltkreis – Fehler im PCM Motorsteuergerät	– Gangschaltung funktioniert normal
11-1 → **BLZ 11** Mj. 2016-2019	Störung im VSS Geschwindigkeits-Sensor – schlechter Kontakt oder Wackelkontakt am Geschwindigkeits-Sensorstecker – Störung im Geschwindigkeits-Sensor oder im zugehörigen Schaltkreis – Fehler im PCM Motorsteuergerät	– Gangschaltung funktioniert nicht
19-1 → **BLZ 19** Mj. 2016-2019	CKP-Sensor Kurbelwellenpositions-Sensor, kein Signal – schlechter Kontakt oder Wackelkontakt am CKP-Sensorstecker – Elektromagnetische Beeinflussung des CKP-Sensors – Störung im CKP-Sensor oder im zugehörigen Schaltkreis – Fehler im PCM Motorsteuergerät	– Gangschaltung funktioniert nicht – Motor läuft nicht
21-1 → **BLZ 21** Mj. 2016-2019	Schaltwellenwinkel-Sensor, Spannung niedrig bei unter 0,308 V – schlechter Kontakt oder Wackelkontakt am Schaltwellenwinkel-Sensorstecker – Störung im Schaltwellenwinkel-Sensor oder im zugehörigen Schaltkreis – Fehler im PCM Motorsteuergerät	– Gangschaltung funktioniert nicht
21-2 → **BLZ 21** Mj. 2016-2019	Schaltwellenwinkel-Sensor, Spannung hoch bei über 4,976 V – Störung im Schaltwellenwinkel-Sensor oder im zugehörigen Schaltkreis – Fehler im PCM Motorsteuergerät	– Gangschaltung funktioniert nicht
22-1 → **BLZ 22** Mj. 2016-2019	Schaltwelle, Funktionsstörung nach Ansprechen des Schaltmechanismus – Fehler im Schaltmechanismus – Störung im Schaltwellenwinkel-Sensor	– Gangschaltung funktioniert nicht
23-1 → **BLZ 23** Mj. 2016-2019	Schaltwelle, Funktionsstörung beim Ansprechen des Schaltmechanismus – Fehler im Schaltmechanismus – Störung im Schaltwellenwinkel-Sensor	– Gangschaltung funktioniert nicht
24-1 → **BLZ 24** Mj. 2016-2019	Schaltsteuermotor-Treiberschaltung – Störung im Steuermotor oder im zugehörigen Schaltkreis – Störung in der Treiberschaltung des Schaltsteuermotors im PCM	– Gangschaltung funktioniert nicht

Kenntnisse. In der originalen Honda-Werkstattanleitung umfassen Fehlerdiagnose, Behebung und Reparatur des DCT mehr als 80 Seiten. Deswegen raten wir Ihnen bei jedem Problem mit dem Doppelkupplungsgetriebe eine Honda-Motorradwerkstatt aufzusuchen, denn nur diese kann so nachhaltig weiterhelfen, dass das Problem dauerhaft behoben ist.

Fehlercodes

Tritt im Doppelkupplungsgetriebe ein Fehler auf, zeigt die Ganganzeige beim Einschalten der Zündung »–« an. Bei ausgeklapptem Seitenständer beginnt die Ganganzeige zu blinken. Um herauszubekommen, welcher Fehler vorliegt, gibt es zwei Möglichkeiten:

Möglichkeit 1: Man liest den Fehlercode an der Ganganzeige selbst aus. An der Ganganzeige wird allerdings nur der Hauptcode angezeigt.

Möglichkeit 2: Sie bringen die Maschine zum Honda-Händler Ihres Vertrauens. Der wird den bzw. die Fehler mit dem MCS auslesen.

MCS ist das Honda-eigene »**M**otorcycle **C**ommunication **S**ystem«, es besteht aus dem HDS-Pocket Tester und einem Laptop, auf den Honda-eigene Programme aufgespielt sind. Mit MCS kann der Honda-Händler auch die Untercodes auslesen.

Fehleranalyse selbst durchführen

Wir erklären jetzt die Möglichkeit 1 und führen die Fehleranalyse selbst durch.

1. Maschine sicher auf dem Seitenständer abstellen. Motor AUSschalten, Zündung ausschalten, Leerlauf einlegen.

2. Zündung einschalten. Killschalter muss auf ON

Tabelle 2: Doppelkupplung Diagnosefehlercodes, Blinkzeichen, Fehler, Symptome

DTC Blinkzeichen	Funktionsfehler	Symptom Ausfallsicherheitsfunktion
27-1 → **BLZ 27** Mj. 2016 - 2019	Schaltwalzenpositionsfehler – Störung im TR-Sensor Getriebestufen-Sensor – Fehler im Schaltmechanismus – Fehler im PCM Motorsteuergerät	– Gangschaltung funktioniert nicht
31-1 → **BLZ 31** Mj. 2016 - 2019	Schaltsteuermotor, Spannung niedrig bei unter 9,016 V – Störung in der Zündhalte-Relaisschaltung des PCM – Sicherung Schaltsteuermotor 30 A durchgebrannt – schlechter Kontakt oder Wackelkontakt am 33-poligen blauen PCM-Stecker	– Gangschaltung funktioniert nicht
32-1 → **BLZ 32** Mj. 2016 - 2019	Störung im Schaltkreis des Ausfallsicherheits-Relais – Störung in der Versorgungsspannung des PCM – DCT-Schaltsteuermotor Sicherung 30 A durchgebrannt – Störung im Ausfallsicherheits-Relais im PCM	– Gangschaltung funktioniert nicht
37-1 → **BLZ 37** Mj. 2016 - 2019	Störung im Zündhalte-Relais – Störung in der Nebenversorgungs-Eingangsspannung des PCM – DCT-Hauptsicherung durchgebrannt: 7,5 A (2016, 2017), 10 A (2018, 2019)	– Gangschaltung funktioniert nicht
41-1 → **BLZ 41** Mj. 2016 - 2019	Störung im N-D-Schalter Neutral-Drive-Schalter – schlechter Kontakt oder Wackelkontakt am N-D-Schalterstecker – Störung im N-D-Schalter oder im zugehörigen Schaltkreis – Fehler im PCM Motorsteuergerät	– N-D-Schalter funktioniert nicht
42-1 → **BLZ 42** Mj. 2016 - 2019	Störung im Gangschalter – schlechter Kontakt oder Wackelkontakt am Gangschalterstecker – Störung im Gangschalter oder im zugehörigen Schaltkreis – Fehler im PCM Motorsteuergerät	– Gangschalter funktioniert nicht (Schaltelement links am Lenker)
44-1 → **BLZ 44** Mj. 2016 - 2019	EOT-Sensor Motoröltemperatur-Sensor, Spannung niedrig bei unter 0,088 V – Störung im EOT-Sensor oder im zugehörigen Schaltkreis – Fehler im PCM Motorsteuergerät	– Gangschaltung funktioniert nicht
44-2 → **BLZ 44** Mj. 2016 - 2019	EOT-Sensor Motoröltemperatur-Sensor, Spannung hoch bei über 4,903 V – schlechter Kontakt oder Wackelkontakt am EOT-Sensorstecker – Störung im EOT-Sensor oder im zugehörigen Schaltkreis – Fehler im PCM Motorsteuergerät	– Gangschaltung funktioniert nicht
47-1 → **BLZ 47** Mj. 2016 - 2019	EOP-Sensor der Kupplung 1 Öldruck-Sensor, Spannung niedrig bei unter 0,298 V – Störung im EOP-Sensor der Kupplung 1 oder im zugehörigen Schaltkreis – Fehler im PCM Motorsteuergerät	– Gangschaltung funktioniert nicht
47-2 → **BLZ 47** Mj. 2016 - 2019	EOP-Sensor der Kupplung 1 Öldruck-Sensor, Spannung hoch bei über 4,702 V – schlechter Kontakt oder Wackelkontakt am EOP-Sensorstecker der Kupplung 1 – Störung m EOP-Sensor der Kupplung 1 oder im zugehörigen Schaltkreis – Fehler im PCM Motorsteuergerät	– Gangschaltung funktioniert nicht
48-1 → **BLZ 48** Mj. 2016 - 2019	EOP-Sensor der Kupplung 2 Öldruck-Sensor, Spannung niedrig bei unter 0,298 V – Störung im EOP-Sensor der Kupplung 2 oder im zugehörigen Schaltkreis – Fehler im PCM Motorsteuergerät	– Gangschaltung funktioniert nicht
48-2 → **BLZ 48** Mj. 2016 - 2019	EOP-Sensor der Kupplung 2 Öldruck-Sensor, Spannung hoch bei über 4,702 V – schlechter Kontakt oder Wackelkontakt am EOP-Sensorstecker der Kupplung 2 – Störung m EOP-Sensor der Kupplung 2 oder im zugehörigen Schaltkreis – Fehler im PCM Motorsteuergerät	– Gangschaltung funktioniert nicht
49-1 → **BLZ 49** Mj. 2016 - 2019	Kupplungsleitung, Öldruck niedrig beim Schließen der Kupplung – Motorölstand niedrig – Ölpumpe defekt – Fehler im Kupplungsölkreislauf – Störung im EOP-Sensor der Kupplungsleitung	– Gangschaltung funktioniert nicht

stehen, Seitenständer muss ausgeklappt sein.
3. Ganganzeige beobachten, sie leuchtet 2 Sekunden auf, geht dann 2,5 Sekunden aus und blinkt dann den Hauptcode des DTC-Diagnosefehlercodes.

Der DTC-Diagnose-Fehlercode besteht aus Ziffern für Hauptcode und Untercode:

- Die Ziffern vor dem Trennstrich sind der Hauptcode, der die fehlerhafte Komponente bzw. die Fehlerart anzeigt.
- Die Ziffern nach dem Trennstrich sind der Untercode und bezeichnen das Symptom bzw. die Fehlerart.

Diese Codes sind in den Tabellen »Fehlerdiagnosecodes, Blinkzeichen, Fehler, Symptome« aufgelistet. Ebenso sind sie im Schaltplan im Bild 5 zu finden.

Bild 7: Die Fehlercodes werden von der Ganganzeige in der Instrumenteneinheit (Bilder 10, 11) mit langen und kurzen Blinkzeichen angezeigt:

- Lange Blinkzeichen leuchten 1,2 Sekunden.
- Kurze Blinkzeichen leuchten 0,4 Sekunden.
- Ein langes Blinkzeichen entspricht der Zehnerstelle des Fehlercodes, ein kurzes Blinkzeichen der Einerstelle.

Beispiel: Die Ganganzeige blinkt zwei mal lang und drei mal kurz, das bedeutet den Fehlercode 23.

- Eine Pause zwischen zwei Blinkzeichen dauert 0,4 Sekunden.
- Eine Pause zwischen zwei Fehlercodes dauert 2,5 Sekunden.

Wenn im Motor-Steuergerät mehrere Fehlercodes gespeichert sind, dann zeigt die Ganganzeige in der Instrumenteneinheit (Bilder 7 und 8) die Fehlercodes nacheinander an.

Tabelle 3: Doppelkupplung Diagnosefehlercodes, Blinkzeichen, Fehler, Symptome

DTC Blinkzeichen	**Funktionsfehler**	**Symptom Ausfallsicherheitsfunktion**
49-2 → **BLZ 49** Mj. 2016 - 2019	Kupplungsleitung, Öldruck niedrig bei laufendem Motor – Motorölstand niedrig – Ölpumpe defekt – Fehler im Kupplungsölkreislauf – Störung im EOP-Sensor der Kupplungsleitung	– Gangschaltung funktioniert nicht
51-1 → **BLZ 51** Mj. 2016 - 2019	TR -Sensor Getriebestufen-Sensor, Spannung niedrig bei unter 0,177 V – schlechter Kontakt oder Wackelkontakt am TR-Sensorstecker – Störung im TR-Sensor oder im zugehörigen Schaltkreis – Fehler im PCM Motorsteuergerät	– Gangschaltung funktioniert nicht
51-2 → **BLZ 51** Mj. 2016 - 2019	TR-Sensor Getriebestufen-Sensor, Spannung hoch bei über 4,976 V – Störung im TR-Sensor oder im zugehörigen Schaltkreis – Fehler im PCM Motorsteuergerät	– Gangschaltung funktioniert nicht
52-1 → **BLZ 52** Mj. 2016 - 2019	Neutralschalter im ausgeschalteten Zustand blockiert – schlechter Kontakt oder Wackelkontakt am Neutralschalterstecker – Störung im Neutralschalter oder im zugehörigen Schaltkreis – Fehler im PCM Motorsteuergerät	– Gangschaltung funktioniert nicht
52-2 → **BLZ 52** Mj. 2016 - 2019	Neutralschalter im eingeschalteten Zusatnd blockiert – Störung im Neutralschalter oder im zugehörigen Schaltkreis – Fehler im PCM Motorsteuergerät	– Gangschaltung funktioniert nicht
53-1 → **BLZ 53** Mj. 2016 - 2019	Innenhauptwelle, Drehzahl niedrig – schlechter Kontakt oder Wackelkontakt am Innenhauptwellen-Sensorstecker – Störung im Innenhauptwellen-Sensor oder im zugehörigen Schaltkreis – Elektromagnetische Beeinflussung – Fehler im PCM Motorsteuergerät	– Gangschalter funktioniert nicht (Schaltelement links am Lenker)
54-1 → **BLZ 54** Mj. 2016 - 2019	Außenhauptwelle, Drehzahl niedrig – schlechter Kontakt oder Wackelkontakt am Außenhauptwellen-Sensorstecker – Störung im Außenhauptwellen-Sensor oder im zugehörigen Schaltkreis – Elektromagnetische Beeinflussung – Fehler im PCM Motorsteuergerät	– Gangschalter funktioniert nicht (Schaltelement links am Lenker)
55-1 → **BLZ 55** Mj. 2016 - 2019	Linearmagnetventil 1, Stromfehler – schlechter Kontakt oder Wackelkontakt am Stecker des Linearmagnetventils 1 – Störung im Linearmagnetventil 1 oder im zugehörigen Schaltkreis – Störung in der Treiberschaltung des Linearmagnetventils 1 im PCM – Fehler im PCM Motorsteuergerät	– Gangschaltung funktioniert nicht
55-2 → **BLZ 55** Mj. 2016 - 2019	Fehler im Treiber des Linearmagnetventils 1 im PCM – schlechter Kontakt oder Wackelkontakt am Stecker des Linearmagnetventils 1 – schlechter Kontakt oder Wackelkontakt am 33-poligen PCM-Stecker – Störung im Linearmagnetventil 1 oder im zugehörigen Schaltkreis – Störung in der Treiberschaltung des Linearmagnetventils 1 im PCM – Fehler im PCM Motorsteuergerät	– Gangschaltung funktioniert nicht
56-1 → **BLZ 56** Mj. 2016 - 2019	Linearmagnetventil 2, Stromfehler – schlechter Kontakt oder Wackelkontakt am Stecker des Linearmagnetventils 2 – Störung im Linearmagnetventil 2 oder im zugehörigen Schaltkreis – Störung in der Treiberschaltung des Linearmagnetventils 2 im PCM – Fehler im PCM Motorsteuergerät	– Gangschaltung funktioniert nicht

Praktisches Beispiel zur Fehlerfindung

1. Die Ganganzeige blinkt zweimal 1,2 Sekunden lang für die Zehnerstelle.

2. Dann viermal je 0,4 Sekunden lang für die Einerstelle.

3. Das bedeutet: Zwei lange Blinkzeichen und vier kurze meinen »Fehlerhauptcode 24«, der ist zu finden in der Tabelle 1 »DTC Diagnosecodes, Blinkzeichen, Fehler, Symptome« am Anfang der letzten Zeile 14 »24-1 ➔ **BLZ 24**«. Es ist eine »Störung an der Schaltsteuermotor-Treiberschaltung«.

Es kann eine Störung im Schaltsteuermotor oder in seinem Schaltkreis sein, es kann aber auch eine Störung in der Treiberschaltung des Schaltsteuermotors im Motorsteuergerät sein. Egal was es ist, es ist vermutlich immer ein Fall für den Honda-Händler.

Noch ein Beispiel zur Übung

■ Die Ganganzeige blinkt acht mal kurz, das bedeutet »Fehler mit Hauptcode 8«. Das steht für einen Fehler am TP-Sensor, also dem Drosselklappenpositions-Sensor.

Fehlercodes löschen

Dazu braucht man das Honda-Spezialwerkzeug »SCS-Stecker«. Dieses hat die Bestellnummer 070PZ-ZY30100 und kostet ca. 30 Euro; siehe dazu Bild 8.

1. Bild 9: SCS-Stecker in die DLC-Diagnosebuchse einstecken.

2. Killschalter muss auf ON stehen. Den Gangschalter (+) links am Lenker zum Schalten in einen höheren Gang drücken und gedrückt halten. Zündung einschalten.

3. Den Gangschalter (+) loslassen und den Gangschalter (–) links am Lenker zum Schalten in einen niedrigeren Gang drücken.

4. Den Gangschalter (–) gedrückt halten und den Gangschalter (+) drücken.

■ Der DTC-Fehlercode wird jetzt gelöscht.

Tabelle 4: Doppelkupplung Diagnosefehlercodes, Blinkzeichen, Fehler, Symptome

DTC **Blinkzeichen**	**Funktionsfehler**	**Symptom** **Ausfallsicherheitsfunktion**
56-2 ➔ **BLZ 56** Mj. 2016 - 2019	Fehler im Treiber des Linearmagnetventils 2 im PCM – schlechter Kontakt oder Wackelkontakt am Stecker des Linearmagnetventils 2 – schlechter Kontakt oder Wackelkontakt am 33-poligen PCM-Stecker – Störung im Linearmagnetventil 2 oder im zugehörigen Schaltkreis – Störung in der Treiberschaltung des Linearmagnetventils 2 im PCM – Fehler im PCM Motorsteuergerät	– Gangschaltung funktioniert nicht
57-1 ➔ **BLZ 57** Mj. 2016 - 2019	Fehler im Schaltmechanismus – Fehler im Schaltmechanismus – Störung im TR-Sensor Getriebestufen-Sensor oder im zugehörigen Schaltkreis – Fehler im PCM Motorsteuergerät	– Gangschaltung funktioniert nicht
57-2 ➔ **BLZ 57** Mj. 2016 - 2019	Gangpositionsfehler, Gang springt heraus – Fehler im Schaltmechanismus – Störung im TR-Sensor Getriebestufen-Sensor oder im zugehörigen Schaltkreis – Fehler im PCM Motorsteuergerät	– Gangschaltung funktioniert nicht
58-1 ➔ **BLZ 58** Mj. 2016 - 2019	Kupplung 1 öffnet nicht beim Gangschalten – Kupplung 1 festgegangen – Fehler im Kupplungsölkreislauf	– Gangschaltung funktioniert nicht – Motor läuft nicht
59-1 ➔ **BLZ 59** Mj. 2016 - 2019	Kupplung 2 öffnet nicht beim Gangschalten – Kupplung 2 festgegangen – Fehler im Kupplungsölkreislauf	– Gangschaltung funktioniert nicht – Motor läuft nicht
61-1 ➔ **BLZ 61** Mj. 2016 - 2019	Kupplung 1, Öldruckfehler bei der Erstdiagnose der Kupplung – Störung im EOP-Sensor der Kupplung 1 (Öldruck-Sensor) – Fehler im Kupplungsölkreislauf – Fehler im PCM Motorsteuergerät	– Gangschaltung funktioniert nicht
61-2 ➔ **BLZ 61** Mj. 2016 - 2019	Kupplung 1, kein Öldruck – Störung im EOP-Sensor der Kupplung 1 (Öldruck-Sensor) – Fehler im Kupplungsölkreislauf – Störung im Linearmagnetventil 1 oder im zugehörigen Schaltkreis – Fehler im PCM Motorsteuergerät	– Gangschaltung funktioniert nicht
61-3 ➔ **BLZ 61** Mj. 2016 - 2019	Kupplung 1, Öldruckabfall – Störung im EOP-Sensor der Kupplung 1 (Öldruck-Sensor) – Fehler im Kupplungsölkreislauf – Störung im Linearmagnetventil 1 – Fehler im PCM Motorsteuergerät	– Gangschaltung funktioniert nicht
61-4 ➔ **BLZ 61** Mj. 2016 - 2019	Kupplung 1, Fehler bei der Öldruckauflösung – Störung im EOP-Sensor der Kupplung 1 (Öldruck-Sensor) – Fehler im Kupplungsölkreislauf – schlechter Kontakt oder Wackelkontakt an den Steckern von Linearmagnetventil 1 und EOP-Sensor der Kupplung (Öldruck-Sensor) – Störung im Linearmagnetventil 1 – Fehler im PCM Motorsteuergerät	– Gangschaltung funktioniert nicht – Motor läuft nicht
62-1 ➔ **BLZ 62** Mj. 2016 - 2019	Kupplung 1, Öldruck hoch – Störung im EOP-Sensor der Kupplung 1 (Öldruck-Sensor) – Fehler im Kupplungsölkreislauf – Störung im Linearmagnetventil 1 – Fehler im PCM Motorsteuergerät	– Gangschaltung funktioniert nicht

Sichtprüfung Messen

5. Als Zeichen dass der Fehlercode gelöscht ist, geht die Ganganzeige aus und fängt dann an zu blinken im Blinkmuster »3 Sekunden aus – 2 Sekunden an – 3 Sekunden aus – 2 Sekunden an«.

Bild 8: Spezialwerkzeug SCS-Stecker »Service Check Signal Stecker«. Mit ihm werden die Klemmen in der DLC Diagnosebuchse überbrückt.

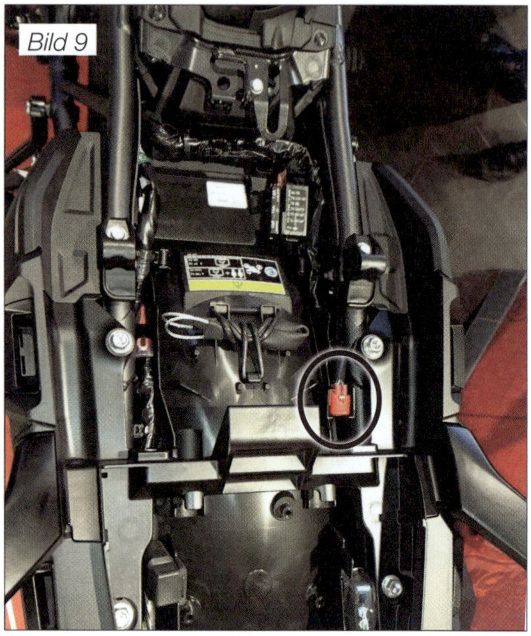

Bild 9: Im Kreis ist die rote »DLC Diagnosebuchse«. Sie ist eingebaut unter dem Fahrersitz rechts.

Tabelle 5: Doppelkupplung Diagnosefehlercodes, Blinkzeichen, Fehler, Symptome

DTC Blinkzeichen	Funktionsfehler	Symptom Ausfallsicherheitsfunktion
62-2 → **BLZ 62** Mj. 2016 - 2019	Kupplung 1, Öldruck hoch bei Kriechausgleich – Störung im EOP-Sensor der Kupplung 1 (Öldruck-Sensor) – Fehler im Kupplungsölkreislauf – Störung im Linearmagnetventil 1 – Fehler im PCM Motorsteuergerät	– Gangschaltung funktioniert nicht
63-1 → **BLZ 63** Mj. 2016 - 2019	Kupplung 2, Öldruckfehler bei der Erstdiagnose der Kupplung – Störung im EOP-Sensor der Kupplung 2 (Öldruck-Sensor) – Fehler im Kupplungsölkreislauf – Fehler im PCM Motorsteuergerät	– Gangschaltung funktioniert nicht
63-2 → **BLZ 63** Mj. 2016 - 2019	Kupplung 2, kein Öldruck – Störung im EOP-Sensor der Kupplung 2 (Öldruck-Sensor) – Fehler im Kupplungsölkreislauf – Störung im Linearmagnetventil 2 oder im zugehörigen Schaltkreis – Fehler im PCM Motorsteuergerät	– Gangschaltung funktioniert nicht
63-3 → **BLZ 63** Mj. 2016 - 2019	Kupplung 1, Öldruckabfall – Störung im EOP-Sensor der Kupplung 2 (Öldruck-Sensor) – Fehler im Kupplungsölkreislauf – Störung im Linearmagnetventil 2 – Fehler im PCM Motorsteuergerät	– Gangschaltung funktioniert nicht
63-4 → **BLZ 63** Mj. 2016 - 2019	Kupplung 2, Fehler bei der Öldruckauflösung – Störung im EOP-Sensor der Kupplung 2 (Öldruck-Sensor) – Fehler im Kupplungsölkreislauf – schlechter Kontakt oder Wackelkontakt an den Steckern von Linearmagnetventil 2 und EOP-Sensor der Kupplung (Öldruck-Sensor) – Störung im Linearmagnetventil 2 oder im zugehörigen Schaltkreis – Fehler im PCM Motorsteuergerät	– Gangschaltung funktioniert nicht – Motor läuft nicht
64-1 → **BLZ 64** Mj. 2016 - 2019	Kupplung 1, Öldruck hoch – Störung im EOP-Sensor der Kupplung 2 (Öldruck-Sensor) – Fehler im Kupplungsölkreislauf – Störung im Linearmagnetventil 2 – Fehler im PCM Motorsteuergerät	– Gangschaltung funktioniert nicht
64-2 → **BLZ 64** Mj. 2016 - 2019	Kupplung 2, Öldruck hoch (Kriechausgleich) – Störung im EOP-Sensor der Kupplung 2 (Öldruck-Sensor) – Fehler im Kupplungsölkreislauf – Störung im Linearmagnetventil 1 – Fehler im PCM Motorsteuergerät	– Gangschaltung funktioniert nicht
65-1 → **BLZ 65** Mj. 2016 - 2019	Vorder- und Hinterrad-Drehzahlsignal, Störung – Störung im ABS-Sensor vorne oder im zugehörigen Schaltkreis – Störung im VSS-Sensor Geschwindigkeits-Sensor oder im zugehörigen Schaltkreis – ABS-Modulator defekt – Fehler im PCM Motorsteuergerät	– Gangschaltung funktioniert nicht
66-1 → **BLZ 66** Mj. 2016 - 2019	ABS-Sensor hinten, kein Signal – Störung im ABS-Sensor hinten oder im zugehörigen Schaltkreis – schlechter Kontakt oder Wackelkontakt am Stecker vom ABS-Sensor hinten – Elektromagnetische Beeinflussung des ABS-Sensors hinten – ABS-Modulator defekt – ABS-Sensorring hinten defekt – Fehler im PCM Motorsteuergerät	– Gangschaltung funktioniert nicht

6. Wenn der Fehlercode gelöscht ist: Zündung AUSschalten und den SCS-Stecker aus der DLC-Diagnosebuchse ziehen.

Hinweis: Der Fehlercode kann nicht gelöscht werden, wenn die Zündung ausgeschaltet wird, bevor die Ganganzeige zu blinken beginnt.

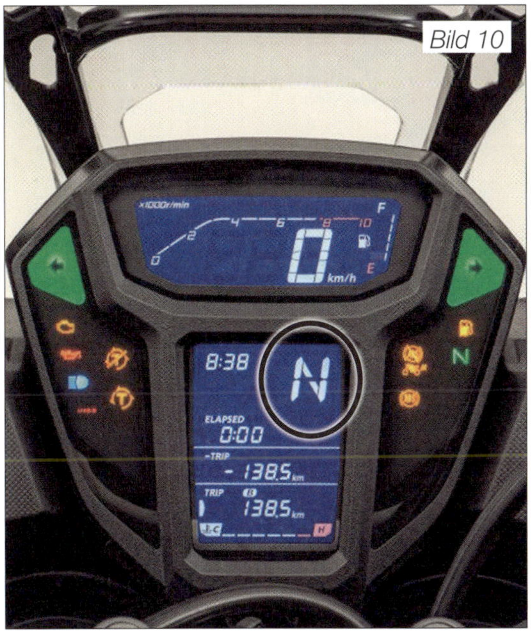
Bild 10

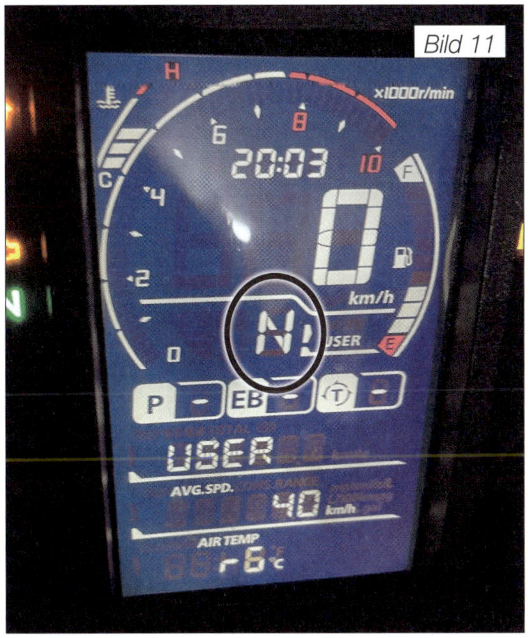
Bild 11

Bilder 10 und 11: Die Ganganzeigen sind eingekreist in den Instrumenteneinheiten der Mj. 2016, 2017 (Bild 10) und 2018, 2019 (Bild 11).

Tabelle 6: Doppelkupplung Diagnosefehlercodes, Blinkzeichen, Fehler, Symptome

DTC Blinkzeichen	Funktionsfehler	Symptom Ausfallsicherheitsfunktion
67-1 → **BLZ 67** Mj. 2016 - 2019	ABS-Sensor vorne, kein Signal – Störung im ABS-Sensor vorne oder im zugehörigen Schaltkreis – schlechter Kontakt oder Wackelkontakt am Stecker vom ABS-Sensor vorne – Elektromagnetische Beeinflussung des ABS-Sensors vorne – ABS-Modulator defekt – ABS-Sensorring vorne defekt – Fehler im PCM Motorsteuergerät	– Gangschaltung funktioniert nicht
68-1 → **BLZ 68** Mj. 2016 - 2019	Kupplung 1, Funktionsstörung Kupplung rutscht – Störung im VSS-Sensor Geschwindigkeits-Sensor – Kupplung 1 defekt – Fehler im PCM Motorsteuergerät	– Gangschaltung funktioniert nicht
69-1 → **BLZ 69** Mj. 2016 - 2019	Kupplung 2, Funktionsstörung Kupplung rutscht – Störung im VSS-Sensor Geschwindigkeits-Sensor – Kupplung 2 defekt – Fehler im PCM Motorsteuergerät	– Gangschaltung funktioniert nicht
71-1 → **BLZ 71** Mj. 2016 - 2019	Fehler im Drehzahlverhältnis Innenhauptwelle zur Nebenwelle – Störung im VSS-Sensor Geschwindigkeits-Sensor oder im zugehörigen Schaltkreis – Störung im Innenhauptwellen-Sensor oder im zugehörigen Schaltkreis – Fehler im PCM Motorsteuergerät	– Gangschaltung funktioniert nicht
72-1 → **BLZ 72** Mj. 2016 - 2019	Fehler im Drehzahlverhältnis Außenhauptwelle zur Nebenwelle – Störung im VSS-Sensor Geschwindigkeits-Sensor oder im zugehörigen Schaltkreis – Störung im Außenhauptwellen-Sensor oder im zugehörigen Schaltkreis – Fehler im PCM Motorsteuergerät	– Gangschaltung funktioniert nicht
84-1 → **BLZ 84** Mj. 2016 - 2019	CPU-Fehler (Prozessor-Fehler) im PCM Motorsteuergerät – Fehler im PCM Motorsteuergerät	– Gangschaltung setzt aus
91-1 → **BLZ 91** Mj. 2018, 2019	Störung im Schaltkreis der Zündspule 1-1 Hauptzündspule Zylinder 1 – schlechter Kontakt oder Wackelkontakt am Zündspulenstecker – Störung in der Zündspule 1-1 oder im zugehörigen Schaltkreis	– Abschaltung von Einspritzventil und Hauptzündspule von Zylinder 1
92-1 → **BLZ 92** Mj. 2018, 2019	Störung im Schaltkreis der Zündspule 2-1 Hauptzündspule Zylinder 2 – schlechter Kontakt oder Wackelkontakt am Zündspulenstecker – Störung in der Zündspule 2-1 oder im zugehörigen Schaltkreis)	– Abschaltung von Einspritzventil und Hauptzündspule von Zylinder 2
93-1 → **BLZ 93** Mj. 2018, 2019	Störung im Schaltkreis der Zündspule 1-2 Nebenzündspule Zylinder 1 – schlechter Kontakt oder Wackelkontakt am Zündspulenstecker – Störung in der Zündspule 1-2 oder im zugehörigen Schaltkreis	– Abschaltung von Einspritzventil und Hauptzündspule von Zylinder 1
94-1 → **BLZ 94** Mj. 2018, 2019	Störung im Schaltkreis der Zündspule 2-2 Nebenzündspule Zylinder 2 – schlechter Kontakt oder Wackelkontakt am Zündspulenstecker – Störung in der Zündspule 2-2 oder im zugehörigen Schaltkreis	– Abschaltung von Einspritzventil und Hauptzündspule von Zylinder 2
103-1 → **BLZ 103** Mj. 2018, 2019	CAN-Kommunikation gestört (Datennetzwerk-Kommunikation) – Fehler im PCM Motorsteuergerät – Fehler in der Instrumenteneinheit – Störung im Schaltkreis der CAN-Kommunikation	– Motor läuft normal – HSTC funktioniert nicht (Traktionskontrolle)

Schaltung

In diesem Kapitel: Schaltprobleme? · Bauteile der Schaltung prüfen.

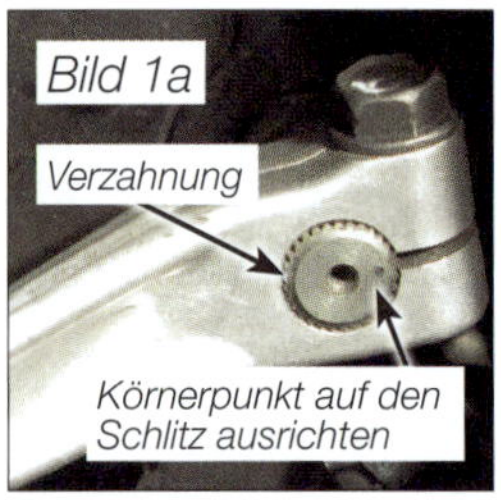

Schaltprobleme?

Wenn die Schaltung nicht richtig funktioniert, kann dies an Störungen folgender Bauteile liegen: Schaltgestänge lose, Verzahnung des kleinen Schalthebels auf der Schaltwelle lose bzw. ausgeschlagen, Lagerung des Fußschalthebels schwergängig, Schaltwelle verbogen, Schaltklinke schwergängig oder abgenutzt, Schaltfeder oder Feder des Arretierhebels lahm oder gebrochen, Rolle am Arretierhebel defekt. Diese Probleme lassen sich bei eingebautem Motor beseitigen. Man muss dazu die Kupplung abbauen; siehe Kapitel 13 »Kupplung«. Liegen große Schäden an Schaltwalze, Schaltgabeln oder an Getriebezahnrädern und Getriebewellen vor, muss der Motor zerlegt werden.

Bauteile der Schaltung prüfen

Wenn sich die Gänge nicht exakt einlegen lassen, zuerst das Schaltgestänge prüfen:

- **Prüfen:** Klemmschraube des kleinen Schalthebels festgezogen? Falls nicht: Festziehen mit 12 Nm, entspricht »gut handfest« (Bild 1).
- **Prüfen:** Verzahnungen in Schalthebel und an Schaltwelle noch einwandfrei (Bild 1a)? Wenn die Klemmschraube lose war, sind wahrscheinlich die Außenverzahnung der Schaltwelle sowie die Innenverzahnung des Schalthebels beschädigt.
- **Problem beseitigen:** Schalthebel abziehen, Verzahnung mit einer Messingbürste putzen, etwas Fett an die Verzahnung geben, Schalthebel aufstecken, neue Klemmschraube verwenden!
- **Beachten:** Klemmstelle des Schalthebels muss auf den Körnerpunkt auf der Schaltwelle ausrichtet sein (Bild 1a).
- **Prüfen:** Fußschalthebel auf seinem Lagerbolzen freigängig bzw. korrodiert?
- **Problem beseitigen:** Lagerbolzen ausdrehen. Korrosion mit Schmirgelpapier beseitigen. Lagerstelle gut einfetten, zusammenbauen.
- **Prüfen:** Kugelgelenke an beiden Enden der Schaltstange in Ordnung (Bild 1)? Sie dürfen nicht zu viel »Luft« haben und müssen sich leicht bewegen.
- **Problem beseitigen:** Kugelgelenke, Schaltstange, Lagerbolzen und Schaltstange ausbauen, Kugelgelenke reinigen und frisch einfetten. Wenn die Kugelgelenke defekt sind, erneuern.
- **Prüfen:** Stimmen die Einstellungen der Schaltung? Zwischen den Gewindestücken der Kugelgelenke soll der Abstand 186,2 bis 187,2 mm betragen (Bilder 1 und 2). Nach der Einstellung des Sollabstandes die beiden Kontermuttern auf der Schaltstange mit jeweils 10 Nm festziehen.

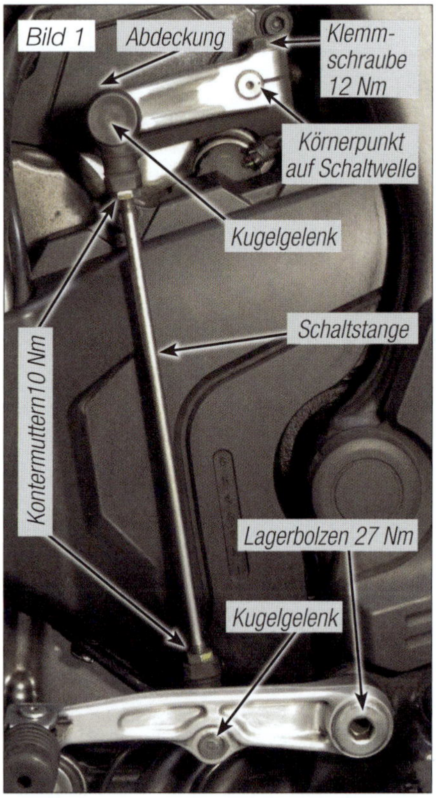

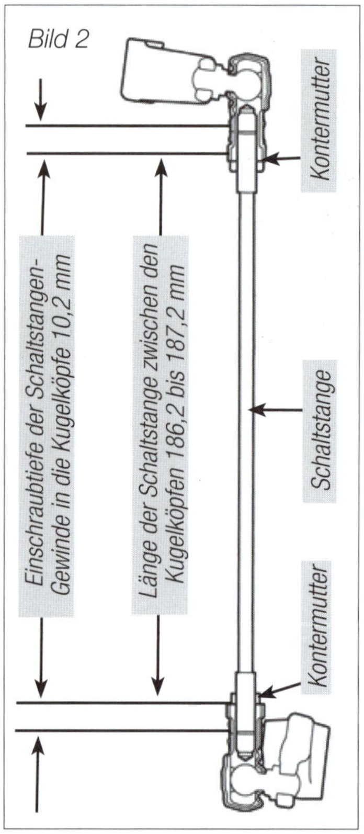

Bilder 1a, 1, 2: Schaltgestänge mit Montageanweisungen und Einstellmaßen.

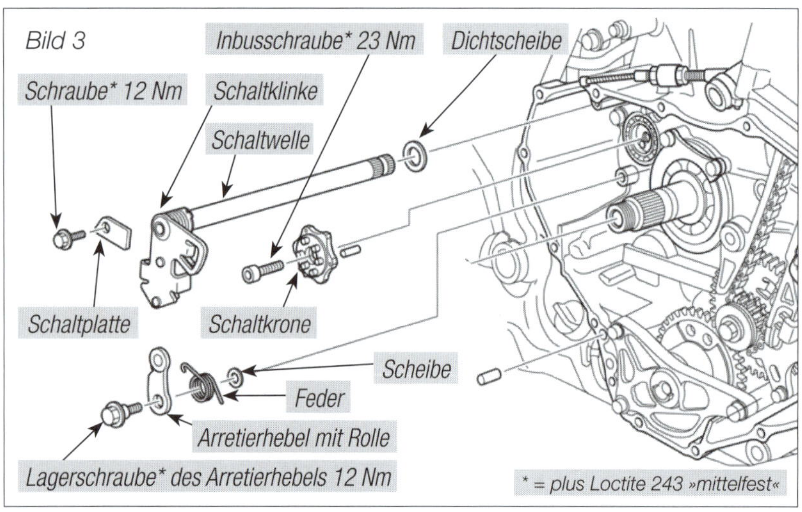

Bild 3: Explosionszeichnung der Schaltung innen.

Sichtprüfung Messen

Korrespondenzkapitel
- 1 »Wartung · Pflege«
- 3 »Spiegel · Verkleidung · Tank«
- 17 »Zündanlage«
- 24 »Batterie«
- 26 »Sicherungen · Relais«

Zündkerzen

In diesem Kapitel: Zündkerzen für die Africa Twin-Modelle · Zündkerzen ausbauen, reinigen, einbauen · Elektrodenabstand messen und korrigieren.

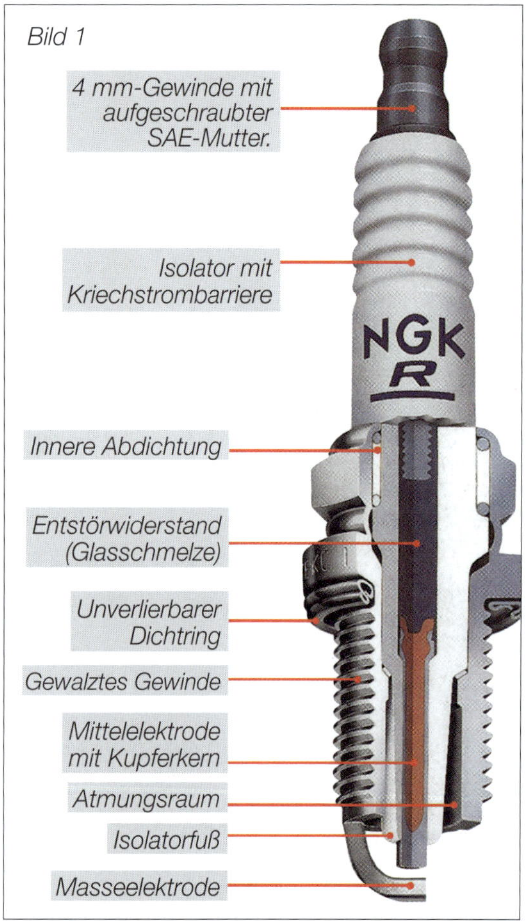

Bild 1: Aufbau einer modernen Motorrad-Zündkerze.

Bild 2: Die serienmäßige Zündkerze NGK SILMAR8A9S hat eine sehr dünne Mittelelektrode aus Iridium, ihr Durchmesser beträgt 0,6 mm. Eine Mittelelektrode aus Stahl, wie sie bei der NGK »R«-Zündkerze in Bild 1 üblich ist, ist 3,0 mm dick.

Zündkerzen

Die Africa Twin-Motoren haben vier Zündkerzen, pro Zylinder zwei. Zwei sitzen oben mittig im Zylinderkopf, das sind die Hauptzündkerzen, zwei sitzen außen seitlich im Zylinderkopf, das sind die Nebenzündkerzen.

Alle vier Zündkerzen sollen alle 24 000 km ausgebaut, auf Beschädigungen untersucht und gereinigt werden. Wenn sie in Ordnung sind, kann man sie wieder einbauen. Der Einbau neuer Zündkerzen ist alle 48 000 km vorgeschrieben.

Übrigens ist das Alter einer Zündkerze nicht ausschlaggebend, ob sie erneuert werden muss; es zählt in erster Linie die Laufleistung. Serienmäßig sind folgende Zündkerzen eingebaut:
- NGK SILMAR8A9S
- Elektrodenabstand 0,8 bis 0,9 mm
- Anziehdrehmoment 22 Nm

Diese serienmäßigen Zündkerzen haben eine Mittelelektrode aus Iridium (Bild 2); sie sind

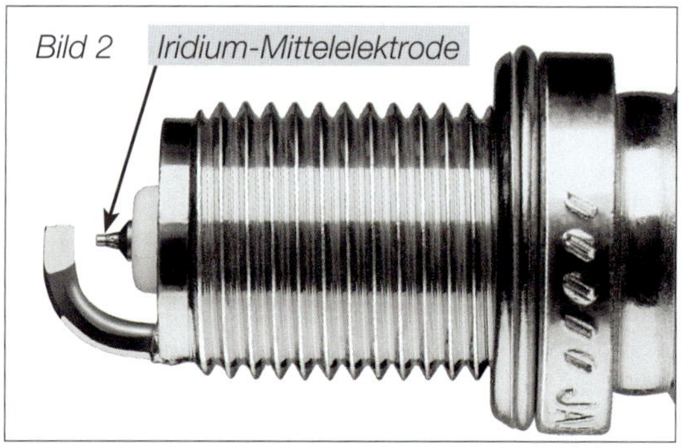

Sicherheitshinweise ⚠ Achtung und ☞ Tipps für dieses Kapitel

⚠ Bei Prüfungen von Bauteilen der Zündanlage keine Stecker bei laufendem Motor abziehen, weil dadurch elektronische Bauteile beschädigt werden können.

⚠ Zu allen Montagearbeiten an der Zündanlage muss die Zündung zuverlässig ausgeschaltet sein! Zündschlüssel am besten abziehen.

⚠ Zum Abziehen des Zündkerzensteckers keine Zange zu Hilfe nehmen! Auch nicht mit Reifenmontiereisen, Schraubenzieher oder Flacheisen am Zündkerzenstecker herumhebeln, denn dadurch kann er beschädigt werden.

⚠ Kerzenstecker und Zündkerzen nicht fallen lassen oder hart anschlagen! Dadurch können Teile innen oder außen brechen bzw. Risse bekommen, was Stromkreisunterbrechungen bzw. Kurzschlüsse zur Folge hat.

⚠ Zündkerzenstecker nicht mit Hammer auf Zündkerzen auftreiben!

☞ Zündkerzengewinde vor dem Einbau mit einem kleinen Tropfen Kupferpaste hauchdünn einschmieren, dies verhindert Festbacken des Gewindes.

⚠ Beim Einbau der Zündkerze unbedingt darauf achten, dass schon der erste Gewindegang richtig greift, das Außengewinde der Kerze also richtig am Innengewinde im Zylinderkopf angesetzt ist. Eine schräg angesetzte Kerze ruiniert mit ihrem harten Stahlgewinde das Alugewinde im Zylinderkopf bereits nach einer halben Umdrehung.

⚠ Halten Sie bei einer Funkenprüfung der Zündkerze bei ausgebauter Zündkerze einen Feuerlöscher betriebsbereit; unterwegs genügt auch ein großer Eimer Wasser! Es ist schon passiert, dass der Motor »ersoffen« war, sich das aus dem Zündkerzenloch austretende Gemisch entzündet hat und die ganze Maschine sofort in Flammen stand.

qualitativ hochwertig und betriebssicher und für alle Betriebsbedingungen bestens geeignet. Die Elektrode wird bei normalen Verbrennungstemperaturen (ca. 400 bis 800 °C) so heiß, dass etwaige Rußablagerungen stets verbrennen, bleiben aber auch so kühl, dass Motor und Kerze nicht beschädigt werden.

Eine Iridium-Zündkerze für die Africa Twin kostet rund 30 Euro und ist damit fast vier mal so teuer wie eine »normale« Zündkerze mit Mittelelektrode aus Stahl (wie die in Bild 1). Dafür bietet eine Iridium-Zündkerze viele Vorteile wie sicherere Funkenbildung und geringe Empfindlichkeit gegen Verschmutzungen, wie sie z. B. bei überwiegender Stadt- und Kurzstreckenfahrt auftreten können. Außerdem hat die NGK-Iridium eine doppelt so hohe Lebenserwartung im Vergleich zu einer Zündkerze mit Stahlelektrode.

Zündkerzen aus- und einbauen

Benötigte Werkzeuge
Im Bordwerkzeug ist ein durchaus brauchbarer Zündkerzenschlüssel vorhanden. Wenn Sie sich einen Profizündkerzenschlüssel kaufen wollen, sollte dieser innen einen Haltegummi haben, dank dem die Zündkerze sicher aus- und eingebaut werden kann (Bild 3). Auch sollte der neue Zündkerzenschlüssel einen Vier- oder Sechskantansatz für einen Drehmomentschlüssel (Bild 5) haben.

Zündkerzen ausbauen
Motorrad aufbocken. Zündung AUSschalten. Damit man die Hauptzündkerzen gut erreicht, müssen abgebaut werden: Tank, Innnenverkleidung, Kabelhalter der Kühlerkabel, Luftfiltergehäuse. Bitte sehen Sie dazu in die Kapitel 3 »Spiegel · Verkleidung · Tank«, 12 »Kühlsystem« und 20 »Luftfilter · Sekundärluftsystem«.

1. Vor dem Abziehen eines Zündkerzensteckers diesen mit einer Hand fest anpacken und etwas drehen, damit er sich löst, denn er sitzt ziemlich fest. Jetzt den Stecker von Hand abziehen.
2. Zündkerzenschächte mit weicher Druckluft ausblasen und so von darin angesammeltem Schmutz reinigen.
3. Bild 5: Bei den Hauptzündkerzen den Kerzenschlüssel ganz tief in den Schacht einstecken, Zündkerze lösen und herausdrehen.
4. Jetzt die offenen Zündkerzenbohrungen mit nicht fusselndem, kleinem Lappen verstopfen, damit Schmutz oder Teile wie Schrauben, Muttern oder Scheiben nicht in den Motor gelangen und dort Beschädigungen verursachen können.

Zündkerzen reinigen
Zündkerze niemals mit einer Stahldrahtbürste reinigen. Besser (und billiger) ist eine harte Zahnbürste (Bild 4). Empfehlenswert ist auch, die Zündkerze mit Bremsenreiniger einzusprühen und mit Druckluft auszublasen.
■ Das Prüfen des Elektrodenabstands steht auf der nächsten Seite unter »Elektrodenabstand«.

Zündkerzen einbauen
1. Bild 7: Eine sehr kleine Menge Kupferpaste auf das Gewinde der Zündkerze geben, dies vermeidet ein »Festbacken« des Gewindes.
2. Bild 3: Zündkerze in Zündkerzenschlüssel einstecken.
2.1. Hauptzündkerze: Ohne mit der Masseelektrode irgendwo anzuschlagen in den Schacht einführen, von Hand gefühlvoll am Gewinde ansetzen und einschrauben.
2.2. Nebenzündkerze: Von Hand gefühlvoll ansetzen und einschrauben.
3. Zündkerze festziehen:

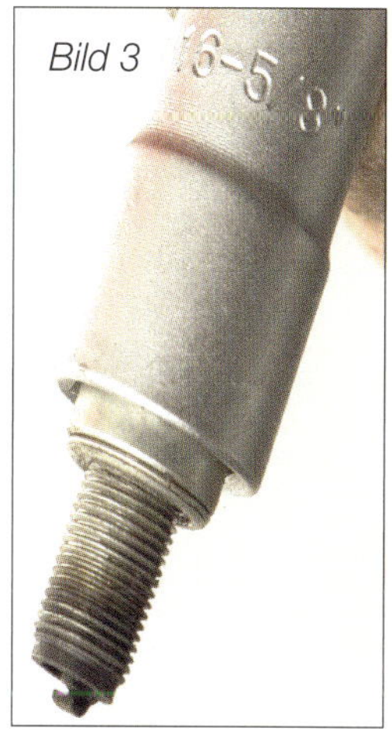

Bild 3: Profizündkerzenschlüssel.

Bild 4: Zündkerze mit einer harten Zahnbürste reinigen.

Bild 5: Zündkerze mit dem Drehmomentschlüssel auf 22 Nm festziehen.

Bild 6: Die Nebenzündkerzen sitzen rechts und links außen seitlich im Zylinderkopf und sind gut zugänglich.

Bild 7: Eine ganz kleine Menge Kupferpaste an das Gewinde der Zündkerze geben, verhindert ein Festbacken im Alugewinde des Zylinderkopfs.

■ **Gebrauchte Zündkerze:** Wenn eine bereits benutzte Zündkerze wieder montiert wird, bei der sich der Dichtring schon gesetzt hat, wird sie mit 22 Nm festgezogen.
■ **Neue Zündkerze:** Wenn eine neue Zündkerze mit einem neuen Dichtring montiert wird: Zündkerze nach Aufsitzen des Gewindebundes um 1/4 bis 1/2 Umdrehung anziehen, wieder lösen und endgültig mit 22 Nm festziehen.
4. Hauptzündkerze: Zündkerzenstecker in Bohrung einschieben und aufstecken, es muss hör- und fühlbar klicken.
4.1. Nebenzündkerze: Zündkerzenstecker aufstecken, es muss hör- und fühlbar klicken.
5. Abgebaute Teile wieder anbauen.

Bild 8: Bei abgebrannter Mittelelektrode muss die Zündkerze erneuert werden.

Bilder 9 und 10: Den Elektrodenabstand mit einer Rundfühlerlehre messen, das ist bei der dünnen Elektrode besser als eine flache Fühlerlehre zu benutzen.

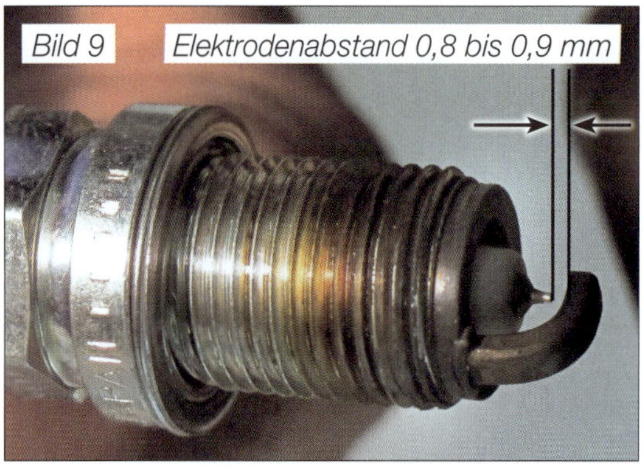

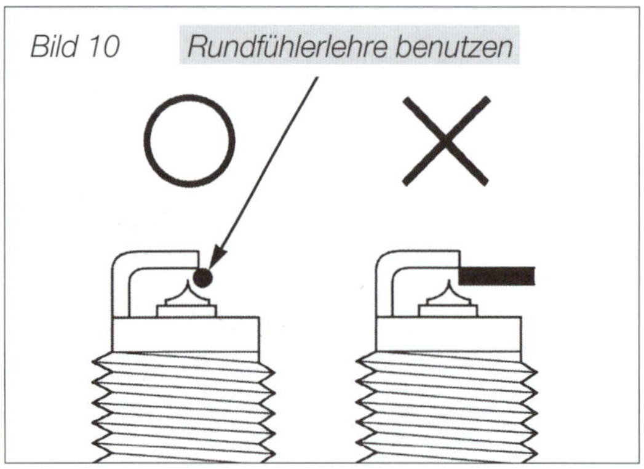

Bild 11: Bei einer Funkenprüfung bei ausgebauter Zündkerze muss diese sicher und fest an Masse angelegt werden.

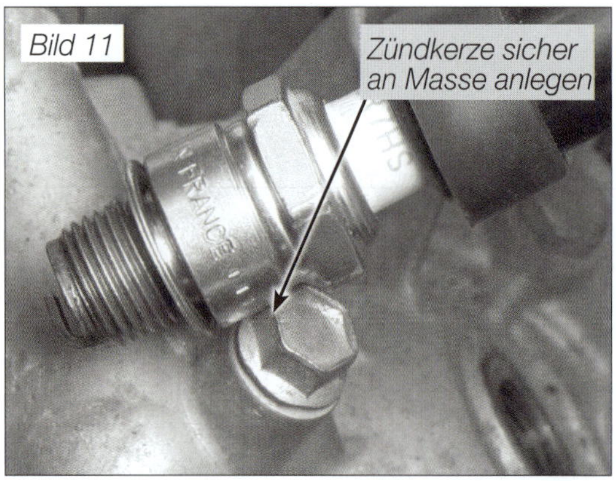

Elektrodenabstand

Bild 9: Wichtig für die ordnungsgemäße Funktion der Zündkerze ist vor allem der korrekte Elektrodenabstand von 0,8 bis 0,9 mm.

Elektrodenabstand messen

Bild 10: Zum Messen des Elektrodenabstands eine Rundfühlerlehre verwenden.
■ **Verschleiß:** Die Zündkerze muss erneuert werden, wenn Masse- oder Mittelelektrode starken Abbrand haben (Bild 8) und ihr Abstand mehr als 0,9 mm beträgt.

Elektrodenabstand korrigieren

Wenn man aus irgendwelchen Gründen keine neue Zündkerze kaufen kann, besteht die Möglichkeit, den Elektrodenabstand gefühlvoll zu korrigieren. **Doch Vorsicht**: Die Masseelektrode sollte eigentlich nicht nachgebogen werden, weil die Gefahr groß ist, dass sie abbricht. Für eine gefühllos oder zu oft hin und her gebogene Elektrode besteht im Betrieb höchste Bruchgefahr!

1. Bilder 9 und 10: Elektrodenabstand mit einer Rundfühlerlehre messen, Sollwert 0,8 bis 0,9 mm.
2. Ist der Elektrodenabstand zu weit, was bei einer alten Zündkerze meistens der Fall ist, die Masseelektrode nachbiegen:
2.1. Zündkerze kopfüber in einer Hand halten.
2.2. Mit der anderen Hand einen Schraubenzieher verkehrt herum nehmen und mit dem Griff des Schraubenziehers gaaaanz leicht auf die Elektrode klopfen. Gaaaanz leicht heißt:

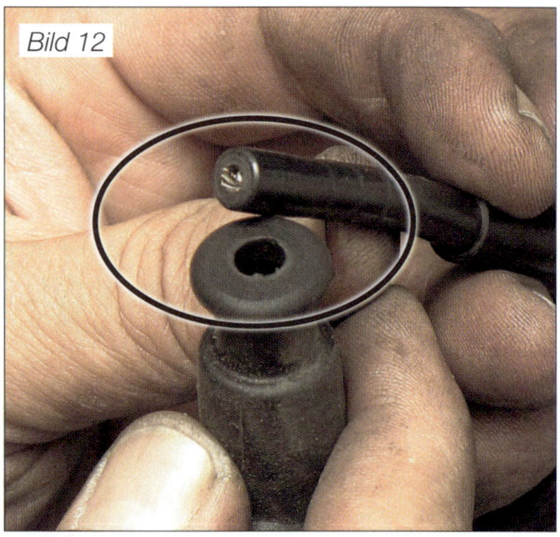

Bild 12: Das Zündkabel muss fest in Zündspule und Kerzenstecker eingeschraubt sein. Wenn das Kabel ausgefranst ist, ein Stück abzwicken.

Lieber einen Hau zu wenig als einen zu viel!
3. Wenn die Masseelektrode aus Versehen zu stark zusammengeklopft wurde und der Elektrodenabstand zu eng ist (weniger als 0,8 mm), kann man die Masseelektrode vorsichtig mit einer kleinen Spitzflachzange aufbiegen.
■ In jedem Falle gilt: Beim Einstellen des Elektrodenabstandes sehr viel Gefühl walten lassen!

Kein Zündfunke?

Wenn die Zündkerzen keinen oder nur einen schwachen Funken abgeben, kann man folgende Hausmittel-Prüfung durchführen. **Wichtig:** Halten Sie bei nachfolgender Prüfung einen Feuerlöscher bereit – siehe dazu auch die Warnhinweise am Anfang dieses Kapitels.

1. Zündung ausschalten.
2. Alle vier Zündkerzen ausdrehen.
3. Eine Zündkerze nach der anderen auf Funkenbildung überprüfen:
3.1. In den zum jeweiligen Zylinder gehörenden Kerzenstecker einstecken.
3.2. Bild 11: Mit dem Sechskant sicher und fest an Masse des Zylinders anlegen.
3.3. Zündung einschalten, Elektrostarter betätigen und nachsehen, ob die Zündkerze funkt. **Wichtig:** Dabei KEIN Gas geben!
4. Zeigt eine Zündkerze keinen Funken, das Spiel mit einem anderen Zündkerzenstecker wiederholen. Funkt's dann, ist der zuvor getestete Zündkerzenstecker defekt.
■ Bevor ein neuer Zündkerzenstecker gekauft wird, den Sitz des Zündkabels im Kerzenstecker und im Anschluss der Zündspule prüfen; siehe dazu Bilder 12, 13 und 14.

Weitere einfache Prüfungen:
■ Alle Kabel und Anschlüsse der Zündanlage auf einwandfreie Isolierung und korrekten Sitz überprüfen. Schon ein kleiner Fehler in der Isolierung eines (durchgescheuerten) Kabels kann das gesamte Zündsystem lahmlegen.
■ Besonders die Steckverbinder auf den Zündspulen auf Korrosion und festen Sitz überprüfen, siehe Bilder 13 und 14.
■ Etwaige Korrosion an den Steckverbindungen mit feinem Schmirgelpapier beseitigen.
■ Dabei auch prüfen, ob Feuchtigkeit im Zündkabelanschluss des Kerzensteckers (Bild 12) und der Zündspulen (Bilder 13 und 14) sitzt: Es muss staubtrocken sein, schon eine geringe Feuchtigkeit bringt Zündprobleme.
■ Seitenständerschalter prüfen (siehe Kapitel 1 »Wartung · Pflege«): Ist dieser defekt, ist die Zündung dauerhaft unterbrochen. Dann dreht sich weder der Anlasser beim Druck auf den Starterknopf, noch springt der Motor durch Anschieben an.

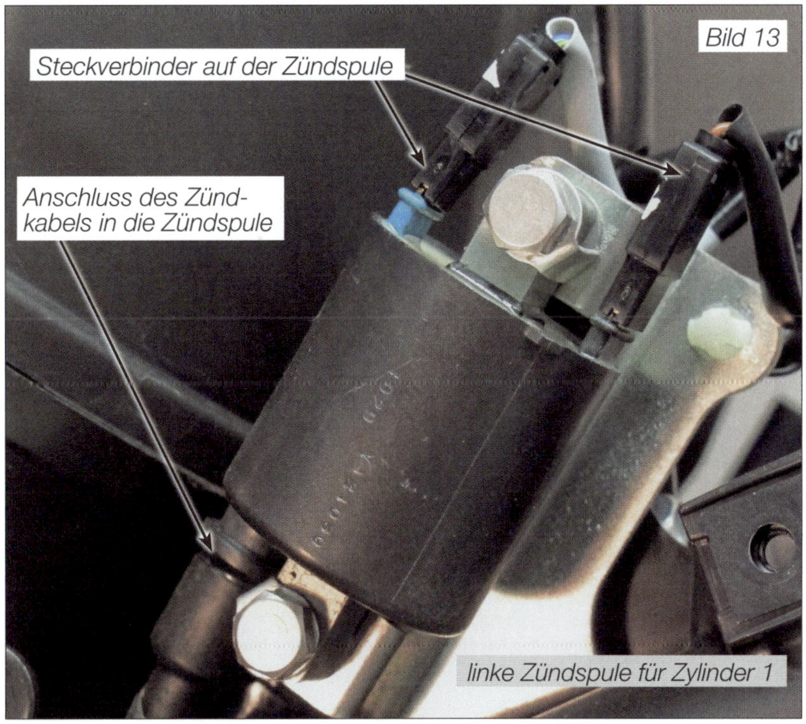

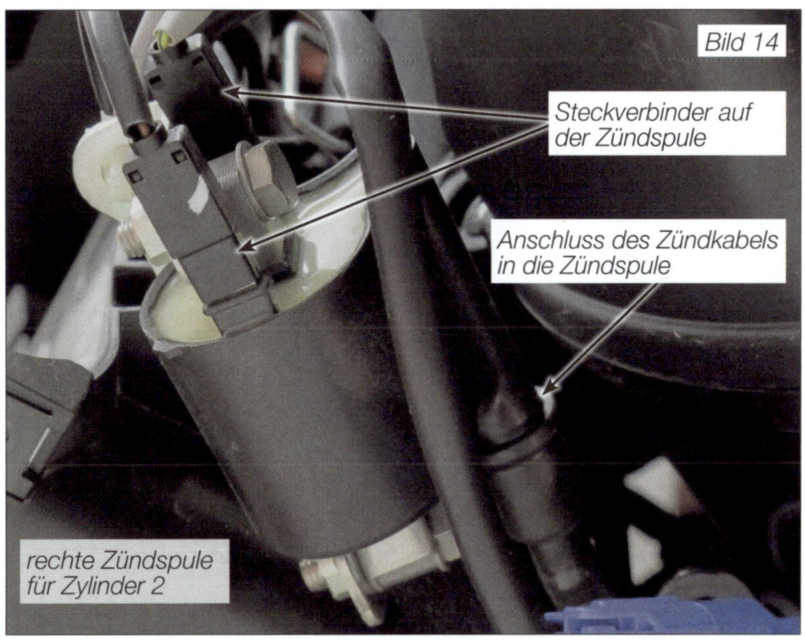

Bilder 13 und 14: Haupt- und Nebenzündspulen sitzen unter dem Luftfiltergehäuse vor den Ansaugstutzen. Bei Zündproblemen alle Kabelanschlüsse und Steckverbinder auf festen Sitz, Nässe und Korrosion sorgfältig prüfen.

Korrespondenzkapitel:
- 16 »Zündkerzen«
- 24 »Batterie«
- 26 »Sicherungen · Relais«

Bild 1: Die vorgeschriebenen Zündkerzen müssen eingebaut sein.

Bild 2: Jedes Zündkabel muss fest im Zündkerzenstecker und der Zündspule eingeschraubt sein, alle Anschlüsse müssen trocken sein.

Bild 1

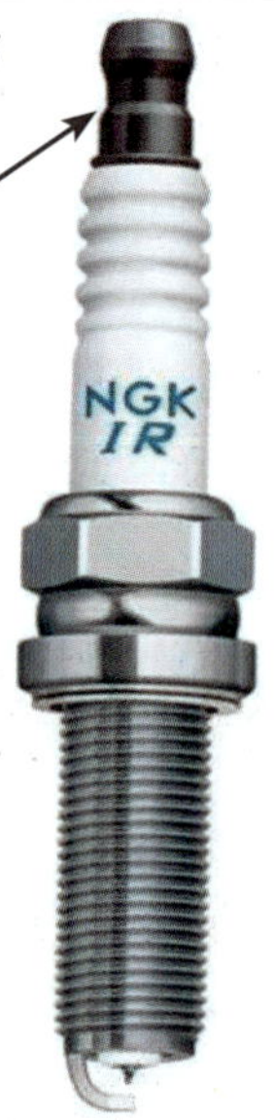

Bei serienmäßigen Zündkerzensteckern muss die Anschlussmutter aufgeschraubt sein

Bild 2

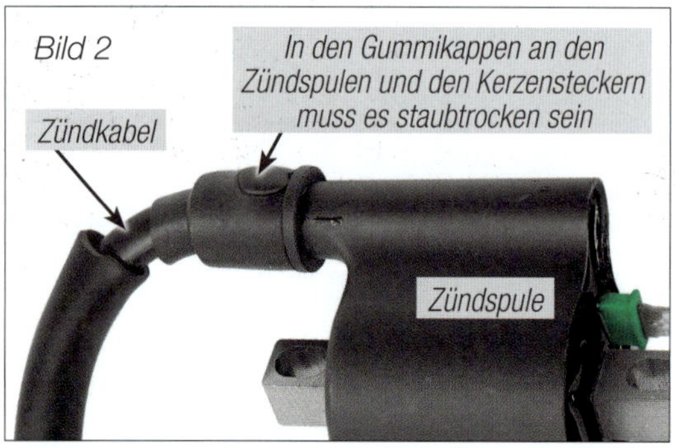

Zündanlage

In diesem Kapitel: Zündanlage prüfen: Zündkerzen, Zündkabel, Zündspule und Stecker prüfen und vermessen · Zündzeitpunkt.

Zündanlage prüfen

Einfache Prüfungen, mit denen getestet werden kann, ob die Zündkerzen keinen oder einen nur schwachen Funken abgeben, haben wir im Kapitel 16 »Zündkerzen« schon beschrieben. Honda-Spezialisten wissen aufgrund von Langzeiterfahrungen, dass der weitaus größte Teil von Zündproblemen nicht an defekten Bauteilen liegt, sondern an schadhaften Kabeln und Steckverbindungen: Dreck oder Nässe drin, Kabel angescheuert und deshalb Massekurzschluss oder gar gebrochen, weil falsch montiert.

Achtung: Zu allen Montagearbeiten an der Zündanlage muss die Zündung zuverlässig AUSgeschaltet sein! Zündschlüssel abziehen.

Achtung: Bei Prüfungen von Bauteilen der Zündanlage keine Stecker bei laufendem Motor oder eingeschalteter Zündung abziehen, weil dadurch elektronische Bauteile beschädigt werden können.

Zündkabel und Zündspule

Bild 2: Die Zündkabel müssen fest in Kerzensteckern und Zündspulen sitzen. Ist ein Zündkabel rissig, an seinen Anschlüssen abgeknickt oder ausgefranst, muss es erneuert werden.

Sollte die Zündanlage in irgendeiner Form nicht funktionieren, z. B. dass sich kein oder ein unregelmäßiger Funke an einer Zündkerze zeigt und der Motor deswegen nicht läuft oder patscht und ruckelt, müssen einzelne Bauteile bzw. Baugruppen der Zündanlage Schritt für Schritt durchgeprüft werden. **Tipp:** Einfachstes Hausmittel ist neue Zündkerzen, neue Zündkerzenstecker und neue Zündkabel zu montieren – das wirkt oft Wunder!

Einzelteile der Zündanlage prüfen

1. Alle Kabel und Anschlüsse der Zündanlage auf einwandfreie Isolierung und korrekten Sitz überprüfen. Schon ein kleiner Fehler in der Isolierung eines an- oder durchgescheuerten Kabels kann das gesamte Zündsystem lahmlegen.

2. Prüfen, ob die flachen Stecker auf den Zündspulen fest sitzen. Sicherheitshalber abziehen und wieder aufstecken. Etwaige Korrosion mit feinem Schmirgelpapier beseitigen.

3. Sitzen die Zündkabel fest eingeschraubt in den Zündkerzensteckern? Zündkabel fest in die Hand nehmen, mit der anderen Hand am Stecker leicht ziehen und drehen und somit prüfen, ob das Kabel wirklich satt im Zündkerzenstecker eingeschraubt ist.

4. Dabei auch prüfen, ob es am Zündkabelanschluss feucht ist. Dort muss es staubtrocken sein, schon geringe Feuchtigkeit bringt Zündprobleme.

4.1. Dazu den Zündkerzenstecker abschrauben: Zündkabel mit der einen Hand festhalten, mit der anderen den Zündkerzenstecker abschrauben. Durch Ausblasen trocknen.

5. Sind die Zündkabel fest in den Zündspulen? Dazu Gummikappe (Bild 2) abziehen, Zündkabel ausdrehen und das Ende des Zündkabels prüfen: Wenn es ausgefranst ist, ein kleines Stück abschneiden und wieder einbauen.

5.1. Im Bund der Zündspule sitzt ein kleiner Gummidichtring, er muss vorhanden sein.

6. Seitenständerschalter prüfen: Ist dieser defekt, ist die Zündung unterbrochen. Dann dreht sich weder der Anlasser, noch springt der Motor durch Anschieben an.

7. Wenn sich kein Funke zeigt: Motorsteuergerät beim Honda-Händler überprüfen lassen: Dazu die komplette Maschine hinbringen.

Zündbauteile durchmessen

Messen: Für die Prüfschritte werden entsprechende Prüf- und Messgeräte sowie ordentliches Elektrofachwissen gebraucht.

1. Hauptsicherung prüfen siehe Kapitel 26 »Sicherungen · Relais«.

2. Batterie prüfen, Mindest-Ruhespannung muss über 12,4 Volt betragen (Kapitel 24 »Batterie«).

3. Zündkerzen prüfen: Sind die vorgeschriebenen Zündkerzen eingebaut? Nur die von Honda empfohlenen und freigegebenen Zündkerzen garantieren einwandfreien Motorlauf (siehe Kapitel 16 »Zündkerzen«).

4. Zündkerzenstecker: Sind die originalen Zündkerzenstecker aufgebaut? Mit anderen kann es Probleme geben.

5. Primärspitzenspannung der Zündspulen mit Multimeter prüfen. Dazu die Plusprüfspitze des Multimeters an den Plus-Kabelkontakt der Zündspule anlegen:

- Zündspule für die Hauptzündkerze von Zylinder 1: Plusprüfspitze an blau/schwarz
- Zündspule für die Nebenzündkerze von Zylinder 1: Plusprüfspitze an blau/weiß
- Zündspule für die Hauptzündkerze von Zylinder 2: Plusprüfspitze an blau/rot
- Zündspule für die Nebenzündkerze von Zylinder 2: Plusprüfspitze an blau/gelb
- Minusprüfspitze jeweils an Fahrzeugmasse

5.1. Getriebe im Leerlauf, Zündschloss auf ON, Motorabstellschalter auf RUN: An jeder Zündspule muss volle Batteriespannung anliegen.

5.2. Motor mit dem Anlasser durchdrehen und gleichzeitig messen: Die Primärspitzenspannung muss mindestens 100 Volt betragen.

6. Spitzenspannung Kurbelwellenpositions-Sensor (»Zündgeber«) messen:

6.1. Nur beim Doppelkupplungsgetriebe, Bild 3: Den 4-poligen schwarzen Stecker vom Anlasser-Relais (nicht vom Anlasserrelais-Schalter!) abziehen und den Kontakt am grünen Kabel mit dem Kontakt am grün/roten Kabel mit einem Kabel überbrücken.

6.2. 33-poligen grauen Stecker vom Motorsteuergerät abziehen.

6.3. Prüfspitzen des Diagnosegeräts wie in Bild 4 gezeigt an C8 (+) und C16 (–) im Stecker anschließen.

6.4. Messung durchführen: Motor mit dem Anlasser durchdrehen, Spitzenspannung muss mindestens 0,7 Volt betragen.

- Wenn das Messergebnis nicht in Ordnung ist, die Spitzenspannung am in Bild 5 gezeigten schwarzen Stecker messen. Der Stecker ist bei Schaltgetriebe 6-polig für Kurbelwellenpositions-Sensor, Öldruckschalter und Geschwindigkeits-Sensor, bei Doppelkupplungsgetriebe 5-polig für Geschwindigkeits-Sensor und Öldruck-Sensor:

7. Spitzenspannung am Stecker des Kurbelwellenpositions-Sensors (Bild 5) messen: Der Stecker sitzt vorne links am Motor unter der Steckerabdeckung. Das gelbe und das gelb/weiße Kabel kommen vom Kurbelwellenpositions-Sensor.

7.1. Prüfspitzen des Diagnosegeräts anschließen: Plusprüfspitze an gelb, Minusprüfspitze an weiß/gelb.

7.2. Messung durchführen: Motor mit dem Anlasser durchdrehen, die Spitzenspannung muss mindestens 0,7 Volt betragen.

Ergebnisse von 6. und 7. werten: Liegen die Messergebnisse weit auseinander, kann ein Defekt in den Kabeln vorliegen oder der Kurbelwellenpositions-Sensor ist defekt.

8. Folgende Bauteile mit einem Multimeter auf Durchgang prüfen: **Zündschloss, Motorstoppschalter, Leerlaufschalter, Seitenständerschalter, Kupplungsschalter.**

- Einbaulage der Teile siehe Kapitel 27 »Elektrische Bauteile

Zündzeitpunkt

Zur Prüfung des Zündzeitpunkts wird eine »Zündlichtpistole« benötigt. **Bitte beachten Sie die Gebrauchsanleitung des Geräts.** Damit kann man einem falschen Zündzeitpunkt sowie einer defekten Zündspule auf die Spur kommen.

1. Schraubdeckel (»Einstell-Schaulochkappe«) unten im rechten Motordeckel ausschrauben (siehe dazu Kapitel 23 »Ventilspiel«).

2. Zündlichtpistole nach Vorschrift des Geräteherstellers anschließen.

3. Motor starten und im Leerlauf laufen lassen.

3.1. Zündlichtpistole zur Kontrollbohrung hin ausrichten: Die »F«-Markierung auf dem Rotor und die Indexkerbe im rechten Motordeckel müssen zueinander stehen.

3.2. Wenn der Motor läuft, der Zündzeitpunkt aber stark schwankt, kann der Kurbelwellenpositions-Sensor (»Zündgeber«) defekt sein. Vor dem Auswechseln durchmessen, wie weiter vorne im Text unter Punkt 6. beschrieben.

Bilder 3 bis 6: Die Arbeitsschritte zum Durchmessen verschiedener Zündungsbauteile sind im Lauftext erklärt. Bild 6 zeigt den korrekten Zündzeitpunkt, wenn die »F«-Markierung und die Indexkerbe aufeinander ausgerichtet sind.

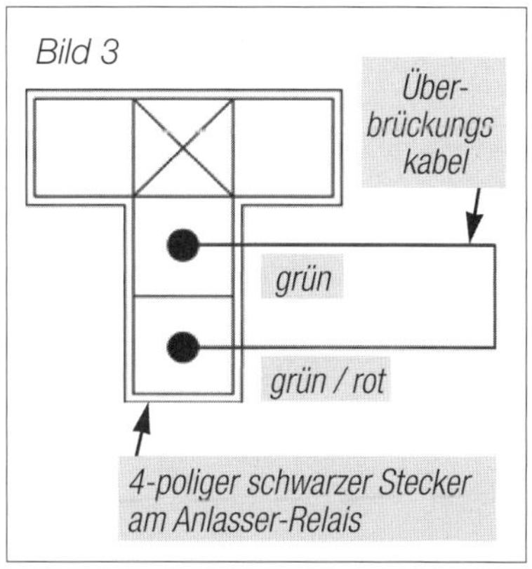

Bild 3

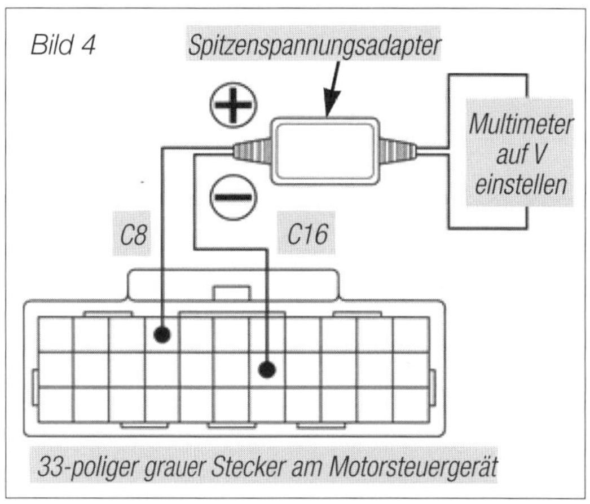

Bild 4

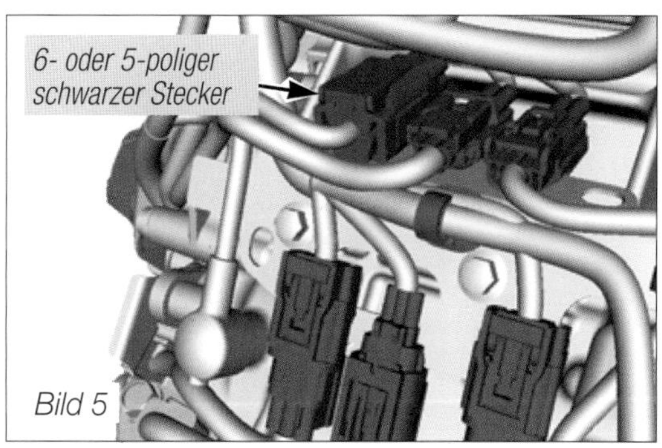

Bild 5

Bild 6

Korrespondenzkapitel:
- 16 »Zündkerzen«
- 17 »Zündanlage«
- 19 »Gasgriff · Gaszüge · E-Gas«
- 20 »Luftfilter · Sekundärluftsystem«
- 26 »Sicherungen · Relais · Zündschlüssel«
- 27 »Elektrische Bauteile«
- 28 »Stecker · Kabel«
- 29 »Fehlersuche in der Elektrik«
- 30 »Technische Daten 2«

Bild 1: Bauteile des Einspritz-Zündsystems mit Leitungspfaden. ■ Die Pfeilspitzen zeigen an, wohin die von Sensoren ermittelten Daten und Messwerte geliefert werden. ■ Bild 3 erklärt an welchen Stellen die Datenaufnahme-Bauteile angebaut sind.

Bauteile in Bild 1
1. *Benzinpumpe im Tank*
2. *Einspritzventil*
3. *Motorsteuergerät ECM/ PCM*
4. *Gasgriffpositions-Sensor (Mj. 2018/2019)*
5. *Drosselklappenpositons-Sensor*
6. *Geschwindigkeits-Sensor*
7. *Umkipp-Sensor*
8. *Ansauglufttemperatur-Sensor*
9. *Lambdasonde*
10. *Katalysator*
11. *Kühlmitteltemperatur-Sensor*
12. *Kurbelwellenpositions-Sensor (»Zündgeber«)*
13. *Ansaugluftdruck-Sensor*
14. *Drosselklappen-Gehäuse*
15. *Luftfiltergehäuse*
16. *Drosselklappen-Stellmotor (Mj. 2018/2019)*

Einspritzung

In diesem Kapitel: Funktion der Einspritzung · Mögliche Störungen · Praktische Tipps · Fehlercodes des Einspritzsystems und ihre Bedeutung · Einspritz-Schaltpläne.

Funktion der Einspritzung

Der Zweizylindermotor der Maschinen unseres Buchs ist mit einer vollelektronischen Benzineinspritzung ausgestattet, die mit der Zündung kombiniert ist. In den Bildern 1 und 3 sind die Bauteile, die ihren Beitrag leisten zur Funktion von Einspritzung und Zündung, und ihre Verknüpfungen dargestellt.

Herzstück der Einspritz-Zündanlage ist das Motorsteuergerät. Bei Modellen mit Schaltgetriebe wird es »**ECM**« (**E**ngine **C**ontrol **M**odule) genannt und bei Modellen mit Doppelkupplungsgetriebe »**PCM**« (**P**ower **C**ontrol **M**odule).

■ Das ECM verwaltet die Motorleistung, indem es entsprechend dem Fahrzustand und der Belastung das Kraftstoff-Luft-Gemisch optimiert, den Zündzeitpunkt bestimmt und so eine leistungsgerechte, umfassende und emissionarme Funktion des Motors garantiert. Weitere Hauptfunktionen des ECM sind die fortwährende Eigendiagnose und Prüfung der einwandfreien Funktion von Einspritzung und Zündung.

■ Das PCM leistet zusätzlich zu diesen Funktionen eine Überwachung der Getriebefunktionen; es koordiniert und überwacht also den gesamten Antriebsstrang.

Zu den Hauptvorteilen dieser modernen Technik zählen Wartungsfreiheit, hohe Zuverlässigkeit, exakte Steuerung der Einspritzmengen und des Zündzeitpunkts, wodurch beste Leistung und günstiger Kraftstoffverbrauch erreicht werden.

Zu den Bildern 1 und 3: Aus einer Vielzahl von Daten, die an verschiedenen Stellen des Fahrzeugs aufgenommen werden (siehe Bild 3) und an das Motorsteuergerät geliefert werden (siehe Bild 1) errechnet das Motorsteuergerät ECM / PCM (Bauteil 3 in Bild 1) die optimale Benzinmenge pro Zylinder sowie den richtigen Zündzeitpunkt.

Die zu den Rechenoperationen im Motorsteuergerät ECM / PCM notwendigen Daten werden von Sensoren, Schaltern und weiteren elektrischen Bauteilen ermittelt (Bauteile siehe Bild 3) und angeliefert (Verknüpfungen siehe Bild 1):

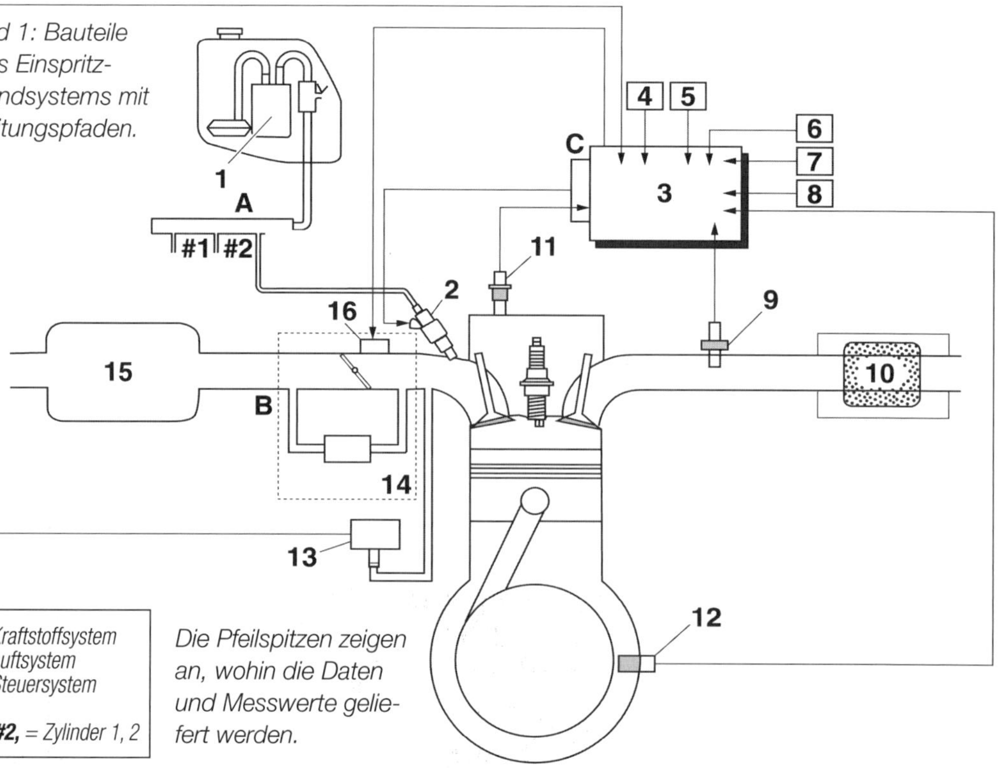

Bild 1: Bauteile des Einspritz-Zündsystems mit Leitungspfaden.

Stellung des Gasgriffs und auch der Drosselklappe, Fahrgeschwindigkeit, der Umkipp-Sensor meldet »Fahrzeug in Fahrstellung«, weitere Sensoren liefern die Ansauglufttemperatur und den Ansaugluftdruck, die Lambdasonde meldet die Abgaszusammensetzung und ein weiterer Sensor die Kühlmitteltemperatur.

Drosselklappen und ihre Betätigung

Im Drosselklappenkörper sind zwei Drosselklappen eingebaut und damit für jeden Zylinder eine.

■ Modelljahre 2016 und 2017: Der Fahrer betätigt über den Gasgriff und zwei Gaszüge für »Gas auf« (= Öffnergaszug) und »Gas zu« (= Schließergaszug) die Drosselklappen im Drosselklappenkörper, der am Zylinderkopf des Motors angebracht ist.

■ Modelljahre 2018 und 2019: Es gibt keine Gaszüge, sondern ein E-Gas: Der Drosselklappenpositions-Sensor meldet die momentan aktuelle Stellung der Drosselklappe an das Motorsteuergerät ECM / PCM. Wenn der Gasgriff betätigt wird, meldet dies der Gasgriffstellungs-Sensor »APS« an das Motorsteuergerät ECM / PCM, welches innerhalb von Millisekunden den dazu passenden optimalen Drosselklappen-Öffnungswinkel errechnet und das Ergebnis dem Drosselklappen-Servomotor meldet, der dann den passenden Drosselklappen-Öffnungswinkel einstellt.

Mögliche Störungen

Wenn ein Schaden an der Einspritzung auftritt, der sich so äußert, dass der Motor entweder stottert, nicht zieht oder immer wieder ausgeht, obwohl genügend Sprit im Tank ist (!), dann forschen Sie zuerst nach Wackelkontakten in den elektrischen Leitungen und Steckverbindern, welche mit der Spritversorgung zu tun haben.

Bild 2: In der Instrumenteneinheit sind verschiedene Warnleuchten. Hier ist die Fehleranzeigenleuchte PGM-FI-MIL im Kreis zu beachten.

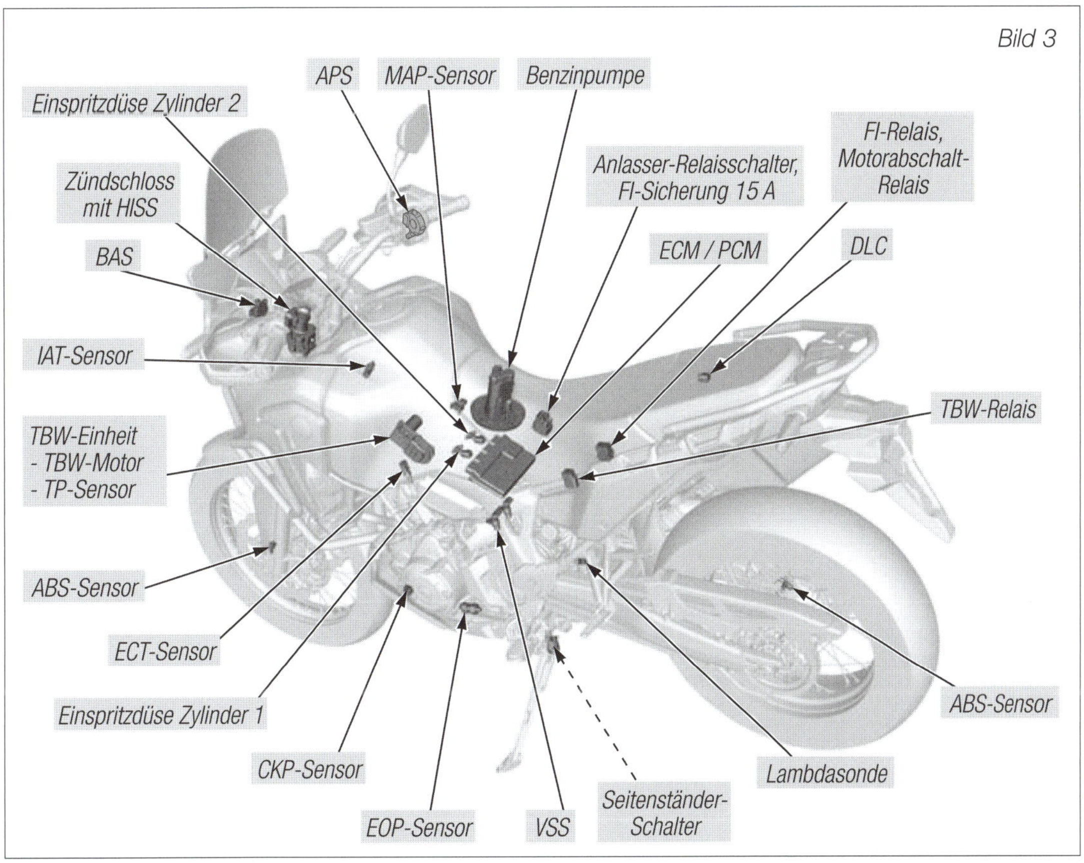

Bauteile und ihre Abkürzungen in Bild 3

APS = Gasgriffstellung-Sensor
BAS = Umkipp-Sensor
CKP-Sensor = Kurbelwellenpositions-Sensor
DLC = Diagnosebuchse
ECT-Sensor = Kühlmitteltemperatur-Sensor
ECM = Motorsteuergerät beim Schaltgetriebe
PCM = Motorsteuergerät beim Doppelkupplungsgetriebe
EOP-Sensor = Motoröldruck-Sensor
FI-Sicherung = Sicherung für Einspritzanlage
FI-Relais = Benzinpumpen-Relais
IAT-Sensor = Ansauglufttemperatur-Sensor
MAP-Sensor = Ansaugluftdruck-Sensor
TBW = Elektronischer Gasgriff (Mj. 2018/2019)
TBW Motor = Elektromotor zum Antrieb der Drosselklappenwelle (Mj. 2018 / 2019)
TP-Sensor = Drosselklappenpositions-Sensor
VSS = Geschwindigkeits-Sensor
Zündschloss mit HISS = Wegfahrsperre

Gut zu wissen: Aufgrund von langjährigen Erfahrungen der Honda-Händler sind Einspritzfehler in der absoluten Mehrheit nicht auf defekte Elektronik- oder Elektrobauteile zurückzuführen, sondern zu mehr als 90 % auf korrodierte oder nicht richtig angeschlossene (»zusammengesteckt«) Stecker. Bei jeder Fehlersuche können also defekte Bauteile zuerst ignoriert werden.

Bilder 4 und 5: Honda-Spezialwerkzeug SCS-Stecker. Es wird in die »DLC-Diagnosebuchse« rechts hinten am Heckrahmen eingesteckt (Keis in Bild 5).

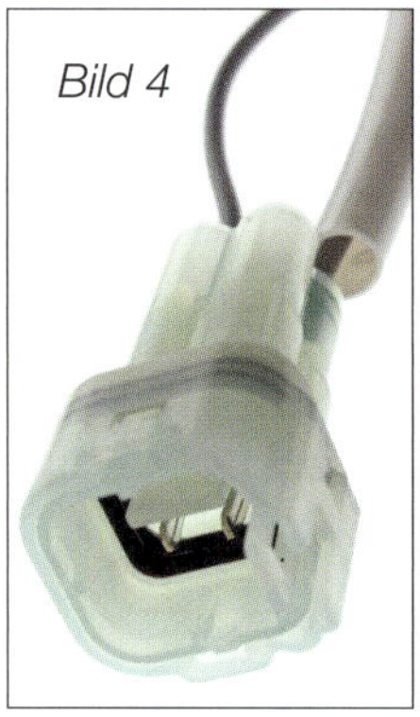

Hinweis: Im Kapitel 27 »Elektrische Bauteile« sind alle elektrischen und elektronischen Bauteile der Maschinen unseres Buchs aufgelistet, also auch die Bauteile, die für die Aufbereitung der Einspritzdaten am Fahrzeug angebracht sind. Dazu gibt es die Einbaulage am Fahrzeug, siehe dazu die Bilder 1 und 3. Im Kapitel 30 »Technische Daten 2« finden Sie Sollmesswerte, welche im Falle einer Störung der Einspritzanlage für eine messtechnische Überprüfung wichtig sind. Nutzen Sie also bitte die Informationen in den Kapiteln 27 »Elektrische Bauteile«, 28 »Stecker · Kabel«, 29 »Fehlersuche in der Elektrik« sowie 30 »Technische Daten 2«.

Tabelle 1: Mj. 2016, 2017 DTC-Diagnosefehlercodes, MIL-Blinkzeichen, Fehler, Symptome

DTC – MIL-Blinkzeichen	Funktionsfehler	Symptom Ausfallsicherheitsfunktion
1-1 ➔ **BLZ 1**	Schaltkreis des Ansaugluftdruck-Sensors, Spannung niedrig unter 0,029 V – Störung im Ansaugluftdruck-Sensor oder im zugehörigen Schaltkreis	– Motor läuft normal
1-2 ➔ **BLZ 1**	Schaltkreis des Ansaugluftdruck-Sensors, Spannung hoch über 3,809 V – schlechter Kontakt oder Wackelkontakt am Ansaugluftdruck-Sensorstecker – Störung im Ansaugluftdruck-Sensor oder im zugehörigen Schaltkreis	– Motor läuft normal
7-1 ➔ **BLZ 7**	Schaltkreis des Kühlmitteltemperatur-Sensors, Spannung niedrig unter 0,049 V – Störung im Kühlmitteltemperatur-Sensor oder im zugehörigen Schaltkreis	– Schlechtes Anspringen bei niedrigen Temperaturen
7-2 ➔ **BLZ 7**	Schaltkreis des Kühlmitteltemperatur-Sensors, Spannung hoch über 4,946 V – schlechter Kontakt oder Wackelkontakt am Kühlmitteltemperatur-Sensor – Störung im Kühlmitteltemperatur-Sensor oder im zugehörigen Schaltkreis	– Schlechtes Anspringen bei niedrigen Temperaturen
8-1 ➔ **BLZ 8**	Schaltkreis des Drosselklappenpositions-Sensors, Spannung niedrig unter 0,122 V – schlechter Kontakt oder Wackelkontakt am Drosselklappenpositions-Sensor – Störung im Drosselklappenpositions-Sensor oder im zugehörigen Schaltkreis	– Schlechte Motorbeschleunigung
8-2 ➔ **BLZ 8**	Schaltkreis des Drosselklappenpositions-Sensors, Spannung hoch über 4,966 V – Störung im Drosselklappenpositions-Sensor oder im zugehörigen Schaltkreis	– Schlechte Motorbeschleunigung
9-1 ➔ **BLZ 9**	Schaltkreis des Ansauglufttemperatur-Sensors, Spannung niedrig unter 0,049 V – Störung im Ansauglufttemperatur-Sensor oder im zugehörigen Schaltkreis	– Motor läuft normal
9-2 ➔ **BLZ 9**	Schaltkreis des Ansauglufttemperatur-Sensors, Spannung hoch über 4,946 V – schlechter Kontakt oder Wackelkontakt am Ansauglufttemperatur-Sensor – Störung im Ansauglufttemperatur-Sensor oder im zugehörigen Schaltkreis	– Motor läuft normal
11-1 ➔ **BLZ 11**	Störung im Geschwindigkeitssensor, gibt kein Signal ab – schlechter Kontakt oder Wackelkontakt am Geschwindigkeitssensor-Stecker – Störung im Geschwindigkeits-Sensor oder im zugehörigen Schaltkreis	– Motor läuft normal
12-1 ➔ **BLZ 12**	Störung im Schaltkreis des Einspritzventils Nr. 1 / DTC 13-1 = Einspritzventil Nr. 2	– Motor springt nicht an
13-1 ➔ **BLZ 13**	– schlechter Kontakt oder Wackelkontakt am Einspritzventilstecker – Störung im entsprechenden Einspritzventil oder zugehörigen Schaltkreis	– Abschaltung aller Einspritzventile, Benzinpumpe und Zündung
21-1 ➔ **BLZ 21**	Störung in der Lambdasonde – schlechter Kontakt oder Wackelkontakt am Lambdasondenstecker – Störung in der Lambdasonde oder im zugehörigen Schaltkreis	– Motor läuft normal
23-1 ➔ **BLZ 23**	Störung in der Lambdasondenheizung – schlechter Kontakt oder Wackelkontakt am Lambdasondenstecker – Störung im Heizelement der Lambdasonde oder im zugehörigen Schaltkreis	– Motor läuft normal
29-1 ➔ **BLZ 29**	Störung am Leerlaufregelventil – schlechter Kontakt oder Wackelkontakt am Leerlaufregelventilstecker – Störung im Leerlaufregelventil oder im zugehörigen Schaltkreis	– Motor stirbt ab, springt schlecht an, unrunder Leerlauf
33-2 ➔ **(–)**	Fehler im EEPROM des ECM / PCM – ECM / PCM defekt	– Motor läuft normal, hält die Selbstdiagnosedaten nicht
54-1 ➔ **BLZ 54**	Schaltkreis des Umkipp-Sensors, Spannung niedrig unter 0,020 Volt – Störung im Umkipp-Sensor oder im zugehörigen Schaltkreis	– Motor läuft normal, Abstellfunktion funktioniert nicht
54-2 ➔ **BLZ 54**	Schaltkreis des Umkipp-Sensors, Spannung hoch über 4,986 Volt – schlechter Kontakt oder Wackelkontakt am Umkippsensor – Störung im Umkipp-Sensor oder im zugehörigen Schaltkreis	– Motor läuft normal, Abstellfunktion funktioniert nicht
66-1 ➔ **BLZ 66** 67-1 ➔ **BLZ 67**	Störung im hinteren ABS-Sensor / DTC 67-1 = im vorderen ABS-Sensor – schlechter Kontakt oder Wackelkontakt am ABS-Sensorstecker – ABS-Sensor defekt oder Störung im zugehörigen Schaltkreis	– Motor läuft normal
83-1 ➔ **BLZ 83** nur bei DCT	Öldruck-Sensor, Spannung niedrig unter 0,059 Volt – Störung im Motoröldruck-Sensor oder im zugehörigen Schaltkreis	– Motor läuft normal
83-2 ➔ **BLZ 83** nur bei DCT	Öldruck-Sensor, Spannung hoch über 4,883 Volt – schlechter Kontakt oder Wackelkontakt am Motoröldruck-Sensorstecker – Störung im Motoröldruck-Sensor oder im zugehörigen Schaltkreis	– Motor läuft normal
84-1 ➔ **BLZ 84**	CPU-Fehler im ECM / PCM – Störung im Motoröldruck-Sensor oder im zugehörigen Schaltkreis	– Motor läuft normal

Erste Hilfe bei Problemen

Praktische Tipps für Stecker und Schläuche

Alle in Frage kommenden Steckverbinder checken, ob sie korrekt zusammengesteckt sind. Bei älteren (und besonders bei schlecht gepflegten!) Maschinen: Die Steckverbinder auseinanderziehen, ihre inneren Kontakte mit einer harten Zahnbürste und Kontaktspray reinigen, trocken ausblasen und auf Festsitz prüfen. Siehe dazu auch Kapitel 28 »Stecker · Kabel«.

Alle in Frage kommenden Schläuche und Leitungen auf Brüche, Knicke oder Quetschungen kontrollieren. Wenn nur einer der Benzin- oder Unterdruck-Luftschläuche gedrückt oder scharf gequetscht ist, eingerissen oder nicht auf seinem Stutzen sitzt, hat dies negative Auswirkungen auf das komplette Ansaug-Einspritzsystem.

Sehr wichtig ist der Unterdruckschlauch des Ansaugluftdruck-Sensors. Extrem wichtig ist, dass der Raum um den Ansaugluftdruck-Sensor allseits frei ist.

Fehlercodes

Tritt im Einspritzsystem ein Fehler auf, wird vom Motorsteuergerät die Fehleranzeigeleuchte »**PGM-FI-MIL**« in der Instrumenteneinheit eingeschaltet (Bild 2), die durch Blinken auf den Fehler hinweist. Um herauszubekommen, welcher Fehler vorliegt, gibt es zwei Möglichkeiten:

Möglichkeit 1: Man sucht selbst weiter, braucht dazu allerdings das Honda-Spezialwerkzeug »SCS-Stecker« (Bestellnummer 070PZ-ZY30100, Preis ca. 30 Euro; siehe Bild 4).

Möglichkeit 2*:* Sie bringen die Maschine zum Honda-Händler ihres Vertrauens. Der wird den bzw. die Fehler mit dem **»MCS«** auslesen. MCS ist das Honda-eigene »**M**otorcycle **C**ommunication **S**ystem«, es besteht aus dem sogenannten »HDS-Pocket Tester« und einem Laptop, der mit Honda-eigenen Computerprogrammen geladen ist.

Fehleranalyse durchführen

Wir erklären jetzt die Möglichkeit 1 und führen die Fehleranalyse selbst durch. Einen »SCS-Stecker« (Bild 4) haben wir.

Tabelle 2: Mj. 2018, 2019 DTC-Diagnosefehlercodes, MIL-Blinkzeichen, Fehler, Symptome

DTC – MIL-Blinkzeichen	Funktionsfehler	Symptom Ausfallsicherheitsfunktion
1-1 → **BLZ 1**	Schaltkreis des Ansaugluftdruck-Sensors, Spannung niedrig unter 0,02 9V – Störung im Ansaugluftdruck-Sensor oder im zugehörigen Schaltkreis	– Motor läuft normal
1-2 → **BLZ 1**	Schaltkreis des Ansaugluftdruck-Sensors, Spannung hoch über 3,809 V – schlechter Kontakt oder Wackelkontakt am Ansaugluftdruck-Sensorstecker – Störung im Ansaugluftdruck-Sensor oder im zugehörigen Schaltkreis	– Motor läuft normal
2-1 → **BLZ 2**	Funktionsstörung des Ansaugluftdruck-Sensors – schlechter Kontakt oder Wackelkontakt am Ansaugluftdruck-Sensorschlauch – Störung im Ansaugluftdruck-Sensor	– Motor läuft normal
7-1 → **BLZ 7**	Schaltkreis des Kühlmitteltemperatur-Sensors, Spannung niedrig unter 0,049 V – Störung im Kühlmitteltemperatur-Sensor oder im zugehörigen Schaltkreis	– Schlechtes Anspringen bei niedrigen Temperaturen
7-2 → **BLZ 7**	Schaltkreis des Kühlmitteltemperatur-Sensors, Spannung hoch über 4,946 V – schlechter Kontakt oder Wackelkontakt am Kühlmitteltemperatur-Sensor – Störung im Kühlmitteltemperatur-Sensor oder im zugehörigen Schaltkreis	– Schlechtes Anspringen bei niedrigen Temperaturen
9-1 → **BLZ 9**	Schaltkreis des Ansauglufttemperatur-Sensors, Spannung niedrig unter 0,049 V – Störung im Ansauglufttemperatur-Sensor oder im zugehörigen Schaltkreis	– Motor läuft normal
9-2 → **BLZ 9**	Schaltkreis des Ansauglufttemperatur-Sensors, Spannung hoch über 4,946 V – schlechter Kontakt oder Wackelkontakt am Ansauglufttemperatur-Sensor – Störung im Ansauglufttemperatur-Sensor oder im zugehörigen Schaltkreis	– Motor läuft normal
11-1 → **BLZ 11**	Störung im Geschwindigkeits-Sensor – schlechter Kontakt oder Wackelkontakt am Geschwindigkeits-Sensorstecker – Störung im Geschwindigkeits-Sensor oder im zugehörigen Schaltkreis	– Motor läuft normal
12-1 → **BLZ 12**	Störung im Einspritzventil Nr. 1 / DTC 13-1 = Einspritzventil Nr. 2	– Motor springt nicht an
13-1 → **BLZ 13**	– schlechter Kontakt oder Wackelkontakt am Einspritzventilstecker – Störung im entsprechenden Einspritzventil oder zugehörigen Schaltkreis	– Abschaltung aller Einspritzventile, Benzinpumpe und Zündung
21-1 → **BLZ 21**	Schaltkreis der Lambdasonde, Spannung niedrig unter 0,059 V – Störung in der Lambdasonde oder im zugehörigen Schaltkreis	– Motor läuft normal
21-2 → **BLZ 21**	Schaltkreis der Lambdasonde, Spannung hoch über 3,008 V – schlechter Kontakt oder Wackelkontakt am Lambdasondenstecker – Störung in der Lambdasonde oder im zugehörigen Schaltkreis	– Motor läuft normal
23-1 → **BLZ 23**	Störung in der Lambdasondenheizung – schlechter Kontakt oder Wackelkontakt am Lambdasondenstecker – Störung im Heizelement der Lambdasonde oder im zugehörigen Schaltkreis	– Motor läuft normal
33-2 → **(–)**	Fehler im EEPROM des ECM / PCM – ECM / PCM defekt	– Motor läuft normal hält die Selbstdiagnosedaten nicht
41-1 → **BLZ 41** nicht bei DCT	Störung im Gang-Sensor – schlechter Kontakt oder Wackelkontakt am Gang-Sensorstecker – Störung im Gang-Sensor oder im zugehörigen Schaltkreis – Fehler im ECM	– Motor läuft normal – Traktionskontrolle funktioniert nicht
54-1 → **BLZ 54**	Schaltkreis des Umkipp-Sensors, Spannung niedrig unter 0,020 Volt – Störung im Umkipp-Sensor oder im zugehörigen Schaltkreis	– Motor läuft normal – Motorabstellfunktion funktioniert nicht
54-2 → **BLZ 54**	Schaltkreis des Umkipp-Sensors, Spannung hoch über 4,986 Volt – schlechter Kontakt oder Wackelkontakt am Umkipp-Sensorstecker – Störung im Umkipp-Sensor oder im zugehörigen Schaltkreis	– Motor läuft normal – Motorabstellfunktion funktioniert nicht
66-1 → **BLZ 66** 67-1 → **BLZ 67**	Störung im hinteren ABS-Sensor / DTC 67-1 = im vorderen ABS-Sensor – schlechter Kontakt oder Wackelkontakt am ABS-Sensorstecker – ABS-Sensor defekt oder Störung im zugehörigen Schaltkreis	– Motor läuft normal
71-1 → **BLZ 71**	Drosselklappenpositions-Sensor 1, Spannung niedrig – Störung im Drosselklappenpositions-Sensor 1 oder im zugehörigen Schaltkreis	– Fahrgeschwindigkeit beschränkt auf ca.120 km/h – Traktionskontrolle funktioniert nicht

1. Maschine sicher auf dem Seitenständer abstellen. Motor AUSschalten, Zündung ausschalten, Leerlauf einlegen.
2. Fahrersitz abbauen. Gummikappe von der DLC-Diagnosebuchse (Bild 5) abnehmen und den SCS-Stecker (Bild 4) in die DLC-Diagnosebuchse einstecken.
3. Zündung einschalten. Killschalter rechts am Lenker muss auf ON stehen und der Seitenständer muss ausgeklappt sein.
4. Die MIL-Anzeigeleuchte beobachten, sie leuchtet 2 Sekunden auf, geht dann für 3,6 Sekunden aus und blinkt dann den Hauptcode des DTC-Diagnosefehlercodes.
5. Der DTC-Diagnosefehlercode besteht aus Ziffern für den Hauptcode sowie für den Untercode: Die Ziffern vor dem Trennstrich sind der Hauptcode, der die fehlerhafte Komponente bzw. die Fehlerart anzeigt. Die Ziffern nach dem Trennstrich sind der Untercode und bezeichnen das Symptom bzw. die Fehlerart. An der MIL-Anzeige wird nur der Hauptcode angezeigt. Wichtig: Den Untercode kann leider nur der Honda-Händler mit dem MCS auslesen.

Diese Fehlercodes sind in den in diesem Kapitel angedruckten Tabellen »DTC-Fehlerdiagnosecodes, Blinkzeichen, Fehler, Symptome« aufgelistet.

Die DTC-Fehlercodes werden von der MIL-Anzeigenleuchte in der Instrumenteneinheit (Kreis in Bild 2) mit langen und kurzen Blinkzeichen angezeigt:
- Lange Blinkzeichen leuchten 1,3 Sekunden.
- Kurze Blinkzeichen leuchten 0,3 Sekunden.
- Ein langes Blinkzeichen entspricht der Zehnerstelle des Fehlercodes, ein kurzes Blinkzeichen der Einerstelle.

Beispiel: Die MIL-Anzeigeleuchte blinkt zwei mal lang und drei mal kurz, das bedeutet den Fehlercode 23.
Wenn im Motor-Steuergerät mehrere Fehlercodes gespeichert sind, dann zeigt die MIL-Anzeigenleuchte in der Instrumenteneinheit (siehe Bild 2), die Fehlercodes in aufsteigender Reihenfolge an, sie beginnt also mit dem Fehlercode mit der niedrigsten Nummer.

Tabelle 3: Mj. 2018, 2019 DTC-Diagnosefehlercodes, MIL-Blinkzeichen, Fehler, Symptome

DTC – MIL-Blinkzeichen	Funktionsfehler	Symptom Ausfallsicherheitsfunktion
71-2 → **BLZ 71**	Drosselklappenpositions-Sensor 1, Spannung hoch – schlechter Kontakt oder Wackelkontakt am Sensorstecker – Störung im Drosselklappenpositions-Sensor 1 oder im zugehörigen Schaltkreis	– Fahrgeschwindigkeit begrenzt auf ca. 120 km/h – Traktionskontrolle funktioniert nicht
72-1 → **BLZ 72**	Drosselklappenpositions-Sensor 2, Spannung niedrig – Störung im Drosselklappenpositions-Sensor 2 oder im zugehörigen Schaltkreis	– Fahrgeschwindigkeit begrenzt auf ca. 120 km/h – Traktionskontrolle funktioniert nicht
72-2 → **BLZ 72**	Drosselklappenpositions-Sensor 2, Spannung hoch – schlechter Kontakt oder Wackelkontakt am Sensorstecker – Störung im Drosselklappenpositions-Sensor 2 oder im zugehörigen Schaltkreis	– Fahrgeschwindigkeit begrenzt auf ca. 120 km/h – Traktionskontrolle funktioniert nicht
73-1 → **BLZ 73**	Drosselklappenpositions-Sensoren 1 und 2, Spannungskorrelationsfehler – Störung im Drosselklappenpositions-Sensor oder im zugehörigen Schaltkreis	– Motor läuft mit Leerlaufdrehzahl – Traktionskontrolle funktioniert nicht
73-2 → **BLZ 73**	Drosselklappenpositions-Sensoren 1 und 2, Kurzschluss – Störung im Drosselklappenpositions-Sensor oder im zugehörigen Schaltkreis	– Motor läuft mit Leerlaufdrehzahl – Traktionskontrolle funktioniert nicht
74-1 → **BLZ 74**	Gasgriffstellungs-Sensor 1, Spannung niedrig – schlechter Kontakt oder Wackelkontakt am Sensorstecker – Störung im Gasgriffstellungs-Sensor 1 oder im zugehörigen Schaltkreis	– Motor läuft mit Leerlaufdrehzahl – Traktionskontrolle funktioniert nicht
74-2 → **BLZ 74**	Gasgriffstellungs-Sensor 1, Spannung hoch – Störung im Gasgriffstellungs-Sensor 1 oder im zugehörigen Schaltkreis	– Motor läuft mit Leerlaufdrehzahl – Traktionskontrolle funktioniert nicht
75-1 → **BLZ 75**	Gasgriffstellungs-Sensor 2, Spannung niedrig – schlechter Kontakt oder Wackelkontakt am Sensorstecker – Störung im Gasgriffstellungs-Sensor 2 oder im zugehörigen Schaltkreis	– Motor läuft mit Leerlaufdrehzahl – Traktionskontrolle funktioniert nicht
75-2 → **BLZ 75**	Gasgriffstellungs-Sensor 2, Spannung hoch – Störung im Gasgriffstellungs-Sensor 2 oder im zugehörigen Schaltkreis	– Motor läuft mit Leerlaufdrehzahl – Traktionskontrolle funktioniert nicht
76-1 → **BLZ 76**	Gasgriffstellungs-Sensoren 1 und 2, Spannungskorrelationsfehler – Störung im Gasgriffstellungs-Sensor oder im zugehörigen Schaltkreis	– Motor läuft mit Leerlaufdrehzahl – Traktionskontrolle funktioniert nicht
77-1 → **BLZ 77**	Fehler an der Rückzugfeder des E-Gasgriffs	– Fahrgeschwindigkeit begrenzt auf ca. 120 km/h – Traktionskontrolle funktioniert nicht
78-1 → **BLZ 78**	Störung im Drosselklappen-Stellmotor – Störung im Schaltkreis des Drosselklappen-Stellmotors	– Motor läuft mit Leerlaufdrehzahl – Traktionskontrolle funktioniert nicht
79-1 → **BLZ 79**	Drosselklappen-Stellmotor, Steuerungskorrelationsfehler – Störung im Drosselklappen-Stellmotor oder im zugehörigen Stromkreis	– Motor läuft mit Leerlaufdrehzahl – Traktionskontrolle funktioniert nicht
83-1 → **BLZ 83** nur bei DCT	Öldruck-Sensor, Spannung niedrig unter 0,059 Volt – Störung im Öldruck-Sensor oder im zugehörigen Schaltkreis	– Motor läuft normal
83-2 → **BLZ 83** nur bei DCT	Öldruck-Sensor, Spannung hoch über 4,883 Volt – schlechter Kontakt oder Wackelkontakt am Sensorstecker – Störung im Öldruck-Sensor oder im zugehörigen Schaltkreis	– Motor läuft normal
84-1 → **BLZ 84**	CPU-Fehler im ECM / PCM – ECM / PCM defekt	– Motor läuft normal
85-1 → **BLZ 85**	Fehler an der EIN-Seite des TBW-Relais (E-Gas-Relais) – Störung im TBW-Relais oder im zugehörigen Schaltkreis	– Fahrgeschwindigkeit begrenzt auf ca. 120 km/h – Traktionskontrolle funktioniert nicht
85-2 → **BLZ 85**	Fehler an der AUS-Seite des TBW-Relais (E-Gas-Relais) – Störung im TBW-Relais oder im zugehörigen Schaltkreis	– Fahrgeschwindigkeit begrenzt auf ca. 120 km/h – Traktionskontrolle funktioniert nicht
88-1 → **BLZ 88**	Störung im EVAP-Spülluft-Steuermagnetventil – schlechter Kontakt oder Wackelkontakt am Stecker des Steuermagnetventils – Störung im Steuermagnetventil oder im zugehörigen Schaltkreis	– Motor läuft normal
89-1 → **BLZ 89**	Störung im PAIR-Steuermagnetventil – schlechter Kontakt oder Wackelkontakt am Stecker des Steuermagnetventils – Störung im Steuermagnetventil oder im zugehörigen Schaltkreis	– Motor läuft normal
91-1 → **BLZ 91**	Störung im Schaltkreis der Zündspule Nr. 1-1 (Hauptzündspule Zylinder 1) – schlechter Kontakt oder Wackelkontakt am Zündspulenstecker – Störung in der Zündspule oder im zugehörigen Schaltkreis	– Abschaltung von Einspritzventil Nr. 1 und Hauptzündspule

Praktisches Beispiel zur Fehlerfindung

■ Die MIL-Anzeigenleuchte blinkt neun mal kurz (je 0,3 Sekunden), das bedeutet Fehler mit Hauptcode 9 und das ist ein Fehler am IAT-Sensor = Ansauglufttemperatur-Sensor.

Noch ein Beispiel zur Übung

1. Die MIL-Anzeigenleuchte blinkt zweimal lang (= je 1,3 Sekunden) für die Zehnerstelle.

1.1. Dann dreimal kurz (je 0,3 Sekunden) für die Einerstelle.

2. Das bedeutet: Zwei lange Blinkzeichen und drei kurze meinen »Fehlerhauptcode 23«, der ist zu finden in Zeile 12 der Tabelle »DTC-Fehlerdiagnosecodes, MIL-Blinkzeichen, Fehler, Symptome« Teil 1 und ist eine »Störung in der Lambdasondenheizung«. Es kann ein Wackelkontakt am Lambdasondenstecker sein, aber auch ein Defekt am Heizelement, dann muss die Lambdasonde erneuert werden.

Fehlercodes löschen

1. SCS-Stecker (Bild 4) in die DLC-Diagnosebuchse (Bild 5) einstecken.

2. Zündung einschalten, Killschalter muss auf ON stehen.

3. Den SCS-Stecker aus der DLC-Diagnosebuchse ziehen.

■ Die MIL-Anzeigenleuchte leuchtet nun auf für ca. 5 Sekunden.

3.1. Innerhalb dieser 5 Sekunden den SCS-Stecker wieder in die DLC-Diagnosebuchse einstecken.

■ Der DTC-Fehlercode wird jetzt gelöscht.

4. Als Zeichen dass der Fehlercode gelöscht ist, geht jetzt die MIL-Anzeigenleuchte aus und fängt dann an zu blinken.

5. Zündung kann wieder ausgeschaltet werden.

Hinweis 1: Der SCS-Stecker muss während der 5 Sekunden in die DLC-Diagnosebuchse eingesteckt werden, in denen die MIL-Anzeigenleuchte leuchtet.

Hinweis 2: Wenn die MIL-Anzeigenleuchte nicht anfängt zu blinken, wurde der Fehlercode nicht gelöscht. Dann die Punkte 2. bis 5. wiederholen.

Hinweis 3: Der Fehlercode kann nicht gelöscht werden, wenn die Zündung ausgeschaltet wird, bevor die MIL-Anzeigenleuchte zu blinken beginnt.

6. Wenn der Fehlercode gelöscht ist: Zündung AUSschalten, den SCS-Stecker aus der DLC-Diagnosebuchse ziehen.

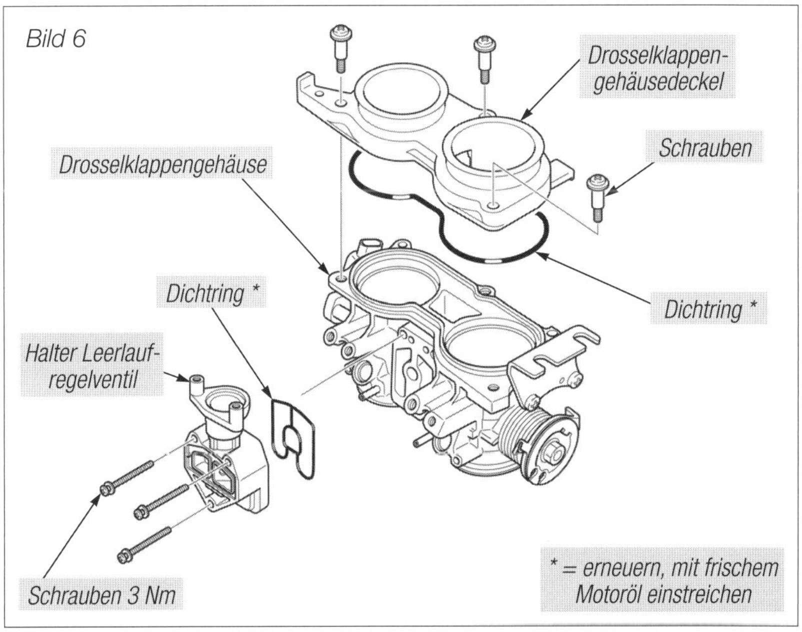

Bild 6: Explosionszeichnung des Drosselklappenkörpers der Modelljahre 2016 und 2017. Schrauben Sie daran nur in echten Notfällen!

Tabelle 4: Mj. 2018, 2019 DTC-Diagnosefehlercodes, MIL-Blinkzeichen, Fehler, Symptome

DTC – MIL-Blinkzeichen	Funktionsfehler	Symptom Ausfallsicherheitsfunktion
92-1 ➔ **BLZ 92**	Störung im Schaltkreis der Zündspule Nr. 2-1 (Hauptzündspule Zylinder 2) – schlechter Kontakt oder Wackelkontakt am Zündspulenstecker – Störung in der Zündspule oder im zugehörigen Schaltkreis	– Abschaltung von Einspritzventil Nr. 2 und Hauptzündspule
93-1 ➔ **BLZ 93**	Störung im Schaltkreis der Zündspule Nr. 1-2 (Nebenzündspule Zylinder 1) – schlechter Kontakt oder Wackelkontakt am Zündspulenstecker – Störung in der Zündspule oder im zugehörigen Schaltkreis	– Abschaltung von Einspritzventil Nr. 1 und Hauptzündspule
94-1 ➔ **BLZ 94**	Störung im Schaltkreis der Zündspule Nr. 2-2 (Nebenzündspule Zylinder 2) – schlechter Kontakt oder Wackelkontakt am Zündspulenstecker – Störung in der Zündspule oder im zugehörigen Schaltkreis	– Abschaltung von Einspritzventil Nr. 2 und Hauptzündspule
103-1➔ **BLZ 103**	CAN-Kommunikation gestört – Fehler im ECM / PCM – Fehler in der Instrumenteneinheit – Störung im CAN-Kommunikationsschaltkreis	– Motor läuft normal – Traktionskontrolle funktioniert nicht
103-2➔ **BLZ 103**	CAN-Kommunikation gestört – Fehler in der Instrumenteneinheit – Störung im CAN-Kommunikationsschaltkreis	– Motor läuft normal – Traktionskontrolle funktioniert nicht
107-1➔ **BLZ 107** nicht bei DCT	Schaltkreis des Schaltweg-Sensors, Spannung niedrig – schlechter Kontakt oder Wackelkontakt am Sensorstecker – Störung im Schaltweg-Sensor oder im zugehörigen Schaltkreis	– Motor läuft normal – Quickshifter (optional) funktioniert nicht
108-1➔ **BLZ 108** nicht bei DCT	Schaltkreis des Schaltwellen-Schalters, Spannung niedrig – Störung im Schaltwellen-Schalter oder im zugehörigen Schaltkreis	– Motor läuft normal – Quickshifter (optional) funktioniert nicht
113-1➔ **BLZ 113** nicht bei DCT	Schaltkreis des Kupplungs-Schalters, Spannung niedrig – Störung im Kupplungs-Schalter oder im zugehörigen Schaltkreis	– Motor läuft normal – Quickshifter (optional) funktioniert nicht

Sichtprüfung Messen

Einspritz-Schaltplan der Modelljahre 2016, 2017 mit Schaltgetriebe

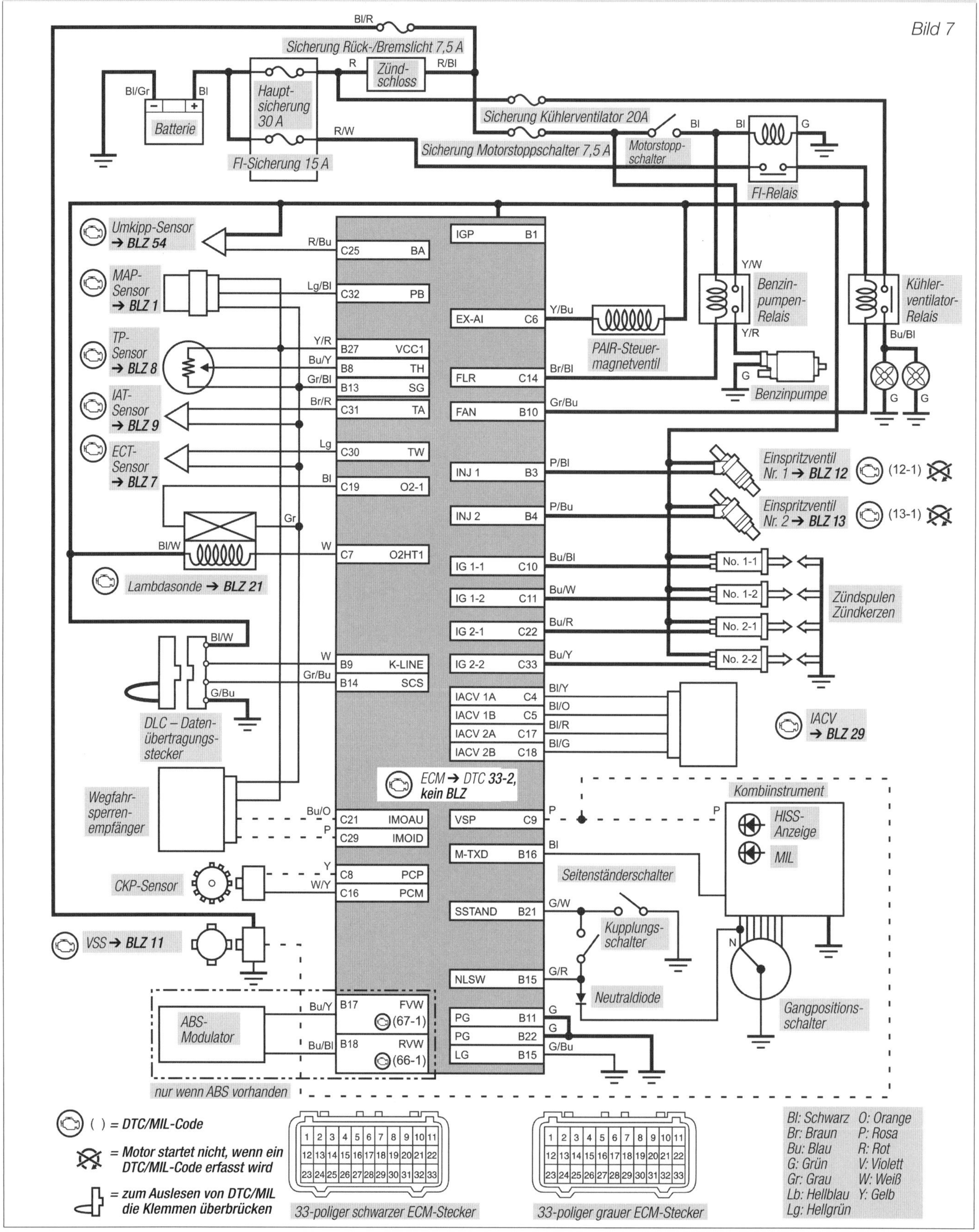

Einspritz-Schaltplan der Modelljahre 2016, 2017 mit Doppelkupplungsgetriebe

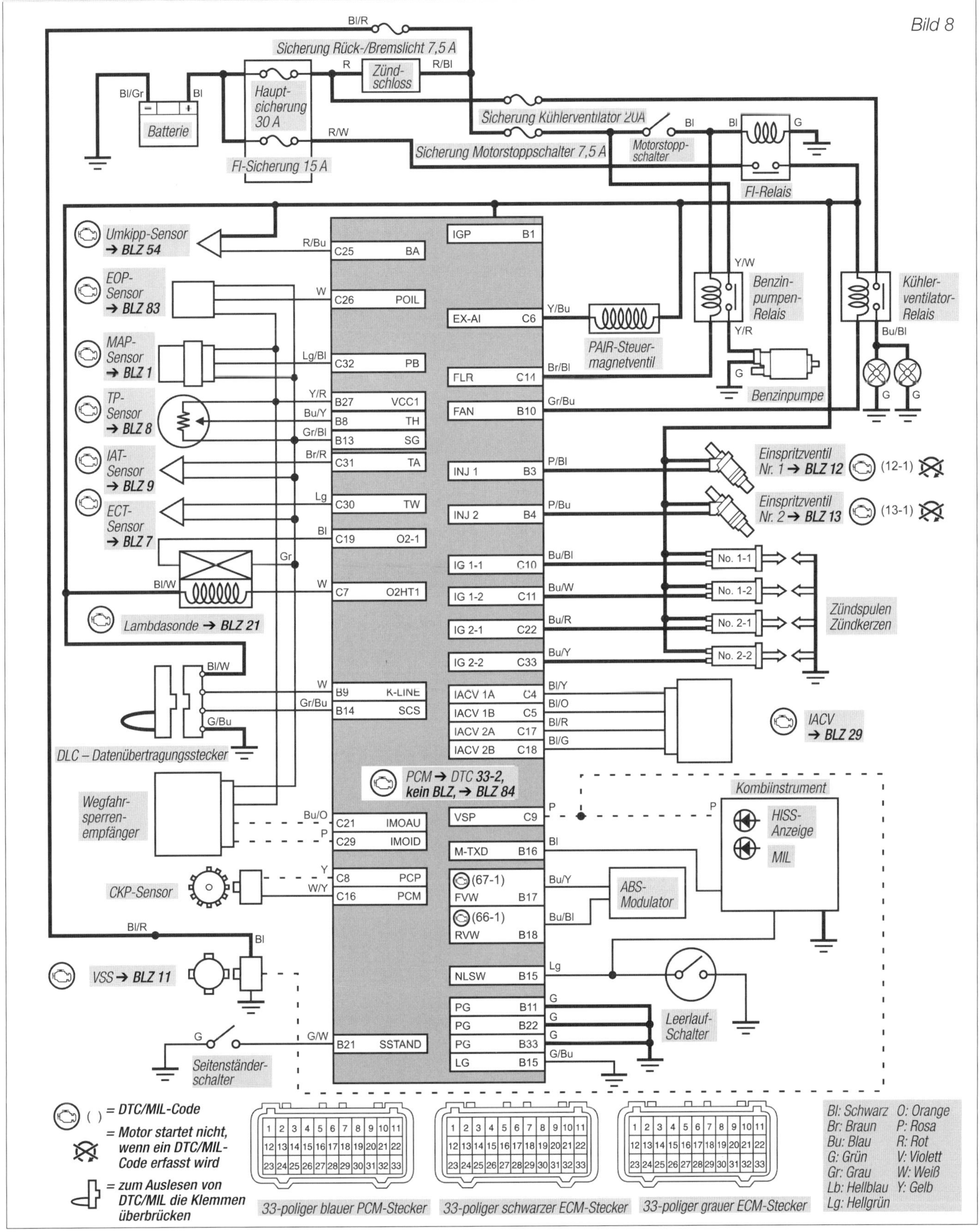

Sichtprüfung Messen

Einspritz-Schaltplan der Modelljahre 2018, 2019 mit Schaltgetriebe

Bild 9

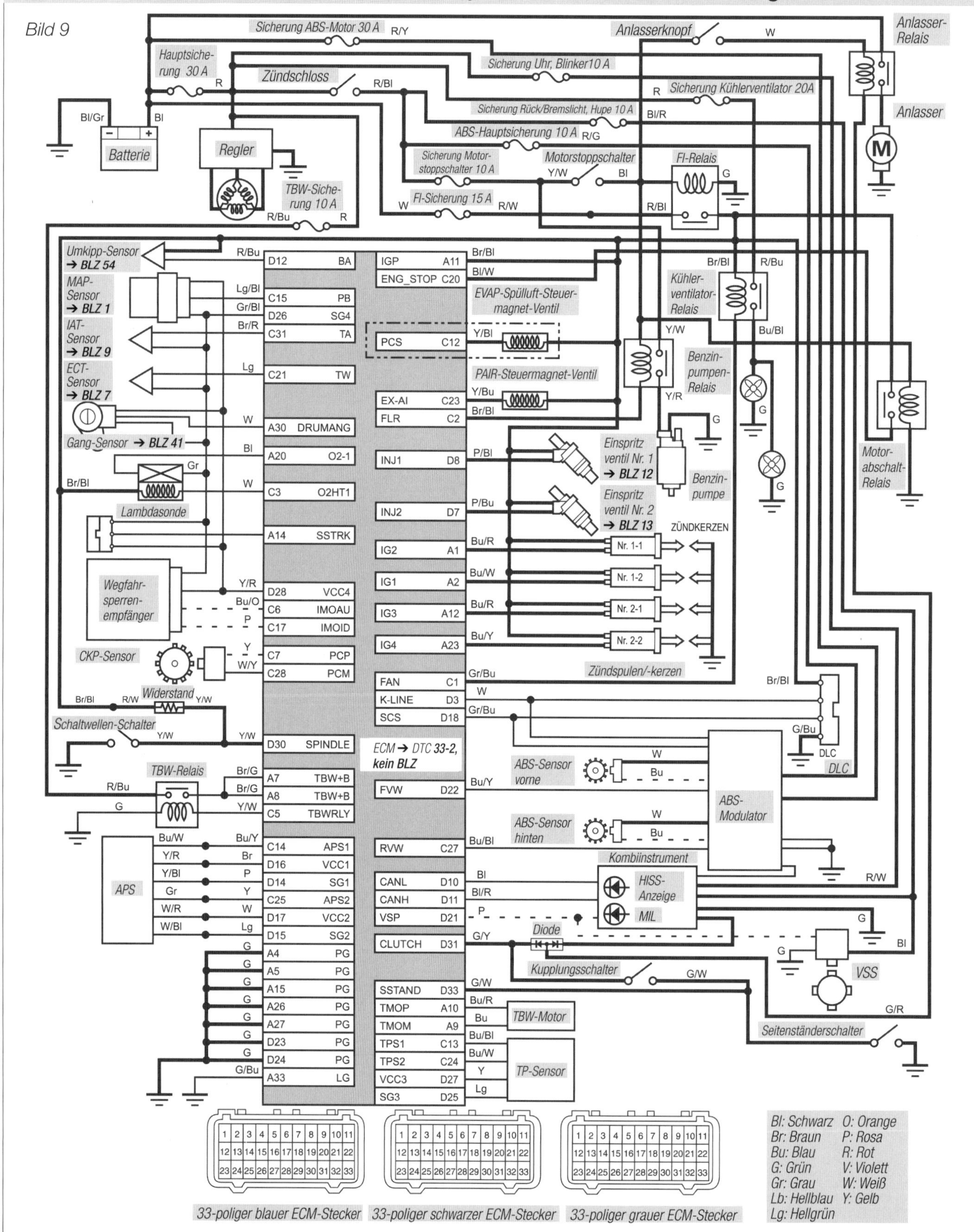

Einspritz-Schaltplan der Modelljahre 2018, 2019 mit Doppelkupplungsgetriebe

Bild 10

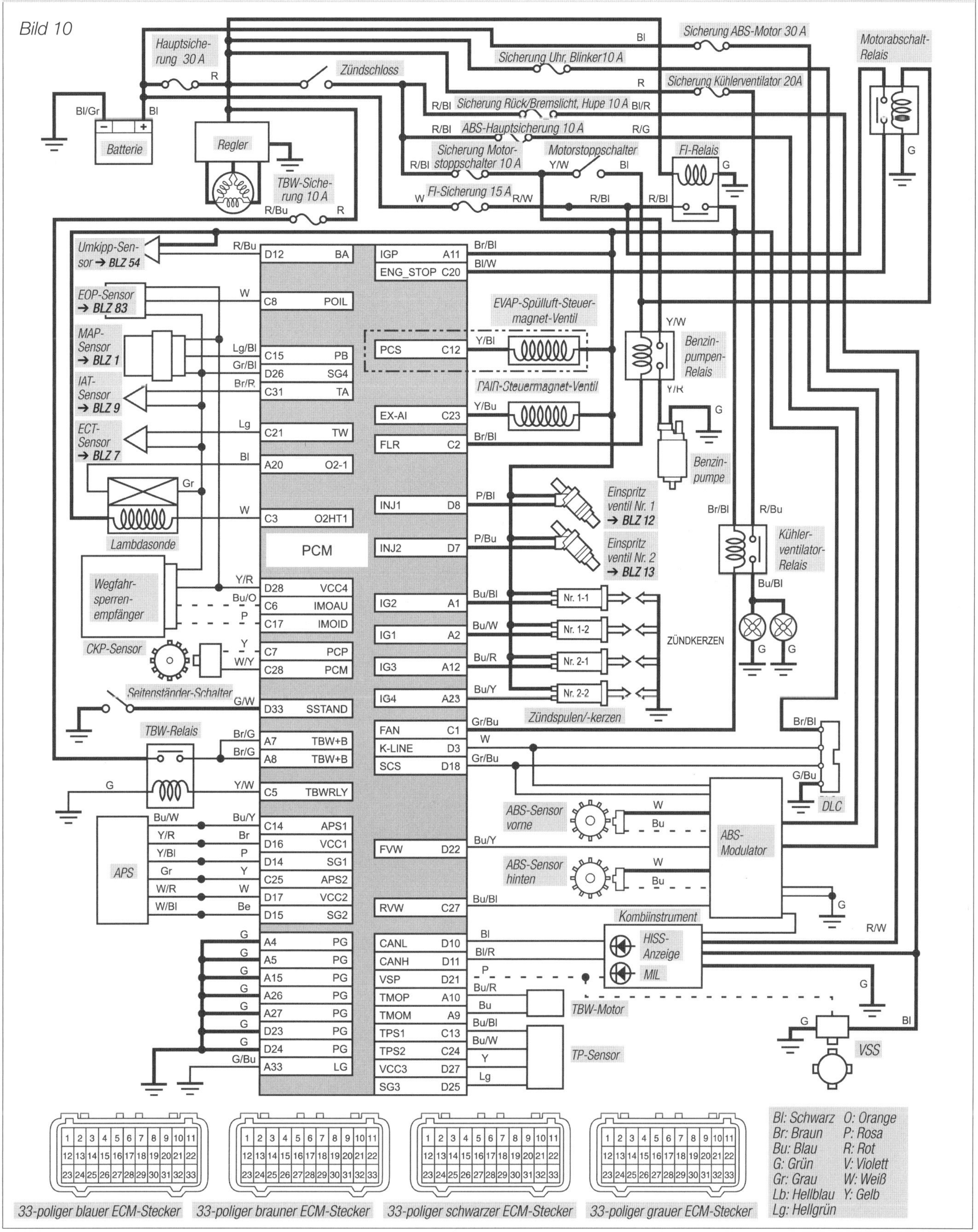

Korrespondenzkapitel:
- 3 »Spiegel · Verkleidung · Tank«
- 24 »Batterie«
- 26 »Sicherungen · Relais«
- 27 »Elektrische Bauteile«

Gasgriff · Gaszüge E-Gas

In diesem Kapitel: Gasgriff zerlegen und zusammenbauen · Neue Gaszüge einbauen · Leerweg am Gasgriff prüfen und einstellen · E-Gas · E-Gasgriff ab- und anbauen.

Gasgriff und Gaszüge

Der Gasgriff muss jederzeit leichtgängig sein: »Gas geben« muss mit wenig Handkraft gehen, bei »Gas zu« muss der Gasgriff von alleine in die »zu«-Stellung schnappen.

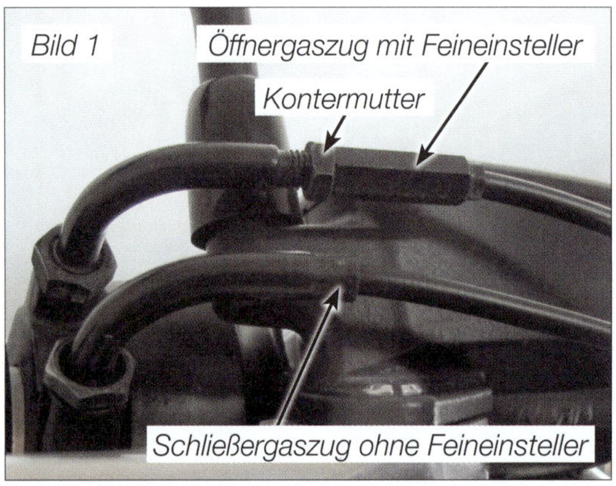

Bild 1: Zum Einstellen des Gaszugspiels muss der obere Gaszugeinsteller entsprechend ein- oder ausgedreht werden.

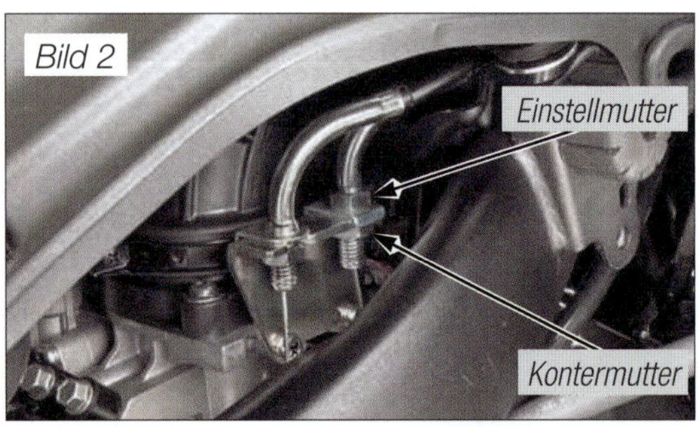

Bild 2: Einstellmutter für das Gaszugspiel am Drosselklappenkörper.

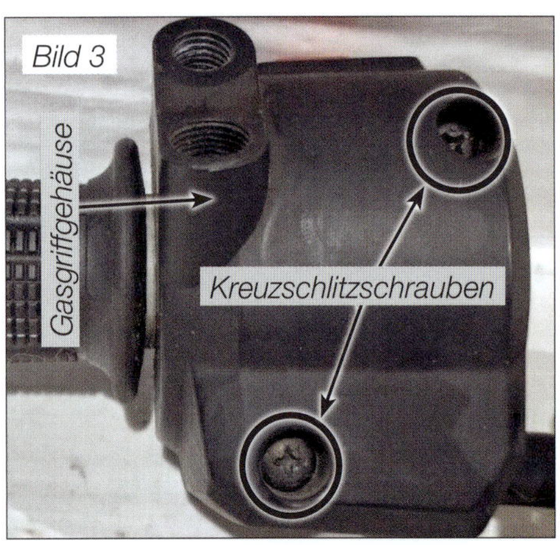

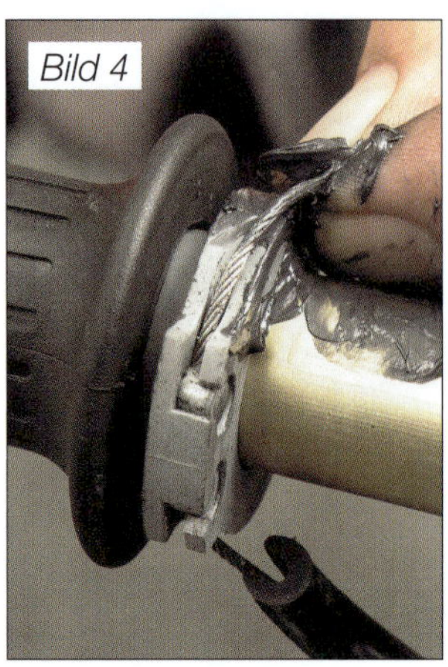

Bilder 3 und 4: Zum Einbau neuer Gaszüge muss der Gasgriff zerlegt werden.

Wenn der Gasgriff schwer geht, muss er abgebaut, gereinigt und geschmiert werden. Wenn man spürt, dass einer der Gaszüge »reibt« und sich der Gasgriff deswegen nur ungleichmäßig oder gar schon hart bewegen lässt, ist einer der beiden Gaszüge eben dabei kaputt zu gehen. Dann müssen umgehend zwei neue Gaszüge eingebaut werden. Dazu muss man den Gasgriff zerlegen; auch Tank und Luftfilterkasten müssen abgebaut werden.

Gasgriff zerlegen

1. Wenn neue Gaszüge verlegt werden sollen: Tank und Luftfilterkasten abbauen (siehe Kapitel 3 »Spiegel · Verkleidung · Tank« und Kapitel 20 »Luftfilter · Sekundärluftsystem«).
2. Rechts außen am Lenkerrohr vom Lenkergewicht die Schraube und das Außengewicht abbauen (siehe Kapitel 8 »Lenkung«).
3. Kontermutter des Einstellers oben am Öffnergaszug (Bild 1) und Kontermutter des Einstellers am Öffnergaszug unten am Widerlager des Drosselklappenkörpers (Bild 2) lösen. Einsteller ganz eindrehen, damit die Gaszüge maximales Spiel bekommen (= »sehr lose« sind).
4. Bild 3: Nun die beiden Kreuzschlitzschrauben, welche die Gasgriff-Gehäusehälften zusammenhalten, ausschrauben und die Gehäusehälften vorsichtig voneinander trennen.
5. Bild 4: Nippel der Gaszüge aushängen.
6. Gasgriff vom Lenkerrohr abziehen, reinigen.
Wichtig: Zur Reinigung des Gasgriffs keine aggressiven Lösungsmittel wie z. B. Bremsenreiniger verwenden, denn diese können die Verklebung des Gasgriffgummis lösen! Am besten Gasgriff und Lenkerrohr mit Ölspray und sauberen Lappen reinigen.
7. Wenn neue Gaszüge eingebaut werden, muss man nun die alten Gaszüge ausbauen: Kontermuttern der Gaszug-Führungsrohre lösen, Führungsrohre aus ihren Gewinden drehen, Gaszüge aus Gasgriff-Halbschale ausziehen.
■ Die alten Gaszüge noch nicht aus dem Rahmen ziehen!

Neue Gaszüge einbauen, Gasgriff zusammenbauen

1. Die Gaszug-Führungsrohre der neuen Gaszüge in die obere Gasgriff-Halbschale eindrehen.
■ Die Kontermuttern noch nicht festziehen.
2. Neue Gaszüge neben den alten verlegen.
3. Alte Gaszüge unten am Drosselklappengehäuse aushängen, neue Gaszüge einhängen.
■ Etwas hochwertiges Fett in die Bohrungen von Nippel und Nut in der Gaszugrolle geben.

3.1. Muttern am Gaszug-Widerlager kontern.
4. Gasgriff schmieren: Hochwertiges, leichtes Fett dünn auf Lenkerrohr und im Gasgriff auftragen. Gasgriff auf Lenker schieben.
5. Bild 4: Gaszugnippel in Bohrungen im Gasgriff einhängen, Gasgriffschalen zusammensetzen. Schrauben eindrehen und mit 2,5 Nm anziehen.
5.1. Alte Gaszüge ausziehen.
6. Kontermuttern an den Gaszug-Führungsrohren handfest anziehen. Gaszugspiel einstellen siehe nachstehenden Textabschnitt »Leerweg am Gasgriff« in diesem Kapitel.
7. Rechts außen am Lenkerrohr an das Lenkergewicht Schraube und Außengewicht anbauen (siehe Kapitel 8 »Lenkung«). Schraube mit 55 Nm festziehen.

Leerweg am Gasgriff

Bild 5: Der Leerweg am Gasgriff muss 2 bis 6 mm betragen und wird am Umfang des Gasgriffgummis zum Gasgriffgehäuse gemessen. Die richtige Einstellung des Leerwegs ist wichtig für die Gasdosierung und bestimmt entscheidend das Gefühl beim Gas geben. Bei einem gut gepflegten Motorrad verändert sich das Spiel in den Gaszügen (bzw. der Leerweg am Gasgriff) kaum.

Gasgriff und Gaszüge prüfen

Vor einer Einstellung des Leerwegs am Gaszug bei ausgeschaltetem Motor (!) den Gasgriff einige Male auf Vollgas drehen und loslassen, der Gasgriff muss von alleine in die Nullstellung zurückschnappen. So wird geprüft, ob Gasgriff, Öffner- und Schließergaszug leichtgängig sind. Dann den Motor starten und im Leerlauf laufen lassen. Lenkung einige Male ganz nach links und rechts einschlagen und dabei prüfen, ob der Leerlauf gleich bleibt.

1. »JA«: Verlegung der Züge ist in Ordnung, Gasgriff ist leichtgängig.
2. »NEIN«: Gaszüge überprüfen, sie dürfen sich nicht an einem anderen Bauteil spannen und dürfen auch nirgends geknickt sein.
3. Leichtgängigkeit des Gasgriffs überprüfen; wenn er schwer geht, muss er zerlegt, gereinigt und geschmiert werden.
4. Wenn sich beim vollen Lenkeinschlag die Leerlaufdrehzahl verändert, ist wahrscheinlich das Leerspiel im Öffnergaszug zu gering und muss überprüft und ggf. vergrößert werden.
5. Es kann auch sein, dass eine der beiden Gaszughüllen geknickt oder der innere Zug aufgespleißt ist und »hakt«, also nicht mehr leicht genug läuft. Dann muss der Gaszug erneuert werden (siehe Text weiter vorne).
6. Beachten: Zwischen vibrationshemmendem Gewicht im rechten Lenkerende und Rand des Gasgriffgummis muss ein Spalt von mindestens 2 mm vorhanden sein (Bild 6), sonst reibt das Gasgriffgummi am Gewicht und der Gasgriff lässt sich nur schwer bewegen.

Leerweg am Gasgriff einstellen

1. Wenn eine Gummitülle über dem oberen Gaszugeinsteller angebaut ist, diese abziehen: Wenn sie auf dem Zug verklebt ist, etwas Kriechöl einsprühen, das löst die Verklebung.
2. Bild 1: Kontermutter vom Einsteller lösen, Einsteller mit einem 10er-Schlüssel gegenhalten.
3. Einsteller entsprechend aus- oder eindrehen, bis das Spiel 2 bis 6 mm beträgt.
4. Kontermutter gegen den Einsteller handfest anziehen, Einsteller dabei gegenhalten.
5. Jetzt noch einmal prüfen, ob sich der Gasgriff leicht öffnet und selbstständig schließt. Den Motor laufen lassen und erneut prüfen, ob bei vollem Lenkeinschlag das Standgas gleich bleibt.
6. Gummitülle über Gaszugeinsteller schieben.

Beim Einstellen beachten: Wenn sich das Gaszugspiel am oberen Einsteller nicht mehr einstellen lässt, dieser also entweder zu weit aus- oder eingedreht werden muss, dann muss

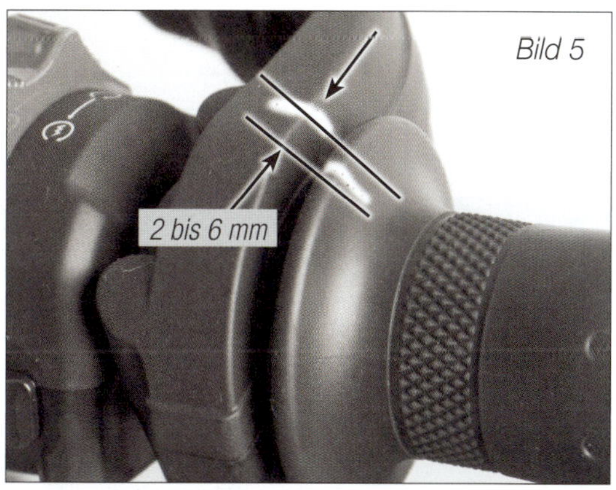

Bild 5: Der Leerweg am Gasgriff muss zwischen 2 und 6 mm betragen, gemessen vom Rand des Gasgriffgummis zum Gasgriffgehäuse.

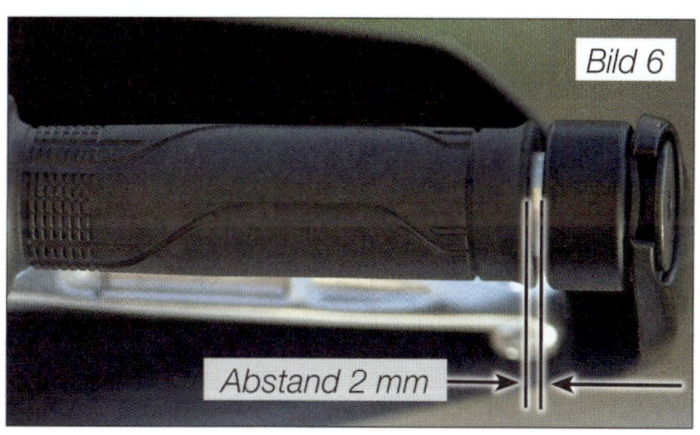

Bild 6: Zwischen Gasgriffgummi und Lenkergewicht muss ein Spalt von mindestens 2 mm vorhanden sein.

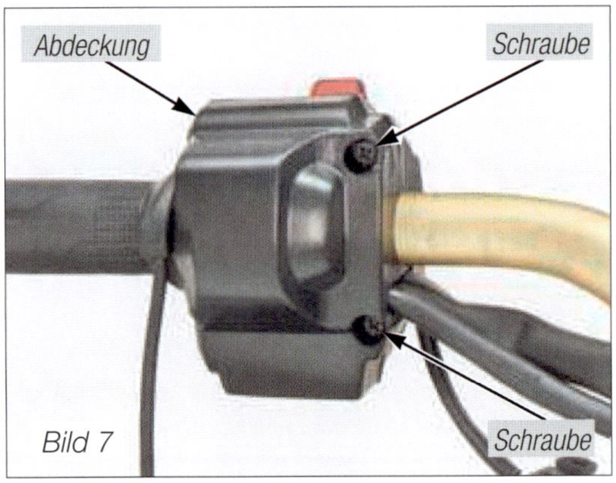

Bild 7: Nach dem Abbau des Hauptbremszylinders sind die Schrauben des rechten Schaltergehäuses erreichbar und können ausgeschraubt werden.

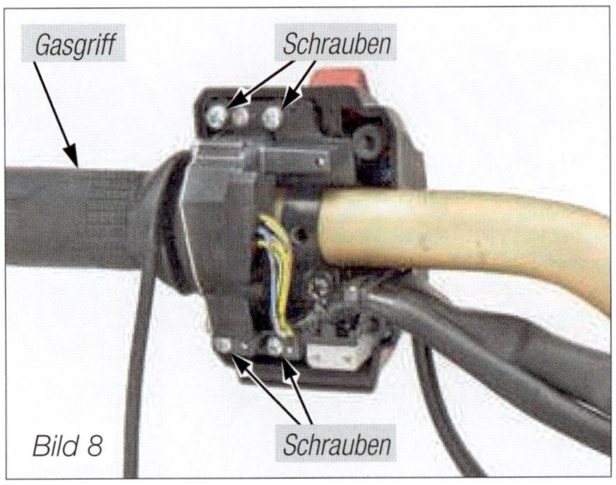

Bild 8: Zum Abbau des Schaltergehäuses müssen oben und unten je zwei Schrauben ausgeschraubt werden.

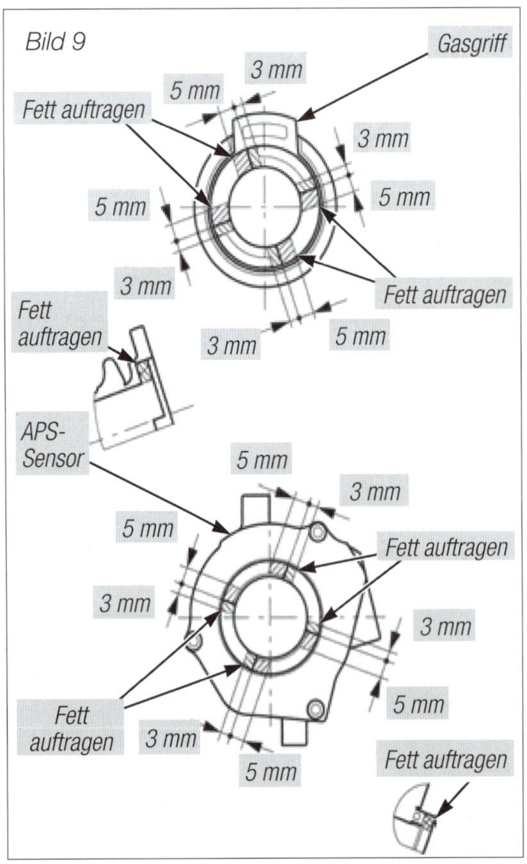

Bild 9: Wenn sich der Gasgriff schwer bewegen lässt, muss der Gasgriff abgebaut, gereinigt und an diesen Stellen Fett aufgetragen werden.

eine Einstellung am Drosselklappenkörper erfolgen (Bild 2). Erfahrungsgemäß ist eine Einstellung unten nicht nötig, wenn serienmäßige Gaszüge eingebaut sind.

Gaszüge am unteren Einsteller

1. Bild 2: Kontermutter lösen.

1.1. Einsteller so verdrehen, dass das Gaszugspiel ungefähr stimmt.

1.2. Kontermutter gegen den Halter des Gaszugs handfest anziehen, den Einsteller dabei gegenhalten.

2. Motor starten und im Leerlauf laufen lassen. Lenkung einige Male ganz nach links und rechts einschlagen und dabei prüfen, ob der Leerlauf gleich bleibt. Falls »ja«, ist alles in Ordnung.

2.1. Wenn sich der Leerlauf verändert, muss die Verlegung der Gaszüge überprüft und ggf. korrigiert werden: Sie dürfen an keinem anderen Bauteil spannen oder sich knicken.

Wichtig: Der Gasgriff muss leichtgängig sein, er muss von selbst in seine Nulllage (»Gas zu«) zurückgehen. Bewegt sich der Gasgriff dagegen schwer, lassen sich Gaszugspiel und Leerlaufdrehzahl nicht mehr korrekt einstellen.

3. Bild 1: Am oberen Feineinsteller eine eventuell notwendige Feineinstellung vornehmen.

E-Gas

Africa Twin ab Modelljahr 2018 und alle Africa Twin Adventure Sports haben keine Gaszüge mehr vom Gasgriff am Lenker zu den Drosselklappen. »Gas geben« erfolgt über einen Sensor, der im Gasgriff installiert ist (er heißt »APS-Sensor« = Accelerator Position Sensor = Gasgriffstellungs-Sensor). Dieser gibt die Stellung des Gasgriffs (und somit den Wunsch des Fahrers nach mehr oder weniger Gas) an das Motorsteuergerät weiter. Von dort aus wird der elektrische Stellmotor an der Drosselklappe aktiviert, der die gewünschte Stellung in Abhängigkeit vom gewählten Fahrmodus herstellt – übrigens ohne Zeitverlust und damit in »Echtzeit«. Dieses Gasgriffsystem nennt sich »Elektronischer Gasgriff«, »E-Gas« oder auch »Drive-by-wire«.

Vorteile des E-Gas

Honda sieht in dem System eine Reihe von Vorteilen: Neben einer Verbesserung der Fahrbarkeit wird auch die Laufkultur im leerlaufnahen Bereich optimiert, weil die Motorsteuerung einen unrunden Motorlauf erkennt und diesen durch eine selektive Drosselklappenansteuerung ohne Zeitverzögerung ausgleicht. Die nötige Handkraft wurde geringer, das bringt eine deutliche Erleichterung für den Fahrer. Und, nicht zu vergessen, durch den Wegfall der Gaszüge entfallen auch mögliche Verschleißteile.

Zu betonen ist noch, dass Arbeiten am Gasgriff auf ein Minimum reduziert wurden. An- und Abbau des Gasgriffs zum Schmieren (wenn er schwer geht) oder ein Wechsel des Gasgriffs (zum Beispiel nach einem Sturz) können leicht selbst ausgeführt werden.

E-Gasgriff ab- und anbauen

Wenn der Gasgriff schwer geht, muss er abgebaut und geschmiert werden.

E-Gasgriff abbauen

1. Rechten Handschutz (siehe Kapitel 8 »Lenkung«) und rechten Rückspiegel (siehe Kapitel 3 »Spiegel · Verkleidung · Tank«) abbauen.

2. Um an die Stecker des APS-Sensors (Gasgriffstellungs-Sensor, grauer Stecker) und der rechten Schaltereinheit (schwarzer Stecker) zu kommen, muss der rechte Kühler nach außen gezogen werden. Dazu den Kühler freilegen und oben aushängen.

2.1. Stecker des APS-Sensors und der rechten Schaltereinheit trennen.

2.2. Kabel des APS-Sensors und der rechten Schaltereinheit aus Kabelclips und Kabelhaltern lösen.

3. Stecker des Bremslichtschalters trennen.

3.1. Vorderen Hauptbremszylinder abbauen und nach vorne ablegen. Dabei darauf achten, dass er senkrecht steht, damit keine Luft in das Bremssystem kommt.

4. Bild 7: Jetzt sind die Befestigungsschrauben der Abdeckung des rechten Schaltergehäuses freigelegt und können ausgeschraubt werden.

4.1. Abdeckung abnehmen.

5. Bild 8: Je zwei Schrauben oben und unten im Schaltergehäuse ausschrauben, Schaltergehäuse nach hinten weghängen.

6. Gasgriff vom Lenker abziehen.

E-Gasgriff schmieren

Hochwertiges, leichtes Fett dünn auf die in Bild 9 gezeigten Flächen am Gasgriff und am APS-Sensor auftragen. Auch auf das Lenkerrohr etwas Fett auftragen. Wie gesagt »dünn« auftragen, nicht zuviel Fett ziellos hinschmieren!

E-Gasgriff anbauen

Anbau in umgekehrter Reihenfolge, dabei besonders beachten:

- Die Laschen am Gasgriff müssen in die Nuten am APS-Sensor eingreifen.
- Schrauben der Abdeckung des rechten Schaltergehäuses mit 3 Nm festziehen.
- Befestigungsschrauben des vorderen Hauptbremszylinders mit 10 Nm festziehen.

Bilder 10 und 11: Kabel-, Schlauch- und Gaszugverlegung

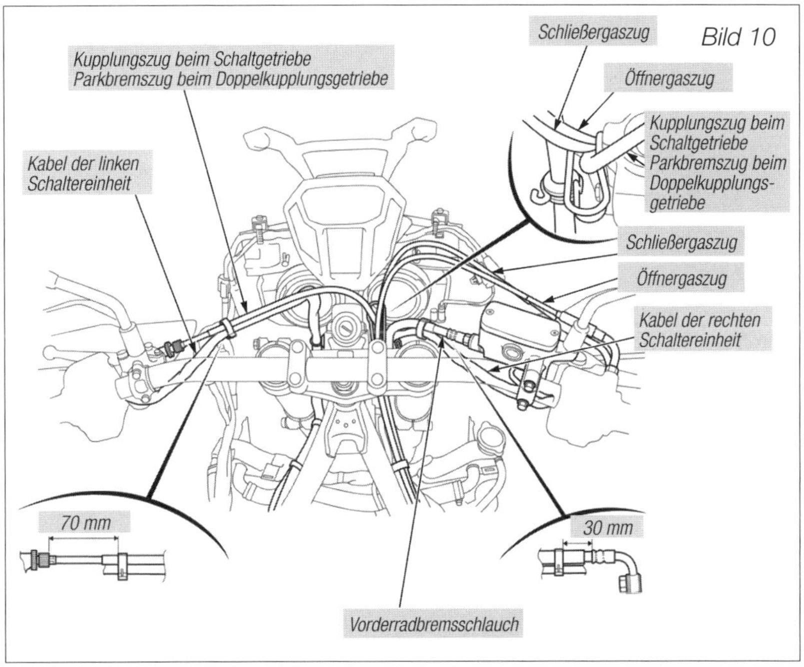

Bild 10

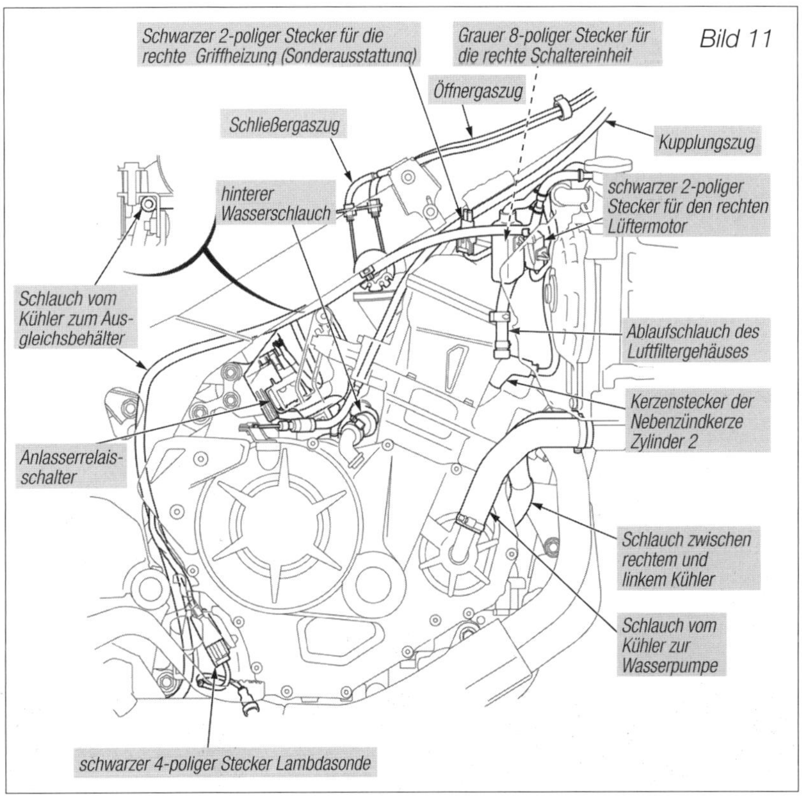

Bild 11

Luftfilter · Sekundärluftsystem

In diesem Kapitel: Luftfilter aus- und einbauen, reinigen · Luftfilterkasten aus-/einbauen · Sekundärluftsystem · Membranventile und Unterdruck-Schaltventil überprüfen.

Luftfilter

Die Africa Twin hat links und rechts je einen Luftfilter im Luftfilterkasten, der Aus- und Einbau ist für beide Seiten gleich. Die Luftfilter müssen laut Honda-Vorschrift alle 24 000 km erneuert werden. Weil feiner Schmutz im ölgetränkten Filterpapier gebunden wird, »verstopft« das Filterelement mit der Zeit und muss erneuert werden. Nach langen Fahrten durch Nässe oder sehr staubige Gebiete muss danach der Filter gereinigt werden. Honda-Spezialisten empfehlen bei Normalbetrieb den Luftfilter bei den Inspektionen alle 12 000 km oder einmal im Jahr auf Beschädigungen zu kontrollieren und dabei den groben Schmutz abzuklopfen oder abzusaugen.

Luftfilter ausbauen

1. Frontverkleidung und alle dafür notwendigen Teile abbauen (siehe Kapitel 3 »Spiegel · Verkleidung · Tank«).
2. Bild 1: Schrauben im Luftfilterdeckel lösen und ausdrehen.
3. Bild 2: Luftfilterdeckel nach vorne schieben und so den Zapfen am Luftkanal aus der Lasche aushängen.
4. Bild 2: Schrauben vom Luftfilterelement lösen, ausdrehen, Luftfilterelement aus dem Luftfilterkasten herausnehmen.

Luftfilter reinigen

1. Luftfilterelement mit der Kante vorsichtig auf eine Holzunterlage abklopfen, damit der grobe Schmutz vom Filterpapier abfällt.
2. Filterpapier auffächern, Schmutz mit weicher Druckluft abblasen und das Filterpapier von außen durchblasen.
■ Man kann den Schmutz auch mit einem auf »schwache Saugleistung« eingestellten Staubsauger vorsichtig absaugen.
3. Luftfilterkasten mit einem mit Motorradreiniger getränkten Lappen ausreiben, trocken putzen.

Luftfilter einbauen

1. Bild 2: Luftfilterelement einsetzen. Schrauben eindrehen und mit 1 Nm (»leicht handfest«) festziehen.
2. Bilder 2 und 3: Luftfilterdeckel in Anbauposition bringen. Luftfilterdeckel nach hinten schieben. Dabei gleichzeitig den Zapfen am Luftkanal in die Lasche einhängen (Bild 2) und die Zapfen hinten am Luftfilterdeckel in die Laschen am Luftfilterkasten (Bild 3).
3. Bild 1: Deckelschrauben eindrehen und mit 1 Nm (»leicht handfest«) festziehen.
4. Frontverkleidung anbauen wie in Kapitel 3 »Spiegel · Verkleidung · Tank« beschrieben.

Luftfilterkasten

Der Luftfilterkasten muss ausgebaut werden, wenn man an die Zündkerzen kommen oder die Ventile einstellen möchte.
1. Beide Luftfilterdeckel abbauen wie im vorhergehenden Absatz beschrieben.
2. Bild 4: Auf der linken Seite den schwarzen Stecker des Nebenkabelbaums 1 und den grauen Stecker des Nebenkabelbaums 2 ausstecken.
3. Bild 5: An den beiden Ablaufschläuchen links und rechts des Luftfilterkastens die Kabelbinder aufzwicken und die Halter öffnen.
4. Teile 1 in Bild 6: Die Schrauben in den Schlauchschellen zum Drosselklappengehäuse drei bis vier Umdrehungen ausschrauben.

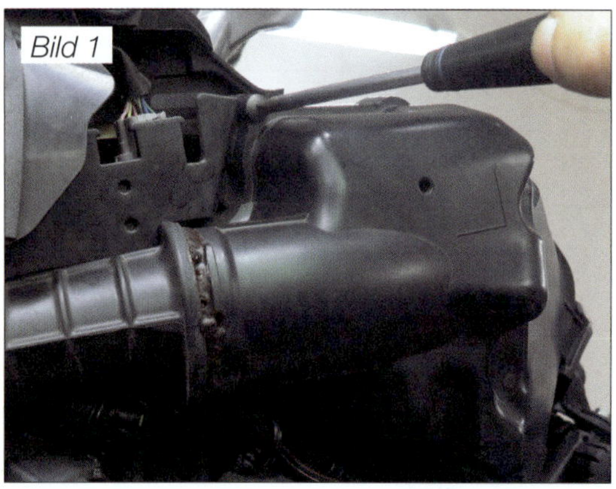

Bild 1: Abbau des Luftfilterdeckels.

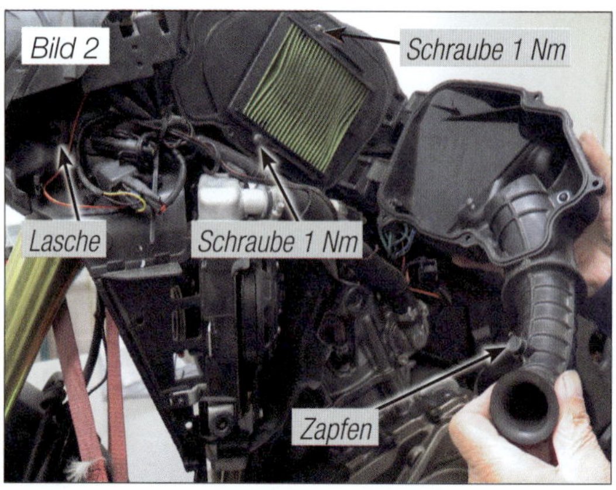

Bild 2: Aushängen des Luftkanals, Abnehmen des Luftfilterdeckels und Ausbau des Luftfilters.

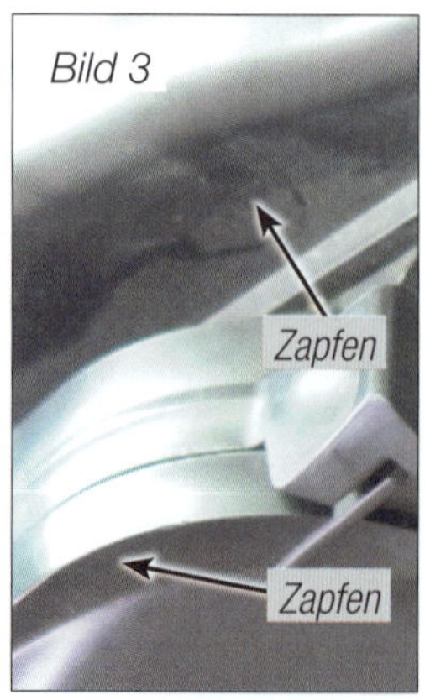

Bild 3: Zu beachtende Details während der Montage.

5. Teile 2 in Bild 6: Die hinteren Befestigungsschrauben des Luftfilterkastens ausschrauben. Teil 5 in Bild 6: Zusammen mit den Bundbuchsen abnehmen.
6. Teile 3 in Bild 6: Die vordere Befestigungsschraube des Luftfilterkastens ausschrauben und zusammen mit der Scheibe abnehmen.
7. Den Luftfilterkasten vorsichtig ein Stück nach oben ziehen und die zwei Ablaufschläuche (Bild 5), den Kurbelgehäuse-Entlüftungsschlauch (Teil 7 in Bild 6) und den Luftansaugschlauch des Sekundärluftsystems (Teil 8 in Bild 6) vom Luftfilterkasten abziehen.
8. Teil 9 in Bild 6: Den zweipoligen blauen Stecker des Ansauglufttemperatur-Sensors trennen.
9. Jetzt kann der Luftfilterkasten abgenommen werden. Teile 4 in Bild 6: Dabei darauf achten, dass die Bundbuchsen in ihren Aufnahmen sitzen bleiben.

Anbau in umgekehrter Reihenfolge. Teile 1 in Bild 6: Dabei die Schrauben in den Schlauchschellen zum Drosselklappengehäuse mit 1,5 Nm festziehen. Darauf achten, dass der Abstand »a« 12 mm beträgt (Bild 7).

Sekundärluftsystem

Das Sekundärluftsystem bewirkt durch Zufuhr von Frischluft (»gefilterte Ansaugluft«) in den Auslasstrakt eine Nachverbrennung der Abgase, bei der eine beträchtliche Menge unverbrannter Kohlenwasserstoffe und Kohlenmonoxyd in (relativ harmloses) Kohlendioxyd und Wasser umgewandelt wird.

Ein so genanntes Unterdruck-Schaltventil (Honda nennt es »PAIR-Steuermagnetventil«) öffnet oder verschließt den Luftweg. Gesteuert wird dieses von einem Magnetventil, welches seinerseits von dem für die programmierte Kraftstoffeinspritzung zuständigen PGM-FI-Steuergerät entspechend angesteuert und kontrolliert wird. Im Zylinderkopfdeckel sind Membranventile eingebaut, die das Eindringen von Auspuffgasen in die Frischluftleitung verhindern (Bilder 11, 12 13).

Am Sekundärluftsystem gibt es nichts einzustellen, Störungen sind kaum zu befürchten. Laut Honda sollen alle 24 000 km der Schlauch zwischen Luftfilterkasten und Unterdruck-Schaltventil (Nr. 3 in Bild 9) und der Schlauch zwischen Unterdruck-Schaltventil und den Abdeckung der Membranventile (Nr. 4 in Bild 9) inspiziert werden. Sie dürfen nicht porös und nicht abgeknickt sein und müssen fest auf ihren Anschlüssen sitzen. Dazu muss der Luftfilterkasten abgebaut werden (siehe weiter vorne in diesem Kapitel):

Patscht der Motor? Wenn der Motor im Schiebebetrieb (= so nennt man eine Fahrt bei geschlossenem Gasgriff) aus dem Auspuff patscht,

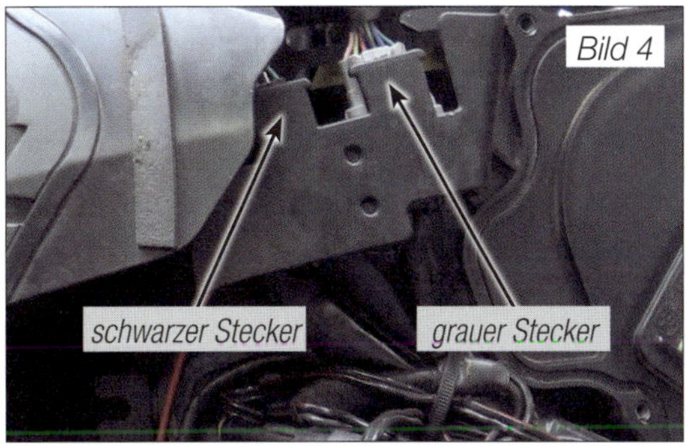

Bild 4: Vor dem Ausbau des Luftfilterkastens diese beiden Stecker ausstecken ...

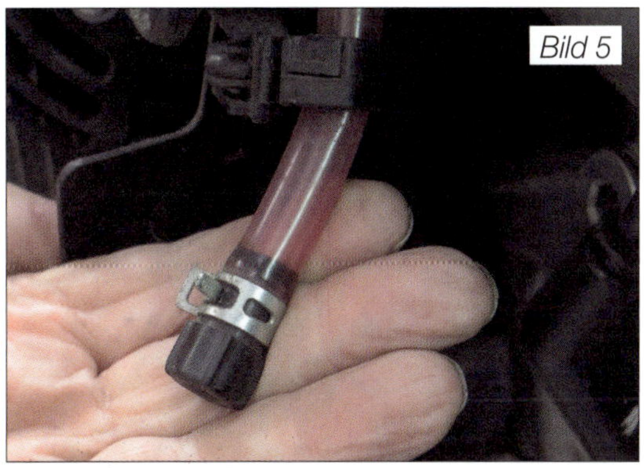

Bild 5: ... und an den Ablaufschläuchen die Kabelbinder aufzwicken und die Halter öffnen.

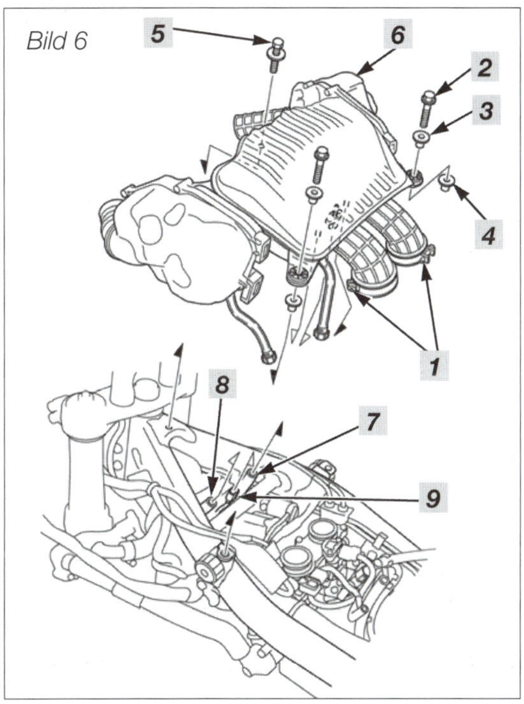

Bild 6: Explosionszeichnung des Luftfilterkastens mit Ein- und Anbauteilen.

Bild 7: Anbauvorschrift der Schlauchschelle zum Drosselklappengehäuse.

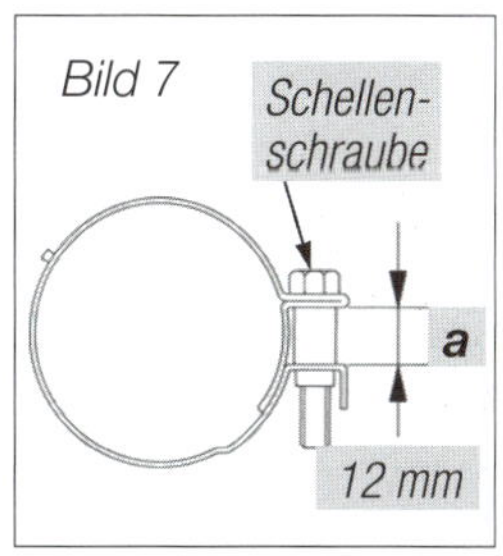

Bauteile im Bild 6
Teil 1 = Schellenschrauben
Teil 2 = Schrauben M6x28
Teil 3 = Bundbuchsen
Teil 4 = Bundbuchsen
Teil 5 = Schraube M6x28
Teil 6 = Luftfilterkasten
Teil 7 = Entlüftungsschlauch des Kurbelgehäuses
Teil 8 = Luftansaugschlauch des Sekundärluftsystems
Teil 9 = Stecker des Ansauglufttemperatur-Sensors

Bilder 8 bis 14: Siehe Lauftext.

Bild 8

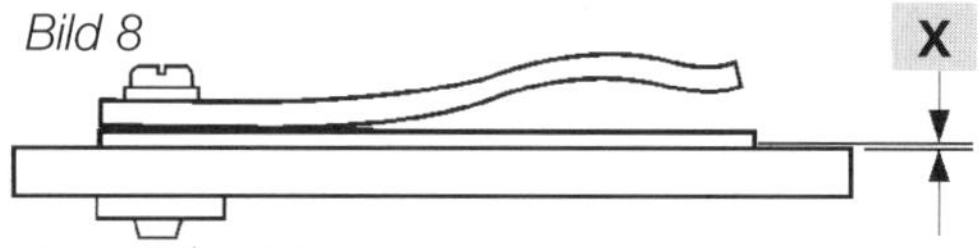

X = *Verzug der Ventilzunge maximal 0,4 mm*

Bild 9

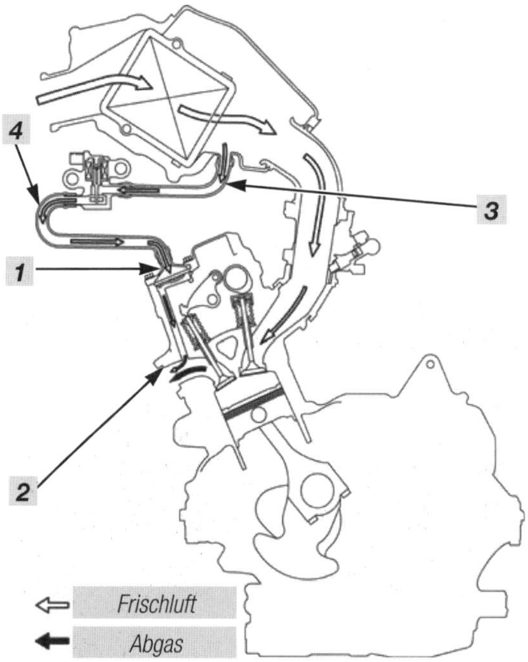

Bauteile im Bild 9

1 = Abdeckung der Membranventile
2 = Auslasskanal
3 = Luftansaugschlauch zwischen Luftfilterkasten und Unterdruck-Schaltventil
4 = Luftzufuhrschlauch zwischen Unterdruck-Schaltventil und Abdeckung der Membranventile

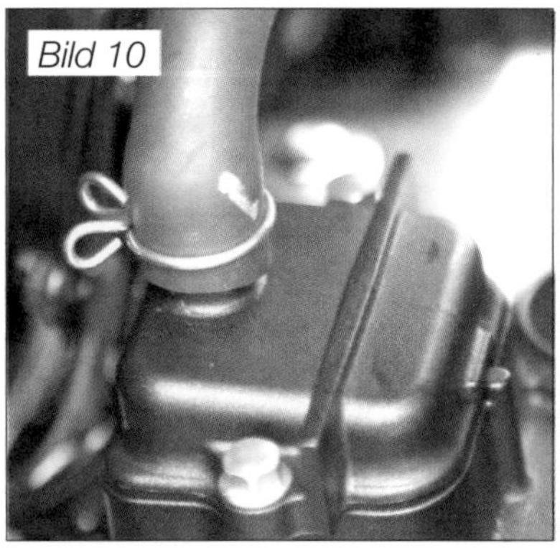

Bild 10

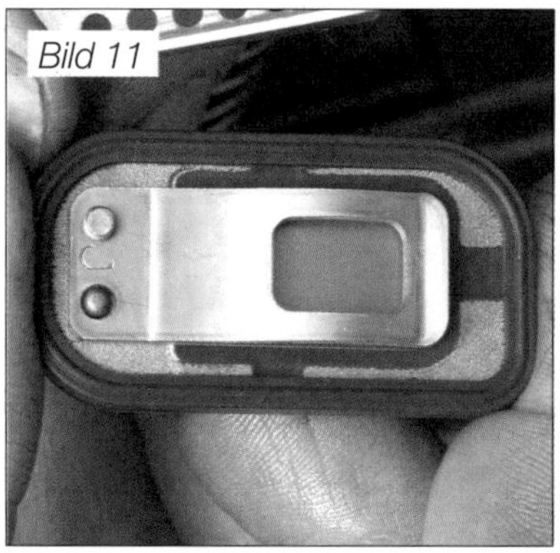

Bild 11

Bild 12

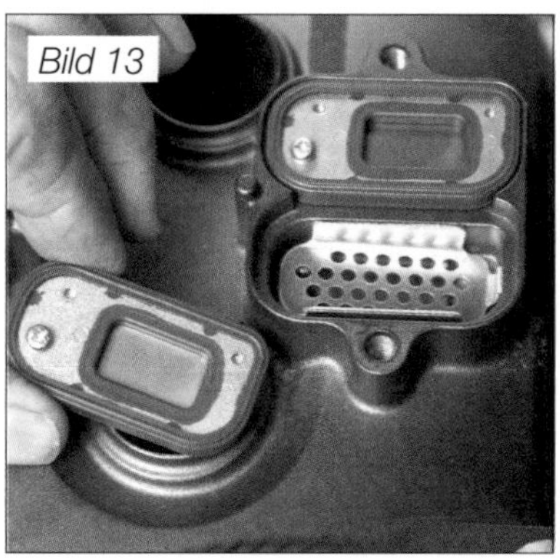

Bild 13

können folgende Bauteile im Sekundärluftsystem defekt sein: Anschlüsse der Schläuche, Schläuche porös, Membranventil(e) oder auch das Unterdruck-Schaltventil.

Membranventile

Bilder 10 bis 13: Oben im Zylinderkopfdeckel (»Ventildeckel«) sind Membranventile eingebaut.

Wenn der Ventildeckel zur Kontrolle des Ventilspiels abgenommen ist, sollte man diese Membranventile auf Risse, Verbiegungen und Ölkohlerückstände überprüfen.

■ Wenn Rückstände zu sehen sind, diese mit Bremsenreiniger und Lappen vorsichtig reinigen.

■ Bild 8: Ventilzungen nicht verbiegen, sie müssen dicht anliegen. Maximaler Verzug 0,4 mm.

■ Falls die Ventilzungen verbogen sind, muss ein neues Membranventil eingebaut werden.

■ Schrauben der Abdeckung mit 12 Nm festziehen.

Unterdruck-Schaltventil prüfen

Der Durchfluss der vom Luftfilterkasten zu den Auslasskanälen strömenden Luft wird durch das elektrisch angesteuerte Unterdruck-Schaltventil geregelt. Es wird folgendermaßen geprüft:

1. Unterdruck-Schaltventil ausbauen.

2. Bild 14: Luft in den Lufteinlass ***A*** blasen. Es muss Luft am Luftauslass ***B*** ausströmen.

3. 12 Volt-Batterie an die Klemmen in der Steckdose anschließen, das Ventil muss hörbar schließen.

3.1. Bild 14: Luft in den Lufteinlass ***A*** blasen, es darf keine Luft am Luftauslass ***B*** ausströmen.

■ Wenn defekt, Schaltventil erneuern.

Und hier noch ein Tipp aus der Praxis:

Weil man ja mit Lungenkraft das Unterdruck-Schaltventil auf Durchgang und Dichtheit prüft, sollte man vor der Blasaktion einen Schlauch aufstecken, damit bläst es sich etwas leichter.

Bild 14

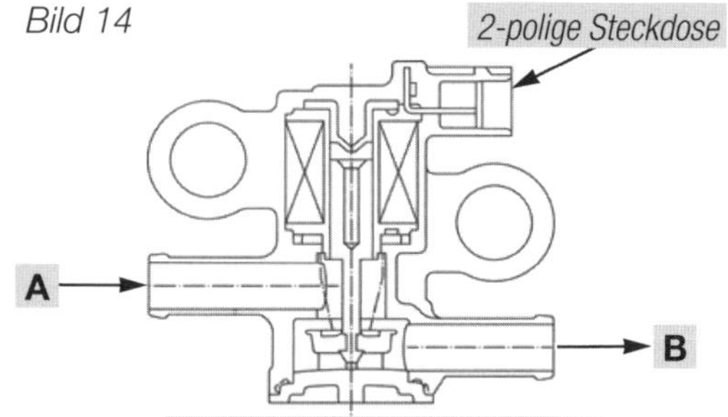

A = *Luft vom Luftfilterkasten her*
B = *Luft zu den Auslasskanälen*

Auspuffanlage

In diesem Kapitel: Dichtungen prüfen · Auspufftopf ab- und anbauen · Krümmer ab- und anbauen · Zubehör-Auspuffanlagen.

Dichtungen

In der Auspuffanlage sind drei Dichtungen verbaut und zwar zwei Kupferdichtringe (Bilder 1 und 10) zwischen Auspuffkrümmer und Zylinderkopf und eine rohrförmige Paketdichtung (Bilder 2 und 8) in der Klemmstelle des Auspufftopfs zum Auspuffrohr hin. Diese Dichtungen müssen wirklich abdichten, sonst blasen Abgase unkontrolliert ins Freie ab bzw. zieht die Auspuffanlage Falschluft an.

Dichtungen prüfen

Achtung heiß: Motor laufen lassen, Hand zwei Zentimeter vor die jeweilige Dichtung halten. Ist eine Dichtung defekt, spürt man die durchblasenden Abgase an der Hand.

Sichtprüfung: Undichte Auspuffdichtungen erkennt man auch an der Schwarzfärbung entsprechender Stellen.

Wichtig: Defekte und deswegen durchblasende Dichtungen kann man nicht durch ein stärkeres Anziehen der Muttern auf den Stehbolzen (Bild 10) oder der Schrauben in der Klemmschelle (Bild 8) beheben, dadurch werden die Bauteile dauerhaft verzogen. Wenn eine Dichtung defekt ist, muss sie ersetzt werden.

Auspufftopf ab- und anbauen

Abbau

1. Schrauben und Muttern am Auspuff sind meistens schmutzig und oft korrodiert. Deswegen vor dem Lösen mit einer Drahtbürste den gröbsten Dreck abputzen, mit Rostlöser einsprühen und einige Minuten wirken lassen.

2. Bild 8: Schraube der Auspuffabdeckung auschrauben, mit Hülse abnehmen. Auspuffabdeckung nach vorne von den Haken der Auspuffrohrabdeckung ziehen.

2.1. Die drei Kegelkopfschrauben ausschrauben, Auspuffrohrabdeckung abnehmen.

3. Bild 8: Schrauben in der Klemmschelle der Verbindung von Auspufftopf zu Auspuffrohr lösen.

3.1. Bild 8: Auspuff-Halteschraube lösen und ausschrauben.

4. Auspufftopf abbauen: Wenn die Paketdichtung zerbröselt ist, lässt er sich leicht abziehen.

4.1. Wenn die Paketdichtung älter ist, dann ist sie in ihrem Sitz verklebt. Mit Rostlöser einsprühen, Auspufftopf mit beiden Händen packen, mit leichten Drehbewegungen und etwas Hin- und Herwackeln nach hinten abziehen.

Anbau

1. Bild 2: Neue Paketdichtung besorgen. Diese ist ähnlich einer Mullbinde aufgebaut, vorsichtig behandeln: Nicht drücken oder knicken!

2. Bilder 4 und 5: Alte Paketdichtung aus- bzw. abbauen, ggf. kleine Säge und Schraubenzieher zu Hilfe nehmen.

2.1. Bilder 6 und 7: Kontaktstellen der Paketdichtung auf dem Auspuffrohr und in der Klemmstelle des Auspufftopfs gut reinigen. Korrosion und alte Dichtungsreste mit Stahlbürste, Dreikantschaber und Schmirgelpapier sorgfältig ab- und ausputzen.

3. Die neue Paketdichtung innen und außen mit hitzefester Montagepaste (Bild 3) einschmieren.

4. Bild 8: Paketdichtung in die Klemmstelle am Auspufftopf einschieben, der Innenbund muss nach vorne weisen.

■ Muss leicht gehen! Wenn es schwer geht, Dichtung vorsichtig wieder herausziehen und die Klemmstelle leicht aufweiten.

Bilder 1 und 2: Dichtung zwischen Auspuffkrümmer und Zylinderkopf und Paketdichtung der Klemmstelle.

Bild 3: Hitzefeste Montagepaste.

Sicherheitshinweise Achtung und Tipps für dieses Kapitel

Zu allen Arbeiten an der Auspuffanlage diese kalt werden lassen, nicht in heißem Zustand anfassen.

Bei allen Montagearbeiten an der Auspuffanlage reichlich hitzefeste Paste (Bild 3) an Gewinde von Muttern und Schrauben geben, ein Festbacken der Gewinde wird damit verhindert. KEIN Motoren- oder Schmieröl, Kettenspray oder Fett verwenden, das brennt sich ein und backt fest!

Bei älteren Maschinen können die Krümmermuttern so fest sitzen, dass sich beim Versuch, die Muttern zu öffnen, der Stehbolzen aus dem Zylinderkopf herausdreht. Wenn keine Möglichkeit zur Reparatur des Gewindes besteht (z. B. mit Heli-Coil) und das Gewinde von Stehbolzen und Zylinderkopf in Ordnung ist, kann man den Stehbolzen mitsamt der darauf verklemmten Mutter wieder einschrauben. Gut mit Montagepaste einschmieren. Das Gewinde sollte jedoch bei nächster Gelegenheit repariert werden. Vor dem Einschrauben darauf achten, dass keine herausgerissenen Teile des Zylinderkopfgewindes am Stehbolzen hängen. Wenn doch, gleich reparieren.

Bilder 4 bis 7: Vorbereitung für den Einbau einer neuen Paketdichtung.

Bild 8: Montagezeichnung des Auspufftopfs mit Teilebezeichnungen und Anziehdrehmomenten.

5. Wenn die Klemmschelle abgenommen war, sie aufschieben und in Montageposition bringen.
6. Bild 8: Befestigungshülse an der Halterung am Auspufftopf einsetzen.
7. Auspufftopf in Linie zum Auspuffrohr ansetzen und einschieben. NICHT verkanten (sonst geht die Paketdichtung zu Bruch), mit leichten Drehbewegungen aufschieben, bis sich Befestigungshülse mit der Schraubstelle am Rahmen deckt.
8. Klemmschelle richtig positionieren und ihre Schrauben »leicht handfest« festziehen.
9. Schraube mit Scheibe und Gummischeibe bestücken, durch die Befestigungshülse schieben und in das Gewinde am Rahmen lose einschrauben.
Wichtig: Die vibrationshemmende Gummischeibe muss vorhanden und formstabil sein: Wenn sie defekt ist, unbedingt erneuern, denn sonst leidet die Paketdichtung durch die motorbedingten Vibrationen und der Auspuff hält nicht richtig.
10. Klemmschelle so positionieren wie in Bild 8 gezeigt. Schraube mit 17 Nm festziehen.
11. Erst jetzt die Halteschraube mit 25 Nm festziehen
12. Auspuffrohrabdeckung montieren, die Kegelkopfschrauben mit 9 Nm festziehen.
13. Auspuffabdeckung montieren, dabei die Schlitze in der Auspuffabdeckung in die Haken der Auspuffrohrabdeckung einhängen. Schraube mit Hülse einschrauben und festziehen mit 9 Nm.

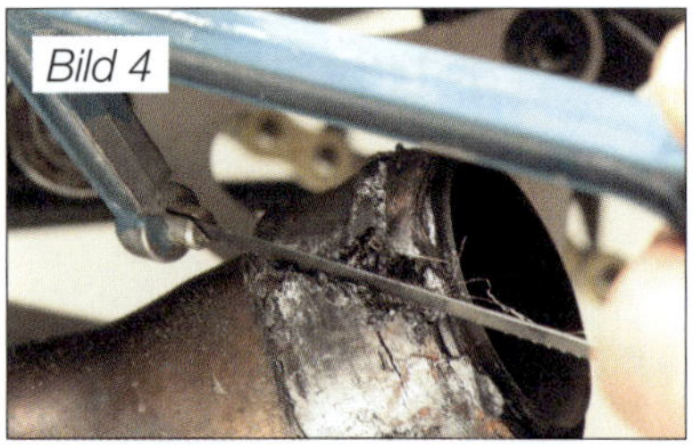
Bild 4

Bild 5

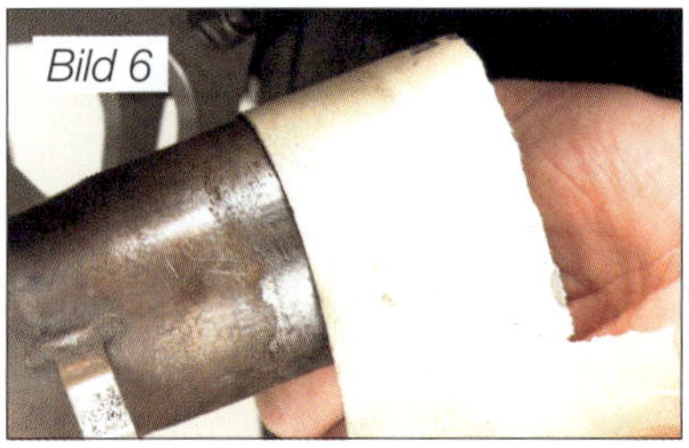
Bild 6

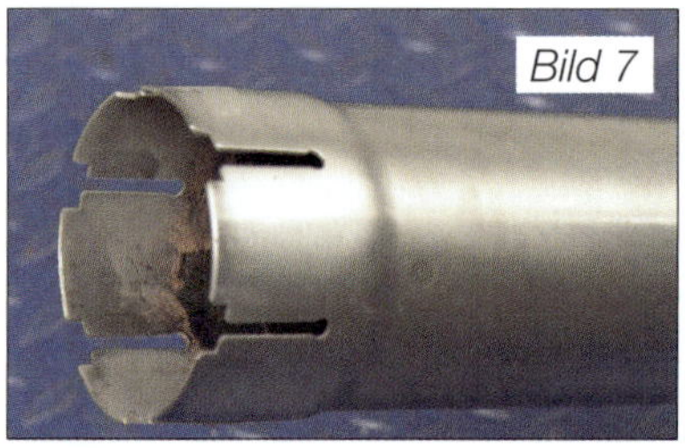
Bild 7

Auspufftopf kontrollieren

■ Sichtprüfung: Alle Schweißnähte dicht?
■ Oberfläche ohne Dellen, Löcher und/oder Korrosion?

Hörprobe, wenn der Auspufftopf abgebaut ist: Auspufftopf schütteln, es darf nichts klappern. Wenn doch, hat sich innen ein Prallblech gelöst und der Auspufftopf muss ersetzt werden.

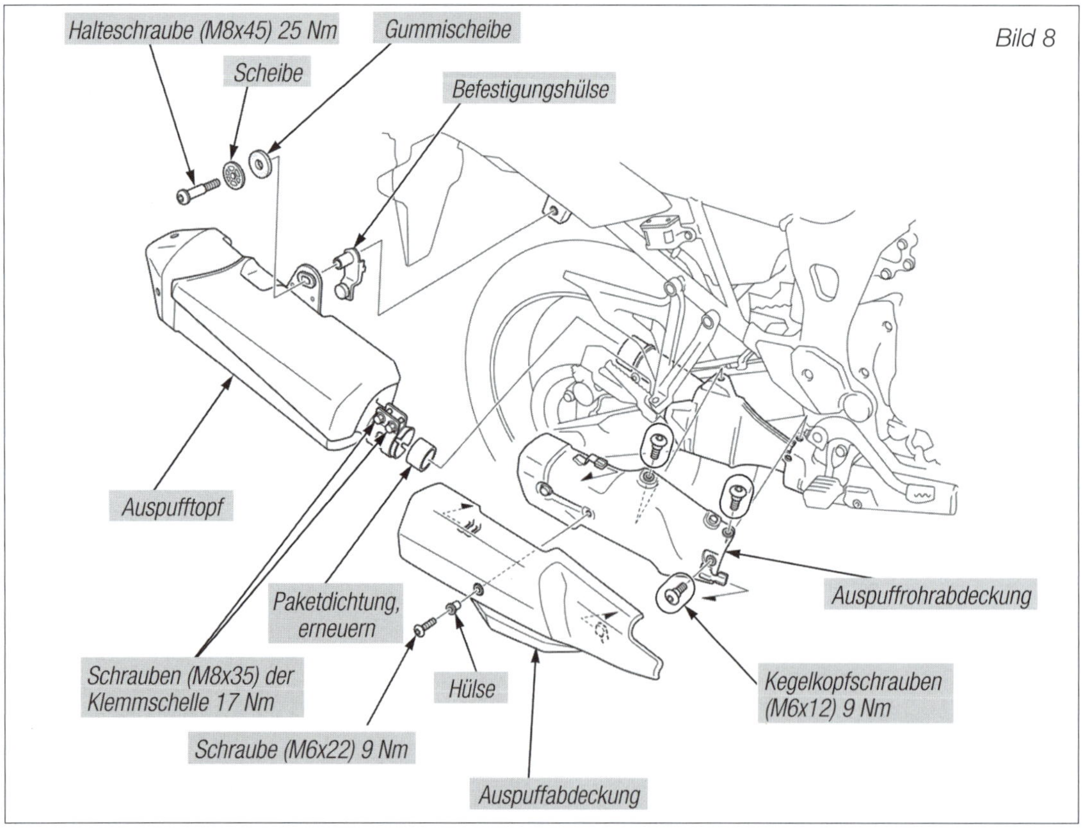

Bild 8

Krümmer ab- und anbauen

Abbau (Auspuffopf ist schon abgebaut)
1. Bild 10: Stecker des Lambdasondenkabels trennen. Kabelclip des Lambdasondenkabels aus seinem Halter nehmen.
2. Auspuffrohrabdeckung abbauen, dazu die Kegelkopfschraube ausschrauben. Abdeckung nach hinten vom Auspuffrohr abziehen.
3. Krümmerabdeckung abbauen, dazu die

Schelle öffen. Krümmerabdeckung nach vorne vom Krümmer abziehen.

4. Mutter auf der Halteschraube lösen und abdrehen, Hülse abnehmen.

5. Bild 10: Hutmuttern auf den Stehbolzen am Zylinderkopf lösen und abschrauben,

6. Halteschraube ausziehen. Dabei den Krümmer mit einer Hand hochhalten.

7. Auspuffkrümmer oben packen, etwas daran wackeln und herausziehen.

8. Alte Dichtung aus dem Auslasskanal im Zylinderkopf herausziehen, einen mittleren Schraubenzieher zu Hilfe nehmen.

Anbau

- Anbau umgekehrt zum Abbau.
- Neue Dichtung verwenden, mit Kupferpaste einschmieren.
- Folgende Anziehreihenfolge einhalten, um Verzug zu vermeiden:

1. Leicht anziehen: Hutmuttern auf Stehbolzen am Zylinderkopf, Mutter auf Halteschraube.

2. Bild 10: Muttern auf Stehbolzen am Zylinderkopf mit 20 Nm festziehen.

3. Bild 10: Mutter auf Haltschraube mit 25 Nm festziehen.

4. Kabelclip der Lambdasonde in Halter stecken, Stecker verbinden.

5. Krümmerabdeckung mit der Schelle montieren, dabei die Krümmerabdeckung mit ihrem Haken von vorne in den Schlitz am Krümmer einhängen.

5.1. Schellenschraube anziehen mit 4 Nm.

6. Auspuffrohrabdeckung montieren, dabei die Krümmerabdeckung mit ihrem Schlitz von hinten in den Haken am Auspuffrohr einhängen.

6.1. Kegelkopfschraube anziehen mit 9 Nm.

Lambdasonde

Bild 10: Die Lambdasonde ist seitlich im Auspuffkrümmer eingeschraubt. Wenn im Display der Fehlercode »21« durch Blinkzeichen angezeigt wird, ist etwas nicht in Ordnung mit ihr. Bitte sehen Sie in Kapitel 18 »Einspritzung« im Textkasten »Fehlercodes« nach. Wenn die Lambdasonde ausgeschraubt war, wird sie beim Einbau mit 25 Nm festgezogen.

Zubehör-Auspuffanlagen

Wichtig 1: Beim Kauf einer Auspuffanlage für Straßenbetrieb ist eine »Allgemeine Betriebs-Erlaubnis« (ABE) Vorschrift. Diese wird vom Auspuffhersteller erstellt, liegt der Auspuffanlage bei und ist EU-weit gültig. Bild 9: Am Auspufftopf ist die Nummer der ABE aufgebracht. Wenn bei einer Polizeikontrolle der Nachrüstauspuff auffällt, genügt es normalerweise, dass man den kontrollierenden Polizisten auf die Nummer hinweist. Das Mitführen der ABE-Bescheinigung ist nicht zwingend notwendig; es ist jedoch sinnvoll, die Bescheinigung dabei zu haben, um möglichen Stress mit dem Auge des Gesetzes zu vermeiden. In der Schweiz (kein EU-Land) gelten andere Bestimmungen.

Wichtig 2: Besonders Schweizer (und oft auch österreichische!) Polizisten gehen manchmal sehr rigide mit Ausländern um, die eine ihrer Meinung nach »zu laute Auspuffanlage« an ihrer Maschine haben, egal ob mit oder ohne EU-ABE.

Wichtig 3: Wenn Sie an Ihrer Maschine eine »laute« Auspuffanlage montiert haben, die eigentlich für echten Rennstreckenbetrieb gedacht ist, und an einem Fahrertraining teilnehmen, das auf einer Moto-Cross-Strecke stattfindet, kümmern Sie sich vorher um die auf dieser Strecke erlaubte Lautstärke. Denn auf vielen Trainingsgeländen gelten strenge Lärmbestimmungen, die während der Veranstaltung kontrolliert werden. Maschinen, die zu laut unterwegs sind, müssen gnadenlos die Strecke verlassen. Viele Auspuffanlagen sind mit einem so genannten »db-Killer« (Bild 9) ausgerüstet, der je nach gewünschter (oder erlaubter) Lautstärke aus- oder eingebaut werden kann.

Bild 9: Mit einem »db-Killer« ausgerüstete Auspuffanlage mit ABE-Nummer.

Bild 10: Montagezeichnung der Krümmer und des Auspuffrohres mit Teilebezeichnungen und Anziehdrehmomenten.

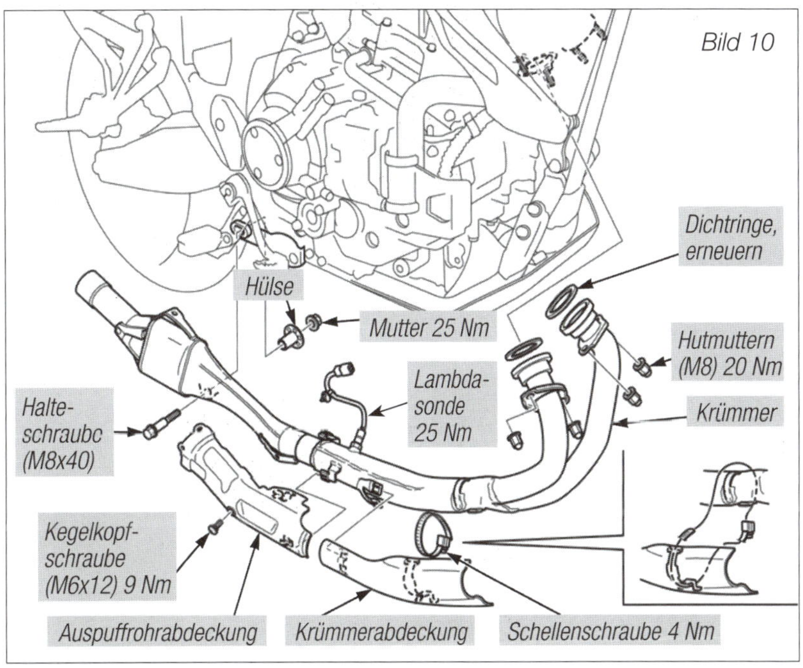

Motorrad anschieben
Nur ein Motor mit normaler Kupplung kann durch Anschieben gestartet werden, der mit Doppelkupplung nicht. Wenn die Batterie keinen Totalschaden hat und noch etwas Restspannung, kann der Motor durch Anschieben gestartet werden. Wichtig ist, dass eine Batterie eingebaut ist, weil sich der Motor ohne Batterie auch durch Anschieben nicht starten lässt.
■ Zündung EIN, Motorstart-Stoppschalter am Lenker auf ON.
■ Zweiten Gang einlegen, Kupplung ziehen, Motorrad mit gezogener Kupplung etwas zurückschieben, um sicherzugehen, dass die Kupplung auch wirklich trennt.
■ Fahrer am Lenker, hinten hilft ein Freund: Gleichzeitig schieben!
■ Fahrer springt in den Sitz und lässt gleichzeitig die Kupplung los – Motor müsste kommen.
■ Falls »ja«, den Motor mit kurzen Gasstößen am Leben halten und nicht unter 3000/min kommen lassen.

Anlasser

In diesem Kapitel: Motor durch Anschieben starten · Anlasserfunktion prüfen · Motor fremdstarten · Anlasserrelaisschalter prüfen · Anlasser aus- und einbauen · Anlasserfreilauf · Anlasser reparieren?

Anlasser auf Funktion prüfen

Falls der Anlasser nicht reagiert, wenn der Start-Stoppschalter in Position »Starten« gedrückt wird, zuerst Folgendes prüfen:
■ Steht der Zündschlüssel im Zündschloss sicher auf ON?
■ Ist der Leerlauf sicher eingelegt? Nicht immer ist der Leerlauf auch drin, wenn das grüne Licht im Armaturenbrett leuchtet!
■ Den Kupplungshebel ganz durchziehen und einen weiteren Startversuch machen. Wenn der Motor anspringt, ist der Gangpositionsschalter defekt und der Kupplungsschalter, der am Handkupplungshebel sitzt, hat das Problem des defekten Gangspositionsschalter überbrückt (siehe dazu Kapitel 26 »Sicherungen · Relais«).

Bild 1: Der Anlasserrelaisschalter sitzt unter der rechten Batteriekastenabdeckung.

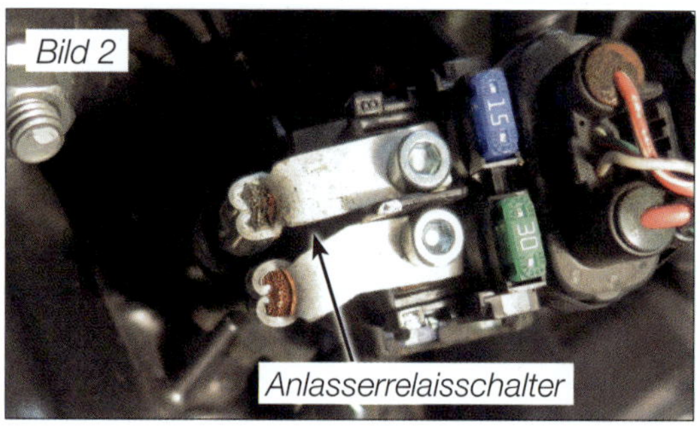

Bild 2: Hier ist die Abdeckung vom Anlasserrelaisschalter abgezogen.

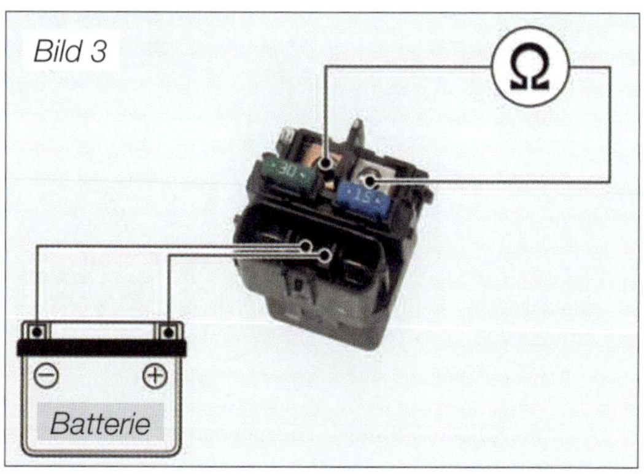

Bild 3: Prüfung des Anlasserrelaisschalters auf Stromdurchgang.

Wenn der Motor gestern noch problemlos angesprungen ist und heute nicht mehr will, kann auch die Batterie defekt sein (siehe Kapitel 24). Startprobleme gibt es auch dann, wenn der Strom auf seinem Weg von der Batterie über das Anlasserrelais schlechte Kontakte passieren muss. Entsprechende Steckverbindungen auf satten Sitz, Korrosion, Kabelanschlüsse an Batterie, sicheren Anschluss des Massekabels und die Sicherungen überprüfen (Kapitel 26 »Sicherungen · Relais«).

Motor fremdstarten

Wenn die Batterie »müde« ist und nicht genügend Strom zum Starten liefert, kann man den Motor mit Hilfe von »Fremdstartkabeln« als Verbindung zu einer externen Stromquelle fremdstarten, zum Beispiel zur Batterie eines anderen Motorrades oder eines Autos. **Sehr wichtig:** Die Stromquelle muss eine Spannung von 12 Volt liefern. Ein Lkw mit 24-Volt-System taugt also nicht zum Fremdstarten. Die Fremdstartkabel müssen kleine Zangen haben, denn mit großen Zangen erreicht man die kleinen Anschlüsse der Honda-Batterie nicht. Weiterhin sollten die Fremdstartkabel mit einem Überspannungsschutz ausgestattet sein (siehe Text im Kasten rechts). Im Motorrad-Fachhandel gibt es entsprechende Kabel für kleines Geld zu kaufen.

1. Zugang zu den Batteriepolen schaffen (siehe Kapitel 24 »Batterie«).
2. Minuspole der fremden Stromquelle und der Honda-Batterie mit dem schwarzen Fremdstartkabel verbinden.
3. Gummikappe auf dem Pluspol der Honda-Batterie abschieben. Beide Pluspole mit dem roten Fremdstartkabel verbinden.

⚠ **Achtung:** Mit den Pluszangen keine metallischen Bauteile eines der beiden Fahrzeuge oder eine der Minuszangen berühren, sonst gibt es einen satten Kurzschluss und es besteht Brandgefahr.

4. Motor der fremden Startquelle auf ungefähr 4000/min hochdrehen. Jetzt versuchen den Motor der Honda zu starten.

5. Wenn der Motor der Honda läuft, ihn mit ca. 3000/min laufen lassen.
6. Kabel abnehmen: Zuerst das Pluskabel abklemmen, dann das Minuskabel. Gummikappe auf Pluspolanschluss schieben.
7. Abgebaute Teile wieder anbauen.
Wichtig: Den Motor nicht sofort ausschalten, weil die Batterie noch nicht wieder genug Strom aufbringt um den Motor aus eigener Kraft zu starten, und die Prozedur war dann umsonst.

Wenn die Batterie nur leer gewesen ist, aber sonst in Ordnung, also korrekte Säuredichte hat und fest angeschlossene Pole ohne Korrosion, dann wird sie bei laufendem Motor von der Lichtmaschine geladen. Dennoch: Bei nächster Gelegenheit sollte man sie mit einem Ladegerät vorschriftsmäßig laden (Kapitel 24 »Batterie«).

Anlasserrelaisschalter

Anmerkung: Honda bezeichnet das Anlasserrelais als »Anlasserrelaisschalter«, wohl deshalb, weil bei den Modellen mit Doppelkupplungsgetriebe ein zusätzliches Anlasserrelais verbaut ist zwischen Anlasserrelaisschalter und Motorsteuergerät.

Anlasserrelaisschalter prüfen

Bild 1: Zugang zum Anlasserrelaisschalter schaffen, er ist unter der rechten Batteriekastenabdeckung. Abdeckung abnehmen, Anlasserrelaisschalter vorsichtig herausziehen.
1. Zündung EINschalten, Anlasserknopf betätigen und genau darauf achten, ob ein Klicken aus dem Relais zu hören ist.
2. Falls ein Klicken zu hören ist, ist es in Ordnung.
2.1. Wenn es nicht klickt, bekommt es entweder keinen Strom oder ist defekt.
3. Prüfen Sie auch die Hauptsicherung, sie sitzt im Anlasserrelaisschalter (die grüne Sicherung in Bild 2) und nehmen Sie auch Kapitel 26 »Sicherungen · Relais« zu Hilfe.

Anlasserrelaisschalter durchmessen

1. Massekabel von der Batterie abklemmen.
2. Anlasserrelaisschalter aus der Halterung ziehen.
2.1. Bild 2: Kabelklemmen am Anlasserrelaisschalter abschrauben und den Stecker abziehen.
3. Bild 3: Multimeter nehmen, Anzeige auf x1 Ω einstellen, Prüfspitzen an die Kabelklemmen des Anlasserrelaisschalters anlegen wie in Bild 3 gezeigt:
■ Positive Prüfspitze an den Anschluss, wo das rote (+)-Kabel angeschlossen war.
■ Negative Prüfspitze an den Anschluss, wo das schwarze (–)-Kabel angeschlossen war.
4. An die Anschlüsse in der Steckdose eine voll geladene 12-Volt-Batterie anlegen wie in Bild 3 gezeigt.
■ Batteriespannung kurz an das Relais anlegen, keinesfalls länger als 5 Sekunden!
5. Bei angelegter Batteriespannung muss Durchgang bestehen.
6. Defekten Relaisschalter ersetzen.

Anlasser aus- und einbauen

Vorarbeiten
Folgende Teile ausbauen:
1. Batterie (Kapitel 24 »Batterie«).
2. Tank (Kapitel 3 »Spiegel · Verkleidung · Tank«).
3. Motorsteuergerät: Belüftungsschlauch ausstecken, Inbusschraube ausschrauben, Stecker trennen, Steuergerät abnehmen.
4. Anlasserrelaisschalter (siehe Kapitelabschnitt

Richtige Fremdstartkabel verwenden
Verwenden Sie zum Fremdstarten Ihrer Maschine niemals Auto-Fremdstartkabel mit dicken Zangen, sondern nehmen Sie spezielle Motorrad-Starthilfekabel mit kleinen Zangen. Achten Sie darauf, dass ein Überspannungsschutz eingebaut ist (»Z-« oder »Zener-Diode«), der die elektronischen Bauteile der Maschine vor Überspannung schützt.

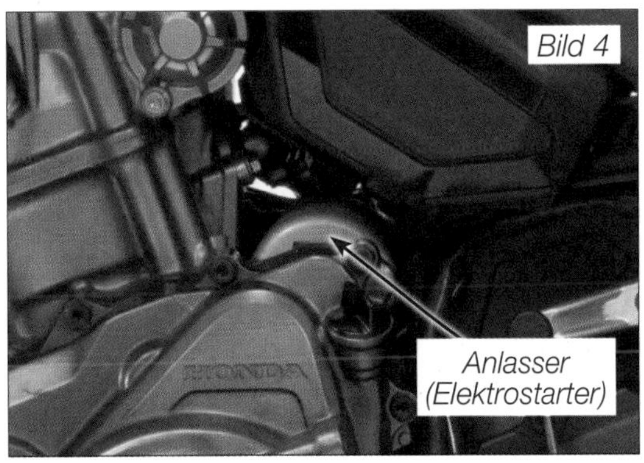

Bild 4: Einbaulage des Anlassers auf dem Motorgehäuse hinter dem Zylinderfuß.

Bild 5: Explosionszeichnung des Anlassers.

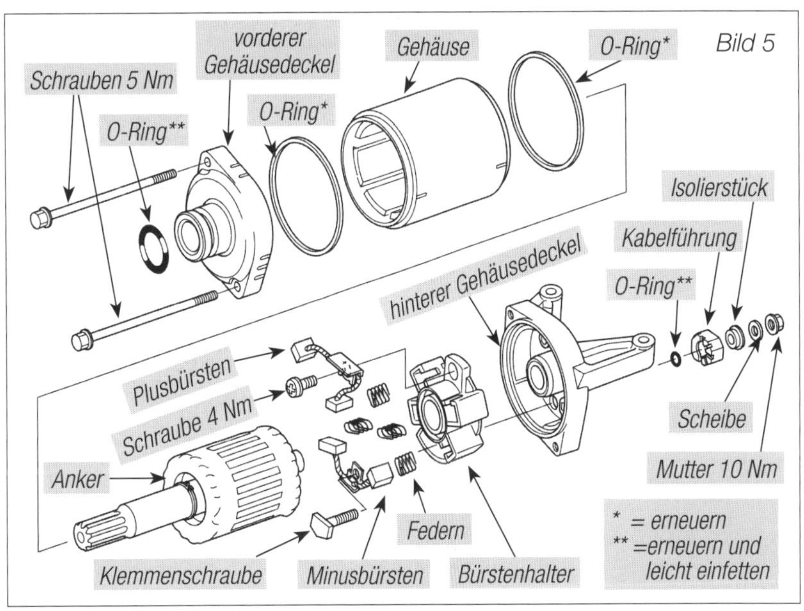

Sichtprüfung Messen

»Anlasserrelaisschalter prüfen«).
5. Luftfilterkasten (Kapitel 20 »Luftfilter · Sekundärluftsystem«).
6. Drosselklappengehäuse: Die Schellenschrauben am Drosselklappengehäuse lösen. Die Stecker des Ansaugluftdruck-Sensors und des Leerlaufregelventils (Mj. 2016 und 2017) am Drosselklappengehäuse trennen. Das Drosselklappengehäuse aus den Ansaugstutzen ziehen und die beiden Stecker an den Einspritzventilen trennen. Die Gaszüge aushängen. Den Stecker am Drosselklappenpositions-Sensor trennen, das Drosselklappengehäuse abnehmen.
7. Ansaugstutzen: Die Schellenschrauben am Zylinderkopf lösen, die Ansaugstutzen abnehmen.
8. Batteriefach: Die Kabelbinder am Hauptkabelbaum aufzwicken und den Kabelbaum nach außen legen. Die Bremsleitungen aus ihrer Halterung nehmen, die Verschraubung öffen und die Bremsleitungen vorsichtig nach außen nehmen. Batteriefach nach oben herausnehmen.

Anlasser ausbauen

1. Bild 5: Gummikappe über der Pluskabelbefestigung abziehen, Mutter abdrehen, Kabelklemme abnehmen.
2. Befestigungsschrauben des Anlassers lösen und ausdrehen.
3. Anlasser aus seiner Sitzbohrung im Motor gehäuse ziehen und abnehmen.

Anlasser einbauen

1. Neuen O-Ring eingefettet in die Nut im runden Vorderteil des Anlasserdeckels einsetzen.
Wenn der alte O-Ring noch in Ordnung ist, kann er weiterverwendet werden.
2. Anlasser in das Motorgehäuse einschieben, Befestigungsböcke zur Deckung mit den Gewindebohrungen im Motorgehäuse bringen, Schrauben eindrehen und mit 10 Nm festziehen.
3. Bild 5: Pluskabel anschließen, Mutter mit 10 Nm festziehen, Gummikappe aufsetzen, abgebaute Teile anbauen, Batterie anschließen.

Bilder 6a und 6b: Rollenelement des Anlasserfreilaufs.

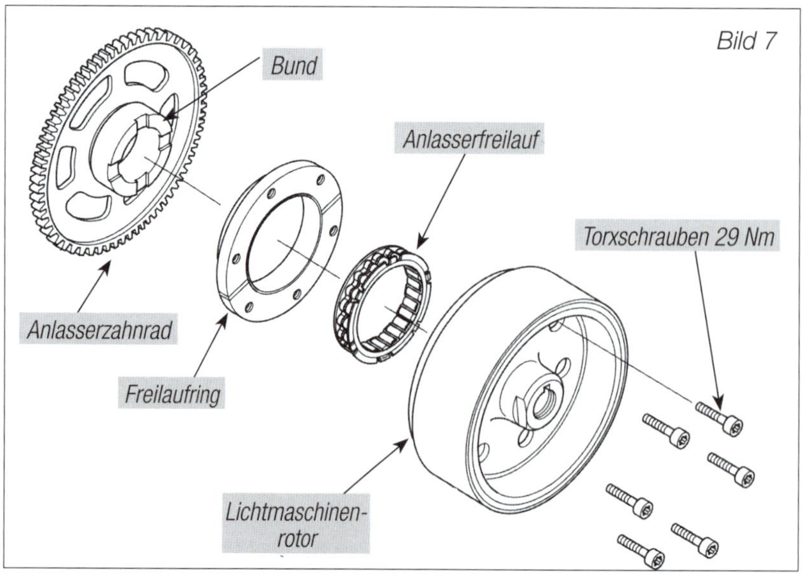

Bild 7: Explosionszeichnung des Anlasserfreilaufs.

Anlasserfreilauf

Der Anlasserfreilauf ist Bestandteil der Anlassermechanik, welche die Drehbewegung des Anlassers auf die Kurbelwelle überträgt. Der Anlasserfreilauf ist am Lichtmaschinenrotor befestigt, der auf der Kurbelwelle hinter dem linken Motorseitendeckel sitzt (Bild 7). Unter normalen Umständen geht am Anlasserfreilauf und den Zahnrädern, die zur Übertragung der Drehbewegung des Anlassermotors zum Anlasserfreilauf nötig sind, nichts kaputt. Falls doch etwas kaputt gehen sollte, kündigt sich dies durch einen immer schlechter greifenden Anlasserfreilauf an: Beim Startversuch dreht der Anlasser alleine durch, erst einmal leer, dann greift er wieder, dann zwei- bis dreimal leer, dann greift er wieder, bis bald darauf überhaupt nichts mehr geht, der Anlasser nur noch hohl dreht. Dies ist ein Zeichen dafür, dass sich die Freilaufrollen (Bild 6) in den Mitnehmerbund eingearbeitet haben; man nennt dieses »Rattermarken«. Dann müssen Anlasserfreilauf, Freilaufring und Zahnrad mit Bund für den Anlasserfreilauf erneuert werden. Dazu braucht man folgendes Spezialwerkzeug:

- »Schwungradhalter« (Nr. 07725-0040001, Bild 8)
- »Rotorabzieher« (Nr. 07733-0020001, Bild 9)

Anlasserfreilauf ausbauen

1. Linken Motordeckel (Lichtmaschinendeckel) abschrauben (Kapitel 25 »Ladesystem«).
2. Bild 8: »Schwungradhalter« aufbauen. Zentralschraube mit Sechskantnuss und langem Hebelarm öffnen und ausdrehen.
3. »Rotorabzieher« (Bild 9) eindrehen und festziehen: Lichtmaschinenrotor wird so vom Konussitz der Kurbelwelle abgesprengt.
3.1. »Woodruff-Keil« (Scheibenfeder) aus der Nut in der Kurbelwelle nehmen.
4. Den Lichtmaschinenrotor mit dem »Schwungradhalter« festhalten, die sechs Halteschrauben des Anlasserfreilaufs lösen und ausdrehen (Bild 7).
5. Anlasserfreilauf vom Schwungrad abnehmen.

Anlasserfreilauf prüfen: 1. Bild 10: Wenn das große Anlasserzahnrad mit dem Bund in den Anlasserfreilauf eingesetzt wird, muss sich das Zahnrad ...

- ... im Uhrzeigersinn (rechts herum) sperren und
- ... entgegen dem Uhrzeigersinn (links herum) gleichmäßig drehen lassen. Wenn nicht, Teile ersetzen.

2. Bund des großen Zahnrads und die Rollen des Freilaufs auf Abnutzung, eingelaufene Druckstellen, Bruch, verfärbte (blaue) Stellen kontrollieren, wenn defekt ersetzen.

Anlasserfreilauf einbauen

1. Rollen des Freilaufs gut mit Motoröl einölen.
2. Freilauf in den Freilaufring einsetzen.
3. Freilaufring an den Lichtmaschinenrotor ansetzen, Gewinde der Befestigungsschrauben mit Loctite »mittelfest« bestreichen und eindrehen.
3.1. «Schwungradhalter« auf Lichtmaschinenrotor aufbauen, Schrauben mit 29 Nm festziehen.
4. Die Rollen des Nadellagers auf dem Kurbelwellenstumpf mit frischem Motoröl benetzen.
5. Konus auf der Kurbelwelle ölfrei reinigen.
5.1. Innenkonus des Rotors ölfrei reinigen.
6. »Woodruff-Keil« (Scheibenfeder) in seine Keilnut im Kurbelwellenstumpf einsetzen.
7. Lichtmaschinenrotor auf den Konus ansetzen, Nut im Innenkonus auf »Woodruff- Keil« ausrichten und jetzt den Rotor unter leichtem Druck zielsicher aufschieben.
8. Wenn möglich eine neue Zentralschraube und eine neue Unterlagscheibe verwenden. Gewinde und Sitzfläche der Zentralschraube mit frischem Motoröl einölen und mit Scheibe eindrehen.
9. Bild 8: Lichtmaschinenrotor mit »Schwungradhalter« gut festhalten, Zentralschraube mit 137 Nm festziehen.
10. Deckel anbringen, das ist in Kapitel 25 »Ladesystem« ausführlich beschrieben.
11. Motoröl einfüllen. Restliche Teile anbauen.

Anlasser reparieren?

Moderne japanische Anlassermotoren halten quasi ein Motorradleben lang. Wenn der Anlasser Ihrer Maschine kaputt gehen sollte, kaufen Sie entweder Neuteil (teuer!) oder einen gebrauchten bzw. überholten Anlasser, genannt »Tauschteil«. Der Teilemarkt bietet solche Bauteile preiswert an (Honda-Händler fragen!).

Hinweis: Falls Sie den Anlasser reparieren wollen: Die Explosionszeichnung in Bild 5 zeigt alle Einzelteile des Anlassers. Alle dort abgebildeten Teile sind einzeln lieferbar.

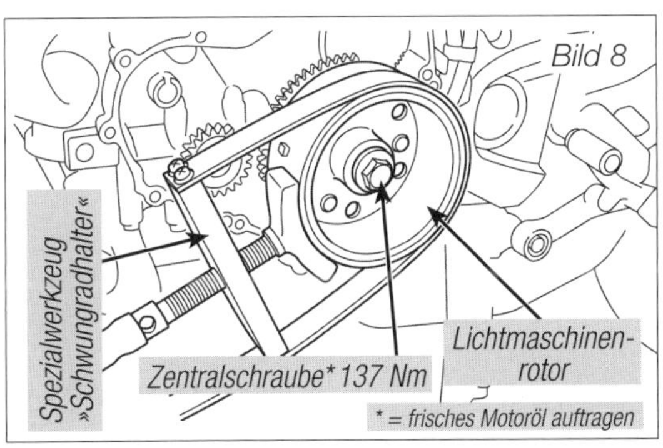

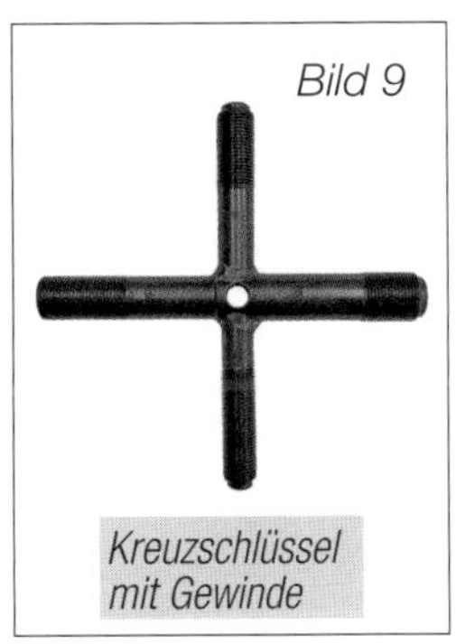

Bilder 8 und 9: Zum Aus- und Einbau des Lichtmaschinenrotors mit Anlasserfreilauf werden Spezialwerkzeuge benötigt.

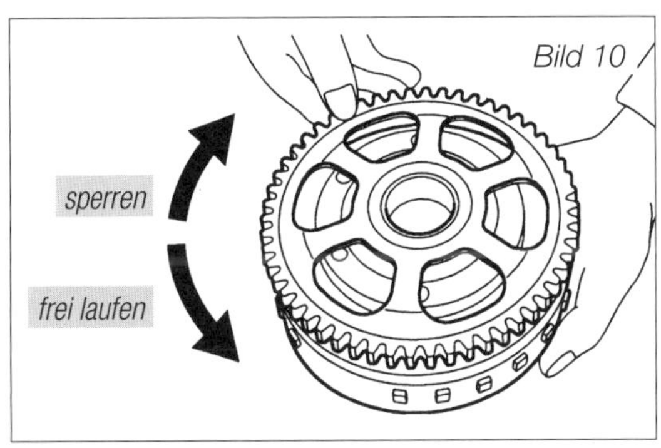

Bild 10: Prüfung des Anlasserfreilaufs.

Ventilspiel

In diesem Kapitel: Ventiltrieb · Ventilspiel · Ventilspiel prüfen, Ventilspiel einstellen an den Einlassventilen, Ventilspiel einstellen an den Auslassventilen, Ventildeckel aufbauen.

Ventiltrieb

Der Africa Twin-Viertaktmotor arbeitet nach dem **OHC**-Prinzip: **O**ver **H**ead **C**amshaft, was so viel bedeutet wie »obenliegende Nockenwelle« (Bilder 1 und 3), weil die Nockenwelle im Zylinderkopf eingebaut ist. Sie wird von einer Zahnkette angetrieben:

- Unten auf der Kurbelwelle sitzt das kleine Kettenritzel.
- Oben auf der Nockenwelle ist ein großes Kettenrad mit doppelt so vielen Zähnen aufgebaut. Somit dreht sich die Nockenwelle mit halber Kurbelwellendrehzahl.

Bilder 1, 3 und 5: Jedes Auslassventil wird von einem Rollenkipphebel betätigt (Bauteile 9 in Bild 1). Zur Einstellung des Ventilspiels ist auf der anderen Seite der Rolle eine Einstellschraube mit Kontermutter am Kipphebel (Bilder 3, 5).

Bilder 1 und 2: Die Einlassventile werden direkt von der Nockenwelle über Tassenstößel mit darunterliegenden Einstellplättchen betätigt.

Ventilspiel

Bilder 2 und 3: Als »Ventilspiel« wird die »Luft« zwischen dem Grundkreis des jeweiligen Nockens und den Tassenstößeln der Einlassventile (Bild 2) bezeichnet. Bei den Auslassventilen wird die »Luft« zwischen den Rollen an den Kipphebeln und den Grundkreisen der Nocken gemessen.

Diese »Luft« entspricht in etwa der wie sie zwischen der Einstellschraube auf der anderen Seite eines jeden Kipphebels und dem Ventilkopf vorhanden ist.

Ein gewisses Maß »Luft« ist unbedingt nötig, damit ein jedes Ventil in seiner »ZU«-Stellung nicht noch

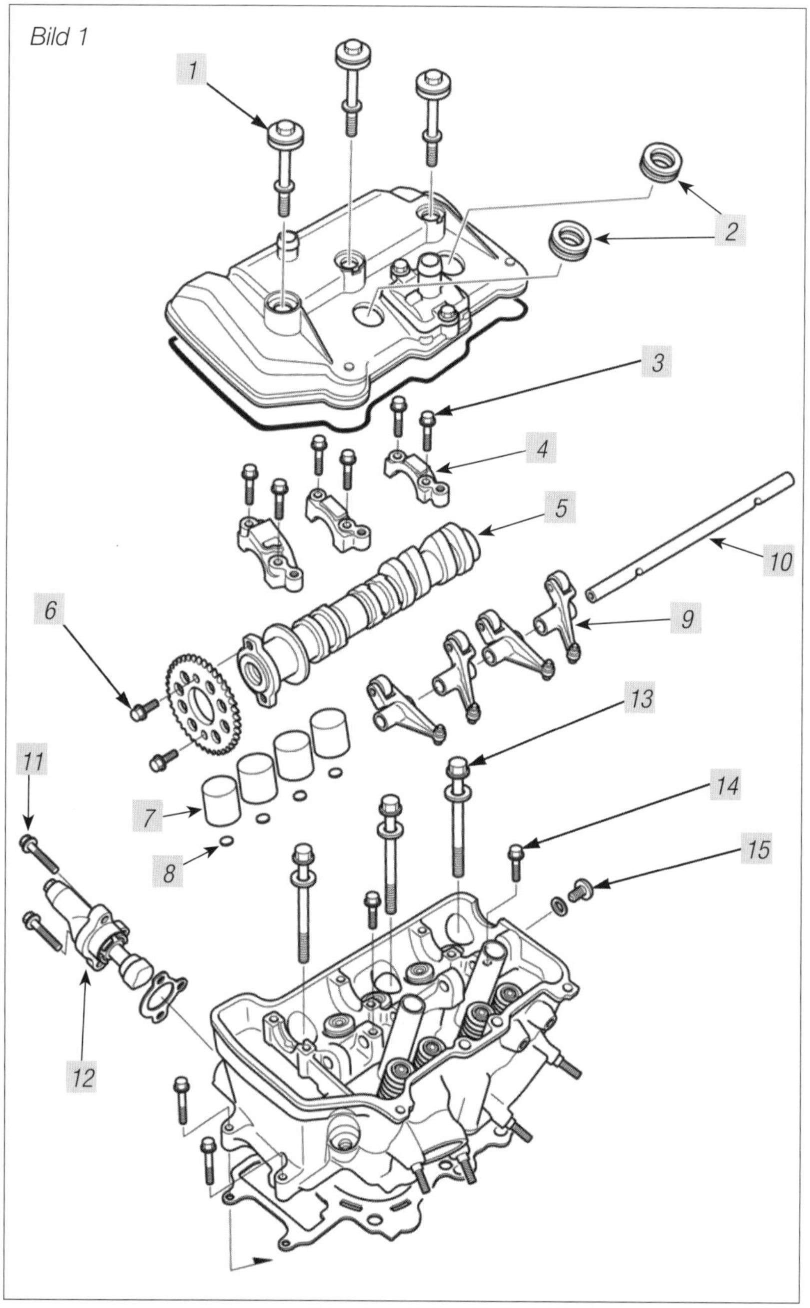

Bild 1: Explosionszeichnung der Ventilbetätigung.

Bauteile im Bild 1

1 = Ventildeckelschrauben 10 Nm
2 = Kerzenlochdichtungen
3 = Schrauben der Nockenwellen-Lagerdeckel 12 Nm
4 = Nockenwellen-Lagerdeckel
5 = Nockenwelle
6 = Schrauben Nockenwellenrad 20 Nm
7 = Tassenstößel
8 = Ventilspiel-Einstellplättchen »Shim«
9 = Rollenkipphebel
10 = Kipphebelwelle
11 = Schrauben 10 Nm
12 = Steuerkettenspanner
13 = Zylinderkopfschrauben 83 Nm
14 = Kipphebelwellenschrauben 12 Nm
15 = Kipphebelanschlagschraube 18 Nm

etwas geöffnet ist, sondern den Brennraum bei allen Betriebstemperaturen dicht abschließt, kein Gas unkontrolliert entweicht und die Wärme über den Ventilsitz gut abgeleitet werden kann.

Von richtiger Wartung und Pflege hängt das Wohl und Wehe des Ventiltriebs entscheidend ab:

- Wenn das Ventilspiel zu weit ist, besteht die Gefahr der Pittingbildung auf der Nockenlaufbahn, des Einschlagens des Ventilsitzes und der Einstellschraube im Ventilkopf.
- Wenn das Ventilspiel zu eng ist und das Ventil zum Ventilsitz hin nicht wirklich dicht schließt, verbrennt der Ventilsitz.

Bild 2: Mit verschieden dicken Fühlerlehren wird das Ventilspiel der Einlassventile zwischen Nockengrundkreis und Tassenstößel gemessen.

Prüf- und Einstellintervalle

Das Ventilspiel muss laut Wartungsplan alle 24 000 km geprüft werden. Wenn es aufgrund der Messwerte notwendig ist, muss es neu eingestellt werden. Dazu muss der Motor kalt sein.

Bitte unbedingt beachten: Der Motor darf höchstens 35 °C warm sein, das entspricht handwarm und das gilt als»kalt«.

Ventilspiel-Einstellwerte

- Ventilspiel Einlass .... 0,13 mm bis 0,19 mm
- Ventilspiel Auslass ... 0,21 mm bis 0,25 mm
- Kontermuttern der Einstellschrauben der Auslassventile...10 Nm

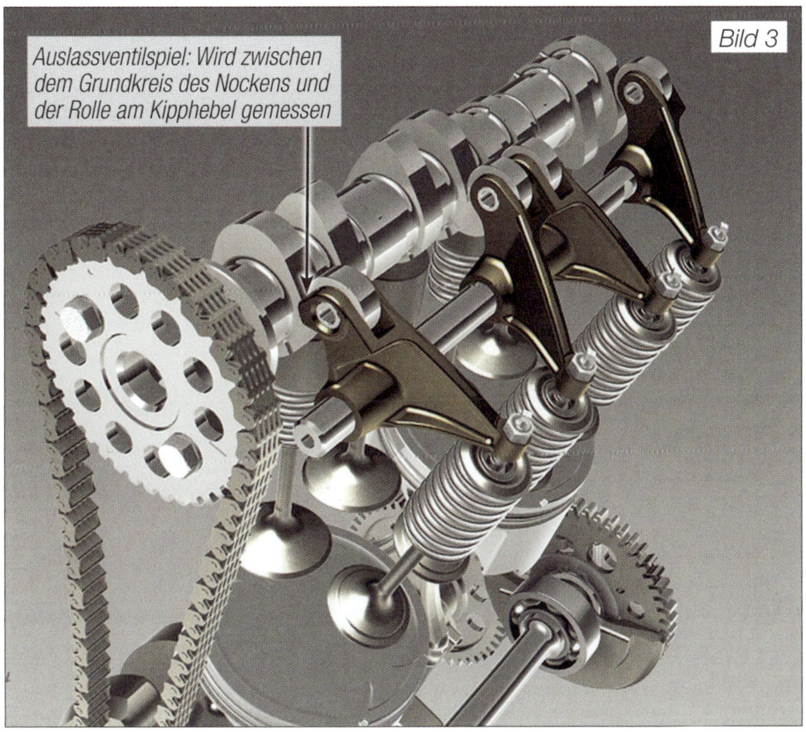

Bild 3: Ein tiefer Blick in den Zylinderkopf zeigt den Ventiltrieb.

Bild 4: Das Spezialwerkzeug »Ventileinstellschlüssel« zum sicheren Beschrauben der Ventilspiel-Einstellschrauben beim Einstellen des Auslassventilspiels ist zu empfehlen.

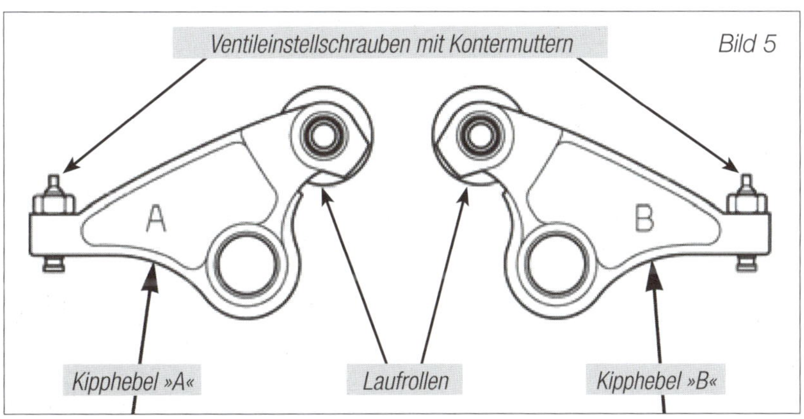

Bild 5: Die Kipphebel sind entweder mit »A« oder mit »B« gekennzeichnet, damit sie nicht falsch eingebaut werden können.

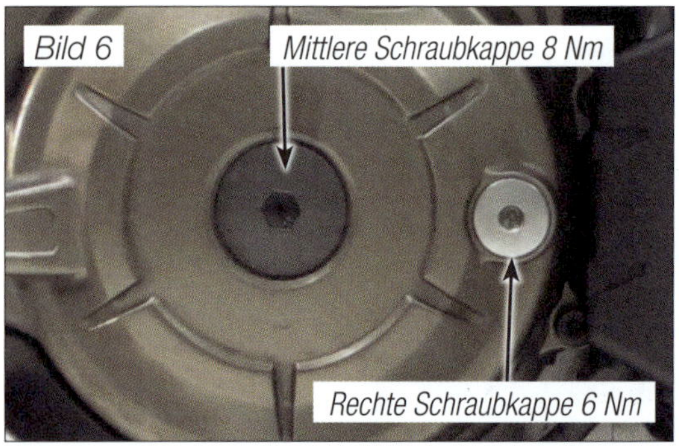

Bilder 6 und 7: Beide Schraubkappen unten im Lichtmaschinendeckel ausschrauben. Mit einer Nuss auf dem Schraubenkopf im mittleren Schauloch wird die Kurbelwelle links herum gedreht.

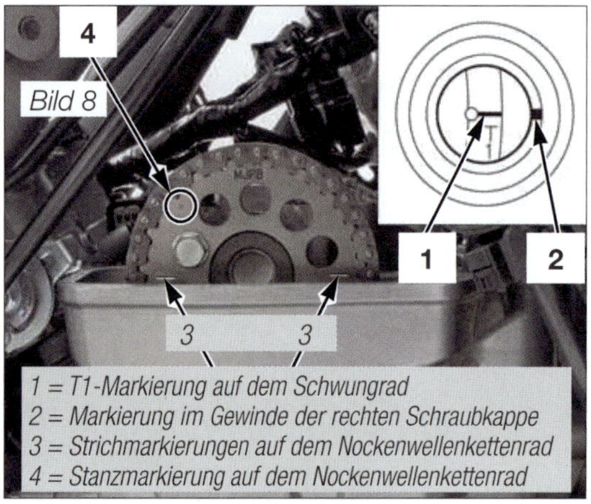

Bilder 8, 9 und 10: Verschiedene Markierungen auf dem Nockenwellenkettenrad und dem Lichtmaschinenrotor, zu sehen im rechten Schauloch, spielen beim Prüfen und Einstellen des Ventilspiels eine große Rolle.

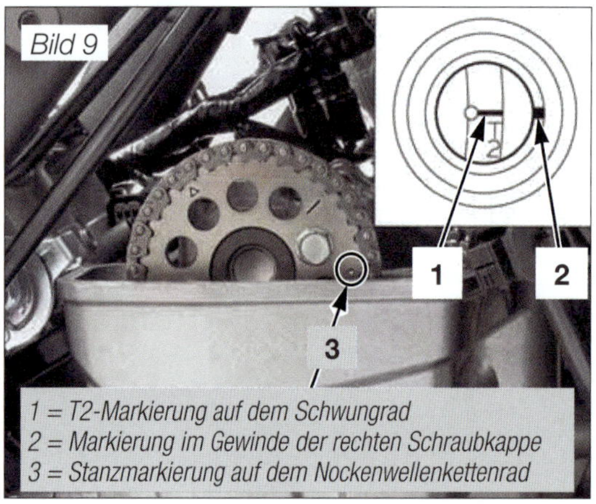

Bild 11: Der Steuerkettenspanner ist hinten am Zylinderkopf angebaut.

Ventilspiel prüfen

1. Motorrad sicher aufbocken. Zündung AUSgeschaltet.
2. Damit man an den Zylinderkopf heran kommt und gut daran arbeiten kann, muss man abschrauben: Tank (Kapitel 3 »Spiegel · Verkleidung · Tank«) und Luftfilterkasten (Kapitel 20 »Luftfilter · Sekundärluftsystem«).
3. Zündkerzen ausbauen (Kapitel 16 »Zündkerzen«).
3.1. Bild 1: Ventildeckel abschrauben.
4. Oberen Totpunkt suchen, siehe dazu Bild 6: Unten am Lichtmaschinendeckel die beiden Schraubkappen ausschrauben.
5. Bild 7: Auf den Kopf der Schraube eine passende Stecknuss setzen. Kurbelwelle drehen …

Einlassventile Zylinder 1: … bis die auf dem Lichtmaschinenrotor angebrachte»T1«-Markierung im Fenster erscheint (»1« in Bild 8) und sich mit der Gehäusemarkierung deckt (»2« in Bild 8).
Wichtig: Motor links herum drehen!
5.1. Gegenkontrolle: Die **Strich**markierungen am Nockenwellenrad (»3« in Bild 8) müssen sich mit der Dichtfläche am Zylinderkopf decken und die **Stanz**markierung (»4« in Bild 8) muss zu sehen sein.

Wichtige Anmerkung: Wenn sich die T1-Markierung auf dem Rotor mit der Kerbe im Gewinde der Bohrung deckt, aber die Stanzmarkierung nicht zu sehen ist, muss man die Kurbelwelle eine weitere Umdrehung (360 Grad) links herum drehen.

Einlassventile Zylinder 2: Kurbelwelle um 270 Grad nach links drehen, bis die auf dem Lichtmaschinenrotor angebrachte »T2«-Markierung im Fenster erscheint (»1« in Bild 9) und sich mit der Gehäusemarkierung deckt (»2« in Bild 9).

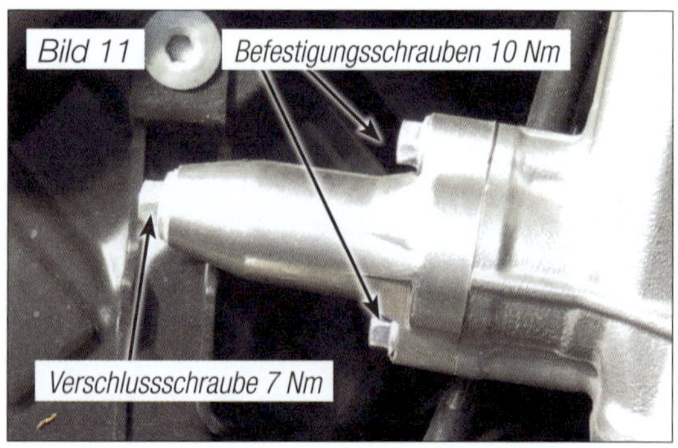

Wichtig: Motor links herum drehen!
5.2. Gegenkontrolle: Die **Stanz**markierung am Nockenwellenrad (»3« in Bild 9) muss sich mit der vorderen Dichtfläche des Zylinderkopfs decken.

Auslassventile Zylinder 2: In dieser Stellung kann auch das Ventilspiel der Auslassventile von Zylinder 2 geprüft werden.

Auslassventile Zylinder 1: Kurbelwelle um 252,5 Grad nach links drehen, bis die auf dem Lichtmaschinenrotor angebrachte »E1«-Markierung im Fenster erscheint (»1« in Bild 10) und sich mit Markierung »2« in Bild 10 deckt.
Wichtig: Motor links herum drehen!
5.3. Gegenkontrolle: Die **Dreieck**markierung am Nockenwellenrad (»3« in Bild 10) muss sich mit der vorderen Dichtfläche am Zylinderkopf decken.
6. Ventilspiel prüfen: Fühlerlehre bei den Einlassventilen zwischen Nockenwelle und Tassenstößel (Bild 2) und bei den Auslassventilen zwischen Nockenwelle und Kipphebelrolle (Bild 3) durchziehen. Mit verschieden dicken Fühlerlehren prüfen, bis eine gefunden ist, die sich satt durchziehen lässt. Dies nennt man »Ist-Ventilspiel«.
- Wenn das Ist-Ventilspiel zu weit oder zu eng ist, muss es korrigiert werden.

Einlassventilspiel einstellen

Neues Einstellplättchen auswählen

Zum Einstellen des Ventilspiels stehen 51 verschieden dicke »Shims« von 1,20 bis 2,45 mm in Abstufungen von 0,025 mm zur Verfügung. Die Dicke des benötigten neuen Shim wird folgendermaßen ermittelt:
1. Basisformel (B – C) + D = A
- Maß A = ist die gesuchte Stärke des neuen Shim
- Maß B = ist das festgestellte und notierte Ist-Ventilspiel
- Maß C = ist das vorgeschriebene neue Ventispiel
- Maß D = ist die Stärke des ausgebauten Shim

2. Beispielrechnung:
- Maß B: 0,11 mm ist das eben festgestellte und notierte Ist-Ventilspiel
- Maß C: 0,13 bis 0,19 mm ist das vorgeschriebene Ventilspiel, das mittlere Ventilspielmaß beträgt also 0,16 mm
- Maß D: 1,85 mm ist die Stärke des eben ausgebauten Shim (Bild 13c)

2.1. Ein benötigtes Shim errechnen:
- (B – C) = (0,11 mm – 1,16 mm) = – 0,05 mm
- A = – 0,05 mm + 1,85 mm = 1,80 mm

3. Es muss ein neues Shim mit 1,80 mm Dicke eingesetzt werden. Damit beträgt das neue Ventilspiel 0,16 mm. Es liegt in der Toleranz.

Nockenwelle ausbauen

1. Links unten am Motor die Kurbelwelle links herum drehen (Bild 7), bis die auf dem Lichtmaschinenrotor angebrachte »T1«-Markierung im Fenster erscheint (»1« in Bild 8) und sich mit der Gehäusemarkierung deckt (»2« in Bild 8).
1.1. Gegenkontrolle: Die **Strich**markierungen am Nockenwellenrad (»3« in Bild 8) müssen sich mit der Dichtfläche am Zylinderkopf decken und die **Stanz**markierung (»4« in Bild 8) muss zu sehen sein.
2. Die Kipphebelanschlagschraube (»15« in Bild 1) ausschrauben und mit der Dichtscheibe abnehmen.
2.1. Die beiden Schrauben ausschrauben, mit denen die Kipphebelwelle auf dem Zylinderkopf befestigt ist (Kipphebelwellenschrauben »14« in Bild 1).
2.2. Eine 6 mm-Schraube in die Kipphebelwelle einschrauben und daran die Kipphebelwelle ausziehen. Die Kipphebel herausnehmen.

Bild 12a: Das originale Honda-Spezialwerkzeug »Feststellwerkzeug B für Steuerkettenspanner« kostet mehr als 280 Euro.

Bild 12b: Maßskizze zum Selbstbau eines Feststellwerkzeugs. Mit etwas handwerklichem Geschick kann man so ein Teil aus Stahlblech leicht selbst herstellen.

Bilder 13a, 13b und 13c: Tassenstößel und Einstellplättchen »Shim«.

Bild 12a

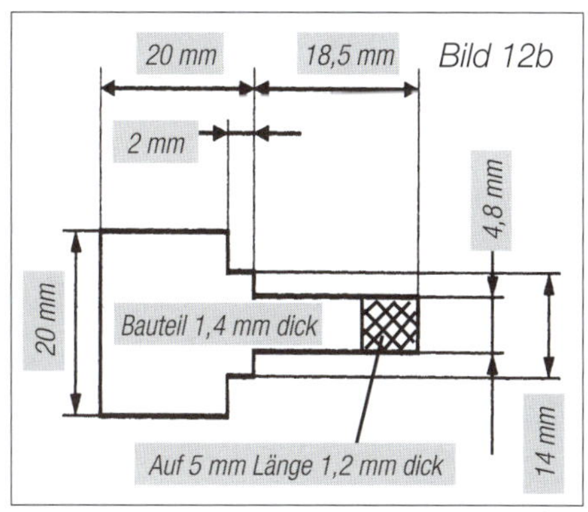

Bild 12b

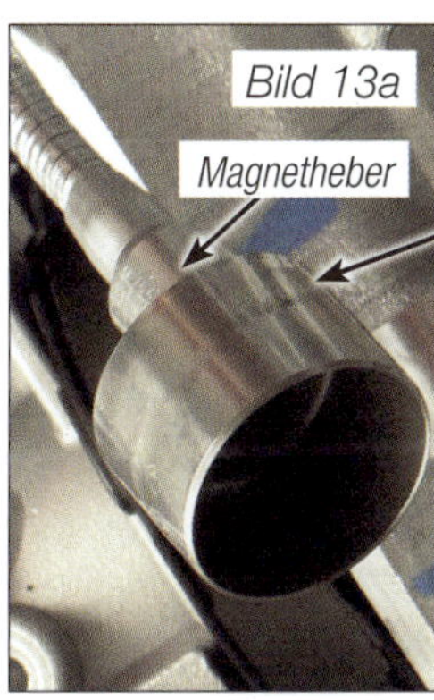

Bild 13a

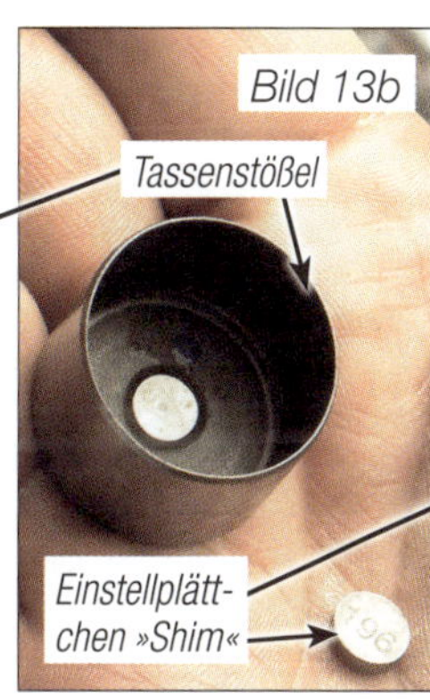

Bild 13b

Bild 13c

Sichtprüfung Messen

3. Kurbelwelle nach links drehen, bis die auf dem Lichtmaschinenrotor angebrachte »T2«-Markierung im Fenster erscheint (»1« in Bild 9) und sich mit der Gehäusemarkierung deckt (»2« in Bild 9).
3.1. Gegenkontrolle: Die **Stanz**markierung am Nockenwellenrad (»3« in Bild 9) muss sich mit der vorderen Dichtfläche des Zylinderkopfs decken.
Achtung: Die Kurbelwelle darf während des Aus- und Einbaus der Nockenwellen nicht mehr gedreht werden, um Schäden und / oder falsche Steuerzeiten zu vermeiden.
4. Bild 11: Jetzt die Verschlussschraube des Steuerkettenspanners ausschrauben und mit der Dichtscheibe abnehmen.
4.1. Bild 12a: Mit dem Spezialwerkzeug »Feststellwerkzeug B für Steuerkettenspanner« (Nr. 070MG- 0010100) in den Steuerkettenspanner einfahren, Spannbolzen im Uhrzeigersinn (rechts herum) bis zum Anschlag drehen: Der Steuerkettenspanner wird jetzt in sich gespannt, fährt von der Steuerkettenschiene weg und die Steuerkette wird dadurch entspannt. In dieser Stellung den Spannbolzen blockieren.
4.2. Bild 11: Befestigungsschrauben des Steuerkettenspanners am Zylinderkopf ausdrehen. Steuerkettenspanner mit Dichtung herausnehmen und vorsichtig ablegen.
5. Schrauben der Nockenwellen-Lagerdeckel (»3« in Bild 1) über Kreuz schrittweise von außen nach innen in zwei bis drei Durchgängen lösen, ausdrehen, Lagerdeckel mit Passstiften abnehmen.
Achtung: Die Passstifte nicht gewaltsam aus den Lagerdeckeln herausziehen.
6. Nockenwelle (»5« in Bild 1) aus ihren Lagerstellen heben, dabei die Steuerkette vom Kettenrad abnehmen und mit einem Draht nach oben aufhängen, damit sie nicht in den Schacht fällt.
Wichtig: Steuerkettenschacht, offene Schmierbohrungen in den Lagerschalen und Kerzenbohrungen mit Lappen abdecken! Denn wenn eine Schraube oder ein Ventilshim hineinfällt, ist es schier unmöglich, das Kleinteil wieder herauszuholen, ohne den Motor weiter zu zerlegen.

Bild 14: Dichtscheiben auf den Schrauben der Ventildeckelbefestigung mit »UP« nach oben montieren.

Bild 15: Etwas Silikondichtmittel in die Ecken der Ausrundungen der Ventildeckeldichtung geben.

Bild 14

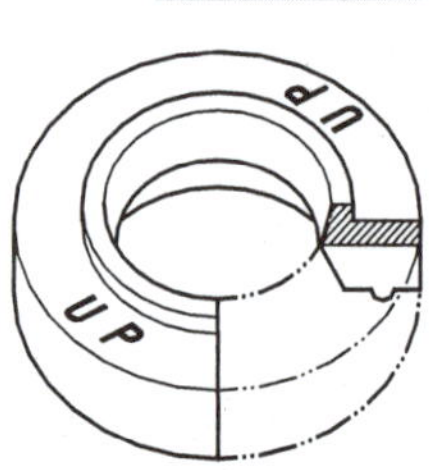

Bild 15

Einstellplättchen wechseln: Beim Herausziehen der Tassenstößel mit einem Magnetheber (Bild 13a) daran denken, dass beim Zusammenbau alle Tassenstößel wieder in die Bohrungen eingesetzt werden, aus denen sie herausgezogen wurden. Entweder oben auf der Planfläche mit Farbstift markieren oder der Ausbaureihenfolge nach ablegen.
1. Bild 13a: Tassenstößel mit einem Magnetheber herausziehen.
2. Bilder 13b und 13c: Das Shim klebt entweder im Tassenstößel oder sitzt im Ventilfederteller. Mit Magnetheber oder Pinzette herausnehmen.
3. Bild 13c: Dicke vom Shim ablesen: z. B. die Zahl 185 entspricht 1,85 mm.
4. Ein entsprechend neues Shim auswählen wie es eine Seite weiter vorne in der Beispielrechnung beschrieben ist.
- Shim mit Molybdändisulfidöl einstreichen.
- Bild 13c: Shim mit Zahl nach oben in den Ventilfederteller einsetzen.

5. Tassenstößel mit Motoröl einstreichen und in seine Bohrung einschieben.

Nockenwelle einbauen: Zuerst sicherstellen, dass sich die »T2«-Markierung auf dem Rotor (»1« in Bild 9) mit der Gehäusemarkierung deckt (»2« in Bild 9). Wenn»ja«, ist die Kurbelwelle nicht gedreht worden, als die Nockenwelle ausgebaut war.
1. Nocken, Lagerzapfen und Lagerflächen an den Lagerdeckeln und im Zylinderkopf gut mit Molybdändisulfidöl einschmieren.
2. Den sichtbaren Teil der Steuerkette gut mit Motoröl einschmieren.
3. Drahthalterung von der Steuerkette abnehmen. Steuerkette straffen.
3.1. Nockenwelle durch die Steuerkette schräg anfädeln, Steuerkette auf das Nockenwellenrad auflegen. Steuerkette dabei gestrafft halten!
3.2. Nockenwelle so in ihre Lager einlegen, dass sich die **Stanz**markierung auf dem Nockenwellenrad mit der vorderen Dichtfläche des Zylinderkopfs deckt (»3« in Bild 9).
4. Nun folgt die Montage der Lagerdeckel. Jeder muss an seiner Stammstelle montiert werden:
- Der breitere Lagerdeckel kommt hinter das Nockenwellenrad.

5. Schrauben mit Motoröl einölen, eindrehen und über Kreuz schrittweise bis auf 12 Nm festziehen.
6. Steuerkettenspanner mit einer neuer Dichtung

einbauen: Die innere Spanneinheit ist noch immer in sich gespannt, deswegen ohne irgendwo anzuschlagen an der Montagestelle ansetzen.
6.1. Befestigungsschrauben eindrehen und mit 10 Nm festziehen.
6.2. Das Feststellwerkzeug (Bild 12a) abnehmen, die innere Spanneinheit wird damit gelöst.
7. Verschlussschraube des Steuerkettenspanners mit neuer Dichtscheibe einschrauben und mit 7 Nm festziehen.
8. Nun die Kurbelwelle einige Male links herum drehen und prüfen, ob sich der Motor frei dreht.
■ Zur vorletzten Kontrolle die Kurbelwelle so drehen, dass die auf dem Lichtmaschinenrotor angebrachte»T1«-Markierung (»1« in Bild 8) sich mit der Gehäusemarkierung deckt (»2« in Bild 8).
■ Gegenkontrolle: Die **Strich**markierungen am Nockenwellenrad (»3« in Bild 8) müssen sich mit der Dichtfläche des Zylinderkopfs decken und die **Stanz**markierung (»4« in Bild 8) muss zu sehen sein.
■ Wenn »nein« stimmen die Steuerzeiten nicht, die Nockenwelle wurde falsch eingebaut: Oft ist die Steuerkette um einen Zahn der Kettenräder versetzt, was nicht sein darf! Dann die Nockenwelle ausbauen und richtig einbauen.
9. Bohrungen und Rollen der Kipphebel und die Kipphebelwelle gut mit Molybdändisulfidöl einschmieren.
9.1. Die 6-mm-Schraube ist vom Ausbau noch in die Kipphebelwelle eingeschraubt.
10. Einen Kipphebel nach dem anderen so in den Zylinderkopf einsetzen, dass die Kipphebelwelle durch die Bohrungen in den Kipphebeln geschoben werden kann.
■ Bild 5: Die Kipphebel sind mit »A« und »B« gekennzeichnet. Zuerst einen »A«-Kipphebel einsetzen, dann einen »B«-Kipphebel, dann wieder einen »A«-Kipphebel und zuletzt einen »B«-Kipphebel.
11. Die Kipphebelwelle durch die Bohrung im Zylinderkopf und die Kipphebel so weit einschieben, dass sich die Bohrungen in der Kipphebelwelle mit den Gewindebohrungen für die Kipphebelwellenschrauben im Zylinderkopf decken.
11.1. Gewinde und Sitzfläche der Kipphebelwellenschrauben mit Motoröl einschmieren.
11.2. Kipphebelwellenschrauben (»14« in Bild 1) einschrauben, mit 12 Nm festziehen.
12. Die 6-mm-Schraube aus der Kipphebelwelle ausschrauben.
12.1. Kipphebelanschlagschraube (15« in Bild 1) mit neuer Dichtscheibe einschrauben und mit 18 Nm festziehen.

Auslassventilspiel einstellen

1. Die Kurbelwelle muss zum Einstellen des Ventilspiels an den Auslassventilen genau so stehen wie zum »Ventilspiel prüfen« weiter vorne in diesem Kapitel.
2. Bild 5: Kontermutter der Ventilspiel-Einstellschraube lösen.
2.1. Ventilspiel-Einstellschraube mit dem Honda-Spezialwerkzeug »Ventileinstellschlüssel« (Nr. 07708-0030400, Bild 4) etwas ein- oder ausdrehen, bis das Ventilspiel stimmt:
■ Die Fühlerlehre muss sich satt durch den Spalt zwischen Kipphebelrolle und dem Grundkreis der Nockenwelle durchschleifen lassen.
3. Mutter auf Ventilspiel-Einstellschraube kontern.
■ Einstellschraube dabei unbedingt mit dem Ventileinstellschlüssel auf Zug in Position halten. Die Mutter gegen den Kipphebel mit 10 Nm kontern.
Wichtig: Weil man die Kontermutter mit einem Drehmomentschlüssel nur schlecht erreicht und sie »nach Gefühl« festzieht:
■ Nicht zu fest anziehen, sonst reißt die Ventilspiel-Einstellschraube ab.
■ Aber auch nicht zu lose festziehen, sonst löst sie sich, wenn der Motor läuft! Also: »gut handfest und mit Gefühl« festziehen.
4. Wichtig: Nach dem Kontern die Kurbelwelle einige Male links herum durchdrehen und danach die Ventilspiele noch einmal messen. Alles ok?

Ventildeckel aufbauen

1. Honda empfiehlt die Ventildeckeldichtung und die Kerzenschachtdichtungen zu erneuern. Wenn sie noch in Ordnung sind, können sie ein weiteres Mal verwendet werden. Gut reinigen!
1.1. Bild 15: Etwas Dichtmittel »Three Bond 1541C« oder ein anderes flüssiges Kfz-Silikondichtmittel in die Ecken der Ausrundungen der Ventildeckeldichtung geben.
1.2. Wenn die Kerzenschachtdichtungen ausgebaut waren: Sie werden mit der Aufschrift »OUT SIDE« nach oben eingebaut
1.3. Ventildeckeldichtung auf den Ventildeckel auflegen.
2. Ventildeckel in Montageposition auf den Zylinderkopf aufsetzen.
2.1. Dichtscheiben mit der Aufschrift »UP« nach oben einbauen (Bild 14).
2.2. Schrauben einölen, eindrehen und abwechselnd schrittweise mit 10 Nm festziehen.
■ Abgebaute Teile ein- und anbauen.

Batterie

In diesem Kapitel: Batterie prüfen, ausbauen, laden, einbauen · Neue Batterie kaufen.

Batterie

Die Batterie muss immer in bestem Zustand sein, damit sie auch bei kalter Witterung ausreichend Energie für den Startvorgang liefern kann. Bei den Maschinen unseres Buchs der Mj. 2016 bis 2019 sind MF-Batterien eingebaut: »MF« bedeutet »Maintenance Free«, übersetzt »wartungsfrei« Doch eine Batterie ist grundsätzlich nicht ganz wartungsfrei, sondern nur »wartungsarm«: Bei jeder großen Inspektion soll sie ausgebaut, gereinigt und mit einem elektronischen Ladegerät geladen werden (Bild 6). Bei einer Lithium-Ionen-Batterie muss das Ladegerät dafür geeignet sein.

Bild 1a: Serienmäßige Batterie in den Modelljahren 2016, 2017: 12 V/11,2 Ah Yuasa YTZ14S.

Bild 1b: Alternative Batterie: In unserer 2017er-Fotomaschine war eine JMT Lithium-Ionen-Batterie HJTZ-14S-FP-SI eingebaut. Diese entlädt sich langsamer als die serienmäßige Yuasa, wiegt nur 920 Gramm und ist damit viel leichter als die 3,90 kg schwere serienmäßige Batterie.

Bild 1c: Serienmäßige Batterie in den Modelljahren 2018, 2019: 12 V/6Ah Eliiy Power HY110. Das ist eine Lithium-Ionen-Batterie. Sie ist mit 1,4 kg etwas schwerer als die in unserer Fotomaschine eingebaute Batterie und sauteuer: Als Honda-Original-Ersatzteil kostet sie 435 Euro, im freien Handel ist sie auch nicht billiger.

Als Alternativen bieten sich an:
- Lithium-Ionen-Batterie HJTZ7S-FPZ-WI von JMT für 115 Euro
- Lithium-Eisen-Phosphat-Batterie YLP14 von Alliant für 145 Euro

Grundsätzliches zur Batterie

Hier ein kurzer Vergeich der modernen MF-Batterien, die in die Maschinen unseres Buchs eingebaut sind, zu den älteren Blei-Säure-Batterie, wie sie bei Motorrädern sehr lange üblich und serienmäßig eingebaut waren.

Im Vergleich zur Blei-Säure-Batterie baut eine MF-Batterie kleiner, sie braucht also weniger Bauraum. Auch ist sie leichter und es wird kein Sicherheitspolster in Form eines Ausdehnungsvolumens gebraucht. Zur Sicherheit ist ein Ventil eingebaut, das bei Überdruck öffnet und bei Erreichen des Normaldrucks wieder schließt. Weiterhin befindet sich unter dem Deckel auf

Bild 1a

Bild 1a: In den Modelljahren 2016 und 2017 ist serienmäßig eine Yuasa YTZ14S eingebaut.

Bild 1b

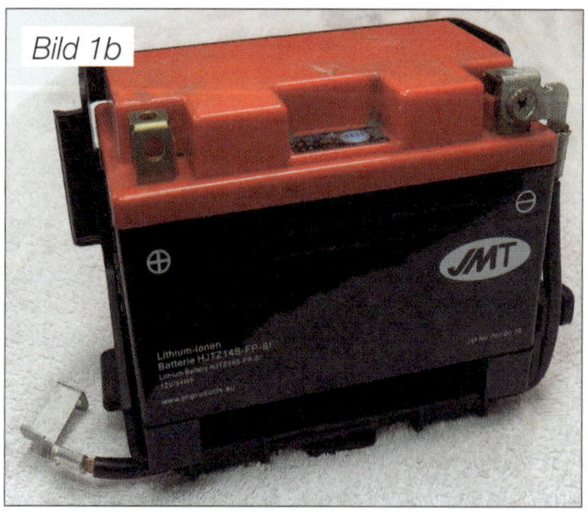

Bild 1b: Die leichte Ersatz-Batterie Lithium-Ionen HJTZ-14S-FP-SI unserer Fotomaschine. Zwecks einfacher Montage beim Aus- und Einbau bleibt das lange Massekabel am Minuspol befestigt; siehe dazu auch Bild 5.

Bild 1c

Bild 1c: In den Modelljahren 2018 und 2019 ist serienmäßig eine leistungsstarke Lithium-Ionen-Batterie eingebaut.

Sicherheitshinweise ⚠ Achtung und ☞ Tipps für dieses Kapitel

⚠ Zu allen Arbeiten an der Batterie muss die Zündung ausgeschaltet sein! Zündschlüssel am besten abziehen.

⚠ Beim Laden einer Batterie können aus der Batterie explosive Gase entweichen. Offenes Feuer, Funkenflug und brennende Zigaretten in weitem Umkreis von der am Ladegerät hängenden Batterie fern halten. Für ausreichende Belüftung des Raumes sorgen, in dem die Batterie geladen wird!

⚠ Hängen Sie die Batterie Ihrer Maschine über Winter besser nicht an ein »Batterie-Frischhaltegerät«, bei dem die Batterie fortwährend im Wechsel geladen und entladen wird. Das schadet der Batterie mehr als ihr gut tut.

☞ Vor dem Überwintern Ihrer Maschine die Batterie ausbauen, nach Vorschrift laden und in kühlem, trockenem Raum lagern. Im Frühjahr vor dem ersten Start Batterie unter fließendem Wasser gut reinigen, trocknen, vorschriftsmäßig laden und sorgfältig einbauen.

dem Sicherheitsventil ein Keramikfilter, der als Schutz gegen Entzündung oder Explosion dient.

Wichtig: Die Stopfenleiste (Bild 6) nicht entfernen, weil der Säurestand nicht überprüft werden muss. Auch das Nachfüllen von destilliertem Wasser entfällt. Denn bei normaler Ladung einer MF-Batterie entsteht nur Sauerstoff. Dieser reagiert an der Minusplatte mit dem dort gebundenen Wasserstoff und verwandelt sich wieder in Wasser, weswegen der Flüssigkeitsstand in der Batterie immer konstant bleibt. Und weil eine MF-Batterie keinen Flüssigkeitsverlust hat, braucht sie auch keinen Entlüftungsschlauch wie eine normale Blei-Säure-Batterie, die auch Wasserstoff freisetzt.

Einbaulage der Batterie

Bild 4: Bei allen Modellen unseres Buchs ist die Batterie auf der linken Fahrzeugseite hinter dem Werkzeugfach liegend eingebaut.

Bilder 2 und 3: In den Modelljahren 2016 und 2017 liegt der Pluspol in Fahrtrichtung links und der Minuspol in Fahrtrichtung rechts. Von dort führt ein langes Minuskabel auf die linke Fahrzeugseite und ist dort verschraubt.

In den Modelljahren 2018 und 2019 liegen beide Pole in Fahrtrichtung links, der Pluspol in Fahrtrichtung vorne, der Minuspol hinten.

Batterie prüfen

Eine schwache Batterie ist vor allem am »müden« Elektrostarter zu spüren, der den Motor nicht mehr richtig durchdreht. Vor einer Messung der Batteriespannung soll der Motor mindestens 30 Minuten nicht gelaufen sein.

1. Zündung AUSschalten, die Batterie freilegen:
1.1. Werkzeugfach ausbauen (siehe Kapitel 2 »Werkstatt« Absatz »Bordwerkzeug«).
■ In den Modelljahren 2018 und 2019 ist keine Haltemaske vorhanden, das Werkzeugfach ist angeschraubt.
2. Modelljahre 2016 und 2017, Bild 5: Den Batteriefachdeckel unten an der Lasche öffnen und nach oben klappen.
2.1. Bild 5: Jetzt ist die Batterie freigelegt, die Kabel bleiben an der Batterie angeschlossen.
Hinweis: In den Modelljahren 2018 und 2019 liegt die Batterie quer im Batteriefach, das keinen Deckel hat. Die Batterie wird durch einen Haltebügel gehalten.
3. Multimeter zu Hilfe nehmen: Messspitzen an Plus- und Minuspol anlegen.
4. Spannung der Batterie messen bei den Modelljahren 2016 und 2017: Bei 13,0 Volt oder mehr ist die Batterie gut geladen.
4.1. Bei weniger als 12,3 Volt ist die Batterie nicht ausreichend geladen und muss nachgeladen werden.
Hinweis: Dies sind die Werksangaben von Honda. Nach unserer Erfahrung ist eine Batterie mit 12,0 bis 12,2 Volt noch »gerade so ausreichend geladen«, dass der Motor anspringt und auch einwandfrei läuft.
5. Spannung der Batterie messen bei den Modelljahren 2018 und 2019: Bei 13,5 bis 14,0 Volt ist die Batterie gut geladen.
5.1. Bei weniger als 10,8 Volt ist die Batterie nicht ausreichend geladen und muss nachgeladen werden.

Batterie aus- und einbauen

Mj. 2016, 2017: Batterie ausbauen

1. Zündung AUSschalten.
2. Batterie freilegen wie im vorhergehenden Kapitelabsatz »Batterie prüfen« beschrieben.
3. Bild 5: Zuerst das Minuskanbel abschrauben.
3.1. Bild 5: Batterie zusammen mit dem Batteriefach so weit herausziehen, dass man die Schraube des Pluspols erreicht: Abschrauben.
4. Batterie herausziehen und herausnehmen.

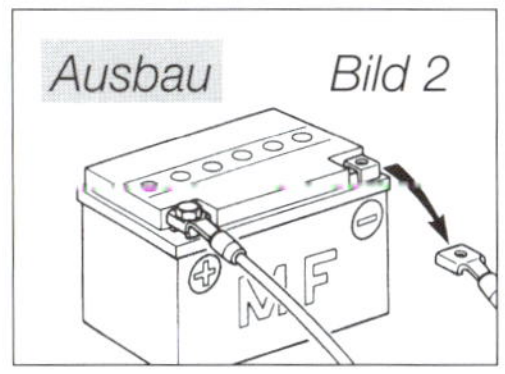

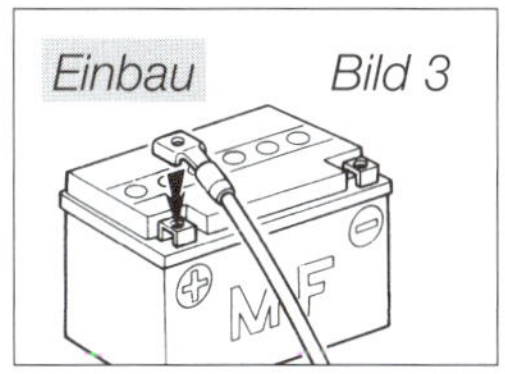

Bilder 2 und 3: Beim Ausbau zuerst den Minuspol abschrauben. Beim Einbau zuerst den Pluspol anschrauben.

Bild 4: Über dem Motorgehäuse und hinter dem Zylinderkopf ist die Batterie im Batteriefach eingebaut.

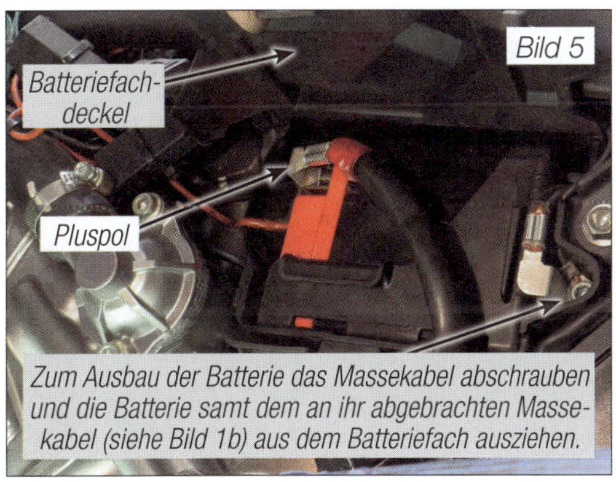

Bild 5: Damit man in den Modelljahren 2016 und 2017 an die Batterie kommt, muss zuerst das Werkzeugfach abgebaut und dann der Deckel geöffnet werden.

Bei den Mj. 2018 und 2019 muss ein Haltebügel gelöst werden.

Hersteller des Ladegeräts in Bild 6: **fritec Friedrich & Hitschfel GmbH**
Schlehenstrasse 26
D-90542 Eckental
www.fritec.de

Achtung: Honda-Spezialisten empfehlen dringend die Verwendung eines elektronischen Ladegeräts (Bild 6). Wenn ein altes Ladegerät aus Opas Schatzkammer verwendet wird, kann die Batterie nach kurzer Zeit platzen!

Bei der Lithium-Ionen-Batterie der Modelljahre 2018, 2019 muss ein speziell dafür geeignetes Ladegerät verwendet werden.

Mj. 2016, 2017: Batterie einbauen

1. Batterie mit angeschraubtem Massekabel (siehe Bild 1b) in den Batteriekasten einsetzen, der Pluspol zeigt in Fahrtrichtung links.
2. Das lange Minuskabel vom Minuspol nach links herauslegen.
3. Bild 5: Batteriefach so weit einschieben, dass der Pluspol angeschraubt werden kann.
4. Etwas Batteriefett an die Pole geben.
4.1. Pluspol anschrauben.
5. Bild 5: Batteriefach ganz einschieben, Minuskabel anschrauben.
6. Batteriefachdeckel schließen, Werkzeugfach abbauen.
7. Uhr in der Instrumenteneinheit einstellen.

Mj. 2018, 2019: Batterie ausbauen

1. Zündung AUSschalten.
2. Batterie freilegen wie im vorhergehenden Kapitelabsatz »Batterie prüfen« beschrieben.
3. Gummikappe vom Pluspol abschieben.
4. Bild 5: Batteriepole abklemmen, zuerst den Minuspol, dann den Pluspol abschrauben.
5. Bild 5: Verbindungsnippel ausbauen (siehe Kapitel 3 »Spiegel · Verkleidung · Tank«).
6. Haltebügel aufklappen, Batterie aus dem Batteriefach herausnehmen.

Mj. 2018, 2019: Batterie einbauen

1. Batterie in das Batteriefach einsetzen, der Pluspol zeigt in Fahrtrichtung nach vorne.
2. Haltebügel nach oben klappen.
3. Verbindungsnippel einbauen (siehe Kapitel 3 »Spiegel · Verkleidung · Tank«).
4. Etwas Batteriefett an die Pole geben.
4.1. Bild 5: Pluskabel an Batterie anschrauben.
4.2. Minuskabel anschrauben.
5. Gummikappe über Pluspol schieben.
6. Werkzeugfach anbauen.
7. Uhr in der Instrumenteneinheit einstellen.

Batterie laden

1. Batterie unter fließendem Wasser mit Bürste reinigen. Plus- und Minuspol der Batterie mit Messingbürste oder feinem Schmirgel reinigen.
2. Bild 8: Batterie an Ladegerät anschließen. Zuerst den Pluspol anklemmen, dann Minuspol.
3. Die auf der Batterie angegebenen Ladeströme und Ladezeiten soll man nicht überschreiten, sonst wird die Batterie beschädigt.
3.1. Batterie der Modelljahre 2016, 2017:
- Empfohlene Ladespannung 14,8 Volt.
- Ladestrom maximal 1,1 Ampere.
- Ladezeit 5 bis 10 Stunden.

3.2. Batterie der Modelljahre 2018, 2019:
- Empfohlene Ladespannung 14,7 Volt.
- Empfohlener Ladestrom maximal 5 Ampere.
- Ladezeit 5 bis 10 Stunden.

4. Schnellladung: Soll für die Modelljahre 2016 und 2017 nicht vorgenommen werden. Wenn es aber sein muss, weil es nicht anders geht: 1 Stunde mit maximal 5,5 Ampere. Auch dazu sollte die Batterie ausgebaut sein!
Wichtig: Eine unterwegs schnell geladene Batterie soll bei nächster Gelegenheit noch einmal langsam geladen werden.
4.1. Für die Lithium-Ionen-Batterie der Modelljahre 2018 und 2019 ist der Ladestrom von 5 Ampere schon so hoch, dass eine darüber hinausgehende Schnellladung nicht möglich ist.
5. Wenn die Batterie geladen ist:
- Ladegerät ausschalten.
- Bild 2: Die Kabelzangen zuerst vom Minuspol abklemmen, dann vom Pluspol.
- Ladedatum auf der Batterie vermerken.
- Die frisch geladene Batterie vor dem Einbau eine halbe Stunde ruhen lassen.

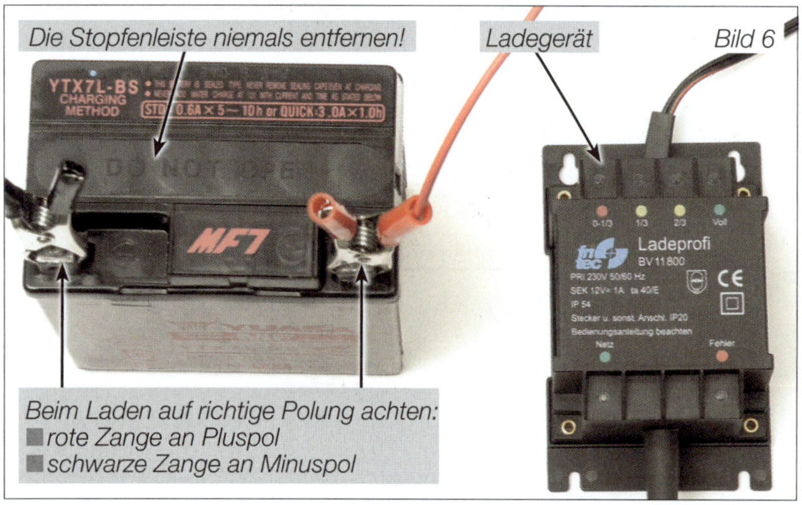

Bild 6: Beim Laden auf richtige Polung der Zangen achten.

Neue Batterie

Wenn eine neue Batterie notwendig wird, kaufen Sie im Motorrad-Fachhandel möglichst die zu Ihrem Motorrad gehörende Motorradbatterie guter Qualität – NIEMALS eine Billigbatterie einbauen!

Eine neue Batterie ist zwar vorgeladen und theoretisch sofort einsatzbereit, jedoch sollte man sie vor dem Einbau vorschriftsmäßig laden. Auch bei der neuen Batterie gilt: Wenn sie voll geladen ist und vom Ladegerät abgeklemmt wird, noch eine gute halbe Stunde ruhen lassen und dann einbauen.

Ladesystem

In diesem Kapitel: Ladesystem überprüfen · Generatorstator prüfen, auswechseln.

Ladesystem überprüfen

Wenn die Batterie nicht richtig geladen wird, kann eine Störung im Ladesystem vorliegen. Zur Überprüfung der Ladespannung und der Lichtmaschine ist ein Multimeter nötig.

Prüfung 1: Ladespannung (Bild 1)
Für diese Prüfung Zugang zur Batteie schaffen wie es im vorherigen Kapitel 23 »Batterie« beschrieben ist. **Wichtig:** Batterie und Hauptsicherung müssen in Ordnung sein. Wenn die Batterie leer ist, weil es ja ein Problem mit der Ladespannung gibt, dann bauen Sie zur Prüfung der Ladespannung eine gute Batterie ein, die mindestens 12,7 Volt liefert. Plus- und Minuskabel bleiben an der Batterie angeschlossen.
1. Motor starten und auf Betriebstemperatur bringen. Motor ausschalten.
2. Multimeter an die Batterie anschließen:
- Plusklemme auf Pluspol
- Minusklemme auf Minuspol

3. Batteriespannung ablesen: z. B.12,7 Volt.
4. Motor starten, Gas geben auf 5000/min. Drehzahl halten: Das Multimeter muss 14 Volt bis 14,8 Volt anzeigen.
5. Ergebnisse: Wenn die Ladespannung im Bereich 14 Volt bis 14,8 Volt liegt, arbeiten Lichtmaschine und Regler/Gleichrichter einwandfrei.
5.1. Ist die angezeigte Spannung kleiner oder gleich der Batteriespannung, können Lichtmaschine oder Regler/Gleichrichter defekt sein.
5.2. Ist die angezeigte Spannung höher als 15,5 Volt, können folgende Störungen vorliegen: Batterie defekt, Masseanschluss am Regler/Gleichrichter schlecht, Regler/Gleichrichter defekt.
6. Ein Defekt im Kabelbaum oder den Steckern kann ebenfalls vorliegen. Zur Überprüfung verweisen wir auf Kapitel 28 »Stecker · Kabel«.
7. Wenn Batterie, Kabel und Stecker in Ordnung sind, den Regler/Gleichrichter gegen ein erwiesenermaßen funktionierendes Teil austauschen und die Ladespannung erneut prüfen.

Prüfung 2: Widerstand Lichtmaschine (Bild 2)
Der Generatorstator bleibt dazu eingebaut.
1. Bild 3: Den 3-poligen Stecker am Kabel, das aus der Lichtmaschine kommt und zum Regler/Gleichrichter führt, aus seiner Steckdose ziehen.

Bilder 1 und 2: Die Messungen sind im Lauftext erklärt.

Bild 3: Der Regler/Gleichrichter ist im Freiraum des Rahmens über der Kette in der Nähe des Federbeins angebaut. Den 3-poligen grauen Stecker aus seiner Steckdose ziehen, dann erreicht man die drei gelben Kabel. Siehe dazu auch das Bild 4 auf der nächsten Seite.

Bild 1
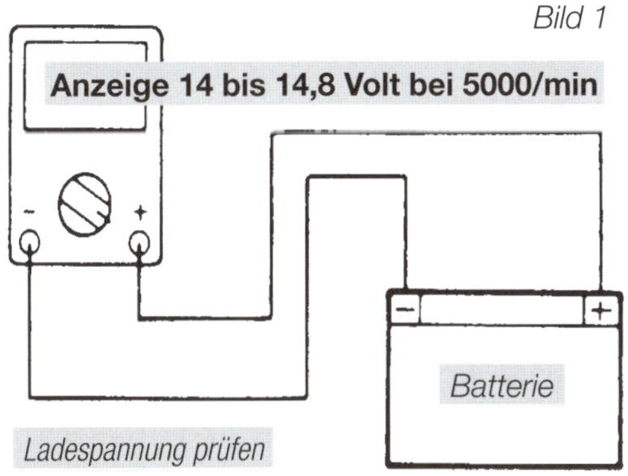

Ladespannung prüfen

Bild 2
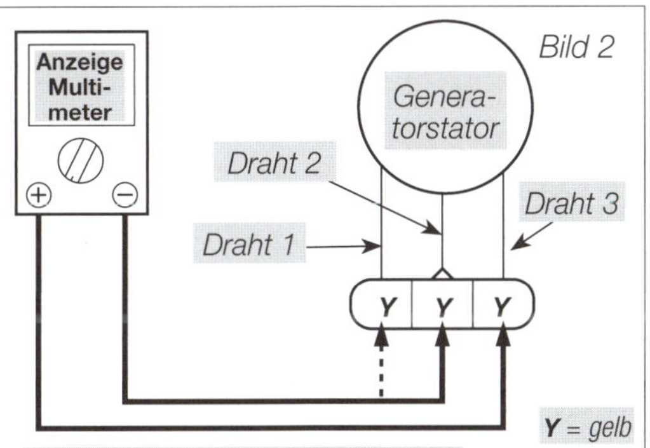

Widerstand der Lichtmaschine prüfen

Bild 3

Bild 4: Hier sind die Steckkontakte der in der Systemzeichnung in Bild 2 mit »y« (= Yellow, Gelb) bezeichneten Kabel, an denen die Prüfkabel des Multimeters zur Prüfung angelegt werden.

Der Regler/Gleichrichter ist im Freiraum im Rahmen unter der Sitzbank über der Kette in der Nähe des Federbeins eingebaut.

2. Bild 2: Prüfkabel des Multimeters an den Kontakten im Kabelstecker wie folgt anlegen.

- Für Messung 1: (+) an Draht 1, (–) an Draht 2.
- Für Messung 2: (+) an Draht 1, (–) an Draht 3.
- Für Messung 3: (+) an Draht 2, (–) an Draht 3.

3. Widerstand zwischen den Klemmen im Stecker messen. Sollwerte 0,1 bis 1,0 Ω.

4. Ergebnisse werten: Wenn die Messwerte außerhalb der Toleranz liegen, ist wahrscheinlich der Stator defekt und muss erneuert werden.

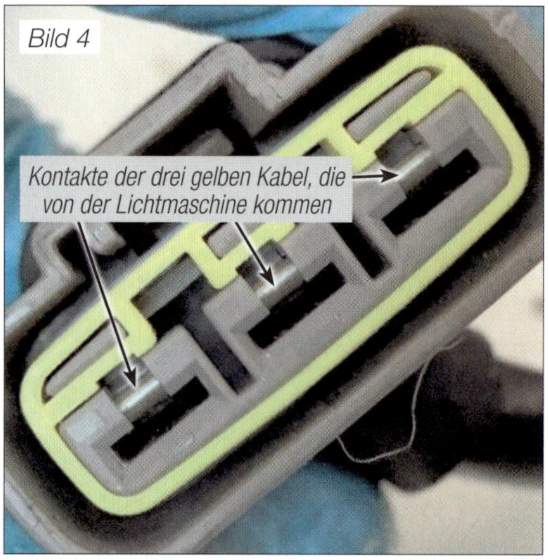

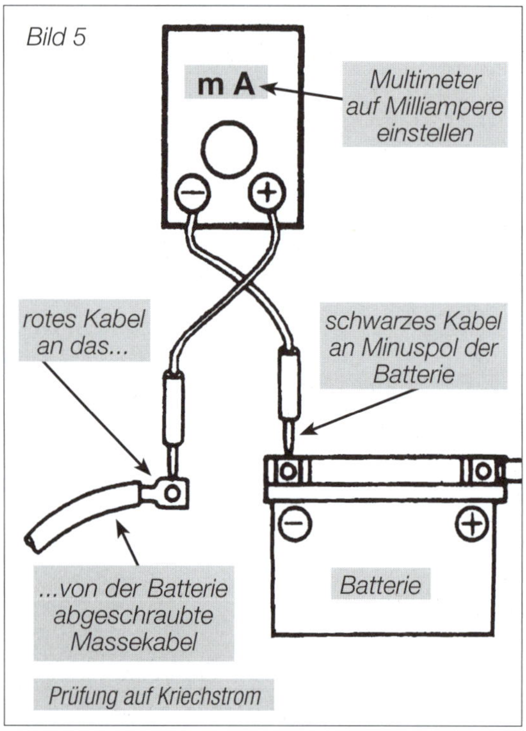

Bild 5: Versuchsaufbau zum Prüfen der Verkabelung und Batterie auf Kriechstrom.

Prüfung 3: Auf Kriechstrom (Bild 5)

1. Zündung AUSschalten.

2. Massekabel von der Batterie abschrauben.

- Bei den Modellen 2016 und 2017 kann man die Verschraubung des Massekabels zum Rahmen hin abschrauben, dann kann die Batterie im Batteriekasten eingebaut bleiben.

3. Bild 5: Multimeter auf Amperemessung einstellen.

3.1. Die Prüfkabel anschließen: Schwarzes Kabel (–) an Batterie-Minuspol.

3.2. Rotes Kabel (+) an die abgeschraubte Öse des Massekabels.

4. Wenn das Multimeter mehr als 0,66 mA anzeigt, ist Kriechstrom (»Leckstrom«) vorhanden.

Wichtig 1: Kriechstrom kann sehr stark sein, deswegen das Multimeter zuerst auf einen hohen Bereich einstellen und während der Messung herunterregeln.

Wichtig 2: Zündung am Zündschloss während der Kriechstromprüfung NICHT einschalten.

5. Wenn Kriechstrom festgestellt wird, nach der Ursache suchen: Stecker im Kabelbaum der Reihe nach abtrennen und messen, bis weniger als 0,66 mA Kriechstrom angezeigt wird.

Generatorstator aus-/einbauen

Bilder 6, 7 und 8 gehören zu diesem Kapitelabschnitt. Wenn der Rotor abgebaut werden muss, sehen Sie bitte im Kapitel 22 »Anlasser« nach.

Vorarbeiten

1. Motoröl ablassen, siehe Kapitel 11 »Ölwechsel Schmiersystem«.

2. Ritzelabdeckung abbauen, siehe Kapitel 7 »Kette«.

3. Beim Schaltgetriebe: Schaltwellenabdeckung abbauen, dazu muss zuerst der kleine Schalthebel abgebaut werden, siehe Kapitel 14 »Schaltung«.

4. Bild 6: Abdeckung abbauen.

4.1. Beim Schaltgetriebe: Stecker des darunterliegenden Öldruckschalters trennen bzw. Kabelöse abschrauben.

4.2. Beim Doppelkupplungsgetriebe: Den 3-poligen schwarzen Stecker des darunterliegenden Öldruck-Sensors trennen.

5. Beim Schaltgetriebe: Den 3-poligen schwarzen Stecker des Geschwindigkeits-Sensors trennen. Er sitzt hinter dem Anlasser.

6. Beim Doppelkupplungsgetriebe: Abdeckung des Schaltsteuermotors abbauen.

7. Eines der beiden Kabel, die von der Lichtmaschinenabdeckung herauskommen, führt zu dem vor dem Motor angebrachten Steckerverbund, dessen Abdeckung wir ja schon abgebaut haben. Dessen 6-poligen schwarzen Stecker trennen.

8. Bild 3: Den 3-poligen grauen Stecker von der Lichtmaschine aus seiner Steckdose am Regler/Gleichrichter ausziehen. Das Kabel aus den Clips und Haltern herausnehmen.

Generatorstator ausbauen

1. Den Ölmessstab ausbauen.

2. Bild 6: Die Schrauben des Lichtmaschinendeckels zum Motor hin lösen und ausschrauben.

- Unter drei Schrauben sitzen ein Kabelhalter und zwei Halter für die Abdeckung des Lichtmaschinenkabels. Merken Sie sich bitte, wo Sie welche Schraube ausgebaut haben.

3. Deckel rechts und links fest mit den Händen anpacken und den Deckel unter kräftigem Wackeln abziehen.

■ Wenn sich der Deckel nicht lösen will, klebt er über die Dichtung am Motorgehäuse fest: Leichte Schläge mit einem Plastikhammer auf den Deckel lösen die Klebeverbindung.

3.1. Wenn der Deckel ab ist, achten Sie auf die Passbuchsen bei »1 Uhr« und bei »6 Uhr« und auf den Ölanschluss bei »3 Uhr«.

Hinweis: Für die folgenden Arbeitspunkte den Deckel auf einer sauberen Unterlage ablegen. Einen dicken Lappen unter den Deckel legen, damit seine Dichtfläche nicht beschädigt wird. Die Kabel sicher zur Seite räumen.

4. Die Gummitülle auf dem Statorkabel aus dem Ausschnitt im Deckel ziehen.

5. Befestigungsschrauben des Kurbelwellenpositions-Sensors ausdrehen.

6. Bilder 7 und 8: Die 5 Befestigungsschrauben des Stators ausdrehen. Stator mit Kurbelwellenpositions-Sensor (Zündgeber) herausnehmen.

Generatorstator einbauen

1. Den neuen Generatorstator so einsetzen, dass die Kabel mit dem Ausschnitt und die Schraubenlöcher mit den Gewindebohrungen fluchten. Kabel exakt verlegen.

2. An die Gewinde der Schrauben von Generatorstator und Kurbelwellenpositions-Sensor etwas Loctite 243 »mittelfest« geben.

2.1. Zuerst die Statorschrauben eindrehen und über Kreuz zuerst handfest, dann Schritt für Schritt bis auf 12 Nm festziehen.

2.2. Dann die Schrauben des Kurbelwellenpositions-Sensors eindrehen und ebenfalls mit 12 Nm festziehen.

3. Bild 8: Gummitülle mit etwas Silikondichtmittel bestreichen und in den Ausschnitt des Deckels eindrücken.

4. Deckel anbauen: Dichtfläche reinigen. Die Passbuchsen einsetzen (sie sitzen wahrscheinlich fest und sind nicht herausgefallen). Ölanschluss mit der kleineren Öffnung nach außen einsetzen.

4.1. Dichtflächen des Deckels dünn mit Silikondichtmittel bestreichen. Eine neue Dichtung auflegen, Deckel aufsetzen.

■ Achtung auf die Fingerspitzen, die Magnetkraft ist sehr stark!

4.2. Alle Schrauben eindrehen: Die beiden längeren Schrauben mit dem Halter für die Abdeckung des Lichtmaschinenkabels und die Schraube mit dem Kabelhalter müssen an die richtige Position.

4.3. Alle Schrauben über Kreuz in kleinen Schritten bis auf 12 Nm festziehen.

5. Den 6-poligen schwarzen und 3-poligen grauen Lichtmaschinenstecker einstecken. Die zugehörigen Kabel sauber verlegen. Auch die anderen Stecker verbinden. Aus- und abgebauten Teile wieder anbauen. Motoröl auffüllen.

Lichtmaschinenrotor: Dieser geht normalerweise nicht kaputt, es sei denn er bekommt einen harten Schlag, wird ausgebaut fallen gelassen und dadurch entmagnetisiert. Aus- und Einbau des Rotors siehe Kapitel 22 »Anlasser«.

Bild 6: Im linken Motordeckel sind der Generatorstator und der Kurbelwellenpositions-Sensor (Zündgeber) eingebaut.

Bild 7: Ausgebaut sind Generatorstator und Kurbelwellenpositions-Sensor.

Bild 8: Einbauanweisungen.

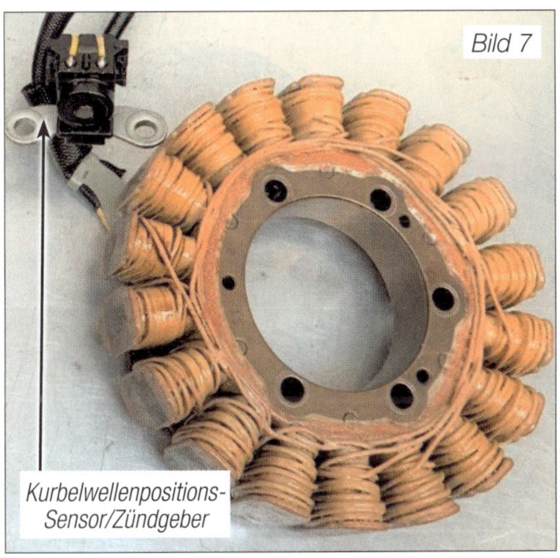

Sicherungen • Relais Zündschlüssel

In diesem Kapitel: So funktioniert eine Sicherung · Sicherungen der Modelle und wo sie eingebaut sind · Relais · Zündschloss und Zündschlüssel · Wegfahrsperre.

Bild 1: Eine defekte Sicherung erkennt man am durchgebrannten Sicherungsdraht, auch »Faden« genannt.

Bild 2: Eine defekte Sicherung mit einer schmalen Zange herausziehen. Eine neue Sicherung einsetzen und satt eindrücken.

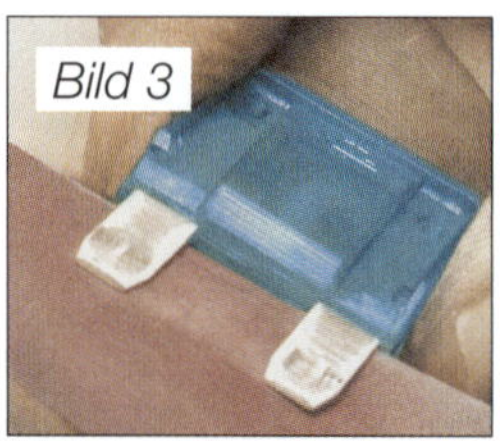

Bild 3: Korrosion an den Zungen kann man mit feinem Schmirgel abziehen.

So funktioniert eine Sicherung

Jedem elektrischen und elektronischen Bauteil des Fahrzeugs ist eine eigene Sicherung zugeteilt: Grob gesagt sind dies bei der Baugruppe Motor der Anlasser, die Benzinversorgung und die Zündung, beim Fahrwerk das ABS und bei der Ausstattung der Scheinwerfer mit dem Rücklicht, den Blinkern und dem Bremslicht. Dabei kann eine Sicherung auch für mehrere Bauteile zuständig sein.

Wenn ein bestimmter Stromkreis überlastet wird, was meistens durch ein defektes elektrisches Bauteil ausgelöst wird, das nicht mehr technisch in Ordnung ist, wie z. B. ein schwergängiger Kühlerventilatormotor, kommt der Moment der zugehörigen Sicherung. Das geht so: Wenn der Kühlerventilatormotor in Funktion geht (»er läuft an«), beginnt sich also zu drehen, weil die Kühlmitteltemperatur zu hoch wird, ist aufgrund der Schwergängigkeit des Kühlerventilatormotors der Strombedarf viel höher als bei einem »gesunden«, weil leichtgängigen Kühlerventilatormotor. Dadurch werden die zum Kühlerventilatormotor führenden elektrischen Kabel überlastet und erhitzen sich. Bevor nun die Kabel so heiß werden, dass sie zu brennen beginnen, kollabiert die Sicherung (Bild 1), sie »brennt durch« – und so wird das defekte Bauteil (und auch die ganze Maschine) vor einem größeren (Brand-)Schaden geschützt.

Die Angabe der Sicherungsstärke in Ampere besagt, ab welcher Stromstärke, die bei Funktion dieses Bauteils im elektrischen Stromkeis fließt, der Sicherungsdraht schmilzt – und damit der Stromdurchgang unterbrochen wird. In unserem Beispiel »Kühlerventilatormotor schwergängig« wird das Bauteil »Kühlerventilator« selbst nicht zerstört, funktioniert aber weiterhin nicht mehr.

Sicherungen Africa Twin Mj. 2016 mit Schaltgetriebe, ohne ABS

Sicherungen im Sicherungskasten 1:
Einbaulage unter dem Fahrersitz

Sicherung Abblendlicht	7,5 Ampere
Sicherung Fernlicht	7,5 Ampere
Sicherung Kühlerventilatoren	20 Ampere
Sicherung Uhr, Blinker	7,5 Ampere
Sicherung Motorstopp	7,5 Ampere
Sicherung Reserve 1 Stück	20 Ampere
Sicherung Reserve 1 Stück	7,5 Ampere

Sicherungen im Sicherungskasten 2:
Einbaulage links neben dem Sicherungskasten 1

Sicherung Bremslicht, Rücklicht	7,5 Ampere
Sicherung Zusatzgeräte	10 Ampere
Sicherung Reserve 1 Stück	10 Ampere

Sicherungen im Anlasser-Relaisschalter:
Einbaulage unter Batteriefach-Abdeckung rechts

Hauptsicherung	30 Ampere
FI-Sicherung (Einspritzsystem)	15 Ampere
Sicherung Reserve 1 Stück	30 Ampere
Sicherung Reserve 1 Stück	15 Ampere

Sicherungen Africa Twin Mj. 2016, 2017 mit Schaltgetriebe und ABS

Sicherungen im Sicherungskasten 1:
Einbaulage unter dem Fahrersitz

Sicherung Motorstopp	7,5 Ampere
Sicherung Abblendlicht	7,5 Ampere
Sicherung Fernlicht	7,5 Ampere
Sicherung Kühlerventilatoren	20 Ampere
Sicherung Uhr, Blinker	7,5 Ampere
ABS-Hauptsicherung	7,5 Ampere
Sicherung Reserve 1 Stück	20 Ampere
Sicherung Reserve 1 Stück	7,5 Ampere

Sicherungen im Sicherungskasten 2:
Einbaulage neben dem Sicherungskasten 1 links

Sicherung Bremslicht, Rücklicht	7,5 Ampere
Sicherung Zusatzgeräte	10 Ampere
Sicherung Reserve 1 Stück	10 Ampere

Sicherungen im Sicherungskasten 3:
Einbaulage unter Batteriefach-Abdeckung rechts

Sicherung ABS-Motor	30 Ampere

Sicherungen im Anlasser-Relaisschalter:
Einbaulage unter Batteriefach-Abdeckung rechts

Hauptsicherung	30 Ampere
FI-Sicherung (Einspritzsystem)	15 Ampere
Sicherung Reserve 1 Stück	30 Ampere
Sicherung Reserve 1 Stück	15 Ampere

Damit dies nicht zur Regel wird, muss die Stromaufnahme des Kühlerventilatormotors überprüft werden. Wenn festgestellt wird, dass diese zu hoch ist, ist klar, dass er defekt ist. Man muss den Kühlerventilator erneuern oder den alten reparieren. Danach bleibt die Sicherung dauerhaft ganz und brennt nicht mehr durch.

Beim Arbeiten an Sicherungen beachten:

- Vor einem Sicherungswechsel die Zündung sicher ausschalten, den Zündschlüssel abziehen.
- Defekte Sicherungen nicht reparieren, etwa mit alubeschichtetem Papier aus der Zigarettenschachtel: Die Gefahr, dass die Maschine anfängt zu brennen, ist ziemlich hoch!
- In den meisten Sicherungskästen sind Reservesicherungen eingesetzt. Wenn eine Sicherung durchbrennt und durch eine aus dem Reservefundus ersetzt wird, bitte umgehend wieder eine neue Reservesicherung einsetzen.
- Nur vorgeschriebene Sicherungen einbauen!
- Bild 3: Wenn die Zungen der Sicherung korrodiert sind und deswegen keinen zuverlässigen Kontakt haben, die Zungen mit feinem Schmirgelpapier abziehen.

⚠ **Achtung:** Falls eine Sicherung wiederholt durchbrennt, muss man den Fehler suchen und beheben. **Auf keinen Fall eine Sicherung mit einem höheren Ampere-Wert einsetzen.**

In den grau unterlegten Textkästen sind die Sicherungen der Maschinen unseres Buchs nach Modelljahren und Ausstattung mit den Einbaupositionen der Sicherungskästen und Relais. Mit diesen Angaben dürfte es keine Schwierigkeit bereiten, bei einem eventuellen elektrischen Problem die entsprechenden Sicherungen und Relais an der eigenen Maschine aufzufinden.

Sicherungen Africa Twin Mj. 2016, 2017 mit Doppelkupplungsgetriebe und ABS

Sicherungen im Sicherungskasten 1:
Einbaulage unter dem Fahrersitz

Sicherung Motorstopp	7,5 Ampere
Sicherung Abblendlicht	7,5 Ampere
Sicherung Fernlicht	7,5 Ampere
Sicherung Kühlerventilatoren	20 Ampere
Sicherung Uhr, Blinker	7,5 Ampere
DCT-Hauptsicherung	7,5 Ampere
Sicherung Reserve 1 Stück	20 Ampere
Sicherung Reserve 1 Stück	7,5 Ampere

Sicherungen im Sicherungskasten 2:
Einbaulage links neben dem Sicherungskasten 1

Sicherung Bremslicht, Rücklicht	7,5 Ampere
Sicherung Zusatzgeräte	10 Ampere
Sicherung Reserve 1 Stück	10 Ampere

Sicherungen im Sicherungskasten 3:
Einbaulage vor den Sicherungskästen 1 und 2

ABS-Hauptsicherung	7,5 Ampere

Sicherungen im Sicherungskasten 4:
Einbaulage unter Batteriefach-Abdeckung rechts

Sicherung ABS-Motor	30 Ampere

Sicherungen im Sicherungskasten 5:
Einbaulage unter Batteriefach-Abdeckung rechts beim Sicherungskasten 4

Sicherung DCT-Schaltsteuermotor	30 Ampere

Sicherungen im Anlasser-Relaisschalter:
Einbaulage Batteriefach-Abdeckung rechts

Hauptsicherung	30 Ampere
FI-Sicherung (Einspritzsystem)	15 Ampere
Sicherung Reserve 1 Stück	30 Ampere
Sicherung Reserve 1 Stück	15 Ampere

Sicherungsstärke: Welche Sicherung zu welchem Bauteil bzw. welcher Baugruppe gehört und welche Stärke sie hat, kann man nicht nur aus unseren Listen entnehmen, sie sind auch auf und im Deckel eines jeden Sicherungskastens aufgedruckt.

Defekte Sicherung auswechseln

- Deckelriegel mit kleinem Schraubenzieher oder leichtem Fingerdruck lösen, Deckel aufklappen.
- Bild 2: Die defekte Sicherung mit einer Spitzzange aus der Klemme ziehen.
- Die neue Sicherung muss den Ampere-Wert der alten haben – an der Klemme ansetzen und satt eindrücken. Deckel schließen.

Sicherungen Africa Twin und Adventure Sports Mj. 2018, 2019 mit Schaltgetriebe und ABS

Sicherungen im Sicherungskasten 1:
Einbaulage unter dem Fahrersitz

Sicherung Motorstopp	10 Ampere
Sicherung Bremslicht, Rücklicht, Hupe	10 Ampere
Sicherung Scheinwerfer	20 Ampere
Sicherung Kühlerventilatoren	20 Ampere
Sicherung Uhr, Blinker	10 Ampere
Sicherung TBW (Throttle by Wire)	10 Ampere
Sicherung Reserve 1 Stück	20 Ampere
Sicherung Reserve 1 Stück	10 Ampere

Sicherungen im Sicherungskasten 2:
Einbaulage in Fahrtrichtung links neben dem Sicherungskasten 1

ABS-Hauptsicherung	10 Ampere
Sicherung Zusatzgeräte	10 Ampere
Sicherung Reserve 1 Stück	10 Ampere

Sicherungen im Sicherungskasten 3:
Einbaulage unter Batteriefach-Abdeckung rechts

Sicherung ABS-Ausfall-Sicherheits-Relais (ABS-FSR-Sicherung)	30 Ampere
FI-Sicherung (Einspritzsystem)	15 Ampere
Steckplatz für 1 Sicherung Reserve	15 Ampere

Sicherungen im Anlasser-Relaisschalter:
Einbaulage unter Batteriefach-Abdeckung rechts

Hauptsicherung	30 Ampere
Sicherung ABS-Motor	30 Ampere
Sicherung Reserve 1 Stück	30 Ampere

Relais

Fehlersuche an einem Relais

Tipp 1: Falls eine elektrische Baugruppe nicht funktioniert, die zugehörige Sicherung jedoch in Ordnung ist und die stromzuführenden Kabel ebenfalls, kann das Relais »hängen«, das kommt öfter vor als man denkt. In diesem Fall leicht gegen das Relais klopfen und erneut versuchen. Falls dann auch nichts geht, testweise ein erwiesenermaßen funktionierendes Relais einsetzen.

Tipp 2: Oft sind auf den Relaisgehäusen die Leiterbahnen eingraviert, die den Stromverlauf durch den Elektromagneten und den Schalter zeigen. Beachten Sie vor dem Durchführen von Prüfungen zunächst die Bezeichnungen der Anschlussstifte, die Leiterbahnen und ob in einer der Leiterbahnen eine Diode vorhanden ist.

Tipp 3: Prüfen Sie zunächst den Elektromagneten auf Durchgang, üblicherweise zwischen Stift 86 (Plus) und Stift 85 (Minus). Beim Blinker-Relais der Africa Twin Mj. 2016 ohne ABS ist eine Diode im Stromkreis. Verwenden Sie die Diodenprüfvorrichtung des Multimeters (Voltskala) in Stromlaufrichtung. Bei den übrigen Relais verwenden Sie die Widerstandsprüfeinstellung. Eventuelle Leiterunterbrechung oder ungewöhnlich hoher Widerstandswert deuten auf ein fehlerhaftes Relais hin.

Tipp 4: Legen Sie zur Überprüfung der Schalterseite 12 V Spannung einer externen Batterie zwischen Stift 86 und 85 an. Jetzt genau hinhören: Beim Anlegen der Spannung muss ein Klicken des Relais zu hören sein, zwischen den Stiften 30 und 87 muss Stromdurchgang bestehen. Leiterunterbrechung deutet auf ein fehlerhaftes Relais hin.

Sicherungen Africa Twin und Adventure Sports Mj. 2018, 2019 mit Doppelkupplungsgetriebe und ABS

Sicherungen im Sicherungskasten 1:
Einbaulage unter dem Fahrersitz
Sicherung Motorstopp .... 10 Ampere
Sicherung Bremslicht, Rücklicht, Hupe .... 10 Ampere
Sicherung Scheinwerfer .... 20 Ampere
Sicherung Kühlerventilatoren .... 20 Ampere
Sicherung Uhr, Blinker .... 10 Ampere
Sicherung TBW (Throttle by Wire) ..... 10 Ampere
Sicherung Reserve 1 Stück .... 20 Ampere
Sicherung Reserve 1 Stück .... 10 Ampere

Sicherungen im Sicherungskasten 2:
Einbaulage vor Sicherungskasten 1.
ABS-Hauptsicherung .... 10 Ampere
Sicherung Zusatzgeräte .... 10 Ampere
Sicherung Reserve 1 Stück .... 10 Ampere

Sicherung im Sicherungskasten 3:
Einbaulage vor dem Sicherungskasten 1 rechts neben dem Sicherungskasten 2
DCT-Hauptsicherung .... 10 Ampere

Sicherungen im Sicherungskasten 4:
Einbaulage unter Batteriefach-Abdeckung rechts
Sicherung ABS-Ausfall-Sicherheits-Relais (ABS-FSR-Sicherung) .... 30 Ampere
FI-Sicherung (Einspritzsystem) .... 15 Ampere
Steckplatz für 1 Sicherung Reserve .. 15 Ampere

Sicherungen im Sicherungskasten 5:
Einbaulage unter Batteriefach-Abdeckung rechts beim Sicherungskasten 4
Sicherung DCT-Schaltsteuermotor.... 30 Ampere

Sicherungen im Anlasser-Relaisschalter:
Einbaulage unter Batteriefach-Abdeckung rechts
Hauptsicherung .... 30 Ampere
Sicherung ABS-Motor .... 30 Ampere
Sicherung Reserve 1 Stück .... 30 Ampere

Relais Africa Twin Mj. 2016 mit Schaltgetriebe, ohne ABS

Anlasser-Relaisschalter: Einbaulage rechte Fahrzeugseite unter einem Deckel

Benzinpumpen-Relais (FI-Relay), Scheinwerfer-Relais: Einbaulage unter Heckverkl. re.

Blinker-Relais: Einbaulage in der Heckverkleidung oben

Kühlerventilator-Relais: Einbaulage unter dem Soziussitz

Africa Twin Mj. 2016, 2017 mit Schaltgetriebe und ABS

Anlasser-Relaisschalter: Einbaulage rechte Fahrzeugseite unter einem Deckel

Benzinpumpen-Relais (FI-Relay), Scheinwerfer-Relais: Einbaulage unter Heckverkleidung rechts

Blinker-Relais: Einbaulage unter dem Fahrersitz

Kühlerventilator-Relais: Einbaulage unter dem Soziussitz

Relais Africa Twin Mj. 2016, 2017 mit Doppelkupplungsgetriebe und ABS 003

Anlasser-Relaisschalter: Einbaulage auf der rechten Fahrzeugseite unter einem Deckel

Anlasser-Relais, Benzinpumpen-Relais (FI-Relay), Scheinwerfer-Relais: Einbaulage unter der Heckverkleidung rechts

Blinker-Relais: Einbaulage unter dem Fahrersitz

Kühlerventilator-Relais: Einbaulage unter dem Soziussitz

Zündschlüssel, Zündschloss

Das Zündschloss kann Wurzel vieler elektrischer Übel sein. Vor allem dann, wenn es ungepflegt und angegammelt ist:

- Zündschloss wurde nie geschmiert.

- Die Maschine stand immer draußen, wo sich Umweltschmutz, Regenwasser und Schnee darauf abgelegt haben und mit der Zeit ins Zündschloss eingedrungen sind.
- Der Zündschlüssel ist verschlissen und kann die Schlüsselstellungen im Zündschloss nicht mehr richtig betätigen, weswegen auch die elektrischen Kontakte nicht korrekt zueinander finden.
- Das Zündschloss ist ausgeleiert, weil der Zündschlüssel immer mit einem schweren Bund anderer Schlüssel ins Zündschloss eingesteckt und die Maschine dann auch so gefahren wurde.

Gebrauchs- und Behandlungstipps für den Zündschlüssel

- Keinen schweren Schlüsselanhänger und schon gar keinen dicken Schlüsselbund am Zündschlüssel anbringen, sondern den Zündschlüssel alleine ins Zündschloss stecken.
- Zündschlüssel immer exakt in Flucht des Schlitzes im Zündschloss einstecken.
- Zündschlüssel immer bis ganz nach unten in das Zündschloss einstecken.
- Zündschlüssel aus der »Abschließposition« nicht hart oder mit roher Gewalt aufdrehen, um das Schloss zu entsperren. Wenn es klemmt, die Lenkung leicht hin und her bewegen und gleichzeitig versuchen, den Zündschlüssel im Zündschloss in korrekte ON-Position zu bringen.
- Zündschlüssel nicht fallen lassen, vor Druck und harten Schlägen schützen.
- Wenn der Zündschlüssel im Zündschloss haken sollte oder wenn man spürt, dass er sich nicht mehr wie gewohnt leicht bewegen lässt: Zündschloss und Zündschlüssel NICHT mit Motoröl oder Fett schmieren, sondern nur spezielles Schlossspray auf Graphitbasis benutzen.

Relais Africa Twin Mj. 2018, 2019 und Adventure Sports Mj. 2018, 2019 mit Schaltgetriebe und ABS

Anlasser-Relaisschalter: Einbaulage auf der rechten Fahrzeugseite unter einem Deckel

Benzinpumpen-Relais (FI-Relay), Motorabschalt-Relais, Scheinwerfer-Relais: Einbaulage unter der Heckverkleidung rechts

Blinker-Relais, Throttle-by-Wire-Relais: Einbaulage unter dem Fahrersitz

Kühlerventilator-Relais: Einbaulage unter dem Soziussitz

Relais Africa Twin Mj. 2018, 2019 und Adventure Sports Mj. 2018, 2019 mit Doppelkupplungsgetriebe und ABS

Anlasser-Relaisschalter: Einbaulage auf der rechten Fahrzeugseite unter einem Deckel

Anlasser-Relais, Benzinpumpen-Relais (FI-Relay), Motorabschalt-Relais, Scheinwerfer-Relais: Einbaulage unter Heckverkleidung rechts

Blinker-Relais, Throttle-by-Wire-Relais: Einbaulage unter dem Fahrersitz

Kühlerventilator-Relais: Einbaulage unter dem Soziussitz

Zündschüssel: Zum Fahrzeug gehören zwei Zündschlüssel und ein Schlüsselnummernschild: Beide Zündschlüssel sind zum normalen Betrieb gedacht. Welcher benutzt wird, ist egal. Wenn einer der beiden Zündschlüssel verloren gegangen ist, sollte man sich umgehend einen neuen Zündschlüssel machen lassen. Man braucht dazu das Schlüsselnummernschild und den noch vorhandenen Zündschlüssel. Wichtig in diesem Zusammenhang ist es also, das Schlüsselnummernschild sicher (und immer auffindbar!) aufzubewahren, damit man jederzeit einen neuen Zündschlüssel nachfertigen lassen kann. Ein neuer Zündschlüssel kann nur über einen autorisierten Honda-Händler bezogen werden. Weiterhin muss der Honda-Händler den neuen Zündschlüssel auf das Motorrad anlernen.

Wegfahrsperre

Alle Modelle unseres Buchs sind mit einer elektronischen Wegfahrsperre ausgerüstet, die Dieben das Leben schwer macht: Mit einem Schraubenzieher das Lenkschloss knacken, Kabel abzwicken und Zündung kurzschließen funktioniert nicht. Die Sicherheits-Zündschlüssel sind mit einem Code so programmiert, dass nur durch Einstecken des zur Maschine gehörenden Schlüssels die Wegfahrsperreneinheit entriegelt und der Motor gestartet werden kann: Vom Schlüssel werden codierte Signale an den Empfänger vorne am Zündschloss geschickt und von dort aus an das Motorsteuergerät ECM/PCM weitergeleitet. Wird der Zündschlüssel auf »OFF« gestellt, blinkt die Kontollleuchte kontinuierlich alle 2 Sekunden 24 Stunden lang bzw. bis die Zündung wieder eingeschaltet wird.

Bild 4: Zündschlüssel exakt in den Schlitz im Zündschloss einstecken bis ganz nach unten, nur so lässt sich das Lenkschloss entriegeln und dann auch das Zündschloss betätigen.

Elektrische Bauteile

In diesem Kapitel: Elektrische Bauteile, ihre Funktion und ihre Einbaulage am Fahrzeug nach den Gruppen: »Grundbauteile«, »Motor und Ausstattung«, »Doppelkupplungsgetriebe«, »Einspritzung«, »Zündanlage«, »Anlasser« und »ABS Anti-Blockier-System«

Ein Wort zuvor

Bild 1 zeigt einige Kernbaugruppen, die bei Africa Twin und Adventure Sports gleich angeordnet sind. Im Kontext mit den anderen Schaubildern zeigt es auch die Konstruktions- und Bauphilosophie der Modelle unseres Buchs, bei denen die Bauteile und Baugruppen sehr eng zueinander gruppiert sind, damit die Honda Africa Twin eine möglichst kompakte Maschine wird. Um Lage der einzelnen Bauteil- und Baugruppen möglichst deutlich zu zeigen, sind sie in den einzelnen Gruppenbildern mit Pfeilen versehen. Einige Bauteile kommen doppelt oder dreifach vor, wie z. B. »Batterie« oder auch »Seitenständerschalter«. Einige der Doppelnennungen gleichen sich textlich, andere sind länger oder kürzer. So z. B. braucht man eine Batterie nicht mehrmals in voller Länge erklären und das ABS auch nicht.

Motor und Ausstattung

Bauteile und Einbaulage siehe Bild 2.

■ Außentemperatur-Sensor: Der Außenlufttemperatur-Sensor misst die aktuelle Temperatur der Luft und sendet das Messergebnis an die Anzeige im Instrumeneneinheit und an das Motorsteuergerät, wo die gemessene Temperatur in die Gemischbildung (bzw. Einspritzmenge) eingeht. Der Außenlufttemperatur-Sensor ist vorne links in der Verkleidung angebracht. Widerstand bei 25 °C .... 4,9 bis 5,1 kΩ

■ Batterie: Eine Batterie ist ein elektrochemischer Energiespeicher, in dem der vom Generator (umgangssprachlich »Lichtmaschine« genannt) erzeugte elektrische Strom gespeichert wird. Die Batterie ist links hinter dem Werkzeugfach eingebaut. In den Modelljahren 2016, 2017 ist eine wartungsfreie AGM-Batterie YTZ14S, 12 Volt/11,2 Ah eingebaut, in den Modelljahren 2018, 2019 eine wartungsfreie Lithium-Eisenphospat-Batterie HY110, 12 Volt/6,0 Ah.

■ Benzinstand-Sensor: Der Benzinstand-Sensor misst den Benzinstand im Tank und gibt diesen an die Benzinstand-Anzeige im Cockpit weiter. Der Benzinstand-Sensor sitzt im Tank an der Benzinpumpe.

Bild 1: Wichtige Grundbauteile in der Übersichtsszkizze.

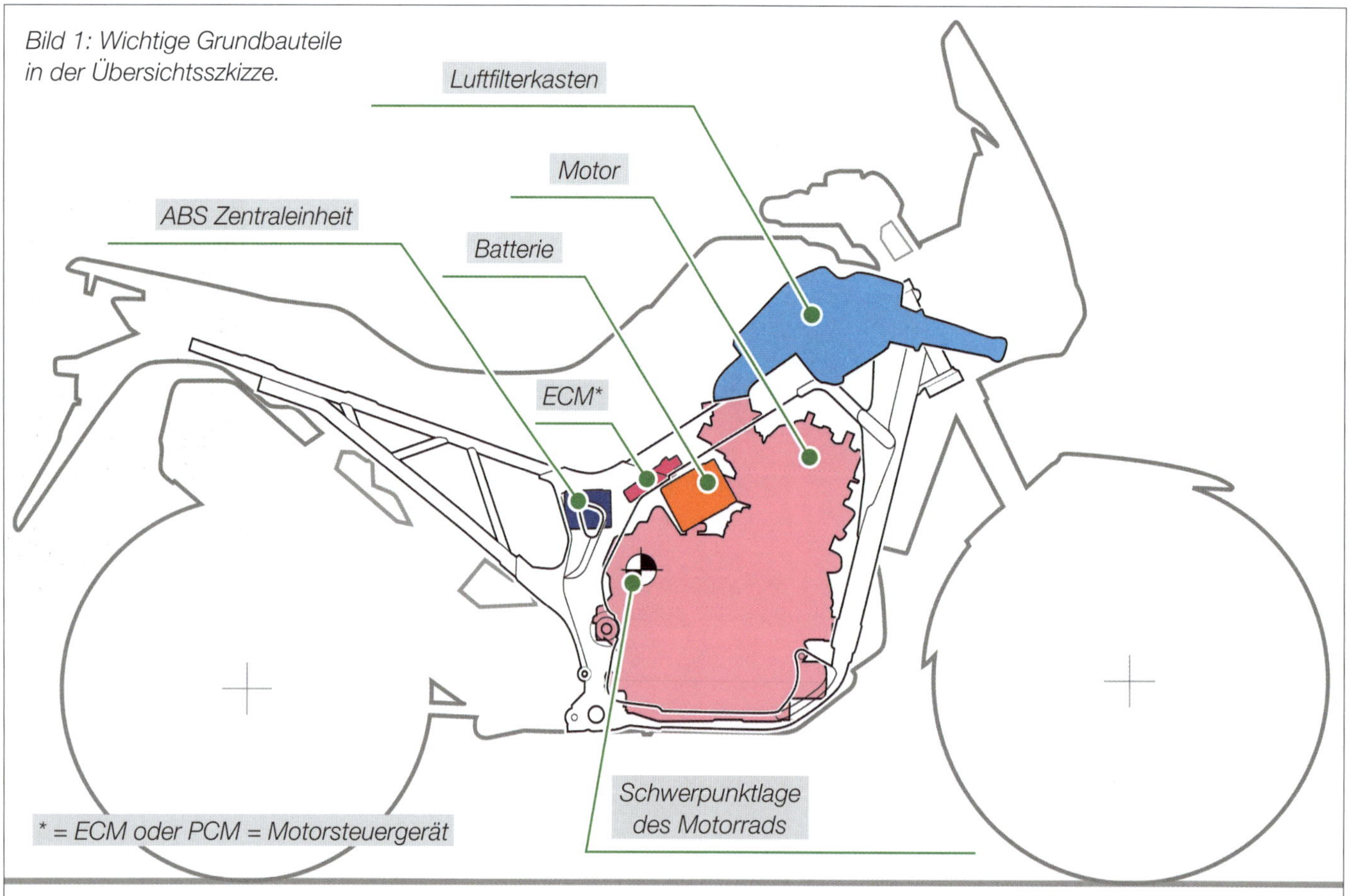

Widerstand bei 20 °C:
- bei vollem Tank .... 6,4 bis 10,4 Ω
- bei leerem Tank .... 204,8 bis 210,8 Ω

Blinker-Relais: Das Blinker-Relais regelt die Blinkfrequenz. Im Modelljahr 2016 bei Maschinen ohne ABS ist es unter dem Fahrersitz und dort unter dem Deckel des Sicherungskastens eingebaut. Bei allen anderen Maschinen mit ABS ab Mj. 2016 bis 2019 ist es unter dem Fahrersitz unter dem ABS-Modulator eingebaut.

Bremslichtschalter: Beim Betätigen des Hand- oder Fußbremshebels wird der jeweilige Bremslichtschalter betätigt, welcher das Bremslicht im Rücklicht einschaltet. Aufgabe und Funktion der beiden Bremslichtschalter erfolgt unabhängig davon ob die Maschine mit ABS ausgerüstet ist oder ohne.

Drehmomentkontroll-Schalter: Am Drehmomentkontroll-Schalter wird die Drehmomentstärke des Motors in 7 Stufen eingestellt oder kann auch ganz abgeschaltet werden.

ECT-Sensor (»Engine Coolant Temperature Sensor«) = Kühlmitteltemperatur-Sensor: Der ECT-Sensor ist in den Kühlerkreislauf eingebaut. Er misst die aktuelle Temperatur des Motorkühlmittels und leitet diese an das Motorsteuergerät, in dem die Gemischzusammensetzung errechnet wird, weiter: Wenn der Motor kühl ist, wird entsprechend der angesaugten Luft eine größere Menge Benzin eingespritzt. Beim Kaltstart zum Beispiel wird »angefettet«. Umgekehrt: Je wärmer der Motor wird, desto geringer wird sein Benzinbedarf.

EOP-Schalter (»Engine Oil Pressure Switch«) = Motoröldruck-Schalter oder auch **EOP-Sensor (»Engine Oil Pressure Sensor«) = Motoröldruck-Sensor:** Der EOP-Schalter misst den Öldruck im Motor mit Schaltgetriebe. Bei Modellen mit Doppelkupplungsgetriebe ist es ein EOP-Sensor. Schalter oder Sensor sitzen links unten im Motorgehäuse unter dem Lichtmaschinendeckel. Bei eingeschalteter Zündung und noch stehendem Motor brennt die Motorölwarnlampe im Cockpit als Zeichen, dass sie in Ordnung ist. Wenn der Motor gestartet wird und höher als 1500/min dreht, geht die Öldruckleuchte aus, wenn sich der Öldruck auf mehr als 0,8 bar aufgebaut hat. Wenn jedoch bei laufendem Motor der Öldruck unter 0,8 bar abfällt, wird die Motorölwarnlampe im Cockpit eingeschaltet – dann sofort den Motor abstellen und nicht mehr starten!

Motor und Ausstattung bei allen Modellen in allen Modelljahren

Bild 2

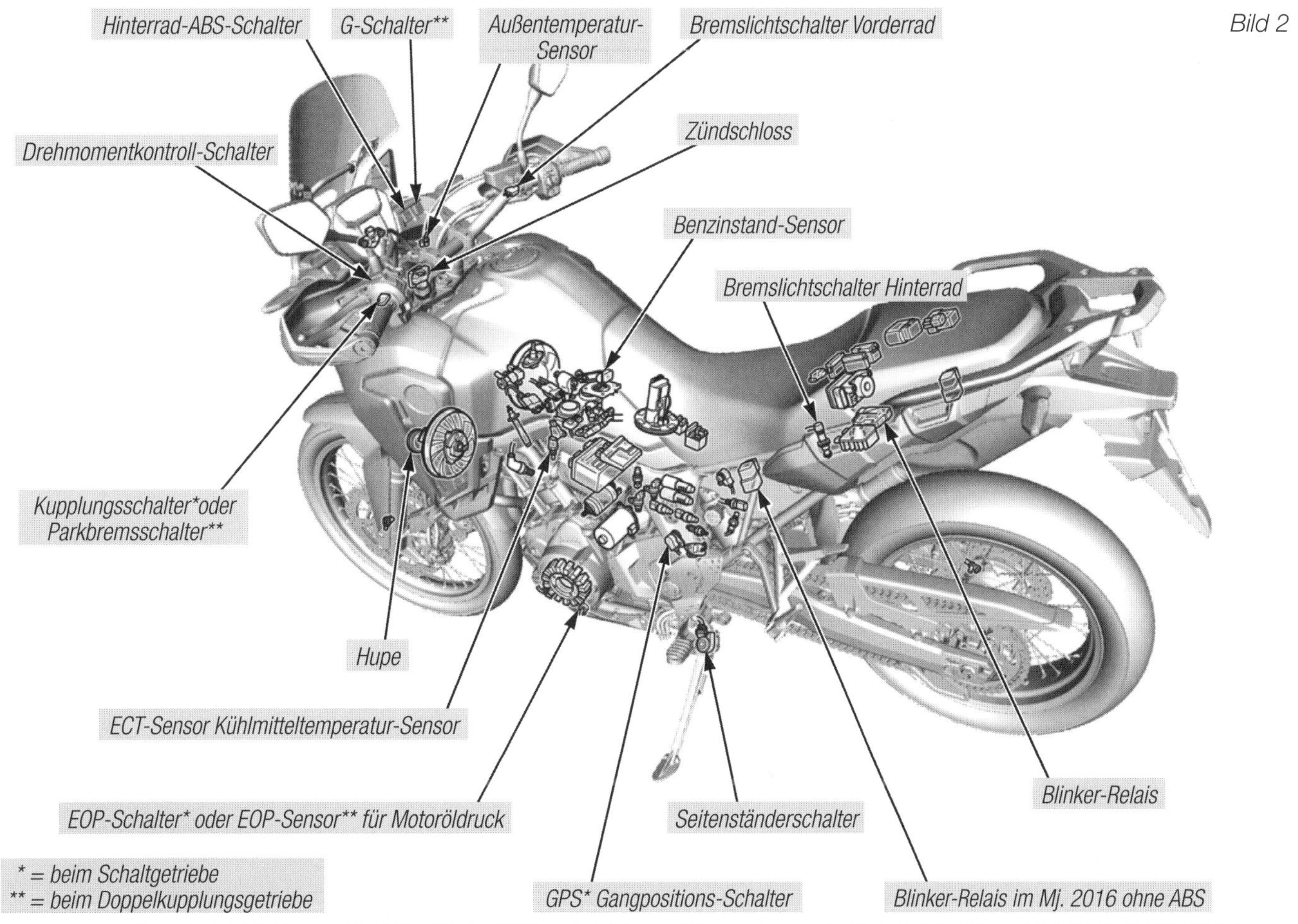

* = beim Schaltgetriebe
** = beim Doppelkupplungsgetriebe

Sichtprüfung Messen

Abkürzungen elektrischer Bauteile und Systeme

Abkürzung	Englisch	Deutsch
ABS	Antilock Braking System	Anti Blockier System
A/F Sensor	Air Fuel Ratio Sensor	Luft-Benzin-Gemisch-Sensor
APS	Accelerator Position Sensor	Gasgriffstellungs-Sensor
BAS	Bank Angle Sensor	Umkipp-Sensor, Neigungswinkel-Sensor
BMS	Battery Management System	Batteriemanagement-System
CAN	Controller Area Network	Daten-Netzwerk
CKP-Sensor	Crankshaft Position Sensor	Kurbelwellenpositions-Sensor / Zündgeber
CRF	Cross Four-stroke Series	Cross Viertakt Serie
DCT (DSG)	Dual Clutch Transmission	Doppelkupplungsgetriebe
DLC	Data Link Connector	Diagnose Buchse
DTC	Diagnostic Trouble Code	Fehlercode
ECM	Engine Control Module	Motorsteuergerät bei Schaltgetriebe
ECT-Sensor	Engine Coolant Temperature Sensor	Kühlmitteltemperatur-Sensor
EOP-Sensor	Engine Oil Pressure Sensor	Motoröldruck-Sensor
EOT-Sensor	Engine Oil Temperature Sensor	Motoröltemperatur-Sensor
ESS	Emergency Stop Signal	Notbremssignal
ETC (EML)	Electronic Throttle Control	Elektronische Drosselklappensteuerung
EVAP	Evaporative Emission Control System	Kraftstoffdampf-Rückhaltesystem
FI-Fuse	Fuel Injection Fuse	Einspritzanlagen-Sicherung
FI-Relay	Fuel Injection Main Relay	Benzinpumpen-Relais
FSR	Fail Safe Relay	Ausfall-Sicherheits-Relais
FTS	Full Throttle Shifting	Quickshifter
GPS	Gear Position Switch	Gangpositions-Schalter bei Schaltgetriebe
GST	Generic Scan Tool	Allgemeines Diagnose Werkzeug
HDS	Honda Diagnostic System	Honda Diagnose System
HISS	Honda Ignition Securitiy System	Wegfahrsperre
HSTC	Honda Selectable Torque Control	Honda Traktionskontrolle
IACV	Idle Air Control Valve	Leerlaufregelventil
IAT-Sensor	Intake Air Temperature Sensor	Ansauglufttemperatur-Sensor
IMU	Inertial Measurement Unit	Trägheitsmess-Sensor
MAP-Sensor	Manifold Absolute Pressure Sensor	Ansaugluftdruck-Sensor
MCS	Motorcycle Communication System	Motorrad Kommunikations System
MID	Multi Information Display	Multi Information Display
MIL	Motor Indication Light	Motorkontrollleuchte
MT	Manual Transmission	Schaltgetriebe
O^2-Sensor	Oxygen Sensor	Lambdasonde
OBD	Onboard Diagnostics	On-Board-Diagnose
PAIR (SLS)	Pulsed Secondary Air Injection System	Sekundärluftsystem
PCM	Powertrain Control Module	Motorsteuergerät bei Doppelkupplungsgetriebe
PGM-FI	Programmed Fuel Injection	Programmierte Benzineinspritzung
PLRS	Pro Link Rear Suspension	Pro Link Federungssystem
RM	Riding Modes	Fahrmodi
SCS	Service Check Signal	Diagnosesignal
SCU	Suspension Control Unit	Fahrwerk-Steuergerät
ST-MAG	Starter Magnet Switch	Anlassermagnet-Schalter
TBW	Throttle by Wire	Elektronischer Gasgriff
TP-Sensor	Throttle Valve Position Sensor	Drosselklappenpositions-Sensor
TR-Sensor	Transmission Range Sensor	Getriebestufen-Sensor bei DCT
VSS	Vehicle Speed Sensor	Geschwindigkeits-Sensor

■ **GPS (Gear Position Switch«) = Gangpositions-Schalter:** Der Gangpositions-Schalter teilt dem Motorsteuergerät mit, welcher Gang gerade eingelegt ist oder ob das Getriebe im Leerlauf steht. Diese Information erscheint auch im Cockpit als Ziffer: 1 = 1. Gang, 0 = Leerlauf, 2 = 2. Gang, usw., usf.

■ **G-Schalter:** Beim Doppelkupplungsgetriebe. Durch Betätigen des G-Schalters wird der Kupplungsschlupf verringert, der Gasgriff lässt sich feiner dosieren, wodurch das Fahren im Gelände erleichtert wird.

■ **Hinterrad-ABS-Schalter:** Mit dem Hinterrad-ABS-Schalter kann die ABS-Funktion der Hinterradbremse an- und abgeschaltet werden. Diese Funktion wird gerne bei Geländefahrten gewählt, wenn gewisse Fahrmanöver mit blockiertem Hinterrad durchgeführt werden sollen, wie z. B. ein »in-die-Kurve-driften«. Er findet sich im Cockpit.

■ **Hupe (Signalhorn):** Die Hupe ist eine akustische Warneinrichtung, welche durch den Fahrer aktiviert wird, wenn dieser den Betätigungsschalter »Hupenknopf« am Lenker drückt.

■ **Kupplungsschalter:** Beim Schaltgetriebe. Wenn der Motor durch »Zündung EINschalten« am Zündschloss gestartet werden soll, ist das entweder bei eingelegtem Leerlauf und nicht betätigter Kupplung möglich, oder auch mit eingelegtem Gang und gezogener Kupplung: Dann gibt der Kupplungsschalter das Startsignal frei. Der Kupplungsschalter ist unten im lenkerfesten Halter des Kupplungshandhebels eingebaut.

■ **Parkbremsschalter:** Beim Doppelkupplungsgetriebe. Der Parkbremsschalter meldet dem Motorsteuergerät, ob der Parkbremshebel gezogen ist oder nicht.

■ **Seitenständerschalter:** Der Seitenständerschalter verhindert das Losfahren bei ausgeklapptem Seitenständer. Bei stehendem Motor und eingelegtem Gang verhindert er das Starten des Motors, sofern nicht gleichzeitig die Kupplung gezogen wird. Bei laufendem Motor und dem Versuch einen Gang einzulegen und loszufahren schaltet der Seitenständerschalter den Motor in dem Moment ab. Der Seitenständerschalter ist am Seitenständergelenk angebaut.

■ **Zündschloss mit HISS:** Das Zündschloss ist ein Schlüsselschalter, mit dem der Batteriestrom für alle elektrischen Hauptstromkreise ein- und ausgeschaltet wird. Am Zündschloss sitzt die elektronische Wegfahrsperre HISS: **H**onda **I**gnition **S**ecurity **S**ystem. Zündschloss und HISS sorgen dafür, dass nur mit einem passenden Zündschlüssel das Lenkschloss entsperrt und die Zündung eingeschaltet werden kann.

Doppelkupplungsgetriebe

Bauteile und Einbaulage siehe Bild 3.

■ **A / M-Schalter:** Mit dem A / M-Schalter kann man zwischen automatischer und manueller Schaltung wählen.

■ **ABS-Sensoren:** Die ABS-Sensoren sind Teil des **A**nti-**B**lockier**S**ystems (ABS), welches das Blockieren der Räder bei zu starkem Bremsen verhindert. Jeweils ein Sensor ist für Vorder- und Hinterrad zuständig. An jedem Rad ist ein Impulsring befestigt. Dieser sorgt für berührungslose Informationen über die aktuelle Drehgeschwindigkeit des Rads an den ABS-Sensor. Dieser wiederum leitet die elektrischen Signale an das ABS-Steuergerät weiter.
■ »Rad dreht« ist der normale Fahrzustand
■ Bei »Ein Rad hat starken Drehunterschied zum anderen« oder gar »Rad steht« wird das ABS aktiviert. Dieses greift in den Bremsdruck ein, löst blitzschnell die blockierte Bremse, das Rad kann sich weiterdrehen und die Gefahr eines Sturzes durch ein blockiertes Rad (und damit ein ausbrechendes Motorrad) ist gebannt.

■ **Außenhauptwellen-Sensor:** Der Außenhauptwellen-Sensor überwacht die Funktion der Außenhauptwelle des Doppelkupplungsgetriebes auf der die Gänge 2, 4 und 6 angebracht sind.

■ **CKP-Sensor (»Crankshaft Position Sensor«) = Kurbelwellenpositions-Sensor:** Der CKP-Sensor wird auch **»Zündgeber«**, **»Zündimpulsgeber«**, **»Pick-Up«** oder **»Motorsensor«** genannt, weil er verschiedene Funktionen vereint: Er übermittelt die Kurbelwellendrehzahl an das Steuergerät, löst zu bestimmter Zeit den Zündfunken aus (beim entsprechenden Kurbelwinkel oder auch »vor oberem Totpunkt des Kolbens = OT«) und meldet auch eine stehende Kurbelwelle an das Motorsteuergerät.

■ **DCT-Hauptsicherung 7,5 A:** Die DCT-Hauptsicherung sichert die komplette Elektrik und Elektronik des Doppelkupplungsgetriebes ab.
■ **DLC (»Data Link Connector«) = Diagnosebuchse:** Die Steckdose befindet sich unter dem Soziussitz. Daran wird der

Doppelkupplungsgetriebe bei allen Modellen in allen Modelljahren

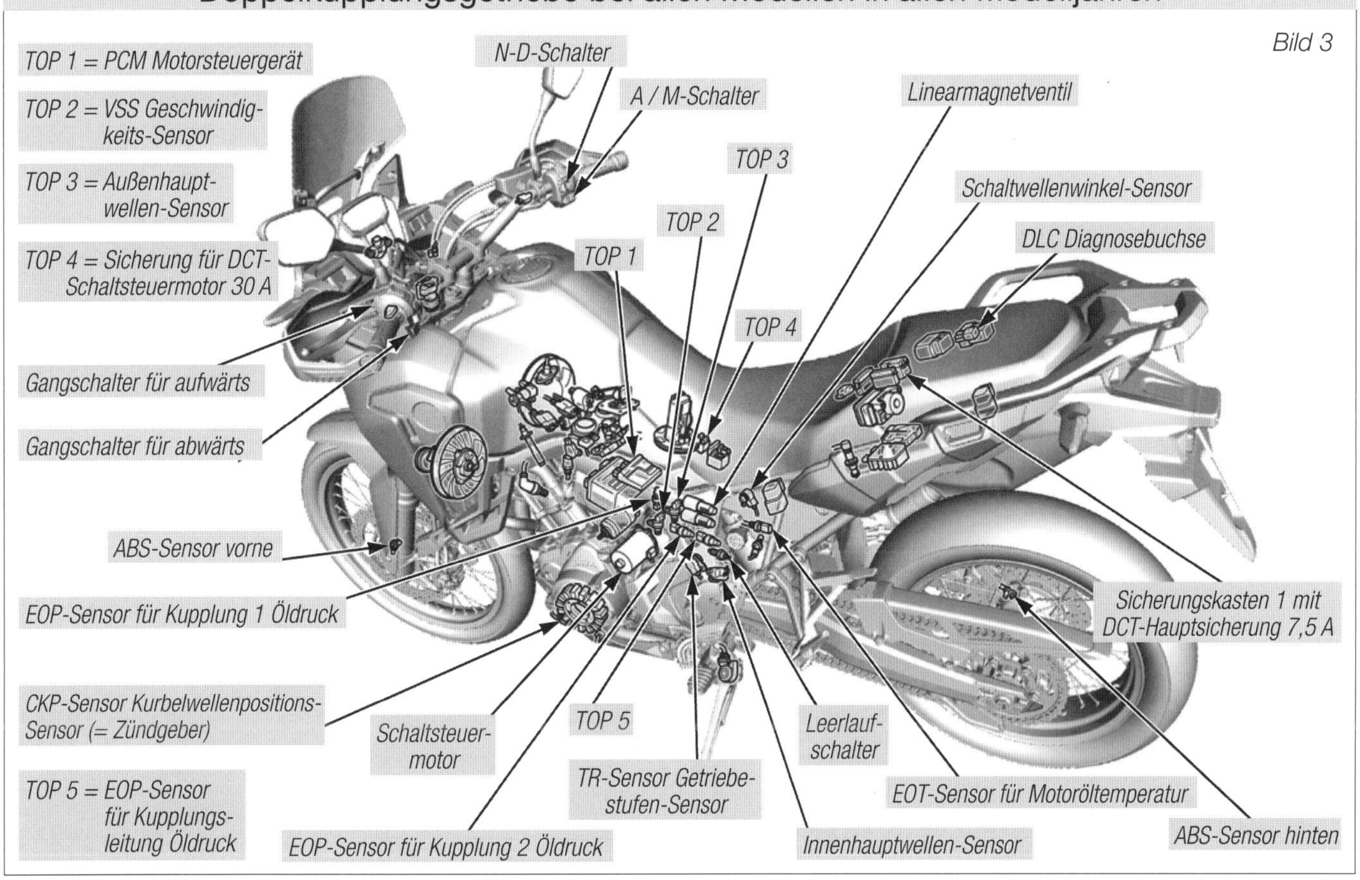

Bild 3

Stecker des Kabels, das zum Werkstattcomputer führt, der mit dem Programm »MCS« (»Motorcycle Communications System« = Honda-Motorrad-Diagnosesystem) geladen ist, eingesteckt.

■ **EOP-Sensoren (»Engine Oil Pressure Sensor«) der Kupplungen 1 und 2 und der Kupplungsleitung = Öldruck-Sensor:** Diese EOP-Sensoren messen den Öldruck im Doppelkupplungsgetriebe.

■ **EOT-Sensor (»Engine Oil Temperature Sensor«) = Motoröltemperatur-Sensor:** Der EOT-Sensor misst die Öltemperatur im Motor.

■ **Gangschalter abwärts:** Mit dem Gangschalter abwärts kann man die Gänge nach unten schalten. Der Gangschalter »abwärts« sitzt hinten an der linken Lenkerarmatur.

■ **Gangschalter aufwärts:** Mit dem Gangschalter aufwärts kann man die Gänge nach oben schalten. Der Gangschalter »aufwärts« sitzt vorne an der linken Lenkerarmatur.

■ **Innenhauptwellen-Sensor:** Der Innenhauptwellen-Sensor überwacht die Funktion der Innenhauptwelle, auf der die Gänge 1, 3 und 5 angebracht sind.

■ **Leerlaufschalter:** Der Leerlaufschalter teilt dem Motorsteuergerät mit, ob das Getriebe im Leerlauf steht oder nicht. Wenn »ja«, leuchtet die grüne Leerlauf-Kontrolllampe im Cockpit auf.

■ **Linearmagnet-Ventil:** Jedes der beiden Linearmagnet-Ventile betätigt eine der beiden Kupplungen.

■ **N-D-Schalter:** Mit dem N-D-Schalter kann man vom Leerlauf in den Automatik-Modus schalten. Der N-D-Schalter ist links am Lenker angebracht.

■ **PCM («Powertrain Controle Module«) = Motorsteuergerät:** Das Motorsteuergerät wird beim Doppelkupplungsgetriebe mit »PCM« bezeichnet. Es vereint alle Steuer- und Regelprogramme sowie die Prüfprogramme für die Elektronikbauteile des Motors. Zusätzlich steuert, regelt und überwacht es beim Doppelkupplungsgetriebe auch die Getriebefunktion.

Das PCM errechnet aus einer Vielzahl von Daten die optimale Benzin-Einspritzmenge sowie den richtigen Zündzeitpunkt. Die zur Berechnung nötigen Daten wie z. B. Stellung der Drosselklappen, Temperatur des Motorkühlmittels, Ansaugluftdruck, Ansauglufttemperatur, Kurbelwellenstellung sowie die gefahrene Geschwindigkeit bezieht das Motorsteuergerät von Sensoren. Es ist weiterhin zuständig für Steuerung und Regelung des Doppelkupplungsgetriebes.

■ **Schaltsteuermotor:** Der Schaltsteuermotor betätigt die Kupplung, dreht die Schaltwalze, legt den nächsten Gang ein.

Einspritzung bei den Modellen in den Modelljahren 2016, 2017

Bild 4

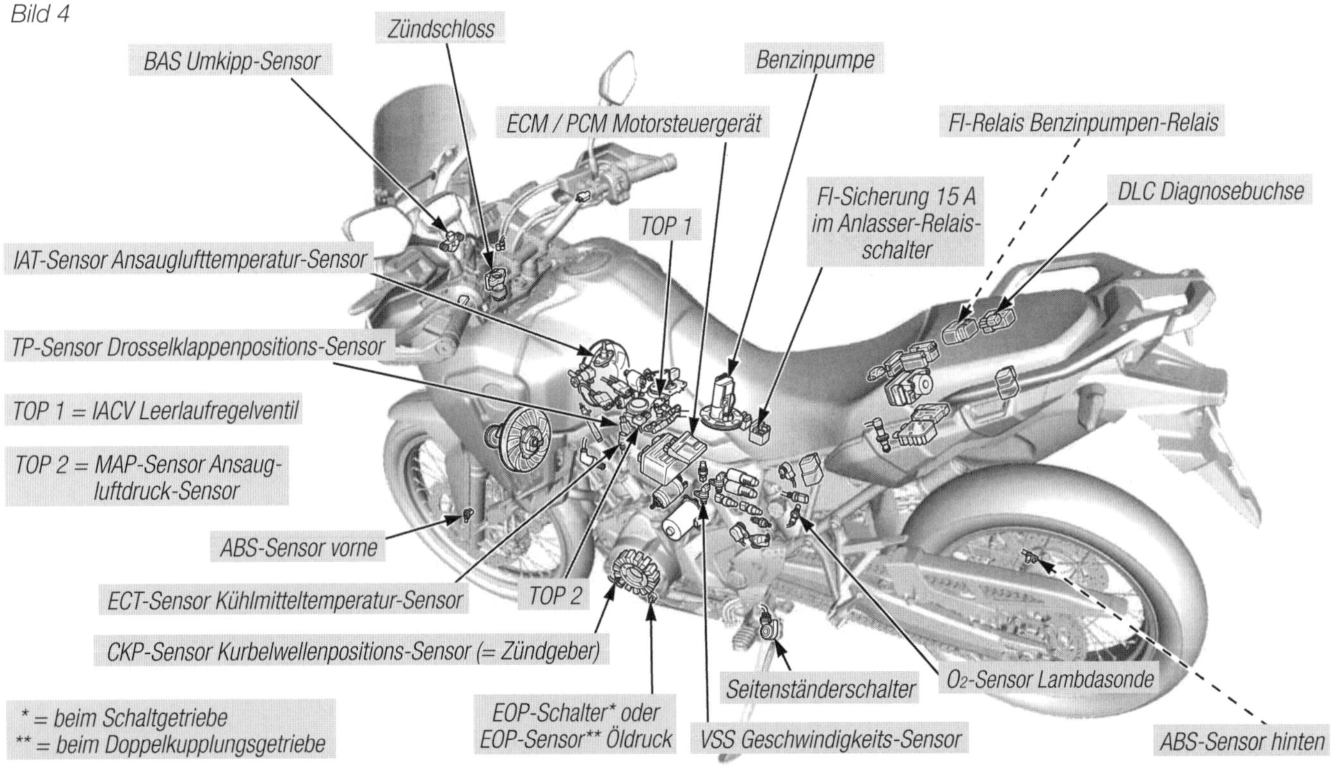

■ **Schaltwellenwinkel-Sensor:** Der Schaltwellenwinkel-Sensor misst die Position der Schaltwelle und ermittelt damit, welcher Gang eingelegt ist.

■ **Sicherung DCT-Schaltsteuermotor 30A:** Diese Sicherung sichert den Schaltsteuermotor des Doppelkupplungsgetriebes ab.

■ **TR-Sensor (»Transmission Range Sensor«) = Getriebestufen-Sensor:** Der Getriebestufen-Sensor teilt dem Motorsteuergerät mit, welcher Gang gerade eingelegt ist.

■ **VSS (»Vehicle Speed Sensor«) = Geschwindigkeits-Sensor:** Der VSS ist ein Drehzahl-Sensor, welcher die von ihm ermittelten Daten über die momentane Fahrgeschwindigkeit an Tachoanzeige und Motorsteuergerät liefert. In ihm wird in Verbindung mit der momentanen Drosselklappenstellung und dem eingelegten Gang auch die Einspritzmenge und der Zündzeitpunkt berechnet. So wird zum Beispiel beim Beschleunigen eine größere Menge Benzin eingespritzt als bei konstanter Geschwindigkeit und damit gleichbleibender Gasgriffstellung.

Einspritzung

Bauteile und Einbaulage siehe Bilder 4 und 5.

■ **ABS-Sensoren:** Die ABS-Sensoren sind Teil des **A**nti-**B**lockier**S**ystems (ABS), welches das Blockieren der Räder bei zu starkem Bremsen verhindert. Jeweils ein Sensor ist für Vorder- und Hinterrad zuständig. An jedem Rad ist ein Impulsring befestigt. Dieser sorgt für berührungslose Informationen über die aktuelle Drehgeschwindigkeit des Rads an den ABS-Sensor. Dieser wiederum leitet die elektrischen Signale an das ABS-Steuergerät weiter.

■ »Rad dreht« ist der normale Fahrzustand

■ Bei »Ein Rad hat starken Drehunterschied zum anderen« oder gar »Rad steht« wird das ABS aktiviert. Dieses greift in den Bremsdruck ein, löst blitzschnell die blockierte Bremse, das Rad kann sich weiterdrehen und die Gefahr eines Sturzes durch ein blockiertes Rad (und damit ein ausbrechendes Motorrad) ist gebannt.

■ **Anlasser-Relaisschalter:** Der Anlasser-Relaisschalter schaltet den Strom zum Anlasser.

Einspritzung bei den Modellen in den Modelljahren 2018, 2019

Bild 5

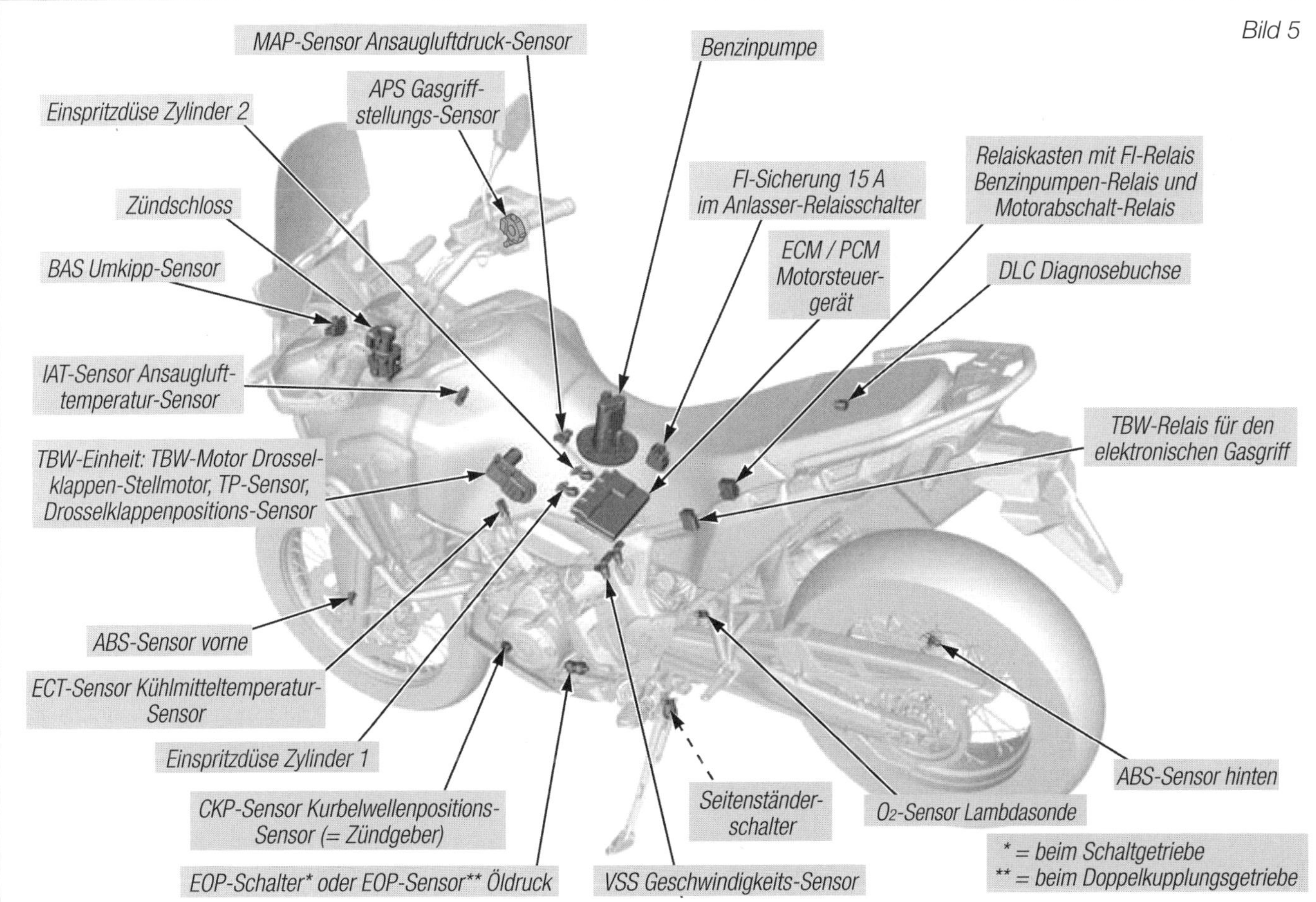

■ **APS (»Accelerator Position Sensor«) = Gasgriffstellungs-Sensor:** In den Modelljahren 2018, 2019. Der Gasgriffstellungs-Sensor am Gasgriff misst permanent die momentan aktuelle Stellung des Gasgriffs und sendet die Daten an das Motorsteuergerät. In diesem werden innerhalb von Millisekunden der optimale Drosselklappen-Öffnungswinkel errechnet und das Ergebnis dem TBW-Motor (Drosselklappen-Stellmotor) gemeldet, der den passenden Drosselklappen-Öffnungswinkel einstellt.

■ **BAS (»Bank Angle Sensor«) = Umkipp-Sensor:** Der Umkipp-Sensor, auch Neigungswinkel-Sensor genannt, prüft permanent, ob sich das Motorrad in senkrechter Fahrposition befindet oder in Schräglage bis hin zu 65 Grad (bezogen auf die Senkrechte), dann läuft der Motor. Wenn jedoch der Umkipp-Sensor einen Wert von mehr als 65 Grad Schräglage (nach beiden Seiten!) misst, werden Zündung und Einspritzung abgeschaltet, weil dann das Motorsteuergerät annimmt, dass die Maschinen auf der Seite liegt. Das kann nach einem Sturz der Fall sein.

Um den Motor wieder starten zu können, muss man folgendermaßen vorgehen:
- Motorrad aufheben,
- senkrecht stellen,
- Seitenständer EINgeklappt lassen,
- Zündung AUS für 60 Sekunden,
- dann Zündung EINschalten....
- ...und den Motor starten.

■ **Benzinpumpe:** Die Benzinpumpe hat die Aufgabe, dem Motor jederzeit ausreichend Benzin mit dem notwendigen Systemdruck zuzuführen. Sie ist im Tank eingebaut.

■ **CKP-Sensor (»Crankshaft Position Sensor«) = Kurbelwellenpositions-Sensor:** Der CKP-Sensor wird auch **»Zündgeber«, »Zündimpulsgeber«, »Pick-Up«** oder **»Motorsensor«** genannt, weil er verschiedene Funktionen vereint: Er übermittelt die Kurbelwellendrehzahl an das Steuergerät, löst zu bestimmter Zeit den Zündfunken aus (beim entsprechenden Kurbelwinkel oder auch »vor oberem Totpunkt des Kolbens = OT«) und meldet eine stehende Kurbelwelle.

■ **DLC (»Data Link Connector«) = Diagnosebuchs:** Daran wird der Stecker des Kabels, das zum Werkstattcomputer führt, der mit dem Programm »MCS« (»Motorcycle Communications System« = Honda-Motorrad-Diagnosesystem) geladen ist, eingesteckt. Auch der SCS-Stecker wird darin eingesteckt (siehe Kapitel 18 »Einspritzung«). Die Steckdose befindet unter dem Soziussitz.

■ **ECM/PCM (»Engine Control Module« / »Powertrain Controle Module«) = Motorsteuergerät:** Das Motorsteuergerät wird beim Schaltgetriebe mit »ECM« bezeichnet. Es vereint alle Steuer- und Regelprogramme sowie die Prüfprogramme für die Elektronikbauteile des Motors. Beim Doppelkupplungsgetriebe heißt das Motorsteuergerät »PCM«, weil es auch die Getriebefunktion steuert, regelt und überwacht. ECM und PCM errechnen aus einer Vielzahl von Daten die optimale Benzin-Einspritzmenge sowie den richtigen Zündzeitpunkt. Die zur Berechnung nötigen Daten wie z. B. Stellung der Drosselklappen, Temperatur des Motorkühlmittels, Ansaugluftdruck, Ansauglufttemperatur, Kurbelwellenstellung sowie die gefahrene Geschwindigkeit bezieht das Motorsteuergerät von Sensoren. Das »PCM« ist weiterhin zuständig für Steuerung und Regelung des Doppelkupplungsgetriebes.

■ **ECT-Sensor (»Engine Coolant Temperature Sensor«) = Kühlmitteltemperatur-Sensor:** Der ECT-Sensor ist im Kühlerkreislauf eingebaut, er misst die aktuelle Temperatur des Motorkühlmittels und gibt die gemessenen Daten an das Motorsteuergerät weiter, welches den Spritbedarf regelt: Je kühler der Motor ist, desto mehr Sprit benötigt er. Beim Kaltstart wird ordentlich »angefettet«. Umgekehrt: Je wärmer der Motor ist, desto geringer ist sein Benzinbedarf.

■ **Einspritzdüse Zylinder 1 und 2:** Je eine der Einspritzdüsen ist oben im Drosselklappengehäuse eines jeden Zylinders eingebaut. Sie spritzt die vom Motorsteuergerät berechnete Kraftstoffmenge zum genau vorgegebenen Zeitpunkt ein.

■ **EOP-Schalter (»Engine Oil Pressure Switch«) = Motoröldruck-Schalter** oder auch **EOP-Sensor (»Engine Oil Pressure Sensor«) = Motoröldruck-Sensor:** Der EOP-Schalter misst den Öldruck im Motor mit Schaltgetriebe. Bei Modellen mit Doppelkupplungsgetriebe ist es ein EOP-Sensor. Schalter oder Sensor sitzen links unten im Motorgehäuse unter dem Lichtmaschinendeckel. Bei eingeschalteter Zündung und noch stehendem Motor brennt die Motorölwarnlampe im Cockpit als Zeichen, dass sie in Ordnung ist. Wenn der Motor gestartet wird und höher als 1500/min dreht, geht die Öldruckleuchte aus, weil sich der Öldruck auf mehr als 0,8 bar aufgebaut hat. Wenn jedoch bei laufendem Motor der Öldruck unter 0,8 bar abfällt, wird die Motorölwarnlampe im Cockpit eingeschaltet – dann sofort den Motor abstellen und nicht mehr starten!

■ **FI-Relais (»Fuel Injection Relay«) = Benzinpumpen-Relais:** Das FI-Relais versorgt die Benzinpumpe mit Strom, damit diese sich drehen und Benzin fördern kann. Wenn die Zündung eingeschaltet wird, läuft die Benzinpumpe für drei Sekunden an. Wird der Motor nicht umgehend gestartet, stellt das Motorsteuergerät die Stromzufuhr zur Benzinpumpe über das Relais ab. Dadurch wird die Batterie geschont.

■ **FI-Sicherung 15A (»Fuel Injection Fuse«)= Einspritzanlagen-Sicherung:** Diese sichert die Einspritzanlage ab.
■ **IACV (»Idle Air Control Valve«) = Leerlaufregelventil:** Das IACV ist in den Modelljahren 2016 und 2017 im Drossel-

klappengehäuse eingebaut, es regelt die Leerlaufdrehzahl. Eine Korrektur oder Neueinstellung der Leerlaufdrehzahl kann nur mit Hilfe des Honda-eigenen Motorrad-Diagnosesystems vorgenommen werden.

■ **IAT-Sensor (»Intake Air Temperature Sensor«) = Ansauglufttemperatur-Sensor:** Der IAT-Sensor misst die aktuelle Temperatur der Ansaugluft und gibt das Ergebnis an das Motorsteuergerät ECM/ PCM weiter. Darin nimmt die gemessene Lufttemperatur unmittelbaren Einfluss auf das Verhältnis des Benzin-Luft-Gemisches, welches vom Motor im nächsten Arbeitstakt angesaugt wird: Ist die Luft kühl, wird mehr Benzin eingespritzt als wenn es heiß ist. Der IAT-Sensor sitzt oben im Luftfilterkasten.

■ **MAP-Sensor (»Manifold Absolute Pressure Sensor«) = Ansaugluftdruck-Sensor:** Der MAP-Sensor erfasst den Luftdruck im Ansaugsystem. Die Daten gehen direkt in das Motorsteuergerät ECM/PCM ein und werden dort zur Berechnung der Einspritzmenge und der Einspritzzeit herangezogen.

■ **Motorabschalt-Relais:** Das Motorabschalt-Relais ist in den Modelljahren 2018, 2019 eingebaut und schaltet beim Betätigen des Motorstopp-Schalters die Bordelektrik ab und bei Stellung »Run« diese wieder ein.

■ **O_2-Sensor (»Oxygen Sensor«) = Lambdasonde:** Die Lambdasonde misst den Restsauerstoffgehalt im Abgas und gibt diese Information als Spannungssignal an das Steuergerät weiter. Aufgrund dieser Informationen wird im Steuergerät die Einspritzmenge geregelt.

■ **Seitenstanderschalter:** Wenn bei laufendem Motor der Seitenständer ausgeklappt ist, die Kupplung gezogen und dann ein Gang eingelegt wird, verhindert der Seitenständerschalter das Losfahren, indem er den Motor abschaltet in dem Moment, wo die Kupplung gelöst wird. Weiterhin verhindert er das Starten des Motors bei eingelegtem Gang und nicht betätigter Kupplung. Der Seitenständerschalter befindet sich am Gelenk des Seitenständers.

■ **TBW-Einheit (»Throttle by Wire«) = Elektronischer Gasgriff:** In den Modelljahren 2018, 2019. In der TBW-Einheit sind der TBW-Motor und die TP-Sensoren 1 und 2 eingebaut. Die TBW-Einheit sitzt am Drosselklappengehäuse.

■ **TBW-Motor (»Throttle by Wire-Motor«)= Drosselklappen-Stellmotor:** In den Modelljahren 2018, 2019. Der TBW-Motor stellt entsprechend der Stellung des elektronischen Gasgriffs und nach Vorgaben des Motorsteuergeräts die Öffnung der Drosselklappen ein. Der TBW-Motor ist in der TBW-Einheit eingebaut.

■ **TBW-Relais (»Throttle by Wire Relay«) = Relais für elektronischen Gasgriff:** In den Modelljahren 2018, 2019. Bei laufendem Motor versorgt das TBW-Relais den TBW-Motor mit Strom.

■ **TP-Sensor (»Throttle Position Sensor«) = Drosselklappenpositions-Sensor:** In den Modelljahren 2016, 2017. Der TP-Sensor stellt die Stellung der Drosselklappen fest: Je weiter diese geöffnet sind, desto mehr Sprit wird benötigt und desto früher muss der Zündfunke kommen. Der TP-Sensor ist am Drosselklappengehäuse angebaut. In den Modelljahren 2018 und 2019 sind zwei TP-Sensoren verbaut, sie sitzen in der TBW-Einheit.

■ **VSS (»Vehicle Speed Sensor«) = Geschwindigkeits-Sensor:** Der VSS ist ein Drehzahl-Sensor, welcher die von ihm gelieferten Daten in die momentan gefahrene Geschwindigkeit umrechnet. Diese Daten gehen an die Tachoanzeige und zeitgleich auch an das Motorsteuergerät. Darin wird in Verbindung mit der momentanen Drosselklappenstellung und dem eingelegten Gang auch die Einspritzmenge und der Zündzeitpunkt berechnet. Zum Beispiel wird beim Beschleunigen eine größere Menge Benzin eingespritzt als bei konstanter Geschwindigkeit und damit gleichbleibender Gasgriffstellung.

■ **Zündschloss mit HISS:** Das Zündschloss ist ein Schlüsselschalter, mit dem der Batteriestrom für alle elektrischen Hauptstromkreise ein- und ausgeschaltet wird. Am Zündschloss sitzt die elektronische Wegfahrsperre HISS: **H**onda **I**gnition **S**ecurity **S**ystem. Zündschloss und HISS sorgen dafür, dass nur mit einem passenden Zündschlüssel das Lenkschloss entsperrt und die Zündung eingeschaltet werden kann.

Zündanlage

Bauteile und Einbaulage siehe Bild 6.

Zündung und Einspritzung sind zwar getrennte Arbeitskreise, arbeiten aber dennoch eng zusammen. Einige Bauteile liefern ihre gemessenen Ergebisse zeitgleich an Zündung und Einspritzung. Dazu gehören:

■ **CKP-Sensor (»Crankshaft Position Sensor«) = Kurbelwellenpositions-Sensor.**

■ **ECM/PCM (»Engine Control Module« / «Powertrain Controle Module«) = Motorsteuergerät.**

■ **Anlasser-Relaisschalter:** Der Anlasser-Relaisschalter schaltet den Strom zum Anlasser.

■ **BAS (»Bank Angle Sensor«) = Umkipp-Sensor:** Der Umkipp-Sensor, auch Neigungswinkel-Sensor genannt, prüft permanent, ob sich das Motorrad in senkrechter Fahrposition befindet oder in Schräglage bis hin zu 65 Grad bezogen auf die Senkrechte, dann läuft der Motor. Wenn der Umkipp-Sensor aber einen Wert von mehr als 65 Grad Schräglage (nach beiden Seiten!) misst, werden Zündung und Einspritzung abgeschaltet, weil dann das Motorsteuergerät annimmt, dass die Maschinen auf der Seite liegt. Das kann nach einem Sturz der Fall sein: Motorrad aufheben, senkrecht stellen, Zündung AUS und Zündschlüssel abziehen, Zündung AUSgeschaltet lassen für 60 Sekunden, danach Zündung wieder EINschalten und den Motor starten.

■ **Batterie:** Die Batterie liefert den Strom zum Starten des Motorrads. Sie wird von der Lichtmaschine geladen.

■ **CKP-Sensor (»Crankshaft Position Sensor«) = Kurbelwellenpositions-Sensor:** Der CKP-Sensor wird auch **»Zündgeber«, »Zündimpulsgeber«, »Pick-Up«** oder **»Motorsensor«** genannt, weil er verschiedene Funktionen vereint: Er übermittelt die Kurbelwellendrehzahl an das Steuergerät, löst zu bestimmter Zeit den Zündfunken aus (beim entsprechenden Kurbelwinkel oder auch »vor oberem Totpunkt des Kolbens = OT«) und meldet eine stehende Kurbelwelle.

■ **ECM/PCM (»Engine Control Module« / «Powertrain Controle Module«) = Motorsteuergerät:** Das Motorsteuergerät wird beim Schaltgetriebe mit »ECM« bezeichnet. Es vereint alle Steuer- und Regelprogramme sowie die Prüfprogramme für die Elektronikbauteile des Motors.

Beim Doppelkupplungsgetriebe heißt das Motorsteuergerät »PCM«, weil es auch die Getriebefunktion steuert, regelt und überwacht. ECM und PCM errechnen aus einer Vielzahl von Daten die optimale Benzin-Einspritzmenge sowie den richtigen Zündzeitpunkt. Die zur Berechnung nötigen Daten wie z. B. Stellung der Drosselklappen, Temperatur des Motorkühlmittels, Ansaugluftdruck, Ansauglufttemperatur, Kurbelwellenstellung sowie die gefahrene Geschwindigkeit bezieht das Motorsteuergerät von Sensoren. Das »PCM« ist noch zuständig für Steuerung und Regelung des Doppelkupplungsgetriebes.

■ **FI-Relais (»Fuel Injection Relay«) = Benzinpumpen-Relais:** Das FI-Relais versorgt die Benzinpumpe mit Strom, damit diese sich drehen und Benzin fördern kann. Wenn die Zündung eingeschaltet wird, läuft die Benzinpumpe für drei Sekunden an. Wird der Motor nicht umgehend gestartet, stellt das Motorsteuergerät die Stromzufuhr zur Benzinpumpe über das Relais ab. Dadurch wird die Batterie geschont.

■ **FI-Sicherung 15 A (»Fuel Injection Fuse«) = Einspritzanlagen-Sicherung:** Sie sichert die Einspritzanlage ab.

■ **GPS (Gear Position Switch«) = Gangpositions-Schalter:** Beim Schaltgetriebe teilt der Gangpositions-Schalter dem Motorsteuergerät mit, welcher Gang gerade eingelegt ist oder ob das Getriebe im Leerlauf steht.

Zündanlage alle Modelle und Modelljahre

Bild 6

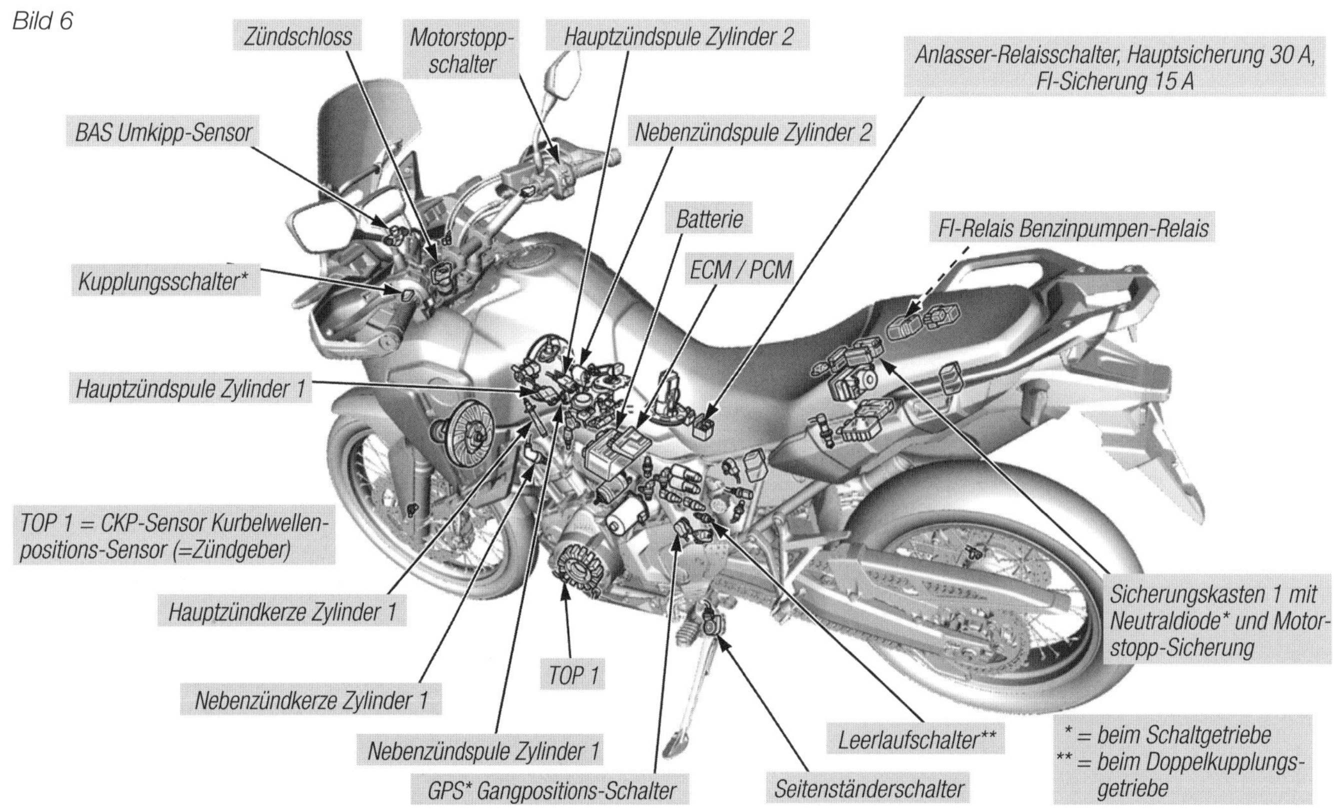

Hauptsicherung 30 A: Die Hauptsicherung sichert den Anlasser-Relaisschalter ab. Sie ist im Anlasser-Relaisschalter eingebaut.

Hauptzündkerzen Zylinder 1 und 2: Die Hauptzündkerzen sitzen zentral oben im Zylinderkopf und liefern den zur Zündung notwendigen Zündfunken.

Hauptzündspulen Zylinder 1 und 2: Die Hauptzündspulen liefern den Hauptzündkerzen die zur Zündung notwendige Hochspannung.

Kupplungsschalter: Beim Schaltgetriebe. Der Kupplungsschalter gibt bei eingelegtem Gang das Startsignal nur bei gezogener Kupplung frei. Der Kupplungsschalter ist unten im lenkerfesten Halter des Kupplungshandhebels eingebaut.

Leerlaufschalter: Beim Doppelkupplungsgetriebe. Der Leerlaufschalter teilt dem Motorsteuergerät mit, ob das Getriebe im Leerlauf steht oder nicht.

Motorstopp-Schalter: Mit dem Motorstopp-Schalter kann die Bordelektrik abgeschaltet werden.

Motorstopp-Sicherung: Die Motorstopp-Sicherung sichert den Motorstopp-Schalter ab. In den Modelljahren 2016, 2017 hat die Sicherung eine Stärke von 7,5 A, in den Modelljahren 2018, 2019 ist es eine 10 A-Sicherung.

Nebenzündkerzen Zylinder 1 und 2: Die Nebenzündkerzen sitzen außen in den Zylinderköpfen. Sie liefern einen zweiten Zündfunken (»Doppelzündung«), welcher wichtig ist für die optimale Verbrennung mit günstigen Abgaswerten.

Nebenzündspulen Zylinder 1 und 2: Die Nebenzündspulen liefern den Nebenzündkerzen die zur Zündung notwendige Hochspannung.

Neutraldiode: Beim Schaltgetriebe. Die Neutraldiode verhindert, dass der Anlasser betätigt wird, wenn der Motor läuft und der Anlasserknopf trotzdem betätigt wird. Sie ist im Sicherungskasten 1 eingebaut.

Seitenständerschalter: Der Seitenständerschalter verhindert das Losfahren bei ausgeklapptem Seitenständer. Bei stehendem Motor und eingelegtem Gang verhindert er das Starten des Motors. Bei laufendem Motor und dem Versuch einen Gang einzulegen und loszufahren schaltet der Seitenständerschalter den Motor in dem Moment ab. Der Seitenständerschalter ist am Gelenk des Seitenständers angebaut.

Zündschloss mit HISS: Das Zündschloss ist ein Schlüsselschalter, mit dem der Batteriestrom für alle elektrischen Hauptstromkreise ein- und ausgeschaltet wird. Unmittelbar am Zündschloss ist die elektronische Wegfahrsperre HISS angebaut: **H**onda **I**gnition **S**ecurity **S**ystem. Zündschloss und HISS sorgen gemeinsam dafür, dass nur mit einem passenden Zündschlüssel das Lenkschloss entsperrt und die Zündung eingeschaltet werden kann.

Anlasser

Bauteile und Einbaulage siehe Bild 7.

Anlasser: Die Anlasser-Baugruppe besteht im Wesentlichen aus dem »Startermotor«, der kurzzeitig eine hohe Leistung bringen muss, und den Zahnrädern, die zur Übertragung der mechanischen Anlassfunktion auf die Kurbelwelle nötig sind. Weitere Bauteile sind der Anlasser-Relaisschalter und der Anlasser-Freilauf.

Anlasserknopf, auch Motorstart-Schalter genannt: Drücken des Motorstart-Schalters stellt einen elektrischen Kontakt her, der einen Steuerstrom zum Anlasser-Relais schickt und dieser wiederum einen Startstrom zum Anlasser-Magnetschalter, welcher den Anlassermotor in Funktion setzt. Der Motorstart-Schalter sitzt an der rechten Lenkerarmatur.

Anlasser-Relais: Beim Doppelkupplungsgetriebe. Das Anlasser-Relais versorgt den Anlasser mit Strom. Es sitzt getrennt vom Anlasser-Magnetschalter unter dem Soziussitz.

Anlasser-Relaisschalter: Der Anlasser-Relaisschalter schaltet den Strom zum Anlasser.

Batterie: Die Batterie liefert den Strom zum Starten des Motorrads. Sie wird von der Lichtmaschine geladen.

GPS (Gear Position Switch« = Gangpositions-Schalter: Beim Schaltgetriebe. Der Gangpositions-Schalter teilt dem Motorsteuergerät mit, welcher Gang gerade eingelegt ist oder ob das Getriebe im Leerlauf steht. Das Ergebnis erscheint auch im Cockpit als Ziffer: 1 = 1. Gang, 0 = Leerlauf, 2 = 2. Gang, usw., usf.

Hauptsicherung 30 A: Die Hauptsicherung sichert den Anlasser-Relaisschalter ab. Sie ist im Anlasser-Relaisschalter eingebaut.

Kupplungsschalter: Beim Schaltgetriebe. Wenn der Motor durch »Zündung EINschalten« am Zündschloss gestartet werden soll, ist das entweder bei eingelegtem Leerlauf und nicht betätigter Kupplung möglich. Oder auch mit eingelegtem Gang und gezogener Kupplung: Dann gibt der Kupplungsschalter das Startsignal frei. Der Kupplungsschalter ist unten im lenkerfesten Halter des Kupplungshandhebels eingebaut.

Motorstopp-Schalter: Mit dem Motorstopp-Schalter kann die Bordelektrik abgeschaltet werden.

Motorstopp-Sicherung: Die Motorstopp-Sicherung sichert den Motorstopp-Schalter ab. In den Modelljahren 2016, 2017 hat die Sicherung eine Stärke von 7,5A, in den Modelljahren 2018, 2019 ist es eine 10A-Sicherung.

Neutraldiode: Beim Schaltgetriebe. Die Neutraldiode verhindert, dass der Anlasser betätigt wird, wenn der Motor läuft und trotzdem der Anlasserknopf betätigt wird. Sie ist im Sicherungskasten 1 eingebaut.

Seitenständerschalter: Der Seitenständerschalter verhindert das Losfahren bei ausgeklapptem Seitenständer. Bei stehendem Motor und eingelegtem Gang verhindert er das Starten des Motors. Bei laufendem Motor und dem Versuch einen Gang einzulegen und loszufahren schaltet der Seitenständerschalter den Motor in dem Moment ab. Der Seitenständerschalter ist am Gelenk des Seitenständers angebaut.

Zündschloss mit HISS: Das Zündschloss ist ein Schlüsselschalter, mit dem der Batteriestrom für alle elektrischen Hauptstromkreise ein- und ausgeschaltet wird. Am Zündschloss sitzt die elektronische Wegfahrsperre HISS: **H**onda **I**gnition **S**ecurity **S**ystem. Zündschloss und HISS sorgen dafür, dass nur mit einem passenden Zündschlüssel das Lenkschloss entsperrt und die Zündung eingeschaltet werden kann.

ABS

Bauteile und Einbaulage siehe Bild 8. Eine weitere, sehr detaillierte Beschreibung des ABS finden Sie auf Seite 175 im Kapitelabschnitt »Doppelkupplungsgetriebe«.

ABS-Hauptsicherung 7,5 A: In den Modelljahren 2016, 2017. Die ABS-Hauptsicherung mit 7,5 A sichert das ABS-Steuergerät ab. Sie sitzt bei der Africa Twin mit Schaltgetriebe im Sicherungskasten 1 unter dem Fahrersitz, bei der Africa Twin mit Doppelkupplungsgetriebe im Sicherungsgehäuse neben Sicherungskasten 2 unter dem Fahrersitz.

ABS-Hauptsicherung 10 A: In den Modelljahren 2018, 2019. Die ABS-Hauptsicherung mit 10 A sichert das ABS-Steuergerät ab. Sie sitzt bei allen Modellen unseres Buchs im Sicherungskasten 2 unter dem Fahrersitz.

ABS-Modulator: Dieses Kombigerät, auch ABS-Zentraleinheit genannt, vereint zwei Hauptkomponenten der ABS-Anlage, nämlich das Steuergerät und die Druckmodulatoren.

Anlasser alle Modelle und Modelljahre

Bild 7

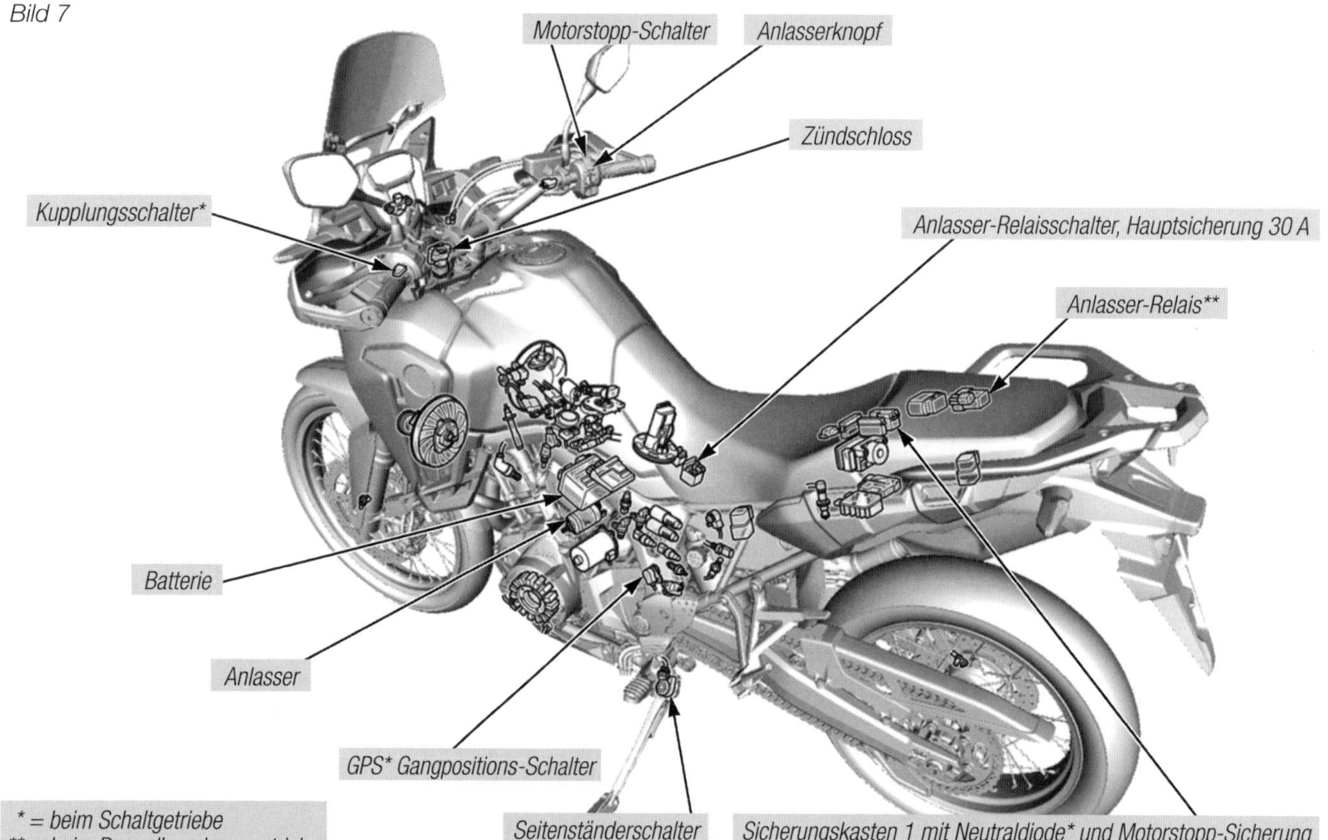

* = beim Schaltgetriebe
** = beim Doppelkupplungsgetriebe

Im »Steuergerät« werden die Signale der beiden ABS-Sensoren aufgenommen und im »Druckmodulator« die Magnetventile angesteuert, wenn das ABS in Funktion treten muss, weil sich ein Rad im Blockiermodus befindet.

■ **ABS-Sensoren:** Die ABS-Sensoren sind Teil des **A**nti-**B**lockier**S**ystems (ABS), welches das Blockieren der Räder bei zu starkem Bremsen verhindert. Jeweils ein Sensor ist für Vorder- und Hinterrad zuständig. An jedem Rad ist ein Impulsring befestigt. Dieser sorgt für berührungslose Informationen über die aktuelle Drehgeschwindigkeit des Rads an den ABS-Sensor. Dieser wiederum leitet die elektrischen Signale an das ABS-Steuergerät weiter.

■ »Rad dreht« ist der normale Fahrzustand

■ Bei »Ein Rad hat starken Drehunterschied zum anderen« oder gar »Rad steht« wird das ABS aktiviert. Dieses greift in den Bremsdruck ein, löst blitzschnell die blockierte Bremse, das Rad kann sich weiterdrehen und die Gefahr eines Sturzes durch ein blockiertes Rad (und damit ein ausbrechendes Motorrad) ist gebannt.

■ **Batterie:** Die Batterie liefert den Strom zum Starten des Motorrads. Sie wird von der Lichtmaschine geladen.

■ **DLC (»Data Link Connector«) = Diagnosebuchse:** Die Steckdose befindet sich unter dem Soziussitz. Daran wird der Stecker des Kabels, das zum Werkstattcomputer führt, der mit dem Programm »MCS« (»Motorcycle Communications System« = Honda-Motorrad-Diagnosesystem) geladen ist, eingesteckt.

■ **Hinterrad-ABS-Schalter:** Mit dem Hinterrad-ABS-Schalter kann die ABS-Funktion der Hinterradbremse an- und abgeschaltet werden. Diese Funktion wird gerne bei Geländefahrten gewählt, wenn gewisse Fahrmanöver mit blockiertem Hinterrad durchgeführt werden sollen (z. B. »in-die-Kurve-driften«). Er findet sich im Cockpit.

■ **Sicherung ABS-Motor 30 A:** Die ABS-Motorsicherung sichert den ABS-Motor ab. Eingebaut ist sie:

■ Beim Schaltgetriebe in den Mj. 2016, 2017 im Sicherungskasten 2 neben dem Anlasser-Relaisschalter.

■ Beim Doppelkupplungsgetriebe in den Mj. 2016, 2017 im Sicherungskasten 4 neben dem Anlasser-Relaisschalter.

■ Beim Schaltgetriebe und beim Doppelkupplungsgetriebe in den Mj. 2018, 2019 im Anlasser-Relaisschalter.

ABS bei allen Modellen in allen Modelljahren

Bild 8

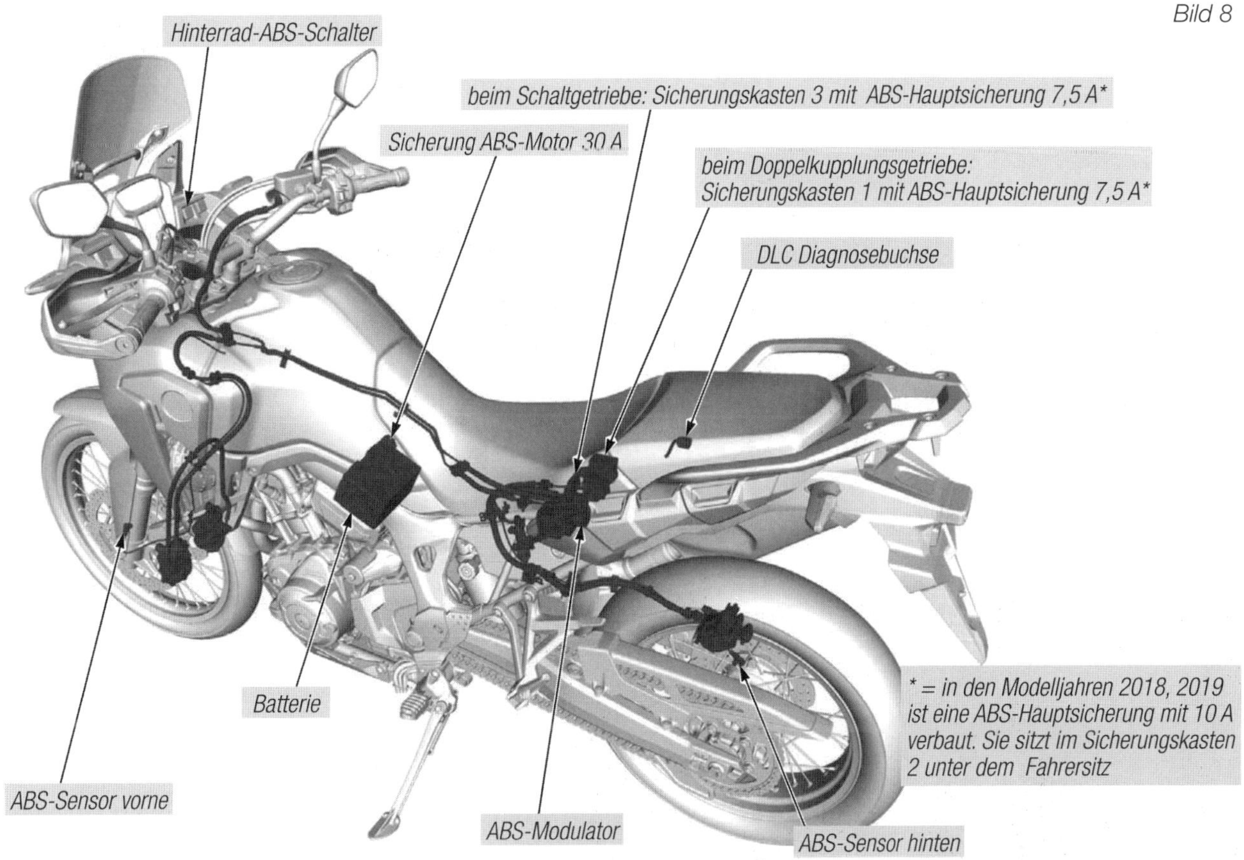

Korrespondenzkapitel:
- 3 »Spiegel · Verkleidung · Tank«
- 6 »Bremsen«
- 16 »Zündkerzen«
- 17 »Zündanlage«
- 18 »Einspritzung«
- 22 »Anlasser«
- 24 »Batterie«
- 25 »Ladesystem«
- 26 »Sicherungen · Relais«

Stecker · Kabel

In diesem Kapitel: Elektrische Stecker · Aufgescheuerte Kabel · Fehlersuche und Behebung.

Elektrische Stecker

Bilder 1 bis 9: Bei vielen Wartungsarbeiten oder dem Auswechseln elektrischer Bauteile müssen elektrische Stecker getrennt werden, wie zum Beispiel beim Abbau des Tanks und auch von verschiedenen Verkleidungsteilen.

⚠ **Achtung:** Niemals versuchen, durch Ziehen an den Kabeln einen Stecker zu trennen, sonst reißen die Kabel aus! **Beim Trennen von Steckern unbdingt beachten:**

- Bei einfachen Steckern sind Kabelschuhe auf Kontakte aufgeschoben: Gummikappe anheben (Bild 3), Kabelschuh packen und abziehen.
- Bei den meisten Steckern sind kleine Zapfen oder Bügel angebracht, welche die Stecker sicher zusammenhalten (Bilder 1, 4, 6, 8, 9). Sie müssen durch Nieder- oder Eindrücken zuerst entriegelt werden und erst dann kann man die Steckerhälften auseinanderziehen.

Wenn die Finger zu dick sind, um an die kleinen, oft versteckt angebrachten Zapfen zu kommen oder die Fingernägel sind zu kurz, dann kann man sich mit einem kleinen Schraubenzieher behelfen (Bild 2).

- **Generell gilt:** Jeden Stecker vor dem Trennen genau ansehen, wie er zusammengesteckt ist, dann sorgsam trennen.

Bilder 1 bis 9: Bevor ein Stecker auseinandergezogen werden kann, zuerst nachsehen, ob er verriegelt ist. Wenn ja, den Verriegelungszapfen eindrücken, erst dann kann der Stecker auseinander gezogen werden.

Hier genau nachsehen, ob der kleine Stecker guten Kontakt hat!

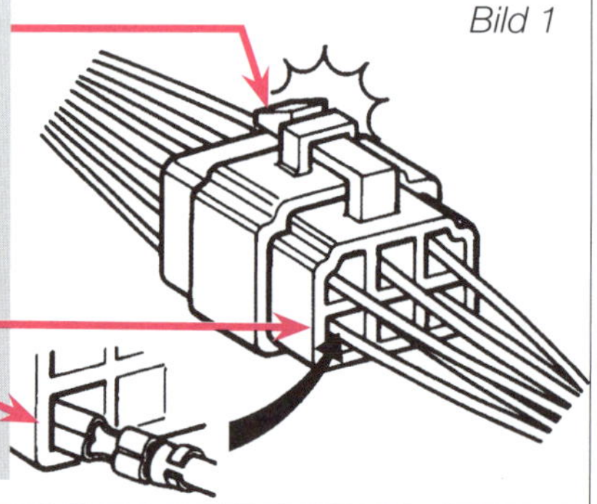
Bild 1

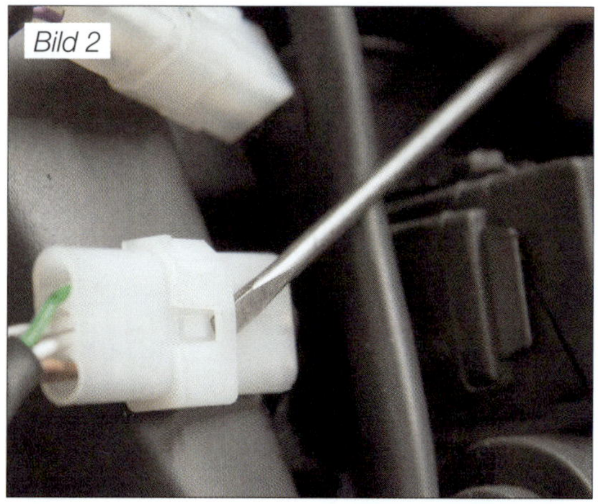
Bild 2

Bild 3

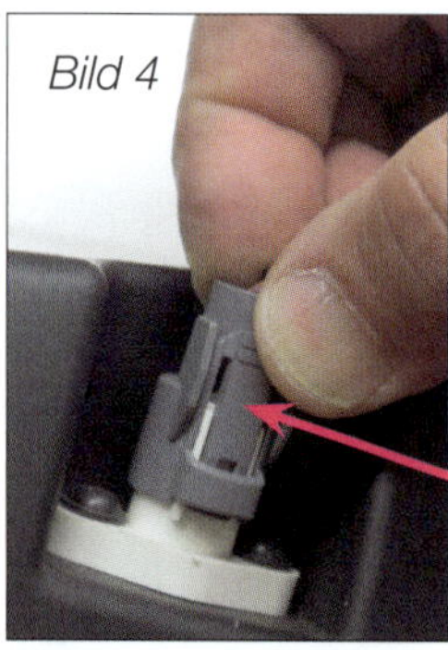
Bild 4

Bild 5

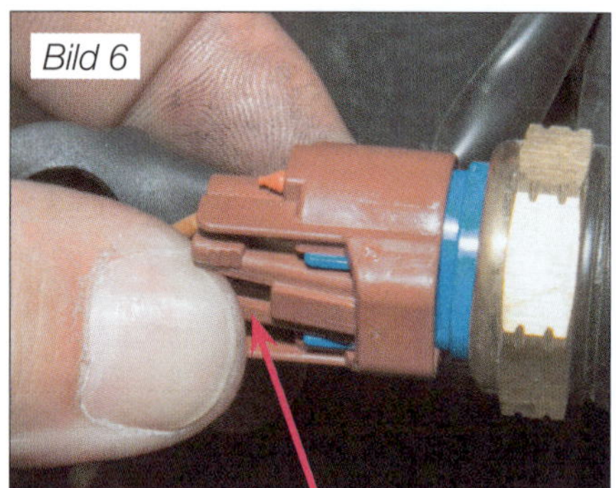
Bild 6

Bild 7

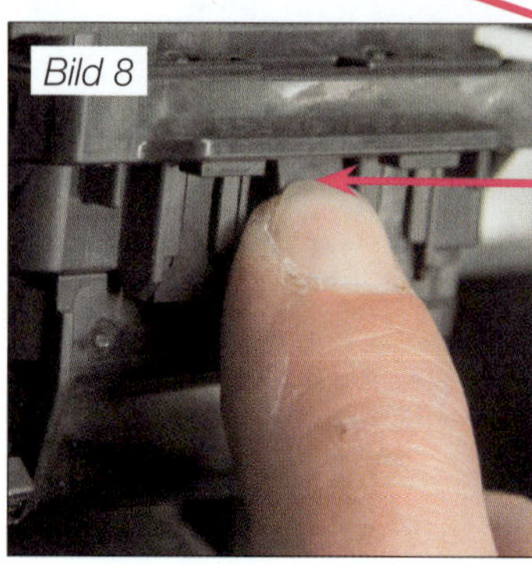
Bild 8

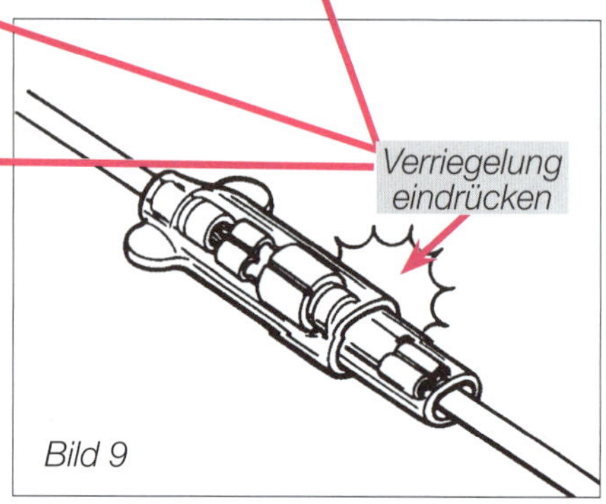

Bild 9

Aufgescheuerte Kabel

Problem: Elektrische Kabel sind mit einem Gummimantel oder einem nichtleitenden Kunststoffmaterial überzogen, man nennt diesen »Isolierung«. Falls ein Kabel eingeklemmt war oder längere Zeit an einem harten Bauteil gescheuert hat, kann die Isolierung so stark beschädigt sein, dass das Kabel gebrochen ist (Bild 10) oder der blanke Draht zu sehen ist (Bild 11).

Wenn das Kabelinnere noch in der Gänze vorhanden ist und damit nicht durchgescheuert (Bild 11), muss man solche Stellen mit einem Isolierband abkleben (Bild 12), damit kein Kurzschluss entstehen kann, was wiederum zum Durchbrennen der Sicherung führt.

Lösung: Isolierband so weit um die offene Scheuerstelle herum kleben, bis es ca. zwei Zentimeter davor und dahinter dicht anliegt. Das Kabel ist jetzt geschützt, es kann kein Wasser mehr eindringen. Und bei einem Kontakt des Kabels mit einem Metallteil (Rahmen, Motor) kann jetzt kein Kurzschluss mehr ausgelöst werden.

Wichtig: Finden Sie die Ursache der Beschädigung heraus und stellen Sie diese ab, denn der Einsatz von Isolierband ist keine Dauerlösung.

Fehlersuche und Behebung

Probleme: In den Bildern 13 und 15 sind zwei besonders heftige Kontaktfehler zu sehen: Der dick korrodierte Kabelanschluss in Bild 13 war an eine Batterie angeschraubt, deren Gehäuse einen Riss hatte. Durch die austretenden Gase und Schmutz hat sich eine dicke Oxydationsschicht gebildet. Der korrodierte Stecker in Bild 15 stammt von einer lange abgestellten Maschine. Abgestellt waren beide Maschinen in feuchten Unterkünften.

Lösungen: Schmutz vom Batteriepol und Kabelanschluss sorgfältig entfernen, feine Messingbürste oder harte Zahnbürste zu Hilfe nehmen. Kabelanschluss auf einem mittleren Schmirgel (Bild 14, Körnung 100) blank abziehen. Steckerhälften mit Kontaktspray (Bild 16) und Bürste bearbeiten, bis die Kontakte blank sind.

Hinweis: Mehr zur Fehlersuche in Elektrokabeln und Steckern steht im Kapitel 29 »Fehlersuche«.

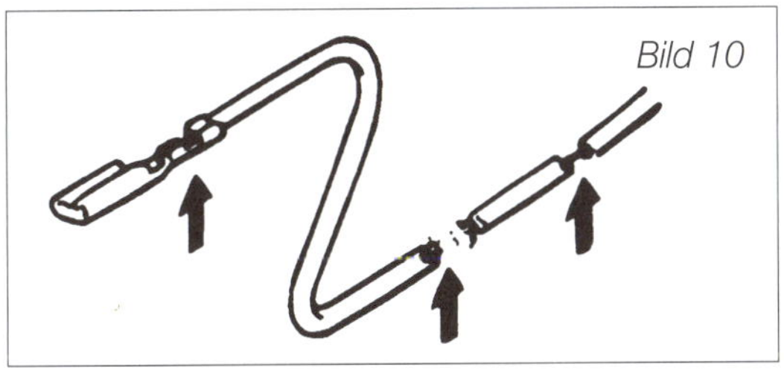
Bild 10

Bild 10: Bei Kabelbruch die Isoilierung beidseitig ca. 10 mm abschälen, Kabelenden verdrillen und mit Isolierband umwickeln (Bild 12).

Bilder 11 und 12: Wenn das Kabelinnere nicht gerissen ist, mit Isolierband umwickeln.

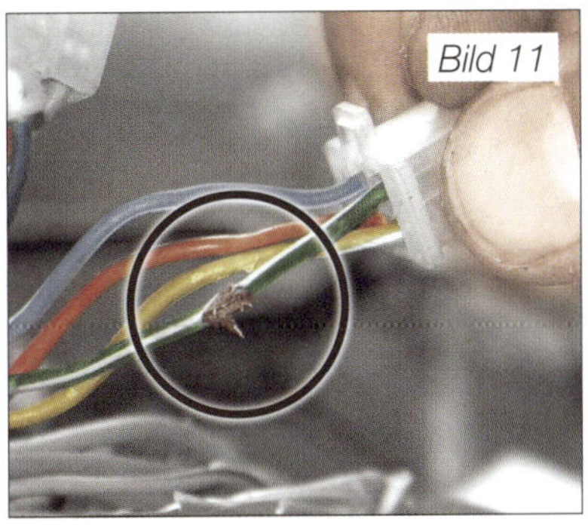
Bild 11

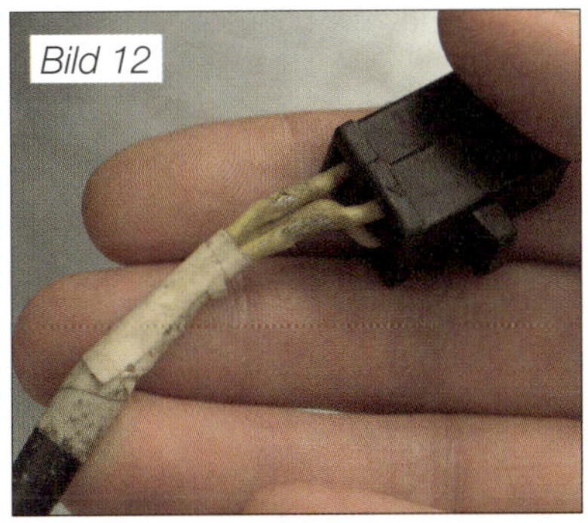
Bild 12

Bild 13

Bild 14

Die Bilder 1 bis 9 links zeigen gängige Verriegelungen. Erst wenn diese eingedrückt und damit gelöst sind, kann man den Stecker trennen. ■ Dabei nicht am Kabel ziehen, sondern den Stecker fest anpacken. Aller Schmutz wie in den Bilder 13 und 15 zu sehen, muss ab. Zur Reinigung Kontaktspray (Bild 16) und eine Messing- oder harte Zahnbürste nehmen.

Bild 15

Bild 16

Fehlersuche

In diesem Kapitel: Fehlersuche in Stromkreisen · Tipps und Tricks zur Überprüfung.

Fehlersuche in Stromkreisen

Wichtig: Bitte die Anweisungen des Messgeräteherstellers beachten und die »Betriebsanleitung« des Messgeräts vor Beginn der Messarbeiten sorgfältig lesen!
Stecker nicht trennen: Bei elektrischen Prüfungen müssen die Stecker im zu prüfenden Stromkreis zusammengesteckt bleiben, weil bei getrennten Steckern der zur Prüfung nötige Stromfluss unterbrochen ist. In den Bildern 3, 5 und 6 ist zu sehen, wo und wie die Prüfsspitzen des Multimeters in Steckern anlegt werden müssen.

Prüfen auf Durchgang

⚠ **Achtung:** Stellen Sie vor dem Messen sicher, dass der zu prüfende Stromkreis abgeschaltet wird und sicher abgeschaltet bleibt: Zündschlüssel abziehen, evtl. muss gar die Batterie abgeklemmt werden. Wenn z. B. mit dem auf Widerstandsmessung Ohm (Ω) eingestellten digitalen Multimeter ein unter Spannung stehender Stromkreis geprüft wird, kann dies zu Schäden am Gerät führen. Im folgenden Beispiel wird der Massestromkreis von der Batterie zum Rahmen hin auf Durchgang geprüft (Bild 1).

Messen der Spannung

Bild 2: Spannung des Stromkreises an der Plusklemme (+) der Glühlampe messen.

1. Den zu überprüfenden Stromkreis einschalten.
1.1. Das Multimeter auf »Spannungsmessung« (V) einstellen. Vergewissern Sie sich, dass das Multimeter bei Gleichspannungsstromkreisen auf **DC** (das ist der häufigste Fall) und bei Wechselspannungs-Stromkreisen auf **AC** eingestellt ist – wie das üblich ist bei der Prüfung der Lichtmaschinen-Ausgangsspannung.
2. Multimeter auf den für die Spannung des zu prüfenden Stromkreises am besten geeigneten Messbereich einstellen (meist 20 V).
3. Das schwarze Kabel (Masse) des Multimeters mit einem verlässlichen Masseanschluss verbinden, das ist normalerweise der Massepol der Batterie oder eine blanke Stelle am Rahmen.
4. Lokalisieren Sie das plusseitige Ende des zu prüfenden Drahts bzw. die Plusklemme der zu prüfenden Komponente.
5. Multimeter anschließen: Rotes Kabel (Pluskabel) mit dem Plus-Ende (Plusklemme) verbinden. Spannung vom Messgerät ablesen.

Durchgangsprüfung (Widerstandsprüfung)

1. Lokalisieren Sie die beiden Enden des Drahts.
2. Multimeter auf Widerstandsmessung Ohm (Ω) einstellen.
3. Plus- und Minusklemme des Multimeters an die Enden des Drahts anklemmen:
3.1. Bei Durchgang erfolgt normalerweise ein Piepton oder die Anzeige des Kabelwiderstands; Messgerät zeigt 0 Ω an.
3.2. Hoher Widerstandswert deutet auf eine schmutzige oder korrodierte Verbindung hin.
3.3. Wenn das Kabel gebrochen ist, erfolgen weder ein Piepton noch eine Widerstandsanzeige.
Wichtig: Durch Anlegen des Multimeters an verschiedenen Stellen des Drahts kann die genaue Position eines erhöhten Widerstands oder eines Kabelbruchs Schritt für Schritt eingegrenzt und schließlich sicher lokalisiert und damit gefunden werden.

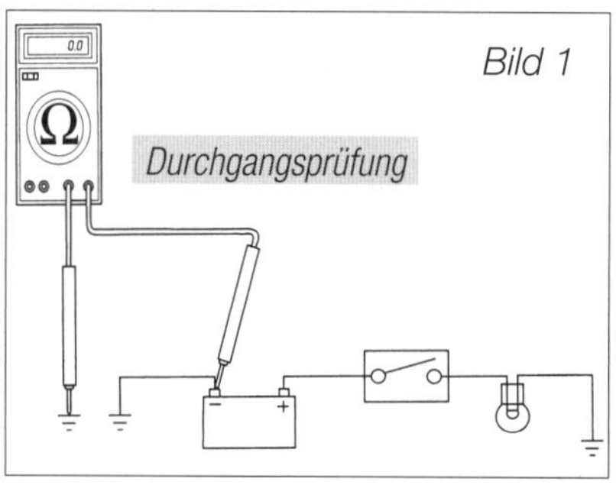

Bild 1

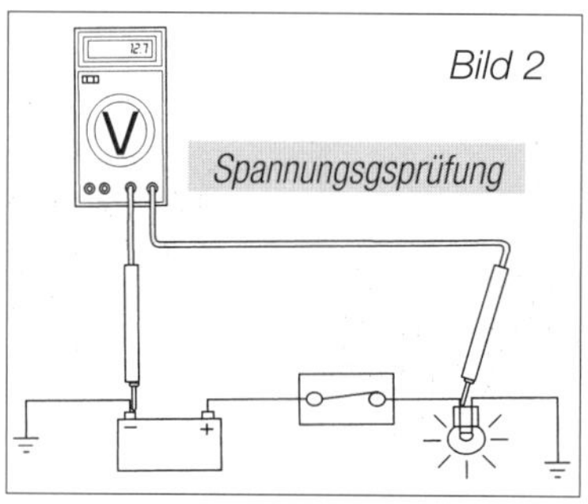

Bild 2

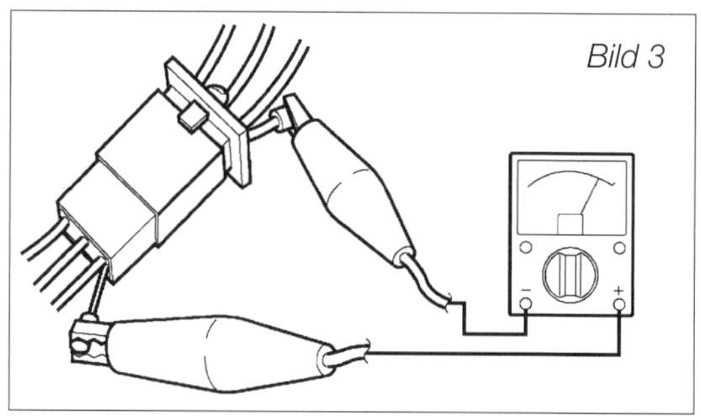
Bild 3

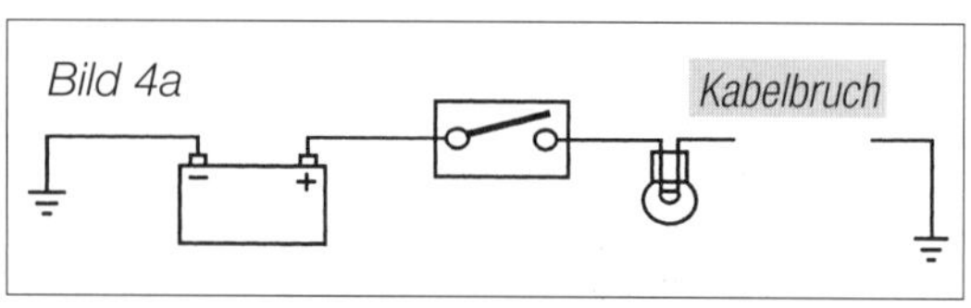

Bild 4a

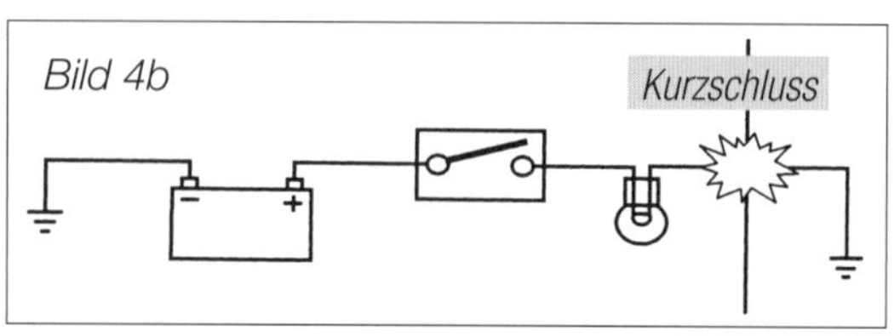

Bild 4b

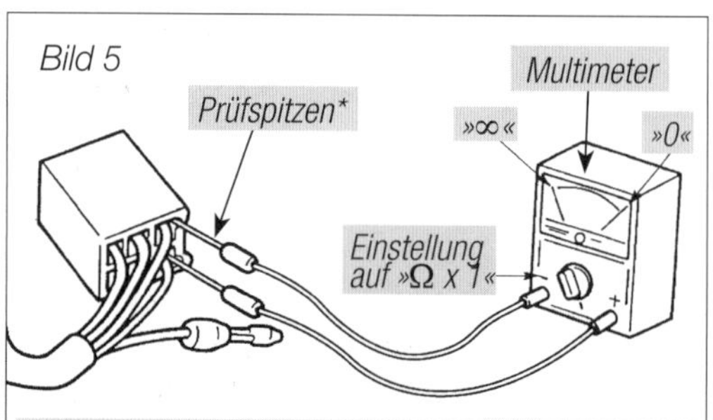

Bild 5

* = Prüfspitzen NICHT in die Steckerkontakte stecken, sondern immer am gegenüberliegenden (hinteren) Steckerende anlegen. Darauf achten, dass der Kabelanschluss nicht gelöst oder beschädigt wird.

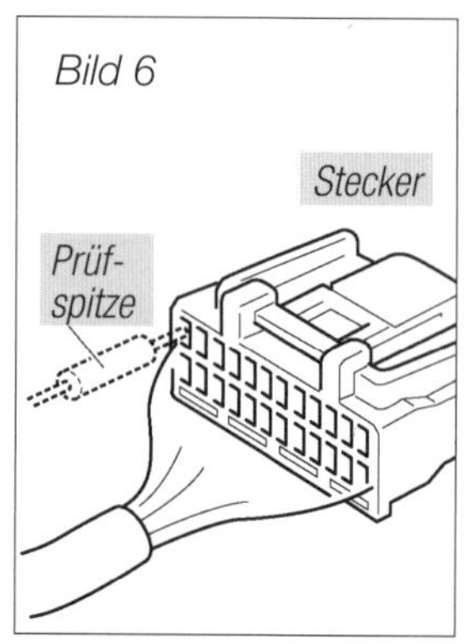

Bild 6

■ Bild 4a: Eine **Leiterunterbrechung,** auch »Kabelbruch« genannt, ist eine Unterbrechung in einem elektrischen Stromkreis, Folge: Es fließt kein Strom. Mögliche Ursachen: Bruch eines Drahts oder Kabels oder eine lockere Verbindung. Diese Fehler treten meistens nur sporadisch auf, was die Diagnose erschwert.

■ Bild 4b: Ein **Kurzschluss** ist eine Art »Abkürzung« innerhalb eines elektrischen Stromkreises, wenn der Strom aus dem Nutzstromkreis in einen anderen Stromkreis oder gegen Masse abfließt. Ursache ist häufig eine defekte Kabelisolierung wie ein durchgescheuerter oder eingeklemmter Draht.

■ Es gibt zwei verschiedene Arten von Kurzschlüssen: Kurzschluss innerhalb des Kabelbaums gegen Masse und Kurzschluss gegen die Batteriespannung.

1. Kurzschluss gegen Masse: Strom fließt vor Erreichen der Komponente, die er versorgen soll, gegen Masse ab. Sicherung des betroffenen Stromkreises brennt häufig durch.

2. Kurzschluss gegen Batteriespannung: Wird durch den Kontakt zwischen einem unter Strom stehenden Stromversorgungskabel und einem benachbarten Kabel verursacht. Beachten Sie bitte, dass auch eine 5 V-Sensor-Referenzspannung einen Kurzschluss in einem benachbarten Stromkreis hervorrufen kann, der darüber hinaus zu elektrischen Fehlfunktionen und zum Speichern von Diagnose-Fehlercodes führen kann.

Buchtipps

Hier sind drei Bücher, die sich mit Elektrik an Motorrädern beschäftigen. Die Bücher von Hohmann und Fischinger behandeln reine Motorrad-Elektrik, während das sehr dicke Bosch-Buch ausführliche Elektrik und Kraftfahrzeugtechnik bietet.

■ Hohmann: **Motorrad-Elektrik in der Praxis: Grundlagen - Pannenhilfe - Tipps**. 144 Seiten, 24,90 Euro. Delius Klasing Verlag (ISBN 978-3-768-85258-6).

■ Fischinger: **Motorrad-Elektrik: Grundlagen, Funktion, Analyse, Messtechnik.** 142 Seiten. Motorbuch Verlag (ISBN 978-3-613-02405-2). Nur noch antiquarisch erhältlich.

■ Robert Bosch GmbH (Herausgeber): **Kraftfahrtechnisches Taschenbuch**. 1544 Seiten, 69,99 Euro. Springer Vieweg Verlag (ISBN 978-3-658-36386-4).

Tipps und Tricks zur Überprüfung der elektrischen Anlage

Hinweise Fehlersuche und Messungen

■ Zündung immer AUSschalten, bevor Sie Anschlüsse an der elektrischen Anlage vornehmen oder unterbrechen. Andernfalls kann dies zu Überspannungen führen, die elektronische Komponenten beschädigen können.

■ Hände und Arbeitsflächen müssen sauber sein und frei von Fett, Metallspänen usw. Fett zieht Schmutz an, der zu Kriechströmen oder hohen Kontaktwiderständen führen kann.

■ Berühren Sie vor Beginn eines Tests einen geeigneten Erdleiter, um die statische Elektrizität Ihres Körpers zu entladen, und wiederholen Sie diesen Schritt während des Tests in regelmäßigen Abständen. Dies ist erforderlich, da einige elektronische Komponenten anfällig auf statische Elektrizität reagieren.

■ Wenn an einem elektrischen Bauteil oder an der Einspritzung wiederholt ein Fehler auftritt und/oder eine Sicherung immer wieder durchbrennt, raten wir Ihnen ganz generell, umgehend eine Honda-Fachwerkstatt aufzusuchen, weil sie dank des Honda-eigenen Diagnose-Systems in der Lage ist, die Motor- und Bordelektrik nach Fehlern zu durchsuchen, Fehlerquellen zu finden und zu beheben.

Elektrische Prüfungen: Damit das elektrische System funktioniert, muss der elektrische Strom von der Spannungsquelle (Batterie) über die Komponenten und zurück zur Batterie durch einen geschlossenen Stromkreis fließen können. Ohne geschlossenen Stromkreis kein Stromfluss. Wenn der elektrische Strom die Batterie am Pluspol verlassen und die jeweilige Komponente passiert hat, muss er anschließend zum Minuspol der Batterie (»Masse« oder »Erde«) zurückgelangen.

Um Kabel, Stecker und Platz zu sparen, wird der Minuspol der Batterie direkt mit dem Rahmen oder Motor verbunden. Rund um den Rahmen und den Motor gibt es verschiedene weitere Erdungspunkte, an denen Anschlusskabel von Komponenten angeschlossen sind. Der Anlassermotor dagegen ist direkt mit dem Motor verschraubt, der wiederum mit dem Rahmen verschraubt ist. So bilden Rahmen und Motor ebenfalls einen Teil der Masseleitung.

Ohmsches Gesetz

Das Verhältnis zwischen Spannung, Stromstärke und Widerstand ist im »ohmschen Gesetz« festgelegt:

■ Die **Spannung (U)** einer Batterie wird in **Volt (V)** gemessen.

■ Die **Stärke** des in einem Stromkreis fließenden Stroms **(I)** wird in **Ampere** gemessen.

■ Die **Leistung (P)** eines Verbrauchers wird in **Watt (W)** angegeben.

■ Der **Widerstand** (R) eines Stromkreises wird in Ohm (Ω) gemessen.

■ Das ohmsche Gesetz lautet wie folgt:

$$\frac{\textbf{Spannung (U)}}{\textbf{Strom (I)}} = \textbf{Widerstand (R)}$$

Die Leistung errechnet sich durch Multiplikation von Spannung und Stromstärke:
Watt = Volt x Ampere (P = U x I)

Durch Umformen einer dieser Gleichungen kann der Wert jeder Größe berechnet werden, wenn die beiden anderen Werte bekannt sind. Wird zum Beispiel eine Glühlampe mit 60 W an eine Batterie mit 12 V angeschlossen, dann…

…kann der im Stromkreis fließende Strom mit folgender Gleichung berechnet werden:

$\frac{P}{U} = I$ (60 W : 12 V = 5 A)

…kann der Widerstand der Glühlampe wie folgt berechnet werden:

$\frac{U}{I} = R$ (12 V : 5 A = 2.4 Ω)

Dreiecke: Gesuchten Wert mit dem Finger abdecken. Die verbleibenden Werte multiplizieren, wenn sie nebeneinander liegen, oder den oberen durch den unteren Wert dividieren, wenn sie übereinander liegen.

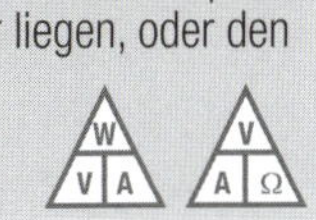

Technische Daten: Modelle, Maße, Einstellwerte

In diesem Kapitel: Das Kapitel »Technische Daten« gliedert sich in vier Teile: **Teil 1** enthält Modelle, Modelljahre, Abmessungen, technische Bauteile, Verschleißmaße und Einstellwerte. **Teil 2** listet die Elektrikbauteile an Motor und Fahrzeug auf. **Teil 3** hat alle Sicherungen, Relais und ihre Anbauorte zum Inhalt. **Teil 4** listet die lichttechnische Bestückung auf.

MODELLE, MODELLJAHRE

CRF 1000 L Africa Twin mit Schaltgetriebe, ohne ABS im Modelljahr 2016
Honda-interner Typencode CRF 1000, Werkscode SD04

CRF 1000 L Africa Twin mit Schaltgetriebe und ABS im Modelljahr 2016
Honda-interner Typencode CRF 1000 A, Werkscode SD04

CRF 1000 L Africa Twin mit Doppelkupplungsgetriebe und ABS im Modelljahr 2016
Honda-interner Typencode CRF 1000 D, Werkscode SD04

Informationen zu »mit ABS«: Ab dem Modelljahr 2017 gab es keine Maschinen mehr ohne ABS. Alle nachfolgenden Modelle haben ABS serienmäßig.

CRF 1000 L Africa Twin mit Schaltgetriebe und ABS in den Modelljahren 2017, 2018, 2019
Honda-interner Typencode CRF 1000 A, Werkscode SD06

CRF 1000 L Africa Twin mit Doppelkupplungsgetriebe und ABS in den Modelljahren 2017, 2018, 2019
Honda-interner Typencode CRF 1000 D, Werkscode SD06

CRF 1000 L Africa Twin Adventure Sports mit Schaltgetriebe und ABS in den Modelljahren 2018, 2019
Honda-interner Typencode CRF 1000 A2, Werkscode SD06

CRF 1000 L Africa Twin Adventure Sports mit Doppelkupplungsgetriebe und ABS in den Mj. 2018, 2019
Honda-interner Typencode CRF 1000 D2, Werkscode SD06

Zu dieser Modellliste

»Modelljahr«: Ein jedes »Modelljahr«, abgekürzt »Mj.«, beginnt im Spätsommer des Vorjahres nach den Werksferien. Eine Maschine aus dem »Modelljahr 2019« kann im September 2018 gebaut worden sein oder auch im Juli 2019.
■ **»im Modelljahr«:** Dieses Modell wurde in dem angegebenen Modelljahr gebaut.
■ **»in den Modelljahren«:** Dieses Modell wurde ab dem und bis zu den angegebenen Modelljahren gebaut.
■ **«Typen- und Werkscode«:** Beide sind interne Werksbezeichnungen und Teil der Fahrgestellnummer.

ABMESSUNGEN, GEWICHTE, ZULADUNG

CRF 1000 L Africa Twin mit Schaltgetriebe, ohne ABS im Modelljahr 2016
Länge 2335 mm, Breite 875 mm, Höhe 1475 mm.
Sitzhöhe 870 mm, Bodenfreiheit 250 mm. Radstand 1575 mm, Lenkwinkel 62,5 Grad, Nachlauf 113 mm.
Tankinhalt 18,8 Liter, davon 4,2 Liter Reserve
Gewicht vollgetankt / maximale Zuladung........228 kg / 195 kg

CRF 1000 L Africa Twin mit Schaltgetriebe und ABS im Modelljahr 2016
Länge 2335 mm, Breite 930 mm, Höhe 1475 mm.
Sitzhöhe 870 mm, Bodenfreiheit 250 mm. Radstand 1575 mm, Lenkwinkel 62,5 Grad, Nachlauf 113 mm.
Tankinhalt 18,8 Liter, davon 4,2 Liter Reserve
Gewicht vollgetankt / maximale Zuladung........232 kg / 195 kg

CRF 1000 L Africa Twin mit Doppelkupplungsgetriebe und ABS im Modelljahr 2016
Länge 2335 mm, Breite 930 mm, Höhe 1475 mm.
Sitzhöhe 870 mm, Bodenfreiheit 250 mm. Radstand 1575 mm, Lenkwinkel 62,5 Grad, Nachlauf 113 mm.
Tankinhalt 18,8 Liter, davon 4,2 Liter Reserve
Gewicht vollgetankt / maximale Zuladung........242 kg / 195 kg

CRF 1000 L Africa Twin mit Schaltgetriebe und ABS in den Modelljahren 2017, 2018, 2019
Gewicht vollgetankt / maximale Zuladung........230 kg / 213 kg

CRF 1000 L Africa Twin mit Doppelkupplungsgetriebe und ABS in den Modelljahren 2017, 2018, 2019
Länge 2330 mm, Breite 930 mm, Höhe 1475 mm.
Sitzhöhe 850/870 mm, Bodenfreiheit 250 mm. Radstand 1575 mm, Lenkwinkel 62,5 Grad, Nachlauf 113 mm.
Tankinhalt 18,8 Liter, davon 4,2 Liter Reserve
Gewicht vollgetankt / maximale Zuladung........240 kg / 213 kg

CRF 1000 L Africa Twin Adventure Sports mit Schaltgetriebe und ABS in den Modelljahren 2018, 2019
Gewicht vollgetankt / maximale Zuladung........253 kg / 195 kg

CRF 1000 L Africa Twin Adventure Sports mit Doppelkupplungsgetriebe und ABS in den Mj. 2018, 2019
Länge 2340 mm, Breite 930 mm, Höhe 1570 mm.
Sitzhöhe 900/920 mm, Bodenfreiheit 270 mm. Radstand 1580 mm, Lenkwinkel 62,5 Grad, Nachlauf 111 mm.
Tankinhalt 24,2 Liter, davon 4,2 Liter Reserve
Gewicht vollgetankt / maximale Zuladung........253 kg / 195 kg

MOTOR, KRAFTSTOFFSYSTEM

Leistung: 95 PS (70 kW) bei 7500/min, maximales Drehmoment 98 Nm bei 6000/min

Motorbauart: Viertakt-Zweizylinder-Reihenmotor, flüssigkeitsgekühlt, quer zur Fahrtrichtung eingebaut. Zwei zahnradgetriebene Ausgleichswellen: eine vor und eine unterhalb der Kurbelwelle
Bohrung x Hub .... 92,0 x 75,1 mm
Hubraum .... 998 cm³
Verdichtung .... 10,0 : 1

Kompressionsdruck bei 500/min .... 12,7 bar

Gassteuerung: Vier Ventile pro Zylinder, über eine kettengetriebene oben liegende Nockenwelle betätigt. Die Einlassventile werden von der Nockenwelle über Tassenstößel mit innen liegenden Einstellplättchen betätigt, die Auslassventile über Rollenkipphebel mit Einstellschrauben

Ventilspiel bei kaltem Motor, maximal 30 °C
Einlassventile gemessen zwischen
Tassenstößel und Nocken .... 0,13 bis 0,19 mm
Auslassventile gemessen zwischen
Kipphebelrolle und Nocken .... 0,21 bis 0,25 mm
Auslassventile gemessen zwischen
Ventilschaftkopf und Einstellschraube .... 0,27 bis 0,33 mm

Kraftstoffsystem: Benzineinspritzung, digitales Motormanagement. Saugrohr-Ø 44 mm, Trockenluftfilter

Drosselklappenbetätigung:
bei **CRF 1000 L Africa Twin** Mj. 2016, 2017 .... über Gaszüge
bei **CRF 1000 L Africa Twin**
und **CRF 1000 L Africa Twin Adventure Sports**
in den Modelljahren 2018, 2019 .... Ride-by-Wire

Erklärung zu »Ride-by-Wire«: Elektronischer Gasgriff, die Drosselklappen werden betätigt durch einen Stellmotor (»Drosselklappen-Stellmotor«)

Leerlaufdrehzahl:
bei **CRF 1000 L Africa Twin** im Mj. 2016 .. 1100 bis 1300/min
bei **CRF 1000 L Africa Twin** in den Mj. 2017, 2018, 2019
und **CRF 1000 L Africa Twin Adventure Sports**
in den Modelljahren 2018, 2019 .... 1150 bis 1350/min

Drosselklappengehäuse-Identifikationsnummer:
bei **CRF 1000 L Africa Twin** im Modelljahr 2016 .... GQA5A
bei **CRF 1000 L Africa Twin** in den Mj. 2017, 2018, 2019
und **CRF 1000 L Africa Twin Adventure Sports**
in den Modelljahren 2018, 2019 .... GNH3A

Kraftstoffdruck: Sollwert bei
Leerlaufdrehzahl .... 324 bis 367 kPa (3,3 bis 3,7 bar)
Pumpendurchsatz (Förderleistung)
über 10 Sekunden .... mindestens 319 cm³

Kraftstoff: Normal bleifrei, mindestens 91 ROZ. E10 zulässig. **Honda-Empfehlung:** In den meisten Ländern ist »Normal bleifrei« nicht mehr erhältlich, tanken Sie dann »Super bleifrei« mit 95 ROZ

Auspuffanlage: Zweiteilige 2-in-1-Auspuffanlage. Dreiwege-Katalysator mit Lambdaregelung

KUPPLUNG, GETRIEBE

Die folgenden Daten und Messwerte gelten für normales Schaltgetriebe mit einfacher Kupplung

Primärantrieb .... Zahnräder, Z 78/45, i_{prim} = 1,733

Kupplung: Mehrscheibenkupplung im Ölbad, über Seilzug betätigt. Kupplungsspiel 1 bis 2 mm innen am Handhebel zum Hebelhalter hin gemessen ergibt 10 bis 20 mm außen am Ende des Handhebels zum Lenkerende hin gemessen

Kupplungsdruckfedern (3 Stück)
ungespannte Länge neue Feder .... 52,48 mm
Verschleißgrenze gebrauchte Feder .... 51,48 mm

Reibscheiben (8 Stück)
Dicke neue Reibscheibe .... 3,22 bis 3,38 mm
Verschleißgrenze .... 3,00 mm

Stahlscheiben (7 Stück)
maximal zulässiger Verzug .... 0,2 mm

Getriebe: Klauengeschaltetes Sechsganggetriebe mit den Abstufungen:

■ 1. Gang 2,866 (Z 43/15)	■ 4. Gang 1,230 (Z 32/26)
■ 2. Gang 1,888 (Z 34/18)	■ 5. Gang 1,100 (Z 33/30)
■ 3. Gang 1,480 (Z 37/25)	■ 6. Gang 0,968 (Z 31/32)

Dicke der Schaltgabelzinken .... 5,93 bis 6,00 mm mm
Verschleißgrenze .... 5,83 mm mm
Schaltgabelbohrung .... Ø 12,000 bis 12,018 mm mm
Schaltgabelachse .... Ø 11,957 bis 11,968 mm mm

Abweichende Daten und Messwerte für Doppelkupplungsgetriebe

Primärantrieb: Zahnräder, Z 81/43, i_{prim} = 1,883

Doppelkupplung: Spiel der Endplatte bei zusammengebauter Kupplung .... 0,9 bis 1,1 mm

Reibscheiben
Dicke neue Reibscheibe .... 1,88 bis 2,00 mm

Stahlscheiben
Dicke neue Stahlscheibe .... 1,95 bis 2,05 mm

Getriebe: Klauengeschaltetes Sechsganggetriebe mit den Abstufungen:

- 1. Gang 2,562 (Z 41/16)
- 2. Gang 1,761 (Z 37/21)
- 3. Gang 1,375 (Z 33/24)
- 4. Gang 1,133 (Z 34/30)
- 5. Gang 0,972 (Z 36/37)
- 6. Gang 0,882 (Z 30/34)

KETTENRÄDER, KETTE

Kettenräder .... Z 42/16, i_{sec} = 2,625
Kettentyp .... DID 525HV3-130ZB
Das ist eine endlos vernietete Rollenkette mit X-Ringen zwischen den Laschen
Länge der Kette .... 124 Rollen
Kettendurchhang (Kettenspannung) .... 35 bis 45 mm
bei Adventure Sports .... 45 bis 55 mm

SCHMIERSYSTEM, MOTORÖL

Schmiersystem: Trockensumpf-Druckumlaufschmierung
bei Schaltgetriebe: Eine Trochoiden-Saugpumpe, eine Trochoiden-Förderpumpe
bei Doppelkupplungsgetriebe: Eine Trochoiden-Saugpumpe, eine Trochoiden-Förderpumpe und eine Kupplungs-Ölpumpe (DCT-Ölpumpe)

Motoröl: Motorrad-Motorenöl Viskositätsklasse SAE 10W-30

- nur Motorrad-Motorenöl der API-Service-Klassifikation SG oder höher mit JASO MA benutzen
- keine chemischen Zusätze hinzufügen
- keine Motoröle mit CD-Klassifizierung oder »Energy Conserving II« benutzen

Ölmengen bei Schaltgetriebe
bei Ölwechsel ohne Filterwechsel .... 3,9 Liter
bei Ölwechsel mit Filterwechsel .... 4,1 Liter
nach Zerlegung .... 4,9 Liter

Ölmengen bei Doppelkupplungsgetriebe
bei Ölwechsel ohne Filterwechsel .... 4,0 Liter
bei Ölwechsel mit Filterwechsel .... 4,2 Liter
nach Zerlegung .... 5,2 Liter

Öldruck an der Ölfilterpatrone bei 5000/min und 80 °C Öltemperatur .... 5,1 bis 6,5 bar

Verschleißmaße der Ölpumpen
Ölpumpenrotor Spitzenspiel .... 0,15 mm
Verschleißgrenze .... 0,20 mm

KÜHLSYSTEM

Bauart: Flüssigkeitskühlung. Zahnradgetriebene Flügelpumpe, Thermostat. Zwei temperaturabhängig automatisch sich zuschaltende Kühlerventilatoren: Schalten EIN bei 105 °C, schalten AUS bei 95 °C

Kühlmittelmenge
Bei Schaltgetriebe: 1,96 Liter Gesamtmenge im Kühlsystem. Davon 1,63 Liter in Kühler, Motor, Leitungen und 0,33 Liter im Ausgleichsbehälter

Bei Doppelkupplungsgetriebe: 1,98 Liter Gesamtmenge im Kühlsystem. Davon 1,65 Liter in Kühler, Motor, Leitungen und 0,33 Liter im Ausgleichsbehälter

Kühlmittel: Qualitätsfrostschutzmittel auf Ethylenglykol-Basis mit silikatfreiem Korrosionshemmer für Aluminiummotoren, Mischungsverhältnis 1:1 mit destilliertem Wasser.

Normale Kühlmitteltemperatur .... 90 bis 110 °C

Kühlmitteltemperatur-Sensor
Widerstand bei Messtemperatur 40 °C .... 1,0 bis 1,3 kΩ
Widerstand bei Messtemperatur 100 °C .... 140 bis 180 Ω

Thermostat
Öffnungstemperatur .... 80 bis 84 °C
vollständig geöffnet bei .... 95 °C
Ventilhub .... mindestens 8 mm

Kühlerverschlussdeckel
Ansprechdruck .... 108 bis 137 kPa (1,08 bis 1,37 bar)

RAHMEN, FEDERUNG

Rahmen: Semi-Doppelschleifenrahmen aus Stahlrohren

Federung vorne: Upside-Down-Gabel, Standrohr-Ø 45 mm

Radfederwege
CRF 1000 L Africa Twin
in den Modelljahren 2016, 2017, 2018, 2019 .... 230 mm
CRF 1000 L Africa Twin Adventure Sports
in den Modelljahren 2018, 2019 .... 252 mm

Federung hinten: Aluminium-Druckguss-Schwinge. Ein Gasdruck-Federbein, oben rahmenfest montiert, unten über Umlenkhebel mit Rahmen und Schwinge verbunden.

Radfederwege
CRF 1000 L Africa Twin
in den Modelljahren 2016, 2017, 2018, 2019 .... 220 mm
CRF 1000 L Africa Twin Adventure Sports
in den Modelljahren 2018, 2019 .... 240 mm

RÄDER, REIFEN

Räder: Speichenräder mit Alufelgen, Alunaben
- Felge vorne 21 x 2.15
- Felge hinten 18 x 4.00

Maximal zulässiger Radialschlag (Höhenschlag)............1,0 mm
Maximal zulässiger Axialschlag (Seitenschlag)..............1,0 mm

Speichen pro Rad
- Vorderrad 36 Speichen mit Ø 3,5 mm
- Hinterrad 32 Speichen mit Ø 3,5 mm

ab Modelljahr 2018 Edelstahlspeichen

Reifen: Mindestprofiltiefe 1,6 mm

Luftdruck:
bei Africa Twin in den Modelljahren 2016, 2017
Solo: vorne/hinten ....2,00 bar/2,50 bar
Mit Sozius, mit Zuladung: vorne/hinten...2,00 bar/2,80 bar

bei Africa Twin in den Modelljahren 2018, 2019
Solo: vorne/hinten ....2,00 bar/2,50 bar
Mit Sozius, mit Zuladung: vorne/hinten...2,25 bar/2,80 bar

bei Africa Twin Adventure Sports in den Mj. 2018, 2019
Solo, mit Sozius, mit Zuladung:
vorne/hinten ....2,25 bar/2,80 bar

Reifen mit Schlauch (»Schlauchreifen«):
Vorderradreifen................................ 90/90-21 M/C 54H TT
Hinterradreifen............................ 150/70 R18 M/C 70H TT

Serienmäßig montierte Reifen im Modelljahr 2016:
vorne..Dunlop D610F
hinten..Dunlop D610

in den Modelljahren 2017, 2018, 2019:
vorne.................Dunlop D610FW oder Bridgestone A41F G
hinten................ Dunlop D610W oder Bridgestone A41R G

BREMSEN

Bremsflüssigkeit DOT 4

Bremse vorne: Doppelscheibenbremse, Ø 310 mm, gelocht. Vierkolben-Bremssättel radial verschraubt
Bremsscheibendicke ....4,4 bis 4,6 mm
Verschleißgrenze... 3,5 mm
zulässiger Schlag.................................... maximal 0,2 mm
Hauptbremszylinder (Handpumpe)........ Ø 14,00 bis 14,04 mm
Kolbenbohrungen im Bremssattel
2 x Ø 30,23 bis 30,28 mm, 2 x Ø 27,00 bis 27,05 mm

Bremse hinten: Scheibenbremse, Ø 256 mm, gelocht. Einkolben-Bremssattel
Bremsscheibendicke ....5,8 bis 6,2 mm
Verschleißgrenze .... 5,0 mm
zulässiger Schlag .... maximal 0,3 mm
Hauptbremszylinder (Fußpumpe) .... Ø 12,70 bis 12,74 mm
Kolbenbohrung im Bremssattel............ Ø 38,18 bis 38,23 mm

FEDERUNG VORNE: TELEGABEL, FÜLLMENGEN, EINSTELLUNGEN

Federung vorne: Upside-Down-Gabel, Standrohr-Ø 45 mm. Zulässiger Schlag der Gabelstandrohre maximal 0,2 mm

Radfederweg
bei **CRF 1000 L Africa Twin**
in den Modelljahren 2016, 2017, 2018, 2019 .... 230 mm
bei **CRF 1000 L Africa Twin Adventure Sports**
in den Modelljahren 2018, 2019 .... 252 mm

Gabelöl, Füllmengen und Ölstände
- Gabelöl der Viskosität SAE 10W
- Füllmengen-Angaben bei Gabelölwechsel
- »Luftpolster« meint das Maß »Gabelölstand«, gemessen von der Oberkante des Gabelstandrohrs auf den Ölspiegel
- das Gabelbein ist dabei ganz zusammengeschoben, die Gabelfeder ist nicht eingesetzt

bei **CRF 1000 L Africa Twin**
in den Modelljahren 2016, 2017, 2018, 2019:
- Füllmenge...718,5 bis 723,5 cm³
- Luftpolster...95 mm

bei **CRF 1000 L Africa Twin Adventure Sports**
in den Modelljahren 2018, 2019:
- Füllmenge...692,5 bis 697,5 cm³
- Luftpolster...110 mm

Gabelfedern
bei **CRF 1000 L Africa Twin**
in den Modelljahren 2016, 2017, 2018, 2019:
- ungespannte Länge einer neuen Feder.................433,7 mm
- Verschleißgrenze..425,0 mm

bei **CRF 1000 L Africa Twin Adventure Sports**
in den Modelljahren 2018, 2019:
- ungespannte Länge einer neuen Feder.................465,7 mm
- Verschleißgrenze..456,4 mm

Einstellmöglichkeiten Federvorspannung, Dämpfung
bei **CRF 1000 L Africa Twin**
in den Modelljahren 2016, 2017, 2018, 2019
mit Schaltgetriebe:
- Federvorspannung an beiden Gabelbeinen einstellbar
- Standardeinstellung 5 Umdrehungen AUSgedreht

- Zugstufendämpfung an beiden Gabelbeinen einstellbar
- Standardeinstellung Einstellschraube 2 1/4 Umdrehungen EINgedreht

- Druckstufendämpfung an beiden Gabelbeinen einstellbar
- Standardeinstellung Einstellschraube 8 Klicks EINgedreht

bei **CRF 1000 L Africa Twin**
in den Modelljahren 2016, 2017, 2018, 2019
mit Doppelkupplungsgetriebe:

- Federvorspannung an beiden Gabelbeinen einstellbar
- Standardeinstellung 8 1/2 Umdrehungen AUSgedreht

- Zugstufendämpfung an beiden Gabelbeinen einstellbar
- Standardeinstellung Einstellschraube 2 1/4 Umdrehungen EINgedreht

- Druckstufendämpfung an beiden Gabelbeinen einstellbar
- Standardeinstellung Einstellschraube 8 Klicks EINgedreht

bei **CRF 1000 L Africa Twin Adventure Sports**
in den Modelljahren 2018, 2019 mit Schaltgetriebe:

- Federvorspannung an beiden Gabelbeinen einstellbar
- Standardeinstellung 5 Umdrehungen AUSgedreht

- Zugstufendämpfung an beiden Gabelbeinen einstellbar
- Standardeinstellung Einstellschraube 2 1/4 Umdrehungen EINgedreht

- Druckstufendämpfung an beiden Gabelbeinen einstellbar
- Standardeinstellung Einstellschraube 4 Klicks EINgedreht

bei **CRF 1000 L Africa Twin Adventure Sports**
in den Modelljahren 2018, 2019
mit Doppelkupplungsgetriebe:

- Federvorspannung an beiden Gabelbeinen einstellbar
- Standardeinstellung 8 1/2 Umdrehungen AUSgedreht

- Zugstufendämpfung an beiden Gabelbeinen einstellbar
- Standardeinstellung Einstellschraube 2 1/4 Umdrehungen EINgedreht

- Druckstufendämpfung an beiden Gabelbeinen einstellbar
- Standardeinstellung Einstellschraube 4 Klicks EINgedreht

FEDERUNG HINTEN: FEDERBEIN, EINSTELLUNGEN

Federung hinten: Radfederweg 220 mm. Aluminium-Druckguss-Schwinge. Ein Gasdruck-Federbein, oben rahmenfest montiert, unten über Umlenkhebel mit Rahmen und Schwinge verbunden.

Einstellmöglichkeiten für Federvorspannung und Dämpfung
bei **CRF 1000 L Africa Twin** im Modelljahr 2016, 2017:

- Federvorspannung Standardeinstellung Einstell-Handrad 7 Klicks AUSgedreht
- Zugstufendämpfung Standardeinstellung Einstellschraube 11 Klicks EINgedreht
- Druckstufendämpfung Standardeinstellung Einstellschraube 14 Klicks EINgedreht

bei **CRF 1000 L Africa Twin**
in den Modelljahren 2018, 2019:

- Federvorspannung Standardeinstellung Einstell-Handrad 7 Klicks AUSgedreht
- Zugstufendämpfung Standardeinstellung Einstellschraube 9 Klicks EINgedreht
- Druckstufendämpfung Standardeinstellung Einstellschraube 14 Klicks EINgedreht

bei **CRF 1000 L Africa Twin Adventure Sports**
in den Modelljahren 2018, 2019:

- Federvorspannung Standardeinstellung Einstell-Handrad 7 Klicks AUSgedreht
- Zugstufendämpfung Standardeinstellung Einstellschraube 13 Klicks EINgedreht
- Druckstufendämpfung Standardeinstellung Einstellschraube 19 Klicks EINgedreht

Technische Daten: Elektrik Motor, Fahrzeug

Zu diesem Kapitelabschnitt: Hier sind die Bauteile der Elektrik an Motor und Fahrzeug aufgelistet mit den zugehörigen Messwerten, soweit diese von Honda bzw. dem Hersteller der Bauteile bekannt gegeben wurden. Weitere Einzelheiten und Messungen finden Sie in den entsprechenden Kapiteln, wo Bauteilfunktion, mögliche Defekte und ihre Lösung beschrieben werden. Im Kapitel 26 sind die Einbaulagen der Bauteile zusätzlich grafisch dargestellt.

Bitte beachten: Am Anfang sind die Bauteile für die Maschinen mit normalem Schaltgetriebe aufgelistet, danach folgen die ergänzenden Bauteile für Doppelkupplungsgetriebe.

Bauteile für die Maschinen mit dem normalem Getriebe

ABS-Sensor vorne Einbaulage an der Gabelfaust des linken Gabelbeines

ABS-Sensor hinten Einbaulage im Bremssattel-Halter

ABS-Zentraleinheit mit ABS-Steuergerät Einbaulage unter dem Fahrersitz

Anlasser (»Elektrostarter«) Einbaulage auf dem Motorgehäuse hinter der Zylinderbank
Leistung .... 0,7 kW
Länge der Kohlebürsten im Neuzustand .... 12,0 mm
Verschleißgrenze .... 6,5 mm
Druck der Bürstenfeder .... 6,03 bis 6,52 N
Widerstand der Ankerwicklung .... 0,005 bis 0,015 Ω
Kollektor-Unterschneidung .... 0,7 mm

Anlasser-Relais (Anlasserrelais-Schalter) Einbaulage unter der rechten Batteriefach-Abdeckung
Stromstärke .... 180 Ampere
Widerstand der Isolierung .... 4,18 bis 4,62 Ω

Anlassersperr-Relais bei Doppelkupplungsgetriebe, Einbaulage unter der rechten Heckverkleidung

Ansaugluftdruck-Sensor (»MAP-Sensor« = Manifold Absolute Pressure-Sensor) Einbaulage oben im Drosselklappengehäuse
Eingangsspannung .... 4,75 bis 5,25 Volt

Ansauglufttemperatur-Sensor (»IAT-Sensor« = Intake Air Temperature-Sensor) Einbaulage oben im Luftfiltergehäuse
Widerstand bei Messtemperatur 40 °C .... 1,0 bis 1,3 kΩ

Außentemperatur-Sensor (Umgebungslufttemperatur-Sensor) Einbaulage rechts in der Verkleidung
Widerstand bei Messtemperatur 25 °C .... 4,9 bis 5,1 kΩ

Batterie in den Modelljahren 2016, 2017: Typ YTZ14S, das ist eine wartungsfreie AGM-Batterie, 12 Volt/11,2 Ah. Einbaulage links hinter dem Werkzeugkasten quer zur Fahrtrichtung

Spannungsprüfung (Messtemperatur 20 °C)
voll geladen .... 13,0 bis 13,2 Volt
ladebedürftig .... bei weniger als 12,3 Volt

Ladestrom max. 10 Stunden .... 1,1 Ampere
Schnellladung max. 1 Stunde .... 5,5 Ampere
Leckstrom .... maximal 0,66 Ampere

Batterie in den Modelljahren 2018, 2019: Typ HY110, das ist eine wartungsfreie Lithium-Eisenphospat-Batterie (LiFePo4), 12 Volt/6,0 Ah. Einbaulage links hinter dem Werkzeugkasten quer zur Fahrtrichtung

Spannungsprüfung (Messtemperatur 20 °C)
voll geladen .... 13,5 bis 14,0 Volt
ladebedürftig .... bei weniger als 10,8 Volt

Ladestrom (elektronisches Ladegerät!) .... 5 Ampere
Ladespannung .... maximal 14,7 Volt
Leckstrom .... maximal 0,66 Ampere

Honda-Anweisung: Diese Batterie darf nicht schnell geladen werden!

Benzindampf-Rückhaltesystem-Steuermagnetventil
Ab Modelljahr 2017 ist ein Benzindampf-Rückhaltesystem unter dem Tank eingebaut. Das »EVAP-Spülluft-Steuermagnetventil« (»EVAP« = Evaporative Emmission) steuert und regelt den Fluss der im Aktivkohlebehälter gespeicherten Benzindämpfe in das Ansaugsystem

Benzinstandgeber: Einbaulage in der Benzinpumpe. Widerstand (Messtemperatur 20 °C):
bei vollem Tank .... 6,4 bis 10,4 Ω
bei leerem Tank .... 204,8 bis 210,8 Ω

Benzinpumpe: Einbaulage im hinterenTeil des Tanks
Förderdruck bei Leerlaufdrehzahl .... 3,3 bis 3,7 bar

Benzinpumpen-Relais: Einbaulage unter der rechten Heckverkleidung

Blinker-/Warnblinker-Relais
- Einbaulage bei Maschinen im Modelljahr 2016 ohne ABS unter dem Fahrersitz eingebauten Deckel bei den Sicherungen
- Einbaulage bei Maschinen mit ABS unter dem Fahrersitz unterm ABS-Modulator

30 Technische Daten 2: Elektrik Motor, Fahrzeug

Bremslichtschalter vorne Einbaulage im Halter des Handbremshebels

Bremslichtschalter hinten Einbaulage über dem Fußbremshebel hinter dem Rahmen

CKP-Sensor (»Crankshaft Position Sensor« = Kurbelwellenpositions-Sensor), auch »Zündgeber« genannt. Einbaulage im linken Motordeckel (Messtemperatur 20 °C)
Widerstand .... 228 bis 342 Ω
Spitzenspannung .... mindestens 0,7 V

Diagnosebuchse (»DLC« = Data Link Connector). Einbaulage unter dem Fahrersitz

DLC (»Data Link Connector« = Diagnosebuchse). Einbaulage unter dem Fahrersitz

Drosselklappen-Stellmotor ab Modelljahr 2018, Einbaulage am Drosselklappengehäuse links

Drosselklappenpositions-Sensor ab Modelljahr 2018 (»TP-Sensor« = Throttle Position-Sensor) Einbaulage am Drosselklappengehäuse links (Messtemperatur 20 °C)
Widerstand .... 0.29 bis 0,71 Ω
Ausgangsspannung:
bei offener Drosselklappe .... 4,13 bis 4,76 Volt
bei geschlossener Drosselklappe .... 0,29 bis 0,71 Volt

Drosselklappensteuerungs-Relais (»TBW-Relais« = Throttle by Wire-Relais) ab Modelljahr 2018, Einbaulage unter dem Tank

ECM (»Electronic Control Module« = Motorsteuergerät) bei Schaltgetriebe; beim Doppelkupplungsgetriebe heißt das Motorsteuergerät »PCM«= Power Control Module, Einbaulage unter dem Tank

ECT-Sensor (»Engine Coolant Temperature-Sensor« = Kühlmitteltemperatur-Sensor) Einbaulage im Zylinderkopf links hinter dem Thermostat
Widerstand bei Messtemperatur 40 °C .... 1,0 bis 1,3 kΩ
Widerstand bei Messtemperatur 100 °C .... 140 bis 180 Ω

Einspritzdüsen Einbaulagen am Drosselklappengehäuse hinten oben
Widerstand bei Messtemperatur 20 °C .... 11 bis 13 Ω

EOP-Schalter (»Engine Oil Pressure-Schalter« = Motoröldruck-Schalter) bei Schaltgetriebe, Einbaulage hinten im Motor

EVAP-Spülluft-Steuermagnetventil (»**Evap**orative Emission« = Benzindampf-Rückhaltesystem-Steuermagnetventil) ab Modelljahr 2017, Einbaulage unter dem Tank

FI-Relais (»Fuel Injection Main Relais« = Hauptrelais Benzineinspritzung) eingebaut unter der rechten Heckverkleidung

Gangspositions-Schalter bei Schaltgetriebe. Einbaulage links im Motorgehäuse unter der Schaltwelle

Gasgriffstellungs-Sensor (»Griff-APS-Sensor« = Griff-Active Position **S**ensor). Einbaulage im Gasgriff
Ausgangsspannung:
bei offener Drosselklappe APS1 .... 4,588 bis 4,612 Volt
bei offener Drosselklappe APS2 .... 2,288 bis 2,312 Volt
bei geschlossener Drosselklappe APS1 .... 0,878 bis 0,902 Volt
bei geschlossener Drosselklappe APS2 .... 0,238 bis 0,262 Volt

Geschwindigkeits-Sensor (»VSS« = Vehicle Speed Sensor) Einbaulage im Motorgehäuse über der Getriebe-Ausgangswelle.

Hupe: Einbaulage vor dem linken Kühler

IACV (»Idle Air Control Valve« = Leerlaufregelventil) bis Modelljahr 2017, Einbaulage oben im Drosselklappengehäuse
Widerstand bei Messtemperatur 25 °C .... 99 bis 121 Ω

IAT-Sensor (»Intake Air Temperature-Sensor« = Ansauglufttemperatur-Sensor) Einbaulage oben im Luftfiltergehäuse
Widerstand bei Messtemperatur 40 °C .... 1,0 bis 1,3 kΩ

Kühlmitteltemperatur-Sensor (»**ECT**-Sensor« = Engine Coolant Temperature-Sensor) Einbaulage im Zylinderkopf links hinter dem Thermostat
Widerstand bei Messtemperatur 40 °C .... 1,0 bis 1,3 kΩ
Widerstand bei Messtemperatur 100 °C .... 140 bis 180 Ω

Kühlerventilator-Motoren Einbaulage je ein Motor mit Ventilator hinter jedem der beiden Kühler

Kühlerventilator-Relais eingebaut unter dem Soziussitz

Kupplungsschalter nur bei Schaltgetriebe. Einbaulage im Kupplungshebel

Kurbelwellenpositions-Sensor (= »CKP-Sensor« = Crankshaft Position Sensor), auch »Zündgeber« genannt. Einbaulage im linken Motordeckel unter der Lichtmaschine
Spitzenspannung bei Messtemperatur 20 °C .... min. 0,7 Volt

Lambdasonde Einbaulage im Auspuffrohr
Widerstand bei Messtemperatur 20 °C .... 6,7 bis 10,5 Ω

Lenkerschalter rechts und links am Lenker: Ihre Funktionen entnehmen Sie bitte dem Fahrzeughandbuch

Lichtmaschine (»Drehstromgenerator«). Einbaulage auf dem linken Kurbelwellenstumpf (Rotor) und im linken Motordeckel (Stator)
Ausgangsleistung .... 14,0 Volt, 490 Watt bei 5000/min
Widerstand der Statorwicklung
bei Messtemperatur 20 °C .... 0,1 bis 1,0 Ω

MAP-Sensor (»Manifold Absolute Pressure Sensor« = Ansaugluftdruck-Sensor) Einbaulage oben im Drosselklappengehäuse
Eingangsspannung .... 4,75 bis 5,25 Volt

Motorsteuergerät (»ECM« = Electronic Control Module) Einbaulage unter dem Tank

Neigungswinkel-Sensor (Umkipp-Sensor) Einbaulage in der Frontverkleidung
Messwert bei mehr als 70 Grad .... 1,2 bis 4,6 Volt
Messwert bei weniger als 70 Grad .... 0,1 bis 0,5 Vol

Neutralschalter (Leerlaufschalter) bei Schaltgetrieb ab Modelljahr 2017, bei Doppelkupplungsgetriebe in allen Modelljahren, Einbaulage hinten im Motorgehäuse

Öldruck-Schalter (EOP-Schalter = Engine Oil Pressure-Schalter) bei Schaltgetriebe, Einbaulage hinten am Motor

Quickshifter Sonderausstattung bei Schaltgetriebe, Einbaulage in Schaltstange zwischen Schalthebel und Schaltwelle

Regler/Gleichrichter Einbaulage hinter dem Schmutzfänger über dem Hinterrad. Dreiphasen-Vollweggleichrichtung

Schaltwellen-Schalter ab Modelljahr 2017 mit Schaltgetriebe. Einbaulage hinten im Motorgehäuse

Scheinwerfer-Relais Einbaulage unter der rechten Heckverkleidung

Seitenständerschalter Einbaulage von hinten auf dem Seitenständergelenk

Sekundärluft-Magnetventil Einbaulage unter dem Luftfiltergehäuse
Widerstand des Elektromagneten .... 20 bis 28 Ω

TBW-Relais (»Throttle by Wire-Relais« = Drosselklappensteuerungs-Relais) bei Maschinen ab Modelljahr 2018, Einbaulage unter dem Tank

TP-Sensor (»Throttle Position-Sensor« = Drosselklappenpositions-Sensor) ab Modelljahr 2018, Einbaulage am Drosselklappengehäuse links
Widerstand .... 1,2 bis 2,8 kΩ
Ausgangsspannung im Leerlauf .... 0,63 bis 0,73 Volt

Umgebungslufttemperatur-Sensor (Außentemperatur-Sensor) Einbaulage rechts in der Verkleidung
Widerstand bei Messtemperatur 25 °C .... 4,9 bis 5,1 kΩ

Umkipp-Sensor = siehe Neigungswinkel-Sensor

VSS (»Vehicle Speed Sensor« = siehe bei Geschwindigkeits-Sensor)

Zündschloss mit Wegfahrsperreneinheit Einbaulage in der oberen Gabelbrücke

Zündspulen Einbaulage unter dem Tank vor dem Drosselklappengehäuse
Primärspitzenspannung .... mindestens 100 Volt

Zündung: Transistorzündung (TCI), digitale Zündverstellung.
Zündzeitpunkt .... 10 Grad vor OT bei Leerlaufdrehzahl

---

Ergänzende Bauteile in Maschinen mit Doppelkupplungsgetriebe

Außenhauptwellen-Sensor bei Doppelkupplungsgetriebe, Einbaulage rechts hinter dem Anlasser

EOP-Sensor Motor (»Engine Oil Pressure-Sensor« = Motoröldruck-Sensor) bei Doppelkupplungsgetriebe, Einbaulage links unten am Motor

EOP-Sensoren 1, 2, 3 Getriebe (»Engine Oil Pressure-Sensor« = Getriebeöldruck-Sensoren) bei Doppelkupplungsgetriebe, Einbaulage rechts am Motor unter einer Abdeckung
EOP-Sensor 1: Sensor der Kupplungsleitung
EOP-Sensor 2: Sensor der Kupplung 1
EOP-Sensor 3: Sensor der Kupplung 2

EOT-Sensor (»Engine Oil Temperature-Sensor« = Motoröltemperatur-Sensor) bei Doppelkupplungsgetriebe, Einbaulage hinten im Motor
Widerstand bei Messtemperatur 20 °C .... 2,5 bis 2,8 kΩ

Getriebeöldruck-Sensoren 1, 2, 3 (»EOP«-Sensoren = Engine Oil Pressure-Sensoren) bei Doppelkupplungsgetriebe, Einbaulage rechts am Motor unter einer Abdeckung
EOP-Sensor 1: Sensor der Kupplungsleitung
EOP-Sensor 2: Sensor der Kupplung 1
EOP-Sensor 3: Sensor der Kupplung 2

30 Technische Daten 2: Elektrik Motor, Fahrzeug

Getriebestufen-Sensor (»TR-Sensor« = Transmission Range-Sensor) bei Doppelkupplungsgetriebe, Einbaulage über dem Kettenritzel

Innenhauptwellen-Sensor bei Doppelkupplungsgetriebe, Einbaulage links hinten im Motor

Leerlaufschalter (Neutralschalter) bei Doppelkupplungsgetriebe, Einbaulage hinten im Motorgehäuse

Linearmagnetventil bei Modellen mit Doppelkupplungsgetriebe. Einbaulage rechts vor dem Kupplungsdeckel

Motoröldruck-Sensor (EOP-Sensor = Engine Oil Pressure-Sensor) bei Doppelkupplungsgetriebe, Einbaulage links unten am Motor

Neutralschalter (Leerlaufschalter) bei Doppelkupplungsgetriebe in allen Modelljahren; bei Schaltgetriebe ab Modelljahr 2017. Einbaulage hinten im Motorgehäuse

Öltemperatur-Sensor (EOT-Sensor = Engine Oil Temperature-Sensor) bei Doppelkupplungsgetriebe, Einbaulage hinten im Motor
Widerstand bei Messtemperatur 20 °C .... 2,5 bis 2,8 kΩ

Parkbremsschalter bei Doppelkupplungsgetriebe, Einbaulage links am Lenker

PCM (»Powertrain Control Module« = Steuergerät für Motor und Getriebe) bei Doppelkupplungsgetriebe, Einbaulage unter dem Tank

Schaltsteuermotor bei Doppelkupplungsgetriebe, Einbaulage links hinter dem Motor

Schaltwellenwinkel-Sensor bei Doppelkupplungsgetriebe, Einbaulage im Kupplungsdeckel rechts hinten

TR-Sensor (»Transmission Range-Sensor« = Getriebestufen-Sensor) bei Doppelkupplungsgetriebe, Einbaulage am Getriebeausgang über dem Kettenritzel

Motorsteuergeräte nach Modelljahren und Ausstattung			
Modelljahr	Modellbezeichnung und Ausstattungsmerkmale	Bezeichnung	Bestell-Nummer
2016	CRF 1000 L Africa Twin mit Schaltgetriebe, ohne ABS CRF 1000 L Africa Twin mit Schaltgetriebe, ABS CRF 1000 L Africa Twin mit Doppelkupplungsgetriebe, ABS	Keihin MJPG5A Keihin MJPG6A Keihin MJPG8A	38770-MJP-G52 38770-MJP-G62 38770-MJP-G82
2017	CRF 1000 L Africa Twin mit Schaltgetriebe, ABS CRF 1000 L Africa Twin mit Doppelkupplungsgetriebe, ABS	Keihin MJPDAA Keihin MJPDBA	38770-MJP-DA1 38770-MJP-DB1
2018	CRF 1000 L Africa Twin CRF 1000 L mit Schaltgetriebe, ABS CRF 1000 L Africa Twin mit Doppelkupplungsgetriebe, ABS CRF 1000 L Africa Twin Adventure Sports mit Schaltgetriebe, ABS CRF 1000 L Africa Twin Adventure Sports mit Doppelkupplungsgetriebe, ABS	Keihin MKKD0A Keihin MKKD5A Keihin MKKD0A Keihin MKKD5A	38770-MKK-D02 38770-MKK-D52 38770-MKK-D02 38770-MKK-D52
2019	CRF 1000 L Africa Twin mit Schaltgetriebe, ABS CRF 1000 L Africa Twin mit Doppelkupplungsgetriebe, ABS CRF 1000 L Africa Twin Adventure Sports mit Schaltgetriebe, ABS CRF 1000 L Africa Twin Adventure Sports mit Doppelkupplungsgetriebe, ABS	Keihin MKKD0A Keihin MKKU5A Keihin MKKD0A Keihin MKKU5A	38770-MKK-D02 38770-MKK-U52 38770-MKK-D02 38770-MKK-U52

Technische Daten: Sicherungen, Relais

Zu diesem Kapitelabschnitt: Auf den folgenden drei Seiten finden Sie alle Sicherungen mit Bauteil-Zugehörigkeiten und Stärken sowie Relais und Einbaulagen.

Africa Twin im Modelljahr 2016 mit Schaltgetriebe, ohne ABS

Sicherungen im Sicherungskasten 1: Einbaulage unter dem Fahrersitz
Sicherung Abblendlicht .... 7,5 Ampere
Sicherung Fernlicht .... 7,5 Ampere
Sicherung Kühlerventilatoren .... 20 Ampere
Sicherung Uhr, Blinker .... 7,5 Ampere
Sicherung Motorstopp .... 7,5 Ampere

Sicherungen im Sicherungskasten 2: Einbaulage links neben dem Sicherungskasten 1
Sicherung Bremslicht, Rücklicht .... 7,5 Ampere
Sicherung Zusatzgeräte .... 10 Ampere

Sicherungen im Anlasser-Relais: Einbaulage unter der rechten Batteriefach-Abdeckung
Hauptsicherung .... 30 Ampere
FI-Sicherung (Einspritzsystem) .... 15 Ampere

Relais
Anlasser-Relais: Einbaulage unter der rechten Batteriefach-Abdeckung

Benzinpumpen-Relais: Einbaulage unter der rechten Heckverkleidung

Blinker-/Warnblinker-Relais: Einbaulage unter dem Fahrersitz eingebauten Deckel bei den Sicherungen

FI-Relais (Hauptrelais Benzineinspritzung): Einbaulage unter der rechten Heckverkleidung

Kühlerventilator-Relais: Einbaulage unter dem Soziussitz

Scheinwerfer-Relais: Einbaulage unter der rechten Heckverkleidung

---

Africa Twin in den Modelljahren 2016, 2017 mit Schaltgetriebe und ABS

Sicherungen im Sicherungskasten 1: Einbaulage unter dem Fahrersitz
Sicherung Motorstopp .... 7,5 Ampere
Sicherung Abblendlicht .... 7,5 Ampere
Sicherung Fernlicht .... 7,5 Ampere
Sicherung Kühlerventilatoren .... 20 Ampere
Sicherung Uhr, Blinker .... 7,5 Ampere
ABS-Hauptsicherung .... 7,5 Ampere

Sicherungen im Sicherungskasten 2: Einbaulage links neben Sicherungskasten 1
Sicherung Bemslicht, Rücklicht .... 7,5 Ampere
Sicherung Zusatzgeräte .... 10 Ampere

Sicherungen im Anlasser-Relais: Einbaulage unter der rechten Batteriefach-Abdeckung
Hauptsicherung .... 30 Ampere
FI-Sicherung (Einspritzsystem) .... 15 Ampere

Sicherung im Sicherungskasten 3: Einbaulage unter der rechten Batteriefach-Abdeckung
Sicherung ABS-Motor .... 30 Ampere

Relais
Anlasser-Relais: Einbaulage unter der rechten Batteriefach-abdeckung

Benzinpumpen-Relais: Einbaulage unter der rechten Heckverkleidung

Blinker-/Warnblinker-Relais: Einbaulage unter dem Fahrersitz unterm ABS-Modulator

FI-Relais (Hauptrelais Benzineinspritzung): Einbaulage unter der rechten Heckverkleidung

Kühlerventilator-Relais: Einbaulage unter dem Soziussitz

Scheinwerfer-Relais: Einbaulage unter der rechten Heckverkleidung

Spannungsversorgungs-Relais: Einbaulage im ABS-Modulator

Africa Twin in den Modelljahren 2016, 2017 mit Doppelkupplungsgetriebe und ABS

Sicherungen im Sicherungskasten 1: Einbaulage unter dem Fahrersitz
Sicherung Motorstopp .... 7,5 Ampere
Sicherung Abblendlicht .... 7,5 Ampere
Sicherung Fernlicht .... 7,5 Ampere
Sicherung Kühlerventilatoren .... 20 Ampere
Sicherung Uhr, Blinker .... 7,5 Ampere
DCT-Hauptsicherung .... 7,5 Ampere

Sicherungen im Sicherungskasten 2: Einbaulage vor dem Sicherungskasten 1
Sicherung Bemslicht, Rücklicht .... 7,5 Ampere
Sicherung Zusatzgeräte .... 10 Ampere

Sicherung im Sicherungskasten 3: Einbaulage vor dem Sicherungskasten 1 rechts neben Sicherungskasten 2
ABS-Hauptsicherung .... 7,5 Ampere

Sicherungen im Anlasser-Relais: Einbaulage unter der der rechten Batteriefach-Abdeckung
Hauptsicherung .... 30 Ampere
FI-Sicherung (Einspritzsystem) .... 15 Ampere

Sicherung im Sicherungskasten 4: Einbaulage unter der rechten Batteriefach-Abdeckung
Sicherung ABS-Motor .... 30 Ampere

Sicherung im Sicherungskasten 5: Einbaulage unter der rechten Batteriefach-Abdeckung
Sicherung DCT-Schaltsteuermotor.......................... 30 Ampere

Sicherungskasten 4 und 5 in gemeinsamer Aufhängung

Relais
Anlasser-Relais: Einbaulage unter der rechten Batteriefach-Abdeckung

Ausfallsicherheits-Relais (ABS-FSR): Einbaulage im PCM

Benzinpumpen-Relais: Einbaulage unter der rechten Heckverkleidung

Blinker-/Warnblinker-Relais: Einbaulage unter dem Fahrersitz unter dem ABS-Modulator

FI-Relais (Hauptrelais Benzineinspritzung): Einbaulage unter der rechten Heckverkleidung

Kühlerventilator-Relais: Einbaulage unter dem Soziussitz

Scheinwerfer-Relais: Einbaulage unter der rechten Heckverkleidung

Spannungsversorgungs-Relais: Einbaulage im ABS-Modulator

Starter-Relais: Einbaulage unter der rechten Heckverkleidung

Zündhalte-Relais: Einbaulage im PCM

Africa Twin und Africa Twin Adventure Sports in den Modelljahren 2018, 2019 mit Schaltgetriebe und ABS

Sicherungen
Sicherungen im Sicherungskasten 1: Einbaulage unter dem Fahrersitz
Sicherung Motorstopp.. 10 Ampere
Sicherung Bremslicht, Rücklicht, Hupe .... 10 Ampere
Sicherung Scheinwerfer... 20 Ampere
Sicherung Kühlerventilatoren .... 20 Ampere
Sicherung Uhr, Blinker .... 10 Ampere
Sicherung TBW (= E-Gas)...................................... 10 Ampere

Sicherungen im Sicherungskasten 2: Einbaulage links neben Sicherungskasten 1
ABS-Hauptsicherung... 10 Ampere
Sicherung Zusatzgeräte... 10 Ampere

Sicherungen im Anlasser-Relais: Einbaulage unter der rechten Batteriefach-Abdeckung
Hauptsicherung .... 30 Ampere
Sicherung ABS-Motor .... 30 Ampere

Sicherung im Sicherungskasten 3: Einbaulage unter der rechten Batteriefach-Abdeckung
Sicherung ABS-Ausfall-Sicherheits-Relais (ABS-FSR-Sicherung).. 30 Ampere

Sicherung im Sicherungskasten 4: Einbaulage unter der rechten Batteriefach-Abdeckung
FI-Sicherung (Einspritzsystem) .... 15 Ampere

Sicherungskasten 3 und 4 in gemeinsamer Aufhängung

Relais
Ausfall-Sicherheits-Relais (ABS-FSR): Einbaulage im PCM

Anlasser-Relais: Einbaulage unter der rechten Batteriefach-Abdeckung

Benzinpumpen-Relais: Einbaulage unter der rechten Heckverkleidung

Blinker-/Warnblinker-Relais: Einbaulage unter dem Fahrersitz unterm ABS-Modulator

Drosselklappensteuerungs-Relais (TBW-Relais): Einbaulage unter dem Tank

FI-Relais (Hauptrelais Benzineinspritzung): Einbaulage unter der rechten Heckverkleidung

Kühlerventilator-Relais: Einbaulage unter dem Soziussitz

Motorabschalt-Relais: Einbaulage unter der rechten Heckverkleidung

Scheinwerfer-Relais: Einbaulage unter der rechten Heckverkleidung

Spannungsversorgungs-Relais: Einbaulage im ABS-Modulator

Africa Twin und Africa Twin Adventure Sports in den Mj. 2018, 2019 mit Doppelkupplungsgetriebe und ABS

Sicherungen im Sicherungskasten 1: Einbaulage unter dem Fahrersitz

Sicherung Motorstopp .... 10 Ampere
Sicherung Bemslicht, Rücklicht, Hupe .... 10 Ampere
Sicherung Scheinwerfer .... 20 Ampere
Sicherung Kühlerventilatoren .... 20 Ampere
Sicherung Uhr, Blinker .... 10 Ampere
Sicherung TBW (= E-Gas) .... 10 Ampere

Sicherungen im Sicherungskasten 2: Einbaulage vor dem Sicherungskasten 1

ABS-Hauptsicherung .... 10 Ampere
Sicherung Zusatzgeräte .... 10 Ampere

Sicherung im Sicherungskasten 3: Einbaulage vor dem Sicherungskasten 1 rechts neben Sicherungskasten 2

DCT-Hauptsicherung .... 10 Ampere

Sicherungen im Anlasser-Relais: Einbaulage unter der rechten Batteriefach-Abdeckung

Hauptsicherung .... 30 Ampere
Sicherung ABS-Motor .... 30 Ampere

Sicherung im Sicherungskasten 4: Einbaulage unter der rechten Batteriefach-Abdeckung

Sicherung DCT-Schaltsteuermotor .... 30 Ampere

Sicherungen im Sicherungskasten 5: Einbaulage unter der rechten Batteriefach-Abdeckung

Sicherung ABS-Ausfall-Sicherheits-Relais (ABS-FSR-Sicherung) .... 30 Ampere
FI-Sicherung (Einspritzsystem) .... 15 Ampere

Sicherungskasten 4 und 5 in gemeinsamer Aufhängung

Relais

Ausfallsicherheits-Relais (ABS-FSR): Einbaulage im PCM

Anlasser-Relais: Einbaulage unter der rechten Batteriefach-Abdeckung

Benzinpumpen-Relais: Einbaulage unter der rechten Heckverkleidung

Blinker-/Warnblinker-Relais: Einbaulage unter dem Fahrersitz unterm ABS-Modulator

Drosselklappensteuerungs-Relais (TBW-Relais): Einbaulage unter dem Tank

FI-Relais (Hauptrelais Benzineinspritzung): Einbaulage unter der rechten Heckverkleidung

Kühlerventilator-Relais: Einbaulage unter dem Soziussitz

Motorabschalt-Relais, Scheinwerfer-Relais, Starter-Relais: Einbaulage unter der rechten Heckverkleidung

Zündhalte-Relais: Einbaulage im PCM

Technische Daten: Leuchten, Lampen, LEDs

LED defekt? Die Leuchten an den Modellen unseres Buchs sind mit LEDs bestückt, nur die Kennzeichenleuchte ist eine klassische Glühlampe. Eine LED hat eine theoretische Brenndauer von 10 000 Stunden. Weil die einzelnen LEDs in den entsprechenden Bauteilen miteinander verschweißt sind, können sie nicht geöffnet werden, um bei einem Defekt einer einzelnen LED diese austauschen zu können. Heißt also: Eine defekte LED kann nicht ersetzt werden, zumindest nicht auf einem herkömmlichen Reparaturweg. Es muss ein neues Komplettbauteil angebaut werden, das generell teuer ist.

Tipp: Wie für viele andere defekte Bauteile, die man offiziell nicht reparieren kann, gibt es Geheimtipps zur Reparatur. Fragen Sie Ihren Honda-Händler oder einschlägige Foren.

Leuchten und Lampen: LEDs für Fernlicht/Abblendlicht, Tagfahrlicht, Standlicht, Kurvenlicht, Blinklampen, Brems-/Rücklicht

Kennzeichenleuchte .... 12 V 5 W

Africa Twin mit Schaltgetriebe, ohne ABS im Mj. 2016

Blinklampen vorne/Standlicht .... 12 V 21/5 W
Blinklampen hinten .... 12 V 21W

Kontrollleuchten: LEDs für Instrumentenbeleuchtung, Wegfahrsperre, Leerlauf, Tagfahrlicht, Fernlicht, Blinker links und rechts, Benzinreserve, Kühlmitteltemperatur, Motorstörung, Parkbremse bei Doppelkupplungsgetriebe, Öldruck, Drehmomentkontrolle an, Drehmomentkontrolle aus, ABS, ABS am Hinterrad »ausgeschaltet«.

Anziehdrehmomente

In diesem Kapitel sind die von Honda vorgeschriebenen Anziehdrehmomentwerte für alle Schraubverbindungen der Modelle CRF1000 L Africa Twin und CRF1000 L Africa Twin Adventure Sports aufgelistet. Wenn für ein Bauteil bzw. eine Schraubverbindung kein eigener Wert aufgeführt ist, gelten die Anziehdrehmomente für Schrauben (Muttern) entsprechender Größe, wie sie auf der nächsten Seite unter »Allgemeine Schrauben und Muttern« aufgeführt sind.

Warum ist ein bestimmtes Anziehdrehmoment nötig?
Schraubverbindungen müssen mit einem festgelegten Drehmomentwert angezogen werden, damit die Bauteile sicher miteinander verbunden sind. Die genannten Werte müssen möglichst genau eingehalten werden, sonst besteht die Gefahr, dass sich die Schraubverbindung lockert (wenn zu lose angezogen) oder die Schrauben bzw. ihre Gegengewinde oder die Bauteile zu stark belastet werden (wenn zu fest angezogen) und sie dann im Betrieb reißen oder brechen.

■ **Bauteilbezeichnungen:** Bei den Bezeichnungen der Bauteile in der Tabelle richten wir uns nach den Vorgaben von Honda, sofern diese allgemein verständlich gehalten sind.
■ **Sauberkeit:** Eine wichtige Voraussetzung zum korrekten Anziehen aller Schrauben und Muttern ist, dass ihre Gewinde und Anlageflächen unbeschädigt und frei von Schmutz sind.

⚠ Verschmutzte Schraubengewinde soll man NICHT mit einer Stahlbürste reinigen, denn diese kann die Oberflächen der Gewinde beschädigen. Verwenden Sie eine Messingbürste mit feinen Borsten (»Zündkerzenbürste«).
■ **Beschädigte Gewinde:** Schrauben und Muttern mit verrosteten oder beschädigten Gewinden, defekten Schraubenköpfen bzw. Muttern-Außenseiten müssen durch Neuteile ersetzt werden.
■ **Schmieren:** Schraubverbindungen sollen vor dem Zusammenbau leicht geschmiert werden, dazu nimmt man entweder Kfz-Wälzlagerfett oder frisches Motoröl.

Flüssige Schraubensicherung
An einigen Schraubverbindungen ist die Verwendung von flüssiger Schraubensicherung **»Loctite«** vorgeschrieben; diese gibt es in den drei verschiedenen Klebequalitäten »leicht« (222), »mittelfest« (243) und »hochfest« (2701). Die am meisten benötigte Qualität ist »mittelfest«. Sie wird verwendet, wenn hohe Festigkeit verlangt wird und die damit gesicherten Schrauben ohne Zerstörung des Gewindes wieder gelöst werden müssen.

Ausgedrehte Schrauben, an denen Reste von Schraubensicherung hängen, müssen vor dem Wiedereinschrauben (bzw. dem Beträufeln mit frischem Loctite) gereinigt werden. Verwenden Sie dazu ebenfalls eine Messingbürste. Zur Unterstützung kann man Bremsenreiniger verwenden, dieser löst die festen Reste des alten Schraubenklebers sehr gut.

Manche Schrauben müssen vor dem Einbau (und damit Festziehen) entsprechend dem Einsatzzweck speziell vorbehandelt werden. Was jeweils zu tun ist bzw. welche Besonderheit die Schraube aufweist, wird nach der Bezeichnung des Bauteils mit dem Zeichen »■« besonders herausgestellt.

ALOC-Schraube: Serienmäßig mit Gewindeklebstoff beschichtete Schraube, sie soll laut Honda nur einmal verwendet werden (z. B. bei Befestigung der Bremsscheibe an der Radnabe).

Wenn keine neue ALOC-Schraube verfügbar ist und die ausgedrehte Schraube technisch in Ordnung ist an Gewinde, Kopf, Anlageflächen: Schraube mit Messingbürste und Bremsenreiniger fettfrei reinigen, Loctite »mittelfest« an ihr Gewinde geben, einbauen und mit dem vorgeschriebenen Anziehdrehmoment festziehen.

Vorarbeit: Ausgedrehte Schrauben, an denen Reste von Schraubensicherung oder Dichtmittel hängen, müssen vor dem Aufbringen von frischem Loctite oder Dichtmittel gereinigt und entfettet werden. Verwenden Sie dazu eine Messingbürste und Bremsenreiniger oder Aceton zur Unterstützung. Die Angabe zur Verwendung in diesem Kapitel lautet:
■ *plus Loctite »mittelfest«*

Bild 1

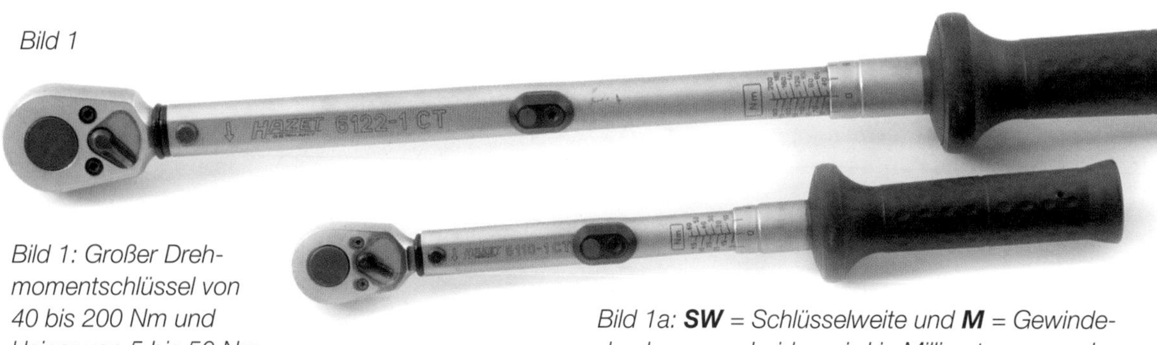

Bild 1: Großer Drehmomentschlüssel von 40 bis 200 Nm und kleiner von 5 bis 50 Nm.

Bild 1a

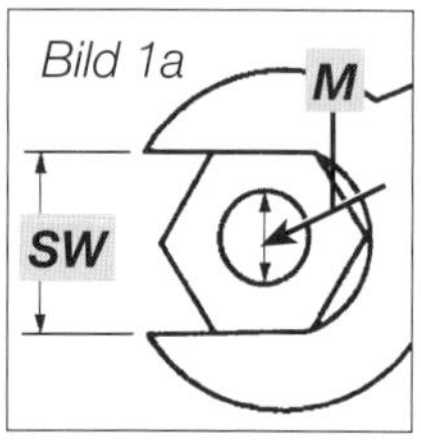

Bild 1a: ***SW*** *= Schlüsselweite und* ***M*** *= Gewindedurchmesser; beides wird in Millimeter angegeben.*

Andere Schrauben und Muttern als serienmäßig: Bei einer Maschine, die gebraucht erstanden wurde und zuvor durch mehrere Hände gegangen ist, können andere Schrauben und Muttern als die serienmäßigen eingebaut sein. Sofern diese qualitativ einwandfrei und gegen Korrosion geschützt sind und damit den Serienbauteilen entsprechen, gelten die angegebenen Anziehdrehmomente.

Allgemeine Schrauben und Muttern

Die nachstehenden Werte gelten für Schraubverbindungen und weitere Schrauben/Muttern, welche in der Auflistung nicht näher bezeichnet sind:

■ Der Begriff »SW« steht für »Schlüsselweite« (siehe dazu auch Bild 1a unten).

M5 Sechskantschraube mit SW 8 .... 4 Nm
M5 Sechskantschraube/Mutter mit SW 8 .... 5 Nm
M6 Sechskantschraube mit SW 8 oder SW 10 .... 9 Nm
M6 Sechskantschraube/Mutter mit SW 8 oder SW 10 .. 10 Nm
M6 Bundkantschraube/Mutter mit SW 10 .... 12 Nm
M8 Sechskantschraube/Mutter mit SW 12 oder SW 13 22 Nm
M8 Bundkantschraube/Mutter mit SW 13 .... 27 Nm
M10 Sechskantschraube/Mutter mit SW 17 .... 34 Nm
M10 Bundschraube/Mutter mit SW 17 .... 39 Nm
M12 Sechskantschraube/Mutter mit SW 19 .... 54 Nm

Baugruppen und Anziehdrehmomente

LICHT, LEUCHTEN

Muttern M5 Kennzeichenleuchte an Hinterradkotflügel ... 5 Nm
Schneidschrauben »Glas« an Kennzeichenleuchte .... 4 Nm
Muttern M6 Blinkerbefestigung .... 9 Nm

TANK, VERKLEIDUNG

Tank

Schrauben M6 hintere Tankhalterung an Rahmen .... 12 Nm
Schrauben M4 Tankverschluss an Tank .... 2 Nm
Schrauben M6 Benzinpumpe an Tank .... 12 Nm
■ *In der vorgeschriebenen Reihenfolge in mehreren Schritten anziehen siehe Kapitel 3 »Spiegel · Tank · Verkleidung«.*
Schrauben M4 elektrische Kabel an Benzinpumpe .... 1 Nm

Verkleidung

Schrauben M5 Verkleidungsscheibe an Frontverkleidung .... 0,4 Nm
Schrauben M8 Motorschutz an Motor .... 26 Nm
CRF 1000 L Africa Twin Adventure Sports mit Schaltgetriebe der Modelljahre 2018, 2019
CRF 1000 L Africa Twin Adventure Sports mit Doppelkupplungsgetriebe der Modelljahre 2018, 2019:
Schrauben M5 vordere Seitenabdeckung an Mittelverkleidung .... 0,4 Nm

Motordeckel

Schrauben M6 Ritzelabdeckung an Motor .... 12 Nm
Schrauben M6 Abdeckung EOP-Sensor der Kupplung an Motor bei Doppelkupplungsgetriebe .... 10 Nm
Schrauben M6 hintere Kupplungsdeckelabdeckung an Motor .... 10 Nm

FUSSRASTEN, STÄNDER, RAHMEN

Fußrasten

Schrauben M10 Fußrastenhalter an Rahmen .... 35 Nm
Schrauben M8 Soziusfußrastenhalter an Heckrahmen .. 34 Nm

Seitenständer

Seitenständer-Lagerbolzen M10 .... 10 Nm
■ *Lagerbolzen nach Anzug um 45 Grad zurückdrehen.*

CRF 1000 L Africa Twin im Modelljahr 2016:
Mutter M10 auf Seitenständer-Lagerbolzen .... 29 Nm

CRF 1000 L Africa Twin der Modelljahre 2017, 2018, 2019,
CRF 1000 L Africa Twin Adventure Sports der Modelljahre 2018, 2019:
Mutter M10 auf Seitenständer-Lagerbolzen .... 42 Nm

Schraube M6 Seitenständerschalter .... 10 Nm
■ *Honda-Vorschrift ALOC-Schraube, siehe Kapitelanfang*

RÄDER

Vorderrad

Mutter M16 auf Vorderachse .... 60 Nm
Vorderachs-Klemmschraube Inbus M8 .... 22 Nm
Speichennippel M3,5 .... 4 Nm
■ *Speichen nicht wieder verwenden*
Inbusschrauben M6 Bremsscheiben an Radnabe .... 20 Nm
■ *Honda-Vorschrift ALOC-Schraube, siehe Kapitelanfang*

Hinterrad

Hinterachsmutter M18 .... 100 Nm
■ *Selbstsichernde Mutter*
Kontermuttern M8 auf Kettenspannschrauben .... 27 Nm
Speichennippel M3,5 .... 4 Nm
■ *Speichen nicht wieder verwenden*
Inbusschrauben M8 Bremsscheibe an Radnabe .... 42 Nm
■ *Honda-Vorschrift ALOC-Schraube, siehe Kapitelanfang.*
Bundmuttern M12 hinteres Kettenrad .... 100 Nm
■ *Etwas Motoröl auf die Gewinde auftragen*
■ *Selbstsichernde Muttern*

BREMSEN, ABS

Vorderradbremse

Bundschrauben M10 Bremssattel an Gabeltauchrohr... 45 Nm
■ *Honda-Vorschrift ALOC-Schraube, siehe Kapitelanfang*
Schraube M6 ABS-Sensor .... 10 Nm
■ *Honda-Vorschrift ALOC-Schraube, siehe Kapitelanfang*
Inbusschrauben M6 Bremsscheiben an Radnabe .... 20 Nm
■ *Honda-Vorschrift ALOC-Schraube, siehe Kapitelanfang*
Außentorxschrauben M8 Bremssattelhälften................ 27 Nm
■ *plus Loctite »mittelfest«*
Hohlschrauben M10 der Bremsschlauch-Anschlüsse
an Bremspumpe, Bremssättel, ABS-Einheit .... 34 Nm
■ *Neue Dichtscheiben verwenden*
Schraube M6 Bremsschlauchhalter .... 1 Nm
Torxschrauben M5 ABS-Sensorring an Radnabe............ 7 Nm
■ *Honda-Vorschrift ALOC-Schraube, siehe Kapitelanfang*
Entlüfternippel M8 im Bremssattel.................................. 6 Nm
Kreuzschlitz-Senkschrauben M4 im Deckel
des Bremsflüssigkeits-Vorratsbehälters .... 2 Nm
Schrauben M6 Hauptbremszylinder an Lenker .... 10 Nm
■ *»UP«-Markierung auf der Klemmschelle muss nach oben weisen*
■ *Zuerst obere, dann untere Schraube anziehen*
Bremshebelgelenkbolzen M6.. 1 Nm
Kontermutter M6 auf Bremshebelgelenkbolzen.............. 6 Nm
Schraube M4 Bremslichtschalter an Hauptbremszylinder 1 Nm

Hinterradbremse

Schraube M6 ABS-Sensor .... 10 Nm
■ *Honda-Vorschrift ALOC-Schraube, siehe Kapitelanfang*
Inbusschrauben M8 Bremsscheibe an Radnabe.......... 42 Nm
■ *Honda-Vorschrift ALOC-Schraube, siehe Kapitelanfang*
Bremsklotz-Haltestift M10... 17 Nm
Entlüfternippel M8 im Bremssattel.................................. 6 Nm
Vordere Schraube (Gleitstift) M12
Bremssattel an Halteplatte... 27 Nm
■ *Silikonfett auf Gleitfläche auftragen*
Hintere Schraube M8 Bremssattel an Halteplatte .... 22 Nm
■ *Honda-Vorschrift ALOC-Schraube, siehe Kapitelanfang*
Hohlschrauben M10 Bremsschlauch-Anschlüsse
an Bremspumpe und Bremssattel .... 34 Nm
■ *Neue Dichtscheiben verwenden*
Torxschrauben M5 ABS-Sensorring an Radnabe............ 7 Nm
■ *Honda-Vorschrift ALOC-Schraube, siehe Kapitelanfang*
Schrauben M6 Hauptbremszylinder an Rahmenheck .... 14 Nm
Schraube M4 Hauptbremszylinderanschluss
an Hauptbremszylinder .... 2 Nm
■ *plus Loctite »mittelfest«*
Kontermutter M8 auf der Kolbenstange
des Hauptbremszylinders.. 18 Nm
Schraube M6 Bremsflüssigkeitsbehälter
an Rahmenheck .... 10 Nm
Kreuzschlitz-Senkschrauben M4 im Deckel
des Bremsflüssigkeits-Vorratsbehälters .... 2 Nm
Einstellkontermutter M8 an Hauptbremszylinder .... 18 Nm
Schrauben M5 Bremsschlauchführung .... 1 Nm
■ *Honda-Vorschrift ALOC-Schraube, siehe Kapitelanfang*
Schraube M6 Bremsschlauch-Halterung .... 10 Nm

ABS

Hohlschrauben M10 der Bremsschlauch-Anschlüsse
an ABS-Einheit.. 34 Nm
■ *Neue Dichtscheiben verwenden*
Anschlussmuttern M10 Bremsleitungen
an ABS-Einheit.. 14 Nm
■ *Etwas Bremsflüssigkeit auf die Gewinde auftragen*
Torxschrauben M5 ABS-Sensorring an Radnabe............ 7 Nm
■ *Honda-Vorschrift ALOC-Schraube, siehe Kapitelanfang*
Schraube M6 ABS-Sensor .... 10 Nm
■ *Honda-Vorschrift ALOC-Schraube, siehe Kapitelanfang*
Schrauben M5 Bremsschlauchführung .... 1 Nm
■ *Honda-Vorschrift ALOC-Schraube, siehe Kapitelanfang*
Schraube M6 Bremsschlauch-Halterung .... 10 Nm

Parkbremse bei Doppelkupplungsgetriebe

Kontermutter M8 am Parkbremseinsteller .... 18 Nm
Schrauben M8 Parkbremssattelhalter
an Bremssattelhalter .... 31 Nm
■ *Honda-Vorschrift ALOC-Schraube, siehe Kapitelanfang*
Bremsklotzhaltestifte M8... 18 Nm
■ *Honda-Vorschrift ALOC-Schraube, siehe Kapitelanfang*
Schrauben M6 Parkbremssattelabdeckung
an Parkbremssattelhalter.. 9 Nm
Schrauben M6 Parkbremshebel an Lenker................... 10 Nm
■ *Körnermarkierung auf der Klemmschelle muss nach oben weisen*
■ *Zuerst obere, dann untere Schraube anziehen*
Schraube M4 Parksperrenträger
an Parkbremshebelhalter.. 2 Nm
Schraube M6 Parkbremszugführung .... 10 Nm
Flanschschraube M6 Parksperrenträger
an Parkbremshebelhalter.. 12 Nm
Gelenkbolzen M6 Feststellhebel an Parkbremshebel....... 7 Nm
Gelenkbolzen M6 Parkbremshebel
an Parkbremshebelhalter.. 1 Nm
Kontermutter M6 auf Gelenkbolzen Parkbremshebel
an Parkbremshebelhalter.. 6 Nm
Schraube M4 Parkbremsschalter
an Parkbremshebelhalter.. 1 Nm
■ *Loctite »mittelfest« auf gereinigtes Gewinde auftragen*
Führungsbolzen M8 Bremssattel an Halteplatte .... 22 Nm
Kontermutter M8 am Parkbremseinsteller .... 18 Nm

HINTERRAD-ANTRIEBSKETTE

Hinterrad-Antriebskette

Hinterachsmutter M18... 100 Nm
■ *Selbstsichernde Mutter*
Kontermuttern M8 auf Kettenspannschrauben .... 27 Nm

Bundmuttern M12 hinteres Kettenrad .... 100 Nm
■ *Selbstsichernde Muttern*
■ *Öl auf Gewinde und Sitzfläche auftragen*
Schrauben M6 Ritzelabdeckung an Motor .... 12 Nm
Ritzelschraube M10 in Getriebewelle .... 54 Nm
Schrauben M6 Kettenschutz an Schwinge .... 10 Nm
Schrauben M5 Kettenschleifschutz an Schwinge .... 4 Nm

LENKUNG, TELEGABEL

Lenkung
Schrauben M8 Lenkerklemmung .... 32 Nm
Muttern M10 Lenkerklemmböcke
an obere Gabelbrücke .... 39 Nm
Lenkergewichte M18 .... 55 Nm
■ *Honda-Vorschrift ALOC-Schraube, siehe Kapitelanfang*
Schrauben M5 Lenkerarmaturen .... 3 Nm
Schrauben M6 Hauptbremszylinder an Lenker .... 10 Nm
Lenkschaftrohr-Kopfmutter M24 .... 100 Nm
Einstellanweisung untere Nutmutter M26 (»Einstellmutter«):
■ *Festziehen mit 15 Nm*
■ *danach untere Gabelbrücke fünf Mal nach rechts und links bis zum Anschlag drehen*
■ *und dann mit 15 Nm endgültig festziehen*

Telegabel
Standrohr-Klemmschrauben M8
in oberer Gabelbrücke .... 22 Nm
in unterer Gabelbrücke .... 25 Nm
Gabeldeckelschrauben in Gabelstandrohren oben .... 35 Nm
Kontermutter(n) M10 der Gabeldämpferstange .... 20 Nm
Schraube Dämpfer unten in Gabeltauchrohr .... 34 Nm
■ *Neue Dichtscheibe verwenden*
Lenkschaftrohr-Kopfmutter M24 .... 100 Nm

FEDERBEIN, SCHWINGE

Mutter M12 auf Schraube Umlenkhebel an Schwinge... 74 Nm
■ *Selbstsichernde Mutter*
Mutter M10 auf Schraube Zughebel an Rahmen........... 45 Nm
■ *Öl auf Gewinde und Sitzfläche auftragen*
■ *Selbstsichernde Mutter*
Mutter M10 auf Schraube Zughebel an Umlenkhebel.... 55 Nm
■ *Selbstsichernde Mutter*
Mutter M10 auf Schraube Federbeinbefestigung oben.. 54 Nm
■ *Selbstsichernde Mutter*
Mutter M10 auf Schraube Federbeinbefestigung unten. 44 Nm
■ *Selbstsichernde Mutter*
Mutter M16 Schwingenachse in Rahmen..................... 80 Nm
■ *Öl auf Gewinde und Sitzfläche auftragen*
■ *Selbstsichernde Mutter*
Schrauben M6 Kettenschutz an Schwinge................... 10 Nm
Schrauben M5 Kettenschleifschutz an Schwinge .... 4 Nm

ÖLWECHSEL, SCHMIERSYSTEM

Motorölwechsel
Ölablassschrauben M12 .... 30 Nm
■ *Neue Dichtscheiben verwenden*
Ölfilter mit Gewinde M20 .... 26 Nm
■ *Frisches Motoröl auf O Ring auftragen*

Schmiersystem
Ölfilter-Hohlschraube M20 in Motorgehäuse
Überstand .... 15,5 bis 16,5 mm
Schrauben M6 Ölwanne an Motor .... 12 Nm
■ *Dichtung erneuern*
■ *Schrauben in zwei bis drei Schritten über Kreuz anziehen*
Schrauben M6 Ölpumpe an Motorgehäuse .... 16 Nm
Verbindungsschrauben M6 Ölpumpengehäuse............ 12 Nm
Verschlussschraube M22 Motorüberdruckventil .... 30 Nm
■ *Loctite »mittelfest« auf gereinigtes Gewinde auftragen*
Verschlussschraube M24 DTC-Überdruckventil
bei Doppelkupplungsgetriebe .... 30 Nm
■ *Loctite »mittelfest« auf gereinigtes Gewinde auftragen*
Schrauben M6 Kupplungsölfilterdeckel an
Motorgehäuse bei Doppelkupplungsgetriebe .... 12 Nm

KÜHLSYSTEM

Schraube M6 Kühlflüssigkeits-Ausgleichsbehälter
an Rahmen ....10 Nm
Schrauben M6 Thermostatdeckel an Motor .... 12 Nm
Schrauben M6 Kühlerbefestigung .... 10 Nm
Schrauben M6 Kühlerventilator-Abdeckung an Kühler .... 9 Nm
Schrauben M5 Kühlerventilatormotor
an Kühlerventilator-Abdeckung .... 3 Nm
Mutter M3 Kühlerlüfterrad an Kühlerventilatormotor .... 1 Nm
■ *plus Loctite »mittelfest«*
Schrauben M6 Wasserpumpendeckel
an Wasserpumpe .... 13 Nm
■ *plus Loctite »mittelfest«*
Kühlflüssigkeit-Ablassschraube M6............................. 13 Nm
■ *Neue Dichtscheibe verwenden*
ECT-Sensor M10 (Kühlmitteltemperatur-Sensor) .... 12 Nm

KUPPLUNG, SCHALTUNG BEI SCHALT-GETRIEBE

Kupplung
Schrauben M6 Kupplungshebel an Lenker .... 10 Nm
■ *Körnermarkierung auf der Klemmschelle muss nach oben weisen*
■ *Zuerst obere, dann untere Schraube anziehen*
Gelenkbolzen M6 im Kupplungshebel .... 1 Nm
Mutter auf Gelenkbolzen M6 im Kupplungshebel .... 6 Nm
■ *Selbstsichernde Mutter*
Schraube M3 Kupplungsschalter an Kupplungsarmatur . 2 Nm
■ *plus Loctite »mittelfest«*

Schrauben M6 hintere Kupplungsdeckelabdeckung an Motor .... 10 Nm
Schrauben M6 Kupplungsdeckel an Motor .... 12 Nm
■ *Schrauben in zwei bis drei Schritten über Kreuz anziehen*
Schrauben M6 Federplatte an Kupplungsnabe .... 12 Nm
Kupplungsnabenmutter M25 .... 128 Nm
■ *Öl auf Sitzfläche der Mutter auftragen*
■ *Mutter erneuern*
■ *Rand der Mutter in eine Nut der Welle verstemmen*

Schaltung
Schraube M10 Primärantriebszahnrad an Getriebeeingangswelle .... 103 Nm
■ *Öl auf Gewinde und Sitzfläche der Schraube auftragen*
Gelenkbolzen M8 Fußschalthebel an Rahmen .... 27 Nm
Schraube M6 Schaltwalzenarretierhebel .... 12 Nm
■ *plus Loctite »mittelfest«*
Schraube M8 Schaltkrone an Schaltwalze .... 23 Nm
■ *plus Loctite »mittelfest«*
Schraube M6 Schaltwellensicherung .... 12 Nm
■ *plus Loctite »mittelfest«*
■ *Schaltwellensicherung mit Stanzmarkierung nach außen*
Schrauben M6 Schaltwellenabdeckung .... 12 Nm
Schraube M6 Gangpositions-Schalter .... 10 Nm
■ *O-Ring erneuern*
■ *Frisches Motoröl auf O-Ring auftragen*

KUPPLUNG, SCHALTUNG BEI DOPPELKUPPLUNGSGETRIEBE

Kupplung
Schrauben M6 Kupplungsdeckel an Motor .... 12 Nm
Schrauben M6 Kupplungsölfilterdeckel an Motor .... 12 Nm
Schrauben M5 Zuleitungsführungsplatte .... 5 Nm
Schrauben M6 Zuleitungsdeckel .... 12 Nm
Schrauben M6 hintere Kupplungsdeckelabdeckung an Motor .... 10 Nm
Schrauben M6 Kupplungsdeckel an Motor .... 12 Nm
■ *Schrauben in zwei bis drei Schritten über Kreuz anziehen*
Schrauben M6 Wasserrohr an Kupplungsdeckel .... 12 Nm
Schrauben M6 Kabelhalter EOP-Sensor-Kupplung (Kupplungsöldruck-Sensor) .... 12 Nm
Schrauben M6 Abdeckung EOP-Sensor-Kupplung (Kupplungsöldruck-Sensor) .... 10 Nm
EOP-Sensor Kupplung 1 und 2 M10 (Kupplungsöldruck-Sensor 1 und 2) .... 20 Nm
EOP-Sensor-Kupplungsleitung M10 (Leitung des Kupplungsöldruck-Sensors) .... 20 Nm
EOT-Sensor M10 (Motoröltemperatur-Sensor) .... 15 Nm
■ *Öl auf Gewinde und Sitzfläche auftragen*
Schraube M6 Schaltwellenwinkelsensor .... 12 Nm
Schrauben M6 Deckel des Linearmagnetventils .... 12 Nm
Schraube M6 Halteplatte des Linearmagnetventils .... 12 Nm
■ *plus Loctite »mittelfest«*
Schrauben M6 Gehäuse des Linearmagnetventils .... 12 Nm

Schaltung
Mutter M22 Primärantriebszahnrad an Getriebeeingangswelle .... 118 Nm
■ *Öl auf Gewinde und Sitzfläche auftragen*
■ *Mutter hat Linksgewinde*
Schrauben M6 Abdeckung des Untersetzungszahnrads .... 14 Nm
Schrauben M6 Schaltsteuermotor an Abdeckung des Untersetzungszahnrads .... 14 Nm
Schrauben M6 Abdeckung des Schaltsteuermotor an Abdeckung des Untersetzungszahnrads .... 12 Nm
Schraube M8 Schaltkrone an Schaltwalze .... 31 Nm
■ *plus Loctite »mittelfest«*
Schrauben M6 Führungsplatte des Sperrklinkenträgers mit Sperrklinkenträger .... 12 Nm
■ *plus Loctite »mittelfest«*
Schraube M6 TR-Sensor (Getriebestufen-Sensor) .... 12 Nm
EOT-Sensor M10 (Motoröltemperatur-Sensor) .... 15 Nm
Leerlaufschalter M10 .... 12 Nm
Anschlussmutter M4 des Leerlaufschalters .... 2 Nm

ZÜNDUNG, EINSPRITZUNG, AUSPUFF

Zündung
Zündkerzen M10 .... 22 Nm
Schrauben M6 CKP-Sensor (= Kurbelwellenpositions-Sensor, Zündgeber) .... 12 Nm
■ *plus Loctite »mittelfest«*
Schaulochkappe M14 im Lichtmaschinendeckel .... 6 Nm
■ *Fett auf Gewinde auftragen*
■ *O-Ring erneuern*

Gasgriff und Gaszüge
CRF 1000 L Africa Twin der Modelljahre 2016, 2017:
Kontermutter M7 Gaszugspiel (Lenkerseite) .... 4 Nm
Kontermuttern M8 Gaszugspiel (Drosselklappenseite) .... 9 Nm
Schraube M5 Gasgriffgehäuse .... 3 Nm
■ *Zuerst obere, dann untere Schraube anziehen*

Einspritzung
Muttern M6 Benzinpumpe an Tank .... 12 Nm
■ *In vorgeschriebener Reihenfolge in mehreren Schritten anziehen (siehe Kapitel 3 »Spiegel · Verkleidung · Tank« Seite 26)*
Schrauben M5 Einspritzdüsengruppe an Drosselklappengehäuse .... 5 Nm
Schraube M6 MAP-Sensor (Ansaugluftdruck-Sensor) .... 5 Nm
Schraube M6 Gangpositions-Schalter bei Schaltgetriebe .... 10 Nm
ECT-Sensor (Kühlmitteltemperatur-Sensor) .... 12 Nm
Schraube M6 CKP-Sensor (Kurbelwellenpositions-Sensor, Zündgeber) .... 12 Nm
■ *plus Loctite »mittelfest«*
Lambdasonde M12 in Auspuffkrümmer .... 25 Nm

Luftfilter und Sekundärluftsystem
Schrauben M5 Luftfilter in Luftfilterkasten .... 1 Nm
Schrauben M5 Deckel an Luftfilterkasten........................ 1 Nm
Schrauben M6 Membranventil-Abdeckung
an Zylinderkopf .... 12 Nm

Auspuffanlage
Schrauben M6 Katalysatorabdeckung an Auspuffrohr .... 9 Nm
Schrauben M6 Auspuffrohrabdeckung an Auspuffrohr.... 9 Nm
Schraube M6 Auspuffrohraußenabdeckung Auspuffrohr. 9 Nm
Schrauben M8 Auspuffschelle .... 17 Nm
Schraube M6 Auspufftopfabdeckung an Auspufftopf...... 9 Nm
Schrauben M6 Endkappe an Auspufftopf .... 9 Nm
Bundmuttern M8 auf Stehbolzen Auspuffkrümmer
an Zylinderkopf .... 20 Nm
■ *Kupferpaste an gereinigte Gewinde, neue Dichtringe*
Lambdasonde M12 in Auspuffkrümmer........................ 25 Nm

CRF 1000 L Africa Twin im Modelljahr 2016:
Schraubschelle Auspuffrohrabdeckung an Auspuffrohr... 4 Nm

CRF 1000 L Africa Twin der Modelljahre 2017, 2018, 2019,
CRF 1000 L Africa Twin Adventure Sports
der Modelljahre 2018, 2019:
Vordere Schraubschelle Auspuffrohrabdeckung
an Auspuffrohr .... 1 Nm
Hintere Schraubschelle Auspuffrohrabdeckung
an Auspuffrohr .... 4 Nm

ANLASSER

Schrauben M6 Anlasser an Motorgehäuse.....................10 Nm
Anlasser-Gehäuseschrauben M5 .... 5 Nm
Mutter M6 Anlasserkabel an Anlasser .... 10 Nm
Schraube M5 Minuskohlen an Kohlebürstenhalter .... 4 Nm

VENTILE EINSTELLEN

Anmerkung: Arbeitsschritte und Anziehdrehmoment-Werte für die Schraubverbindungen der Bauteile, die zum Ventileinstellen montiert werden müssen, siehe in den Kapiteln 3 »Spiegel · Tank · Verkleidung«, 17 »Zündanlage« und 20 »Luftfilter · Sekundärluftsystem«. Es handelt sich um die Bauteile Sozius- und Fahrersitz, Tank, Luftfiltergehäuse, Sekundärluft-Abschaltventil, Zündspulen.

Schaulochkappe M14 im Lichtmaschinendeckel .... 6 Nm
■ *Fett auf Gewinde auftragen*
■ *O-Ring erneuern*
Schraubdeckel M30 im Lichtmaschinendeckel .... 8 Nm
■ *Fett auf Gewinde auftragen*
■ *O-Ring erneuern*
Schrauben M6 Zylinderkopfdeckel............................... 10 Nm
Kontermuttern M5 der Auslassventileinstellschrauben... 10 Nm
■ *Öl auf Gewinde und Sitzfläche auftragen*
Schrauben M6 Nockenwellen-Lagerdeckel (6 Stück).... 12 Nm
■ *Öl auf Gewinde und Sitzflächen auftragen*
■ *Über Kreuz in 2 bis 3 Schritten anziehen*
Halteschrauben M6 Kipphebelwelle............................. 12 Nm
■ *Öl auf Gewinde und Sitzflächen auftragen*
Schraube M14 Kipphebelwellenanschlag
an Zylinderkopf .... 18 Nm

ZYLINDERKOPF

Schrauben M12 mit Unterlegscheiben Zylinderkopf
an Motor .... 83 Nm
■ *Molybdän-Öl-Gemisch auf Gewinde und Sitzfläche auftragen*
■ *Motoröl auf die Unterlegscheiben auftragen*
Schrauben M8 Motorhalterung Zylinderkopf
an Rahmen .... 32 Nm
Schrauben M6 Membranventil-Abdeckung
an Zylinderkopf .... 12 Nm
Schrauben M6 Steuerkettenspanner .... 10 Nm
■ *Dichtung erneuern*
Schraubverschluss M6 Steuerkettenspanner .... 7 Nm
■ *Dichtscheibe erneuern*
Schraube M8 Steuerkettenspannschiene...................... 23 Nm
■ *plus Loctite »mittelfest«*
Schrauben M7 Nockenwellenrad................................. 20 Nm
■ *plus Loctite »mittelfest«*

ELEKTRISCHE BAUTEILE

Schrauben M5 Instrumenteneinheit .... 1 Nm
Schrauben M8 Zündschloss an obere Gabelbrücke...... 26 Nm
■ *Abreißschrauben, erneuern*
Schraube M6 ABS-Sensor vorne und hinten .... 10 Nm
■ *Honda-Vorschrift ALOC-Schraube, siehe Kapitelanfang*
EOP-Schalter PT 1/8 (Öldruckschalter)
bei Schaltgetriebe .... 12 Nm
■ *Silikondichtmittel an Gewinde geben. KEIN Dichtmittel an die vorderen Gewindegänge bringen*
Anschlussschraube M4 mit Scheibe des EOP-Schalters. 2 Nm
EOP-Sensor M10 (Motoröldruck-Sensor)
bei Doppelkupplungsgetriebe.................................. 22 Nm
Muttern M6 Umkipp-Sensor (Neigungswinkel-Sensor).... 8 Nm
Schrauben M6 CKP-Sensor (Kurbelwellenpositions-
Sensor, Zündgeber)... 12 Nm
■ *plus Loctite »mittelfest«*
Schraube M6 MAP-Sensor (Ansaugluftdruck-Sensor)..... 5 Nm
Schrauben M5 IAT-Sensor
(Ansauglufttemperatur-Sensor).................................. 1 Nm
Schraube M6 Gangpositions-Schalter
bei Schaltgetriebe .... 10 Nm
■ *O-Ring erneuern*
■ *Frisches Motoröl auf O-Ring auftragen*
Schraube M4 IAT-Sensor
(Ansauglufttemperatur-Sensor).................................. 1 Nm

ECT-Sensor M10 (Kühlmitteltemperatur-Sensor) .... 12 Nm
Schraube M6 CKP-Sensor (Kurbelwellenpositions-Sensor, Zündgeber) .... 12 Nm
■ *plus Loctite »mittelfest«*
Lambdasonde M12 .... 25 Nm
Leerlaufschalter M10 bei Doppelkupplungsgetriebe...... 12 Nm
■ *Öl auf Gewinde und Sitzfläche auftragen*
Mutter M4 Kabelanschluss an Leerlaufschalter bei Doppelkupplungsgetriebe........ 2 Nm
Schraube M6 Schaltwellenwinkel-Sensor bei Doppelkupplungsgetriebe........ 12 Nm
Mutter M4 Kabelanschluss an Schaltwellenwinkel-Sensor bei Doppelkupplungsgetriebe........ 2 Nm

LADESYSTEM, LICHTMASCHINE

Schrauben M6 Lichtmaschinendeckel an Motorgehäuse........12 Nm
Schrauben M6 Stator an Lichtmaschinendeckel...........12 Nm
■ *plus Loctite »mittelfest«*
Schraube M12 Lichtmaschinenrotor .... 137 Nm
■ *Öl auf Gewinde und Sitzfläche auftragen*
Schrauben M8 Anlasserfreilauf an Lichtmaschinenrotor 29 Nm
■ *plus Loctite »mittelfest«*
Schraubdeckel M30 im Lichtmaschinendeckel .... 8 Nm
■ *Fett auf Gewinde auftragen*
■ *O-Ring erneuern*
Schaulochkappe M14 im Lichtmaschinendeckel .... 6 Nm
■ *Fett auf Gewinde auftragen*
■ *O-Ring erneuern*
Schrauben M6 CKP-Sensor (Kurbelwellenpositions-Sensor, Zündgeber)........ 12 Nm
■ *plus Loctite »mittelfest«*

MOTOR AUS- UND EINBAU

Motor mit Wagenheber in Einbauposition bringen.
Rechten Rahmenunterzug ansetzen.
Folgende Schrauben einschieben, Muttern lose aufdrehen:
Schraube M10x138 vorne unten mit Mutter (5)
Schrauben M10x60, M10x75 des rechten Rahmenunterzugs hinten (1) mit Muttern
Schrauben M10x20, M10x40 des rechten Rahmenunterzugs vorne (2)
Alle anderen Schrauben einschieben, Muttern lose aufdrehen.

Anziehreihenfolge:
Schrauben M10x60, M10x75 des rechten Rahmenunterzugs hinten (1)........ 44 Nm
■ *Muttern gegenhalten*
Schrauben M10x20, M10x40 des rechten Rahmenunterzugs vorne (2) .... 44 Nm
Mutter M16 Schwingenachse in Rahmen (3)........ 80 Nm
■ *Öl auf Gewinde und Sitzfläche auftragen*
■ *Selbstsichernde Mutter*
■ *Schwingeachse dünn mit Fett bestreichen*
Mutter M10 hinten unten (4)........ 44 Nm
Mutter M10 vorne unten (5) .... 44 Nm
Muttern M8 vorne Mitte (6) .... 32 Nm
Mutter M10 vorne Mitte (7) .... 44 Nm
Schraube M8x18 vorne oben rechts (8)........ 32 Nm
Schrauben M8x18 vorne oben links (9)........ 32 Nm
Schrauben M8x25 hinten oben (10)........ 32 Nm
Mutter M8 hinten oben (11) .... 32 Nm

Bild 2: Zu beachtende Anziehreihenfolge der Motorhalteschrauben und Muttern.

Bild 2

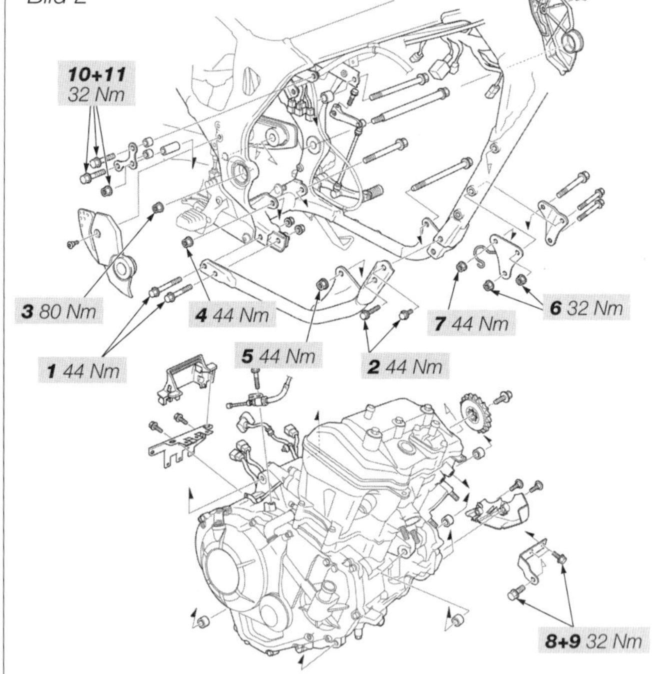

Bauteile in Bild 2

1 = *Schrauben M10x60, M10x75 des rechten Rahmensunterzugs hinten mit Muttern*	**6** = *Mutter M8 vorne Mitte*
2 = *Schrauben M10x20, M10x40 des rechten Rahmensunterzugs vorne*	**7** = *Mutter M10 vorne Mitte*
3 = *Mutter M16 Schwingenachse*	**8** = *Schraube M8x18 vorne oben rechts*
4 = *Mutter M10 hinten unten*	**9** = *Schraube M8x18 vorne oben links*
5 = *Mutter M10 vorne unten*	**10** = *Schrauben M8x25 hinten oben*
	11 = *Mutter M8 hinten oben*